北京国土空间规划和自然资源科普知识丛书
POPULAR SCIENCE SERIES ON BEIJING TERRITORIAL SPATIAL PLANNING AND NATURAL RESOURCES

第一篇

自然地理与资源环境

Natural Geography, Resources and Environment

北京市规划和自然资源委员会 编著
Beijing Municipal Commission of Planning and Natural Resources

科学普及出版社
中国科学技术出版社
·北 京·

图书在版编目（CIP）数据

自然地理与资源环境 / 北京市规划和自然资源委员会编著 . -- 北京：科学普及出版社：中国科学技术出版社，2023.1

（北京国土空间规划和自然资源科普知识丛书；第一篇）

ISBN 978-7-110-10344-9

Ⅰ. ①自… Ⅱ. ①北… Ⅲ. ①自然地理－北京－普及读物 ②自然资源－环境资源－北京－普及读物 Ⅳ. ① P942.1-49 ② X372.1-49

中国版本图书馆 CIP 数据核字（2021）第 266799 号

责任编辑	李　睿
封面设计	中文天地　张鹏程　张　勃　杨巧禾　刘姝均
正文设计	中文天地
责任校对	焦　宁
责任印制	李晓霖

出　　版	科学普及出版社 中国科学技术出版社
发　　行	中国科学技术出版社有限公司发行部
地　　址	北京市海淀区中关村南大街 16 号
邮　　编	100081
发行电话	010-62173865
传　　真	010-62173081
网　　址	http://www.cspbooks.com.cn

开　　本	787mm × 1092mm　1/16
字　　数	900 千字
印　　张	55.25
版　　次	2023 年 1 月第 1 版
印　　次	2023 年 1 月第 1 次印刷
印　　刷	北京盛通印刷股份有限公司
书　　号	ISBN 978-7-110-10344-9 / F · 273
审 图 号	京 S（2022）039 号
定　　价	188.00 元（全三册）

《北京国土空间规划和自然资源科普知识丛书》

指导委员会

《北京国土空间规划和自然资源科普知识丛书》

学术委员会

《北京国土空间规划和自然资源科普知识丛书》编写委员会

主　　任：张　维

副 主 任：陶志红　曹　慧

委　　员：姜庆丰　陈广峰　韦京莲　武廷海　张　勃　申玉彪　侯晓明
杨清法

第一篇《自然地理与资源环境》

编写人员：陈广峰　姜庆丰　韦京莲　刘　鸿　曹　颖　石国峰　徐庆勇
张　奕　杨清法　孙永华　秦　沛　华金玉　李长利　田红兵
乔　莹　刘桂萍

参编人员（以姓氏笔画为序）：

王旭辉　王晟宇　白立新　白同宇　乐琪浪　齐　干　苏　杰
杜吴鹏　李　婕　李文生　张　霖　张进平　张金塔　张思宇
陈海量　林天懿　林海燕　郝春燕　贾晗青　倪天娇　曹　开
梁天璞

第二篇《国土空间规划》

编写人员：武廷海 姜庆丰 祝 贺 孔德荣 孙 喆 陈惠芳 刘 鸿
徐庆勇 邓 艳 穆 蕊 张 奕 顾 进 郭 璐 钟 舸
唐 燕

参编人员（以姓氏笔画为序）：

李 婧 李孟璇 连 璐 赵奕琳 贾 佳 原智远 商 谦
程 辉 甄艺津

第三篇《规划与自然资源管理》

编写人员：曹 慧 姜庆丰 王红春 雷爱先 张 勃 陈广峰 彭 历
韦京莲 罗天正 李海霞 温 芳 李道勇 王 雷 王建西
范佳齐 王颖娟 张丽亚 张 茜 张 梅 谢天成 李 凯
郭 健 范晋芬 寇欣欣 吴 鹏 孙 巍 潘建刚 朱东龙

参编人员（以姓氏笔画为序）：

王浩翔 尹绪兵 邢冬梅 师 克 刘 斌 刘 静 刘京京
刘京磊 刘姝均 刘晓敏 许国庆 孙道胜 李 绮 李绍学
李晓亮 李博文 杨天宝 杨丽霞 张 静 张永仲 张楚瑶
张鹏程 陈 泉 陈晓然 邵姜华 泥军儒 宝 音 胡 倩
胡韵亭 侯春源 贾宏刚 郭佳奇 唐 玮 涂晓明 盖 乐
彭 瑜 彭宏海 臧建强 谭鲁渊 燕小丽 魏 颖

前 言

科学普及是国家创新体系的重要组成部分，也是实现创新发展的重要基础性工作。习近平总书记强调:“科技创新、科学普及是实现创新发展的两翼，要把科学普及放在与科技创新同等重要的位置。没有全民科学素质普遍提高，就难以建立起宏大的高素质创新大军，难以实现科技成果快速转化。”2021—2022 年，国务院先后印发了《全民科学素质行动规划纲要（2021—2035 年）》和《关于新时代进一步加强科学技术普及工作的意见》，再次深化了“两翼理论”认识，把科普工作提到了新的高度，为全国科普工作明确了定位，给新时代科普事业指明了方向。

党的十八大以来，中国特色社会主义进入新时代，北京发展也进入了历史上具有里程碑意义的时期。习近平总书记多次视察北京并发表重要讲话，提出了“建设一个什么样的首都，怎样建设首都”这一重大时代课题，为做好新时代首都工作提供了根本遵循。2017 年，中共中央、国务院批复了《北京城市总体规划（2016 年—2035 年）》，北京市在第十三次党代会报告中指出，北京城市总体规划既是首都功能的规划、千年古都的规划、人民的规划、国际化大都市的规划，也是率先基本实现社会主义现代化的规划。必须按照党中央批复的城市总体规划来做，充分发挥规划引领发展作用，“一张蓝图绘到底”。绿水青山是大国首都底色，守好绿水

青山、抓好生态保护，是我们的历史责任。尊重自然、顺应自然、保护自然，探索人与自然和谐共生之路，促进经济发展与生态保护协调统一，是首都新发展阶段的时代要求。

北京市规划和自然资源委员会（以下简称北京市规划自然资源委）全面贯彻习近平总书记指示精神，在北京市委市政府的领导下，不忘初心，牢记使命，风雨无阻，砥砺前行，努力推动北京这座伟大城市深刻转型，为实现国际一流的和谐宜居之都目标而奋斗，共同开启首都全面建设社会主义现代化新航程。

北京市规划自然资源委作为北京市政府重要组成部门，担负着全市国土空间规划和自然资源管理的重要职能，业务领域广泛、涉及专业类型多、服务对象具体，关系着首都城市发展和民生福祉。为进一步提高规划与自然资源领域专业知识的普及，提升全委科普工作的核心品质，我们组织编写了《北京国土空间规划和自然资源科普知识丛书》(以下简称《丛书》)，首次创新性地把自然资源、国土空间规划和管理等全要素业务知识进行规范化集成、系统性提炼、科普化介绍，将规划与自然资源领域的小众科学变成大众科普，让社会公众进一步提高对首都城市规划与建设的认知度，增强共同建设美丽家园的责任感。

《丛书》由三篇独立成册组成，单篇内容独立完整，三篇架构逻辑紧密，是一套国土空间规划和自然资源系列科普读物。开篇用以时间为序的三幅导图，图文并茂地向读者展示了北京的资源利用、都城营建和城市规划的发展历程，内容准确精练，表达清晰简略，是本书的亮点之一。第一篇《自然地理与资源环境》讲述了北京市自然地理、自然资源、国土空间环境，以及资源环境与国土空间利用，将自然资源环境与北京的城市建设发展、国土空间利用、特色文化形成等巧妙地关联起来，形成一条有特色的知识脉络，让读者从中汲取丰富的知识。第二篇《国土空间规划》从北京规划建设的前世今生讲起，介绍国土空间规划的产生和国土空间规划

体系的构成，并对北京城市的总体规划、详细规划、相关专项规划和城市设计等进行逐一阐述，抽丝剥茧地将庞大的国土空间规划体系及其内涵的科学知识，以通俗易懂的方式展现在读者面前。第三篇《规划与自然资源管理》从自然资源管理、土地资源管理、国土空间规划管理、专项业务管理、法治机制与监督管理等多个方面，对北京国土空间规划与自然资源的管理内容和特色进行了梳理和介绍。

《丛书》通过呈现首都的自然资源禀赋、城市建设发展、国土空间利用和自然资源管理，既回顾了北京古老的历史、总结了党的十八大以来首都规划与自然资源工作取得的阶段性成果，又谋划和展望了实现远景目标的努力方向；既是一部指导北京市规划自然资源委科普工作、促进各部门相互联动的工具书，又是面向公众及相关委办局的宣传书；既可作为兄弟省市自然资源系统相互交流学习的参考书，亦是国土空间规划和自然资源科普知识爱好者的收藏书。

张维

2022年10月27日

张维：北京市规划和自然资源委员会党组书记、主任。

序　一

由北京市规划和自然资源委员会编著，《北京国土空间规划和自然资源科普知识丛书》（以下简称《丛书》）的出版，值得庆贺。

北京，有着 3000 多年建城史、800 余年建都史，是华夏文明发展的缩影，也是中华民族精神图腾的象征之一。我翻阅了《丛书》的内容后，感觉这确实是一部了解北京自然概况的全方位“说明书”，是介绍北京地区历史演化、人文变迁、经济社会发展方方面面的“北京自然百科全书”。

以习近平同志为核心的党中央提出五大建设，其中生态文明建设与经济社会发展建设方面均与地球表面的自然资源系统密切相关，或者更准确地说，与自然环境中的气圈、水圈、土壤圈（岩石圈）、生物圈有着密不可分的依存关系。对自然资源与环境的认识，应当首先从认识我们赖以生存的地球开始，要了解如何遵从自然规律，科学地为人类所利用，并且可持续地、永远地利用下去。

国土空间规划，应当由专业学者提出最符合实际情况的科学利用方案，由政府相关部门会商决策，并通过最高权力机构确定下来，从而在全社会稳妥地推进实施。“规划”业经批准，各方执行切不可朝令夕改。当然，随着实践逐步深化，如果发现原有规划不合理或不再符合实际状况之处，可由批准部门经过多方论证和详细考察后，按规定程序做出合理修正。

最后，希望《丛书》最大的价值，是让北京两千两百万各族市民从自然科学角度更加全面了解、认识北京，从而更加热爱北京，并积极为生态文明建设贡献力量。通过大家齐心协力，让北京这颗璀璨的北国之星更为光彩夺目。愿北京的明天更加绚丽多彩！

宋瑞祥

2022 年 11 月 8 日

宋瑞祥：中共十五届中央委员、原地质矿产部部长、中国地震局原局长、青海省原省长。

序　二

北京市规划和自然资源委员会以贯彻国家科技创新战略为出发点，以弘扬习近平生态文明思想为指导，以科学高效地推动自然资源系统工作为目标，以普及国土空间规划和自然资源科学知识为内容，组织编著了《北京国土空间规划和自然资源科普知识丛书》（以下简称《丛书》）。《丛书》包括《自然地理与资源环境》《国土空间规划》《规划与自然资源管理》三篇。《丛书》紧紧围绕北京市规划和自然资源委员会承担的职能任务，根据北京市地质地理、自然资源、国土空间、历史文化等的条件和特点，归纳提炼科普知识，形成了规划与自然资源领域专业科普知识库。

《丛书》记述了北京市地质地理的印记和遗存。几十亿年的地质演化，经历了吕梁运动、燕山运动等多次重大地质事件，塑造了北京独特的地貌景观和丰厚的地质遗迹，使北京成为我国近代地质科学的发祥地，北京西山成为中国地质工作的摇篮，横亘于北、东、西的燕山和太行山脉，形成了护卫首都生态环境的天然屏障；展布于东南部的辽阔华北平原，支撑了首都核心功能的空间延展。

《丛书》记述了北京市丰富多样的自然资源：山脉和平原、河流和湖泊湿地、多种类型土地、丰富和品种齐全的矿产、优质的地下水和地热资源、多样的森林和丰富多彩的地质遗迹，构成了山水林田湖草沙等要素齐全的良好生态环境。

《丛书》记述了北京市国土空间环境及其保护和利用。较详细地论证了生态环境、地质环境及地质灾害、矿山生态环境、地下水环境和土壤环境的现状、特点、质量和存在的问题，提出了保护、修复、优化和合理开发利用的意见和措施。

《丛书》记述了北京地区的历史延革和文化发展历程。优越的资源环境、70 万年前开始的古人类的生息繁衍、3000 多年的建城历史和 800 余年的建都历程，孕育了内涵丰富、底蕴深厚、独具特色的北京历史文化，也孕育出西山永定河、长城和大运河三条历史文化脉络。周口店古人类文化、房山石经文化、三山五园皇家园林文化、兵马司地学文化，以及长城文化和大运河历史文脉等，都是世界独一无二的文化遗产。

《丛书》记述了北京国土空间规划的历史过程。在回顾北京城市建设发展演变基础上，北京市委市政府遵循中共中央国务院关于对《北京城市总体规划（2016 年—2035 年）》的批复要求，坚持新发展理念、坚持以人民为中心的发展思想，明确了首都发展要义，坚持首善标准，着力优化提升首都功能，确立了“三级三类四体系”的国土空间规划总体框架，把首都北京建成国际一流和谐宜居之都。

《丛书》站在了时代的最前列。优化资源环境，合理开发利用国土空间，建设和谐宜居城市，是城市建设的方向和追求的目标。《丛书》的作者在全国规划与自然资源领域率先行动，以潇洒的文笔和图文并茂的形式把北京市国土空间规划与自然资源相关知识进行了梳理，使之系统化、规范化、集成化和普及化，使小众科学变成大众科普，使广大民众认识国土空间规划和人与自然和谐共生的重要意义，从而达到共创共建美丽宜居之都的目标。《丛书》作为首都北京文化软实力的标志，在全国规划自然资源领域尚属首例。

《丛书》纲目完整、承古启今，内容丰实、内涵精深，语言通俗、图文并茂，做到了创新性、科学性、艺术性及普及性的巧妙结合。

《丛书》有观点、有论点、有特点、有亮点，堪称规划与自然资源领域科普作品之精品杰作，对普及科学知识和助推北京城市建设将发挥重要作用。

作为一名寓居北京 78 年的地质工作者，我拜读了《丛书》，感慨良深、受益匪浅，因以为序，殷盼《丛书》早日出版，以飨读者。

李廷栋

2022 年 11 月 10 日　于北京

李廷栋：中国科学院资深院士，地质学家。荣获“庆祝中华人民共和国成立 70 周年”纪念章、何梁何利基金奖等奖项。曾任中国地质科学院院长，地质矿产部科技司司长，中国地质学会副理事长，中国大洋协会副理事长，中国青藏高原研究会副理事长。

序　三

非常荣幸能够应邀为《北京国土空间规划和自然资源科普知识丛书》（以下简称《丛书》）作序。《丛书》按主题分为三篇:《自然地理与资源环境》《国土空间规划》《规划与自然资源管理》。《丛书》以北京地区为界，规划与自然资源领域为限，归纳提炼科普知识点，形成规划与自然资源领域专业科普知识库。这部作品既是北京市规划自然委系统用以指导全委科普工作和促进各部门相互联动的工具书，又是面向公众及相关委办局的宣传书，同时可作为兄弟省市自然资源系统相互交流学习的参考书。

《自然地理与资源环境》篇，对我来说看起来最为熟悉，也最为亲切。究其原因，还是与我地质学的专业有关。事实上，我目前负责的一个国家自然科学基金委的项目“克拉通破坏与陆地生物演化”，还与北京地区的地质有很大的关系。书中提到的燕山运动、岩浆活动、花岗岩、热河生物群等也都是我们课题组关注的研究内容。可以说，北京地区的地质背景造就了这一地区当今的自然地理与资源环境特点。

作为一名古生物学家，我自然也十分关注环境变化与生命演化及人类活动的关系。如果说《丛书》第一篇是基础，更多涉及自然科学的内容，那么第二、第三篇则是《丛书》内涵的自然延伸，涉及更多的社会与管理科学的内容，从而形成了自然与人文及管理科学的合理交叉与融合。将国土空间规划和自然资源相关专业知识进行系统化、规范化、集成化和科普

化，也是《丛书》的一大特色，使小众科学成为大众科普，积极推动和提升规划自然资源领域科普工作核心品质，让社会公众进一步了解支撑国土空间规划的科学原理，认识到现代社会的科学发展已经不再是依靠“战胜自然，人定胜天”，而是应当懂得人与自然和谐共生，达到共创共建美丽宜居之都，实现人类永续发展的终极目标。

《丛书》纲目完整、联系密切、承上启下，具有清晰的逻辑性；内涵丰富、内容准确、依据充分，具有严密的科学性；语言通俗易读、图文表达简洁、内容清晰易懂，具有很强的普及性；注重北京特色、强调地域特点、围绕人文自然，具有鲜明的独创性。

我也衷心希望《丛书》的出版能够受到读者们的欢迎，为推动首都的科学传播事业及提升国民科学素质做出独特的贡献。

周忠和

2022 年 11 月 6 日　于北京

周忠和：中国科学院院士，美国科学院外籍院士，发展中国家科学院院士，巴西科学院通讯院士，中国科普作家协会理事长，全国政协常委。

序 四

针对长期以来我国城市发展中的自然资源管理不到位、空间规划重叠等问题，2018 年 3 月由国务院组建中华人民共和国自然资源部，统一行使全民所有自然资源资产所有者职责、所有国土空间用途管制和生态保护修复职责，并于 2019 年发布《关于建立国土空间规划体系并监督实施的若干意见》，提出“建立全国统一、责权清晰、科学高效的国土空间规划体系，整体谋划新时代国土空间开发保护格局”。这是国家推进生态文明建设、建设美丽中国的关键举措，也是保障国家战略有效实施、促进国家治理体系和治理能力现代化的必然要求。

面对“国土空间规划和自然资源”这一科技创新领域，学术界同仁抱着十分的热情和敏感度，在短短三年内形成了一大批颇有见地的研究成果，很好地支撑了国土空间规划和自然资源行业工作的推进。但这些成果以专业性的理论、技术、应用等占绝大多数比例，覆盖读者人群考虑专业人士的多、面向社会大众的少，许多市民，甚至政府管理部门对国土空间规划和自然资源还没有基本概念，这对于公共政策属性显著的规划学科而言是一个隐忧。

《北京国土空间规划和自然资源科普知识丛书》(以下简称《丛书》)出版计划正是在这一背景下提出的，它以国土空间与自然资源规划为领域，以首都北京作为主要对象，从中归纳提炼科普知识点，形成规划与自然资源领域科普的知识库。

作为一名规划专家，我对《丛书》第二篇《国土空间规划》最为关注。该书分为六个部分：第一部分为北京的城市形态演变和规划建设历史；第二部分为国土空间规划概念的基本介绍；第三、第四、第五部分以“五级三类”国土空间规划体系为依据，对北京市的总体规划、详细规划和专项规划进行了重点介绍；第六部分特别将城市设计拎出来单独介绍，显示出对这一“改进规划方法、提高规划编制水平”有效工具的高度重视。这些内容具有系统化、规范化、集成化和科普化等特点，达到了让社会大众进一步认识国土空间规划、理解人与自然和谐共生的意义的目的。

总体而言，《丛书》作为国土空间规划与自然资源领域全国首例科普读物，不仅清晰描绘了北京得天独厚的自然地理与资源环境，而且完整呈现了北京的 3000 多年建城史和 800 余年建都史，还突出展示了近年来北京规划与自然资源管理工作中的一些关键举措与亮点。我相信，《丛书》的出版定会对新时期国土空间规划与自然资源工作起到很好的宣传与推动作用，对我们思考怎样实现高质量发展和高品质生活、建设美好家园也会有重要价值。

2022 年 11 月 16 日　于南京

段进：中国科学院院士，国务院学位委员会城乡规划学科评议组成员，东南大学教授、博士生导师，东南大学建筑学院副院长，东南大学城市规划设计研究院副院长、总规划师，东南大学城市空间研究所所长，中国工程勘察设计大师。

序　五

在不断探索新时代中国国土空间规划的理论和方法的过程中，在反思人类造城 5000 年历史，尤其是最近的 200 年工业化城市时，有一个共识已经形成：城市发展迎来生态文明，可持续发展才是人类城市与空间规划的共同发展目标与时代主题。

北京是中华文明城市建设的范本，在建构中国国土空间规划体系的重要时期，北京的国土空间规划更是我们建构生态文明新时代空间治理的高级阶段的先行试验。这里既是我国天人合一的传统文明复兴，也是尊重自然、尊重生态价值观的重塑，更是当今世界大都市空间中人与自然和谐相处的鲜活实践。在北京大都市空间中，继承空间处理中的自然与都市生活相融的传统文化和生活方式，梳理都市空间规划中的理论知识体系，更是把老北京的生活空间扩大到大都市区域的人与自然的空间协调，把传统胡同文化中的百姓爱鸟、爱草、爱花的生活方式扩展到现代绿色低碳的大都市空间规划，提升为生态文明下的国土空间整体体系。针对国家空间的多个空间尺度层面，吸纳历史、社会、文化中的自然生活、本土传统，提升到更高维度的综合知识体系，植入现代自然地理和资源环境知识，是当今国土空间规划不可或缺的构成部分。

北京市规划和自然资源委员会编著的《北京国土空间规划和自然资源科普知识丛书》（以下简称《丛书》）中，结合北京的自然地理和资源环境的历史和现状，在系统科普自然地理要素和自然资源本身的生态经济功能、分布特征之外，又以平实易懂而准确的语言阐述了自然地理和自然资源要素对包括城市建设、景观布局、生态修复、资源保护、地质灾害预防和减灾等方面的空间规划制定的影响，同时也科普了国际、国内关于国土空间规划、资源保护、生态修复等的法规和政策。

优越的资源环境孕育北京历史文化，本书从资源与城市发展的历史关系角度谈到了地方历史文化遗产保护这一重大议题，并介绍了历史上的国土空间规划行为，也是本书的另一大看点。

科普可以是一项终身的工作。《丛书》作为科普读物，把复杂、专业的科学问题讲解得让非专业的读者也能听懂，不仅能使大众更深切地理解处理好自然资源保护与开发的关系、实现国土空间合理规划和利用的重大意义，也是对编写《丛书》的国土空间规划者、学者的锤炼。

吴志强

2022 年 11 月 16 日　于上海

吴志强：中国工程院院士、德国国家工程科学院院士、瑞典皇家工程科学院院士、美国建筑师协会荣誉院院士（Hon.FAIA）。同济大学原副校长、长三角城市群智能规划协同创新中心主任、中国城市规划学会副理事长、上海市政府参事。

引　言

北京绵延起伏的山脉、宽展舒缓的平原、蜿蜒曲折的河流、碧波荡漾的湖泊、广袤的土地、丰富的矿产、优质的地下水、多样的森林等自然资源，构成了山水林田湖草等要素齐全的良好生态环境。优越的自然资源环境，孕育了古人类的诞生和城市的形成，并承载了北京 3000 多年的建城和 800 余年的建都历程。

亿万年的地质变迁勾勒塑造了北京独特的山形地貌与河湖水系；横亘于北、东、西的绵延山脉，形成了护卫首都生态环境的天然屏障；展布于东南部的辽阔平原，支撑了首都核心功能的空间延展；密布的河网，如丝丝血脉滋养着燕京大地。从 70 万年前走来的古人类开始，水、土、矿、林等自然资源的利用从未间断，它们给予了城市生命和营养，见证了古都的建设与发展。

自然资源是人类文明和社会进步的物质基础，是人类赖以生存的基本条件，作为国家发展之基、生态之源、民生之本，在经济社会发展和生态文明建设中承担着重要的支撑作用，关系着中华民族永续发展。自然资源要素众多，要素间相互作用且受人类活动影响尤为密切。尊重自然、顺应自然、保护自然，探索人与自然和谐共生之路，促进经济发展与生态保护协调统一，是新发展阶段的时代要求。绿水青山是大国首都底色，守好绿水青山、抓好生态保护，是我们的历史责任。

自然资源的利用影响着自然环境的变迁、城市规模的扩大和生产、生活、生态“三生空间”的动态变化，北京这个千万级人口超大城市的国土环境空间变得更加复杂。而这个环境空间，既是北京国土空间规划的载体，又是可改善与协调的自然集合体。让我们一同来了解我们生活的空间环境，展望首都绿水青山的未来！

目录

北京历史变迁及资源利用导图

资源环境是人类出现、文化产生、城市形成的基础。从 70 万年前周口店古人类的出现，到 3000 多年前最早的城市——“燕都”和“蓟城”的形成、800 多年前金中都的建立，再到中华人民共和国首都——北京的发展，优越的自然地理与资源环境孕育了北京城市的形成和特色文化的产生，更支撑了当代北京的建设与发展。

旧石器时代 距今 70 万年—1 万年

古人类在房山周口河畔的岩溶洞穴中生活，利用脉石英、燧石等多种石料打制石器，用赤铁矿粉进行祭祀和染色，形成灿烂的周口店古人类文化。

新石器时代 距今 1 万年—4000 年

东胡林人等现代人先后生活在北京周边的河谷或山麓，用黏土制作陶制品，用石块制作农耕工具，形成新石器文化。

周 约公元前 1046—前 256 年

在房山琉璃河畔与广安门莲花池附近分别建成了最早的城邑“燕都”和“蓟城”。这时期出现大量青铜器和铁器，并有陶瓷业和玉石的利用。

秦 公元前 221—前 206 年

在蓟城设广阳郡郡治。此时期的陶器制作和玉石利用水平高超。

汉—南北朝 公元前 206—公元 589 年

蓟城长期为王国都城或郡治所在地，从东汉起成为幽州治所，修筑了北京地区现存最古老的长城——北齐长城；石材开采、冶铁、陶瓷以及金、玉器雕刻已相当发达。

隋 581—618 年

蓟城成为涿郡治所。这时期，开凿了连接南北的隋唐大运河，房山大理石开始用于刻经，开启了著名的房山石经文化。

唐—五代 618—960 年

为幽州治所。此时期，冶铜逐渐发展，大理石开采规模加大，用于刻经和宫殿、庙宇、桥梁等建设。

辽 907—1125 年

在幽州建立陪都，改称南京，也称燕京。此间，有瓷器烧造和冶铁，煤炭资源逐步开发利用。

宋 960—1279 年

北京城址变迁（辽—清代）

金朝国都，称中都，北京从此成为封建王朝的政治中心。此时期，持续开发大理石、花岗岩等非金属矿。

金
1115—1234年

元
1206—1368年

元朝国都，称大都。完成北京城址转移，重新构建以积水潭—后海—中海水域为中心的城市格局，奠定了城市中轴线基础，开通了通惠河。因兴建大都，采石与陶瓷业及金、银、铁、煤等矿冶业十分兴盛。

明
1368—1644年

明朝国都，称北京。期间大规模修建长城，并进行城市营建，形成北京旧城规模与格局。房山大石窝汉白玉用于宫廷、陵寝等，铁、铜、煤、石材等矿产资源利用都超过前代。

清
1644—1911年

清朝国都，亦称北京。此时期，营建了“三山五园”等规模宏大、华丽非凡的皇家园林。房山大石窝汉白玉大量用于皇家建筑，私营煤窑繁盛，京西煤田勘查开启，其他采矿业也颇具规模。

中华民国
1912—1949年

经历了北洋政府时期的北京、民国北平。日伪时期，铁、锰、钨、煤等矿产资源曾遭受大肆掠夺。

中华人民共和国
1949年以来

中华人民共和国首都。城市快速发展，土地、固体矿产和水资源的开发力度不断加大，地热和矿泉水资源逐步开发利用。

伴随城市可持续发展，自然资源的开发不断优化和调整。

第一章
自然地理

表 1-1　北京市各区面积及人口数量

序号	地区	面积 / 平方千米	人口数量 / 人
1	东城区	41.8	708829
2	西城区	50.7	1106214
3	朝阳区	470.8	3452460
4	丰台区	305.9	2019764
5	石景山区	85.7	567851
6	海淀区	430.8	3133469
7	门头沟区	1448.9	392606
8	房山区	2019	1312778
9	通州区	906.3	1840295
10	顺义区	1021	1324044
11	昌平区	1342.5	2269487
12	大兴区	1036.6	1993591
13	怀柔区	2122.6	441040
14	平谷区	1075	457313
15	密云区	2229.5	527683
16	延庆区	1993.7	345671

注：1. 东城区、西城区、朝阳区、丰台区、石景山区及海淀区为中心城区，其余为郊区。

2. 各区面积数据来源:《北京市行政区划地图集》(2019 年)。

3. 各区人口数据来源:《北京市第七次全国人口普查公报 (第二号)》。

北京市立体地图

怀柔区
延庆区
密云区
昌平区
顺义区
平谷区
门头沟区
海淀区
石景山区
朝阳区
丰台区
通州区
房山区
大兴区
延庆
怀柔
密云
昌平
顺义
平谷
海淀
西城
东城
朝阳
北京
石景山
门头沟
丰台
通州
北京市
房山
大兴
喇叭沟门
长哨营
汤河口
宝山
琉璃庙
千家店
刘斌堡
香营
旧县
珍珠泉
四海
沈家营
康庄
井庄
大庄科
大榆树
八达岭
渤海
九渡河
怀北
雁栖
桥梓
十三陵
南口
流村
马池口
阳坊
百善
兴寿
小汤山
沙河
北七家
史各庄
苏家坨
天通苑北
西三旗
后沙峪
赵全营
高丽营
牛栏山
北小营
杨镇
木林
龙湾屯
杨宋
十里堡
河南寨
穆家峪
溪翁庄
石城
不老屯
冯家峪
高岭
古北口
新城子
大师庄
北庄
巨各庄
太城子
镇罗营
东邵渠
大华山
熊儿寨
刘家店
峪口
王辛庄
黄松峪
南独乐河
马昌营
东高村
马坊
大孙各庄
张镇
北务
李遂
石园
李桥
金盏
东坝
宋庄
常营
通运
张家湾
九棵树
台湖
西集
漷县
于家务
永乐店
亦庄
瀛海
西红门
黄村
鹅房
青云店
长子营
采育
安定
魏善庄
庞各庄
礼贤
榆垡
天宫院
军庄
雁翅
斋堂
清水
大台
潭柘寺
妙峰山
史家营
大安山
东辛房
长辛店
北宫
佛子庄
河北
南窖
霞云岭
蒲洼
十渡
张坊
大石窝
长沟
韩村河
琉璃河
窦店
周口店
星城
良乡
新镇
东风
青龙湖
图例
高度表（米）
3000
2500
2000
1500
1000
500
200
100
0
首都
市政府驻地
区级行政中心
乡、镇、街道、地区办
省级行政区界
在建
高速铁路
铁路
在建
高速公路
国道
在建
城市快速路

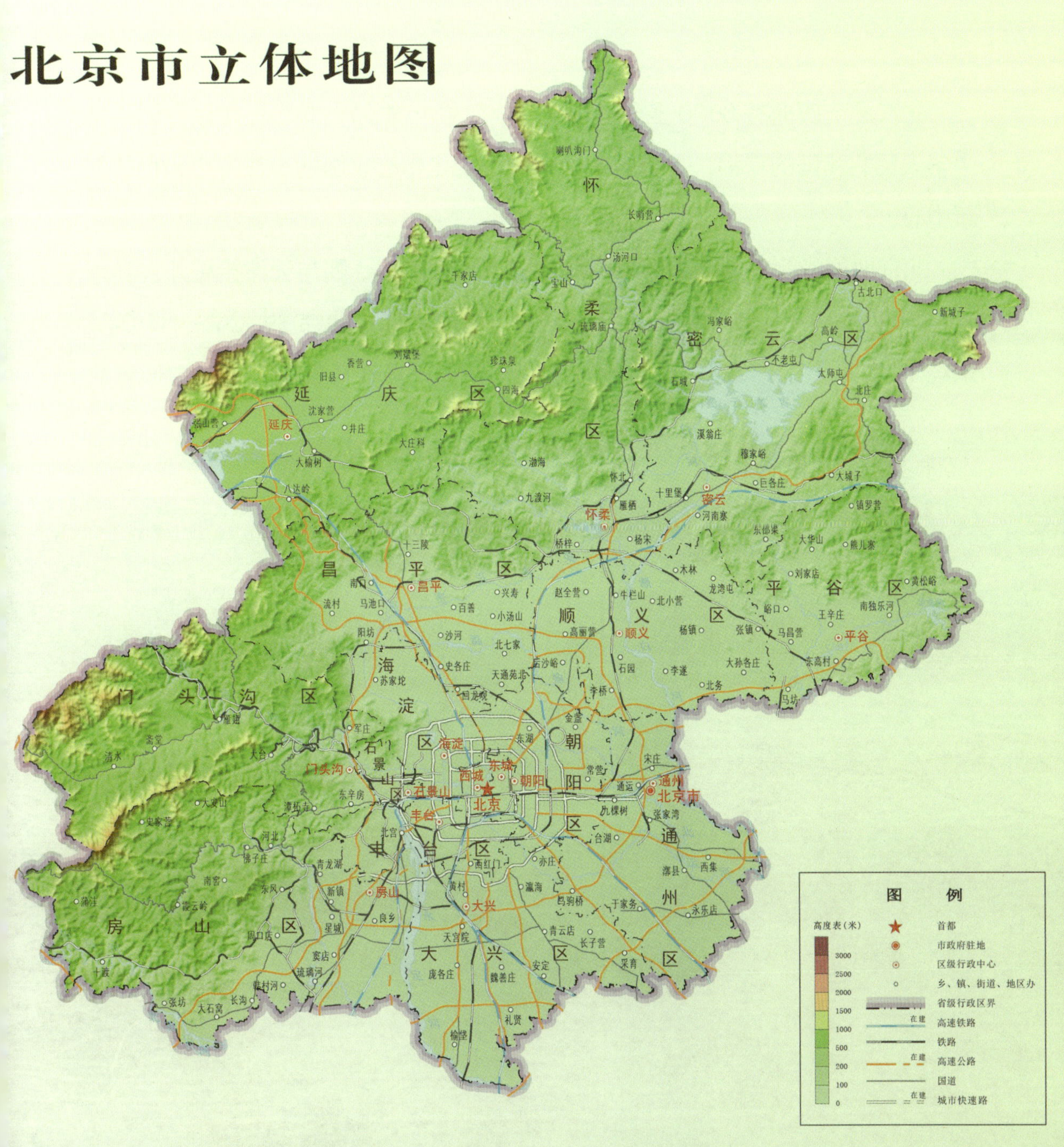

第一节　城市概况

北京是一座拥有 3000 多年建城史、800 余年建都史的历史文化名城，是中华人民共和国的首都，是全国政治中心、文化中心、国际交往中心和科技创新中心。

北京地处华北平原北部，雄踞燕山脚下，除东南一隅与天津接壤外，其余皆与河北省为邻，东南距渤海 150 千米，地理坐标：北纬 39° 26′ ~41° 04′、东经 115° 25′ ~117° 30′。明末清初的大学者孙承泽在《天府广记》中形容北

V 右拥太行、北枕居庸的北京

京的地理位置为——“幽燕自昔称雄，左环沧海、右拥太行，南襟河济、北枕居庸。苏秦所谓天府百二之国，杜牧所谓王不得不可为王之地”。

北京市行政辖区总面积为 16410 平方千米，辖东城、西城、朝阳、丰台、石景山、海淀、门头沟、房山、通州、顺义、昌平、大兴、怀柔、平谷、密云和延庆等 16 个区。

近十年来，北京的全年地区生产总值呈持续上升趋势。2021 年全年实现地区生产总值 40269.6 亿元，其中第三产业贡献的比重最大，达 81.7%；第一产业贡献的比重仅占 0.3%。

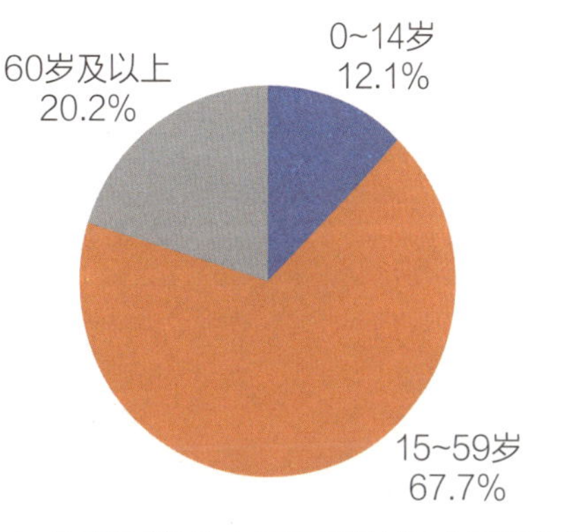

∧ 北京市常住人口年龄结构（2021 年）

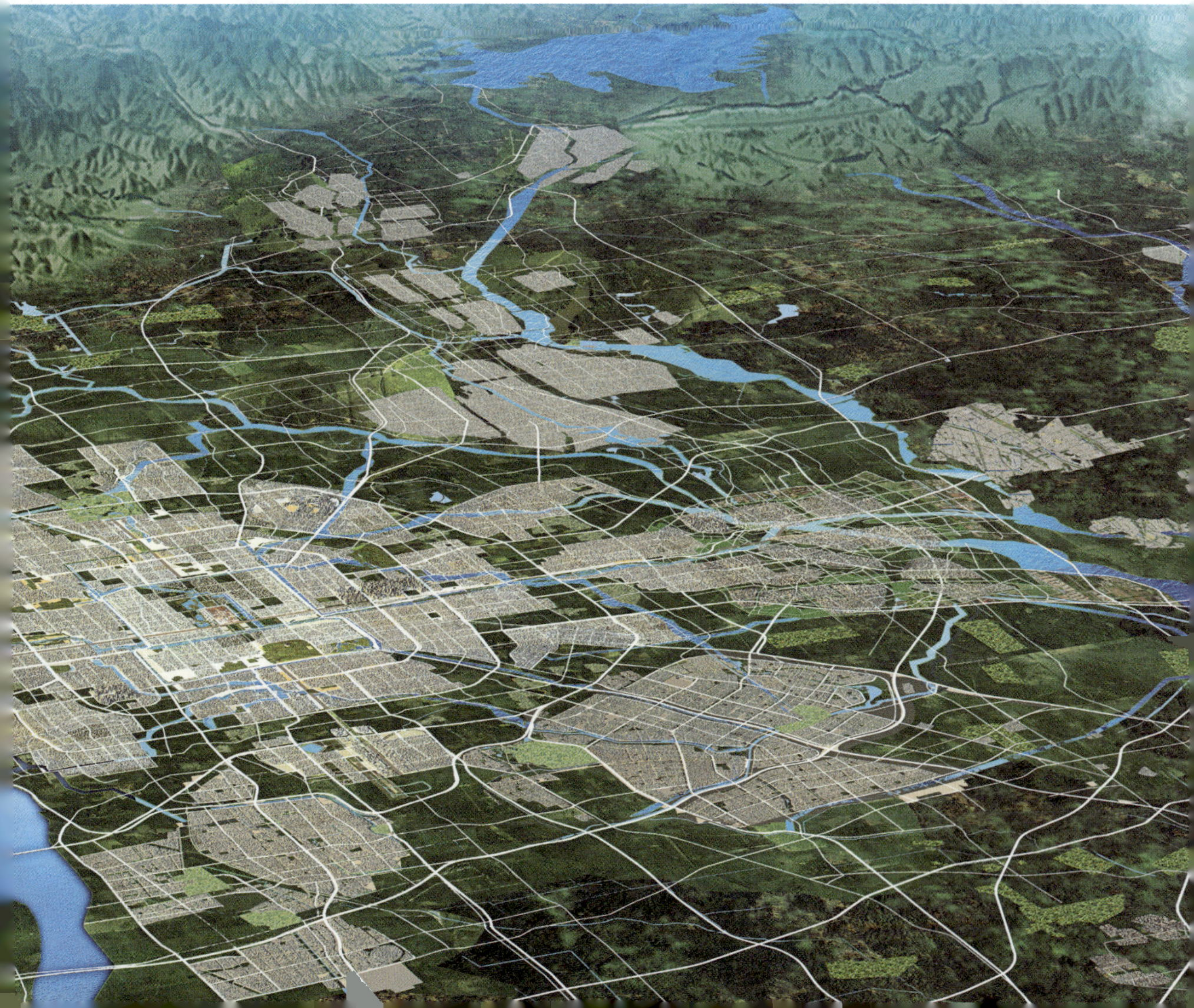

∧ 被称为“开往春天的列车”的北京市郊铁路 S2 线（金刚 摄）

在人口总量调控和非首都功能疏解政策的影响下，北京市常住人口逐渐向外疏解。至 2021 年末，全市常住人口 2188.6 万人。其中，城镇人口 1916.1 万人，占常住人口的比重为 87.5%；常住外来人口 834.8 万人，占常住人口的比重为 38.1%。

纵横交错、环绕京城的地面与地下路网让北京市内交通畅通无阻，快速发展的交通更让北京成为我国重要的交通枢纽。有京开、京藏、京承、京港澳、

京哈、京津、京昆、通燕等高速公路；有京沪、京广、京原、丰沙、京包、京通、京承、京哈、大秦等铁路干线及京津冀城际铁路、京沪高速铁路、京广高速铁路、京哈高速铁路、京雄城际铁路等铁路枢纽，辐射全国各地；有通往朝鲜、蒙古和俄罗斯的国际列车；有世界一流的航空枢纽——首都国际机场和大兴国际机场，其中大兴国际机场航站楼是目前全球最大规模的单体航站楼。

表 1-2　2020 年末北京市交通规模表

项目名称	规模
轨道交通	地铁线网：运营里程达 727 千米 市郊铁路：运营里程达 400 千米
公共汽（电）车	郊区：运营线路长度 16863 千米 城区：运营线路长度 28418 千米
公路网	总里程达 22264 千米
城市道路	城区城市道路：里程共计 6147 千米 郊区城市道路：里程共计 2258.55 千米
铁路枢纽	营业里程 1387.5 千米
空港建设	通用航空：飞机作业量共计 49906 小时 首都国际机场：定期通航航点达 262 个 大兴国际机场：定期通航航点达 161 个

自古以来，北京地区就是中原农耕文化与北方游牧文化融会交流的地带。现在，北京与天津一起作为中心引领京津冀城市群发展，带动环渤海地区协同发展，北京也成为目前世界奥运史上唯一一座既承办过夏季奥运会，又承办过冬季奥运会的“双奥之城”。

∧ 大兴机场航站楼（北京市发展改革委机场办 提供）

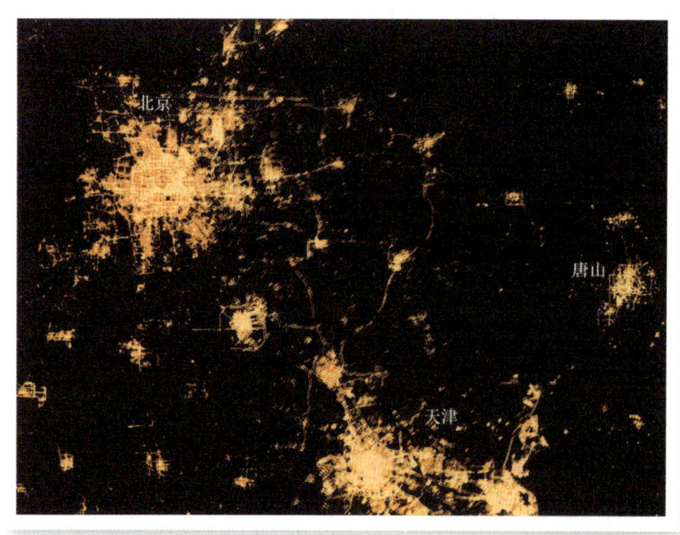

∧ 环渤海地区城市群卫星夜景图（自然资源部航空物探遥感中心 提供）

走过故宫红墙，迎面而来的是恢宏大气的古都文化；凝望人民英雄纪念碑，叩击灵魂的是慷慨激昂的红色文化；穿梭于胡同小巷，沁人心脾的是有丰厚底蕴的京味文化；蓦然回首，振奋人心的是京城日新月异的创新文化。未

∧ 冬奥延庆赛区全景图（中国建筑设计研究院有限公司 提供）

来，北京将按照城市战略定位，着力提升首都功能，做到服务保障能力同城市战略定位相适应，人口资源环境同城市战略定位相协调，城市布局同城市战略定位相一致，履行为中央党政军领导机关工作服务、为国家国际交往服务、为科技和教育发展服务、为改善人民群众生活服务的基本职责。

第二节　气候特征

北京的气候四季分明，属暖温带半湿润大陆性季风气候。春季短促，气温

∧ 颐和园的四季（赵洪山 摄）

回升快，夏季炎热多雨，秋季晴朗少雨，冬季寒冷干燥。

（一）气温

北京地区年平均气温为 10~13 摄氏度，门头沟东灵山、延庆海坨山山顶附近年平均气温最低在 2 摄氏度左右。一年之中，1 月最冷，平均气温约 -4.6 摄氏度；7 月最热，平均气温约 25.8 摄氏度。全年高温（日最高气温 ≥ 35 摄氏度）日数约 12.3 天，年极端最高气温为 35~40 摄氏度，个别年份达 42~43 摄氏度，例如，1961 年 6 月 10 日房山炒米店曾出现 43.5 摄氏度的高温，1999 年 7 月 24 日城区气温达到 42.8 摄氏度。无霜冻

北京的气象观测站

目前，北京市有 20 个国家级气象观测台站，分别是：顺义、海淀、延庆、佛爷顶、汤河口、密云、怀柔、上甸子、平谷、通州、朝阳、昌平、斋堂、门头沟、观象台、石景山、丰台、大兴、房山和霞云岭，其中观象台为北京市代表站。

期为 190~195 天，山前平原在 195 天以上，海拔每升高 100 米，无霜冻期缩短 3~4 天。

1961—2020 年，北京市年均气温为 11.4 摄氏度，近 60 年年平均气温总体呈上升趋势，升温速率为 0.19 摄氏度 /10 年，近 10 年气温均值最高。20 世纪 80 年代及以前气温总体偏低（平均值 11.1 摄氏度），20 世纪 90 年代后气温升高明显，特别是进入 21 世纪后，绝大多数年份气温较常年值（1981—2010 年，11.47 摄氏度）偏高，近 10 年（2011—2020 年）全市气温均值达 12.0 摄氏度，其中平均气温最高值排名前 3 的年份均出现在近 10 年。

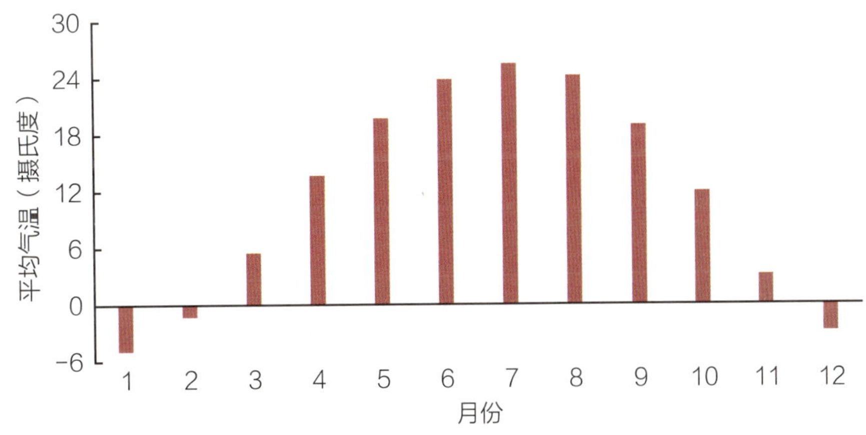

∧ 北京地区常年月均气温值

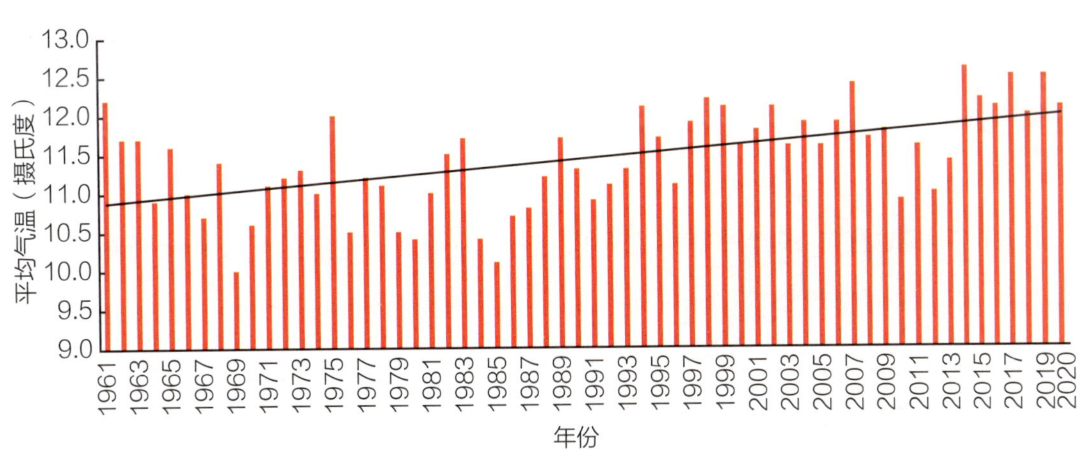

∧ 1961—2020 年北京地区年平均气温变化（杜吴鹏 绘）

（二）降水

近 60 年来，北京地区降水量波动减少，但近 10 年降水量有所回升。1961—2020 年，北京地区年降水量多年平均值为 568.6 毫米，总体呈略减少趋势，减少速率为 9.1 毫米 /10 年。其中 1961—1998 年降水量总体偏多，年均值为 590.8 毫米，但 20 世纪 90 年代末至 2010 年前后为近 60 年降水量最少阶段，年均值仅有 487.4 毫米，较常年值明显偏少。近 10 年（2011—2020 年）降水量有所回升，年均达到 581.5 毫米，较常年值（1981—2010 年，545.97 毫米）略偏多。

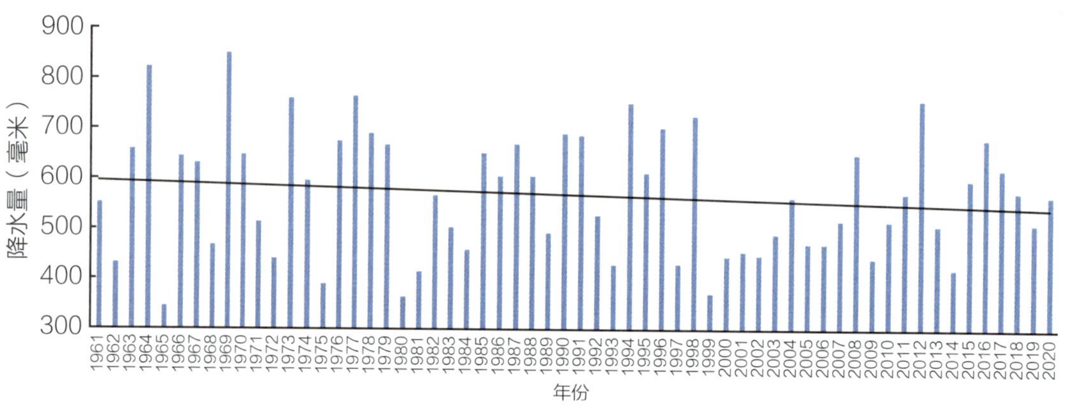

∧ 1961—2020 年北京地区年降水量变化（杜吴鹏 绘）

24 小时累计降水量对应等级划分：

1970—2021 年多年平均降水量超过 600 毫米的地区，主要分布在房山、平谷、密云和顺义等地区。

时间上，降水季节分配不均匀，全年降水的 80% 集中在夏季 6、7、8 三个月，尤其是被称为“七下八上”的 7 月下旬到 8 月上旬，降水最为集中。

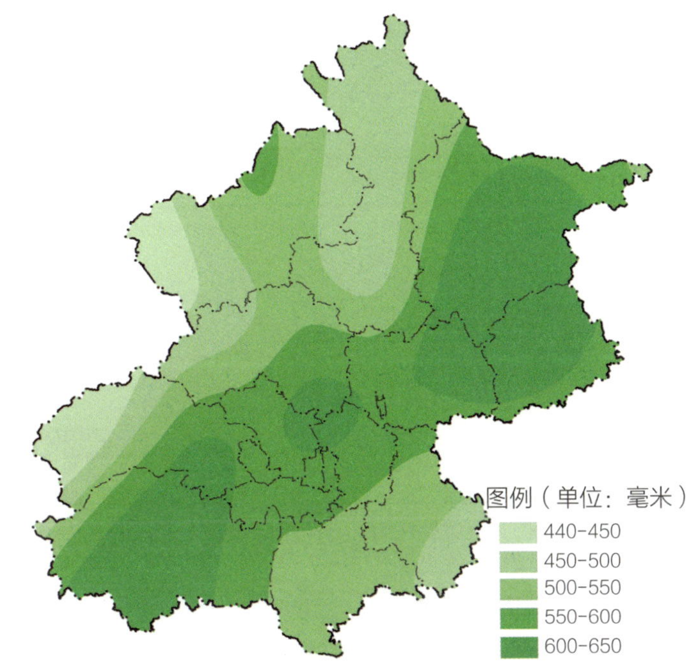

∧北京地区 1970—2021 年多年平均降水量空间分布（杜吴鹏 绘）

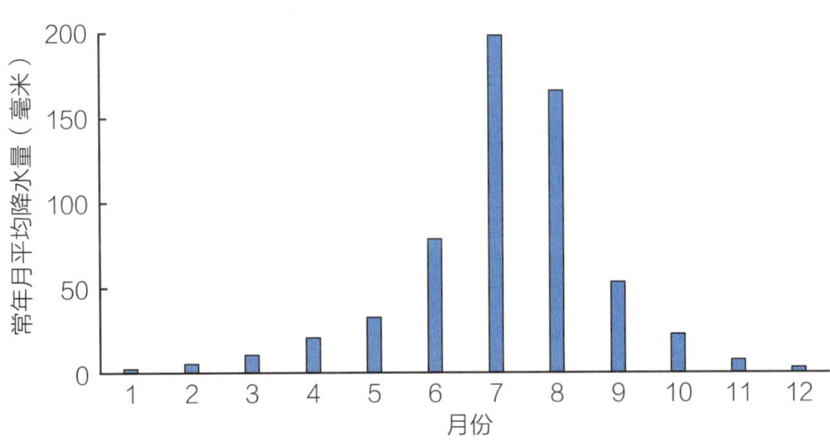

∧北京地区常年月平均降水量

（三）日照

年平均日照时数为 2000~2800 小时，以春季最多，秋季次之，冬季最少；年均最大值在延庆区和密云区古北口镇，为 2800 小时以上，最小值分布在房山区霞云岭，日照为 2063 小时。太阳总辐射量年变化曲线为单峰型，夏季最大，冬季最小，直接辐射约占总辐射的 61%。

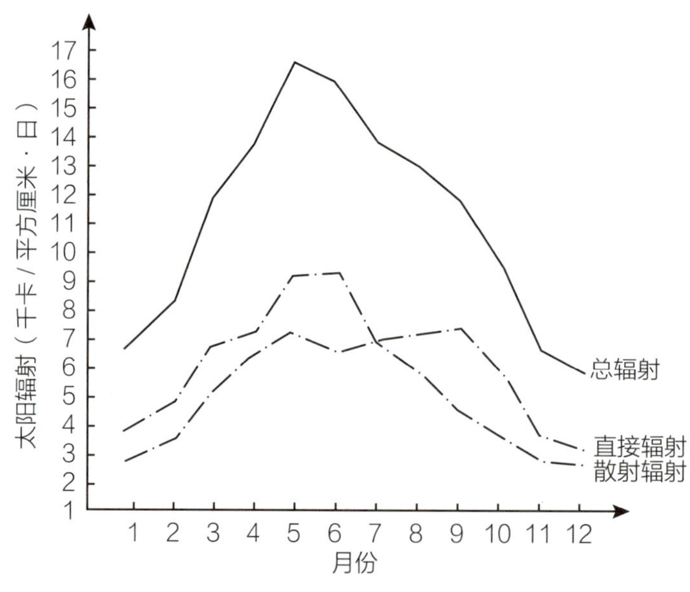

∧ 北京地区太阳辐射年变化

（四）风

风向随季节变化明显，冬季以偏北风为主，夏季以偏南风为主，春季为风向转换季节，年平均风速为 1.8~3 米 / 秒，春季风速最大，冬季次之，夏季最小。

（五）蒸发

全年蒸发量大于降水量，大部分地区年平均蒸发量 1800~2000 毫米。春季蒸发量最大，冬季蒸发量最小。地处风口的密云区古北口蒸发量最大，房山区霞云岭蒸发量最小。

（六）高影响性天气

旱、涝、冰雹、寒潮、暴雨、雷击、沙尘暴和雾霾等是北京地区主要的高影响性天气类型。其中暴雨是夏季最常见高影响性天气，也是导致城市内涝和山区地质灾害的主要诱因。2012 年 7 月 21 日的暴雨曾造成市区多处严重积水；降水量超过 100 毫米的山区发生多处崩塌、滑坡、泥石流等地质灾害。2014—2021 年，观象台霾日数呈先增加后减少趋势，其中，2014—2016 年霾日数较多，2017 年后霾日数明显减少，2021 年霾日数为 38 天，为过去 8 年最低值。近年来，气象观测的热岛强度整体呈增强趋势，但受绿化增加、城市生态环境改善等

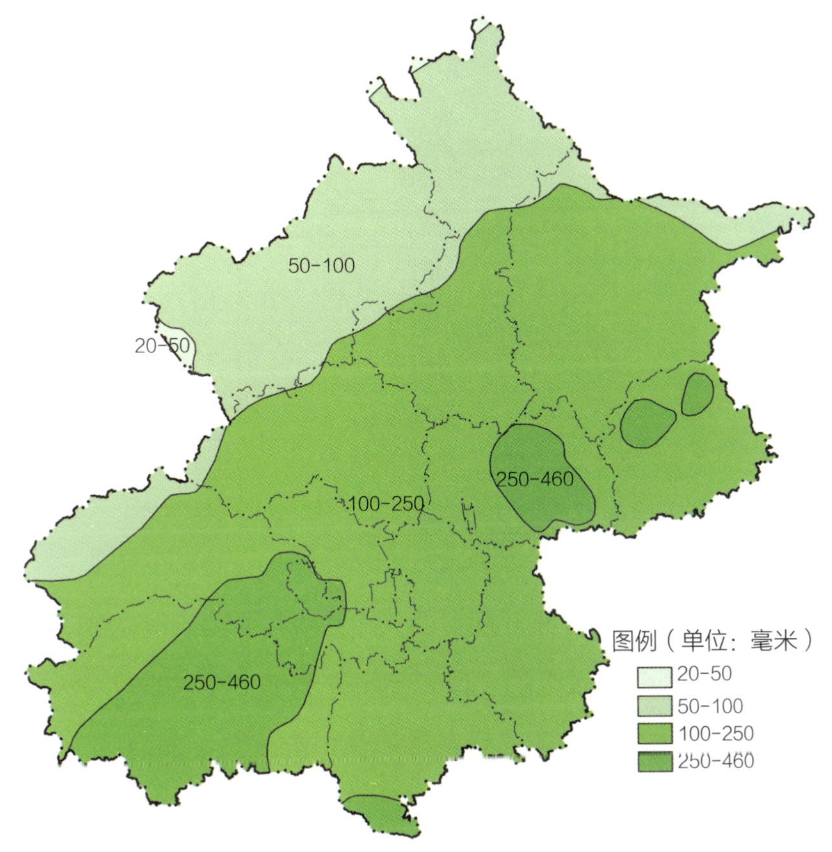

∧北京市"7.21"特大暴雨降雨量分布图（2012 年 7 月 21 日 10 时—22 日 06 时）

因素影响，热岛效应增温率变缓，1981—2021 年增温率为 0.24 摄氏度 /10 年。

第三节　地形地貌

地貌是地表外貌各种形态的总称，是自然环境最基本的组成要素之一，对气候、植被、土壤、水文等其他自然环境要素起控制作用。按成因可将地貌划分为风化和重力地貌、流水地貌、湖泊地貌、岩溶地貌、花岗岩地貌、冰川和冻土地貌、风成地貌、海岸带地貌、河口地貌、三角洲地貌等。按形态结构和规模可划分为巨型地貌、大型地貌、中型地貌和小型地貌，其中巨型地貌包括大陆和洋盆，大陆地貌表现为山地和平原。

表 1-3　地貌类型划分（按海拔高度）

地貌类型		海拔高度 / 米
山地地貌	极高山	>5000
	高山	5000~3500
	中山	3500~1000
	低山	1000~500
	丘陵	<500
平原地貌	高原	>600
	高平原	600~200
	低平原	200~0
	洼地	<0

我国地势西高东低，像阶梯一样自西向东逐渐下降，陆地常被划分为三级阶梯，其中平均海拔 4000 米以上的“世界屋脊”青藏高原构成了第一级阶梯，高原上喜马拉雅山脉的主峰珠穆朗玛峰是世界第一高峰；平均海拔 1000~2000 米的内蒙古高原、黄土高原、云贵高原和塔里木盆地、准噶尔盆地、四川盆地构成了第二级阶梯；平均海拔 500~1000 米以下的东北平原、华北平原、长江中下游平原，以及平原边缘的低山和丘陵构成了第三级阶梯。北京地区位于第三级阶梯华北平原的北部。

珠穆朗玛峰

2020 年 12 月 8 日，中国与尼泊尔共同向全世界正式宣布——珠穆朗玛峰最新高程为 8848.86 米。

一、神奇的“北京湾”

北京地势总体西北高、东南低，西、北、东北三面环山，东南部为山前倾斜、面朝渤海的平原。西部山区是太行山山脉北部起点，地质工作者常称其为西山，是我国地质工作的“摇篮”；北部、东北部山区被称为军都山，属燕山山脉，地质工作者常称其为北山。太行山山脉和燕山山脉呈夹角之势，二者于昌平南口关沟交界，巍峨的山脉成为天然屏障，守卫着京师重地。

太行山又名五行山、王母山、女娲山，北起北京市西山，向南延伸至王屋山，呈东北—西南走向绵延400余千米，纵跨北京、河北、山西、河南，是我国重要的地理分界线，以西为黄土

西山——中国地质工作的摇篮

19世纪后半叶，国外地质学家首先对西山进行了详细的地质考察。20世纪初，我国培养的第一批地质学者对西山进行了较系统的地质调查，编写了第一部由中国人自己完成的地质学专著——《西山地质志》，开启了中国近现代地质调查的先河。著名的“燕山运动”的提出、“北京人头盖骨”的发现、我国第一座地震台的建立、国内最早地质人才培养和地学研究基地的设立都源自西山，北京西山承载着中国地质学研究的兴起和繁盛，因此被称为“中国地质工作的摇篮”。

∨ 长城盘踞的燕山山脉（赵洪山 摄）

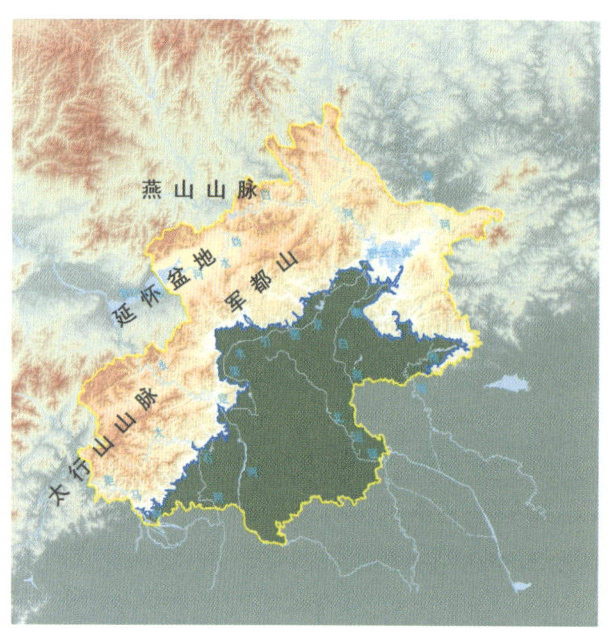

∧ 神奇的“北京湾”

高原，以东为黄淮海平原。

燕山山脉西起张家口，东至山海关，长约 420 千米，是我国北部著名的山脉之一。主峰东猴顶位于河北省承德市，海拔 2292.6 米；第二高峰为位于北京市延庆区的海坨山主峰大海坨山，海拔 2241 米。2021 年，依托大海坨南部的小海坨，建成了国家高山滑雪中心和国家雪车雪橇中心。因山脉被滦河、潮河等河流切割，形成了喜峰口、古北口等许多隘口。

远远望去，山区与平原的过渡地区好似一条海岸线，拥着向东南展开的半圆形北京小平原这片“海”，整体轮廓犹如大陆边缘的“海湾”，人们形象地称之为“北京湾”。

北京山地面积 10072 平方千米，占全市面积的 61.4%，最高点位于门头沟区东灵山，海拔 2303 米；平原面积 6338 平方千米，占 38.6%，最低点位于通州区柴厂屯一带，海拔 8 米。

以形态结构和规模为依据，可将北京地貌划分为中山、低山、丘陵及平原等类型；若以成因为依据，可将北京地貌划分为构造地貌、剥蚀地貌和堆积地貌等类型。

二、山地地貌

北京山地地貌主要包括中山、低山、丘陵、山间盆地。北部山区蕴藏铁、金等金属矿产资源，岩石多为质地坚硬的石英砂岩和花岗岩等，在差异

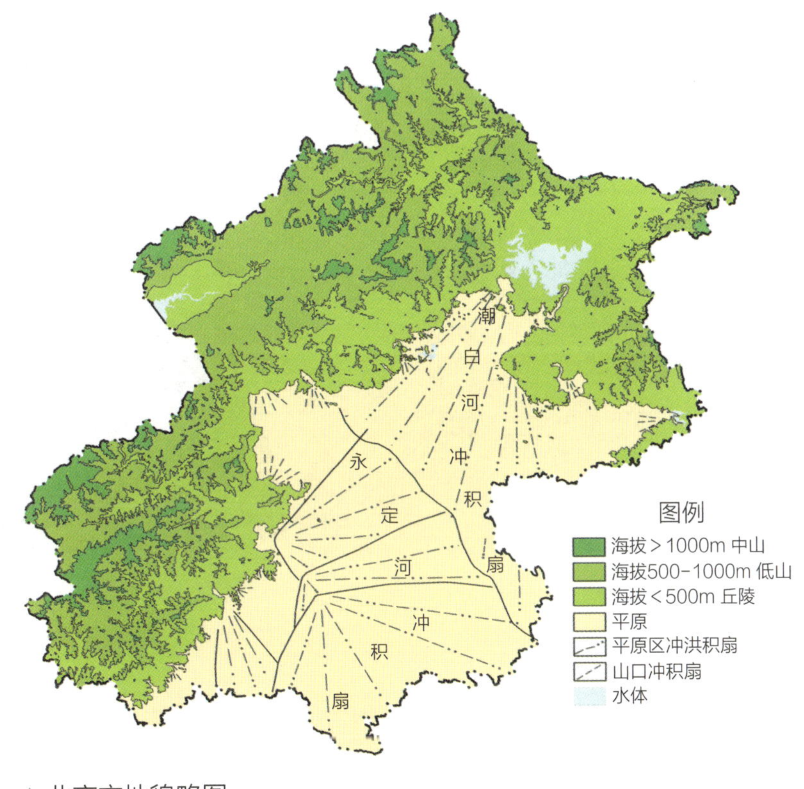

∧ 北京市地貌略图

风化、球状风化等地质作用影响下，多形成峰林、峰丛、孤峰和障谷等砂岩地貌景观，以及象形石、悬石和壶穴等花岗岩地貌景观。西部山区盛产煤炭、大理岩等矿产资源，岩石多为灰岩、白云岩等碳酸盐岩，在风化和岩溶等地质作用下，形成了独特的中国北方岩溶地貌，例如峰丛、洞穴等地貌景观。

（一）中山地貌

北京地区的中山地貌多为地势上的制高点或流域的分水岭，北部中山主要包括海坨山—佛爷顶、燕羽山—凤驼梁、黑坨山—云蒙山等，西部中山主要包括东灵山—黄草梁、全树塔—梁家山、白草畔—百花山—清水尖、上寺岭—猫

碳酸盐岩

指碳酸盐类矿物（方解石、白云石等）含量超过 50% 的沉积岩，常见的碳酸盐岩有石灰岩、白云岩、泥灰岩等。

∧ 中山地貌——箭扣长城（田思维 摄）

耳山等，其中门头沟区最西边的东灵山是北京的最高点，比五岳最高峰华山的南峰还高出 148 米。总体上，中山地带山峰耸立，沟狭坡陡，植被破坏少，景色优美，是城市生态涵养区的顶层屏障，但部分地带属地质灾害易发区。

（二）低山地貌

低山区属于城市生态涵养区，主要分布在中山外围地带，其地势较中山

∨ 低山地貌——昌平区延寿（苗礼义 摄）

低，山体坡度也相对较缓，山顶和山梁较平缓。这些区域内流水切割侵蚀作用较强，流经的潮河、白河、拒马河、大石河、永定河等形成了众多的山间峡谷。低山峡谷水资源丰富，常修建水库以调蓄水源和发电，例如怀柔青龙峡、门头沟珍珠湖（珠窝水库）等。

（三）丘陵地貌

丘陵地貌主要位于山区与平原过渡地带，多呈馒头状，丘顶浑圆，一般不连续，与平原区界线不明显。北部丘陵主要分布在昌平南口—九里山山前、怀柔庙城—密云西智山前、密云水库周围地带，如九里山、棉山、大汤山、小汤山、牛栏山和二十里长山等；西部地区主要分布在房山和海淀山前地带，如石景山、老山、八宝山、田村山、玉泉山等，都属于山前岛状丘陵地貌。

（四）山间盆地

被山地围限、中间低、四周高的盆状地形称为山间盆地。位于北京西北部的延庆，北、东、南面被燕山山脉环绕，西临官厅水库，是一个典型的山间盆地。地理上，延庆盆地是延怀山间盆地的一部分，它像一个北东向延展的袋子，地势北东高、南西低，从盆地边缘至中心依次有中山、低山、丘陵、黄土台地、洪积扇、河流阶地等地貌。盆地边缘山地海拔 500~2241 米，最高点位

V 丘陵地貌——平谷地区（刘鸿 摄）

∧ 延庆盆地

于海坨山主峰大海坨山；盆地内海拔 480~600 米，妫水河川流而过，河流二级阶地构成了盆内小平原，整体地势舒缓平坦。青山环绕、林城相依的延庆盆地生态环境宜人，曾获得“国家森林城市”的称号。

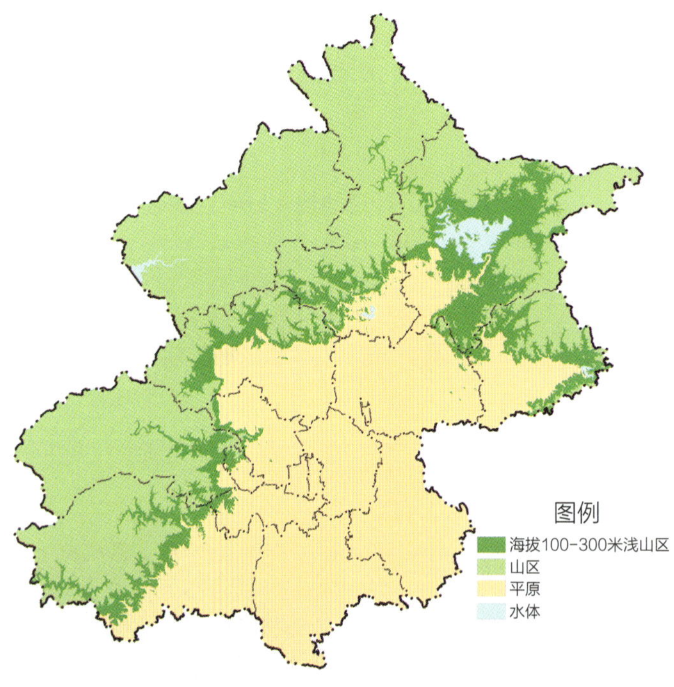

∧ 北京市浅山区分布图

山区与平原的过渡区域被称为浅山区，指的是海拔 100~300 米的地带，包含了丘陵与山前平原的一部分。浅山区地形较为舒缓，生态环境优美、资源矿藏丰富、文化底蕴深厚，是首都城市建设发展的第一道生态屏障，是首都环境治理能力的展示窗

∧ 秋季的舞彩浅山（申淑云 摄）

口，是超大城市生态文明示范地区，是山区居民共享共生的美丽家园，是千年古都历史文脉的传承源地。随着小城镇特色化发展、美丽乡村建设、长城文化带和西山永定河文化带保护、东北部水源涵养等发展规划的推进与落实，浅山地区为首都城乡发展做出了重要贡献。需要说明的是，浅山区并非自然地理中的地貌单元，但它在北京地区具有特殊的功能，因此将其特别阐述。

三、平原地貌

河流冲洪积作用形成的平原，地势平坦、土壤肥沃，是人类文明诞生的摇篮，例如尼罗河流域文明、黄河流域文明、长江流域文明等。北京平原地貌主要包括冲洪积平原、山前洪积扇、平原河道与漫滩、湖泊洼地等地貌形态，不仅为古人类提供了较好的生存环境，也为现代城市的发展、地下空间等资源的利用提供了所需的自然地理条件。

（一）冲洪积平原

河流千百万年的流淌、摆动与冲淤，在北京地区形成了由西北向东南缓慢倾斜的冲洪积平原，它由多个相互叠压、交错的冲洪积扇组成。其中，永定河与潮白河冲洪积扇构成的平原地带面积最大，约占平原区面积的 70% 以上，二者大致以温榆河为界，东部为潮白河冲洪积扇，西部为永定河冲洪积扇。大清河、北运河和蓟运河也是塑造北京平原的重要河流，它们与永定河、潮白河等河流一起冲淤形成了广袤的平原，为高楼林立的都市建设和城市发展奠定了地理地貌基础。此外，冲洪积扇复杂、交错的物质组成，以及活跃的人为因素影响，也为地面沉降、地裂缝等提供了发育、发展的地质环境。

洪积扇

暂时性或季节性河流出山口后变成多河床辨流形成的一种扇状堆积地形。

（二）山前洪积扇

主要分布在昌平、房山、平谷的山前地带。这些洪积扇的顶部位于山口地带，坡度较大，堆积物以粒径粗大的砂砾石为主；中下游坡度变缓，堆积物粒

∨ 西山远眺北京（赵洪山 摄）

径逐渐变小，过渡到砂和黏土质物质；扇体的前缘和冲洪积平原交错相遇，并逐渐融为一体。山前洪积扇因各自的水、土等条件不同，土地利用方式存有差异。

（三）平原河道与漫滩

北京平原河道纵横，其中永定河、潮白河、北运河、泃河、拒马河河道较宽，河床纵坡较平缓，沿途常有一些河漫滩，属于行洪区域。

> **古河道与河漫滩**
>
> **古河道：** 地质历史或人类历史上被废弃的河谷。
>
> **河漫滩：** 平水期露出水面，洪水期淹没的谷底部分。

（四）湖泊洼地

历史上北京地区河流流域面积很广，河道经过了多次改道、摆动和迁移。在这个漫长的过程中，沿古河道形成了众多的湖泊与洼地，例如什刹海、中海、南海、紫竹院、龙潭湖、陶然亭等。如今，这些湖泊洼地大部分被建成了景色优美、环境宜人的景观地。

∧ 永定河大兴段的河道与漫滩（蒙格平 摄）

∨ 陶然亭公园（赵洪山 摄）

四、典型地貌景观

北京近三分之二的地区是山地地貌，由于这些地区形成环境、动力来源、岩石类型等因素的不同，构成了形态鲜明、造型独特的地貌景观，主要有岩溶地貌、花岗岩地貌、砂岩地貌、构造地貌和曲流峡谷地貌等，成了一道亮丽的风景线。

（一）岩溶地貌

受海相沉积作用等因素影响，房山、门头沟和平谷地区广泛分布着碳酸盐岩，在岩溶作用下形成的丰富岩溶地貌是中国北方半干旱与半湿润气候地区岩溶景观的典型代表。以房山世界地质公园为代表的岩溶地貌已享誉国内外，是进行岩溶地貌研究和景观展示的重要区域；位于大石河流域

∧ 房山石花洞的岩溶石柱

岩溶地貌

岩溶地貌又称喀斯特地貌，是指可溶性岩石在地表水和地下水的冲蚀和溶蚀作用下，形成的峰林、峰丛、峰柱、嶂谷、天坑等地表地貌景观，以及暗河、溶洞及其洞内沉积等地下地貌景观。

下游南岸闻名中外的石花洞是我国北方已探明洞穴中次生化学沉积类型最丰富的洞穴之一，洞内沉积景观绚丽多彩；此外，北京地区星罗棋布的岩溶洞穴还是古人类文化产生的重要载体，周口店古人类就栖息和劳作在岩溶洞穴中。

与我国南方强烈化学风化作用下形成的山体浑圆、婉约秀美的岩溶地貌相比，北京地区的岩溶山体气势宏大、

∧ 房山十渡的墙状山（赵洪山 摄）

∨ 雄伟的密云云蒙山花岗岩地貌

∧密云云蒙山花岗岩天门洞（韦京莲 摄）

∧延庆大海坨花岗岩体古崖居（周圆心 摄）

挺拔壮丽，物理风化作用远大于化学风化作用，例如以板状山、墙状山、塔状山和柱状山组合而成的房山十渡岩溶峰丛景观，就十分陡峭而旖旎。

（二）花岗岩地貌

花岗岩一般是由地球深部岩浆侵入活动形成的，北京地区的花岗岩绝大部分形成于距今约 2 亿~1 亿年间，主要分布在房山、昌平、延庆、怀柔和密云山区。历经亿万年的造山运动及风化剥蚀后，形成了现今岩石裸露、崖壁陡峭的花岗岩地貌景观，以八达岭、云蒙山、莲花山等地区的花岗岩地貌最为雄伟壮观，延庆大海坨、海淀阳坊、昌平碓臼峪、密云古北口及房山岩体等花岗岩地貌也十分典型。在球形风化、流水磨蚀等作用下，还常形成一些独特的微地貌景观，如蘑菇石、天门洞、壶穴等，极具观赏性。古人开凿于延庆古崖居花岗岩壁上的洞窟群是我国迄今为止发现的最大的古崖居遗址，其具体来历至今仍是未解之谜。花岗岩地貌对研究区域地质构造、火山运动、人类文明演化等具有重要参考价值。

（三）砂岩地貌

在北京众多的岩石类型中，有一种红色的砂岩十分独特。这种红色砂岩形成于距今约 18 亿年前，主要分布在平谷区黄松峪，其原始地层形成年代比张

∧ 平谷黄松峪砂岩孤峰

家界砂岩峰林早十多亿年。由于岩石中含有一定量的钾长石，同时胶结物中含有大量铁质，因此呈红色。在构造节理、差异风化、重力崩塌、流水侵蚀和溶蚀等因素综合作用下，形成了我国北方典型的峰丛、峰林、孤峰、嶂谷等砂岩地貌景观。

（四）构造地貌

在漫长的地质时期，北京地区经历了多次海陆沉浮和剧烈的构造运动，形成了众多的褶皱山、断裂谷等构造地貌。我们在山区常能见到的有单斜山、断裂谷、嶂

∧ 房山大石窝北尚乐村的构造地貌（房山世界地质公园管理处 提供）

谷、一线天（张裂隙）等构造地貌形态，它们是记录北京地区地质变迁的印记，也成为了地质研究和旅游观赏的重要目的地之一。

构造地貌

地质构造和构造运动起主导作用形成的地貌形态主要分三级：第一级是大陆和洋盆，第二级是山地与平原，第三级是地质构造受外力地质作用剥露的地貌形态，如单面山、断裂谷等。

（五）曲流峡谷地貌

蜿蜒在北京山区的白河、永定河和拒马河形成了典型的曲流峡谷地貌。河流两岸山峰高耸，河曲深切迂回，呈坡高谷窄的“V”字形河谷。俯瞰峡谷曲流，它们像蛇一样折转舞动，景致妩媚多姿。深切曲流是北京市地表水资源供给的重要通道，也是生态保护的重点地段，但受地质条件影响，崩塌现象较多。

∧白河密云段深切曲流地貌（韦京莲 摄）

第四节　地质印记

地质

指地球或地球某一部分的性质和特征。地质学家通过对保存于岩石、地层、化石、构造形迹中的记录进行研究，从而勾勒出地球诞生数十亿年来的成长历程。

地球诞生于距今约46亿年前，自形成以来，地球乃至整个宇宙都在不停地变化着，而“地质”正是这一切变迁的参与者及最好的记录者，它一言不发，却真实地记录了地球成长的每一个阶段。一个地区的地质条件，不仅控制着该地区的矿产资源分布、环境地质问题类型，同时还影响着城市规划的制定及环境资源的可持续开发利用。

人类发展史上的变迁可以按出现的先后顺序用“历史年代”进行记述，同理，地球演化史被地质学家划分为多个“地质年代”。目前，地质学家将地球历史划分为冥古宙、太古宙、元古宙和显生宙四个一级地质年代，“宙”是最大一级地质年代单位，与其对应的“宇”是最大一级年代地层单位。在一定地质年代内形成的具有某种共同特

年代地层单位与地质年代单位的关系

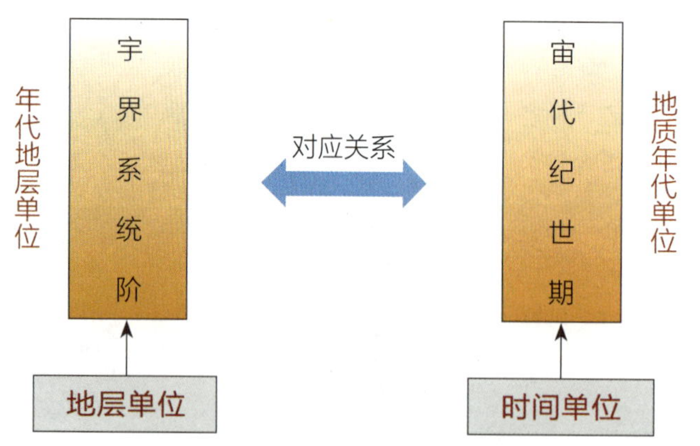

注：地质年代表示的是地球历史上的时间概念，年代地层是相应时间内形成的地层。

征或属性的层状岩石体，地质学家称其为“地层”，地层记录了其形成时地球的古地理、古气候、地壳活动、生命演化等情况。

一、地质变迁

在漫长的地质历史中，北京地区经历了沧海桑田的变迁，既曾化身为海，让物质不断沉积，又曾通过剧烈的地壳运动形成山脉与平原。比对国际地层划分，除缺失个别地层外，北京地区太古、中－新元古、古生、中生和新生代时期形成的地层基本齐全，地质工作者称之为“五代”同堂的北京地层。

∧ 延庆千家店近直立地层（延庆区自然保护地管理处 提供）

地层形成初期，按新老顺序呈水平或近水平层状堆积，但在火山活动、板块挤压拉伸等作用下，地层的层状特征很容易遭到破

> 北京地质略图（杨誉博 绘）

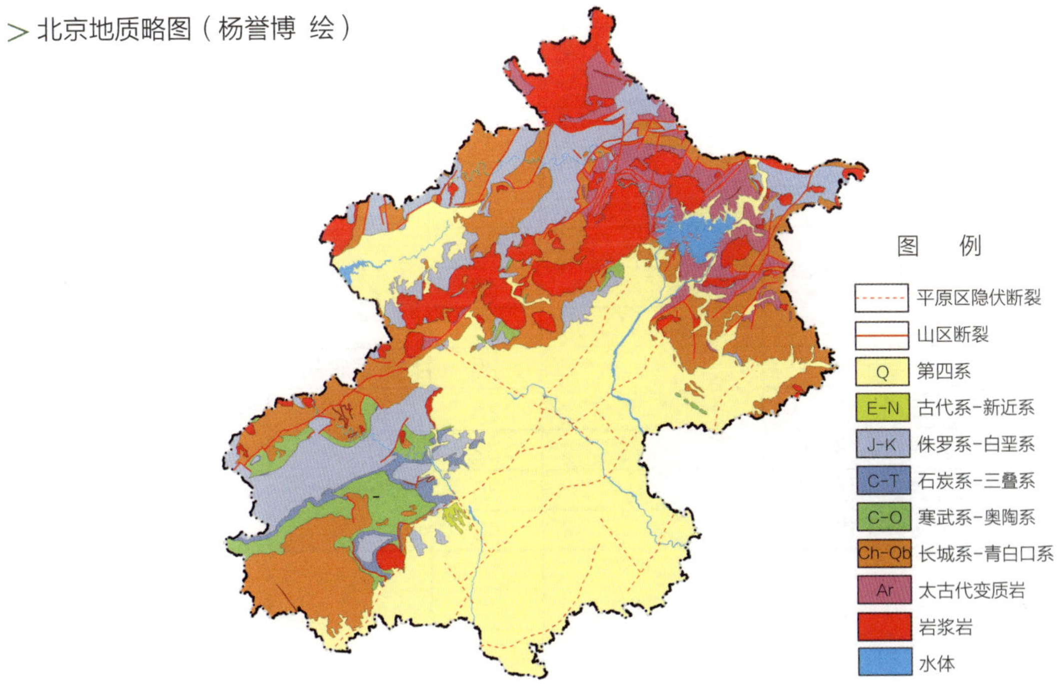

表 1-4　北京年代地层表

年代地层（地质年代）单位			地层底界距今时间 / 亿年	主要地层岩性	构造运动	生物发展
宇（宙）	界（代）	系（纪）				
显生宇（宙）Ph	新生界（代）Cz	第四系（纪）Q	0.0258	砂土、黏土、砾石等	新构造运动、喜马拉雅运动	人类出现 哺乳动物 被子植物
		新近系（纪）N	0.23	山区地层缺失		
		古近系（纪）E	0.65	泥砂岩、砾岩 地层缺失		
	中生界（代）Mz	白垩系（纪）K	1.45	玄武岩、凝灰岩、砾岩、砂岩、泥岩等	燕山运动	恐龙时代 裸子植物
		侏罗系（纪）J	2.01			
		三叠系（纪）T	2.51	地层缺失	印支-海西运动	
	古生界（代）Pz	二叠系（纪）P	2.98	泥岩、砂岩等		蕨类植物 无脊椎动物
		石炭系（纪）C	3.58			
		泥盆系（纪）D	4.19	地层缺失		
		志留系（纪）S	4.43		加里东运动	
		奥陶系（纪）O	4.85	灰岩		
		寒武系（纪）∈	5.41			
元古宇（宙）Pt	新元古界（代）Pt_3	震旦系（纪）Z		地层缺失		原始藻类
		南华系（纪）Nh				
		青白口系（纪）Qb	10			
	中元古界（代）Pt_2	待建系（纪）Pt_2^3	14	白云岩、石灰岩，碎屑岩、碱性玄武岩等	晋宁运动	
		蓟县系（纪）Jx	16			
		长城系（纪）Ch	18			
	古元古界（代）Pt_1		25	地层缺失	吕梁运动	
太古宇（宙）Ar	新太古界（代）Ar_3		28	表壳岩		
	中太古界（代）Ar_2		32	未保留地层		全球极少保留地质形迹记录
	古太古界（代）Ar_1		36			
	始太古界（代）Ar_0		40			
冥古宇（宙）Hd			46			

∧ 跨越数亿年的相遇——地层缺失现象

坏而变形，发生上下颠倒、破裂、弯曲、直立等。当缺乏可供物质沉积下来的自然环境或暴露于剥蚀环境中时，地层会因沉积间断和缺失而变得不再连续。

数十亿年的地质演化进程，在北京地区留下了丰富的地质印记，形成了瑰丽的山水风貌。“五代同堂”的多彩岩石、丰富多样的地貌组合、变幻莫测的神奇洞穴等，共同组成了北京独特的山水画卷。

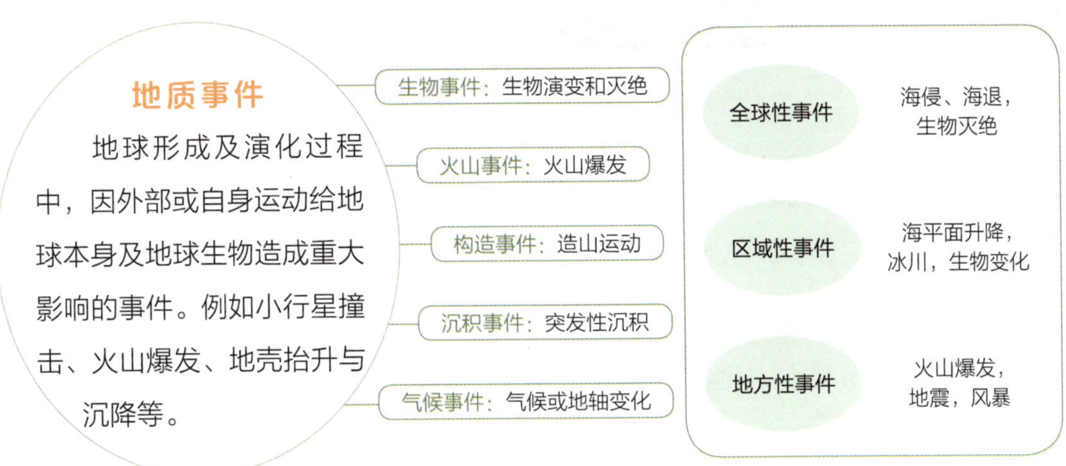

（一）混沌初始的地球（Hd-Ar_{0-2}）

在最古老的冥古宙及太古宙中前期，新生地球一直处于炼狱般的外来撞击、岩浆剧烈喷发的环境中，内部温度极高。这一时期的北京地区和全球绝大多数其他地区一样，基本没有地质形迹记录保留。随着时间的推移，地壳、地幔逐渐形成，地球由炽热的“火球”变为能孕育生命的“水球”。

（二）有迹可循的新太古代（Ar_3）

北京地区能找到地质现象予以佐证的地球演化史，最早可以追溯到距今约28亿年前的新太古代时期，其证据是在密云、怀柔地区发现的北京地区最古老的岩石——密云岩群。

新太古代主要为变质岩岩系，分布在密云、怀柔地区，此外在平谷区镇罗营、昌平区德胜口、房山区关坻、延庆区红石湾及门头沟碾台等地也有分布，在长期的地壳运动过程中受多期变质变形作用影响，地层层序遭到了严重破坏。

∧ 熔岩流侵入石英砂岩

在新太古代，北京及其相邻地区的大陆地壳形成，并完成了从新生到青年期半成熟的演化。但这个精力充沛、力量无穷的青年地壳却极不稳定，火山大规模间歇性喷发、地震频繁且凶猛，大量的熔岩流动，变质作用十分强烈。在这个荒芜的地质时期，北京地区形成了丰富的铁矿资源，如著名的密云沙厂沉积变质型铁矿。

（三）海中浮沉的中－新元古代（Pt_2-Pt_3）

随着时间的推移，地壳的能量逐渐释放。进入距今约25亿年的元古宙后，华北板块大陆地壳从强烈的活动状态中慢慢稳定下来，没有发生强烈而普遍的构造变形和火山活动，地壳主要以抬升和下降为主。北京地区经历了数次海侵、海退过程，直到距今7.8亿年左右，伴随地质上的蓟县抬升运动，北京地区整体抬升成为陆地。

在这漫长的海陆变迁过程中形成的中元古代—新元古代地层广泛分布于西山、军都山等地区，约占北京山区面积的三分之一，以海相沉积为主，岩性主要是白云岩、石灰岩等碳酸盐岩，为岩溶地貌的形成奠定了基础；其次为碎屑岩、碱性玄武岩等。地层中的火山晶屑、异地沉积、较高的有机质和硫含量等迹象，反映出这一地质时期发生了火山活动、地震、海侵等地质事件。

海侵与海退

海侵：大陆地壳下降时，海水入侵，地表被海水侵漫，经历海相沉积作用。

海退：大陆地壳抬升时，海水退去，化身为陆地，接受剥蚀作用。

受岩浆活动影响，这期间形成了罕见的岩石——密云沙厂斜长环斑花岗岩；在延庆四海等地形成了含锰赤铁矿矿床。此外，元古宙是藻类生物出现并逐渐繁茂、完成从低级向高级演化的重要发展时期，因此地层中保存有丰富的叠层石和微古植物化石。

∧ 延庆千家店地区中－新元古代海相沉积地层（延庆区自然保护地管理处 提供）

∧ 房山十渡的叠层石——最早的生命印记

（四）生命爆发的古生代（Pz）

距今约 5.4 亿年时开始，地球演化进入了地质历史时期的“古生代”，也终于进入了整个地史过程中最稳定的一个阶段，地壳升降变得缓慢，火山活动也不再频繁，但海侵、海退事件仍然交替出现。

寒武纪（∈）中期到奥陶纪（O）早期，北京地区经历了显生宙以来持续时间最长、规模最大的一次海侵事件，海域范围极广，整个北京地区全被海水覆盖，广泛沉积了以灰岩为主的碳酸盐岩。同元古宙沉积的碳酸盐岩一样，它们成为岩溶洞穴形成的重要岩性层，如房山地区的周口店洞群和石花洞洞群就分布在奥陶纪石灰岩中。这一时期还形成了丰富的灰岩矿，例如鲁家滩熔剂用灰岩矿、丁家滩电石用石灰岩矿等。到距今约 4.6 亿年时，北京地区上升为陆地，遭受了剥蚀与夷平，并使地势趋于平坦。

∧ 周口店山顶洞的奥陶纪灰岩

∧ 三叶虫化石

距今约 3.2 亿年时，地壳再次开始缓慢的升降运动，伴随着海水的入侵与撤退，石炭纪（C）、二叠纪（P）地层逐渐沉积形成，主要分布于京西门头沟区、房山区、石景山区及海淀区，顺义及通州平原地区新生代沉积物之下也有分布，主要岩性为碎屑岩。石炭纪、二叠纪时期，北京地区植被十分繁盛，沼泽广布，是北京地区重要的成煤时期之一，形成了如房山大安山煤矿、门头沟王平村煤矿等。

提起古生代的大事件，寒

寒武纪生命大爆发

距今约 5.6 亿~5.2 亿年前，大量动物门类在约 4000 万年的时间内，突然而快速地相继出现。在这个不足地球年龄 1% 的时间段内，大多数现生动物门类和一些已经灭绝的动物门类的祖先诞生，并发生了快速的生态类型分化和生态领域扩张，初次形成了以动物为主导的海洋生态系统。这个生命历史上唯一的一次动物门类大爆发事件，被称为寒武纪生命大爆发。我国云南的澄江生物群是揭示这一事件的关键证据，证实了寒武纪大爆发的真实存在。

武纪生命大爆发首当其冲。北京地区这一时代出现了以三叶虫为主的大量古生物，还有蜓类、非蜓有孔虫、腕足类、双壳类等海生动物，以及典型的华夏植物群。

（五）恐龙称霸的中生代（Mz）

距今约 2.5 亿年开始，地质时期进入了中生代，其间的侏罗纪（J）、白垩纪（K）是以恐龙为代表的爬行动物和大量裸子植物繁盛时期，恐龙逐渐繁盛并占领地球。这期间，北京及我国东部地区都经历了最为激烈的构造岩浆活动，我国地质学界将其称为燕山运动。火山喷发、岩浆活动、构造变动使得北京地区原有的地质地貌格局发生了剧变，也拉开了山岳与平原布局分化的序幕。中生代还是北京优势矿种大理岩矿和花岗岩矿形成的时代，也是金、铜、铅、锌、钨、钼等金属矿产的爆发成矿时期。

塑造北京地貌雏形的燕山运动

地质学家将距今约 2.60 亿~0.65 亿年间称为燕山期，这一时期发生了剧烈的陆内造山地质事件——燕山运动。受燕山运动影响，北京地区地壳活动强烈，岩石圈被剧烈改造与再造。到燕山期末，北京地貌格架已基本形成。

∧ 门头沟斋堂的侏罗纪砾岩

三叠纪（T）地层以砾岩、岩屑质砂岩为主，底部有底砾岩分布，市重点文物保护单位“八大处—宝珠洞”就因底砾岩丰富且形态如珍珠而得名。

侏罗纪（J）地层岩性以玄武岩、凝灰岩、砾岩、砂岩、泥岩为主，主要分布在门头沟、延庆等地区。地层中含有著名的门头沟植物群及双壳动物群化石，延庆千家店发现了北京地区首个恐龙活动证据——恐龙足迹化石。侏罗纪地层还是北京地区重要的含煤地层，与之有关的煤矿有门头沟大台煤矿、木城涧煤矿和千军台井田等。

∧ 延庆千家店恐龙足迹化石（延庆区自然保护地管理处 提供）

白垩纪（K）地层岩性以火山角砾岩、凝灰岩、玄武岩、砾岩、泥岩、砂岩为主，地层中含有著名的房山生物群及由狼鳍鱼、东方叶肢介、三尾拟蜉蝣共同构成的热河生物群化石。

（六）人类登场的新生代（Cz）

从距今约 6500 万年起，地质时代进入了最年轻的新生代时期，高等哺乳动物和被子植物逐渐发展繁盛起来。北京地区再次经历了强烈的构造变动——喜马拉雅运动及新构造运动，西北部地区继续隆起抬升形成山地，东南部地区在河流的作用下形成了广袤的平原，现今西北高、东南低的“北京湾”逐渐形成。

距今约 258 万年开始，地史时期进入了第四纪（Q），曾经在太行山、燕山山麓激荡的海水逐渐向东退去，携带大量泥沙的河流逐渐出现。在古永定河等河流的冲淤和堆积作用下，平原与山间河谷地区广泛堆积了砂土、黏土和砾石等物质；房山等地区岩溶地貌逐渐发育，大量洞穴陆续出现，形成了一种特殊的沉积类型——洞穴堆积。周口店洞穴堆积中有大量的角砾岩、砾岩、砂和泥砂等，部分洞穴堆积中有丰富的古人类化石与文化遗存，以及大量哺乳动物化石。

∧ 永定河阶地砂砾石堆积

进入第四纪以后，适宜的气候、充足的水源、丰富的动植物和可居住的环境，为人类的登场以及城市的形成与发展提供了良好的条件。距今约 70 万年前到 4000 年前，有多个阶段的古人类相继出现在北京地区，他们成为最早的北京“居民”。3000 多年以来，随着都城的建立和人口的增加，北京已成为千万级人口的超大型城市。

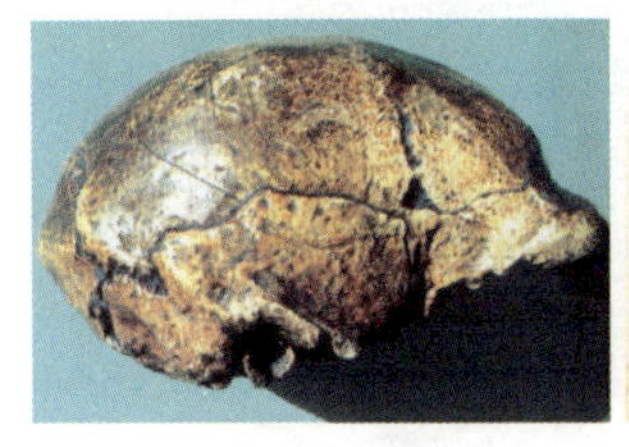

“北京人”头盖骨

石器

骨饰品

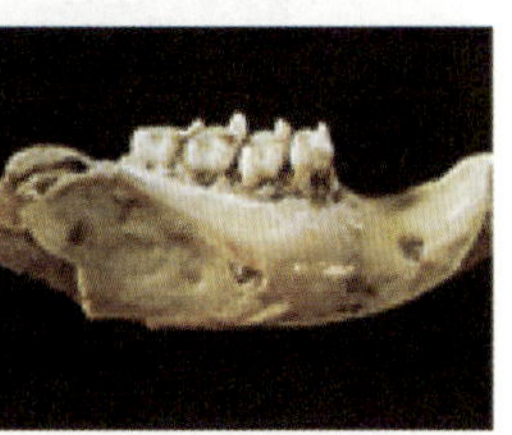

动物化石

∧ 周口店遗址的古人类化石、文化遗存和动物化石

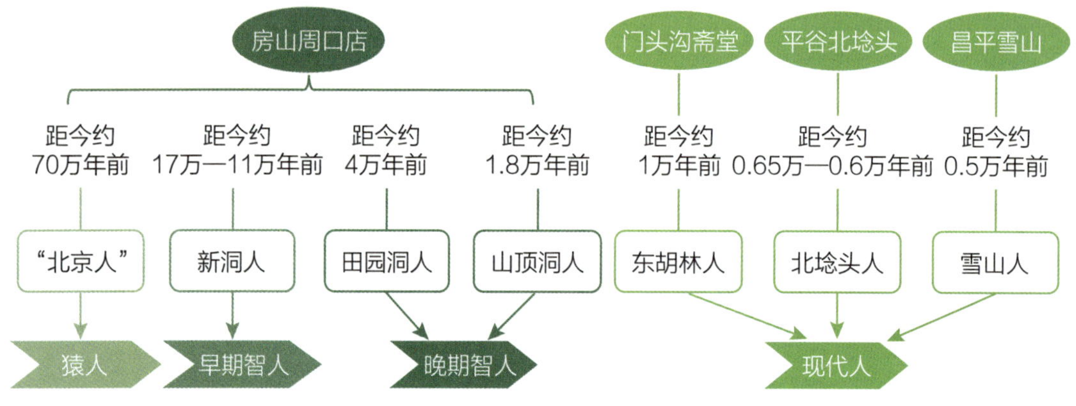

∧ 北京地区发现的古人类化石遗迹

二、多样的岩石

岩石是天然形成的由一种或多种矿物组成的固态集合体，根据其成因可以分三大类——岩浆岩、沉积岩和变质岩，三大岩类彼此区别明显而又联系密切，像亲密无间而又各司其职的“三兄弟”，成为组成地壳及上地幔的物质基础。在地球表面，沉积岩分布最广，约占陆壳面积的 75%；但在地壳中，岩浆岩和变质岩所占体积更大，其中岩浆岩约占地壳岩石体积的 64.7%，变质岩约占地壳体积的 27.4%。

北京地区三大岩类均有分布，其中岩浆岩范围最大，占 47%，主要广布在

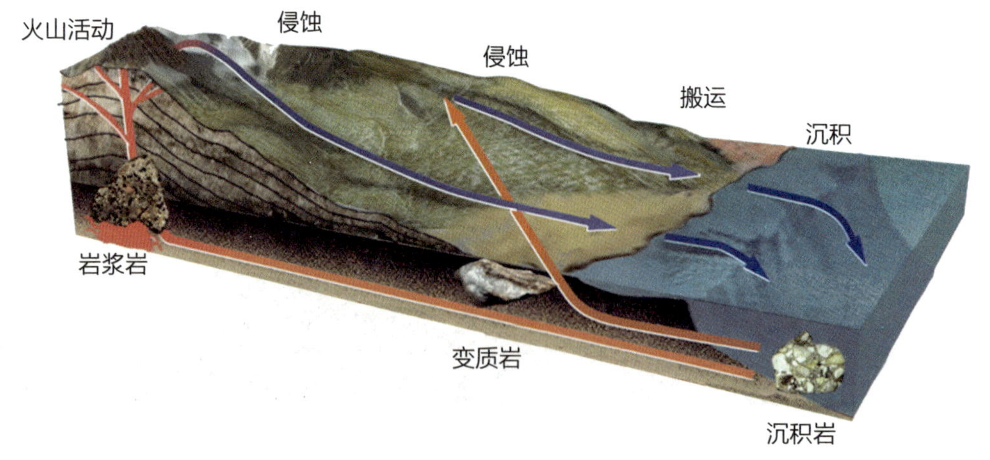

∧ 三大岩类相互转换关系示意图（张奕 梁天璞 绘）

北部山区；沉积岩次之，占33%，西部山区则以沉积岩为主；变质岩最少，占20%。岩石的类型、分布，对土壤的形成特征和农作物的生长发育有着重要影响。例如，房山地区广泛分布着的灰岩，为磨盘柿的成长提供了适宜的土壤环境；炭质页岩等含硒高的岩石，成为房山周口店、石楼镇和琉璃河地区土壤富硒的主要来源之一；山区富钾黏土质粉砂岩、页岩及云蒙山花岗岩，成为潮白河和蓟运河流域土壤钾的主要来源。

什么是矿物和造岩矿物?

矿物是组成岩石的基本单元，是由地质作用形成的、在正常情况下呈结晶质的元素或无机化合物。已知的矿物有4000多种。造岩矿物是指组成岩石的矿物，常见的只有20~30种，以石英、长石、云母等硅酸盐矿物为主，占全部造岩矿物的90%以上。

∧ 主要造岩矿物（以花岗岩为例）

（一）岩浆岩

岩浆岩是指岩浆在侵入地下或喷出地表后冷却凝结而成的岩石，该类岩石在地壳中占主要地位。岩浆侵入地下冷却凝结形成侵入岩，例如我们经常见到的花岗岩；岩浆喷出地表后冷却凝结形成喷出岩，又称火山岩，例如玄武岩。

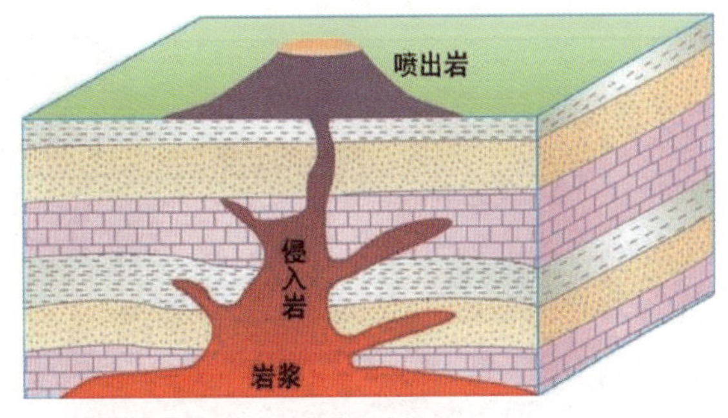

∧ 岩浆岩类型

地质历史上，北京地区岩浆活动频繁，以中生代燕山运动最为强烈，地表形成了大范围的岩浆岩。其中，侵入岩出露面积约 2700 平方千米，主要包括花岗岩、花岗闪长岩、石英二长岩等；火山岩出露面积约 2000 平方千米，主要包括火山碎屑岩类、玄武岩等熔岩类岩石。广泛而剧烈的岩浆活动，促使北京地区形成了铁、金、银、钼、铜、铅、锌等众多内生金属矿。

岩浆岩特点

◎一般为块状的结晶岩石，有气孔、杏仁等构造

◎岩体与周围岩石一般有明显的界线，大多数都有淬火边

◎岩石中没有生物遗迹

杏仁玄武岩（门头沟）

安山岩（延庆）

花岗岩（密云）

闪长岩（密云）

∧ 几种岩浆岩

< 岩浆岩山体（火山岩，门头沟）

（二）沉积岩

沉积岩特点

◎成层性，层状明显，即层理构造显著

◎有化石，常含有古生物遗迹化石

◎有痕迹，一些层面留有波痕、泥裂等痕迹

沉积岩是指由成层沉积的松散沉积物固结而成的岩石，主要分布在大陆地表。北京地区沉积岩分布广泛，面积约 3360 平方千米，主要包括石灰岩和白云岩等碳酸盐岩类，砾岩与砂岩等碎屑岩类，斑脱岩、角砾岩、凝灰岩等火山碎屑岩类。沉积岩大多形成于海侵、潮水、风暴、河流、湖泊及沼泽等环境之中，伴随着沉积作用的推进，形成了白云岩矿、硅石矿、耐火黏土矿等沉积型矿产资源，例如佛峪口—营门大型石英岩矿床等。

砾岩（门头沟）

白云岩（房山）

竹叶状灰岩（房山）

凝灰岩（延庆）

∧几种沉积岩

> 沉积岩（薄层白云岩，房山）

（三）变质岩

在构造活动、岩浆活动、地壳热流变化等变质作用影响下，岩石的矿物、化学成分和结构构造发生变化，形成变质岩。北京地区变质岩包括麻粒岩、片麻岩、变粒岩、斜长角闪岩、斜长辉石岩、板岩、千枚岩、片岩、大理岩等。形成于距今约 25 亿年前新太古代时期的变质岩，主要分布在北部的密云地区，变质程度深，以片麻岩和变粒岩为主；形成于中元古代晚期—中生代中期的变质岩，主要分布于西部的房山地区，变质程度较低，主要有板岩、片岩、大理岩等，著名的房山汉白玉就是大理岩的典型代表。

变质岩特点

◎是岩浆岩或沉积岩在变质作用下形成的一类新岩石

◎岩石重结晶明显，有典型的变质矿物，如绢云母、石榴子石等

◎具有片理构造等一定的结构和构造

∧ 变质岩开采面（大理岩，房山）

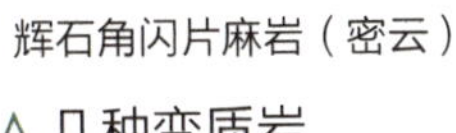

辉石角闪片麻岩（密云）

板岩（房山）

大理岩（房山）

汉白玉（房山）

∧ 几种变质岩

三、地质构造

由于地壳或岩石圈的运动，导致岩层从初始的水平状态发生倾斜、弯曲、错动、断开、碎裂等变化，使其原有的形态和空间位置发生改变，形成“地质构造”。褶皱和断裂是最基本的地质构造类型，是地壳运动发展演变的重要记录。

（一）褶皱

褶皱是指岩层受水平挤压应力发生一系列连续弯曲的韧性变形地质现象，岩层向上弯曲称为背斜，向下弯曲称为向斜。

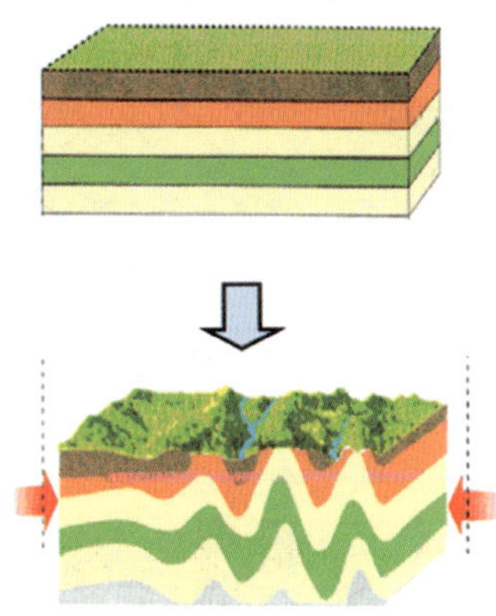

∧ 褶皱形成过程

数十亿年间，北京地区形成了规模级别不等、形态复杂多样的褶皱构造，例如尚庄子—仓术会向斜、宝金山背斜、沙厂—墙子路背斜、燕家台复式背斜、门头沟复式背斜、北岭叠加向斜、八达岭箱式背斜、百花山向斜、髫髻山向斜等，不胜枚举，西山就是由一系列北东向褶皱山系组成的。褶皱对地貌、矿产、水系等形成和分布都有重要的影响，例如位于延庆千家店的石槽复合背斜，是石槽铜矿区的控岩控矿构造。

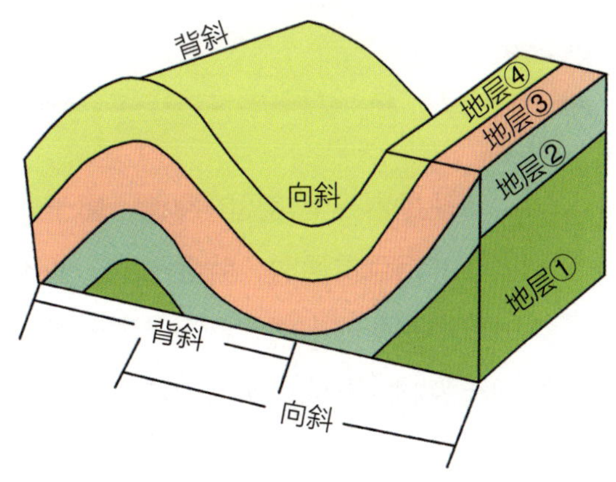

∧ 褶皱示意图

∧ 密云云蒙山的平卧褶皱

（二）断裂

当作用于岩石的力超过岩石的强度时，岩石便会发生破裂，破裂后的岩石沿破裂面没有发生相对位移的称为节理，也叫裂隙；若发生相对位移则称为断

节理

节理是岩石上常见的裂缝，属于一种构造地质现象。当岩石出现多个方向的裂缝，并相互贯通时，就会形成一些不稳定岩石块体，易形成崩塌，如密云至怀柔的琉辛路两侧山体，岩石节理密集，常发生崩塌。在碳酸盐岩地区，节理裂隙有利于溶洞的形成，如房山广布的碳酸盐岩受节理发育影响，形成了数量众多的岩溶洞穴。

∧ 房山十渡的岩石节理

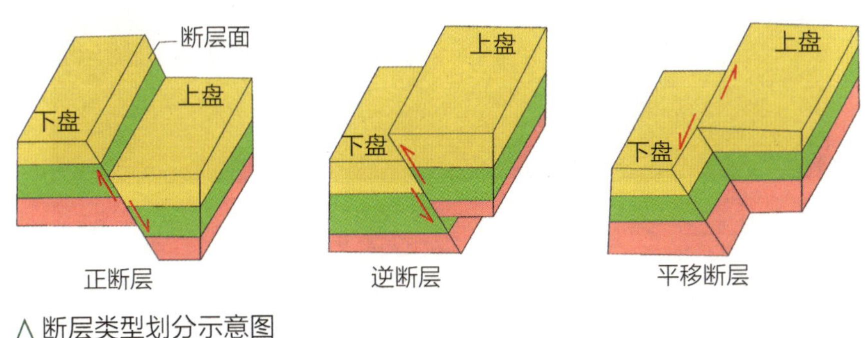

∧ 断层类型划分示意图

层，断层可根据位移方向进一步划分为正断层、逆断层、平移断层。断裂对岩浆活动、区域构造、矿产资源、地形地貌的形成与分布有明显的控制作用，强烈的断裂活动会产生地震、地质灾害和河流改道等，几组断裂的交汇部位、拐点或端点附近是地震发生或影响显著的地带。

赤城—长哨营—古北口—承德深断裂、太行山山前断裂、涿县—丰台—怀柔—白马关深断裂、黑峪口—居庸关—良乡西深断裂、沙厂—墙子路大断裂、沿河城—南口—琉璃庙断裂带等是北京地区主要的区域断裂，这些断裂规模大、切割深，经历了长期而复杂的发展演化过程。

对城市规划建设制约性显著、与人类活动休戚相关的断裂，主要是距今1万年以来仍在活动的断裂，地质学上称之为“活动断裂”。断裂的活动会导致地震、地质灾害和河流改道等，尤其是多组断裂的交汇部位、断裂拐点或点附近是地震发生或影响显著的地带。北京地区的主要活动断裂包括黄庄—高丽营断裂、南口—孙河断裂、顺义断裂、夏垫断裂等，除南口—孙河断裂为北西向外，其余基本都呈北东向展布。受多种因素影响，活动断裂带沿线可能会出现地裂缝和地面塌陷，造成房屋开裂、桥梁损毁、轨道交通变形等。

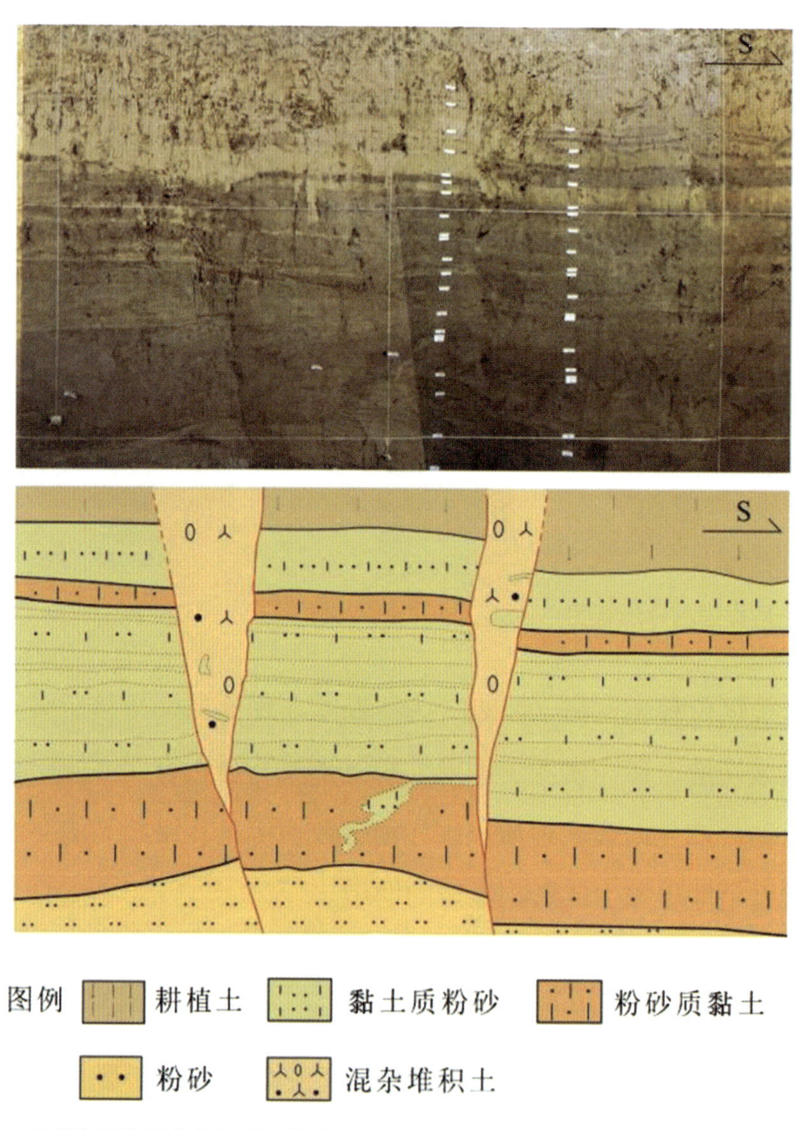

∧ 探槽揭露断裂活动引起的地层蠕滑变形（何付兵 提供）

第五节　土壤植被

一、沃腴的土壤

土壤作为陆地生态系统的重要组成部分，是人类和动植物生存不可替代的环境因子，是富含腐殖质的细粒而松散的生物风化作用的产物，而富含腐殖质也是土壤区别于其他松散堆积物的主要标志。

（一）土壤类型

北京全市土壤可划分为 7 个土类、18 个亚类和 62 个土属。

表 1-5　北京市土壤类型划分一览表

序号	土壤类型	亚类	垂向分布特征
1	山地草甸土	山地草甸土	海拔 1900 米以上中山顶部平台缓坡
2	山地棕壤	山地棕壤、山地生草棕壤、山地粗骨棕壤	海拔 700~800 米以上的山区
3	褐土	淋溶褐土、普通褐土、碳酸盐褐土、褐土性土、潮褐土	海拔 40 米以上的山麓平原及 700~1000 米的低山丘陵
4	潮土	褐潮土、潮土、砂礓潮土、湿潮土、盐潮土	冲积低平原、山区河谷、冲洪积扇扇缘地带
5	沼泽土	沼泽土	积水洼地
6	水稻土	潴育水稻土、潜育水稻土	各类洼地
7	风砂土	风砂土	永定河、潮白河等河道两侧

（二）分布特征

褐土是北京市面积最大、分布最广的土壤类型；潮土是京郊平原面积最大的土壤类型，也是全市产量最高的粮田土壤类型。

北京地区土壤中的有益元素主要为硒和钾，富硒土壤主要分布于昌平区的南口地区和流村镇，石景山区，房山区的周口店地区、石楼镇和琉璃河地区，在故

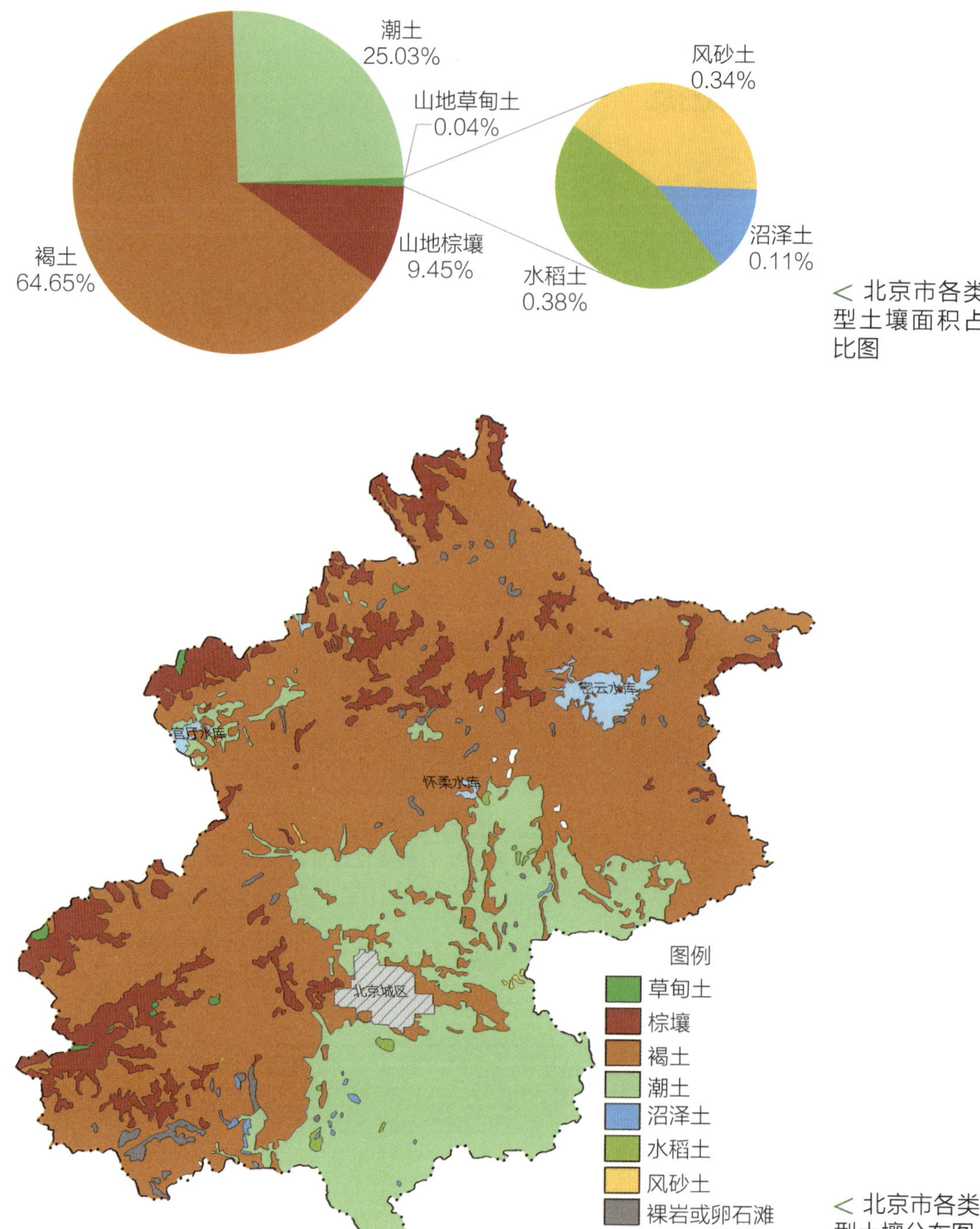

< 北京市各类型土壤面积占比图

< 北京市各类型土壤分布图

宫西侧，大兴区的黄村地区，通州区的台湖镇，朝阳区等地区零星分布；富钾土地资源区分布在潮白河、蓟运河流域，以及怀柔、密云和平谷山前平原区。受人类活动影响，极少数地区土壤中含有机氯农药，以及汞、镉、砷等有害元素。

（三）母质对土壤形成的影响

北京地区的成土母质因素主要包括各类岩石的风化产物和第四纪松散沉积物。

> **土壤母质**
>
> 成土因素主要包括气候、生物、母质、地形、水文、成土时间及人为影响等。母质是土壤形成的物质基础，其机械组成和化学成分直接影响土壤的形成、属性和肥力状况。

其中，山区的花岗片麻岩、片麻岩、流纹岩等酸性岩类的风化产物主要形成发育良好的山地棕壤和山地淋溶褐土；砂岩、砾岩、石英岩、石英砂岩、页岩等硅质岩类的风化产物主要形成山地粗骨褐土和山地淋溶褐土；安山岩、玄武岩、闪长岩等中性和基性岩类的风化产物形成的土壤类型复杂，以粗骨土壤为主；石灰岩、白云岩等碳酸盐岩类的风化产物主要形成山地粗骨褐土、淋溶褐土、碳酸盐褐土等；黄土状母质形成山地淋溶褐土、普通褐土等。

平原区全新世冲洪积形成的壤质沉积物分布广泛，是北京地区主要的母质类型，形成潮褐土、褐潮土和潮土；黏质沉积物主要形成黏性潮土、砂姜潮土、湿潮土及水稻土等；砂质沉积物主要形成砂潮土、褐土性土或风砂土，即人们常说的白砂土。

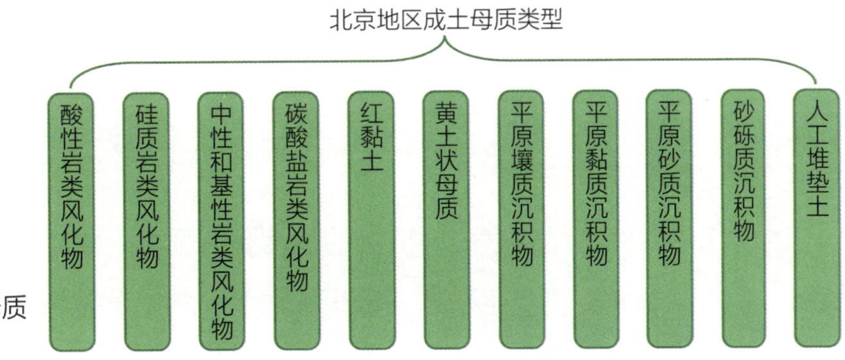

> 北京地区成土母质类型

二、繁茂的植被

植被是碳达峰、碳中和目标实现的主要因素之一。北京地区植被类型主要为暖温带落叶阔叶林和温带针叶林，植物种属成分不仅受自然条件的制约，同时也受到人类活动的干扰。

（一）地质史上北京植物群系变迁

植被的分布和生长与温度、湿度等多种因素有关，地质历史上冰期、间冰期的交替出现，必然对北京地区植物群的分布造成影响，植物群系的变迁也是研究古气候、古地理等问题的重要参考。

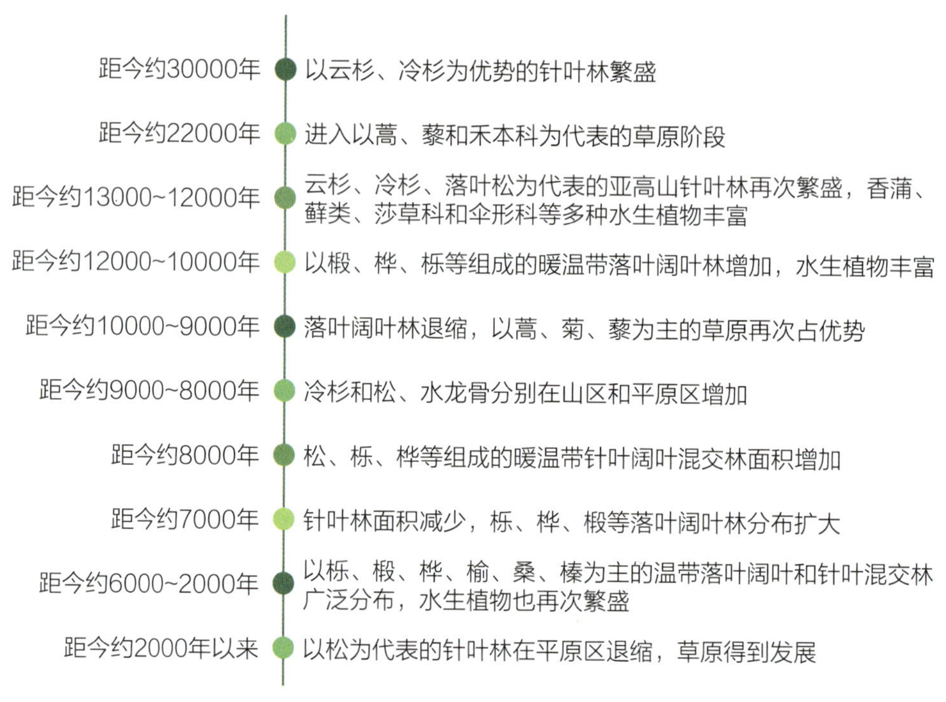

∧ 北京地区地质史上植物群系变迁

（二）植物分布特征

当前气候条件下，北京山区植物的生活型有乔木、灌木、木质藤本、寄生植物、多年生草本、一年生草本、水生植物等，其中草本植物占绝对优势。华北落叶松、油松林、蒙古栎林、白桦林、山杨林等森林植被广泛分布；优势灌木有柔毛绣线菊、三桠绣线菊、荆条、孩儿拳头等，其中荆条和三桠绣线菊分布最为广泛；优势的草本植物有野青茅、披针苔草、大油芒、蓖苞风毛菊、鸭趾草等，保存最好的亚高山草甸为海坨山顶草甸。

∧ 房山白草畔的高山草甸

表 1-6　北京市山区维管束植物（亦可称为高等植物）优势科、属排名一览表

	科		属	
按优势排名	北京市	北京山区	北京市	北京山区
1	菊科	菊科	苔草属	苔草属
2	禾本科	禾本科	蒿属	蓼属
3	豆科	豆科	蓼属	委陵菜属
4	蔷薇科	伞形科	委陵菜属	葱属
5	沙草科	唇形科	堇菜属	鹅绒藤属
6	百合科	蔷薇科	风毛菊属	堇菜属
7	毛茛科	百合科	早熟禾属	早熟禾属
8	唇形科	十字花科	鹅绒藤属	鹅绒藤属
9	石竹科	毛茛科	铁线莲属	风毛菊属
10	十字花科	玄参科	黄袤属	沙参属

城市森林树种主要包括国槐、圆柏、银杏、绦柳、西府海棠等，居住区林木以蔷薇科树种居多，专属单位区（学校、医院、企事业单位）主要树种以观赏类树种为主，公园树种的丰富度最高，道路沿线以国槐为主，水岸林带以绦

柳为主。近年来，国槐作为北京市的市树，重要值始终稳居第一，香椿、西府海棠、银杏等群众喜爱的树种增多，城市环境得到明显改善。

城市森林

指在城市地域内以改善城市生态环境为主，促进人与自然协调，满足社会发展需求，由以树木为主体的植被及其所在的环境所构成的森林生态系统，是城市生态系统的重要组成部分，具体是指城市地域内以森林绿地为主的各种树木总和。

（三）主要外来植物

北京外来植物原产地主要来自亚洲，种类上主要有豆科、菊科、蔷薇科、杨柳科、百合科、虎耳草科等。其中豆科适应北京的气候环境，生长较好，为最主要的引入大科，被广泛栽培，在工业、农业中发挥着巨大的作用；蔷薇科作为观赏植物得到广泛栽培，提升了城市绿化水平。

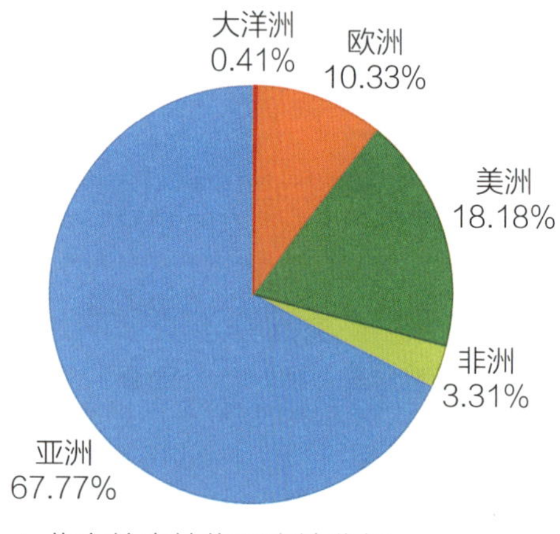

∧ 北京外来植物原产地分析

同时，北京地区植被主要为次生或人工类型，因此容易受到外来有害物种的入侵。例如尾穗苋，会影响本土生物多样性；反枝苋，是农田恶性杂草；豚草、三裂叶豚草，均是难以防除的农田杂草，会对其他植物产生他感作用；小蓬草，会排挤本土植物；牛膝菊，是难以防除的杂草，适应性强。

∧ 槭叶铁线莲（覃世明 摄）

（四）珍稀及濒危植被

北京地区特有、珍稀、濒危的天然木本植物有北京无喙兰、百花山葡萄、北京水毛茛、羽叶铁线莲和槭叶铁线莲等，还有丁香叶忍冬、槭叶铁线莲、大花杓兰、铁木、轮叶贝母等珍稀植物。

腐生性兰花——北京无喙兰目前仅见于北京，2017 年在延庆被首次发现，因此冠以“北京”二字，也是我国唯一一个以“北京”命名的兰科植物，据世界自然保护联盟（IUCN）濒危物种红色名录评估标准，北京无喙兰属于极危等级。

∧北京无喙兰（沐先运 摄）

北京水毛茛是北京特有的沉水植物，对水质要求极高，是水体质量的重要指示物种，目前仅在延庆和昌平被发现，据 IUCN 红色名录评估标准，保护级别为濒危。

∧北京水毛茛（沐先运 摄）

近年来，北京地区数十年未见的扇羽阴地蕨、山西杓兰野生活体再次被发现，华北地区罕见的马钱科野生植物尖帽草也在密云水库上游被发现，这些都证明北京地区的生态环境得到了改善并持续向好。

第六节　河湖水系

城市湖泊水系是天然的海绵体，湖泊水域空间的维护是实现海绵城市“渗、滞、蓄、净、用、排”的基础条件。北京全境地处海河流域，境内分布着大小河流 425 条，总长 6400 余千米。

一、蜿蜒的河流

（一）水系划分

新生代以来，太行山山脉和燕山山脉中一些岩石较为破碎松软的地段在流水的冲刷作用下，形成了一些深沟和峡谷，最终流水穿过崇山峻岭，冲出山区，注入“北京湾”，逐渐形成了五大水系：永定河水系、潮白河水系、北运河水系、大清河水系及蓟运河水系。五大水系向东南蜿蜒流经平原地区，最终汇入渤海。

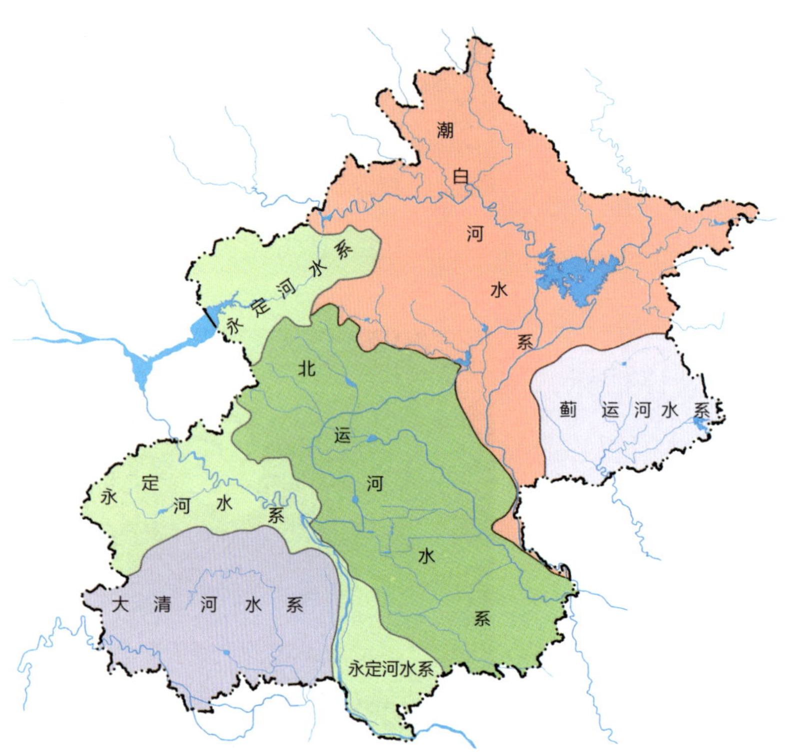

∧ 北京地区五大水系分布图

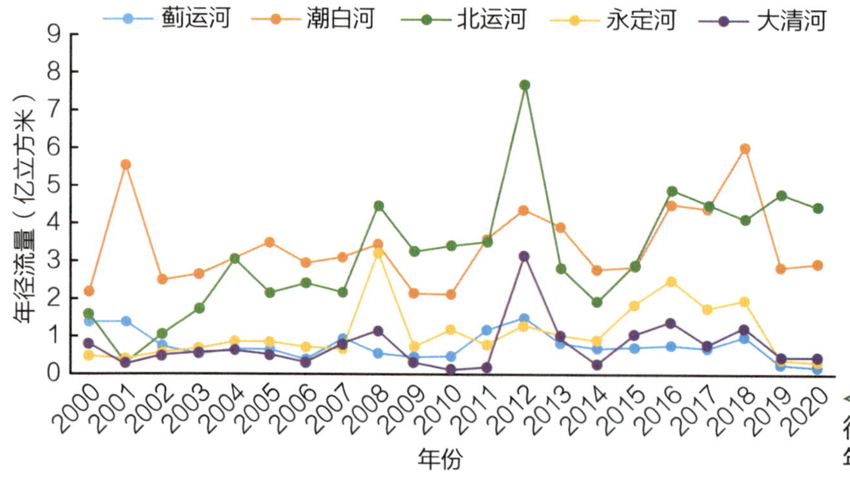

< 北京市各流域年径流量（2000—2020年）

（二）五大水系

永定河水系

“永定河，出西山，碧水环绕北京湾”——一曲老北京童谣道出了永定河与北京城的关系。被称为“北京母亲河”的永定河是五大水系中最重要的一条河，发源于山西省宁武县管涔山北麓的天池，在北京门头沟三家店附近流

∨ 永定河（覃世明 摄）

出西山后进入平原，流经石景山、丰台、大兴、房山后，于崔指挥营出京。河流全长548千米，山峡段全长100千米，峰谷高差约1100米，切穿了西山，连通了延庆盆地和北京平原，是构建北京平原和华北平原的重要河流之一。

古永定河出西山后，水流湍急，泛滥无常。汹涌的永定河水携带大量的冲洪积物将原有的古湖填平，形成巨大的洪积扇。永定河经历了复杂的由北向南的摆动改道过程，先后位于古清河、古高梁河、古㶟水等河道位置，直至今天的永定河位置。在这个过程中，河流形成的冲洪积扇相互叠压，最终塑造了今天的北京平原。历史上，永定河的名字几经变迁，但它及其冲洪积作用始终是塑造北京平原的主要功臣之一。

∨ 永定河水系示意图

雁翅
永
军庄
王平
门头沟
石景山
丰台
定
长阳
房山
大兴
良乡
庞各庄
河
榆垡

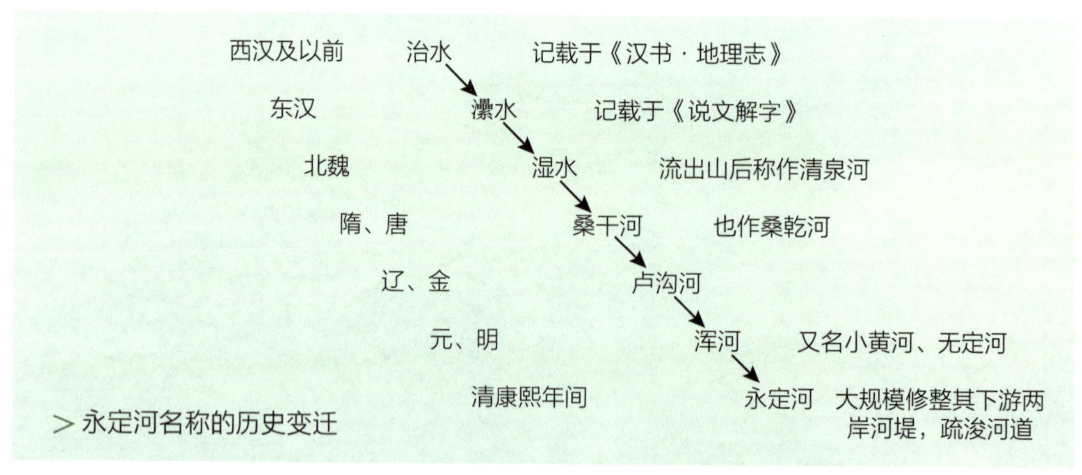

> 永定河名称的历史变迁

潮白河水系

潮白河是北京第二大河，在密云城附近出山，由潮河、白河两条河流汇聚而成。其中，潮河发源于河北省丰宁县北部山地，由密云古北口流入北京境内，古称鲍邱水；白河发源于河北省沽源县北部山区，由延庆白河堡流入北京境内，古称湖灌水、沽水；两河在密云河槽村汇合成潮白河，向南流经北京平原后进入河北廊坊。

∨潮白河水系示意图

北运河水系

五大水系中，只有温榆河—北运河水系发源于北京境内。温榆河，历史上曾称为温馀水、灅馀水、榆河、易荆水、蓟榆河等，其源头

∨潮白河（张惠敏 摄）

< 温榆河一隅（刘晓勘 摄）

为昌平居庸关八达岭，从南口流出居庸峡谷，并与其上游东沙河、关沟、北沙河、南沙河等众多支流构成一个巨大的树冠状水系。其下游河道呈曲流状，有蔺沟河、清河水汇入，最后向东南流经通州北关闸后注入北运河，因此合称为“温榆河—北运河”水系。

北运河流经京津冀三地，是京杭大运河的重要组成部分，正式定名于清雍正年间，古称筒沟、白河运道、通济河，是金、元、明、清从天津（史称直沽）到通州的漕运主要河道。市域内的河段有通惠河、凤港减河、凉水河等水系注入，是北京主要的排水河道，承担了中心城区、通州地区几乎全部洪水的排放任务。

∧ 北运河水系示意图

大清河水系

大清河水系主要流经房山区和丰台区，包含拒马河、大石河和小清河等大小十余条支流。

∨ 大清河水系示意图

拒马河，古时称巨马河、涞水，是塑造北京平原的主要河流之一。发源于河北省涞源县西部山区，由房山套港村流入北京境内，在张坊镇西南分为南、北拒马河。南拒马河自张坊镇向南流，北拒马河自张坊镇向东流，二者在河北省容城县白沟镇再次汇流。

大石河发源于房山区百花山南麓，在坨里南部进入平原，经窦店、琉璃河流出市域，周口店河、胡良河等均为大石河的支流。

蓟运河水系

蓟运河，古称庚水，发源于河北省兴隆县南部山区和遵化市北部、东部山地，上游支流较多，如错河、金鸡河等，于蓟县南部汇入泃河。泃河的名字由来已久，据《竹书纪年》等史籍资料，自战国开始，泃河未曾更名。泃河发源于河北省兴隆县南部山区，在平谷罗汉石南流入北京境内，流经平谷区后，于马坊乡东店村东南流出北京，在天津蓟县南部注入蓟运河，因此合称为“泃河—蓟运河”水系。

∧ 蓟运河水系示意图

（三）引水、护城之河

北京地区历史上规模较大的水利工程中，用于漕运的有三国时期曹操开凿的平虏渠和泉州渠、隋炀帝开凿的永济渠，以及元代郭守敬开凿的通惠河，曹魏时期刘靖修筑的戾陵堰和车箱渠主要用于灌溉。

通惠河与京杭大运河

元大都建成后，元朝统治者们将隋唐大运河进行了全面改造，形成了主要向元大都运送物资的京杭大运河。之后，元代著名科学家郭守敬设计和开凿了连接通州与京城的渠道，引京城西北多条水源入渠，通往城内积水潭，成功地解决了漕运需求，元世祖忽必烈赐名为“通惠河”。

∨ 京杭大运河示意图

京杭大运河与通惠河的改造、开通，不仅完成了经济发展的使命，同时加强了京城与全国各地的文化交流。现在，通惠河已成为京城著名的风景游览区；大运河文化带也成为北京历史文化名城保护体系的三条文化带之一。

紫禁城外护城河

紫禁城护城河是在明永乐十八年改建北京城时，在元大都护城河基础上扩建而成的，又称筒子河。它环绕紫禁城，全

中国大运河

中国大运河由京杭大运河、隋唐大运河、浙东运河共同构成，全长 3000 多千米，是目前世界上最长、开凿时间最早的人工河。2014 年，中国大运河项目被列入《世界遗产名录》。

其中，京杭大运河自北京起，经河北、天津、山东、江苏至浙江杭州，含通惠河、北运河（白河）、南运河（卫河）、会通河（山东运河）、中运河、里运河（淮扬运河）、江南运河等多个河段，全长近 1800 千米，沟通了海河、黄河、淮河、长江和钱塘江五大水系，在北京城营建、京师漕粮保障等方面发挥了重要作用。

∧ 紫禁城外的护城河（马淑萍 摄）

长 3.5 千米，宽 52 米，深 4.1 米。作为紫禁城的外围第一道屏障，筒子河起到保卫城垣的作用，同时还有防火和作为水源的作用。

京密引水渠

京密引水渠是将密云水库的水引进北京市的浩大工程，始修建于 1960 年。引水干渠以密云水库调节池作为起点，经过密云、怀柔、顺义、昌平、海淀 5 个区，在玉渊潭上游与永定河引水渠会合，全长达 110 千米，担负着提供京郊工业生产、农田灌溉、城市生活用水，并向各大公园湖泊输送水源的任务。

∨ 京密引水渠（密云水库管理处 提供）

二、潋滟的水库

水库

是指拦洪蓄水和调节水流的水利工程建筑物，建成后可防洪、蓄水灌溉、供水、发电等，有些天然湖泊也可以作为水库（天然水库）。根据工程规模、总库容、防洪、灌溉面积等指标，将水库划分为大、中、小型3种。

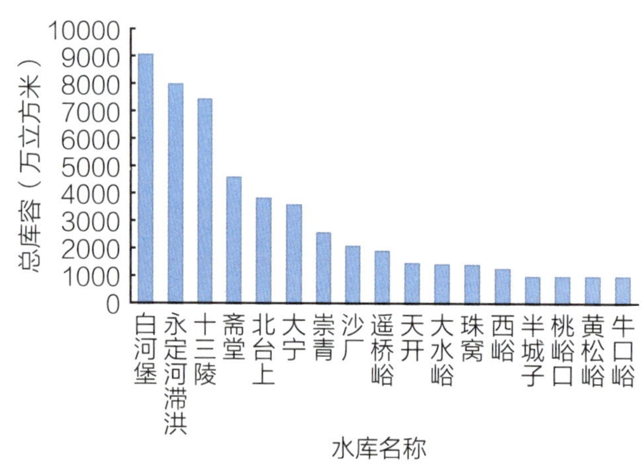

∧ 北京地区中型水库总库容一览图

（一）水库概况

截至2021年，北京市保有大、中、小型水库83座，总库容93.71亿立方米，多建于20世纪50年代至70年代。其中大型水库有密云水库、官厅水库、怀柔水库、海子水库，共4座，库容87.93亿立方米；中型水库有白河堡水库、斋堂水库、十三陵水库、半城子水库等17座，库容4.98亿立方米；小型水库有古城水库、银冶岭水库等62座，库容8014.01万立方米。密云水库总库

容最大，达 437500 万立方米；官厅水库次之，为 416000 万立方米；怀柔水库为 14400 万立方米；海子水库为 11407 万立方米。

（二）四大水库

密云水库

密云水库位于密云区，地处山区向平原过渡区，两座主坝分别建在潮白河的两大支流潮河和白河上，四周山水相连，风景秀美，有着“燕山明珠”的美誉。

水库于 1960 年 9 月建成使用，是一座具有防洪、供水、发电功能的大型综合性水库，长期以来担负着北京城市供水的重要任务，是北京最重要的饮用水源地，水资源战略储备基地。

官厅水库

官厅水库是中华人民共和国成立后兴建的第一座大型水库，是永定河上重要的控制性枢纽工程，于 1954 年 5 月竣工投入使用。水库大坝位于河北省怀来县官厅山峡入口处，库区位于北京市延庆区和河北省官厅县境内，是一座以防洪、供水为主，兼顾发电、灌溉等多种功能的水利枢纽。自 20 世纪 80 年代开始，曾多次进行加固改建。

怀柔水库

怀柔水库位于怀柔城西，1958 年 7 月实现拦洪蓄水，库名“怀柔水库”由周恩来总理亲笔题写。怀柔水库属潮白河水系，上游为怀九河和怀沙河，下游

∨ 密云水库（王志义 摄）

∧ 官厅水库（田思维 摄）

为怀河，为南水北调来水调入密云水库调蓄工程的中间调节库，是一座防洪、供水综合利用的大型水库，水库通过京密引水渠向市民供水。

海子水库

海子水库位于平谷区的泃河上，1960 年 6 月建成，1968 年续建，1981 年进行了扩建，是一座有防洪、灌溉等功能的大型综合性水库。1984 年开始成为京郊著名旅游风景区，被命名为“金海湖公园”。

∨ 金海湖（贾纯清 摄）

三、恬静的湖泊

（一）湖泊概况

北京地区的湖泊，主要利用冲洪积扇前缘洼地地下水溢出带和废弃的古河道以及城市建筑取土的洼地、沙坑经人工改造而成，多数与河道相通，能起到削洪、排洪的作用，如位于永定河冲洪积扇扇缘的南海子等。

历史上湖水的水源主要来自玉泉山等泉水，20 世纪 70 年代以来，玉泉山泉水逐渐干涸，湖泊的供水主要通过京密引水渠、永定河引水渠导引密云水库、官厅水库等水补给。

表 1-7　北京地区主要湖泊分布情况

序号	湖泊名称	面积 / 公顷*	所在地区	补给水源
1	昆明湖	213.3	海淀区	京密引水渠
2	圆明园湖	140	海淀区	昆明湖后湖
3	玉渊潭	60.87	海淀区	京密引水渠
4	龙潭湖	19.45	东城区	南护城河
5	北海	39	西城区	北护城河
6	中海	27.8	西城区	北护城河
7	南海	21.7	西城区	北护城河
8	前海	8.58	西城区	北护城河
9	后海	17.9	西城区	北护城河
10	西海	7.55	西城区	北护城河
11	筒子河	18	东城区	北护城河
12	陶然亭湖	17.47	西城区	南护城河
13	紫竹院湖	15.89	海淀区	长河
14	八一湖	9.6	海淀区	京密引水渠、永定河引水渠

*1 公顷 =0.01 平方千米。

（二）主要湖泊

古都发祥地莲花池

莲花池公园位于西三环六里桥北，是北京市首批历史名园之一，是古莲

∧ 莲花池（覃世明 摄）

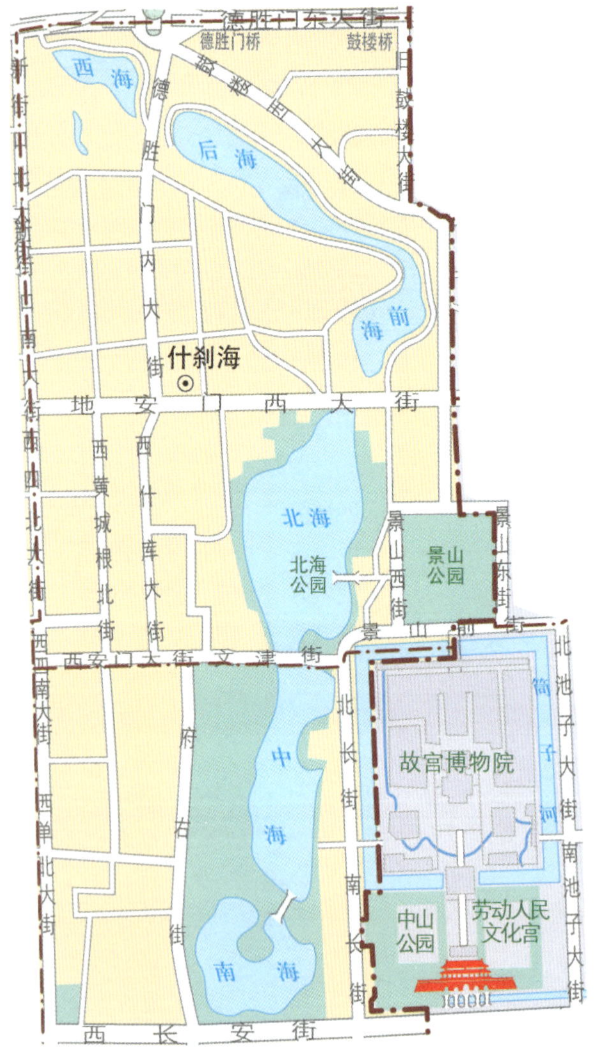

∧“六海”格局

花池水系的旧址所在。莲花池水系古时又称大湖、西湖，位于永定河冲洪积扇的潜水溢出带，多由地下泉水涌出汇聚而成。3000 多年前的西周初年，诸侯国蓟依傍莲花池水系建立了都城——蓟城。1153 年，金海陵王完颜亮将都城从会宁府（今哈尔滨市东南的阿城）迁往燕京，改燕京为中都，金中都在蓟城的基础上，以北宋都城开封府作为仿照模式进行扩建而成。因此有“先有莲花池，后有北京城”的说法。

美不胜收的城区“六海”

当元朝的建设者们从茫茫大漠来到关内时，见到湖泊很

∧后海（张卫 摄）

是珍奇，便称之为“海”，于是北京地区就有了数个以“海”命名的湖泊，著名的北京“六海”就在其中，它们像串珠一样，由北向南接续起来。以北海北门为界，北部由西海、后海和前海相串连，称为“外三海”；南部由北海、中海和南海相衔接，称为“内三海”。

“六海”北起积水潭，南至西长安街北侧，长约 4500 米，它们以桥相隔，互相连通，成为北京城中心一条靓丽的风景线。其中，北海是我国现存建园最早、保存最完整的皇城御苑之一，其“琼岛春阴”与“西山晴雪”“居庸叠翠”等组成了美丽的“燕京八景”。

“六海”名字的由来

元朝时，忽必烈在金中都旧城北郊，以古白莲潭为中心新建了元大都，并且自元大都开始，将白莲潭的南部纳入皇城内，称为太液池，并引金水河灌入；明朝时，在其南端开凿出一片新水域，太液池逐渐变成北海、中海和南海三海；清时期，延续了这种格局和称呼。

皇城之外的白莲潭北部水域，元朝时称为积水潭或海子；明、清改称什刹海，并分为前海、后海和西海（今积水潭）。至此，金代的白莲潭在北京“消失”了，著名的北京“六海”形成。

景色秀丽的昆明湖

北京西北郊著名的皇家园林颐和园（前身为三山五园之中的清漪园），是中国历史上最后一座封建王朝倾力兴建的皇家园林，园内美丽的湖泊——昆明湖旧称瓮山泊、西湖，曾是郭守敬开凿的通惠河的主要水源之一。昆明湖位于玉泉山下，为泉水汇集储蓄之处，湖面水域辽阔，四周景色秀丽，胜似江南水乡，长于鉴赏的乾隆皇帝形容其为“何处燕山最畅情，无双风月属昆明”。南水北调调蓄工程启用后，西堤西侧的团城湖作为中间调节池成为南水北调工程的重要组成部分。

古往今来，北京的泉水十分有名，泉水出露之处往往是寺庙的选址地点，泉水集中的地方也多为园林名胜。北京城区的井水大多数盐分较高，口感苦涩，但郊区井水水质较好。因此，明清时期北京城有专门推着水车售卖甘甜井

V 昆明湖（张卫 摄）

水的人。百姓的饮用水从售水的水夫处购买，其他用水则以苦咸的井水为主，而味道甘甜的玉泉山泉水专供宫廷贵族使用，这种现象一直持续到清末民初自来水出现后才有所改变。

∧ 双清泉泉池

∧ 野鸭湖湿地自然保护区（延庆区自然保护地管理处 提供）

第二章
自然资源

大自然馈赠给北京丰富多样的土地资源、矿产资源、森林资源、湿地资源及地质遗迹资源等。人类的生存和发展与这些自然资源息息相关，正确处理好自然资源保护与开发的关系，对于实现国土空间的合理规划和利用具有重大意义。

第一节　土地资源

一、土地资源概述

土地是地球表面陆地和水面等一定空间的总称，由气候、地貌、土壤、水文、岩石、植被等构成的综合体，是人类生存和发展的基础。土地资源是指在一定的技术条件下和一定时间内可以为人类所利用的土地，是人类生存的基本资料和劳动对象，是人类生活和生产活动的大舞台，也是人类生存最基本的自然条件。

∨ 土地资源

（一）土地资源构成要素

土地资源构成要素主要包括气候要素、地学要素、水文及地球化学特征要素、土壤要素、生物要素、社会经济要素等。在土地资源的演化发展过程中，各要素以不同方式，从不同侧面，按不同程度，独立或综合地影响着土地资源的总体特征。

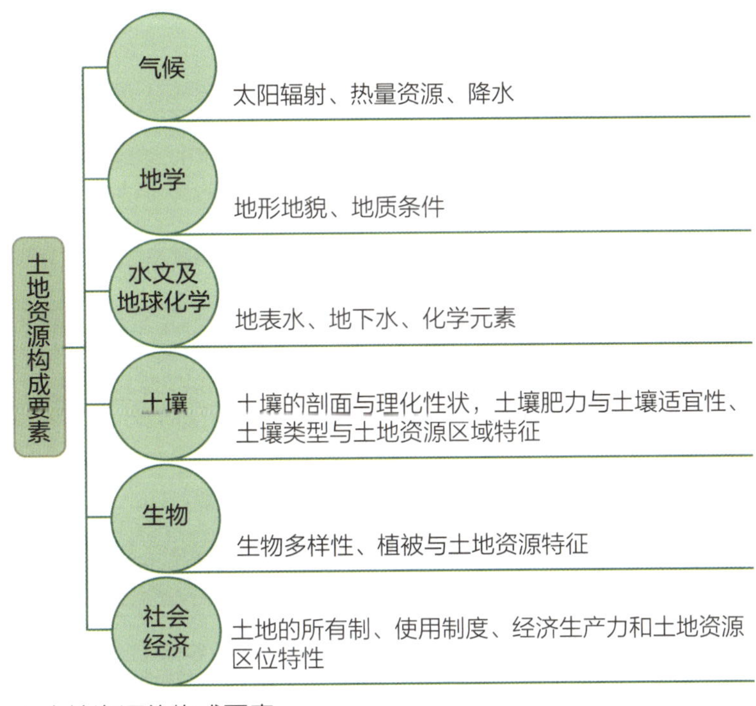

∧ 土地资源的构成要素

（二）土地资源特征

土地资源特征是各要素相互联系、作用与制约的总体效应与综合反映，具有自然和经济双重属性。除具有一般自然资源的共同特征，如区域性、动态性等，土地资源还具有其独特的基本特性。土地资源是一切财富的源泉，具有社会资产特征，随着人类社会的发展，土地作为资产的特征表现得日益明显。

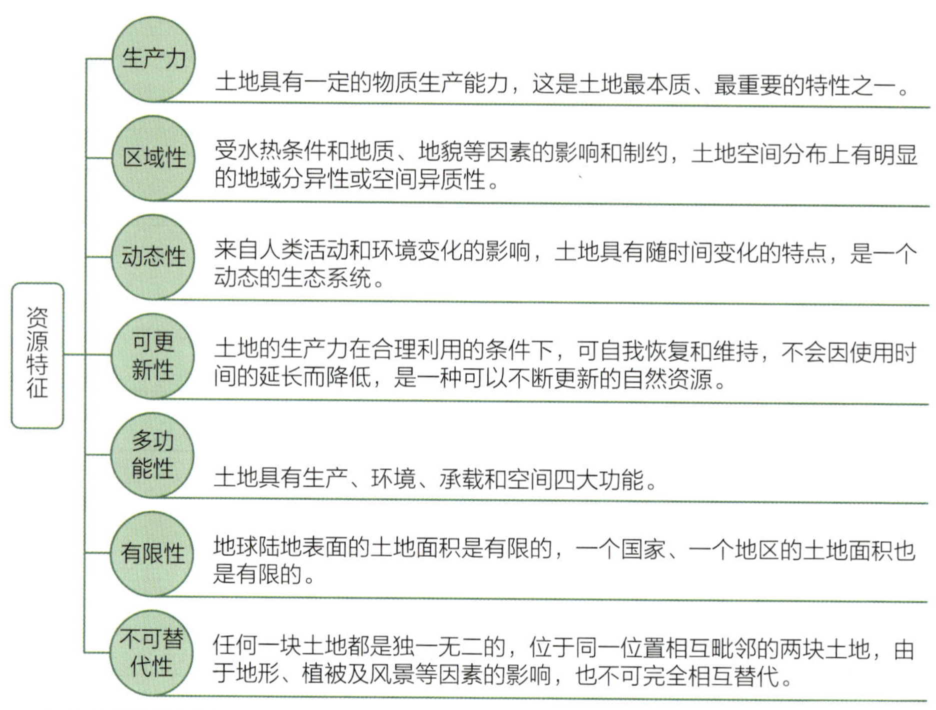

∧ 土地的资源特征

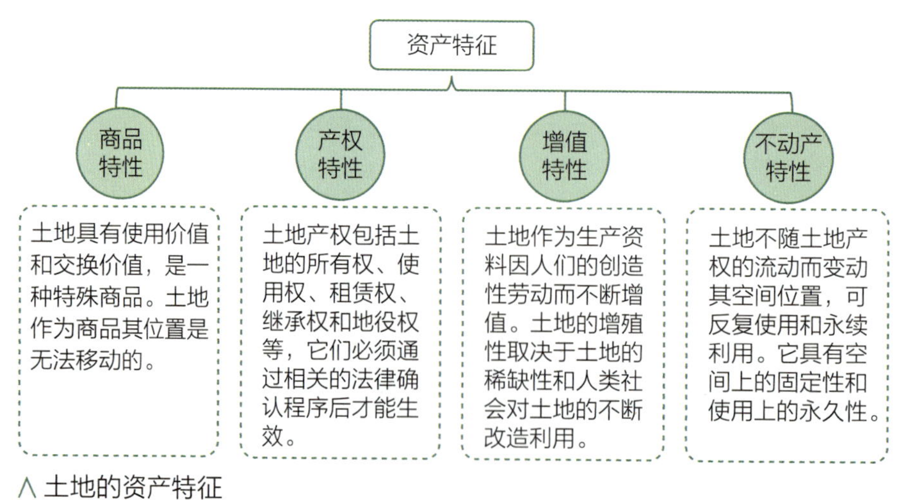

∧ 土地的资产特征

（三）土地资源类型

土地资源类型是土地自然属性相对均一、利用价值或利用功能一致的土地单元集合。土地资源类型的划分不仅要考虑它的自然要素及其组合特性，还要考虑其社会经济特性。较常见的划分方式有以下几种。

按地形特征划分

为展示土地利用的自然基础，土地资源根据地形可分为高原、山地、丘陵、平原、盆地。一般而言，山地宜发展林牧业，平原、盆地宜发展耕作业。

按利用状况划分

着眼于土地的开发利用，结合土地利用带来的社会、经济和生态环境效益，土地资源可分为已利用土地、宜开发利用土地、暂时难利用土地。其中已利用的土地包括耕地、林地、草地、工矿交通居民点用地等；宜开发利用的土地包括宜垦荒地、宜林荒地、宜牧荒地、沼泽滩涂水域等；暂时难利用的土地包括戈壁、沙漠、高寒山地等。

> **宜开发利用土地**
>
> 一般是指在保护和改善生态环境、防治水土流失和土地沙漠化，并符合现行土地政策的前提下，对滩涂、盐碱地、荒草地、裸土地等进行开发的未利用土地。

按利用类型划分

一般分为耕地、林地、牧地、水域、城镇居民用地、交通用地、其他用地（渠道、工矿、盐场等）以及冰川和永久积雪、石山、高寒荒漠、戈壁沙漠等。

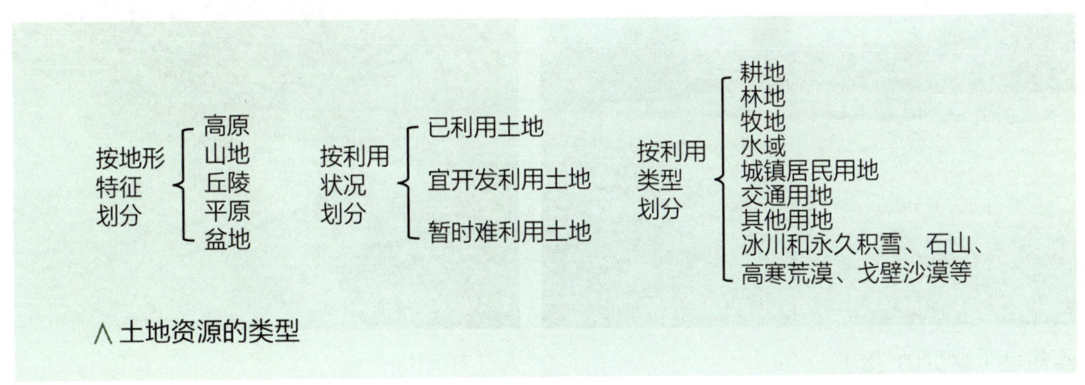

∧ 土地资源的类型

全国统一的国土空间用地用海分类

自然资源部出台的《国土空间调查、规划、用途管制用地用海分类指南（试行）》共设置了 24 个一级类、106 个二级类及 39 个三级类，首次将海洋资源利用的相关用途纳入用地用海分类体系，并设置了“湿地、农业设施建设用地、城镇社区服务设施用地、农村社区服务设施用地、物流仓储用地、留白用地”等用地类型，此类型划分覆盖了国土空间的全域和全要素，适用于自然资源管理。

∧ 湿地（赵洪山 摄）

∧ 林地

∧ 耕地（赵洪山 摄）

∧ 工矿用地

二、土地资源利用

（一）土地资源利用现状

我国是世界第三位的土地资源大国，土地面积 960 万平方千米，地形错综复杂，地貌类型多样，其中山地占 33.33%，高原占 26.04%，盆地占 18.75%，丘陵占 9.9%，平原占 11.98%，全国近一半的省（自治区、直辖市）山地面积超过辖区面积的 50%。

根据第三次全国国土调查成果，以 2019 年 12 月 31 日为标准时点，全国耕地面积 12786.19 万公顷，园地面积 2017.16 万公顷，林地面积 28412.59 万公顷，草地面积 26453.01 万公顷，湿地面积 2346.93 万公顷，城镇村及工矿用地面积 3530.64 万公顷，交通运输用地面积 955.31 万公顷，水域及水利设施用地面积 3628.79 万公顷。

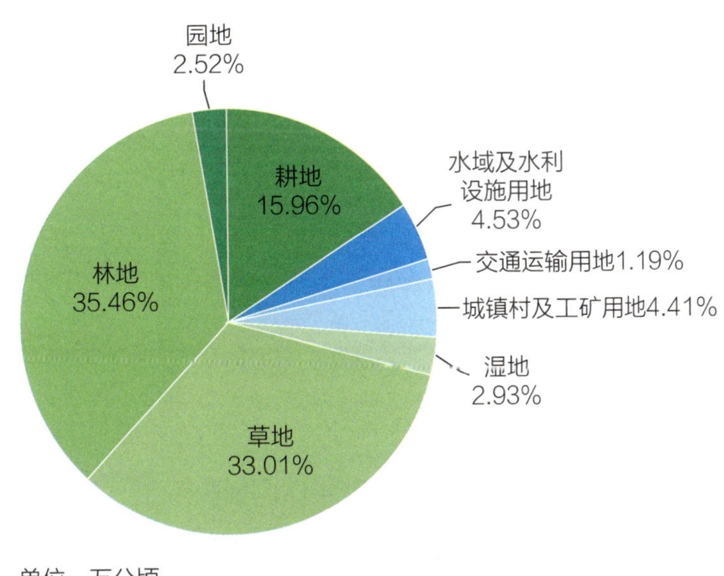

∧ 第三次全国国土调查主要地类面积占比示意图

北京地处华北平原向西北黄土高原、内蒙古高原的过渡地带，西部、北部系太行山脉和燕山山脉，地势西北高、东南低，地域总面积 164 万多公顷，占全国土地总面积的 0.17%。北京山地多，平原少，山区面积约占 61%，平原面积约占 39%。根据北京市第三次全国国土调查成果，以 2019 年 12 月 31 日为标准时点，北京市耕地面积 93547.90 公顷，园地面积 126274.55 公顷，林地面积 967628.62 公顷，草地面积 14460.44 公顷，湿地面积 3107.98 公顷，城

土地调查

土地调查（国土调查）是为查清某一国家、某一地区或某一单位的土地数量、质量、分布及其利用状况而进行的量测、分析和评价工作。国土调查与人口普查、经济普查等一样，是国家法定的一项重大的国情国力调查，是查实查清土地资源的重要手段。

国务院 2008 年发布实施的《土地调查条例》规定，国家根据国民经济和社会发展需要，每 10 年进行一次全国土地调查。根据土地管理工作的需要，每年进行土地变更调查。

第一次全国土地调查于 1984 年 5 月开始，一直到 1997 年底结束。

第二次全国土地调查于 2007 年 7 月 1 日开始，到 2009 年上半年完成。

第三次全国国土调查（原称“第三次全国土地调查”）于 2017 年启动，于 2019 年 12 月 31 日完成。

镇村及工矿用地面积 313643.87 公顷，交通运输用地面积 49281.38 公顷，水域及水利设施用地面积 61704.00 公顷。

从空间上看，大兴、顺义、延庆、房山 4 个区耕地面积较大，占全市耕地的 61.71%；怀柔、延庆、密云、房山、门头沟 5 个区林地面积较大，占全市林地的 74.61%。

为实现首都“城乡和谐发展、节约集约用地”的总目标，保障首都经济社会健康发展和首都功能用地需求，“十三五”期间，北京市树立质量、数量、生态“三位一体”的耕地保护理念，实施最严格的耕地保护和节约用地制度，坚

土地节约集约利用

方法：规模引导、布局优化、标准控制、市场配置、盘活。

目的：节约土地、减量用地、提升用地强度、促进低效废弃地再利用、优化土地利用结构和布局、提高土地利用效率。

表 2-1　2009 和 2018 年北京市土地利用面积及变化表（单位：公顷）

年份	耕地	园地	林地	草地	建设用地	水域及水利设施用地	未利用土地
2009 年	227170.43	141617.22	743896.19	84843.14	329238.21	80235.85	33815.02
2018 年	212840.60	132531.10	746634.08	84323.67	351774.06	76291.41	36221.14
变化值	-14329.83	-9086.12	2937.89	-519.47	22535.85	-3944.44	2406.12

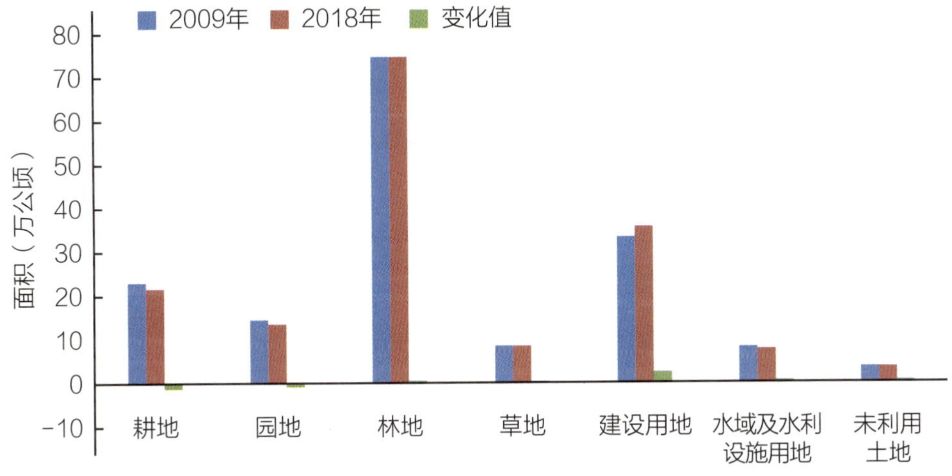

∧ 2009 年和 2018 年北京市土地利用面积变化对比图

决守住耕地保护红线，优化土地资源配置，构建首都土地利用总体格局，呈现出土地利用程度高、土地利用集约度和效益较好及规模化和功能多样化的特征。但还存在耕地减少明显、人均占有耕地不足、后备土地资源紧缺等若干问题。

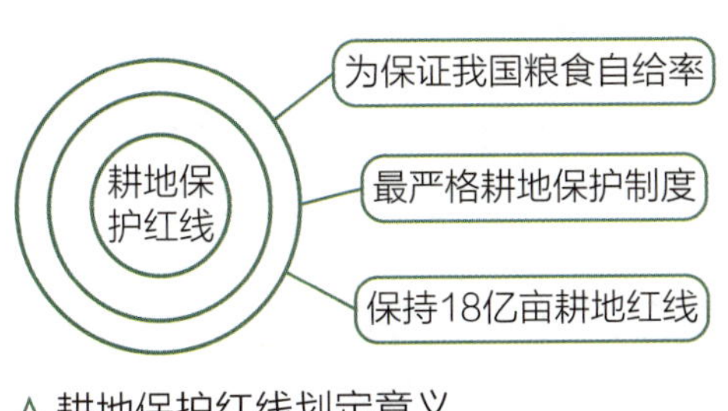

∧ 耕地保护红线划定意义

耕地与基本农田保护

《全国土地利用总体规划纲要（2006—2020 年）调整方案》确定：到 2020 年，全国耕地保有量为 18.65 亿亩（1 亩 ≈ 667 平方米）以上，基本农田保护面积为 15.46 亿亩以上。

（二）土地资源可持续利用

我国土地资源可持续利用战略

1	以保护耕地数量和质量为核心，加强土地管理
2	提高土地利用率和综合效益
3	为社会经济的可持续发展提供资源保障
4	实现土地配置利用中的两个转变
5	土地供给以行政划拨为主向国家宏观调控下的市场配置为主转变
6	土地利用方式由粗放经营向节约集约经营转变

土地资源可持续利用基本原则

农地优先原则： 农用地对土地的限制条件最多；由其他用地转为农用地，用途转变较为困难。

集约利用原则： 土地集约利用要确保每块土地处于产出的最佳点，地尽其用，并保证地块之间结构效应最大化。

生态建设原则： 强调土地资源在开发利用中保护和在保护之中利用。

土地资源可持续利用是指在特定的时期和地区条件下，对土地资源进行合理的开发、使用、治理、保护，并通过一系列的合理组织，协调人地关系及人与资源、环境的关系，以期满足当代人与后代人生存发展的需要。

我国土地资源具有总量大，但人均土地资源占有量较小，且耕地与林地少、难利用土地多、后备土地资源不足、人与耕地矛盾突出等特点。因此，我国制定土地资源可持续利用战略，坚持基本原则，在社会、经济、生态方面充分体现土地资源的可持续利用。

土地资源可持续利用是绿色发展和生态文明建设的重要内容，对于缓解我国土地资源面临的压力、改善土地资源利用状况、农业及社会经济可持续发展具有重要意义。在生态文明建设、绿色发展观、“山水林田湖草沙冰”生命共同体理念指导下，完善土地资源市场配置、调整土地资源管理政策、合理开发利用土地资源等成为土地资源可持续利用的重点内容。

土地资源可持续利用

社会体现：满足当代人的需要，遵循各代人之间的平等，确保后代人的生存与发展

经济体现：土地不断被合理配置和高效利用，一定面积上具有并维持高效的经济产出

生态体现：土地质量无退化，土地资源持续保持较高生产力

三、土地资源与首都城市建设发展

北京市市域范围经过1949年、1952年和1958年的市界调整，由最初的707平方千米扩展到现在的16410.5平方千米；常住人口也从1949年末的156万人增长到2020年末的2189.31万人。北京市市域面积的调整扩大，为后续城市建设提供了充足的土地利用空间；城市定位也由最初的发展现代化工业基地转变为现今的建设国际一流的和谐宜居之都。几十年来，土地资源在北京城市各阶段发展建设中扮演着极为重要的角色。

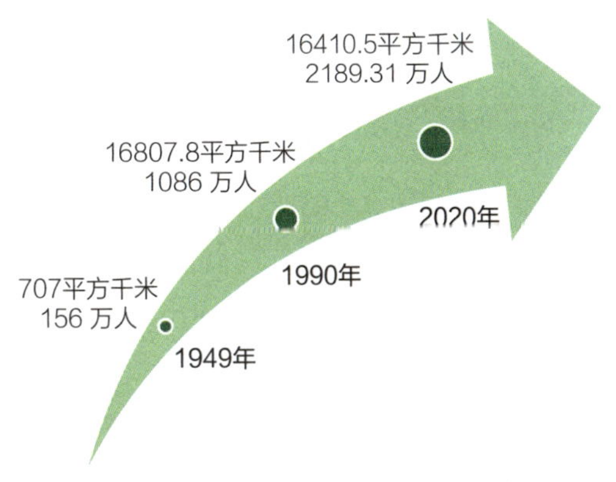

∧ 北京市市域与人口数量扩大情况示意图

（一）支撑首都现代化工业基地建设

中华人民共和国成立初期，国家百废待兴，北京在国家优先发展重工业的战略方针下，大力发展重工业，以首钢为代表的一批大型重工业项目和企业矿山应运而生。中华人民共和国成立后的30年（1949—1978年），首都钢铁厂、燕山石化厂、焦化厂等落地而生，煤炭、铁矿、金矿、石灰矿等开采矿山相继发展。此时，土地资源有力支撑了这一时期的工矿业的快速发展，例如，首钢石景山主厂区占地面积接近7平方千米；燕山石化炼油厂占地面积之后达到了

∧ 燕山石化炼油厂

37 平方千米。工矿业的建设极大促进了北京的经济发展，推进了首都城市的建设发展，实现了既定的城市发展目标。土地作为一种能够提供系列产品和服务的复合型自然资源，对推动这一阶段北京现代化工业发展发挥了重要作用，为城市建设与经济发展提供了有力保障。

∨ 往日的首钢

（二）护航现代化国际大都市的建设

党的十一届三中全会吹响了改革开放的号角，高新技术发展、对外交流扩大、民生改善提速等，让北京这座古老的城市开启了向现代国际大都市迈进的步伐。改革开放后的30年（1979—2012年），以北京经济技术开发区为先导，中关村国家自主创新示范区为引领的众多开发区、试验区和产业基地相继建成；彰显国际交流的首都机场扩建、亚运会与奥运会场馆等重大工程陆续完成；城市环路、高速路、轨道交通等路网交织而成；金融街、CBD、国家图书馆、国家大剧院等一大批重要的金融与文化建设区先后建成；从方庄住宅区到占地49平方千米的天通苑与回龙观大型社区建设等，城市住宅面积比大幅提升，仅1979—1995年，新建住宅就是改革开放前30年的三倍。土地资源支撑了首都城市一系列

重要文化场馆

◎国家大剧院，占地11.89万平方米

◎国家图书馆，占地7.24万平方米

◎国际展览中心，占地15万平方米

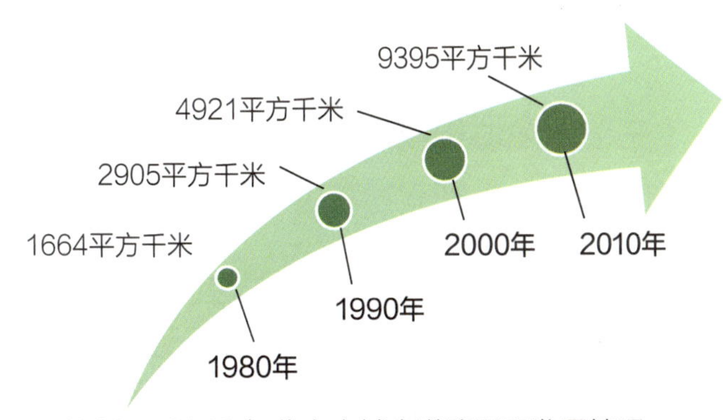

∧1980—2010年北京市城市道路面积发展情况

∧中关村国家自主创新示范区

的建设。以城市道路和开发区为例，1980—2010 年，北京城市道路里程由 2185 千米发展到 6258 千米，城市道路面积也由 1664 平方千米增加到 9395 平方千米；2005—2011 年共有 19 个开发区，累计征用土地面积达 179.21 平方千米。

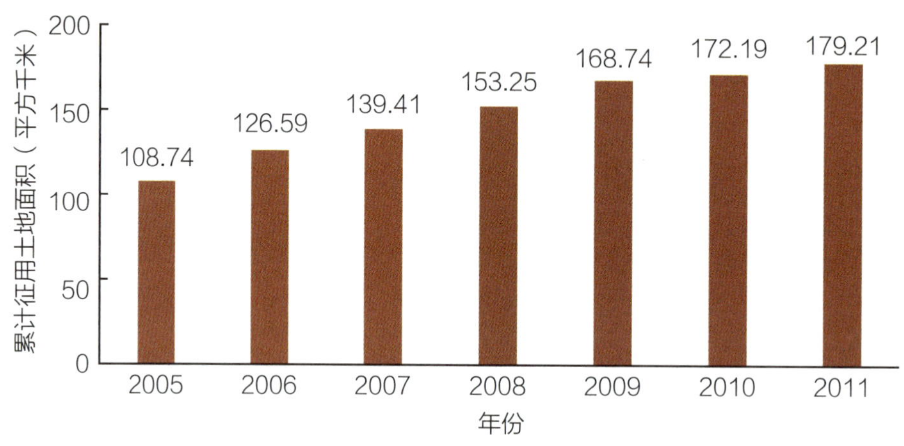

∧2005—2011 年北京市开发区累计征用土地统计图

（三）保障城市高质量与可持续发展

进入新时代，北京履行首都核心功能区重要的“四个服务”职能，引领京津冀协同发展，努力建设国际一流的和谐宜居之都。为此，城市建设发展在面临土地资源承载过重、高质量发展受到制约的状况下，必须向“减量提质”转型，用足用好土地资源。2012 年以来，北京市在相继实施城市副中心、南水北调、冬奥场馆、大兴机场等一系列重大工程以及快速发展的道路交通建设中，不断强化土地资源的科学利用与合理配置，统筹区域发展，优化用地供应结构，充分发挥土地资源的重要支撑作用，保障土地供给，仅城市副中心等三大工程，提供用地面积达 197.68 平方千米；交通运输用地 2019 年比 2012 年增加了 2198.74 公顷。在保障重大工程用地之外，北京市大力推进空间格局优化和可持续发展，为境内 80.4 千米长的南水北调工程提供永久占地 70 公顷，确保了每年向北京调水 10.5 亿立方米。

城市副中心

用地面积： 155 平方千米

建设布局： 蓝绿交织、清新明亮、水城共融、多组团集约紧凑发展

功能定位： 国际一流和谐宜居之都示范区、新型城镇化示范区、京津冀区域协同发展示范区

大兴国际机场

用地面积： 26.98 平方千米

航 站 楼： 五指廊造型，如展翅的凤凰

机场定位： 大型国际航空枢纽、国家发展新的动力源、京津冀区域综合交通枢纽

冬奥会延庆赛区

用地面积： 15.7 平方千米

雪上项目： 滑降、回转、雪车、雪橇

赛区定位： 国家高山滑雪与雪车雪橇中心

近年来，北京市着力加强基本农田保护，减量提质发展，严格控制各类建设用地占用耕地，腾退各种违法占地，加强对建设用地的需求引导和供给控制，优化土地利用结构和空间布局，鼓励开发利用地下地上空间，优先开发废弃、低效、闲置的土地。“十三五”期间，通过减量、腾退和整治等措施，提高城市土地供应能力与质量，保障城市高质量与可持续发展。

“十三五”北京城市土地供应与整治

土地供应：建设用地 15278 公顷，其中住宅用地 5169 公顷，集体租赁住房用地供应 545 公顷。

生态保护：全市共治理废弃矿山项目 173 个，治理面积约 3188 公顷，未治理的废弃矿区面积从 2012 年约 11500 公顷减少至 2020 年约 1400 公顷。

拆违腾退：全市拆除违法建设约 21600 万平方米。其中，2018 年实施“场清地净”标准以来，拆除违法建设约 13700 万平方米、腾退土地约 1.67 万公顷，存量违法建设大幅度消减。

（四）满足和谐宜居的首都生态建设

土地资源是生态文明建设的空间载体和物质基础，在生态文明建设中具有核心地位和基础作用。优化土地资源利用结构，维护土地生态安全，坚持尊重自然、顺应自然和保护自然，立足数量、质量和生态“三位一体”管护，践行“绿水青山就是金山银山”理念，是实现经济发展和生态环境保护协同共生的新路径。经过几十年的建设发展，北京已从最初的侧重工业发展向重视生态建设转变，特别是“四个中心”的战略定位，加速了城市发展方向的转变。在这个转变中，土地作为基础和重要的自然资源，充分保障了首都的和谐宜居建设。

用好土地资源，助推产业转型

自 20 世纪 90 年代开始，随着产业结构调整，老电子工业、钢铁工业、采矿业和造纸印刷污染企业等相继关停，北京市利用空闲下来的工矿用地打造文创产业和生态建设，彰显了土地功能在助推产业转型中的重要作用。“东有酒仙，西有首钢”，朝阳区酒仙桥一带利用国营电子工业老场区先后建设了 798 艺术区和 751 时尚设计广场，完成了从工业技术到文化艺术的华丽转身；著名的首都钢铁厂，随着 2015 年冬奥组委的落户和滑雪大跳台中心的承建，正式拉开了转型升级、创新发展的复兴大幕，踏上了“文化复兴、产业复兴、生态复兴、活力复兴”的征程，未来它将成为新时代首都城市复兴的新地标。百瑞

走出大型工业企业转行之路的典范

首钢文化创意产业园

转型起始：2011年
用地面积：约3.6平方千米
利用土地：首都钢铁厂厂区
文创特色：后工业文化体育创意

798艺术区

转型起始：2001年
用地面积：60多万平方米
利用土地：电子798厂厂区
文创特色：原创当代艺术设计

百瑞谷生态旅游园区

转型起始：2011年
用地面积：4700余亩
利用土地：煤矿开采地
文创特色：生态文化旅游

751时尚设计广场

转型起始：2004年
用地面积：21公顷
利用土地：电子751厂厂区
文创特色：时尚设计与展示

新首钢的诞生

2010 年 12 月 18 日的最后一炉铁水、19 日的最后一炉钢，标志首钢的正式停产，转型发展的新首钢也由此诞生。

∧ 新首钢园（赵洪山 摄）

谷是房山史家营乡曹家坊村一条生态修复治理的采煤沟谷，通过地形整治和近 10 万株林木种植，昔日百孔千疮的矿山已变成生态宜人的绿水青山，修复的土地焕发出新的生机，成为绿色生态旅游园区。

∨ 矿山生态修复后的秋日百瑞谷（房山世界地质公园管理处 提供）

建设清水绿地，打造宜居环境

胡同、灰墙、四合院是北京特有的文化符号，青山、碧水、绿地也正成为北京的名片。在北京核心区恢复了已消失的水系和绿地，相继建成了有北京“绿肺”之称的皇城根遗址公园（7.5 公顷）和墙下铺翠的明长城遗址公园（15.5 公顷）等；恢复消失了的玉河、菖蒲河（3.2 公顷）和三里河（1.4 公顷）等，再现了水街穿巷的古都风景。

∧ 玉河穿巷景观

玉河与菖蒲河

玉河是通惠河的一段故道，曾用于漕运。

菖蒲河是皇城水系故道，在外金水河东段。

城市绿心——“城市绿心森林公园”

◎位于北京城市副中心

◎总用地约 11.2 平方千米

◎水绿空间占比在 80% 以上

◎最具亮点的居民活力中心

◎原化工厂生态治理后所形成

北京城市副中心打造出“城市绿心”，即城市绿心森林公园。园林花卉博览会公园（总占地 513 公顷）、世界园艺博览会（960 公顷）、城市绿化隔离带及一大批城市森林公园和湿地公园的建设，彰显了土地在首都生态建设中发挥的重要作用。四十年的连续造林，累计造林面积超过百万公顷，2012 年至 2017 年，全市平原

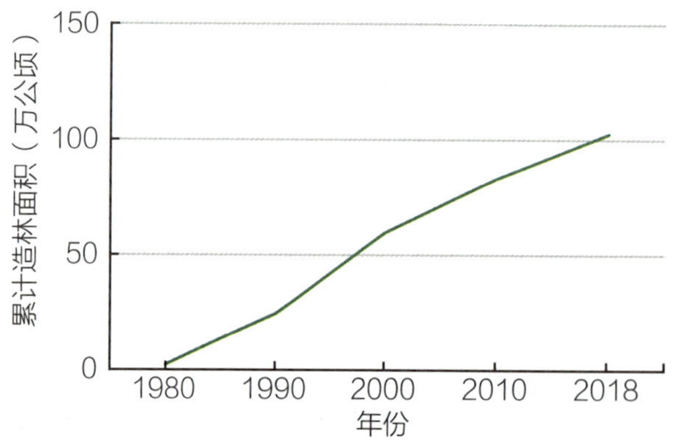

∧ 1980—2018 年北京市累计造林面积统计图

∧ 延庆世界园艺博览会园区

地区实施百万亩造林工程，共造林 117 万亩，森林覆盖率由 14.85% 提高到 25%，初步形成了平原区森林绿色生态格局。结合城市更新与疏解整治促提升工作，全市从 2017 年开始实施了综合整治、拆除违建、城中村和棚户区改造等，通过留白增绿、见缝插绿、精准建绿等方式，建设小微绿地、口袋公园等，增强了土地绿色生态功能。近二三十年的北京城市发展历程，土地资源已越来越多地服务于首都的生态建设。

保护土地资源，促进可持续发展

土地资源是人类赖以生存的自然资源，为保护土地资源，我国设立了纪念宣传日——全国土地日。几十年来，伴随着快速的城市化进程及众多重大

全国土地日

自 1991 年起，每年的 6月25日，即《土地管理法》颁布的日期，为“全国土地日”。“土地日”是国务院确定的第一个全国纪念宣传日。

工程的实施，北京的土地利用结构产生了明显变化。

2018 年，全市耕地面积仅有 1980 年的一半，其中 1990—2010 年减幅最大；道路用地、工矿与城镇用地、城市绿地、林地等都有明显增加。依据北京市划定的城市开发边界，结合生态控制线，首先确保永久基本农田不减少，全市确立了以 150 万亩永久基本农田为底线、166 万亩耕地保有量和 200 万亩耕

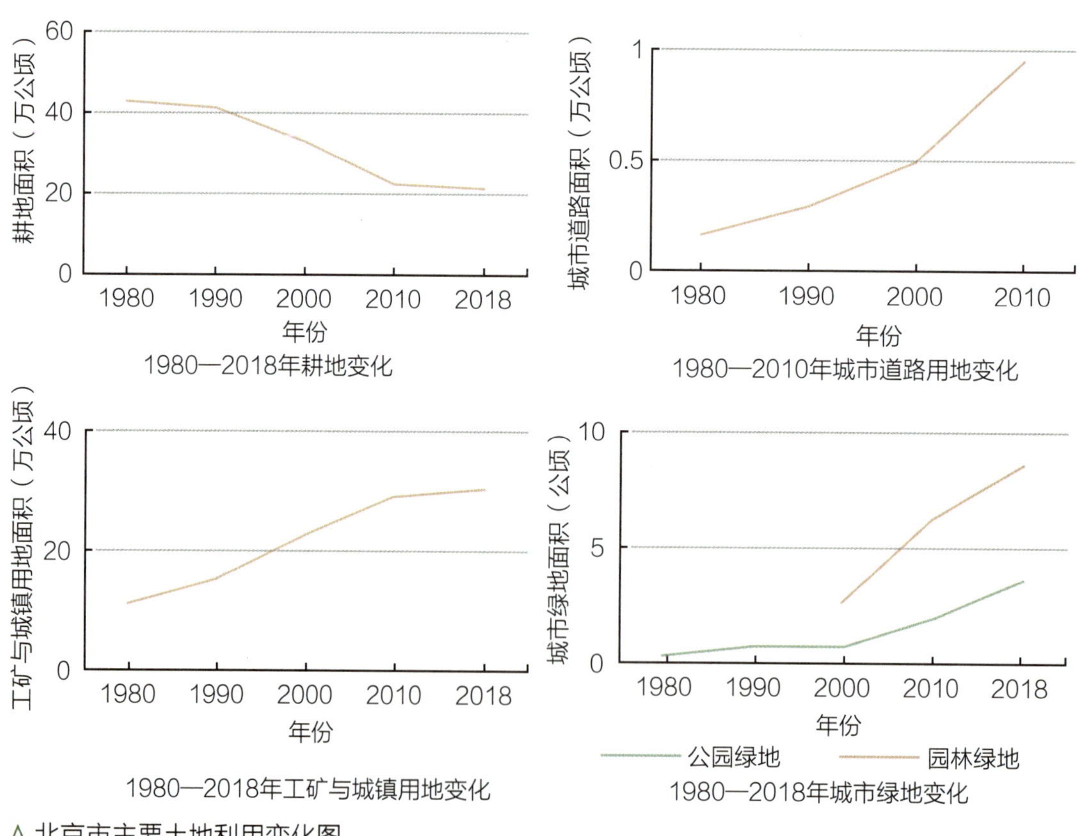

∧ 北京市主要土地利用变化图

地保护空间的耕地保护格局。其次，保护土地不受损毁和污染，对工业和采矿引发的土地损毁、破坏和污染进行治理，2000 年以来，通过矿山生态修复进行土地恢复。最后是落实严格的减量提质土地保护措施，严控城乡建设用地，提高土地的综合利用与高效利用，守住生态保护红线、严控战略留白空间；全面实施增减挂钩，强化全域空间管控，促进北京城市的全面、协调和可持续发展。

北京市战略留白空间
- 为城市长远发展预留的战略用地
- 实行城乡建设用地规模和建筑规模双控
- 原则上2035年前不予启用

土地资源承载了首都城市的建设发展，见证了这座城市的古往今来，未来它将是支撑北京建设国际一流和谐之都的坚强基石。

第二节 矿产资源

一、矿产资源概括

矿产资源是指由地质作用形成的，具有利用价值的，呈固态、液态、气态的自然资源。

（一）矿产种类

矿产资源按照属性和用途分为能源矿产、金属矿产、非金属矿产和水气矿产 4 大类。

我国矿产资源总量丰富，矿产种类齐全，截至 2020 年，已发现 173 种矿产，其中能源矿产 13 种，金属矿产 59 种，非金属矿产 95 种，水气矿产 6 种。

我国矿产资源特点

◎总量丰富，人均资源相对不足

◎种类齐全，资源丰度不一

◎质量贫富不均，贫矿多，富矿少

◎超大型矿床少，中小型矿床多

◎拥有一些全球紧缺的矿产资源，如稀土等

北京地区截至 2020 年共

发现矿产 127 种，其中能源矿产 4 种，金属矿产 42 种，非金属矿产 78 种，水气矿产 3 种。北京的优势矿种主要有煤、铁、汉白玉、叶蜡石、石灰岩矿等。

北京市矿产资源特点

◎种类丰富，部分矿产短缺
◎储量较大，中小型矿床多
◎分布广泛，优势矿产集中
◎共（伴）生矿多，综合利用程度低
◎汉白玉等优势矿种突出

能源矿产

北京市有煤、地热、石油和天然气 4 种能源矿产，29 处矿产地。其中，煤是主要的能源矿产，也是优势矿种。

金属矿产

指能供工业上提取某种金属元素的矿物资源，分为黑色金属矿产和有色、贵金属及稀有稀散元素矿产两大类。黑色金属矿产主要为铁、锰、铬、钒、钛；有色、贵金属及稀有稀散元素矿产主要为金、银、铜、铅、锌等。北京市有 42 种金属矿，117 处矿产地，其中铁矿和金矿是主要矿种。

非金属矿产

指能供工业上提取某种非金属元素，或直接利用矿物或矿物集合体的某种工艺性质的矿物资源，按行业可分为冶金辅助原料、化工原料和建材及其他三类。北京市有 78 种非金属矿产，209 处矿产地，各类灰岩矿、花岗岩矿和大理岩矿是主要矿种。

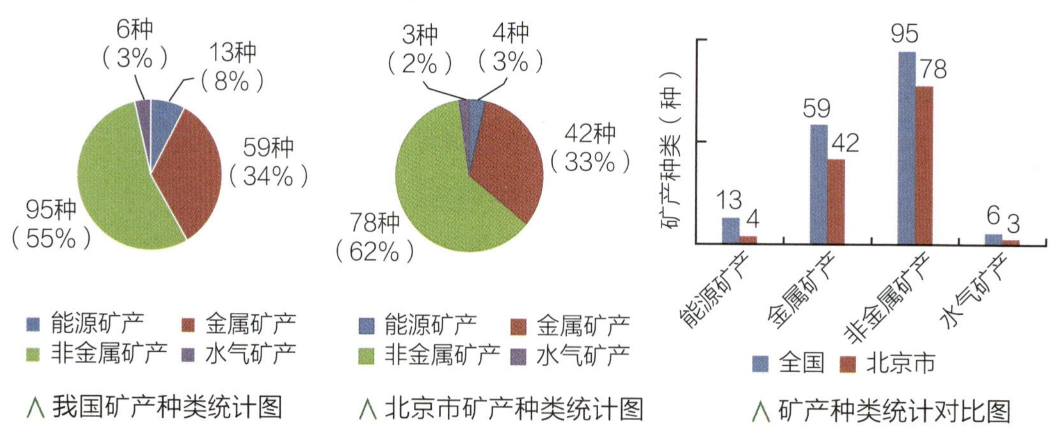

∧我国矿产种类统计图　∧北京市矿产种类统计图　∧矿产种类统计对比图

表 2-2　北京市非金属矿产分类表

类型	非金属矿产矿种
冶金辅助原料	普通萤石、熔剂用灰岩、冶金用白云岩、冶金用石英岩、耐火黏土等
化工原料	电石用灰岩、制碱用灰岩、含钾砂页岩、泥炭
建材及其他	石棉、叶蜡石、水泥用灰岩、建筑石料用灰岩、制灰用灰岩、建筑用砂、砖瓦用黏土、饰面用花岗岩、板岩与大理岩等

水气矿产

是以气体或液体为载体形式的矿产资源，如地下水、矿泉水、二氧化碳气、硫化氢气、氦气和氡气等。北京的水气矿产主要有地下水、矿泉水和医疗矿泉水等。

北京市矿产资源类型多样，开发历史悠久，对不同时期城市建设和发展都做出了重要贡献。

（二）矿产资源储量

矿产资源储量

矿产资源储量是指经过矿产资源勘查和可行性评价工作所获得的矿产资源

矿产资源量可靠程度分类

推断资源量：经稀疏取样工程圈定的资源量，地质可靠程度较低。矿体形态、产状、空间分布连续性是合理推测的，矿石数量、质量、开采技术条件、加工选冶技术性能的控制和研究程度较低。

控制资源量：经系统取样工程圈定的资源量，地质可靠程度较高。矿体形态、产状、空间分布连续性已基本确定，矿石数量、质量、开采技术条件、加工选冶技术性能的控制和研究程度较高。

探明资源量：在系统取样工程基础上经加密工程圈定的资源量，地质可靠程度高。矿体形态、产状、空间位置和连续性已确定，矿石数量、质量、开采技术条件、加工选冶技术性能的控制和研究程度高。

蕴藏量的总称。矿产资源量根据地质可靠程度分为推断资源量、控制资源量和探明资源量。

进行资源统计、规划开发、数据发布、矿业权登记、探明储量等统一的矿产资源管理时，一般按照固体矿产和液体矿产两种类型进行储量探查与计算。

固体矿产资源储量

固体矿产资源是地壳内或地表由地质作用形成的具有利用价值的固态自然富集物，以数量、质量、形态以及空间位置等为表征。固体矿产资源储量可分查明资源储量和保有资源储量。北京市固体矿产资源以煤、铁、金、石灰岩和大理岩最为丰富。

固体矿产资源储量

查明资源储量：指经勘查已发现的矿产资源的总和。

保有资源储量：一定时间内矿山所拥有资源的实际储量。

表 2-3　北京市主要固体矿产资源储量表

矿种	查明资源储量	保有资源储量
煤炭	2537820 千吨	2082850 千吨
铁矿	1076698 千吨	939305 千吨
金矿	25725 千克	6361 千克
石灰岩矿	2123000 千吨	1829097 千吨
大理岩	35450 千立方米	34815 千立方米
汉白玉	1461 千立方米	1126 千立方米
叶蜡石	3116 千吨	2945 千吨

液体矿产资源储量

地热资源：贮存在地球内部的可再生热能源，属于综合性矿产资源。它不仅是清洁能源，还是一种可供提取碘、溴、钾盐等工业原料的热卤水资源和肥水资源，也是医疗热矿水和饮用矿泉水资源以及生活供水资源。地热资源可根据不同标准划分为多种类型。

表 2-4　地热资源分类表

分类依据	类型
赋存状态	水热型
	干热型
	地压型
技术经济条件	经济型（浅于 2000 米）
	亚经济型（2000~5000 米）
形成原因	火山型
	岩浆型
	断裂型
	断陷盆地型
	凹陷盆地型
温度	高温（≥ 150 摄氏度）
	中低温（<150 摄氏度）

表 2-5　北京市地热田面积一览表

地热田地区	面积 / 平方千米
延　庆	121.88
小汤山	186.42
凤河营	262.51
后沙峪	239.85
京西北	363.21
天　竺	290.75
李　遂	273.04
东南城区	207.44
双　桥	339.00
良　乡	475.77

北京是具有地热资源的首都城市之一，拥有 10 个相对独立又有一定水力联系的地热田，面积 2759.87 平方千米，年可采量 7775 万立方米，地热温度 25~89 摄氏度（目前最高为 117 摄氏度），地热水的矿化度在 500~700 毫克 / 升，氟与偏硅酸含量较高。北京的地热资源属断陷盆地型，以中低温亚经济型为主，多为医疗热矿水，有一定的医疗、保健、养生功效，但不宜直接饮用。

矿泉水资源：从地下深处自然涌出或经钻井采集的，含有一定量的矿物质、微量元素或其他成分，在一定区域未受污染并采取预防措施避免污染的水；在通常情况下，其化学成分、流量、水温等动态指标在天然周期波动范围内相对稳定。

北京市的矿泉水资源主要为低钠、低矿化度或中等矿化度的淡矿泉水，有四种类型：锶型、偏硅酸型、锶 - 锂复合型、锶 - 偏硅酸型。

国家标准的九类矿泉水

◎偏硅酸矿泉水　◎溴矿泉水
◎锶矿泉水　◎碘矿泉水
◎锌矿泉水　◎碳酸矿泉水
◎锂矿泉水　◎盐类矿泉水
◎硒矿泉水

矿化度

矿化度是 1 升水中含有各种盐分的总量，它分为三级：

（1）低矿化度：<500 毫克；

（2）中矿化度：500~1500 毫克；

（3）高矿化度：>1500 毫克。

（三）矿产资源分布

北京矿产资源分布广泛，其中煤炭矿产集中于西部的房山和门头沟区，铁矿、金矿等金属矿产多分布在北部的密云、怀柔、延庆、昌平和平谷区，化

∨北京市固体矿产资源分布示意图

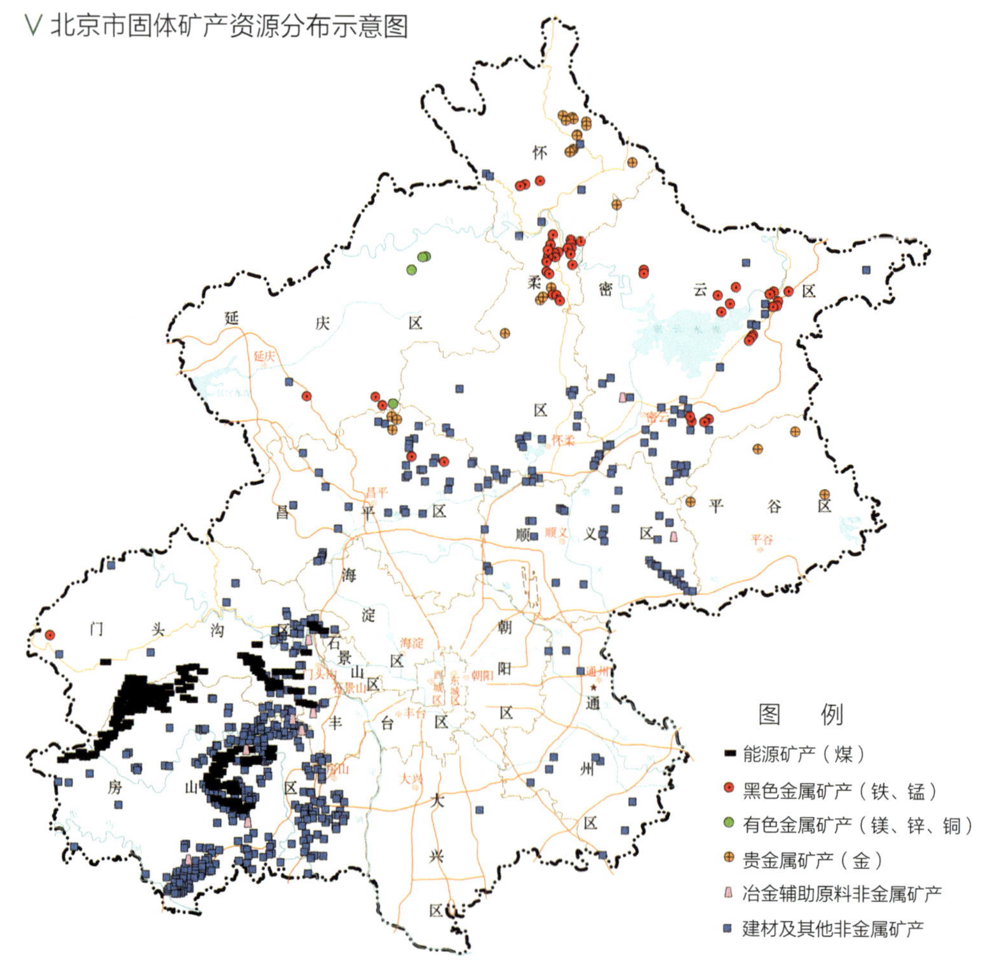

工、冶金及建筑用各类石灰岩、白云岩等非金属矿产广泛分布在山区与平原交界地带，地热资源埋藏在平原区和延庆盆地。

（四）矿产资源勘查

矿产资源勘查

发现矿产资源并查明其种类、数量、质量、形态、空间分布、开采利用条件等特征，评价其工业利用价值的活动。

地质调查工具“老三件”

勘查技术方法

地质填图、遥感、地球物理、地球化学、槽探、钻探、坑探、采样测试、试验研究、综合分析和技术经济评价等。

勘查工作程度

由低到高，分为普查、详查和勘探。

表 2-6　矿产资源勘查工作程度说明表

勘查阶段	工　作　程　度
普查 （初级阶段）	发现并圈出矿（化）体，初步查明矿床特征，开展概略研究，对矿床做出初步评价，圈出详查范围
详查 （中级阶段）	做出矿床是否具有工业价值的评价，基本查明矿床特征，开展概略研究或（预）可行性研究，估算资源量或可信储量，提出勘探范围
勘探 （高级阶段）	做出矿产资源开发是否可行的评价，详细查明矿床特征，开展概略研究或（预）可行性研究，估算资源量或储量

北京市固体矿产资源勘查程度较高，355 处矿产地中，达到详查工作程度以上的占到了 63%。

二、矿产资源的开发利用

北京地区矿产资源开发历史悠久，旧石器时代的“北京人”就已经开始利用矿物和岩石制造简单工具，后面各历史时期，北京地区的矿产开发利用一直在进行，而中华人民共和国成立以后更是得到了迅速发展。

为进一步落实首都战略定位，建设国际一流的和谐宜居之都，北京市矿产资源实施限制性开发和逐步退出机制，目前，固体矿产资源的开发已基本退出。

（一）能源矿产资源的开发利用

北京地区开发的能源矿产主要是煤炭和地热资源。煤炭早在辽金时期已进行开采，老百姓利用煤炭烧地炉取暖；元代进入了规模开发，不仅用来烧煤取暖，还形成了采煤业，煤炭成为重要的商品；明代开发更为兴旺，因冶金、陶瓷、砖瓦等需要大量煤炭，采煤业不断发展；清代进入了古代采煤业高潮期，政府鼓励民间开采京西煤矿，京西开采的煤窑曾达到数百个；清末民初，出现了中外合办煤矿企业，煤炭开采进入了近代机械化开采；与此同时，民族资本企业和民办小窑大量涌现，整个采煤业十分兴旺，为此也促进了运煤的交通

∨ 京西最大的煤矿——木城涧矿

发展，铁路、公路逐渐发达；中华人民共和国成立后，采煤业空前繁荣，之前北京地区年最高煤产量仅120万吨，到了1985年，煤产量达到957.57万吨。北京地区所采煤炭70%作为民用，30%用于首钢的矿石焙烧等以及少量水泥工业和化肥工业。北京盛产的无烟煤具有低硫易燃的优点。煤炭资源的开发对北京经济社会发展和城市能源供应起了极为重要的作用，但同时也造成了对环境的破坏。伴随北京城市规划发展和绿色环境要求，煤炭产业逐步退出，产量逐年减少，2018年产量仅为171.1万吨，至2021年底，煤炭开采已全部关停。

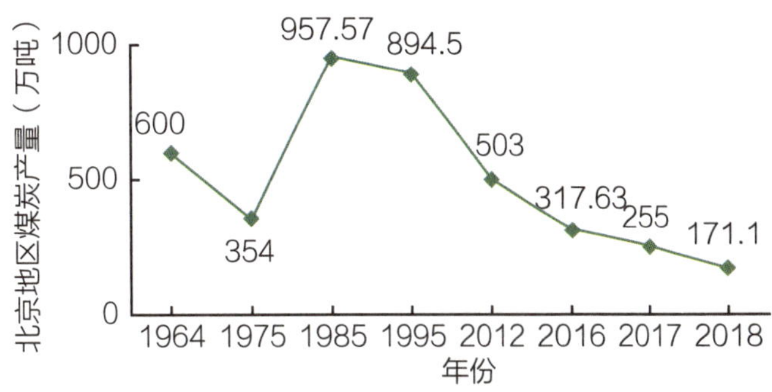

∧ 1964—2018年北京地区煤炭产量变化图

北京地区地热资源利用早在1400多年前的南北朝时期已经开始，元代便有了小汤山温泉。地热资源的大规模开发利用是在中华人民共和国成立之后，从20世纪70年代开始直到90年代末期，地热资源勘查开发十分兴旺。至2020年底，全市在利用地热井173眼，其中开采井137眼，回灌井36眼，年开采量为703.03万立方米，回灌量391.38万立方米，净开采量311.65万立方米，供暖面积159.8万立方米。地热

∧ 地热田开采

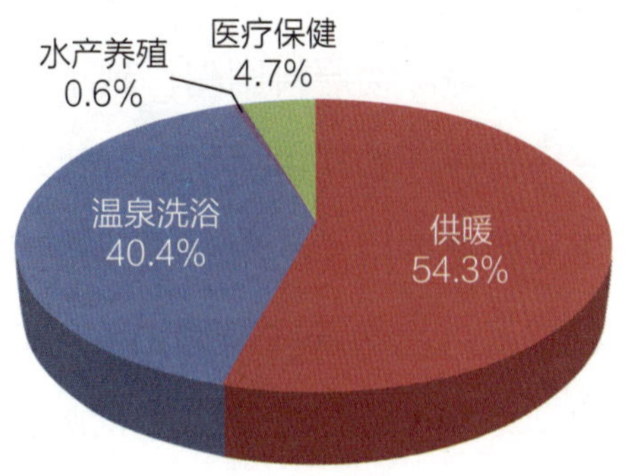

∧ 北京市地热利用统计图

资源广泛应用在采暖、旅游、医疗、水产养殖和温室种植等领域。其中以供暖和温泉旅游为主，分别占 54.3% 和 40.4%，医疗保健占 4.7%，水产养殖占 0.6%。

（二）金属矿产资源的开发利用

北京地区开发的金属矿产资源主要是金、铁、银、铜等。据北京考古发现，早在夏商周至两汉与南北朝时期，就已出现了金、银、铁的使用；到了唐辽金便有了铁、金、银等的开采业；元明时期金属矿开采日趋兴盛；清代和中华民国时期曾出现采金办矿高潮。中华人民共和国成立后，铁矿、金矿业等得到扩大发展，开采方式也由手工方式逐步实现了机械化。

北京的铁矿与金矿类型

铁矿分沉积变质型、沉积型、岩浆型、接触交代型和铁帽型。北京铁矿以沉积变质型铁矿为主。

金矿分为沙金和岩金两种。北京金矿以岩金为主，属岩浆热液型成因。

铁矿和金矿是北京市金属矿产的重要开采矿种，1995 年黄金产量曾达到 22906 两，矿业价值 1.1351 亿元；铁矿开采量 2006 年近 500 万吨，矿业价值 3.46 亿元。21 世纪初期，因产业结构调整，金矿开采全部关停，铁矿开采逐步减少，2020 年开采量仅为 128.18 万吨，至 2020 年底已全部停采。金属矿产资源的开发曾为北京经济建设做出重要贡献。

（三）非金属矿产资源的开发利用

北京地区非金属矿的利用最早可追溯到旧石器周口店古人类阶段，古人类用石英、水晶、燧石、花岗岩等石块打制各种石器；到了新石器时代，开始使用黏土等矿物原料制陶；到了夏商周和南北朝时期，出现了黏土砖瓦和石灰的使用，并开始利用石材进行建筑和石刻；进入隋唐和辽金时期，开采的黏土矿物原料更多用于制瓷、琉璃烧制等，此时，大理岩的开采兴起高潮，用于石刻与建筑；元明清时期为适应都城建设，大量采石取土，用于各种建筑和陶瓷业，其中房山大石窝汉白玉成为紫禁城重要的建筑石材。

中华人民共和国成立后，非金属矿开发利用进入全面发展阶段，成为北京

∧ 历史上的大石窝汉白玉大理石采场

∧ 历史上的石灰岩矿区及开采场

∧ 密云区首云铁矿采矿场

城市建设重要的资源支撑，创造的矿业产值超过其他固体矿产资源的总和。

石灰岩矿的开发利用： 主要包括溶剂用灰岩 49.68 万吨、电石用灰岩、水泥用灰岩 359.13 万吨和制灰用灰岩。其中仅水泥用灰岩 2006 年产矿量就达到 792.5 万吨，工业总产值 1.06 亿元。石灰岩矿开采主要用于建材工业等。

石材的开发利用： 主要包括大理岩、花岗岩和板岩矿。这些石材主要用于建筑饰面，不仅满足本市建材需要，还销往全国，其中房山的汉白玉优质大理石和板岩还远销海外，出口创汇。

叶蜡石的开发利用： 叶蜡石是一种黏土矿，热稳定性好，高温下不收缩，耐强

岩石矿产小知识

石灰岩矿：矿石原岩是石灰岩，是一种沉积岩。地质历史上北京地区曾长时期被大海所淹没，沉积形成了大面积的石灰岩，也成就了丰富的石灰岩矿。

大理岩矿：矿石是一种变质岩，由白云岩等变质形成。北京的大理岩矿以房山大石窝最为典型，石材资源丰富，并盛产著名的汉白玉大理石。

花岗岩矿：矿石原岩是花岗岩，是岩浆岩。地质历史上北京地区多处地带出现地下岩浆活动，形成花岗岩体，部分花岗岩成为可利用的石材矿。

酸强碱，应用十分广泛。叶蜡石是北京市优势矿产之一，2020 年开采量 1.65 万吨。

北京非金属矿产资源十分丰富，但长期的开采造成了环境的持续破坏，为确保北京城市绿色生态环境，目前仅保留了一处矿区，以提供处置危险废弃物所需的原料，其余所有矿区已全部关停。

（四）水气矿产资源的开发利用

北京市地下水开发利用历史悠久，历史记载东周时即有大量取水砖瓦土井，而北京城的用水主要靠分布在各街巷的水井。中华人民共和国成立后，为解决北京城市生活和工农业生产用水，对地下水资源进行了大规模开发利用。从 1958 年最初地下水开采量 3.36 亿立方米，到 20 世纪 80 年代以后地下水开采量基本稳定在 26 亿~28 亿立方米。由于南水北调工程对北京市水资源的补给，地下水开采量逐步下降，2020 年北京市地下水开采量为 13.5 亿立方米。

∧ 玉泉泉眼

北京地区矿泉水开发利用较早，其中西郊玉泉山矿泉水，由清朝乾隆皇帝御书“天下第一泉”并指定为皇家专用饮水。20 世纪 40 年代，北京市开始生产矿泉水饮料，至2018年底，全市共有矿泉水厂21家，年生产矿泉水4.78万吨。

三、矿产资源与城市发展

从70万年前周口店出现“北京人”，到今天形成2000多万人口的超大型城市，矿产资源的开发一直伴随并见证了北京城市与古都文化的形成和发展。

（一）石材利用与周口店古人类文化

周口店先后有猿人、早期智人和晚期智人在此生活，他们采集石块，利用石块特点，打制成多种石器，成为古人类文化中最为重要的一部分。周口店发现的石器有10多万件，这些石器涉及40多种矿物岩石，其中石英、水晶、燧石和砂岩占比达到90%以上。丰富的石材成就了周口店古人类文化，古人类是北京地区石材利用的鼻祖。

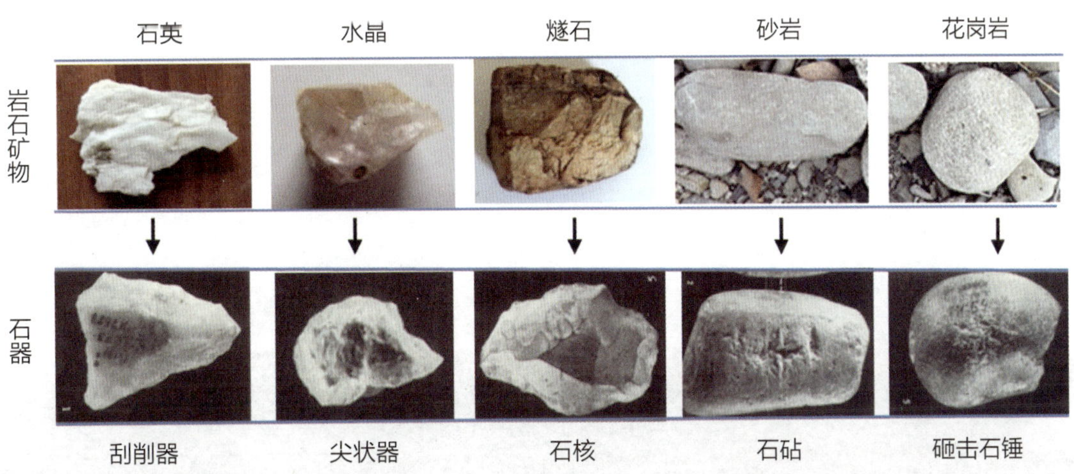

∧ 周口店地区矿物岩石与石器比较图

（二）大理石与房山石经文化

房山石经是一部刻在石头上的文化巨献，它自隋末开始，历经6个朝代，共1000余年的镌刻，共有14278块石经，如果将其逐一排列，可达12.5千米之长，可谓“石经长城”。

∧ 房山石经（房山地质公园管理委员会 提供）

大石窝一带质地纯正、品种多样、储量丰富的大理岩资源成就了房山石经文化，使其享誉世界。

（三）汉白玉与都城建筑文化

汉白玉是产于房山大石窝的白色大理岩，它洁白无瑕，坚硬如玉，是北京都城建筑的重要石材。历史上，皇家宫殿和帝陵建筑大量使用汉白玉，形成了独特的高贵典雅的建筑风格。北京故宫由汉白玉雕筑而成的殿基雕栏、龙凤浮雕、华表日晷、云龙御路等，历经400余年，依然保持着其尊贵高雅的皇家气派。汉白玉是京城皇家建筑文化的重要元素。国内现代重要大型标志性建筑，如人民英雄纪念碑浮雕、天安门广场国旗基座等均由汉白玉筑成，显示出特有的华丽风采。汉白玉作为一种珍贵的大理石品种，享有国宝之称。

（四）煤炭、地热与城市能源保障

北京的煤炭作为主要燃料，千百年来为京城提供了源源不断的热能，成为城市发展的能源保障，为首都建设做出了重大贡献。北京的地热资源为城市生

∨故宫汉白玉雕栏和云龙御路

活提供了清洁、高效的能源，促进了城市与环境的绿色协调发展。

（五）铁矿业与城市工业经济

早在旧石器时代，周口店的山顶洞人就开始使用赤铁矿粉作为颜料，涂于装饰品上或者随葬撒在尸骸周围。在商代，北京地区已经有冶铁技术发明和广泛的铁器利用，战国时期铁器的使用已相当普遍，当时主要制作了犁、镬、锄、镰、铲、锤、耙、斧、三齿和二齿镐等铁农器。两汉时期十分重视铁的生产利用，《后汉书·郡国志》载："渔阳郡，渔阳（编者注：今密云怀柔一带）有铁。"《汉书·食货志》载："渔阳郡，渔阳有铁官"。明代铁的开采和冶炼尤为突出，其中遵化铁冶使用的冶铁炉是当时世界上最大的冶铁炉。清代初期严禁采矿，清代末期为抵制帝国主义的强权，发展自己的采矿业，矿业开采得到推动。

∧ 地热温泉

首钢

首钢始建于1919年，距今已有100多年历史。它是北京市第一家国营的钢铁企业，曾大量使用产自北京的铁矿石。1978年的钢产量达到179万吨，成为当时全国十大钢铁企业之一。

中华人民共和国成立后，北京地区金属矿产开发也得到迅速发展。铁矿在20世纪70年代进行大规模开采，生产出的铁精粉供应首钢、宝钢和邢钢等钢厂利用。铁矿业作为北京市重要矿业之一，其矿业产值曾一直居北京市前三位，在经济发展中起过重要作用。

（六）非金属矿与城市建设

北京丰富的非金属矿产资源对城市的建设发挥了重要作用。石灰岩矿、大

∧ 琉璃河水泥厂

理岩矿、建筑用砂、砖瓦用黏土矿等多与建材有关的矿产开发，在城市建筑发展中起了支柱作用。北京曾出现过星罗棋布的水泥厂，用石灰岩生产水泥，其中始建于1939年的北京市琉璃河水泥厂便是其中之一。

北京的矿产资源曾为城市建设和经济发展提供了坚实支撑，随着首都核心功能的确立，固体矿产资源开发已退出市场。围绕首都“四个中心”战略定位，矿产资源利用贯彻创新、协调、绿色、开放、共享的发展理念，推进优化转型，加强清洁能源利用，提高资源利用效率，使矿产资源的利用与保护适应首都发展要求，构建绿色、和谐、高效、安全的首都矿业新格局。

第三节　水资源

一、水资源概述

水资源是人类生存和发展国民经济不可缺少的重要自然资源。水资源是指地球上具有一定数量和可用质量，能从自然界获得补充并可资利用的水。广义的水资源是指能够直接或间接使用的各种水和水中物质，对人类活动具有使用价值和经济价值的水均可成为水资源。狭义上的水资源是指在一定经济技术条件下，人类可以直接利用的淡水。

∧ 永定河（刘楷 摄）

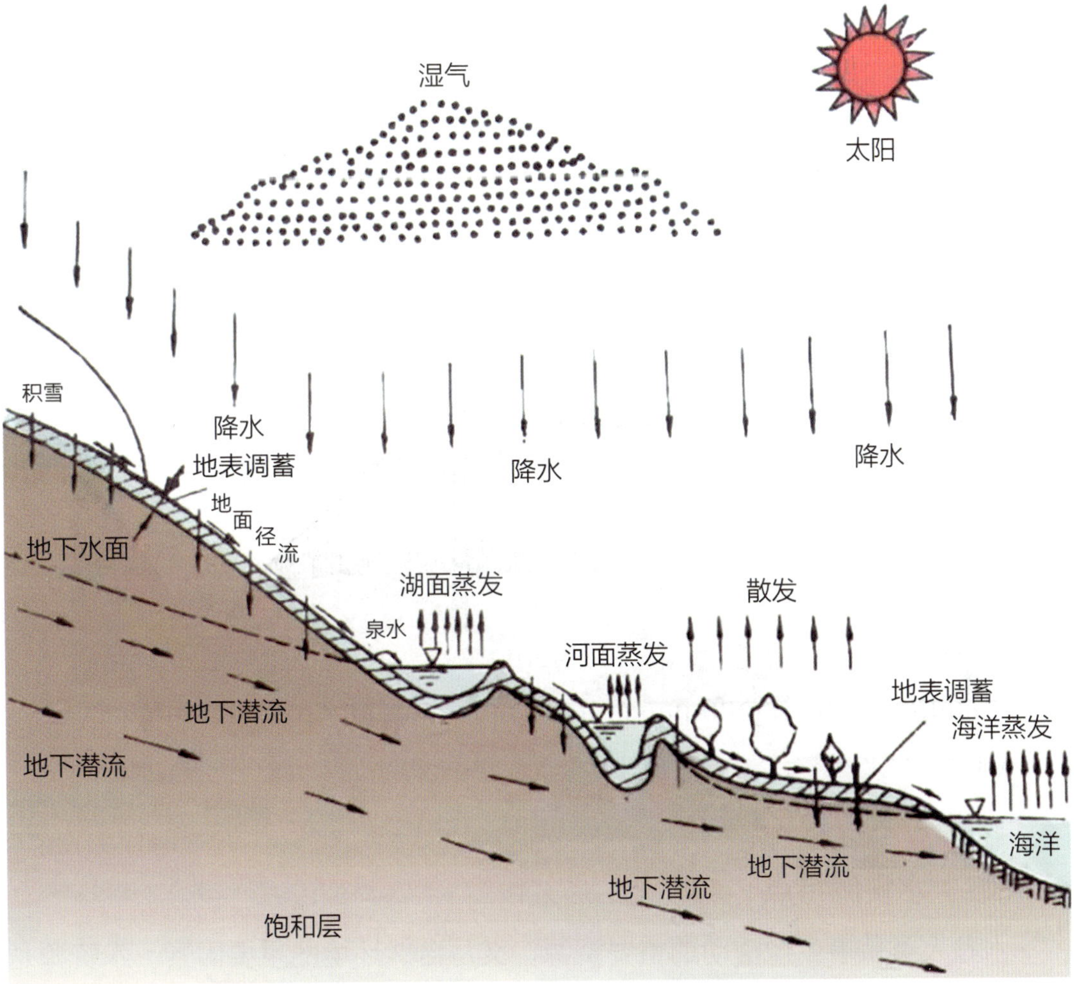

湿气

太阳

积雪

降水

地表调蓄

降水

降水

地面径流

地下水面

湖面蒸发

散发

泉水

河面蒸发

地表调蓄

海洋蒸发

地下潜流

地下潜流

海洋

地下潜流

地下潜流

饱和层

∧ 水循环过程示意图（梁天璞 绘制）

（一）水循环

地球上各种水体在太阳辐射作用下不断地因蒸发而变成水汽进入大气，再经气流的水平输送和上升凝结形成降水，落回地面或海洋。落到地面的雨水，一部分蒸发返回大气，另一部分以地面径流和地下径流的形式注入海洋。自然界中水分的这种不断蒸发、输送和凝结形成降水、径流的循环往复过程就是水循环。水循环是自然界众多物质循环中最重要的，它使人类生产和生活中不可缺少的水资源具有了可再生性，提供了江河等地表和地下的水资源。

地表水、地下水、土壤水是陆地上普遍存在的水体。地表水主要有河流和湖泊水，由大气降水、高山冰川融水和地下水所补给，以河流径流、水面蒸发、土壤入渗的形式排泄。地下水为储存于地下含水层的水量，由降水和地表水下渗补给，以河川（基流）潜水蒸发、地下潜流的形式排泄。土壤水为存在于包气带的水量，上面承受降水和地表水的补给，下面接受地下水的补给，同时又消耗于土壤蒸发和植物散发，具有供给植物水分并连接地表水和地下水的作用。

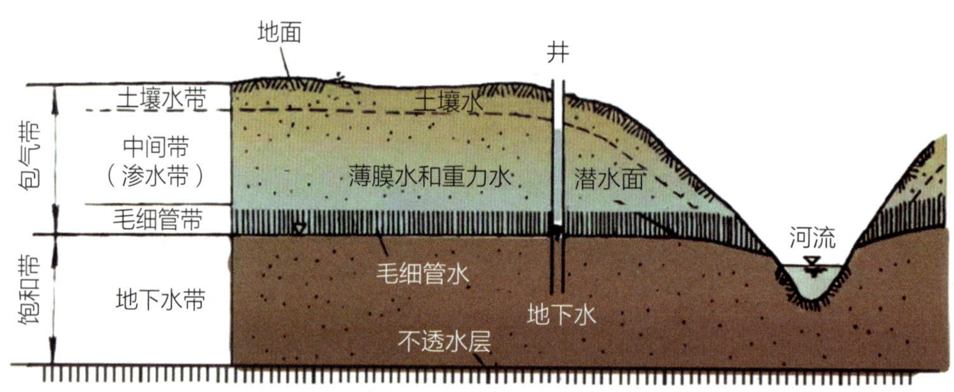

∧ 地面以下水的分布（梁天璞 绘制）

（二）水资源特点

水是人类从事生产活动的重要资源，又是自然环境的重要因素。水资源是在水循环的背景下，随时空变化的动态资源，它有与其他自然资源不同的特点，只有充分了解它的特性，才能合理、有效地利用，防止因过量利用而造成水资源枯竭。

循环性和有限性

地表水和地下水不断得到大气降水的补给，开发利用后可以恢复和更新。但各种水体的补给量是不同和有限的，为了可持续供水，水的利用量不应超过补给量。水循环过程的无限性和补给量的有限性，决定了水资源在一定数量限度内才是取之不尽、用之不竭的。

表 2-7　各种水体更替周期

水　体	更替周期	水　体	更替周期
极地冰川	约 10000 年	沼泽水	约 5 年
永冻地带地下冰	约 9700 年	土壤水	约 1 年
世界大洋	约 2500 年	河水	约 16 天
高山冰川	约 1600 年	大气水	约 8 天
深层地下水	约 1400 年	生物水	约 12 小时
湖泊水	约 17 年		

注：水体更替周期指水体在参与水循环过程中全部水量被交替更新一次所需的时间。

时空分布不均匀性

水资源在地区分布上很不均匀，年际年内变化大。为了满足各地区和各部门的用水需求，通过修建蓄水、引水、提水、水井和跨流域调水等水利工程，对天然水资源进行时空再分配。

北京主要水利工程

◎密云水库

◎官厅水库

◎京密引水渠

◎永定河引水渠

◎南水北调工程

用途广泛性

水资源用途广泛，不仅用于农业灌溉、工业生产和城乡生活，而且还用于水力发电、航运、水产养殖、旅游娱乐等。

经济上的两重性

水资源可供利用，也可能引起灾害，如开发利用不当造成水体污染、地面沉降等，因此水资源相应地在经济上具有正效益和负效益。

我国水资源量远低于世界水平，全国人均水资源量为 2044 立方米，为世界人均水资源量的 1/4，而北京市的人均水资源量仅为 114 立方米，明显低于全国和世界人均水资源量。

二、北京的水资源特征

北京坐落于西山山麓潜水溢出带前沿，永定河、潮白河下游，历史上地表水和地下水资源十分丰富。金元建都以来，上游大量砍伐森林，过度放牧，致使上游流域植被退化。下游北京地区人口不断增长，漕运、园林用水需求日益扩大，水资源的开发成为历代统治者必须解决的问题。中华人民共和国成立后，尤其是 20 世纪 80 年代以来，受气候和人类活动影响，北京上游水源涵养区湿地萎缩，井泉干涸；另外，随着北京地区城市用水量日益增加，地下水埋深不断加深，严重缺水一直影响着北京城市发展和居民生活水平的提高。

（一）水资源总量

水资源总量包括地表水资源总量和地下水资源总量。2011—2020 年，北京市年平均水资源总量为 28.87 亿立方米，其中地表水资源年均总量为 10.95 亿立方米，地下水资源年均总量为 17.92 亿立方米。

V 京密引水渠（唐勇明 摄）

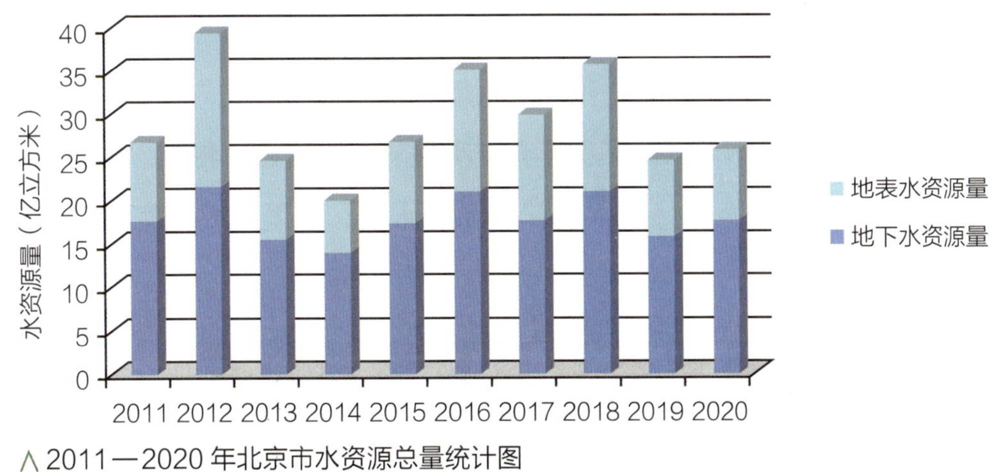

∧ 2011—2020 年北京市水资源总量统计图

（二）地表水资源

地表水资源是流动的资源。按照流域出、入境的总量来看，2011—2020 年全市总入境水量为 5.87 亿立方米（不含外调入境水量），出境水量为 16.15 亿立方米（北京五大流域中北运河属境内发育的河流，无入境水量）。

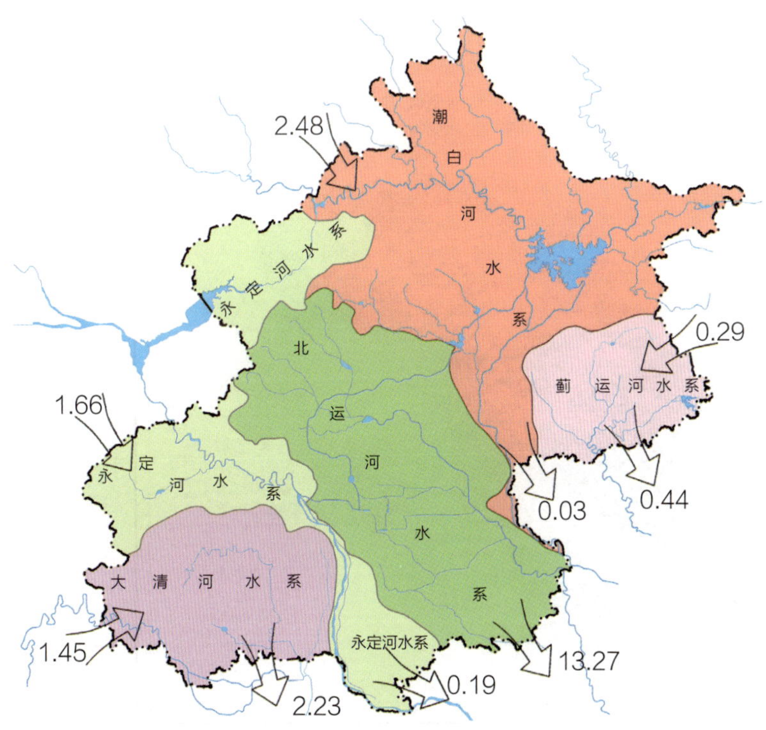

∧ 2011—2020 年各水系平均出、入境水量示意图（单位：亿立方米）

表 2-8 2011—2020 年地表水出、入境统计表

（单位：亿立方米）

年度	入境水量	出境水量
2011	4.71	12.09
2012	5.82	18.5
2013	7.07	15.44
2014	3.59	11.88
2015	4.49	14.32
2016	7.13	17.63
2017	5.03	17.26
2018	8.19	20.65
2019	6.08	18.07
2020	6.61	15.66
合计	5.87	16.15

（三）地下水资源

地下水资源是存在于地下、可以为人类所利用的水资源，既有一定的地下储存空间，又参与自然界水循环，具有流动性和可恢复性等特点。地下水资源量指地下水中参与水循环且可以更新的动态水量，这里主要指第四系水。北

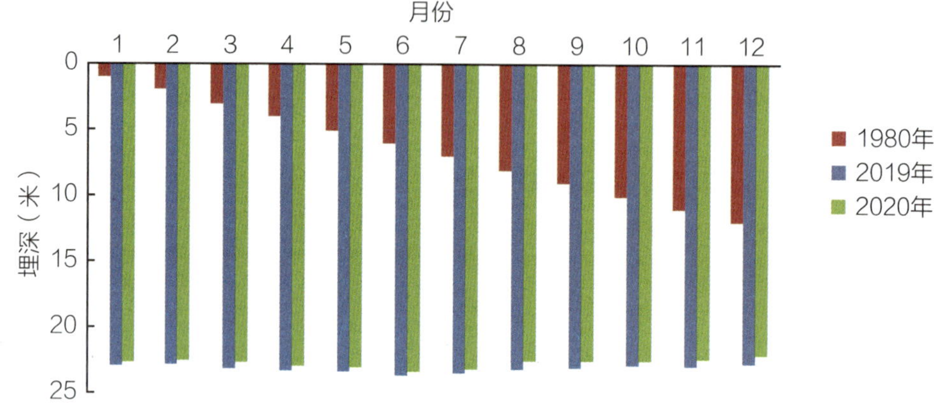

∧ 1980 年、2019 年、2020 年全市平原区地下水逐月埋深比较图

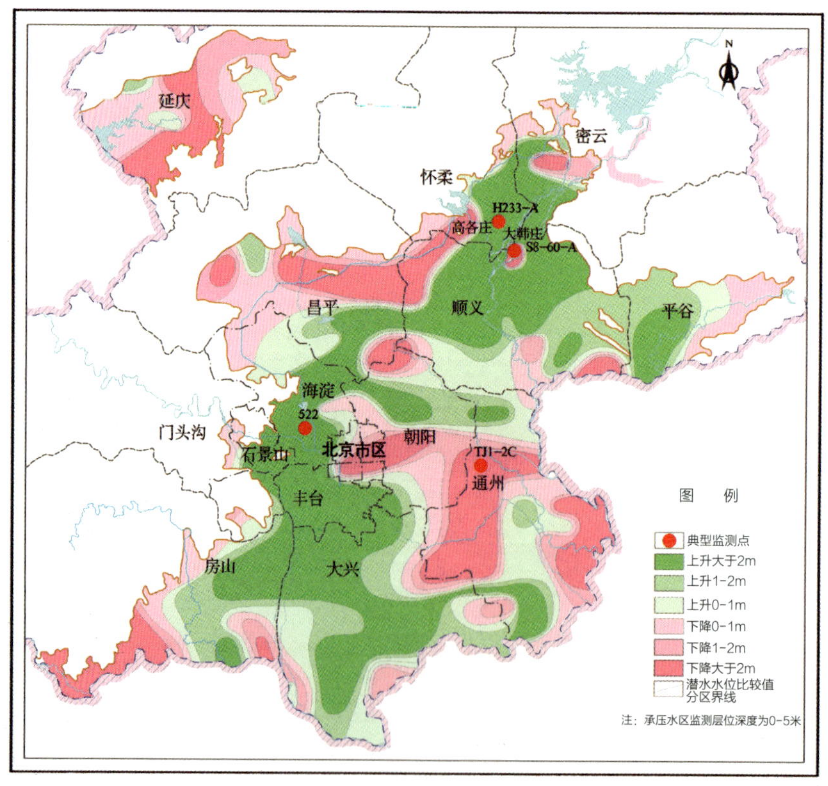

∧ 2020 年相比 2010 年同期地下水水位变化分布图（北京市地质环境监测所 提供）

京市多年平均地下水资源量为25.59亿立方米。2020年末地下水平均埋深为22.03米，与2019年、1980年地下水位逐月埋深相比有明显变化；2020年相比2010年同期水位也发生了较大变化。

三、水资源与城市保障

（一）水资源开发利用

水是生态系统的重要控制要素，是生态文明建设的重要内容。北京市顺应现状水系脉络，科学梳理、修复、利用流域水脉网络，将北运河、潮白河、温榆河等水系打造成景观带，建设水城共融的生态城市，协调水与城市的关系，实现水资源的可持续利用。

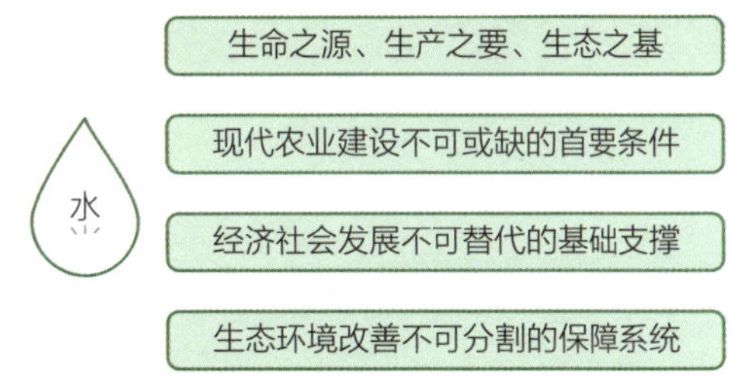

∧ 水资源的重要作用

城市供水

北京市由地表水、地下水、再生水、南水北调水和应急水源联合供水。2020年全市总供水量40.6亿立方米，其中地表水8.5亿立方米，占总供水量的20.9%；地下水13.5亿立方米，占总供水量的33.2%；再生水12.0亿

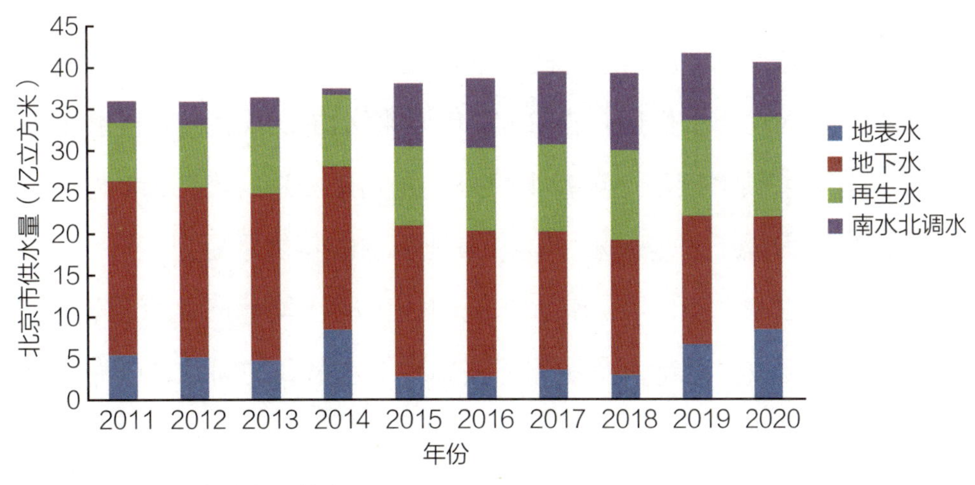

∧ 近10年北京市供水量结构

立方米，占总供水量的19.6%；南水北调水6.6亿立方米，占总供水量的16.3%。

地表水供应：北京的地表水供应主要来自五大水系的河川径流，包括部分河流上游的入境水量，传统上来源于官厅水库和密云水库。由于水资源短缺，在南水北调工程还没有完全通水的条件下，河北的安各庄、西大洋、黄壁庄和岗南四个大型水库自2008年开始向北京市应急供水。

地下水供应：随着北京市人口数量的增加和社会生产力的提高，地表水资源已无法满足用水需求，地下水的开发利用逐渐增多。地下水凭借着丰厚的资源禀赋，在城市供水中发挥的作用日益加强。地下水的开发利用有着悠久的历史，自20世纪50年代以来，随着人口的增加及工农业规模的大幅增长，地下水的开采量逐年增加；70年代开始为地下水开采量增长较快时期；80年代以来，地下水开始成为北京市的主力供水水源。1985—2007年，北京市每年地下水供水量都在20亿立方米以上，占全市供水量的70%左右。

地下水供水经历了缓慢增长阶段、快速增长阶段以及相对稳定阶段后，为应对可能的连年干旱造成的水资源危机，2000年后提出了5个具有供水潜力的应急水源地，包括怀柔第四系应急供水水源地、平谷地区第四系与基岩应急供水水源地、房山基岩供水水源地、西郊基岩应急供水水源地和昌平基岩供水水源地。城市应急备用水源地的建立，缓解了城市供水的紧张局面，但由于处于持续超采的状态，城市饮用水地的供水情况不容乐观。

再生水、南水北调水供应：自2007年以来，由于再生水的利用和节水技术的推广，地下水供水量呈逐年减少趋势。尤其是2014年南水北调中线工程正式通水以来，大幅压采地下水，北京市地下水的年供水量已经降到20亿立方米以下。截至2021年3月，南水北调中线工程已累计向北京市输水62.13亿立方米，在显著改善首都水资源保障格局和供水格局的同时，也为北京赢得了宝贵的水资源涵养期。

南水北调工程

南水北调工程是实现我国水资源优化配置、促进经济社会可持续发展、保障和改善民生的重大战略性基础设施。工程从长江下游、中游、上游，规划了东、中、西三条调水线路，干线总长 4350 千米，规划调水总规模 448 亿立方米。

三条调水线路与长江、淮河、黄河、海河相互连接，构建起我国水资源“四横三纵、南北调配、东西互济”的总体布局。

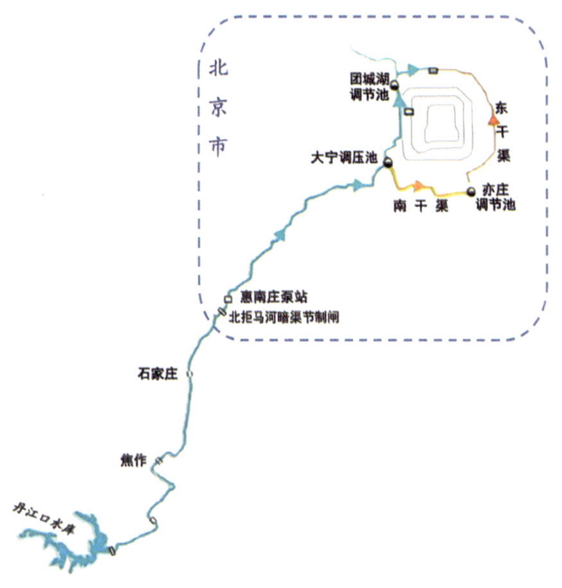

∧ 南水北调输水管线工程示意图

∨ 三家店水库

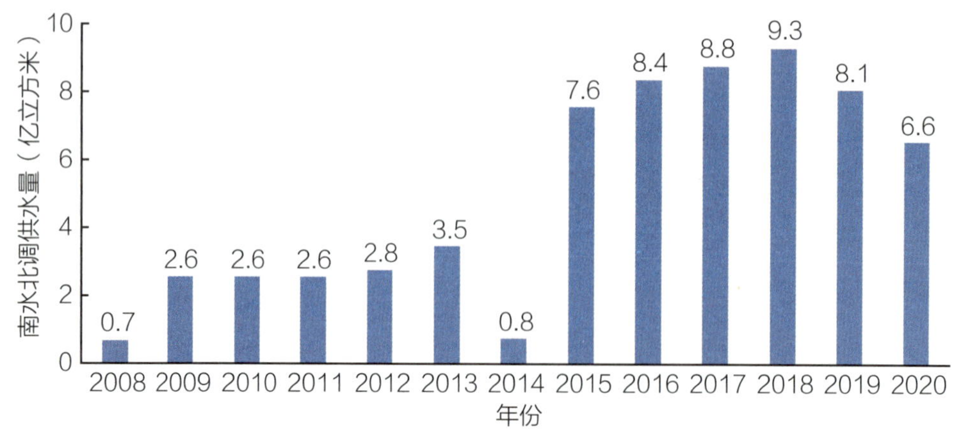

∧ 南水北调供水量变化柱状图

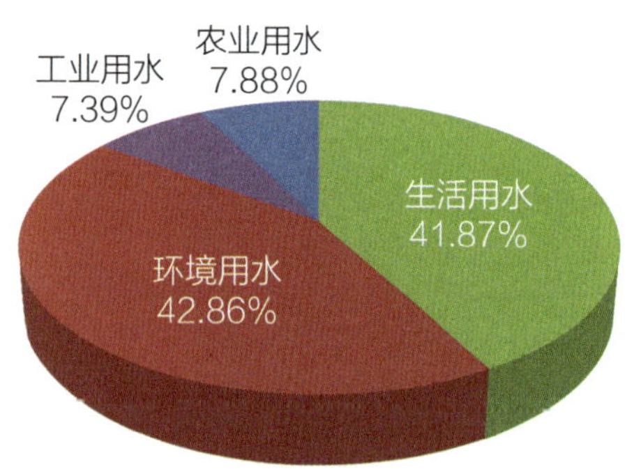

∧ 2020 年北京市用水结构图

城市用水

2020 年北京市总用水量为 40.6 亿立方米，其中生活用水 17.0 亿立方米，环境用水 17.4 亿立方米，工业用水 3.0 亿立方米，农业用水 3.2 亿立方米，分别占总用水量的 41.87%、42.86%、7.39% 和 7.88%。

北京市生活用水在总用水量中一直占比较大，工业、农业用水量呈总体下降趋

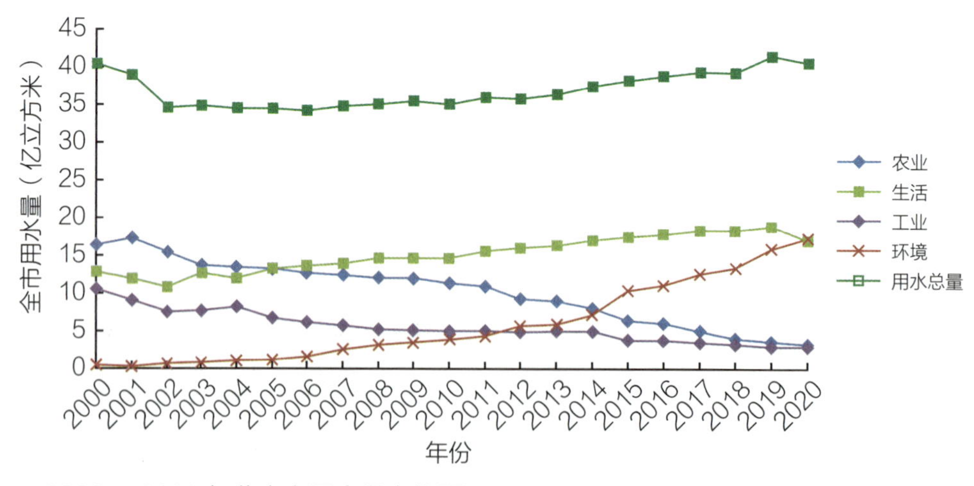

∧ 2000—2020 年北京市用水量变化图

势。随着对城市和环境保护的日益重视，城市绿地面积不断增加，与之相应的环境用水增长明显。

（二）水资源安全保障

北京是世界上严重缺水的大城市之一，是世界上人口规模前 15 位的城市中唯一处于年降水量不足 600 毫米的半湿润地区的城市，为资源型重度缺水地区，水资源紧缺成为制约首都社会经济发展的一大瓶颈。

水资源保护节日

世界水日： 每年 3 月 22 日

中国水周： 每年 3 月 22—28 日

城市节水宣传周： 每年 5 月的第 3 周

国家节水标志

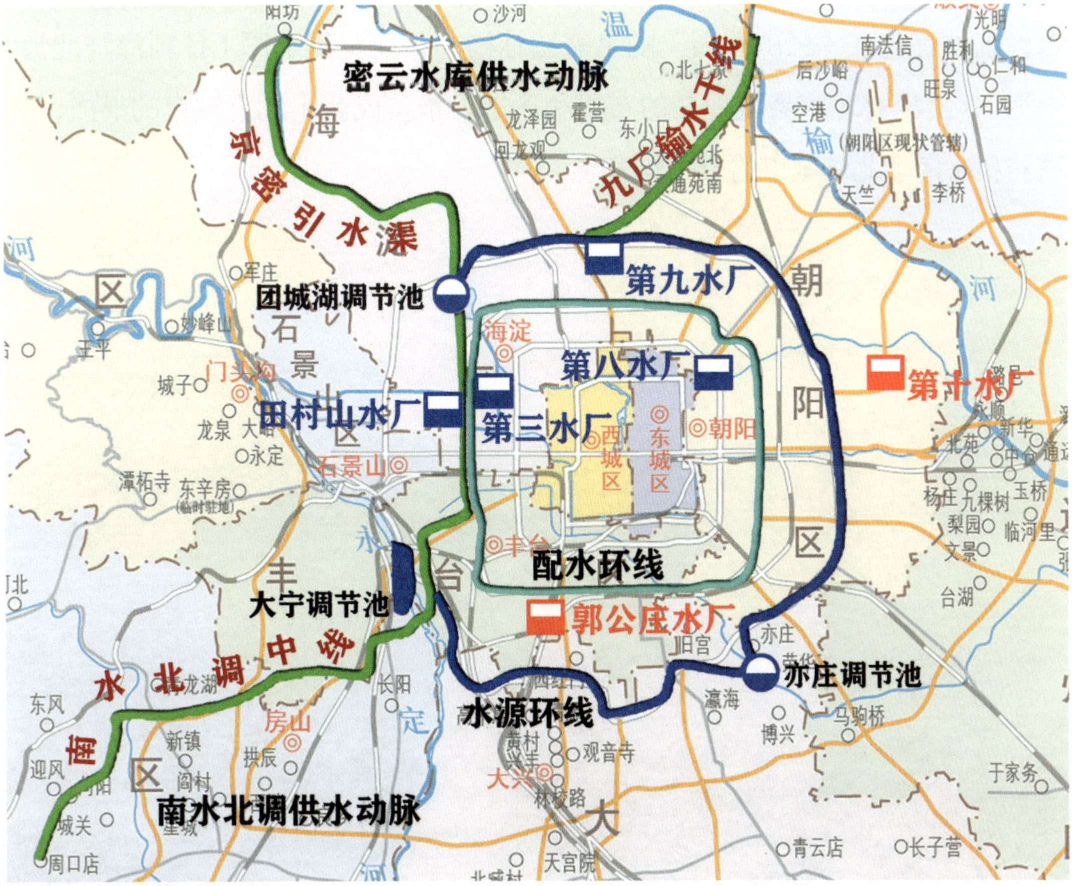

∧ 水资源保障工程示意图（郭学飞 绘）

随着北京城市社会经济发展、人口的日益增长及人民生活水平的提高，水资源供需矛盾日益突出，亟待进一步丰富多水源供水体系，建成“两大供水动脉、一条水源环线、六大主力水厂、三处调蓄枢纽”供水格局，城市水资源保障更加灵活平安。随着南水北调中线工程供水的增加，节水措施的成熟，再生水利用率的提高，近年来北京市的水资源总量不断增加，供水结构不断改善，城市污水治理能力和水环境治理能力逐年提高，经过生态清洁的水域数量也逐年增加，一定程度上保障了北京市水资源的可持续发展。

（三）水资源与城市发展

水是造就北京城市形成和历史文化产生的重要物质基础与活力之源。没有永定河之水，就不会有北京城市的形成；没有京杭大运河及通惠河的漕运，就不会有北京历史上金、元、明、清都城的大规模营建；没有玉泉水和万泉庄泉水，就没有北京“三山五园”的皇家园林格局；没有积水潭（什刹海与北海、中海），就没有北京老城现在的布局和形态。水，成就了北京城市的形成，并滋养和哺育了北京城市的成长与发展。

∨首都功能核心区北海周边（张卫 摄）

水资源是北京城市发展的命脉所在，在城市发展中占有极其重要的地位和作用。北京市按照“节水优先、空间均衡、系统治理、两手发力”新时期治水方针，把水资源作为最大刚性约束常抓不懈，统筹各行业、区域用水管控和保障，推进水资源集约利用。

北京市始终坚持规划引领，强化需水管理，不断深化“量水发展”理念，以《北京城市总体规划（2016 年—2035 年）》为引领，严格审定落实分区规划，在编制中心城区和新城控制性详细规划、专项规划和重点功能区规划等规划中将用水量作为约束性指标；结合分区规划和控制性详细规划，探索按照规划单元和街区明确水资源控制要素指标，不断完善水资源需求管理制度，严格人口规模、建设规模、产业发展的水资源约束条件。

表 2-9　北京市节水行动目标及措施

年份	目标	措施
2020 年	节水型区创建工作全面完成，北京市新水用量控制在 31 亿立方米以内	总量强度双控　农业节水增效 公共服务降损　绿化节水限额 工业节水减排　建筑节水控量 教育节水引导　非常规水挖潜 节水载体创建　科技创新引领
2022 年	节水型生产和生活方式初步建立，用水效率和效益显著提高	
2035 年	节水型生产和生活方式基本建成，北京市新水用量控制在 40 亿立方米以内	

北京实现水资源可持续利用措施

坚持节水优先、空间均衡、系统治理、两手发力的思路，保障首都水资源高效利用，提高水安全保障能力。按照互联互通、集约紧凑、提高韧性、亲水宜居的原则，促进水与城协调发展。

实行最严格的水资源管理制度（严格控制用水量，加强本地水资源保护、调整用水结构，全面建设节水社会）。

保障水安全，防治水污染，保护水生态，建设海绵城市。

第四节　森林资源

一、森林资源概述

森林具有生态、经济、社会、文化、碳汇等多种功能，是陆地生态系统的主体和重要资源。森林既提供了木材、食品、能源等众多的物质产品，又提供了固碳释氧、涵养水源、保持水土、净化空气、防风固沙、保护生物多样性等丰富的生态产品，还提供了休闲度假、生态旅游和文化传承的重要场所，保护森林资源是人类社会永续发展的根基和保障。

∨ 北京的森林资源（苗礼义 摄）

（一）森林及其分类

森林是陆地生态系统的主体，在全球碳循环中起着十分重要的作用。森林包括乔木林、竹林和国家特别规定灌木林地。

按主导功能的不同，森林被分为公益林和商品林两个类别。其中公益林是以保护和改善人类生存环境、维持生态平衡、保存物种资源、科学实验、森林旅游、国土保安等需要为主要经营目的的森林，包括防护林和特种用途林；商品林是以生产木材、竹材、薪材、干鲜果品和其他工业原料等为主要经营目的的森林，包括用材林、经济林和薪炭林。

下列区域的林地和林地上的森林应划为公益林：

（1）重要江河源头汇水区域；

（2）重要江河干流及支流两岸、饮用水水源地保护区；

（3）重要湿地和重要水库周围；

（4）森林和陆生野生动物类型的自然保护区；

（5）荒漠化和水土流失严重地区的防风固沙林基干林带；

（6）沿海防护林基干林带；

（7）未开发利用的原始林地区；

（8）需要划定的其他区域。

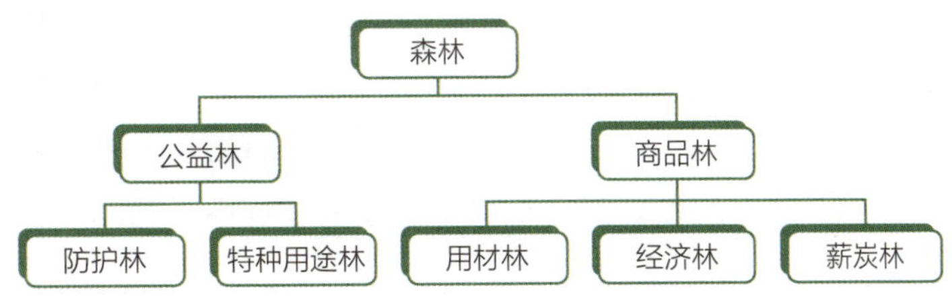

防护林：以防护为主要目的的森林、林木和灌木丛，包括水源涵养林、水土保持林、防风固沙林、农田及牧场防护林、护岸林、护路林和其他防护林。

特种用途林：以国防、环境保护、科学实验等为主要目的的森林和林木，包括国防林、实验林、母树林、环境保护林、风景林，名胜古迹和革命纪念地的林木，自然保护区的森林。

用材林：以生产木材为主要目的的森林和林木，包括以生产竹材为主要目的的竹林。

经济林：以生产果品，食用油料、饮料、调料，工业原料和药材等为主要目的的林木。

薪炭林：以生产燃料为主要目的的林木。

（二）森林资源

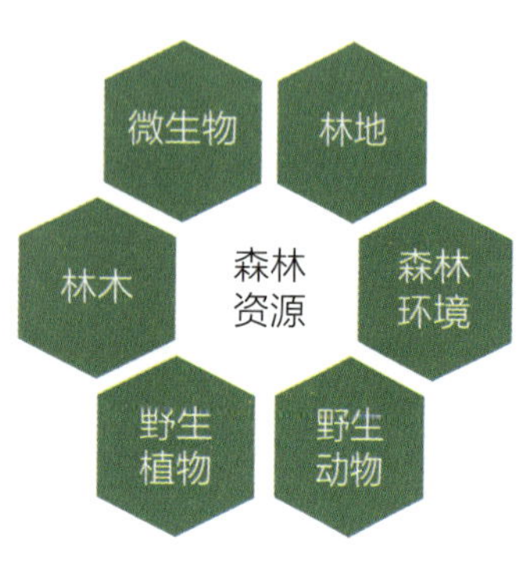

森林资源是林地及其所生长的森林有机体的总称。包括森林、林木、林地和依托森林、林木、林地生存的野生动物、植物和微生物，以及这些生命体赖以生存的其他自然环境因子。

林地资源根据土地的覆盖和利用状况综合划定为林地和非林地，其中林地分为 8 个二级地类，13 个三级地类，地类划分的最小面积为 1 亩。

森林资源界定标准

凡疏密度（单位面积上林木实有木材蓄积量或断面积与当地同树种最大蓄积量或断面积之比）在 0.3 以上的天然林；南方 3 年以上，北方 5 年以上的人工林；南方 5 年以上，北方 7 年以上的飞机播种造林，生长稳定，每亩成活保存株数不低于合理造林株数的 70%，或郁闭度（林地内树冠的垂直投影面积与林地面积之比）达 0.4 以上的林分，均构成森林资源。

表 2–10 林地资源类型及标准

<table>
<tr><th>类型</th><th colspan="2">标准</th></tr>
<tr><td>有林地</td><td colspan="2">包括用材林、防护林、薪炭林（乔木）、特种用途林、经济林和竹林的用地</td></tr>
<tr><td>疏林地</td><td colspan="2">附着有乔木树种，连续面积大于 0.067 公顷，郁闭度 0.10~0.19 的林地</td></tr>
<tr><td rowspan="2">未成林造林地</td><td>人工造林未成林地</td><td>人工造林和飞播造林后不到成林年限，造林成效符合下列条件之一，分布均匀，尚未郁闭却有希望成林的林地：
（1）人工造林当年造林成活率 85% 以上或保存率 80%（年均等降水量线 400 毫米以下地区当年造林成活率为 70% 或保存率为 65%）以上
（2）飞播造林后成苗调查苗木 3000 株 / 公顷以上或飞播治沙成苗 2500 株 / 公顷以上，且分布均匀</td></tr>
<tr><td>封育未成林地</td><td>采取封山育林或人工促进天然更新后，不超过成林年限，天然更新等级中等以上，尚未郁闭但有成林希望的林地</td></tr>
<tr><td>灌木林地</td><td colspan="2">附着有灌木树种或因生境恶劣矮化成灌木型的乔木树种以及胸径小于 2 厘米的小杂竹丛，以经营灌木林为目的或起防护作用，连续面积大于 0.067 公顷、覆盖度在 30% 以上的林地</td></tr>
<tr><td>苗圃地</td><td colspan="2">固定的林木、花卉育苗用地，不包括母树林、种子园、采穗圃、种植基地等种子、种条生产用地以及种子加工、储藏等设施用地</td></tr>
<tr><td>无林地</td><td colspan="2">指现实无林，以后有可能成为林地的用地，主要包括宜林荒山荒地、采伐迹地、火烧迹地和宜林沙荒地</td></tr>
</table>

二、森林资源特征

（一）资源特征

我国森林资源具有资源分布不均、森林结构不合理、生态功能脆弱、林地生产力低、生态系统稳定性差的特点。据第八次全国森林资源清查，全国森林面积 2.08 亿公顷，森林覆盖率 21.63%，森林蓄积量 151.37 亿立方米。

北京市属暖温带半湿润季风气

森林覆盖率

森林覆盖率 =(乔木林地面积 + 竹林地面积 + 特殊灌木林地面积) / 土地总面积 ×100%

森林蓄积量

森林面积上生长着的树木树干材积总量，是衡量森林总体规模和水平的重要指标。

> **垂直地带性**
>
> 随着海拔高度的上升，从山麓到山顶年平均气温逐渐降低，生长季节逐渐缩短，同时在一定海拔范围内随着降水量的增加，风速加大，辐射增强，土壤条件也发生相应的变化。在以上因素的综合作用下，植被表现为与等高线大致平行的条带状更替。

∧北京市森林垂直地带性分布特征（张奕 绘制）

> **林木蓄积量**
>
> 一定面积森林中现存各种林地中生长着林木的木材体积总量，以立方米为计算单位。

候，森林资源受地形、气候及土壤的影响显著，特别是坡向和海拔高度制约着水热条件，具有垂直地带和过渡交替现象。复杂的地形地貌孕育了北京森林丰富的生物多样性。

北京城市森林资源覆盖情况高于全国平均水平，且呈逐年稳定上升的趋势。截至 2020 年底，北京市森林面积 848313.92 公顷，林地面积 1129980.65 公顷，其中林地以有林地、灌木林地为主。林木蓄积 6128.33 万立方米，其中活立木蓄积量 3064.18 万立方米、乔木林蓄积量 2520.67 万立方米、其他林木蓄积 543.48 万立方米；森林覆盖率 44.4%，林木绿化率 62.5%。

（二）生态功能

森林生态功能是指森林生态系统及其生态过程所形成的有利于人类生存与发展的生态环境条件与效用，包括水源涵养及水质改善功能、水土保持功能、固碳释氧功能、气候调节功能、生物多样性保护功能等。

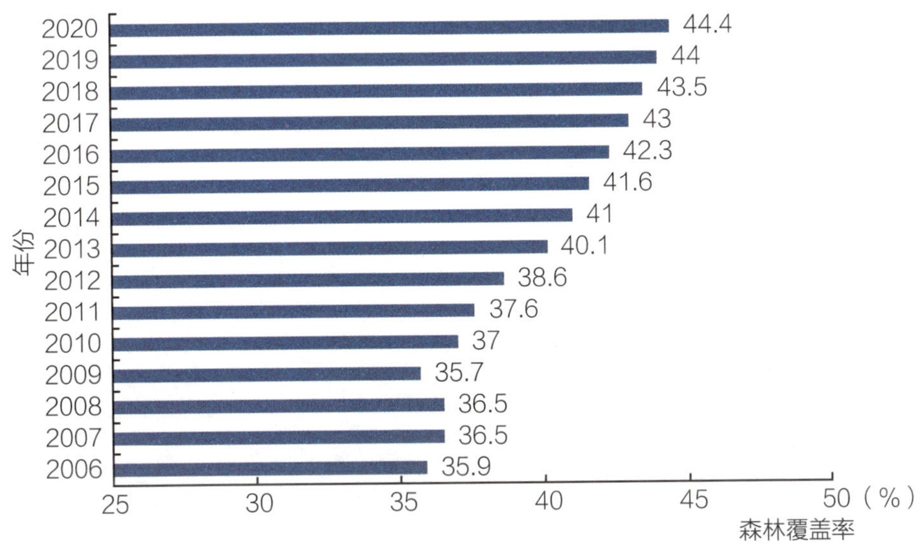

∧ 北京城市森林覆盖率演变情况

水源涵养及水质改善功能

森林所特有的水文生态效应使其具有蓄水、调节径流和净化水质等功能。当森林土壤的根系空间达 1 米深时，每公顷森林可贮水 500~2000 立方米，所以森林被喻称为“绿色水库”。

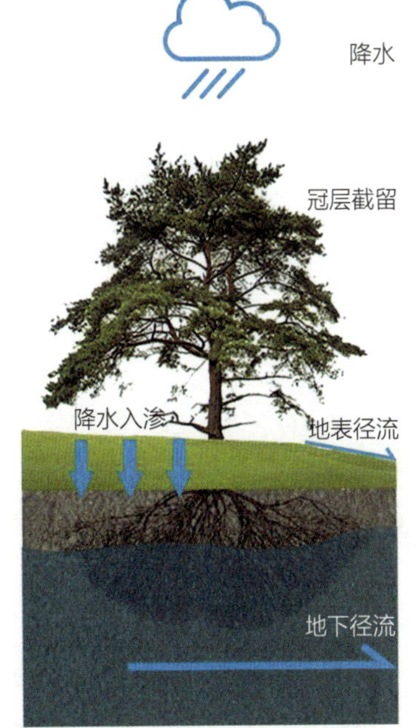

∧ 森林水土保持功能示意图（张奕 绘制）

水土保持功能

森林通过其庞大根系的作用，形成了稳固土壤的巨大根系网，再加上茂密的林冠对降水有截留作用，以及林地内活地被物层和凋落物层的存在，基本上消除了降水对表土的溅蚀和地表径流的侵蚀作用。

固碳释氧功能

根据光合作用化学方程式，森林植被每积累 1 克干物质，可以固定 1.63 克二氧化碳，释放 1.19 克氧气，而二氧化碳中碳的比例为 27.27%。

∧ 北京城市森林中的鸟（许海 摄）

生物多样性保护功能

森林是一个复杂的生态系统，孕育着丰富、罕见的植物群和动物群，也包括人类，形成了相对和谐共生的森林生态系统。

随着科技和社会进步，人们对森林资源的利用已不限于其基础的生态功能，而是延伸到了经济服务功能和社会服务功能方面，如森林康养医疗功能、森林生态旅游功能、文化宣传功能和促进就业与社会

固碳

指增加除大气之外的碳库碳含量的措施。包括物理固碳和生物固碳：物理固碳是将二氧化碳长期储存在开采过的油气井、煤层和深海里；生物固碳是将无机碳（大气中的二氧化碳）转化为有机碳（碳水化合物），固定在植物体内或土壤中。

稳定功能等。

三、森林资源保护与城市生态涵养

北京林业发展经历了四个阶段，第一个阶段为 1949—1965 年，山区停止开荒，城区开始整修，城市郊区大幅度造林；第二阶段为 1958—1977 年，郊区退林还田，古树部分被砍伐，城市森林遭到破坏；第三阶段为 1978—2000 年，开展山区育林，城区绿化美化快速发展；第四阶段为 2001 年至今，北京市城市林业建设进入比较稳定的增效阶段。

（一）造林绿化工程

为树立和践行“绿水青山就是金山银山”的理念，统筹山水林田湖草系统治理，北京在山区、平原和城市分类实施山区森林碳汇巩固提升、平原造林管护增汇、城乡园林绿地建设增汇工程，同时加快推进湿地恢复建设，扩展城市湿地系统，开展湿地固碳试点，增加湿地储碳能力。

∨ 玉渡山区级自然保护区（苗礼义 摄）

∧“森林石景山，生态复兴城”目标创建（苗礼义 摄）

按照“因地制宜、生态优先、压茬推进、滚动实施”的原则，北京通过百万亩造林工程持续加强造林力度，增加平原区大型绿色板块，建设森林型城市。2012—2017年，第一轮百万亩造林在全市平原地区共造林117万亩，形成了万亩以上的森林板块23块，千亩以上的森林板块达到210块。2018年，启动新一轮百万亩造林工程，明确了“一屏、三环、五带、九楔、多廊、多片区”的绿色空间布局，结合拆迁腾退、留白增绿的规划，在选址上注重与上一轮造林的衔接，形成大尺度的森林景观。两轮造林种下的190多万亩森林能够中和60万辆小轿车一年的碳排放量，对首都早日实现

“留白增绿”

留白：在城镇规划中留出相应的空白地带，为未来发展和绿色生产预备空间。

增绿：扩大绿色生态空间，提高城镇生态涵养容量，以此为支撑提升人们米袋子、菜篮子、果盘子的绿色生态品质。

碳中和起到了积极可持续的作用。

（二）创建国家森林城市

森林城市是指通过保护建设管理以森林、树木和湿地为主体的城市自然基础设施，充分发挥其缓解热岛效应、净化环境污染、调控雨洪灾害、保护生物多样性、应对气候变化等独特功能，为城乡居民提供优美健康的人居环境、充足便捷的休闲场所，拓展城市绿色生态空间，实现人与自然和谐共生的城市发展方式。

在国家森林城市的创建中，按照“生态空间统筹布局、隔离绿带联合管

平原生态片林

鸟语花香的平原片林，生物多样的自然景观

城市森林公园

四季变换的森林景观，绿树掩映的休闲空间

水岸森林植被

两岸花柳全依水，水清岸绿直到山

城区林荫街道

人在林荫里，车行绿廊中

城间森林廊道

连城绿带，多彩画廊

乡村聚落森林

乡村森林，乡愁味道

山地健康森林

春季山花烂漫，夏季绿水青山，秋季层林尽染，冬季松柏傲雪

城市森林公园

水岸森林植被

城区林荫街道

山地健康森林

∧ 北京森林景观目标愿景［引自《北京森林城市发展规划（2018 年—2035 年）》］

控、景观绿廊互联互通、森林绿地共建共享”的要求，北京市突出以人为本，精致建设。在城区，通过规划建绿扩绿、疏解腾退建绿、拆违还绿、留白增绿等方式，推动新造林与原有零散林地连通成片，构建大尺度城市绿色生态空间。在乡村，重点开展建设围村片林、村庄公共休闲绿地、绿荫村路及森林小镇、森林村庄示范建设等项目。

继平谷区和延庆区分别于 2018 年和 2019 年被授予“国家森林城市”称号之后，北京市除东城区和西城区外的 12 个区均已全面启动国家森林城市的创建工作。“十四五”期间，北京全域将实现国家森林城市标准。

（三）自然保护区

我国构建以国家公园为主体的自然保护地体系。自然保护地是生态建设的核心载体、中华民族的宝贵财富、美丽中国的重要象征，在维护国家生态安全中居于首要地位。自然保护地按生态价值和保护强度高低依次分为 3 类：国家公园、自然保护区、自然公园。

自然保护区是自然保护地体系的主要类型之一，对有代表性的自然生态系统、珍稀濒危野生动植物物种的天然集中分布、有特殊意义的自然遗迹等保护对

V 松山国家级自然保护区（郭丽蓉 摄）

象所在的陆地、陆地水域或海域，依法划出一定面积予以特殊保护和管理的区域。截至 2017 年底，北京市共建立自然保护区 20 个，其中包括 2 个国家级、12 个省级和 6 个县级自然保护区，总面积约 1347 平方千米，约占全市总面积的 8.21%。

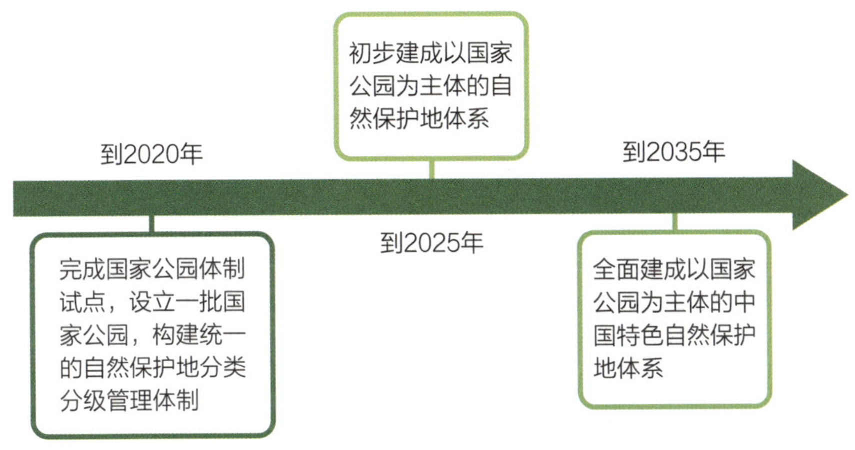

∧ 以国家公园为主体的自然保护地体系总体目标

松山国家级自然保护区

位于北京市西北部延庆区海坨山南麓，保存有华北地区唯一的大片珍贵天

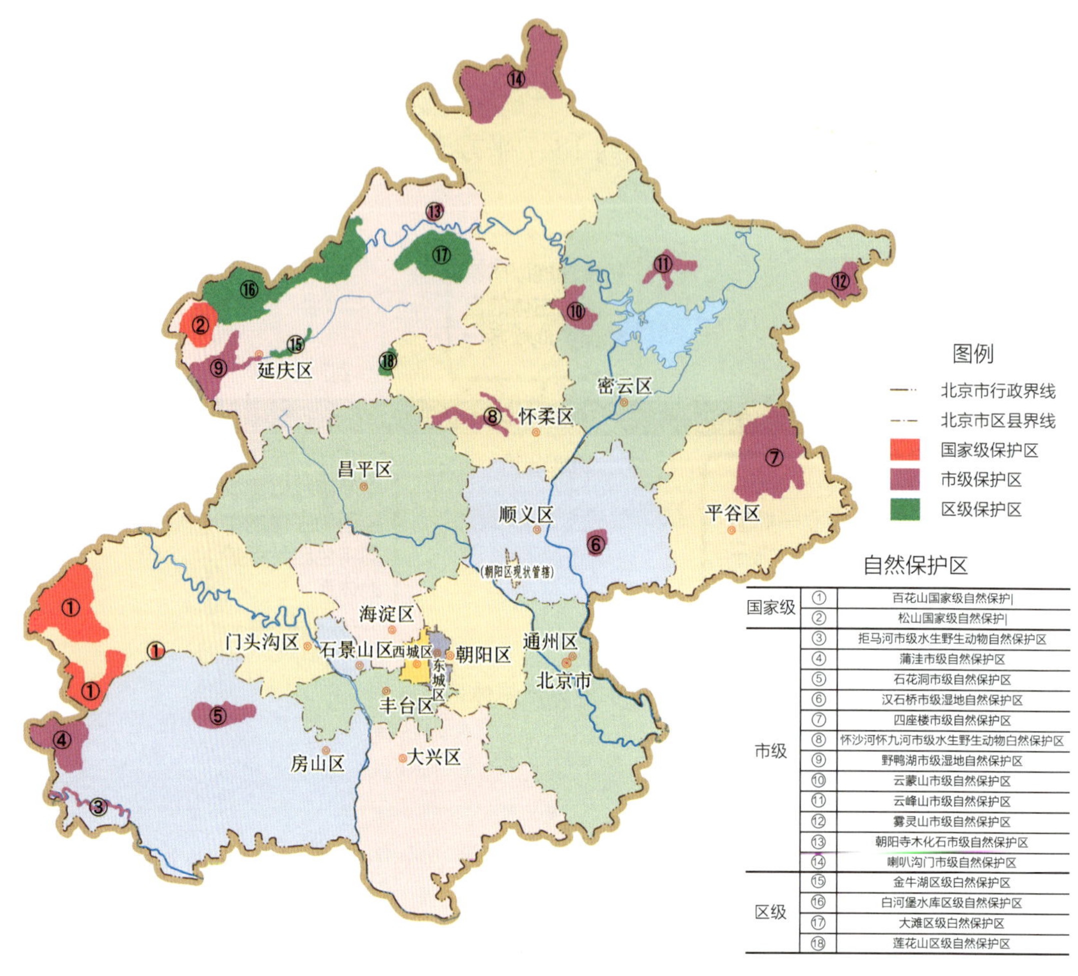

国家级	①	百花山国家级自然保护|
	②	松山国家级自然保护|
市级	③	拒马河市级水生野生动物自然保护区
	④	蒲洼市级自然保护区
	⑤	石花洞市级自然保护区
	⑥	汉石桥市级湿地自然保护区
	⑦	四座楼市级自然保护区
	⑧	怀沙河怀九河市级水生野生动物白然保护区
	⑨	野鸭湖市级湿地自然保护区
	⑩	云蒙山市级自然保护区
	⑪	云峰山市级自然保护区
	⑫	雾灵山市级自然保护区
	⑬	朝阳寺木化石市级自然保护区
	⑭	喇叭沟门市级自然保护区
区级	⑮	金牛湖区级白然保护区
	⑯	白河堡水库区级自然保护区
	⑰	大滩区级白然保护区
	⑱	莲花山区级自然保护区

∧ 北京市自然保护区分布图（郭学飞 绘）

然油松林，以及保存良好的核桃楸、椴树、白蜡、榆树、桦树等树种构成的华北地区典型的天然次生阔叶林。由于森林覆盖率高，保护区内野生动物的种类也相当丰富。据统计，松山记录到的野生维管束植物有 713 种，野生脊椎动物有 216 种。作为北京市西北方向保存最完好的生态系统，松山国家级自然保护区在水源涵养、抵御风沙及空气净化等方面具有重要作用。

百花山国家级自然保护区

位于北京市门头沟区清水镇境内，保护区总面积 21743.1 公顷，主要保护暖温带华北石质山地次生落叶阔叶林生态系统及珍稀保护动物及其种群。植物

∧ 百花山国家级自然保护区（房山世界地质公园管理处 提供）

资源特有种类有百花山花楸、百花山柴胡、百花山葡萄、百花山毛苔草、百花山鹅观草等，国家级重点保护植物有紫椴、黄檗等；国家级重点保护动物有褐马鸡、金雕、金钱豹等。

第五节 湿地资源

一、湿地资源概述

湿地是天然或者人工形成的河流、湖泊、库塘、沼泽等常年或者季节性、带有静止或者流动水体、适宜喜湿野生生物生存的地域。湿地与森林、海洋并称为全球三大生态系统，具有调蓄洪水、调节气候、美化环境等生态功能。湿地含有丰富的生物多样性，是众多野生动植物资源的赋存地，是重要的自然资源。湿地与人类生存生活息息相关，是被称为“生命的摇篮”“地球之肾”和“鸟类的乐园”。

（一）湿地分类

按照湿地的成因，湿地分为自然湿地和人工湿地两大类。自然湿地按地貌特征分为近海与海岸湿地、河流湿地、湖泊湿地、沼泽湿地，又细分为浅海水域、潮下水生层、珊瑚礁、岩石海岸、沙石海岸、淤泥质海滩等30类。人工湿地按主要功能用途分为水库、运河、输水河、淡水养殖场、海水养殖场、农用池塘等12类。

《湿地公约》中对湿地的定义

湿地是指天然或人工，长久或暂时性沼泽地、泥炭地或水域地带，带有静止或流动，淡水或半咸水、咸水水体者，包括低潮时水深不超过6米的海域。

∨温榆河湿地（刘晓勘 摄）

表 2-11　湿地分类表

一级	二级	三级
自然湿地	近海与海岸湿地	浅海水域、潮下水生层、珊瑚礁、岩石海岸、沙石海滩、淤泥质海滩、潮间盐水沼泽、红树林、河口水域、河口三角洲 / 沙洲 / 沙岛、海岸性咸水湖、海岸性淡水湖
	河流湿地	永久性河流、季节性或间歇性河流、洪泛湿地、喀斯特溶洞湿地
	湖泊湿地	永久性淡水湖、永久性咸水湖、永久性内陆盐湖、季节性淡水湖、季节性咸水湖
	沼泽湿地	苔藓沼泽、草本沼泽、灌丛沼泽、森林沼泽、内陆盐沼、季节性咸水沼泽、沼泽化草甸、地热湿地、淡水泉 / 绿洲湿地
人工湿地	水库、运河、输水河、淡水养殖场、海水养殖场、农用池塘、灌溉用沟、渠、稻田 / 冬水田、季节性洪泛农业用地、盐田、采矿挖掘区和塌陷积水区、废水处理场所、城市人工景观水面和娱乐水面	

（二）湿地特点

水、土壤、生物是构成湿地的三大要素。其典型特点为具有一定面积的水体、水分经常处于饱和的土壤、丰富的生物多样性。

具有一定面积的水体：具有一定空间分布的水、具有不同形态的水、具有不同组成成分的水，这是湿地区别于其他生态系统的最典型特征，也是湿地存在与否的关键因素。

水分经常处于饱和的土壤：在湿地的土壤中，水分处于饱和或经常饱和的状态。与一般的陆地土壤不同，湿地土壤在特殊的水文条件下，具有高有机物含量、还原环境等特殊的性质。

丰富的生物多样性：湿地生态系统介于陆地和水生态系统之间，是两者之间的过渡，是独特而复杂的生态系统。湿地植物是湿地生态系统的生产者；微生物是分解者；各种动物则是消费者。湿地是鸟类等多种动物的栖息地和生存场所。

∧ 永定河湿地（蒙格平 摄）

∧ 鸟类栖息地——沙河水库（苗礼义 摄）

二、湿地资源的特征和功能

（一）湿地特征

我国地域辽阔，地貌类型千差万别，地理环境复杂，气候条件多样，是世界上湿地类型齐全、数量丰富的国家之一。第二次全国湿地资源调查结果显示，全国湿地总面积5360.26万公顷，湿地面积占国土面积的比率（即湿地率）为5.58%。

据历史资料记载，北京地区湿地资源曾经非常丰富，亿万年前湿地曾遍布于北京的平原和山谷地带，北京曾被称为“苦海幽州湿地城”。目前，北京市湿地总面积58684.60公顷，占全市总面积的3.6%。

∧琉璃河湿地（房山世界地质公园管理处 提供）

北京地区湿地包括河流湿地、湖泊湿地、沼泽湿地和人工湿地4个湿地类，永久性河流湿地、季节性或间歇性河流湿地、洪泛平原湿地、永久性淡水湖湿地、草本沼泽湿地、库塘湿地、运河/输水河湿地、水产养殖场湿地及稻田/其他水田9个湿地型，自然湿地和人工湿地面积各占一半。

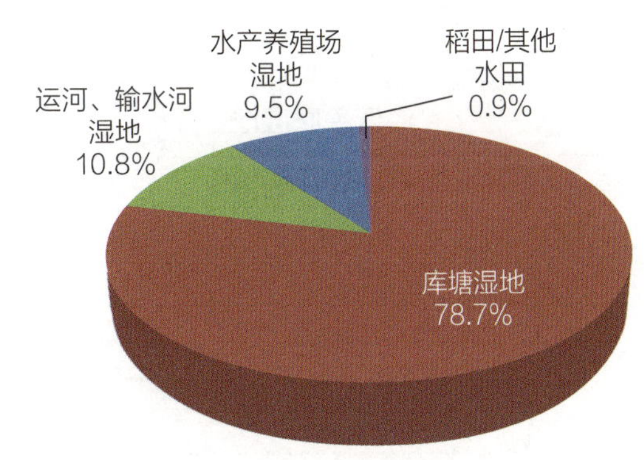

∧北京市人工湿地类型面积占比

∧ 永久性淡水湖湿地——昆明湖（张卫 摄）

表 2–12 北京市湿地类型和面积表

湿地类	湿地型	湿地面积 / 公顷	面积占比	斑块数量 / 个
河流湿地	永久性河流湿地	16909.45	28.8%	281
	季节性或间歇性河流湿地	7415.62	12.6%	305
	洪泛平原湿地	2267.08	3.9%	7
湖泊湿地	永久性淡水湖湿地	411.10	0.7%	14
沼泽湿地	草本沼泽	782.73	1.3%	2
人工湿地	库塘	24332.32	41.5%	4921
	运河 / 输水河	3341.18	5.7%	811
	水产养殖场	2933.69	5.0%	2217
	稻田 / 其他水田	291.43	0.5%	74
总计		58684.60	100.0%	8632

北京湿地野生动物种类繁多，特别是鸟类资源丰富。截至 2020 年，北京共记录到湿地野生动物 5 类 23 目 36 科 202 种，包含湿地鸟类、鱼类、两栖类、爬行类、哺乳类，其中黑鹳、鸳鸯等国家重点保护鸟类种群数量稳步上升，震旦鸦雀、青头潜鸭、白尾海雕等珍稀濒危鸟类在湿地内相继被发现。湿地除了动物资源丰富外，也涵盖了北京市 35.8% 的植物物种。湿地内共有植物 113 科 398 属 747 种，其中湿地植物（湿生、水生植物）70 科 206 属 369 种。

（二）湿地景观格局

北京湿地具有人均面积小、湿地斑块普遍偏小、破碎化程度高等特点。湿地资源的分布与各河流分布关系密切，从山区到平原，以五大水系的河流湿地为骨架，串联着人工修建的库塘湿地，形成五大湿地带。其中山区湿地少，以河流湿地、人工湿地为主；平原湿地多，各个湿地类型均有分布。

∨ 玉渊潭公园内湖泊湿地（苗礼义 摄）

∧ 延庆千家店白河库塘湿地

河流湿地在北京各区均有分布。库塘湿地主要分布在延庆、密云、平谷、通州、海淀和昌平等区。水稻田湿地零散分布于海淀上庄、房山长沟和延庆野鸭湖等地区。沼泽湿地仅分布于延庆官厅水库周边、顺义汉石桥等地，在各湿地类型中总面积较小。北京市的湖泊主要位于主城区内，如颐和园、圆明园、玉渊潭等公园内的湖泊湿地。

（三）湿地功能

地球之肾：湿地具有重要的生态价值，被誉为“地球之肾”，具有净化水质、蓄洪防旱、保持生物多样性、调节气候和固碳等重要的生态功能。湿地对水体有净化功能，当流水经过湿地时，流速减慢，有毒

湿地功能

◎净化水中污染物质
◎产生粮食、药材、农副产品
◎提供水资源，保护生物多样性
◎调节气候，美化环境
◎涵养水源，调蓄洪水
◎众多鸟类的栖息地

湿地美称

◎“地球之肾”
◎“资源的宝库”
◎“生命的摇篮”
◎“天然空调机”
◎“天然水库”
◎“鸟类的乐园”

物质和杂质逐渐沉淀、被排除，水流便得到净化，如同人体的肾一样，有排毒、解毒的功效；湿地在蓄洪防旱方面就像一块大海绵，吸收洪水、调节洪峰，并在干旱时逐渐排出；湿地是濒危鸟类、迁徙候鸟和多种野生动物的栖息繁殖地；湿地是陆地上碳素积累速度最快的自然生态系统，湿地环境中微生物活动弱，土壤吸收和释放二氧化碳十分缓慢，形成了富含有机质的湿地土壤和泥炭层，起到了固定碳的作用。

资源的宝库： 湿地也是一个重要的生产系统，为人们生产生活提供原材料。比如产出大量的食品，可以为人类提供鱼、虾等水产品，鸭、鹅等禽畜产品以及稻谷等粮食产品。湿地还能够提供水能、泥炭、薪柴等能源。例如，水库是一类重要的人工湿地，水力发电可提供电能。湿地对地下水可起到补给作用，是天然储水库，为人类生产生活提供水资源。湿地中生长的大量植物，可以作为薪柴、造纸的原料；淤泥可以作为肥料和燃料使用。

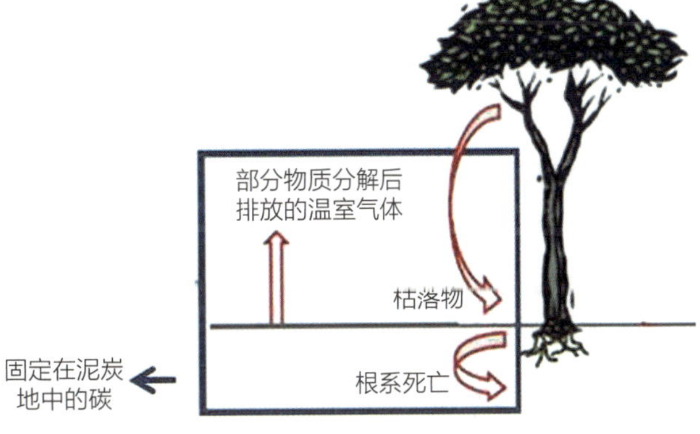

∧ 泥炭固碳示意图（联合国政府间气候变化专门委员会，2014 年）

∧ 南海子湿地（王静 摄）

生命的摇篮： 湿地是自然界生物多样性最丰富的生态景观之一，已成为北京市野生动植物的重要家园，发挥着重要的生物多样性维持功能。很多湿地拥有美丽的景观和良好的生态环境，具有景观和旅游价值。湿地生态系统具有其复杂性，因此有很高的科研价值，能为科研工作者提供开展研究的实验场地，同时也是开展科普知识宣传教育的良好场地。

三、湿地资源保护与城市生态调节

《湿地公约》

1971 年 2 月 2 日，来自 18 个国家的代表在伊朗签署了《关于特别是作为水禽栖息地的国际重要湿地公约》（简称《湿地公约》），公约旨在保护和合理利用全球湿地。到 2019 年 6 月，公约已有 170 个缔约方，我国于 1992 年加入，并成立了履约办公室。截至 2020 年 9 月，我国已经有 64 处湿地列入国际重要湿地名录。

湿地是人与自然和谐共存的家园，北京城市生态系统的重要组成部分，在调节气候、涵养水源、蓄洪防旱、净化水质、维护生物多样性等方面具有不可替代的作用。高质量的湿地是满足人类生产生活和社会经济发展重要保障，对改善北京生态环境、维护城市生态战略安全具有重要意义。

（一）构建湿地保护框架

在 20 世纪 60 年代，由于湿地破坏严重，国际水禽资源局等国际组织主张全球保护湿地资源并签署《湿地公约》，旨在通过各成员国之间的合作加强对世界湿地资源的保护和合理利用，以实现生态系统的可持续发展。

《北京市湿地保护条例》

自 2013 年 5 月 1 日起施行，共有 46 条，包括湿地的规划和建设、管理和利用、监督检查、保护措施以及法律责任等内容。该条例是北京市首次从立法角度来保护湿地，也是我国直辖市中出台的第一部湿地保护条例。

北京市已逐步构建了法制化、规范化的湿地保护工作框架。2013 年，《北京市湿地保护条例》正式实施；2016 年公布了 35 个市级湿地名录；2018 年

列入湿地名录条件

本市面积 8 公顷以上的湿地，应当列入湿地名录。符合下列条件之一的，应当列入市级湿地名录：

（1）河流湿地、湖泊湿地和沼泽湿地；

（2）库容量在 1000 万立方米以上的库塘湿地；

（3）具有重要的人文、科学研究和宣传教育价值的湿地；

（4）具有生态系统典型性和代表性的湿地。

印发了《北京市湿地保护修复工作方案》。围绕北京市湿地公园建设工作、湿地公园评估标准、监测指标体系、湿地修复与建设、生态质量评估等方面，规范了全市湿地管理、建设、恢复等工作，加大了湿地保护、修复与建设力度，强调了对于自然保护区、湿地公园和湿地保护小区的建设。

（二）湿地保护与修复

北京市已形成了以“自然保护区为基础，湿地公园为主体，湿地保护小区为补充”的湿地保护管理体系。2006 年，延庆区的野鸭湖湿地成为国家湿地公园试点，2013 年正式挂牌。截至 2020 年底，北京市已建湿地自然保护区 6 个、国家和市级湿地公园 10 个（总面积 2298.39 公顷）、湿地保护小区 10 个（总面积 1300 余公顷）。北京市通过湿地保护管理，基本遏止了重要湿地面积迅速减少的趋势。

∨ 草本沼泽湿地——野鸭湖湿地

表 2-13　北京市国家与市级湿地公园

湿地名称	面积 / 公顷	湿地名称	面积 / 公顷
北京野鸭湖国家湿地公园	283.4	北京市杨各庄湿地公园	30
北京玉渊潭东湖湿地公园	35	北京市马坊小龙河湿地公园	70.65
北京市雁翅九河湿地公园	356	北京市琉璃庙湿地公园	290
北京市长子营湿地公园	54	北京市汤河口湿地公园	680
北京市长沟国家湿地公园	388.34	北京市穆家峪红门川湿地公园	156

条件	要求
面积	· 湿地面积占共公园面积30%以上 · 且不小于8公顷
湿地生态系统	· 具有完整的生态系统结构 · 或比较突出的生态、社会服务功能
水量水质	· 具有生态需水的基本保障 · 水质符合湿地功能要求
空间条件	· 满足道路、停车等基础设施建设需求 · 满足游客休憩、餐娱等活动的需求 · 满足科普宣教和管理工作等场所建设需求
土地权属	· 权属清晰

∧ 北京市湿地公园建设基本条件

湿地修复

采取保护、修复、工程治理等措施，促使湿地生态系统恢复高形成完整的生态结构体系，发挥湿地生态功能的状态。

随着对湿地资源保护重要性的认识逐渐提高，北京市根据湿地资源现状和首都特点，坚持“保护为本，重点突出，生态优先，持续发展”的原则，采取了一系列的保护措施。湿地保护措施主要有构建生态廊道、建设生态围栏、野外投食和警示牌等。湿地修复措施主要有基质修复、植被修复、水环境修复和岸坡修复等。“十三五”期间，北京累计修复建设湿地 8921 公顷，建设大尺度森林湿地 8600 公顷，形成万亩以上大尺度森林湿地 10 余处；湿地保护体系初步形成，湿地保护率纳入政府绿色发展评价指标体系。北京市湿地保护发展规划将在 2020—2025 年间恢复建设湿地面积不低于 5000 公顷，湿地保护率达 70%，湿地公园数量达 13 个，保护小区达 12 个；到 2035 年则不低于 9000 公顷，湿地保护率达 80%，湿地公园数量达到 20 个，保护小区达 15 个。

为了保护湿地的生物多样性，北京市将开展湿地珍稀濒危物种专项调查工作，摸清北京市珍稀濒危物种的数量和质量，依此制定针对性的保护计划，开展湿地珍稀物种保育工程，同时开展对外来物种入侵的防护和去除机制。在保护湿地的同时，增加湿地内部的生物多样性，营造良好的湿地生态环境。

（三）湿地宣传教育

湿地是开展自然教育的天然平台，每年在“世界湿地日”“北京湿地日”“爱鸟周”“世界水日”“生物多样性日”等生态保护主题日举办科普活动，以及在翠湖、野鸭湖、汉石桥和长沟湿地等地开展系列科普宣传教育活动，利用电视、网络、报刊等媒体，向公众广泛宣传湿地知识和相关法律法规，让人们了解湿地保护的意义，了解湿地的各种功能和效益，认识保护湿地与人类自身生存、发展的关系，增强湿地保护的责任感和使命感。

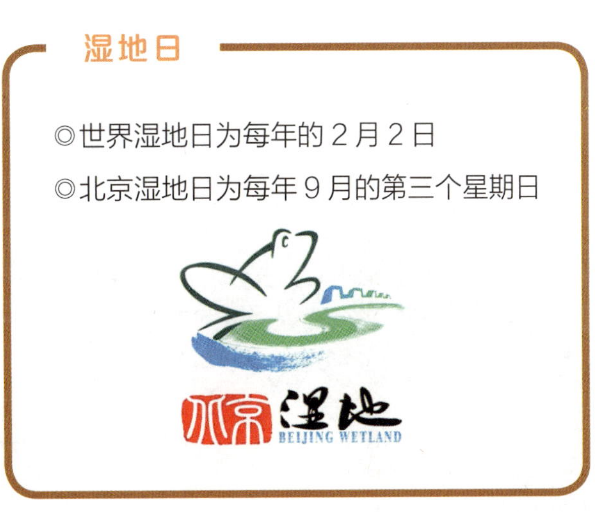

第六节 地质遗迹资源

一、地质遗迹概述

地质遗迹是在地球演化的漫长地质历史时期，由于各种内外的地质作用，形成、发展并遗留下来的珍贵的、不可再生的地质自然遗产。

地质遗迹是地质演化历史的实物保存体，是人类回溯地球发展历史和地质环境变迁的重要证据。作为一种重要的自然资源，其具有较高的开发利用价值，同时又具有一定的稀缺性，可被人类开发利用，转变为社会效益和经济效益。人类对地质遗迹资源的认识，是与人类社会的发展进程密切相关的。随着社会经济的发展，人类不断揭示地质遗迹的奥秘，并赋予它新的内容和形式，

∧ 延庆千家店单斜山

特别是国际上倡导地质遗产保护和合理利用以来，地质遗迹资源在经济发展中的作用越来越得到社会各界的认可。

我国地域辽阔，地质条件复杂，在46亿年的地球演化过程中，各种内外动力地质作用频繁，形成了我国丰富多样、分布广阔、类型齐全的地质遗迹资源。

动力地质作用

外动力地质作用：大气、水和生物产生的动力对地表进行的各种作用，如岩石风化崩解、河流搬运堆积、山体蠕动滑移等。

内动力地质作用：由地球内部能量，如岩浆活动等引发的地质作用，常影响到地表，如地震、岩层错断等、火山喷发等。

（一）地质遗迹价值

地质遗迹具有一定的科学价值、美学价值、科普价值和旅游开发价值，主要从其科学性、稀有性、完整性、美学性、保存程度和可保护性6个方面进行评价。其中，科学价值主要是地质遗迹在科研、科普上的作用和意义；美学价值主要是地质遗迹带给人们的美感程度和体验。在地质遗迹调查的基础上，采用专家鉴评和对比研究等方法进行科学、准确的地质遗迹评价，对地质遗迹的保护、地质公园的建设发展及规划具有重要的意义。

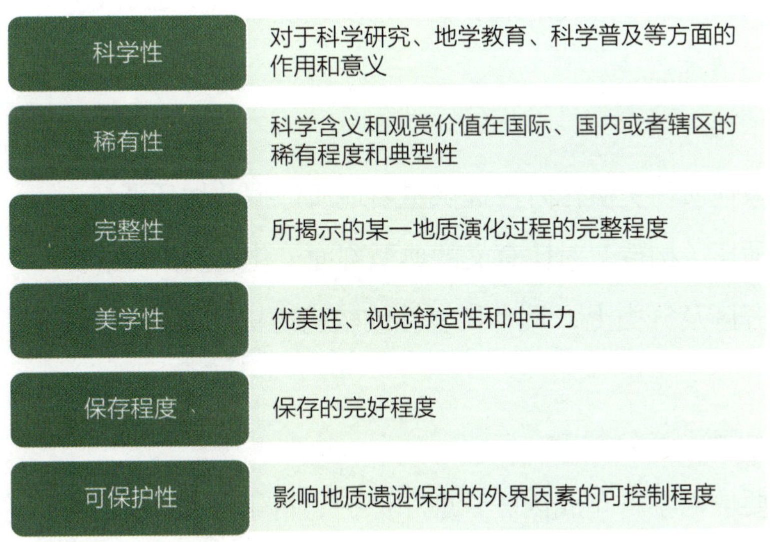

∧ 地质遗迹价值评价内容

（二）地质遗迹等级

地质遗迹等级分为Ⅰ级（世界级）、Ⅱ级（国家级）、Ⅲ级（省级）3个等级，是依据地质遗迹价值等级评价标准确定的。

世界级地质遗迹点

具有如下特点：

能为全球演化过程中的某一重大地质历史事件或演化阶段提供重要地质证据的地质遗迹观察点；

具有国际地层（构造）对比意义的典型剖面、化石及产地；

具有国际典型地学意义的地质地貌景观或现象。

地质遗迹点

由成因上相同或相关、空间上相连的地质遗迹构成的区域或范围。

国家级地质遗迹点

具有如下特点：

能为一个大区域演化过程中的某一重大地质历史事件或演化阶段提供重要地质证据的地质遗迹；

具有国内大区域地层（构造）对比意义的典型剖面、化石及产地；

具有国内典型地学意义的地质地貌景观或现象。

省级地质遗迹点

具有如下特点：

能为区域地质历史演化阶段提供重要地质证据的地质遗迹；

有区域地层（构造）对比意义的典型剖面、化石及产地；

在地学分区及分类上，具有代表性或较高历史、文化、旅游价值的地质地貌景观。

（三）地质遗迹分类

我国主要依据学科和成因、管理和保护、科学价值和美学价值等标准将地质遗迹划分为基础地质、地貌景观和地质灾害3大类、13类和46亚类。

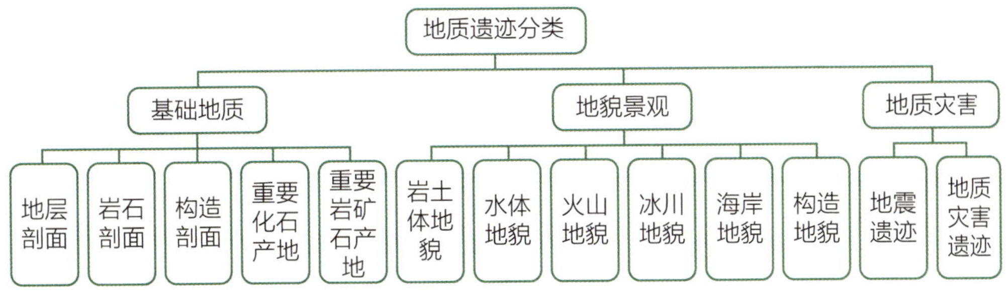

二、地质遗迹特征

（一）地质遗迹分布

北京市地质遗迹资源丰富，种类齐全，研究程度较高，经调查发现地质遗迹点 195 处，主要分布在山区。在空间分布上北京地区的地质遗迹具有明显的集中性，主要有 4 个遗迹集中区。其中北部地区的千家店地质遗迹集中区主要涉及遗迹类型有恐龙足迹化石、木化石、砂岩地貌以及峡谷地貌；西部地区的下苇甸—军庄遗迹集中区主要涉及遗迹类型有典型的层型剖面、古生物化石产地等；西南部地区的十渡—周口店遗迹集中区主要涉及遗迹类型有地表岩溶峰林峰丛地貌以及地下岩溶洞穴景观；东部地区的黄松峪地质遗迹集中区主要涉及地质遗迹有石英砂岩地貌、岩溶洞穴以及火山机构。

经价值评价遴选重要地质遗迹 50 处，除冰川和海岸地貌外，其余 11 个类别均有分布，它们归结为基础地质大类 26 处，地貌景观大类 22 处，地质灾害大类 2 处。

北京市 50 处重要地质遗迹中，周口店古人类化石和延庆千家店侏罗纪恐龙足迹化石产地属世界级地质遗迹，房山十渡岩溶地貌等 7 处为国家级地质遗迹，其余为市级地质遗迹。这 50 处重要地质遗迹分布在北京市的 9 个区。其中密云区 6 处、平谷区 6 处、延庆区 10 处、怀柔区 2 处、顺义区 1 处、房山区 14 处、门头沟区 9 处、石景山区 1 处、丰台区 1 处。它们主要分布在山区，北部山区花岗岩和砂岩地质遗迹景观最具特色，并有金和铁矿石重要产地，恐

表 2-14　地质遗迹分类及北京市 50 处重要地质遗迹

大类	类	北京重要地质遗迹
基础地质	地层剖面	马兰组黄土、周口店洞穴堆积、太古代密云群、下苇甸寒武纪地层
	岩石剖面	干沟与六渡海相沉积剖面
	构造剖面	下苇甸古生界与新元古界不整合面、黄松峪中元古界与太古界不整合面、七渡背斜、排字岭单斜山、孤山口固态流变构、霞云岭逆冲推覆构造
	重要化石产地	周口店古人类与古动物化石，延庆千家店木化石群及恐龙足迹化石等、大灰厂白垩纪热河生物群、灰峪石炭纪—二叠纪古生物化石、岳家坡侏罗纪门头沟植物群
	重要岩矿石产地	大石窝汉白玉、密云沙厂斜长环球斑花岗岩体、沙厂铁矿产地、兰营萤石矿产地、塔洼与杨树底下金矿产地
地貌景观	岩土体地貌	十渡、龙庆峡、圣莲山岩溶地貌，东关上—上方山洞穴群、佛子庄洞穴群，黄松峪京东大溶洞，房山岩体、莲花山、云蒙山花岗岩地貌，黄松峪和六道河石英砂岩地貌
	水体地貌	大庄科潭，珍珠泉、潭柘寺泉、河北镇河北泉
	火山地貌	黄松峪火山机构、灵山火山岩地貌
	构造地貌	鱼子山京东大峡谷地貌、沙梁子乌龙峡谷地貌、白河峡谷地貌、永定河峡谷地貌、龙门涧峡谷地貌
地质灾害	地震遗迹	高丽营镇西王路村地裂缝
	地质灾害遗迹	番字牌西沟泥石流

龙足迹被发现在侏罗纪地层中；西部山区则凸显了中国北方岩溶地貌景观特色，并有著名的汉白玉矿石产地，以及著名的周口店古人类及古生物遗址。

（二）基础地质大类典型地质遗迹

地层、岩石与构造剖面遗迹

北京地区地层剖面主要有马兰黄土、周口店洞穴堆积、太古代密云群、下苇甸寒武纪地层。

∧ 斋堂马兰黄土层型剖面

马兰黄土，中国第四纪黄土分

> 北京重要地质遗迹分布图（北京市地质灾害防治研究所 提供）

期名称之一，标准剖面是门头沟区斋堂村北马兰组剖面。1962 年刘东生、张宗祜等在对第四系黄土的研究中，以附近门头沟清水河右岸有马栏阶地而命名此类黄土为马兰黄土。马兰组层型剖面是黄土堆积地层的典型代表，与全国同类地层具有对比意义，它对恢复北京地区马兰期古环境古气候有重要意义。

周口店组层型剖面，位于周口店遗址猿人洞，是第四纪中更新统中、上部洞穴堆积剖面。剖面高约 40~50 米，共分 5 段 13 层，由洞穴角砾、灰烬、黏土、砂层及碳酸钙沉淀层组成。堆积层中含有大量哺乳动物化石、古人类化石和文化遗存。周口店组层型剖面完整地展现了中更新世中、晚期洞穴沉积，地

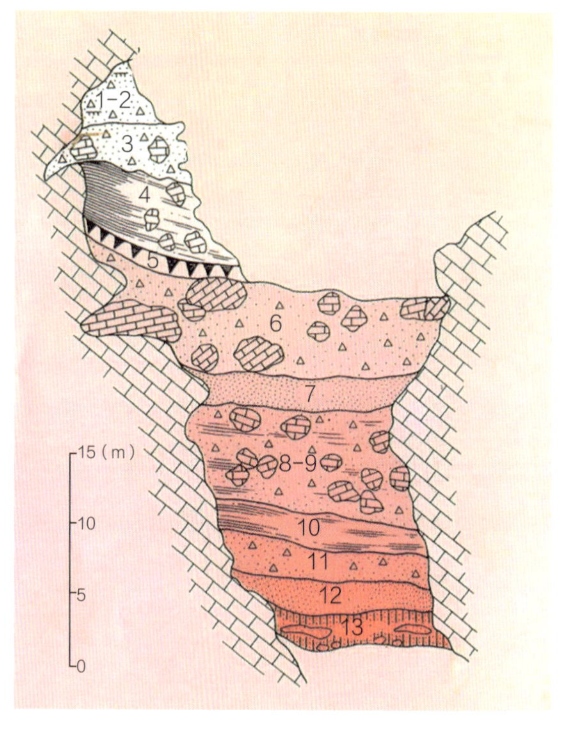

∧ 周口店组层型剖面图

层完整，顶底界线清楚，生物化石丰富，对研究第四纪以来的古环境、古气候、古人类出现等具有重要意义和价值。

岩石剖面以延庆千家店附近的干沟沉积岩剖面和位于十渡地区孤山寨景区的六渡沉积岩剖面最有代表性。干沟沉积岩剖面是典型的沉积构造中的顶面痕，出露有波痕、泥裂、雨痕等，是研究北京地区长城纪时期沉积环境的重要标志。

构造剖面主要有不整合面、褶皱变形、断裂等类型。房山七渡背斜为两翼对称的燕山中期小型典型背斜构造，外形似刚刚升起的太阳，具有较高的科普和观赏价值；延庆千家店排字岭单斜构造是北京北部地区燕山期地层变形的证据，且外形为锯齿状，如书似剑，具有较高的观赏价值。

∨ 干沟沉积岩剖面

不整合面

先后沉积的地层之间缺失了某一时期的地层，形成上、下地层时代不连续。上、下地层之间的这种接触关系叫不整合接触，接触面叫不整合面。

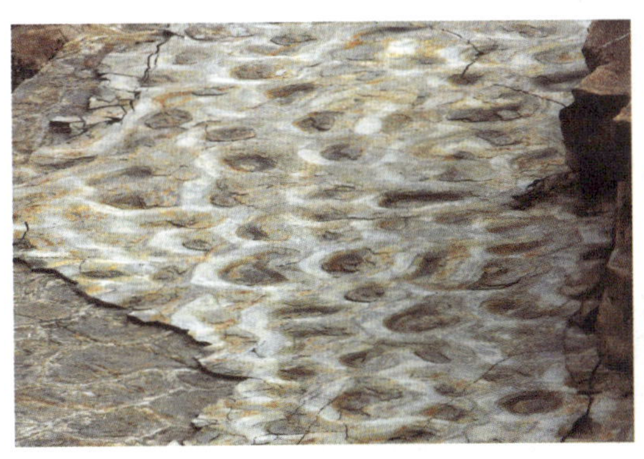

∧ 干沟沉积岩层面上的波痕与泥裂

波痕与泥裂

两种都是层面构造。波痕是由于流体作用在沉积物表面形成的波状起伏的层面构造。泥裂又称干裂、龟裂纹，由滨海地带未固结的泥质沉积物露出水面后，失水变干收缩而成。

∨ 褶皱构造——房山七渡背斜景观

∧ 单斜构造——延庆千家店排字岭（延庆区自然保护地管理处 提供）

重要化石产地遗迹

化石

化石是保存在地层中的地质历史时期动植物的遗体和遗迹，或是生物体本身，如骨骼、牙齿等，或是它们在沉积物上留下的痕迹，如足印，或是生物活动的遗迹，如爬迹。

生物死后能迅速被埋藏，之后历经化学变化，发生矿物质的交换，这是形成化石的必要条件。

周口店遗址

自 1918 年开始发掘，1929 年 12 月 2 日我国著名古人类学家裴文中先生发了现第一个完整的“北京人”头盖骨，震惊了世界学术界。这里还发掘出大量古动物化石和古人类文化遗存，1987 年被联合国教科文组织列入“世界遗产名录”。

重要化石产地亚类有古人类化石产地、古生物化石产地、古植物化石产地、古动物化石产地和古生物遗迹化石产地。

北京地区重要化石产地主要有周口店古人类与古动物化石产地、灰峪石炭—二叠纪古生物化石产地、大灰厂白垩纪热河生物群化石产地、千家店侏罗纪木化石和恐龙足迹化石产地。

周口店古人类化石与古脊椎动物化石产地

产地位于房山周口店遗址，属世界级地质遗迹。这里发现的古人类化石跨越了

化石产地——周口店猿人洞

“新洞人”臼齿

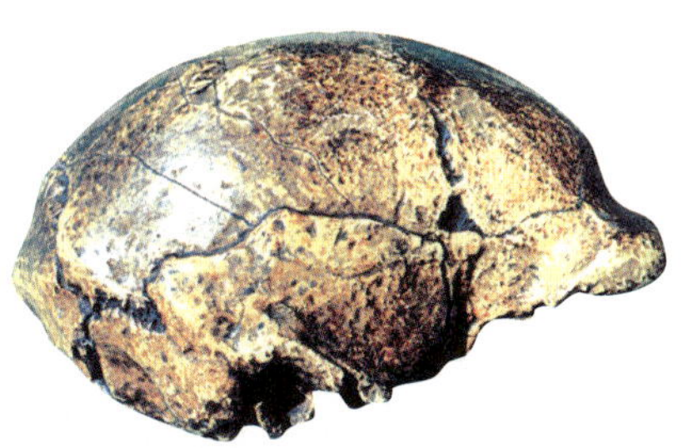

“北京人”头盖骨

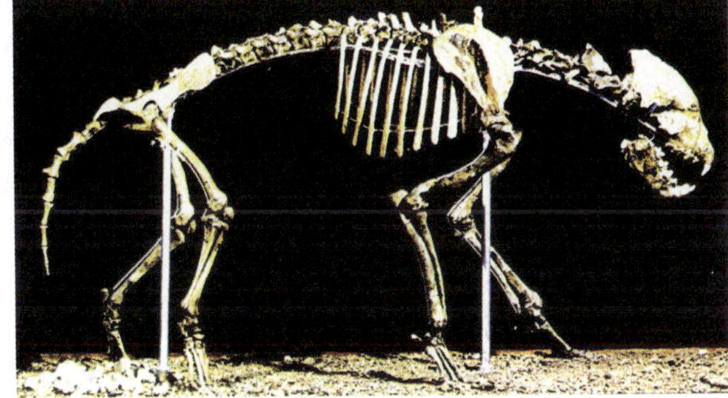

中国鬣狗骨架化石

∧ 周口店古人类化石产地（房山世界地质公园管理处 提供）

约 70 万年，包括猿人、早期智人和晚期智人三个阶段的古人类化石。这里还发掘出大量动物化石，中国鬣狗、肿骨大角鹿、双角犀、三门马等化石最具代表性。这里出土的化石、遗物、遗存数量之多、种类之丰富十分少见，是世界同期古人类遗址中最丰富、最系统、最有价值的。这里是研究中国古人类及古脊椎动物学的发源地，也是第四系地质研究的重要基地。

延庆千家店侏罗纪木化石群和恐龙足迹化石产地

木化石群产地位于延庆千家店镇下德龙湾村，埋藏木化石的地层为侏罗系土城子组页岩及含粉砂页岩。此处的木化石是距今 1.8 亿~1.4 亿年的侏罗纪晚期树

∧ 千家店木化石（延庆区自然保护地管理处 提供）

∧ 远眺千家店硅化木群产地

木被迅速掩埋后，被二氧化硅替换而形成的树木化石，也称硅化木。已发现约57 株木化石，大多数呈直立状，树木形态、纹理清晰可辨，分布集中，保存完好，是不可多得的原地埋藏的木化石群，对研究中生代地质演化、古气候条件和古树木发育具有重要价值，是一处开展研学旅游和科普教育的良好场所。

灰峪石炭—二叠纪古生物化石产地

产地位于门头沟军庄镇灰峪采石场和灰峪东山梁。在石炭纪和二叠纪砂岩地层中发现距今 3 亿~2 亿年前的上古生代陆生植物化石，如鳞木、楔羊齿等，

是典型的早期华夏植物群，对恢复重建石炭—二叠纪时期古地理与古环境有重要参考价值。

鳞木

楔形叶

东方轮叶

∧ 灰峪石炭—二叠纪古生物化石产地主要植物化石（北京市地质灾害防治研究所 提供）

重要岩矿石产地地质遗迹

重要岩矿石产地亚类有典型矿床类露头、典型矿物岩石命名地、矿业遗址、陨石坑和陨石体。

北京典型矿物岩石命名地有密云沙厂斜长环球斑花岗岩，圆球状风化产物特点明显，是北京地区特有的花岗岩风化产物；沙厂铁矿矿产地是北京地区唯一的大型铁矿床，是国内重要的铁矿类型。这里矿业遗迹资源丰富，从探矿至采、选全过程都保留有独特鲜明的活动遗迹。还有房山大石窝汉白玉产地，是

∨ 房山大石窝汉白玉采坑遗址

∧ 密云沙厂斜长环球斑花岗岩（贺瑾瑞 提供）

重要的岩矿石产地。

房山大石窝汉白玉开采、加工历史悠久，从历代皇家御品到新中国成立后国内的大型活动，以及标志性建筑，均采用了房山大石窝的汉白玉石材，具有重要的开发利用价值。大石窝祖辈相传的石匠工艺已列为国家非物质文化遗产。

汉白玉

一种白色的大理岩，属变质岩。白色大理岩有很多种，产于房山大石窝的白色大理岩洁白无暇，具有“玉”的质感，被称为“汉白玉”。它是中国古代皇家建筑、当代重要建筑和雕刻使用的名贵石料。

∧ 汉白玉制作的故宫日晷

（三）地貌景观大类典型地质遗迹

岩土体地貌地质遗迹

岩土体地貌遗迹包含岩溶地貌、侵入岩地貌、变质岩地貌、碎屑岩地貌、黄土地貌、沙漠地貌和戈壁地貌。北京地区主要包括岩溶地貌、侵入岩地貌、变质岩地貌和碎屑岩地貌。

岩溶地貌：包括地表岩溶和地下溶洞。北京地区岩溶地貌主要分布在房山、门头沟、延庆、平谷和昌平等地。地表岩溶形态组合多以峰丛—干谷—岩溶泉—溶蚀裂隙为主，房山十渡拒马河沿岸的岩溶山峰和延庆的岩溶峡谷等都体现了北京地区岩溶特点，也是我国北方温带半干旱区岩溶地貌的典型代表。这里的孤峰、板状山、墙状山、塔状山、峰丛、峡谷等，气势宏伟，景观独特。

∧ 房山圣莲山的岩溶孤峰

∧ 房山十渡的岩溶板状山

∧ 房山十渡笔架山的岩溶峰丛

∨ 岩溶峡谷——延庆龙庆峡（延庆区自然保护地管理处 提供）

石花洞

位于房山区河北镇，原名潜真洞，发现于 1446 年，1987 年正式开放。该洞以多层结构而罕见，共有 7 层。洞道总长 5000 余米。洞内沉积类型齐全，景观别致精美，更以珍贵的月奶石、众多的石盾及精美的石花而闻名。

银狐洞

位于房山区佛子庄乡，发现于 1991 年，次年开放。现已探明洞道长约 5000 米。该洞水洞、旱洞纵横交错，长达 1000 米的暗河蜿蜒曲折，将人们带入深幽的世界。洞内更是以猫眼银狐、水晶穴盾、地下长河而闻名。

仙栖洞

位于房山区张坊镇境内，发现于 1998 年，由水洞和旱洞连接组成。探明洞长 6000 余米，已开发 1500 余米。洞内石幔、钙板、壁流石、石珍珠等景观让人流连忘返。洞内 400 米长的地下暗河和高达 98 米多的洞厅让人驻足惊叹。

京东大溶洞

位于平谷区黄松峪乡，发现于 1997 年，次年开放。溶洞全长 2500 余米，其中水道 100 多米。洞内不仅有鹅管、石帘、石旗等沉积景观，更有独特的“龙蛋群”以及地震造成的岩溶坠落景观。

< 石瀑布

北京地区的地下溶洞以房山区最多，已知的就有 100 多个，它们常集中发育，如石花洞群就有 20 余个洞穴。以石花洞、仙栖洞和银狐洞为代表的洞穴，洞内化学沉积景观丰富多彩、造型精美绚丽，它们的形成与水的作用关系密切。当岩溶洞穴中压力或温度发生改变时，含有碳酸氢钙的水的溶解度会减小，便析出碳酸钙沉淀，这就是岩溶沉积作用。由于析出沉淀的环境不同，可以塑造出各种千奇百怪的沉积景观。我们将这些沉积作用景观分为重力水沉积、非重力水沉积和协同沉积 3 种类型。重力水沉积主要有滴水、流水、飞溅水、池水沉积；非重力水沉积主要为毛细水和薄膜水沉积；协同沉积则是两种或两种水流协同作用。

表 2–15　北京地下溶洞化学沉积景观类型特征

水介质特征			主要景观（化学沉积物类型）
重力水沉积	滴水沉积（滴石类）	悬挂滴石	石钟乳、吊石柱、鹅管
		站立滴石	石笋、石柱
	流水沉积（流石类）	顶流石	石旗
		壁流石	石幔—石帷幕、石瀑布、盾帐
		底流石	石梯田、边石、钙板
	飞溅水沉积		石花、石毛、石葡萄、晶花
	停滞水水下沉积（池水沉积）		月奶石、莲花灯、水下石葡萄、水钙膜、石灯
	微力承压水的裂隙水沉积		石盾
非重力水沉积	薄膜水、毛细水		卷曲石、石枝、石珊瑚、石瘤石花、石毛
协同沉积	两种或两种以上不同性质的水流相遇，协同作用形成的沉积		云盆、穴珠

溶洞沉积景观的形成

溶洞形成后，地表水经过很厚的碳酸盐岩渗透到洞内，渗透过程中，岩石中的钙离子（Ca^{2+}）和重碳酸根离子（$2HCO_3^-$）不断析入水中，水中的这两种离子不断增多，当浓度变得很大时，两种离子又结合成碳酸钙（$CaCO_3$），在毛细管水的渗析作用下，形成碳酸钙结晶体，在不同的洞体环境和水流作用影响下，沉积形成了各种各样的洞内景观。

月奶石

石花

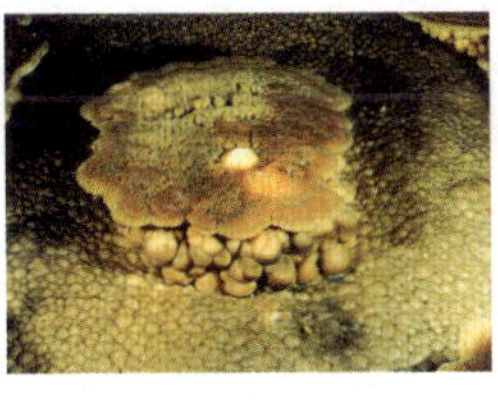
云盆

石盾

∧ 石花洞——月奶石、石花、石盆、石盾（房山世界地质公园管理处 提供）

侵入岩地貌：侵入岩是地球上分布最广、最常见的火成岩，由于它最初形成于地表以下5~30千米处，又被称为深成岩。北京地区侵入岩以北部山区分布最广，其形成的地貌我们也常称为花岗岩地貌。最为典型的有云蒙山花岗岩地貌、房山岩体花岗岩地貌，延庆莲花山花岗岩地貌。由于花岗岩特有的球状风化特点，常形成山高壁陡、峰脊浑圆、孤石林立等独特地貌景观。这些地貌景观既有雄伟壮丽的气势，又有怪石嶙峋的神奇，还有令人神往的奇妙。

花岗岩地貌的形成

最初，地下深处的炽热岩浆上升，到达地下一定深度后发生冷凝结晶，形成岩体。之后，地壳抬升，岩体露出地表，受持续抬升作用，形成了高耸的山势，在自然风化作用下，形成了千姿百态的地貌景观。

∧ 气势宏伟的花岗岩地貌——云蒙山

∧ 延庆莲花山景致独特的花岗岩地貌

球形风化

露出地表岩石的棱角受风化逐渐缩减，最终趋向球形，这一风化过程为球形风化。

∧ 球形风化示意图

∧ 房山神奇的花岗岩岩体

碎屑岩地貌：北京地区碎屑岩地貌景观主要是砂岩和粉砂岩地貌。平谷区黄松峪砂岩峰林地貌；延庆千家店六道河石英砂岩地貌连绵起伏，有小昆仑之美誉。

碎屑岩

由母岩机械风化产生的矿物和岩石碎屑，经搬运、沉积、压实和胶结而形成的岩石称为碎屑岩。常见的岩石有砾岩、角砾岩、砂岩和粉砂岩等。

∧ 平谷黄松峪砂岩地貌

水体地貌地质遗迹

水体地貌亚类主要有河流（景观带）、瀑布、潭、泉、湖泊、湿地等。北京地区除大庄科潭、珍珠泉乡等 5 处重要的水体地貌外，山区还有大量的水体地貌景观，如拒马河、白河、永定河景观带等。

∧ 房山十渡拒马河景观

∨ 延庆千家店小昆仑山的石英砂岩地貌

火山地貌

火山地貌包括火山机构和火山岩地貌。北京地区地质历史上曾出现多次火山喷发活动，火山岩分布广泛，灵山火山岩地貌为典型代表。

∧ 门头沟灵山火山岩地貌（孙伯兴 摄）

构造地貌

构造地貌亚类有飞来峰、构造窗和峡谷（断层崖）。北京地区构造地貌主要有曲流、嶂谷、峡谷等，具有代表性的峡谷有永定河峡谷、白河峡谷和鱼子山京东大峡谷、龙门涧峡谷、乌龙峡谷等。

峡　谷

指的是谷坡陡峻、深度大于宽度的山谷，通常发育在构造运动抬升和谷坡有坚硬岩、较坚硬岩组成的地段。

∧ 门头沟龙门涧峡谷

（四）地质灾害大类地质遗迹

地质灾害类遗迹包括地裂缝、地面沉降、崩塌、滑坡、泥石流、地面沉降和地面塌陷。北京地区历史上曾发生过多次重大地质灾害。伴随自然环境的变化和人类活动的影响，许多地质灾害特征很难保留下来。地质灾害遗迹对研究北京地区第四系活动断层、分析古地震事件、研究北京地区最新构造变动和地质灾害成因机理有着非常重要的意义。

∧ 永定河曲流峡谷地貌（覃世明 摄）

三、地质遗迹资源保护与利用

地质遗迹是珍贵的不可再生资源，要在积极保护、合理利用的原则下进行调查评价、科学研究、保护区划、工程防护、动态监测、科普教育和资源利用等工作。

∧ 密云番字牌西沟泥石流遗迹

（一）调查评价与科学研究

调查评价：包括地质遗迹概查、普查、详查和特色地质遗迹科普点的高精度测绘，掌握资源本底数据，作为保护利用的基础资料。北京市地质遗迹调查始于 20 世纪 90 年代，经实地调查全市地质遗迹点近 200 处，遴选重要地质遗迹资源 50 处，随着调查的深入，地质遗迹资源本底数据将更加充分翔实。

科学研究：包括对古生物化石、岩溶地貌、地质构造等重要地质遗迹的类型、成因、地质演化和保护利用进行研究，并开展地质遗迹与文化遗产、地质与生态、地质与城市建设等多方位的研究，提出有针对性的保护措施和最新科研成果。近几年，《北京市重要地质遗迹一点一表一图》《房山世界地质公园云居寺石经文化与地质的渊源及关联研究》和《周口店地区地质作用与演化对古人类文化产生的影响研究》等研究成果陆续完成。北京的地质遗迹资源蕴含丰富的地球科学意义，也与北京深厚的文化和城市发展有着密切联系。

（二）保护区与工程防护

保护区：对重要的地质遗迹设立保护区，包括建立国家级、省级、县级地质遗迹保护段、地质遗迹保护点或地质公园。北京建有房山石花洞、延庆朝阳寺木化石、平谷大溶洞 3 个地质遗迹自然保护区，并有 8 处地质公园，它们已纳入北京市自然保护地体系，相关地质遗迹保护措施已经制定和实施。

工程防护：针对地质遗迹保护的必要性和可行性，采取有效的保护、修复与治理工程，使濒临破坏、可能遭受人为损毁的地质遗迹得到抢救性保护。对易遭受人为破坏的地质遗迹采取隔离、挡护和避让等措施进行防护；对自然破坏的地质遗迹可采用加固、支护、截排水、涂层、生态建设等工程进行保护；对脆弱易受破坏的化石、洞穴沉积等地质遗迹可采取原址与现场保护、抢救性发掘、馆藏标本、洞内光源与环境控制等特殊的保护措施。北京的周口店古人类化石、恐龙足迹化石和木化石以及岩溶洞穴等地质遗迹均已被实施了有效保护。

∧ 周口店遗址防护工程（房山世界地质公园管理处 提供）

∧ 延庆世界地质公园进行硅化木保育（延庆区自然保护地管理处 提供）

此外，还可以采用巡查和利用遥感、物联网、信息技术等开展重要地质遗迹动态监测，及时发现破坏因素和损毁趋势。

（三）科普基地与科普宣传

科普设施建设、科普作品创作和科普宣传推广，都是提高大众科学素养和保护地质遗迹意识的有效方法。北京建有两处国土资源科普基地（北京房山世界地质公园和北京延庆硅化木国家地质公园），创作和出版了多部科普作品，并利用地球日、地质公园博物馆和科普解说牌向公众进行地球科学知识和地质遗迹保护宣传。

∧科普长廊

世界地球日

为每年的 4 月 22 日，是一个专为世界环境保护而设立的节日，旨在提高民众对于现有环境问题的意识，并动员民众参与到环保运动中，通过绿色低碳生活，改善地球的整体环境。地球日由盖洛德 · 尼尔森和丹尼斯 · 海斯于 1970 年发起。

（四）地质遗迹资源利用

地质遗迹不仅具有重要的科学价值，还有很高的美学观赏价值。可以利用地质遗迹资源的景观特点，融合其他自然景观与人文景观，进行旅游观赏、科普体验和研学活动等。

地质公园的建立以保护地质遗迹资源、普及科学知识、促进社会经济的可持续发展为宗旨，遵循“在保护中开发，在开发中保护”的原则，对具有特殊地质意义、稀有自然属性、较高美学观赏价值的地质遗迹进行保护。依据地质遗迹资源价值和景观特色，北京市建有 8 处地质公园，其中 2 处世界地质公园，5 处国家地质公园，1 处市级地质公园。

地质公园的宗旨

◎有效地保护地质遗迹资源

◎普及地球科学知识

◎促进所在地的经济发展

> 北京市地质公园分布图（郝春燕 提供）

地质公园

世界级	① 中国房山世界地质公园
	② 中国延庆世界地质公园
国家级	③ 北京石花洞国家地质公园
	④ 北京延庆硅化木国家地质公园
	⑤ 北京十渡国家地质公园
	⑥ 北京平谷黄松峪国家地质公园
	⑦ 北京密云云蒙山国家地质公园
市级	⑧ 北京市房山区圣莲山地质公园

矿山公园

1. 北京黄松峪国家矿山公园
2. 北京首云国家矿山公园
3. 北京怀柔圆金梦国家矿山公园
4. 北京史家营国家矿山公园

地质遗迹自然保护区

1. 房山石花洞地质遗迹自然保护区
2. 延庆朝阳寺木化石自然保护区
3. 平谷大溶洞地质遗迹自然保护区

联合国教科文组织房山世界地质公园

2006年9月17日，联合国教科文组织正式批准中国房山世界地质公园并授牌。公园地跨北京市房山区和河北省保定市涞水县和涞源县，总面积1045平方千米。利用地质遗迹资源特点，公园划分出周口店北京人遗址科普区、石花洞溶洞群观光区、十渡岩溶峡谷综合旅游区、上方山—云居寺文化游览区、

地质公园标识

∧ 联合国教科文组织世界地质公园标识

∧ 中国国家地质公园徽标

圣莲山观光体验区、百花山—白草畔生态旅游区、野三坡综合旅游区、白石山拒马源峰丛瀑布旅游区等。地质公园吸引了大量游客和科普爱好者，促进了当地经济发展。其中周口店设有中国地质大学实习基地，训练和培养了数千名大学生，是我国著名的野外地质实习基地。

∧ 房山世界地质公园博物馆

联合国教科文组织延庆世界地质公园

延庆世界地质公园位于北京市延庆区，面积 620.38 平方千米，包括千家店、龙庆峡、古崖居、八达岭 4 个园区。公园有珍稀的恐龙足迹化石和原地直立的木化石群；有独特的单斜山和海相沉积景观，有宏伟的花岗岩和北方岩溶地貌景观，有著名的长城和古崖居等历史文化景观，是一处集构造、沉积、古生物、岩浆活动及北方岩溶地貌为一体的综合性地质公园。

∧ 延庆世界地质公园范围示意图（延庆区自然保护地管理处 提供）

第三章

国土空间环境

北京具有优越的自然地理条件与生态环境，森林、河流、湿地、田野等营建了动物栖息、人类生存、城市形成的良好国土空间环境，但高山陡坡、暴雨洪水、开矿筑路、城市扩大、人口增多等自然与人为作用，让这一空间环境发生变化，环境问题不断显现。在顺应和尊重自然的基础上，北京通过生态修复、环境整治和灾害治理等措施，使水环境持续改善、土壤环境保持良好，地质环境问题得到防控、生态环境持续向好，营造建设国际一流和谐宜居之都的绿色空间。

第一节　生态环境

一、生态环境概述

（一）生态环境

生态环境是指影响人类生存与发展的水资源、土地资源、生物资源以及气候资源数量与质量的总称，关系到社会和经济持续发展的复合生态系统。

生态环境质量

是指生态环境的优劣程度，包括大气环境质量、水环境质量及土壤环境质

∨ 密云水库生态环境（密云水库管理处 提供）

量三个方面。

生态环境问题

人类为其自身生存和发展，在利用和改造自然的过程中，对自然环境破坏和污染所产生的危害人类生存的各种负反馈效应。

（二）生态系统

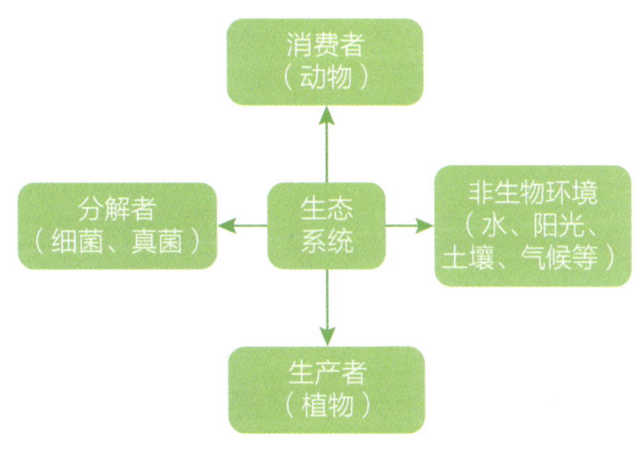

生态系统是在一定的空间和时间范围内，在各种生物之间以及生物群落与无机环境之间，通过能量流动和物质循环而相互作用的一个统一整体。它包括生物和非生物环境。生物环境主要包括生产者（植物）、消费者（动物）和分解者（微生物）；非生物环境主要包括水、阳光、气候等。依形成的原动力和影响力分为自然生态系统、半自然生态系统和人工生态系统三类。

生态系统质量

在特定的时间和空间范围内，生态系统的总体或部分组分的质量，具体表现为生态系统的生产服务能力、抗干扰能力和对人类生存、社会发展的承载能力等。

生态系统功能

生态系统整体在其内部和外部的联系中表现出的作用和能力。随着能量和物质等的不断交流，生态系统亦产生不断变化的动态过程。主要包括能量流动、物质循环和信息传递三个基本功能。

能量流动：指生态系统中能量输入、传递、转化和能量传递丧失的过程，具有单向流动、逐级递减这两大特点。

> **DDT**
>
> 又名滴滴涕，白色晶体，是有效的杀虫剂，也是不易分解的有机农药。

> **生态系统生产总值（GEP）**
>
> 也称生态产品总值，是指生态系统为人类福祉和经济社会可持续发展提供的各种最终物质产品与服务（简称“生态产品”）价值的总和，主要包括生态系统提供的物质产品、调节服务和文化服务的价值。

物质循环：生态系统的能量流动推动着各种物质在生物群落与无机环境间循环。这里的物质包括组成生物体的基础元素：碳、氮、硫、磷，以及以DDT为代表的，能长时间稳定存在的有毒物质。

信息传递：指通过物理过程传递的信息，它可以来自无机环境，也可以来自生物群落，主要有：声、光、温度、湿度、磁力、机械振动等。

生态系统服务

是生态系统给人类提供的惠益，即生态系统与生态过程所形成及所维持的人类赖以生存的自然环境条件和效用，包括供给服务（如提供食物和水）、调节服务（如控制洪水和疾病）、文化服务（如精神健康和娱乐）以及支持服务

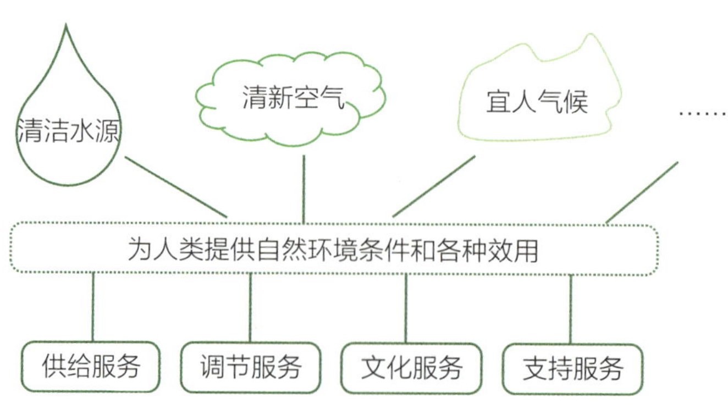

（如维持养分循环）。良好的生态服务系统，可产生维系生态安全、保障生态调节功能、满足人居良好环境的自然要素，包括清新的空气、清洁的水源和宜人的气候等生态产品。

二、生态环境状况

（一）自然生态环境状况

北京市 2020 年生态环境状况级别为“良”，生态环境状况指数为 70.2，同比提高 0.7%，连续六年有所改善。生态涵养区稳定保持优良的生态环境。

生态环境状况指数

生态环境状况指数（Ecological Index，简称“EI”）=0.25× 生物丰度指数 +0.2× 植被覆盖指数 +0.2× 水网密度指数 +0.2× 土地退化指数 + 0.15× 环境质量指数。

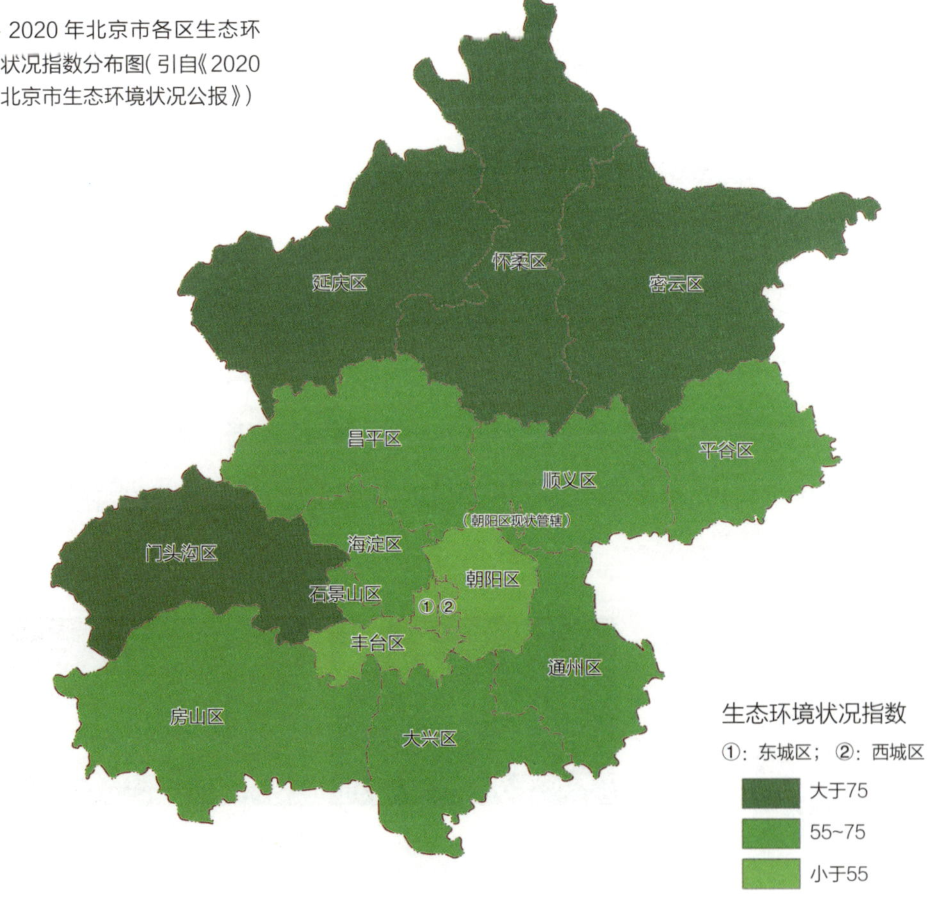

> 2020 年北京市各区生态环境状况指数分布图（引自《2020 年北京市生态环境状况公报》）

北京的生态涵养区

北京的生态涵养区包括门头沟区、平谷区、怀柔区、密云区、延庆区，以及房山区、昌平区的山区。

“十三五”期间，北京市生态环境状况指数总体提升了 9.3%。从功能区分布看，首都功能核心区生态环境状况指数提高了 15.1%，中心城区提高了 14.4%，平原区提升幅度达到 16.9%，生态环境服务能力得到提升；生态涵养区生态环境状况指数提高了 7.8%，生态环境屏障更加稳固。

（二）生物多样性

生物多样性

是描述自然界多样性程度的一个内容广泛的概念，是生物及其环境形成的生态复合体以及与此相关的各种生态过程的综合，包括动物、植物、微生物和它们所拥有的基因以及它们与其生存环境形成的复杂的生态系统。

北京地形地貌复杂，生境类型多样，生物多样性丰富。2020 年，全市实地记录到 82 种自然和半自然生态系统群系，已记录各类物种共 5086 种。调查发现了北京新记录物种 70 种，包括维管植物 3 种，昆虫 16 种，苔藓植物 40 种，大型真菌 11 种；其中 12 种为中国新记录物种。调查记录到被纳入 4 批《中国外来入侵物种名单》的外来入侵物种 19 种。实地调查发现了一些对环境质量敏感的指示物种分布范围扩大。如北京水毛茛、黑鳍鳈，一定程度上表明了河流综合治理和生态修复对于水环境改善的效果。

中心城区

通过腾退还绿、疏解建绿、见缝插绿等方式，为野生动物提供了更丰富的栖息地。

禛脉翅橡

东北刺猬

平原区

通过郊野公园建设及河湖湿地恢复，拓展了绿色生态空间，生物多样性也更加丰富。

黑斑侧褶蛙

黑鳍鳈

生态涵养区

通过自然保护地建设、栖息地保护、水生态恢复，保护北京市生境最好的区域。

北京水毛茛

棘角蛇纹春蜓

（三）生态环境质量提升

为进一步提高生态环境质量，北京市实施了“蓝天保卫战”“碧水保卫战”和“净土保卫战”。通过产业结构绿色转型、清洁能源改造、精细化治理扬尘、新一轮百万亩造林绿化、废弃矿山生态修复、生态清洁小流域建设、土壤污染防治和城区疏解建绿、留白增绿、口袋公园及小微绿地建设等措施，大气与水土环境得到明显改善。

大气环境质量提升

2020 年，空气质量达标（优和良）天数为 276 天，比 2015 年增加 90 天，达标天数占比 75.4%。空气重污染（重度和严重污染）天数为 10 天，比 2015 年减少 36 天，发生率为 2.7%。

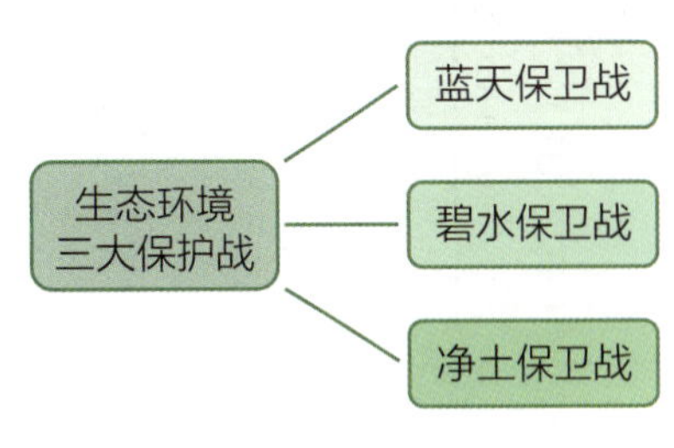

北京市空气中细颗粒物（PM2.5）浓度的降低和分布有显著变化。

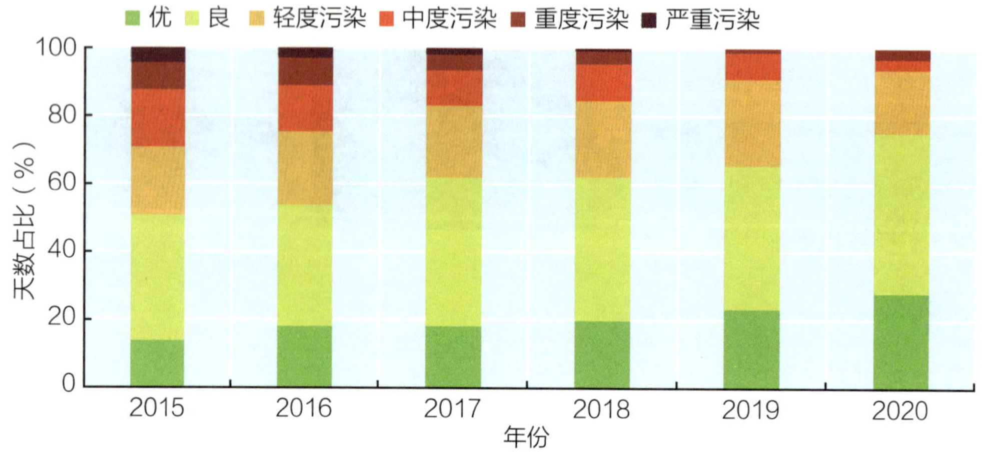

∧2015—2020年空气质量级别分布情况［引自《北京市生态环境状况公报（2020）》］

水环境质量改善

“十三五”期间，北京市水环境质量显著改善，2020年全市地表水主要污染指标年平均浓度值继续降低。集中式地表水饮用水源地水质符合国家饮用水源水质标准，地下水水质保持稳定。

地表水环境：2020年全市地表水水质监测断面高锰酸盐指数和氨氮的年平均浓度值比2015年分别下降47.1%和94.0%。全市地表水水体水库水质较好，湖泊、河流水质次之。五大水系中，潮白河系水质最好，永定河系、蓟运河系、大清河系和北运河系水质次之。

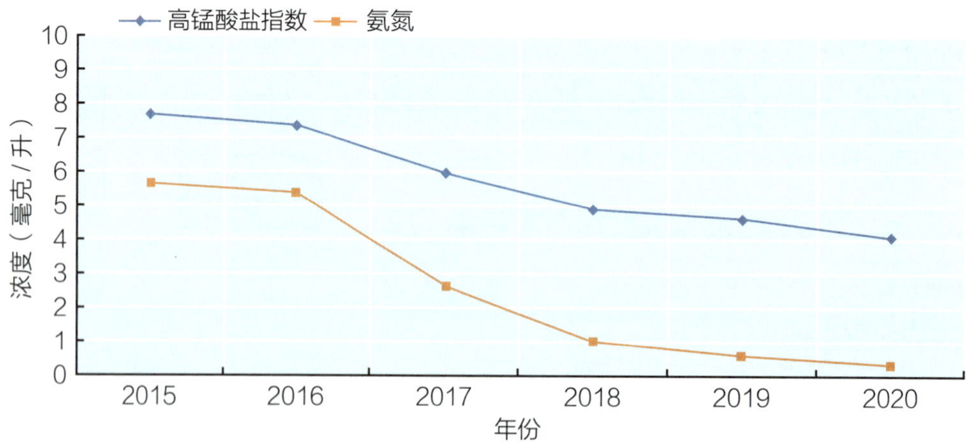

∧2015—2020年地表水主要污染指标年平均浓度变化趋势图

地下水环境：地下水环境监测结果表明，全市地下水水质总体保持稳定，浅层地下水与地表水和大气降水联系密切，水质易受到扰动；深层地下水水质保持天然状态，主要受到铁、锰、氟化物等水文地质化学背景影响。

土壤环境状况良好

“十三五”期间，北京市土壤环境状况保持良好，农用地实施分类管理，建设用地实行风险管控，土壤环境风险得到有效管控，顺利完成土壤详查工作。土壤环境市控监测点位的监测结果均小于土壤污染风险管制值。

> **世界环境日**
>
> 每年的 6 月 5 日是世界环境日。它的确立反映了世界各国人民对环境问题的认识和态度，表达了人类对美好环境的向往和追求。它是联合国促进全球环境意识、提高政府对环境问题的注意并采取行动的主要媒介之一。

三、自然生态平衡与生态环境管控

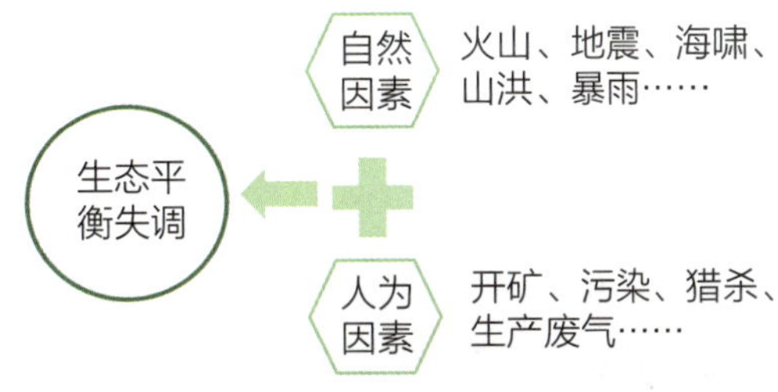

生态文明是保持生态平衡的重要举措，是中华民族永续发展的千年大计，《北京城市总体规划（2016 年—2035 年）》要求强化生态底线管理，以资源环境承载力为硬约束，倒逼城市转型发展；设置城市开发边界和生态控制线，实施两线三区空间管控；划定并严守生态保护红线，强化刚性约束。

（一）自然生态平衡

经过大自然的长期作用，每个自然生态系统都在一定条件下保持着平衡关系，生物与生物，生物与环境，物质、能量的输入和输出都趋向稳定，变化的幅度不大，称为生态平衡。生态平衡是一种动态的和相对稳定的状态。导致生态平衡失调的因素有自然因素和人为因素。

（二）推进碳中和

北京市将按照国家提出的“二氧化碳排放力争于 2030 年前达到峰值，努力争取 2060 年前实现碳中和”的承诺，不断推进碳中和，实现既定“3060 碳目标”。

“3060”碳目标：2030年实现碳达峰，2060年实现碳中和

⇩

2021—2030年：实现碳排放达峰

2031—2045年：快速降低碳排放

2046—2060年：深度脱碳，实现碳中和

碳达峰

二氧化碳排放量达到历史最高峰值，之后逐渐回落的时间点，也就是碳排放量由升转降的历史拐点。

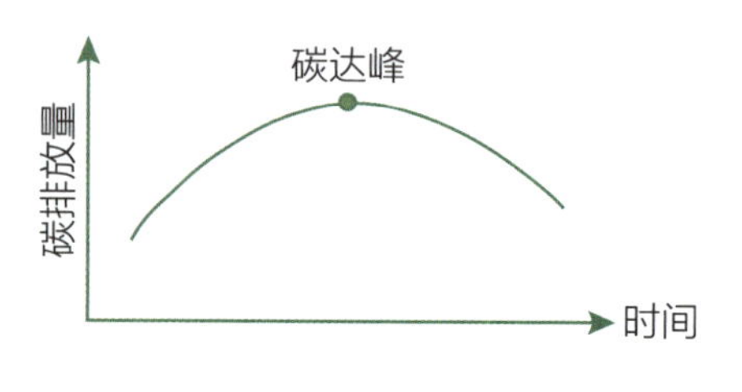

碳循环

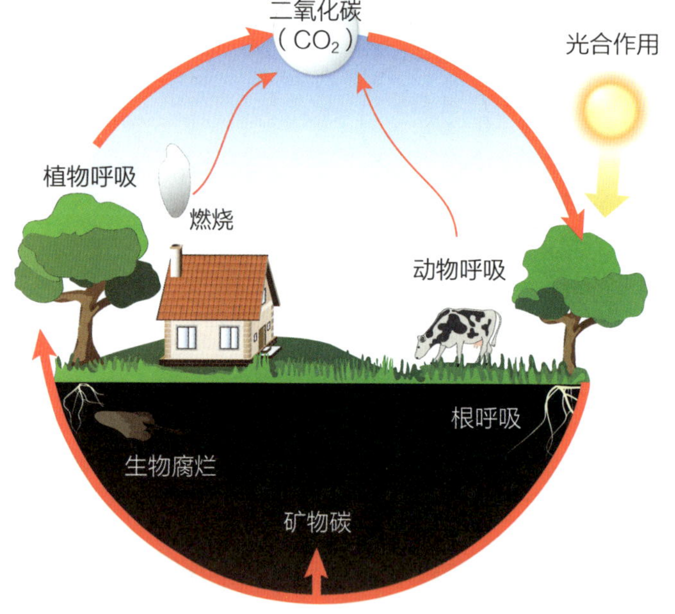

∧ 自然生态系统碳循环

生态系统中的碳循环

生态系统中，二氧化碳在大气圈和水圈之间的界面上通过扩散作用相互交换。碳循环的速度很快，最快的在几分钟或几小时内就能够返回大气，一般的会在几周或几个月内返回大气。绿色植物通过光合作用，不断消耗大气中的二氧化碳，维持了生物圈中二氧化碳和氧气的相

对平衡。一般来说，碳在生态系统中的含量高低都能通过碳循环的自我调节机制而得到调整，并恢复到原有水平，使大气中二氧化碳的浓度基本保持稳定。但当大气中的二氧化碳过度增加时，这种稳定难以维系。

碳中和的由来与作用

近百年来，由于人类活动排放出大量二氧化碳，影响了自然系统的碳循环，大气中二氧化碳的含量明显上升，由此产生了温室效应，导致地球气温逐渐上升，引起未来全球性气候改变，对地球上生物具有不可忽视的影响。20 世纪末

碳中和

生产、运输、使用及回收该产品时所产生的温室气体的平均排放量叫“**碳排放量**”

排放温室气体

植被等吸收温室气体的总量叫“**碳吸收量**”

吸收温室气体

碳中和：**碳排放量 = 碳吸收量**

∨ 延庆区国土空间生态环境（王静 摄）

期，“碳中和”概念被提出并逐渐获得越来越多的支持。“碳中和”的“碳”即二氧化碳，“中和”即正负相抵。“碳中和”是使大气中的碳排放与碳吸收达到平衡，实现“净零排放”，解决不断加剧的温室效应问题。

实现碳中和的方法

一是碳封存，主要由土壤、森林和海洋等天然碳汇吸收储存空气中的二氧化碳，人类所能做的主要就是植树造林；二是碳抵消，通过投资开发可再生能源和低碳清洁技术，减少一个行业的二氧化碳排放量来抵消另一个行业的排放量；三是社会公众可通过自身日常的绿色低碳行为降低碳排放。一旦彻底消除二氧化碳排放，我们就能进入净零碳社会。

“十四五”是实现我国碳达峰、碳中和的关键期，也是推动经济高质量发展和生态环境质量持续改善的攻坚期。北京市坚持碳存量和增量“两手抓”，在着力减少生产生活必要的碳排放总量和强度的同时，通过开展国土绿化行动，大力减少空气中的二氧化碳存量。大面积增加生态资源总量，大幅度提升生态资源质量，提供更多优质生态产品，提升国土绿化总体水平，助推大幅度减少空气中二氧化碳总量。

（三）生态环境保护

生态环境管控

北京市以改善生态环境质量为目标，设置“三线一单”生态环境分区管控，以生态空间、大气环境、水环境、土壤环境、水资源、土地资源和能源 7 大要素为约束，将全市域划分为优先保护、重点管控和一般管控 3 类单元，建立了“市级 + 功能区 + 管控单元”的准入清单体系。

“三线一单”作为硬约束落实到环境管控单元。持续推进精准治污、科学治污、依法治污。

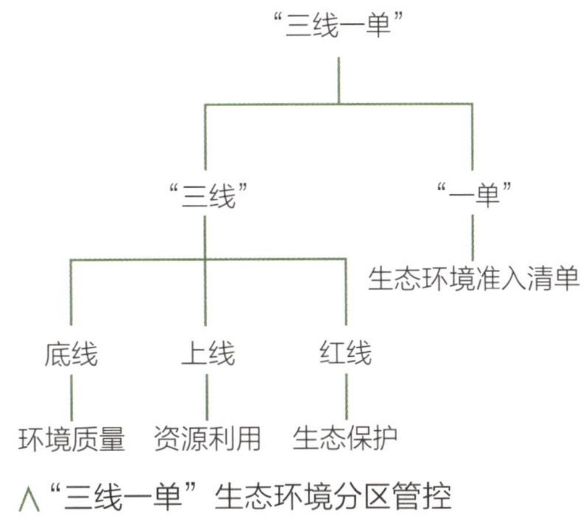

∧“三线一单”生态环境分区管控

生态保护红线

北京市生态保护红线面积 4290 平方千米，占市域总面积的 26.1%。按照主导生态功能，全市生态保护红线分为水源涵养、水土保持、生物多样

∧永定河沿线生态防护带（覃世明 摄）

生态保护红线

在生态空间范围内具有特殊重要生态功能、必须强制性严格保护的区域，是保障和维护国家生态安全的底线和生命线。

性维护和重要河流湿地 4 种类型。

水源涵养类型：主要分布在北部军都山一带，即密云水库、怀柔水库和官厅水库的上游地区。

水土保持类型：主要分布在西部西山一带。

生物多样性维护类型：主要为西部的百花山、东灵山，西北部的松山、玉渡山、海坨山，北部的喇叭沟门等区域。

重要河流湿地类型：即五条一级河道及“三库一渠”等重要河湖湿地。

北京重要河流湿地

一级河道：永定河、潮白河、北运河、大清河、蓟运河。

三库一渠：密云水库、官厅水库、怀柔水库、京密引水渠。

生态红线范围还包括市级以上禁止开发区域和有必要严格保护的其他各类保护地，包括国家级重点生态公益林（水源涵养重点地区）、水土流失敏感区、重要湿地、市级饮用水源地（一级保护区）、自然保护地（自然保护区和自然公园等）。

生态环境保护

北京市生态保护红线严禁不符合主体功能定位的各类开发活动，严禁任意改变用途，确保生态功能不降低、面积不减少、性质不改变。生态保护红线划

∧ 怀柔区雁栖湖（贾纯清 摄）

定后，只能增加，不能减少。北京生态涵养区坚守功能定位，“以退促进”，坚决守护好首都的绿水青山。

北京生态保护在空间上形成了“两屏两带”格局。“两屏”是北部燕山生态屏障和西部太行山生态屏障，主要生态功能为水源涵养、水土保持和生物多样性维护；“两带”为永定河沿线生态防护带、潮白河－古运河沿线生态保护带，主要生态功能为水源涵养。

（四）国土空间生态修复

国土空间生态修复是指遵循生态系统演替规律和内在机理，基于自然地理格局，适应气候变化趋势，依据国土空间规划，对生态功能退化、生态系统受损、空间格局失衡、自然资源开发利用不合理的生态、农业、城镇国土空间，统筹和科学开展山水林田湖草一体化保护修复的活动，是维护国家与区域生态安全、强化农田生态功能、提升城市生态品质的重要举措，是提升生态系统质量和稳定性、增强生态系统的固碳能力、助力国土空间格局优化、提供优良生态产品的重要途径，是生态文明建设、加快建设人与自然和谐共生的现代化的重要支撑。

生态问题识别、诊断和分析

主要包括全域系统性生态问题分析，区域生态问题识别，生态空间、农业空间和城镇空间的生态问题诊断。同时对生态、农业、城镇三类空间冲突区域生态问题和生态修复需求进行分析。

系统性生态问题分析

系统性生态问题包括：

（1）生境破碎化、生态连通性差、缺少缓冲过渡；

（2）生物多样性下降；

（3）区域关联性影响；

（4）水平衡的问题；

（5）违背生态修复科学性；

（6）外来物种入侵问题。

区域生态问题识别

区域生态问题包括：

（1）生态胁迫；

（2）生态系统质量问题；

（3）生态系统服务问题；

（4）生态空间格局问题。

空间生态问题诊断

生态空间

· 陆、海域典型生态系统面积减少、结构受损、功能退化、脆弱化等

· 生态保护红线内与河流湖泊周边的矿山生态破坏、历史围填海等人为破坏

· 生态问题分布聚集或生态问题关联性大的关键区域

农业空间

· 农用地破碎化和退化、生境丰富度下降

· 居民点、农用地周边矿山生态破坏、土地损毁

· 农村自然风貌破坏、过度放牧樵采和围垦养殖、人居生态恶化等

城镇空间

· 城镇内部及周边山体和河湖水系生态破坏

· 城内外蓝绿网络连通性问题、城市内涝和热岛效应

· 城镇周边、重要交通干线周边矿山生态破坏、土地损毁等

∧门头沟沿河城生态修复（苗礼义 摄）

生态修复模式与修复原则

开展山水林田湖草一体化保护修复模式，采用保护保育、自然恢复、辅助再生或生态重建修复技术。

表 3-1　不同生态系统的生态修复技术及措施

修复技术	生态系统	修复措施
保护保育	代表性自然系统和珍稀濒危动植物物种栖息地	建自然保护地，去除生态胁迫因素，建生态廊道，就地和迁地保护
自然恢复	轻度受损，恢复力强的生态系统	切断污染源，禁止不当放牧猎捕，封山育林，消除生态胁迫因素
辅助再生	中度受损的生态系统	改善物理环境，引入适宜物种，移除退化物种
生态重建	严重受损的生态系统	地貌重塑，生境重构，恢复植被和动物区系，生物多样性重组

生态胁迫因素

指来自人类或自然的对生态系统正常结构和功能的干扰，这些干扰可导致生态系统发生不可逆的变化甚至退化或崩溃。

生态保护修复原则

◎生态优先，绿色发展
◎自然恢复为主，人工修复为辅助
◎统筹规划，综合治理
◎问题导向，科学修复
◎经济合理，效益综合

第二节 地质环境

一、地质环境概述

地质环境

研究对象：影响人类的地质背景、地质作用。

组成要素：气、水、岩（土）和生物。

演化过程：地质作用过程。

环境是人类赖以生存和发展的物质条件，地质环境是人类环境中极为重要的组成部分，主要指的是水圈、大气圈、生物圈相互作用的岩石圈表层。在这里，气、水、岩（土）、生物相互作用、相互联系，既是它们发生联系的场所，也是人类居住、生活和从事各种社会经济活动的空间。

> 圈层结构（张奕 绘制）

（一）地质环境特征

地质环境具有自然和社会的双重属性。从远古至今，自然地质作用从未停歇，无论有没有人类活动的影响，都会持续进行下去。地质作用影响着地质环境结构和功能，使其具有鲜明的自然属性。人类通过工程活动对地球表层进行改造，所干扰的方式更多的是社会规律，比如开发规模及用途等，使得地质环境具有社会属性。

> **地质环境特征**
>
> **时空性：**时间范围可由片刻到几十年、上百年，甚至千万年；空间范围则是由地表或岩石圈的表层，到地下人类目前可以探知的深度。
>
> **可变性：**各种地质营力的变化和人类活动作用，使地质环境具有可变性。
>
> **系统性：**地质环境是一个相对平衡的开放系统，时刻与不同圈层进行着物质和能量的交换，是一个不可分割的整体。

（二）地质环境问题

地质环境为我们提供了生存必需的地质空间和丰富的矿产资源，从地壳中开采大量的矿石，还从煤、石油、天然气、地下水、地热以及放射性物质中获取大量能源。随着科学技术的不断进步，人类对地质环境的影响也更大了，改变地质环境面貌的同时，地质环境也给我们的生存和发展带来了一定的问题。

地质环境问题分类

- 地域范围
  - 全球性地质环境问题
  - 区域性地质环境问题
- 变化性质
  - 化学地质环境问题
  - 物理地质环境问题
- 诱发因素
  - 原生地质环境问题
  - 次生地质环境问题

地质环境问题，是指自然因素和人类活动作用影响而发生的，使人类赖以生存的地质环境质量发生不良变化或遭到破坏，直接或间接地威胁人类的生产生活或造成人类生命财产损失的事件。

北京市区域地质环境状况总体良好，受地形地质条件复杂、断裂构造发育、降水时空分布不均匀等自然条件和人类工程活动影响，存在一定的地质环

∧ 北京房山区庄户台崩塌灾害

境问题，其中最为突出的是地质灾害。

二、地质灾害

地质灾害包括自然因素或者人为活动引发的危害人民生命和财产安全的山体崩塌、滑坡、泥石流、地面塌陷、地裂缝、地面沉降等与地质作用有关的灾害。

北京是一座地貌类型多样的城市，峰峦叠嶂的山地构成了青山野渡的秀丽景色，但也营造了成灾的地质环境；宽缓广袤的平原承载了数千年的城市发展，却难免地质环境问题的产生。

《地质灾害防治条例》

为了防治地质灾害，避免和减轻地质灾害造成的损失，维护人民生命和财产安全，促进经济和社会的可持续发展而制定的法规文件，2003 年 11 月 24 日国务院令第 394 号公布，自 2004 年 3 月 1 日起施行。

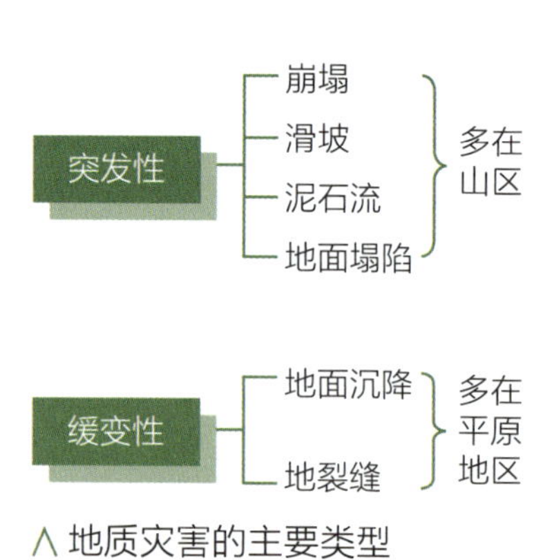

∧ 地质灾害的主要类型

（一）地质灾害分类分级

地质灾害分类：地质灾害根据动态特征分为突发性地质灾害和缓变性地质灾害。崩塌、滑坡、泥石流、地面塌陷为突发性地质灾害，多发生在山区；地裂缝、地面沉降为缓变性地质灾害，多出现在平原地区。

地质灾害规模分级：依据地质灾害发生体积的大小，划分为特大型、大型、中型和小型四个规模等级。不同类型地质灾害，规模分级的体积大小界线不同。

地质灾害灾情分级：依据造成的人员伤亡、直接经济损失的大小，分为特大型、大型、中型和小型四个等级。

地质灾害险情分级：依据潜在地质灾害发生后可能造成的人员伤亡情况和财产损失情况，分为特大型、大型、中型和小型四个等级。

表 3-2　地质灾害灾情、险情等级划分表

等级	灾情		险情	
	死亡人数 / 人	直接经济损失 / 万元	受威胁人数 / 人	潜在经济损失 / 万元
特大型	≥ 30	≥ 1000	≥ 1000	≥ 10000
大型	10（含）~30	500（含）~1000	500（含）~1000	5000（含）~10000
中型	3（含）~10	100（含）~500	100（含）~500	500（含）~5000
小型	< 3	< 100	< 100	< 500

注：当死亡人数（或受威胁人数）和直接经济损失（或潜在经济损失）不在一个等级时，按照就高原则进行分级。

北京市依据本市地域的重要性和地质灾害防治需求，将灾情与险情分为重、中、轻三个等级。

表 3-3　北京市地质灾害灾情、险情等级划分表

等级	灾情		险情	
	人员伤亡情况	直接经济损失 / 万元	受威胁人数 / 人	潜在经济损失 / 万元
重	有人员死亡	>500	>500	>5000
中	有伤害发生	100~500	100~500	500~5000
轻	无	< 100	< 100	< 500

注：当人员伤亡情况（或受威胁人数）和直接经济损失（或潜在经济损失）不在一个等级时，按照就高原则进行分级［引自《地质灾害危险性评估技术规范》（DB11/T 893-2021）］。

（二）山区地质灾害

从 1949 年以来，有记载的各类突发地质灾害共造成 600 余人死亡，财产

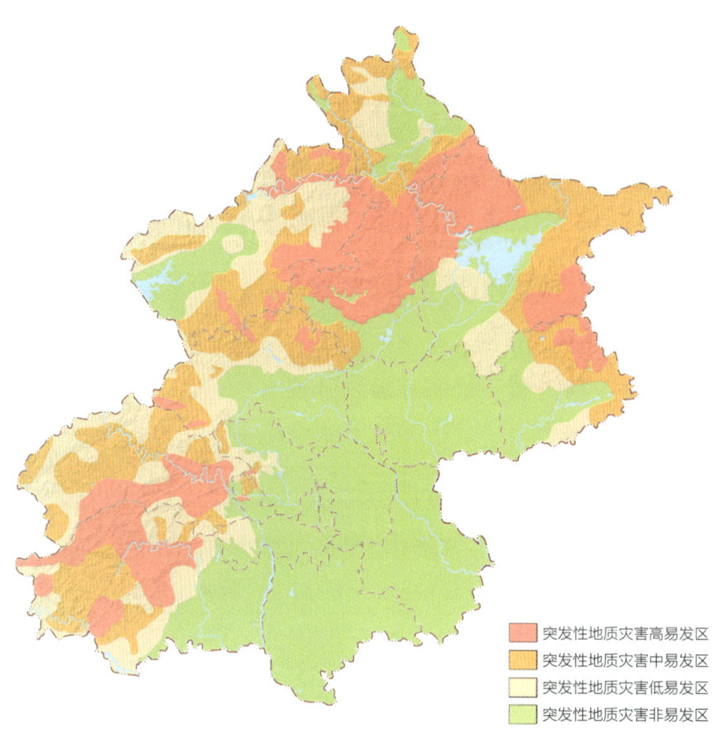

∧ 北京市突发地质灾害易发分区图（北京市地质灾害防治研究所 提供）

损失数亿元。截至 2022 年 6 月，北京市突发性地质灾害隐患点 8186 处，其中崩塌隐患 6169 处，滑坡隐患 87 处，泥石流隐患 822 处，不稳定斜坡 1011 处，地面塌陷 97 处，主要威胁对象有山区居民、出行游人、学校、建筑物，及道路、水利、通信等设施。

依据地形地貌、地质构造、岩土性质、降

地质灾害易发性、危险性和风险性

地质灾害易发性： 属自然属性，包括地质灾害的形成条件组合、有利于发生地质灾害的可能程度（易发程度）。

地质灾害危险性： 指地质灾害危险区及其可能造成的人员伤亡和财产损失。

地质灾害风险性： 指地质灾害发生不同险情（危险等级）的概率。

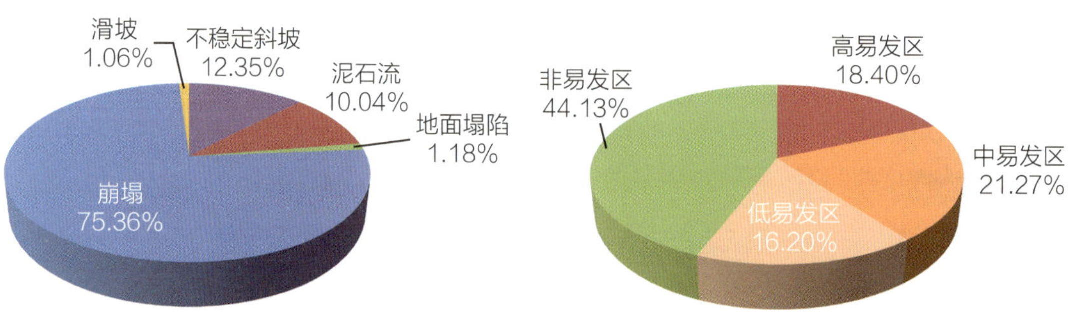

∧ 北京山区地质灾害隐患类型统计图

∧ 北京市突发地质灾害易发区统计图

水特征和人为活动等地质灾害的形成条件与要素，综合分析地质灾害的易发程度和区域，将山区划分出地质灾害高易发区、中易发区和低易发区。北京市突发地质灾害易发区面积为 9169.2 平方千米，占全市总面积的 55.87%，其中高、中、低易发区面积分别占全市总面积的 18.40%、21.27% 和 16.20%。

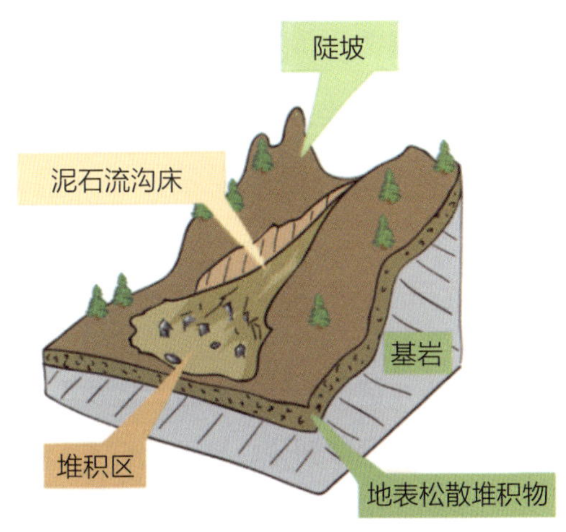

∧ 沟谷型泥石流示意图

泥石流

泥石流是发生在山区沟谷内或斜坡上的泥沙、石、水相混合的特殊洪流，携带的泥沙、石固体碎屑物含量为 15%~80%，不同于一般的山洪，其流速流量、冲刷撞击能力都远大于山洪。

∧ 1990 年 6 月 10 日怀柔西石门沟泥石流灾害

泥石流的形成条件：陡峻的地形地貌、丰富的松散物质、短时间内大量的水源，三者缺一不可。此外，弃渣、削坡、堵塞沟道等不合理的人类活动可能改变物源和地形条件，引发或加剧泥石流灾害。

泥石流的类型：有多种划分方式。北京山区泥石流属暴雨型泥石流，以沟谷型为主，单沟发生的频率低，且多为中、小型规模，主要是稀性泥石流。

泥石流主要类型

◎**按集水区地貌特征划分：**沟谷型泥石流和坡面型泥石流

◎**按爆发频率划分：**高频泥石流、中频泥石流、低频泥石流、极低频泥石流

◎**按物质组成划分：**泥流型、水石型、泥石型

◎**按流体性质划分：**黏性泥石流、稀性泥石流

◎**按一次性爆发规模划分：**特大型、大型、中型、小型

沟谷型泥石流

坡面型泥石流

∧北京市泥石流主要类型（韦京莲 提供）

泥石流的特征：北京地区泥石流空间分布集中于密云区北部、怀柔区中部、延庆区东部及房山、门头沟区等西部山区。其分布类型、活动规律和危害程度都有鲜明的特点，主要表现为：全市区域性泥石流活动相对活跃，但总体

仍属低频；单沟泥石流规模较小，但可成群爆发；泥石流爆发区随暴雨中心移动，重现位置不固定；群发性泥石流的活动范围广泛，灾害面积大，易造成严重损失。泥石流沟的冲淤特征表现为上游泥石流源头沟坡冲刷强烈，中游流通区沟床又冲又淤，下游堆积区泥沙石块大量淤积。

表 3-4　北京市 1949 年以来群发泥石流统计表

爆发时间	主要地区	泥石流数量 / 条
1950 年 8 月	门头沟清水、斋堂	31
1959 年 7 月	密云石城、冯家峪	44
1969 年 8 月	密云石城、怀柔枣树林	40
1972 年 7 月	怀柔崎峰茶、八道河	63
1976 年 7 月	密云水库北、不老屯	25
1989 年 7 月	密云冯家峪、番字牌	27
1991 年 6 月	密云四合堂、怀柔汤河口、长哨营	23

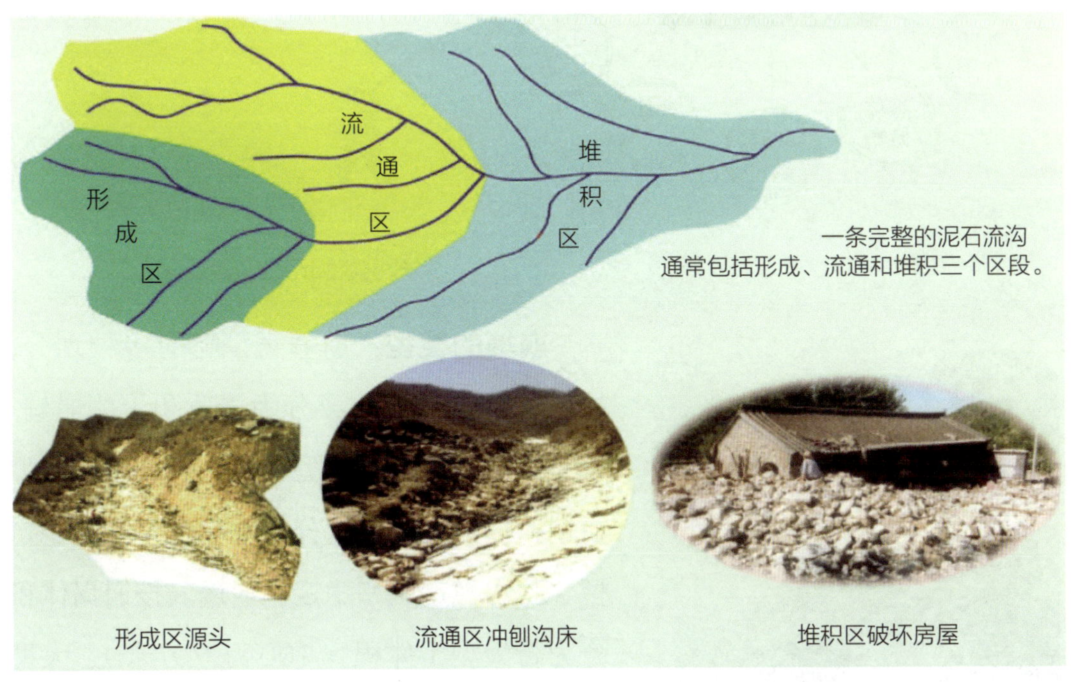

∧ 沟谷型泥石流的冲淤特征

泥石流的危害：泥石流具有爆发突然、来势凶猛的特点，兼具滑坡和洪水破坏的双重作用，以淤埋、冲刷、撞击等形式直接对居民点、交通道路等造成重创，严重威胁人民生命、生产安全。泥石流是造成北京地区人员伤亡最多的地质灾害。

∧ 崩塌示意图

崩塌

崩塌是陡坡上的岩石或土体在重力作用下发生突然崩落、滚动，堆积在坡脚或沟谷的现象。崩塌多发生在坡度大于 50°的山体上，以垂直运动为主，具有运动速度快、体积变化大等特点。

崩塌的形成条件：山体高陡；山石或土坡出现大量裂缝，并且相互交切贯通，形成像豆腐块一样的不稳定块体。有震动、降雨等诱发因素；开矿、筑路、建房等造成坡体开挖的人类行为可改变地形等自然条件，诱发或加剧崩塌灾害。

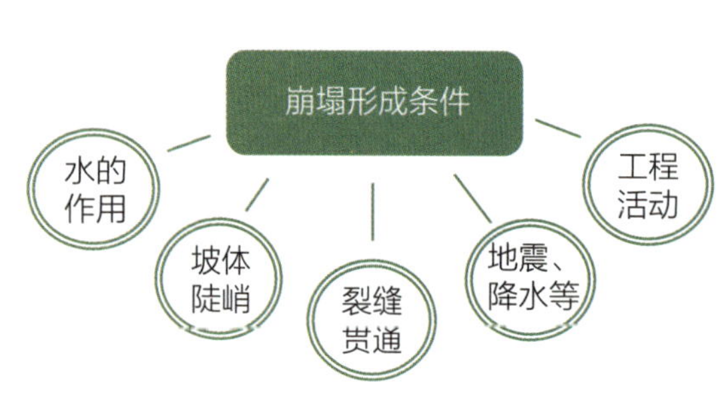

∧ 开挖坡脚产生灾害隐患

∧ 北京密云区琉辛路岩质崩塌

崩塌的类型：崩塌类型可有多种划分，按崩塌体的物质构成分为岩质和土体崩塌。按崩塌体积分为特大型、大型、中型和小型崩塌；按其稳定程度分为不稳定型、欠稳定型、基本稳定型和稳定型崩塌。按崩塌体积分为特大型（体积≥ 100 万立方米）、大型（100 万立方米 > 体积≥ 10 万立方米）、中型（10 万立方米 > 体积≥ 1 万立方米）和小型（体积 < 1 万立方米）崩塌。

崩塌的特征：崩塌是北京山区最常见的地质灾害，空间上多分布在山区的道路沿线和百姓家的屋后；发生时间易在降雨或工程开挖的过程之中或稍微滞后，也有发生在非汛期；强度上多是小于1万立方米的小规模崩塌。

崩塌的危害：崩塌是北京地区每年发生次数最多、现存隐患最大的地质灾害，常对游客安全和山区的道路、农村居住地等造成危害，发生人员伤亡、道路交通受损、建筑物破坏等。

滑坡

滑坡是斜坡上的岩体或土体受河流冲刷、地下水活动、地震及人工切坡等因素影响，在重力作用下，沿着一定的软弱面或软弱带，整体或分散向下滑动的地质现象。滑坡易出现在50° 以下的斜坡上，以水平运动为主。

滑坡的形成条件：具有一定坡度的斜坡，斜坡岩体或土体存在可滑移的层面，坡体前端有滑移的空间，有地震、降雨、地表与地下水作用、河流冲刷、坡脚开挖、采矿等诱因。

易形成滑动面的岩性

岩层中抗剪强度较低的岩土体，如泥岩、泥灰岩、千枚岩、片岩、黏性土、黄土、松散堆积土等，在水、构造和地震等作用下，易形成土状或泥状软弱层，成为滑动面。

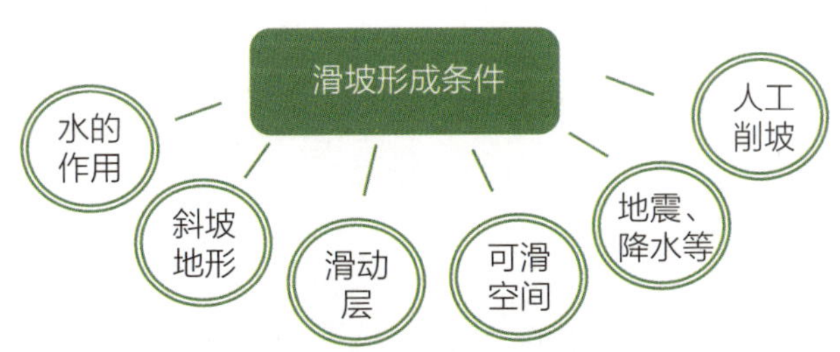

滑坡的类型：根据滑坡体的物质组成和结构形式等，可分为堆积层（土质）滑坡和岩质滑坡。北京地区的滑坡以堆积层滑坡和顺层岩质滑坡为主。

滑坡的特征：滑坡易发生在江、河、湖、沟的岸坡地带，以及山区铁路、

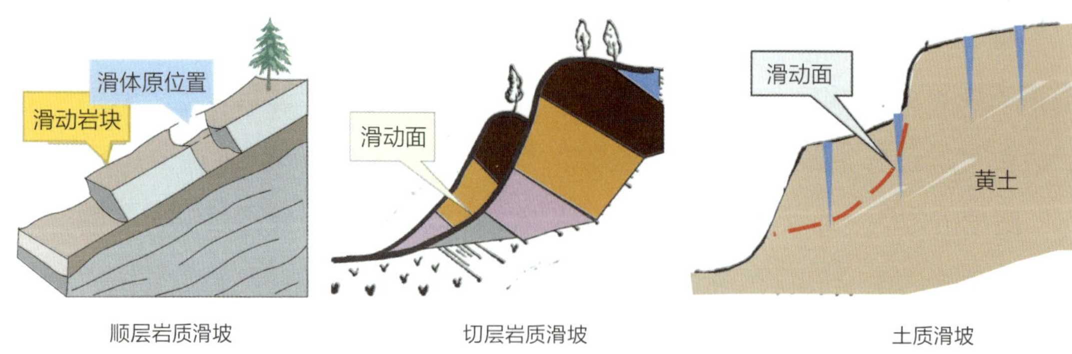

∧ 滑坡主要类型示意图（梁天璞 绘制）

滑坡类型划分

◎**堆积层（土质）滑坡分为：**黄土滑坡、黏土滑坡、残坡积层滑坡、滑坡与崩塌堆积体滑坡、人工填土滑坡

◎**岩质滑坡分为：**近水平层滑坡、顺层滑坡、切层滑坡、逆层滑坡、楔体滑坡

◎**据运动形式分为：**推移式滑坡、牵引式滑坡

◎**按滑体体积分为：**特大型滑坡、大型滑坡、中型滑坡和小型滑坡

公路和工程建筑的切坡地段。北京地区的天然滑坡少，大部分滑坡都与工程切坡和采矿有关，例如戒台寺滑坡、延庆黄峪口滑坡等，滑坡的规模也多属小型。

滑坡的危害：滑坡虽然在北京地区并不多，但也曾造成建筑物破坏，道路交通阻断等。特别是随着山区的建设发展，工程切坡存在诱发滑坡灾害的可能，常对村民和游客的人身安全及山区的道路、建筑等造成危害。

地面塌陷

地面塌陷是由于地表岩体或者土体受自然作用或者人为活动影响，向下陷落形成地面塌陷坑，造成灾害的现象或者过程。地面塌陷类型主要有采空塌陷、岩溶塌陷、黄土塌陷等。

地面塌陷的特征：北京地区以采空塌陷为主，这些塌陷是因采煤造成地下空洞而形成的，其特点是分布集中、形成时间跨度大、危险隐患大、预防与治

∧ 采空塌陷形成的地表塌坑

∧ 采空塌陷形成的地裂缝

理难度大。采空塌陷在地表主要形成塌坑、地裂缝、山体滑塌和不均匀沉降。

地面塌陷的危害：地面塌陷使地表产生形变和破坏，造成构筑物开裂变形甚至陷落，可致房屋倒塌、道路中断、水库漏水、堤防开裂等。由于北京西山采煤历史长，采空塌陷隐患影响至今。

∧ 北京地区采空塌陷造成的道路开裂

∧ 北京地区采空塌陷造成的建筑物损毁

突发性地质灾害类型的转化

山区崩塌、滑坡和泥石流的形成原因、爆发诱因和破坏方式有所不同，但

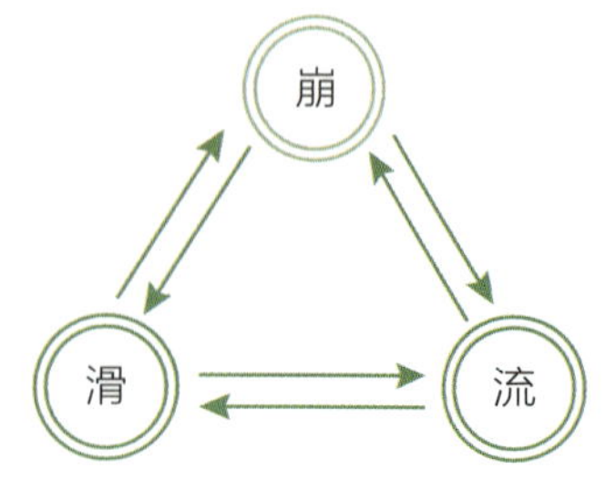

∧ 突发性地质灾害转化图示

都具有隐蔽难以发现、突发不易防备和致人伤亡严重等灾害特点。与此同时，它们又存在着一定的关联，具有可以相互转化的特性，例如泥石流常由崩塌、滑坡发展演化而来。

∧ 2006 年房山区某处地质灾害类型转化图

（三）平原区地质灾害

北京平原区地质环境问题主要是地面沉降和地裂缝。地面沉降主要出现在平原区的东部和南部，地裂缝主要出现在地下水超采区断裂带沿线。

地面沉降

地面沉降是在自然和人为因素作用下，由于地壳表层土体压缩而导致区域性地面标高降低的环境地质现象。造成地面沉降的主要影响因素有地形地貌、地质构造、岩土及地层结构、地下水开采以及城市建设等。长期超量开采地下水，造成地下水的大幅下降，导致含水层上覆土层孔隙水压力降低，就会使土层失水压缩形成地面沉降。

北京地区地面沉降最早出现在 20 世纪 50 年代，一直延续至今。1955—2018 年，全市平原区累计地面沉降量大于 500 毫米的地区面积为 1625 平方千米，累计地面沉降量大于 1000 毫米的地区面积为 500 平方千米。地面沉降在空间上总体呈“南北”两个沉降区分布，其中“北区”面积较大，包括平原区北部和东部地区，“南区”面积较小。监测成果显示，近几年地面沉降整体呈减缓的趋势。

地面沉降的特征：北京地面沉降形成与长期超量开采地下水密切相关，其发展历程与同期地下水开采量相对应，地下水超采区与严重超采区的发展，加剧了地面沉降的发育程度。地面沉降与地下水降落漏斗的分布在时间和空间上具有明显的一致性：地面沉降严重区域与地下水降落漏斗区基本吻合；地面沉降主要压缩层位随着地下水主要开采层埋深的增大而增大。

地面沉降的危害：北京平原区地面沉降呈区域性出现，属于缓变地质灾害类型，它不像山区突发地质灾害那样，能在短时间内造成严重的人员伤亡，但仍存在危害。在地质沉降强发育的局部地带，当沉降变形较大时，可导致构筑物和工程设施变形受损、地面水准点失准、防洪排涝工程效能降低、重大线型路桥出现变形破坏等。

∧ 地面沉降造成建筑物地基变形

地裂缝

地裂缝是由于自然地质作用和人类工程活动造成的区域性的地面开裂现象。岩石和土层会受到复杂的内、外力作用，当力的作用与积累超过岩土层内部的结合力时，其连续性就会受到破坏，继而发生断裂，形成裂缝。

北京平原区历史上多次出现地裂缝。目前发现的地裂缝主要分布在顺义、通州、昌平、怀柔、平谷等地，其中地裂缝灾害现象较为明显的有顺义地裂缝、高丽营地裂缝、庙卷地裂缝、宋庄地裂缝和马昌营地裂缝。

顺义地裂缝：顺义地裂缝的塔河—顺义城区段最早发现于 1976 年唐山大

地震后，由塔河一带向北东延伸至顺义城区；顺义地裂缝的北小营段主要分布在马辛庄、黄家场、桥头、道仙庄一带。顺义地裂缝主要位于良乡—前门—顺义断裂的北段，与该断裂的走向一致。

高丽营地裂缝：高丽营地裂缝最早发现于20世纪90年代，主要位于黄庄—高丽营断裂的北段，与断裂延展方向基本一致，变形带宽度30~50米。地裂缝两侧地面呈东南低，西北高，东南侧下降。

∧ 地裂缝造成房屋变形破坏

∧ 地裂缝造成道路变形破坏

北京平原区地裂缝的形成主要与断裂构造、地面沉降、水文地质与工程地质条件以及地震等关系密切。在有活动断裂通过、水文地质和工程地质条件较复杂、地面沉降发育强烈的地带，地裂缝发生的可能性大。

地裂缝的危害：地裂缝虽然在北京平原区仅集中在几个局部地带，影响范围有限，但仍造成一些构筑物、交通道路、农田等受损。由于地裂缝形成原因复杂，又具有隐蔽性，在城市规划和工程建设中应给予高度重视。

三、地质灾害防治

为建设安全韧性、绿色低碳、开放协调、创新智慧、包容共享的美丽北京，地质灾害防治已成为保障北京城市地质安全的重要举措。地质灾害防治能够有效避免和减轻地质灾害造成的损失，维护人民的生命财产安全，营造“宜业、宜居、宜乐、宜游”的安全环境，促进经济和社会的可持续发展。

地质灾害是我们生存环境中的一种病害，突发地质灾害如同城市的急性病：症状急，危害重；缓发地质灾害则像城市的慢性病：症状轻，危害隐蔽。想要治病，首先要进行筛查体检，了解病情，查找病因，然后进行诊断治疗；对部分病体实施监控，紧急状况出现时，就可以迅速采取救治措施。地质灾害的防治犹如治病一样，要先对灾害隐患的类型、特征和发生原因等进行调查分析，然后有针对性地实施工程治理、动态监测和主动预防，遇突发状况时，采取紧急应对措施。因此，地质灾害防灾减灾需有完善的防治体系。

北京市坚持以人为本，依照“以防为主，防治结合”的原则，针对地质灾害，以调查为先导，摸清灾害本底；以监测为依托，及时进行预警；以减灾为目标，实施治理工程；以安全为根本，进行快速应急，形成了支撑首都安全的地质灾害防治体系。

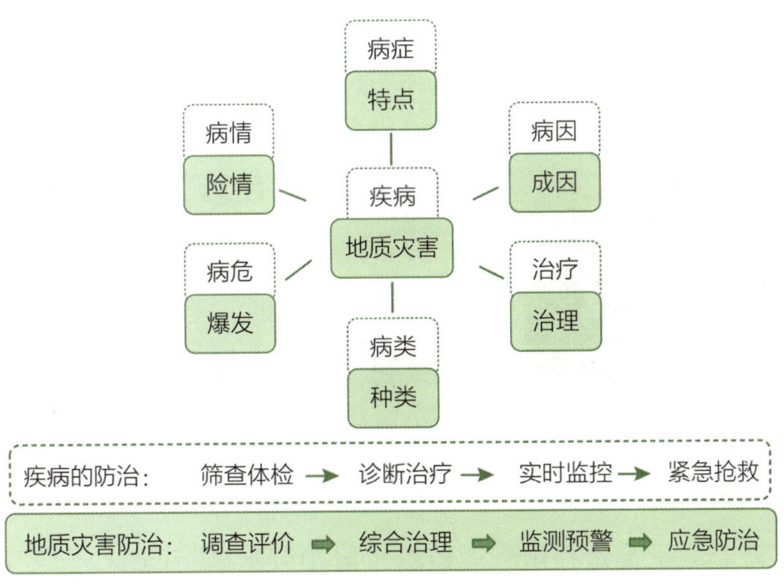

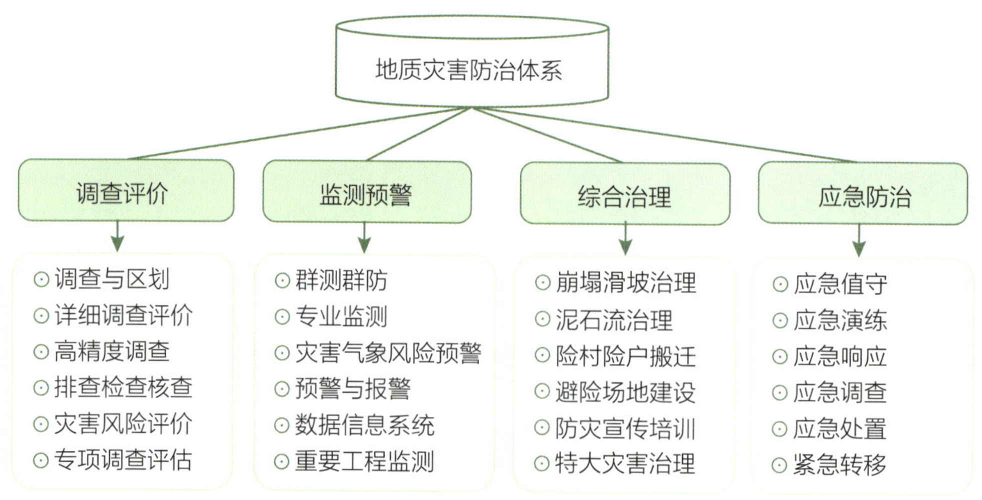

（一）调查评价

地质灾害调查是对地质灾害隐患及其地质环境状况进行调查，地质灾害评价是在认识地质灾害发育分布规律的基础上，开展危险性和风险性评价。通过调查评价，摸清地质灾害隐患本底，为监测预警和防治工程提供科学依据。

北京市有组织、分步骤，由浅入深、由粗到细，采用多种技术手段对地质灾害隐患开展调查评价，取得多项调查成果，截至 2022 年 5 月，发现地质灾害隐患约 8000 处，划分地质灾害易发区和危险区。与此同时，坚持地质灾害的“三查”，做到“一点一预案”，有效掌控地质灾害隐患。

（二）监测预警

地质灾害监测预警是利用专业监测手段和群测群防网络，以专群相结合的方式，对地质灾害体及其环境影响因素进行监测，实施提前预警。

地质灾害调查主要技术手段

◎**资料收集：**有关各类资料，为调查提供信息

◎**采访询问：**获取重要信息，为分析提供参考

◎**地面调查：**确定调查位置，圈定隐患范围

◎**测量测绘：**获准确数据，提供隐患分析依据

◎**遥感解译：**宏观、动态，可补充现场调查

◎**无人机：**获取现场不易掌握的地质信息

◎**勘探工程：**揭露灾害体或不明体，查明成因

◎**实验测试：**岩土物性测试，提供分析数据

主要调查评价成果

◎10 个区地质灾害调查与区划

◎1∶5 万地质灾害详细调查

◎泥石流灾害隐患精细调查评价

◎道路沿线崩滑隐患精细调查评价

◎地质灾害避险场地调查与评价

◎奥运期间突发地质灾害风险评估

◎冬奥会延庆赛区地质灾害危险性评估

◎……

群测群防

是在地质灾害易发区，以区为单位，在政府主管部门和专业队伍指导下，建立的由当地政府领导下的区、乡、村和群防员构成的群测群防体系，以此开展地质灾害监测。群测群防具有中国地质灾害防灾减灾特色，其有明确的组成特点和建设内容，采用的监测手段简易有效。北京市构建了覆盖山区的地质灾害群测群防体系，共有群测群防员一千余人。在各级政府的组织领导和持续多年的专门培训下，群测群防员发挥了重要作用。近几年，群防员及时发现灾害隐患、成功实现安全避险多次。例如，2016 年 8 月 5 日，房山区霞云岭乡庄户台村发生崩塌，由于群测群防员巡查到位、报警及时，当地组织撤离果断，避免了重大人员伤亡。

∧ 2016 年 8 月 5 日房山区庄户台村因报警、撤离及时，成功避险

群测群防组成特点

◎**组织领导：**各级人民政府

◎**技术指导：**主管地质灾害的部门和相关支持单位

◎**防灾主体：**广大人民群众

◎**防治对象：**滑坡、崩塌、泥石流、塌陷等隐患点

◎**防治措施：**监测（简易）其前兆和动态，及时发现、快速预警、有效避灾

群测群防体系建设

◎建立各级和各项工作责任制

◎编制预案，发放明白卡

◎选定群测群防员

◎防灾培训、宣传和演练

◎开展“三查”，实施监测

◎建立档案和信息系统

∧ 简易的雨量监测工具

∧ 地裂缝简易监测埋钉法

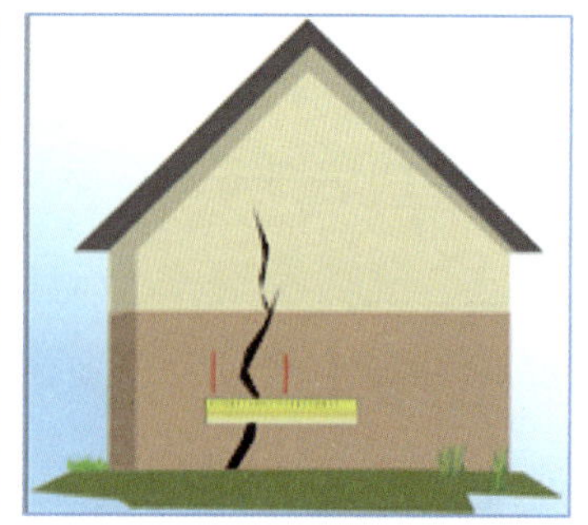

∧ 房屋开裂监测的贴片法

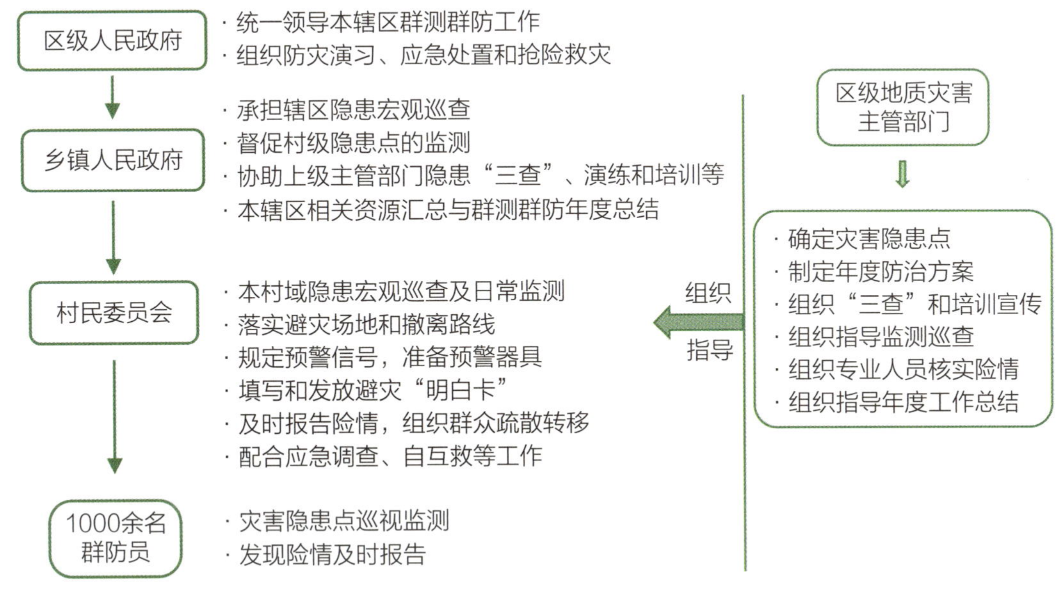

∧ 北京市地质灾害群测群防结构图

专业监测

是由专业技术人员利用专业的监测设备和手段，对地质灾害的发育特征、变化趋势和诱发因素等进行监测，实现监测数据的自动传输与部分险情的自动报警，形成覆盖地质灾害危险区的专业监测网络。

北京市已建成覆盖平原主要地面沉降区的专业监测网，有效监控了地面沉降动态变化。已构建了覆盖山区 477 处突发地质灾害隐患点的专业监测网络，安装监测设备 1887 台（套），实现了监测数据的采集、传输、分析与预警成果制作的自动化与智能化，有力支撑了汛期地质灾害预警。

群测群防与专业监测相辅相成、互为补充，构成了北京市“人防＋技防”的地质灾害防御体系，在首都地质灾害防灾减灾中发挥了巨大作用。

表 3–5　北京市地质灾害专业监测主要方法和内容

监测目标	监测内容	监测方法
地面沉降	地表形变、分层压缩、地下水动态、孔隙水压力	地表水准测量、GNSS、CR-InSAR、基岩标、分层标、孔隙水压力计

续表

监测目标	监测内容	监测方法
地裂缝	竖向差异沉降、张拉位移、地下水位	水平竖直一体水准监测、SAA、水位测量仪、GNSS、CR-InSAR
泥石流	降雨、泥位、水位水量、流速、次声、土壤含水率、实时监控	自动雨量站、雷达泥位计、流速仪、水位测量仪、监测视频、遥感
崩塌	地表形变、降雨、实时监控	三维激光扫描仪、裂缝伸缩仪、自动雨量站、监测视频
滑坡	地表形变、深部位移、应力、降雨量、土壤含水率、实时监控	GNSS、相对位移监测、三维激光扫描仪、静力水准测量、钻孔测斜仪、微震监测仪、自动雨量站、土壤含水率测试仪
采空塌陷	地表形变、深部位移、微震、降雨量、土壤含水率	大地测量、GNSS、CR-InSAR、静力水准测量、钻孔测斜仪、微震监测仪、自动雨量站、土壤含水率测试仪

∧ 自动雨量站

∧ 水位计

∧ 次声视频监控

地质灾害预警等级与标志

是显示地质灾害发生风险的预警分级和信号。地质灾害区域气象风险预警等级由强到弱依次分为一级、二级、三级、四级，分别表示气象因素致地质灾害发生风险很大（红色）、风险大（橙色）、风险较大（黄色）和风险较小（蓝色）。

表 3-6　地质灾害气象风险预警等级划分表

预警等级	风险等级	概率	预警色
Ⅰ级	很大	$P > 60\%$	红色预警
Ⅱ级	大	$60\% \geqslant P > 40\%$	橙色预警
Ⅲ级	较大	$40\% \geqslant P > 20\%$	黄色预警
Ⅳ级	较小	$P \leqslant 20\%$	蓝色预警

地质灾害气象风险预警：是指基于前期过程降水量和预报降水量，引发该区域地质灾害的可能性及成灾风险大小。自 2003 年以来的每年 6—9 月，北京市地质环境主管部门联合市气象局适时发布地质灾害气象风险预警，并通过电视、广播、手机终端等多种方式，向社会发布，提醒公众和各个部门提前采取措施，最大限度避免和减轻灾害损失。

地质灾害预警响应：针对不同等级的地质灾害风险预警，应采取相应的预警响应措施，主要包括带班值守、险情关注、情况报告、应急队行动、转移撤离等。

表 3-7　地质灾害预警等级及响应行动表

预警等级		政府或部门	社会公众
一级	地质灾害 红 GEOLOGICAL HAZAD	主要负责人带班，高度关注险情发展动态。应急队伍接命后可紧急出发	不要外出。山区人员立即转移疏散，迅速离开危险地带
二级	地质灾害 橙 GEOLOGICAL HAZAD	带班负责人随时掌握情况。相关部门严密监视辖区情况，及时报告。应急队伍人员提前赴监测站待命，随时准备出发	减少外出，不要进入山区。山区人员快速离开危险地带，进行转移疏散
三级	地质灾害 黄 GEOLOGICAL HAZAD	负责人带班，发现问题及时处置和报告。必要时采取转移或疏散群众、关闭旅游景点、实行交通管制等措施。应急队伍进入出发准备	尽量取消原定山区活动计划。做好转移疏散准备，必要时先行撤离
四级	地质灾害 蓝 GEOLOGICAL HAZAD	负责人带班，24 小时值班，保持信息畅通。密切关注险情，随时报告发展情况。应急队伍做好相关准备	密切关注天气变化，注意防范，避开危险地带

（三）综合治理

地质灾害综合治理是为减轻灾害损失、降低灾害风险所实施的预防与治理措施，包括非工程防御措施和工程治理措施。“防”主要是以移民搬迁、排除危险等方式，免遭或减少灾害损失；“治”则更多的是在地质灾害体上施加有效的治理工程，降低甚至消除灾害发生的风险。

非工程防御措施

主要包括搬迁避让，设置避险场地，设立警示标志，制作和发放防灾减灾科普宣传品等。从 20 世纪 90 年代开始至今，北京市陆续进行了山区地质灾害险村险户搬迁，2011 年至今，结合“小康社会”“美丽乡村建设”以及“生态文明建设”等，又有 2914 处险户进行了搬迁，山区受威胁住户和人数明显减少。近几年，按照安全、就近、经济、家喻户晓的原则，综合场地的安全风险、可容纳面积、避险距离和路线等因素，筛选和确定了千余处避险场地，使防灾避险落到实处。竖立上千处灾害警示标志，并制作、发放多部防灾减灾科普宣传品，社会影响广泛，强化防灾意识作用显著。

∧ 避险场地

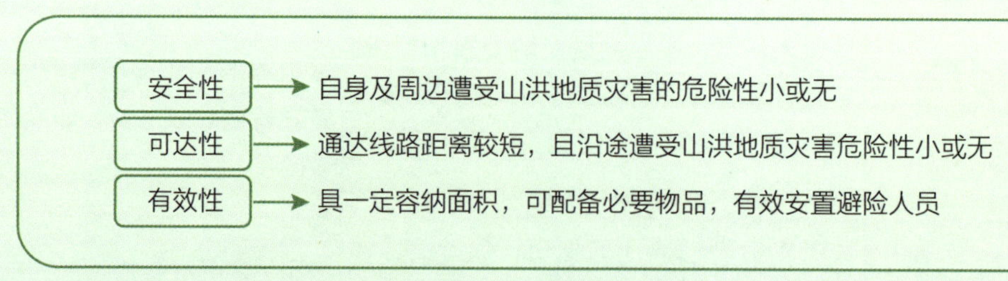

∧ 北京市地质灾害避险场地适宜性要求

工程治理措施

针对地质灾害体进行的工程治理，是减轻地质灾害最直接、最有效的手段。由于地质灾害的类型、规模、特征和危害等差异较大，成因又十分复杂，工程治理兼具改造、风险、复杂和艰难 4 种工程特性。

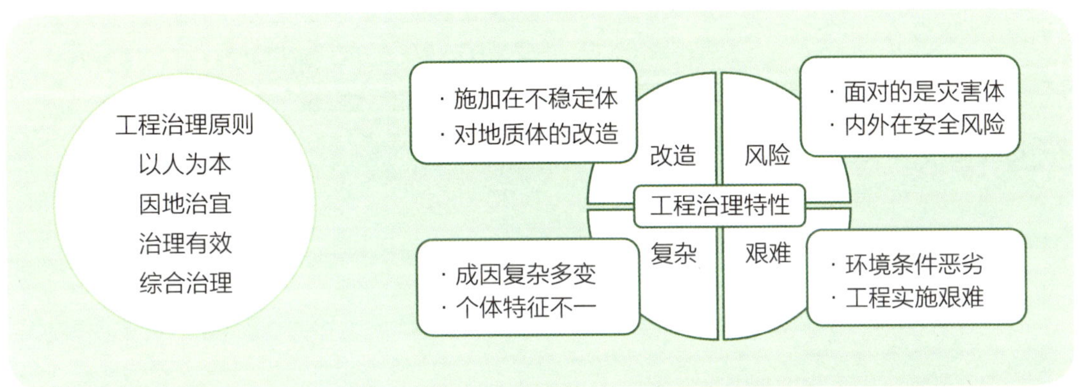

治理工程按勘查→设计→施工→竣工的程序实施。这个过程就像 台手术，勘查犹如术前探查，设计如同制订手术方案，施工好似手术方案的实施，各环节紧扣，病害才能得到有效治理。

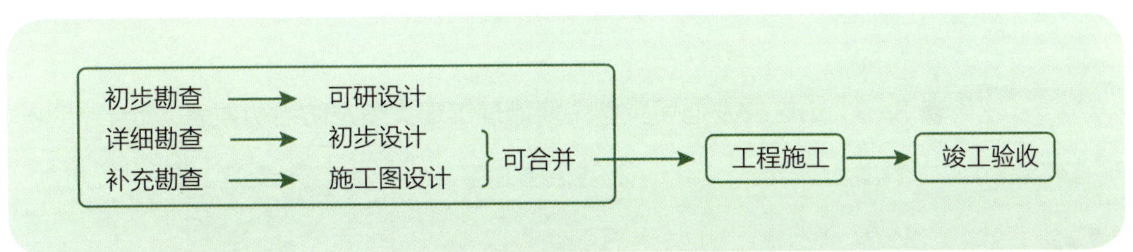

治理工程等级

主要考虑灾害（潜在）损失和工程投资，共分三级。治理工程安全性主要综合工程等级、工况环境和抗阻类型，按安全系数确定。

山区崩塌、滑坡和泥石流的发生机理、发育特征、成灾模式和危害范围有所不同，其治理工程的模式、类型和方法有明显差异，但防灾成效是一致的。自 2011 年至 2020 年，北京地质灾害综合治理累计投入资金 6 亿元，对近

500 处地质灾害隐患实施了工程治理。治理工程按照安全可靠、有的放矢、合理有效和科学有序的要求实施，防灾减灾效果明显。

表 3-8　北京地质灾害治理工程等级划分表

治理工程等级	灾情		险情		工程投资 / 万元
	人员伤亡情况	直接经济损失 / 万元	受威胁人数 / 人	潜在经济损失 / 万元	
Ⅰ	有人员死亡	> 1000	> 500	> 10000	> 1000
Ⅱ	有伤害发生	500～1000	30～500	3000～10000	100～1000
Ⅲ	无	< 500	< 30	< 3000	< 100

注：当人员伤亡情况（或受威胁人数）和直接经济损失（或潜在经济损失）不在一个等级时，按照就高原则进行分级。

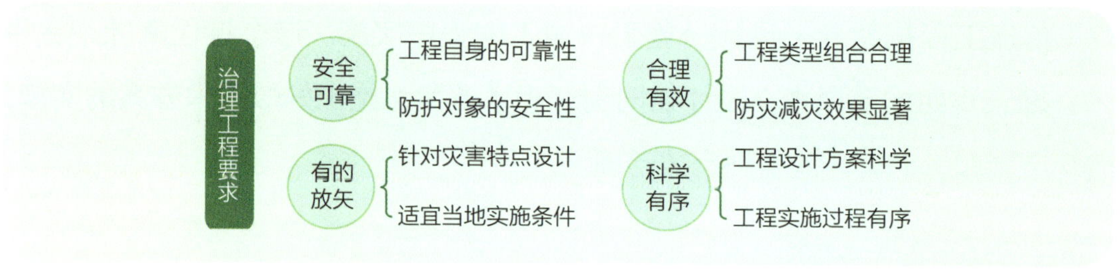

表 3-9　山区突发地质灾害主要治理工程类型及防治功效表

工程类型	崩塌治理工程	滑坡治理工程	泥石流治理工程	功效
拦挡工程	挡墙、落石槽，主、被动防护网	重力挡墙	重力坝、格栅坝、停淤场、谷坊	拦
固、护工程	嵌补、撑顶、注浆加固、预应力锚索、岩石锚喷、格构锚固	格构锚固、抗滑桩、预应力锚索（杆）、注浆加固	护岸顺坝、护底砌石石笼护坡、挡土墙、水平台阶（梯田）	固
排导工程	排水槽、截水沟	排水槽、截水沟、渗井（管）、地下水排水廊道	导流堤、排导槽、截排水沟、挑流坝	排
清、削工程	危岩清除	刷方、削坡减载	沟道清淤（障）、削坡	稳
压、填工程		碎石土回填、加筋土挡墙		

∧ 怀柔孙胡沟泥石流治理挡坝工程

∧ 怀柔孙胡沟泥石治理排导槽工程

∧ 门头沟双大路滑坡治理锚索格构梁工程

∧ 崩塌治理防护网工程

（四）应急防治

地质灾害应急不仅是灾害发生后的紧急应对与抢险救灾，其工作内涵贯穿于灾前、灾中和灾后的一个完整过程，包括应急准备、快速响应、紧急避险和灾后应急等。

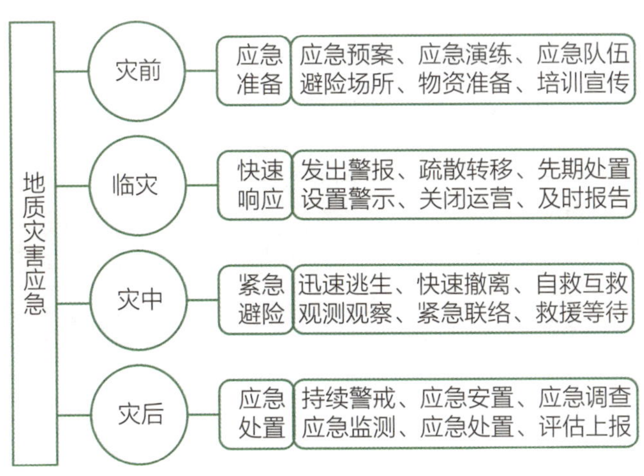

应急准备

每年汛前，北京山区相关村镇，在政府和主管地质灾害部门的组织指导下，都会进行多项应急准备，并开展贴近“实战”的应急演练，让当地百姓熟知地质灾害疏散撤离的内容和具体要求。

统一指挥，有序撤离

快速响应

发现地质灾害险情或接到预警预报，做出快速响应，可采取先期处置、及时转移、适时关闭、有序把控等措施。例如，每当发布地质灾害气象风险预警时，北京山区各景区都会适时关闭，暂停营业；道路出现崩滑先兆时，立即断路封锁。

表 3-10　地质灾害应急避险响应表

先兆显现	险情程度	监测要求	预警状态	避险响应
轻微	较小	加密巡查	发出警示	必要撤离
扩大	发展	严密监视	进行警戒	提前撤离
明显	严重	专人值守	拉响警报	迅速撤离

紧急避险

隐患点出现险情时，可根据灾害先兆和险情程度进行避险响应。当险情明显加重时，应立即迅速撤离，进行紧急避险。

∧ 向泥石流沟谷两侧山坡上或河岸高地逃生

∧ 向滑坡移动方向的两侧逃生

∧ 不要在有崩塌隐患的石壁下休息或避雨

∧ 地面塌陷危险区内发现房屋及地面出现裂缝等异常应及时撤离

灾后应急

险情出现或地质灾害发生后，现场应持续警戒，开展应急调查，必要时进行应急监测，查明灾情程度、灾害成因和险情趋势等，为应急处置提供依据。北京市建有市、区两级突发地质灾害应急调查队伍，应急调查要求快速、准确，结论明确。每年汛期，应急调查队做好各项应急准备，当发布黄色及以上级别地质灾害气象风险预警后，调查人员会提前下沉各辖区待命，

∧ 应急调查现场（北京市地质灾害防治研究所 提供）

根据险情开展应急调查工作，提交调查报告。自 2004 年以来，已累计出动应急调查 400 余次，及时准确地提供了地质灾害信息，为地质灾害应急处置及后期治理提供了重要参考。

应急调查主要内容

调查：
- ◎**发生时间：**爆发或出现迹象时间
- ◎**发生地点：**确切的行政或里程地点
- ◎**灾害类型：**地质灾害的种类
- ◎**灾害规模：**规模量化指标
- ◎**灾害损失：**人员、房屋、道路等
- ◎**灾害现象：**裂缝、堆积、冲淤等

分析：
- ◎**灾害成因：**自然的与人为的
- ◎**灾害趋势：**灾害体稳定性和发展趋势
- ◎**防治措施：**应急处置和长远治理措施

应急调查主要内容

- 时间 → 快 → 响应行动快速
- 内容 → 准 → 重点难点抓准
- 手法 → 简 → 方法阐述简洁
- 报告 → 明 → 结论建议明确

四、地震

地震的成因

地震是地球表层刚性岩石圈在内、外应力作用下发生剧烈运动而引起的一定范围内的地面震动现象。北京位于华北地震构造区北部，区内 6 级以上地震与活动断裂及断陷盆地密切相关。北京平原区地壳升降活动强烈，断裂构造十分发

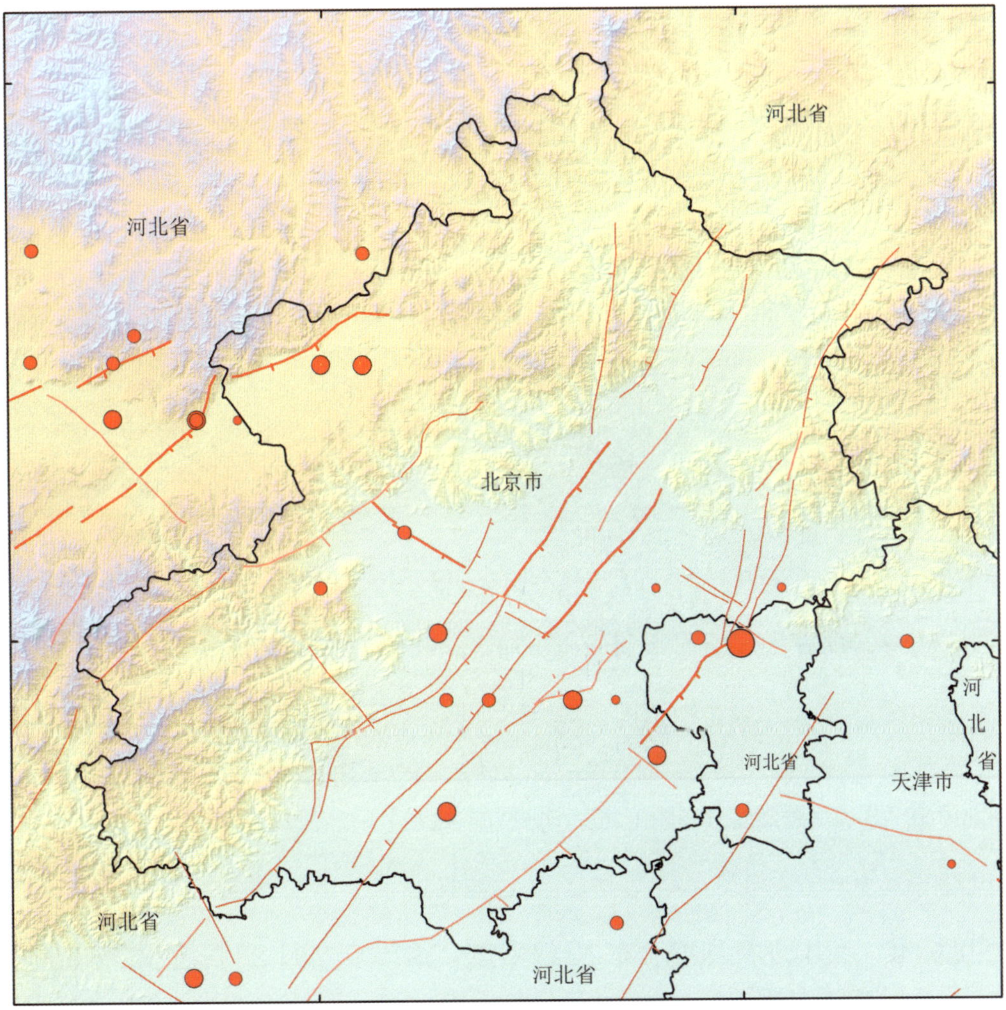

∧ 历史上北京地区 6 级以上的地震（北京市地震局 绘制）

育，受北东及北西向两组主要断裂交叉分割，内部形成多个次一级凸起和凹陷。

地震震级和烈度

震级是以地震波能量确定地震大小的量度，一次地震只有一个震级，全球有统一测定标准。烈度是评估地震引起的地震动及其影响强弱程度的一种标度，距离震中越远烈度越低，全球没有统一

∧ 文物古迹震损（德胜门箭楼）

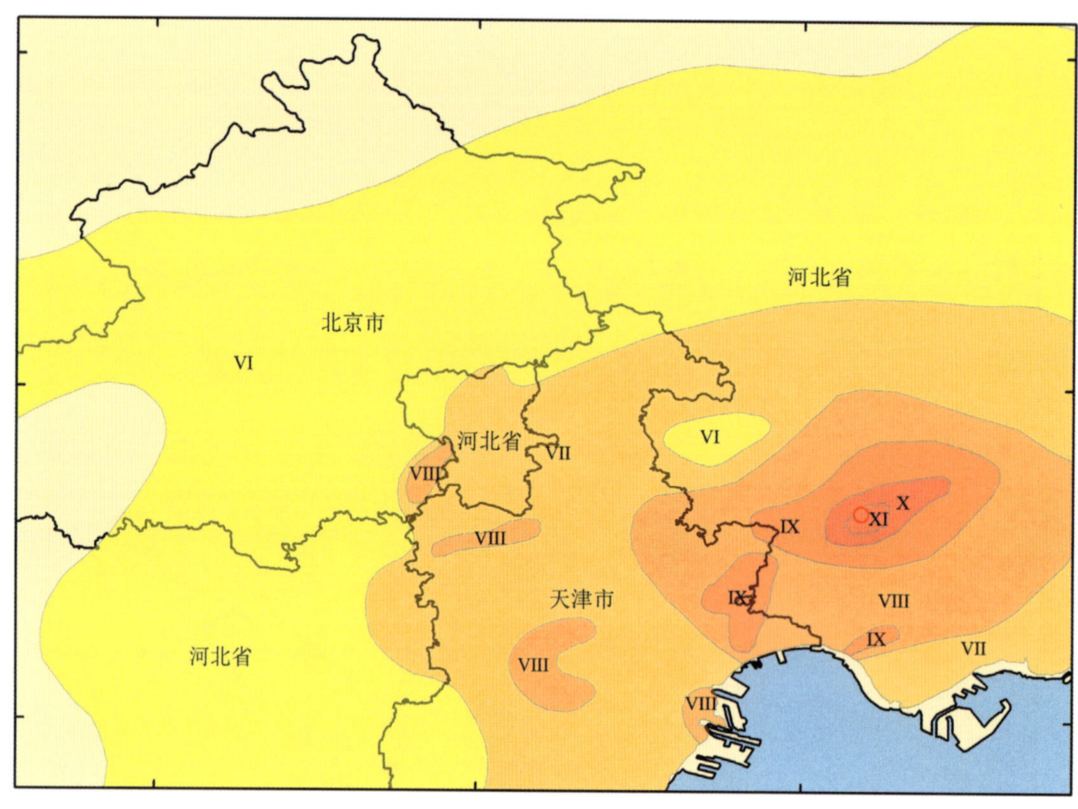

∧ 河北唐山 7.8 级地震烈度分布图（北京市地震局 绘制）

的烈度标准。我国现行烈度表有 12 级烈度。1976 年 7 月 28 日唐山 7.8 级地震，震中烈度是Ⅺ度，北京大部分区域是Ⅵ度。

北京历史上的地震

华北地震构造区地震活动周期长、强度高但是频度较低，地震活跃和平静在时空上有交替现象，大部分区域在多数时段处于弱活动状态。北京最早的强震记载是公元 294 年延庆 61/2 级地震。1484—1730 年是北京历史强震活跃期，共发生了 5 次 6 级以上地震，最大的是 1679 年三河平谷 8 级地震，造成平谷和通州几乎所有建筑物损毁、近 2 万人死亡。最近 200 多年北京处于地震弱活动时段，未有 5 级以上地震发生。

防震减灾措施

通过震前预防、震时预警、震后应急救援能够显著减轻地震灾害。北京地

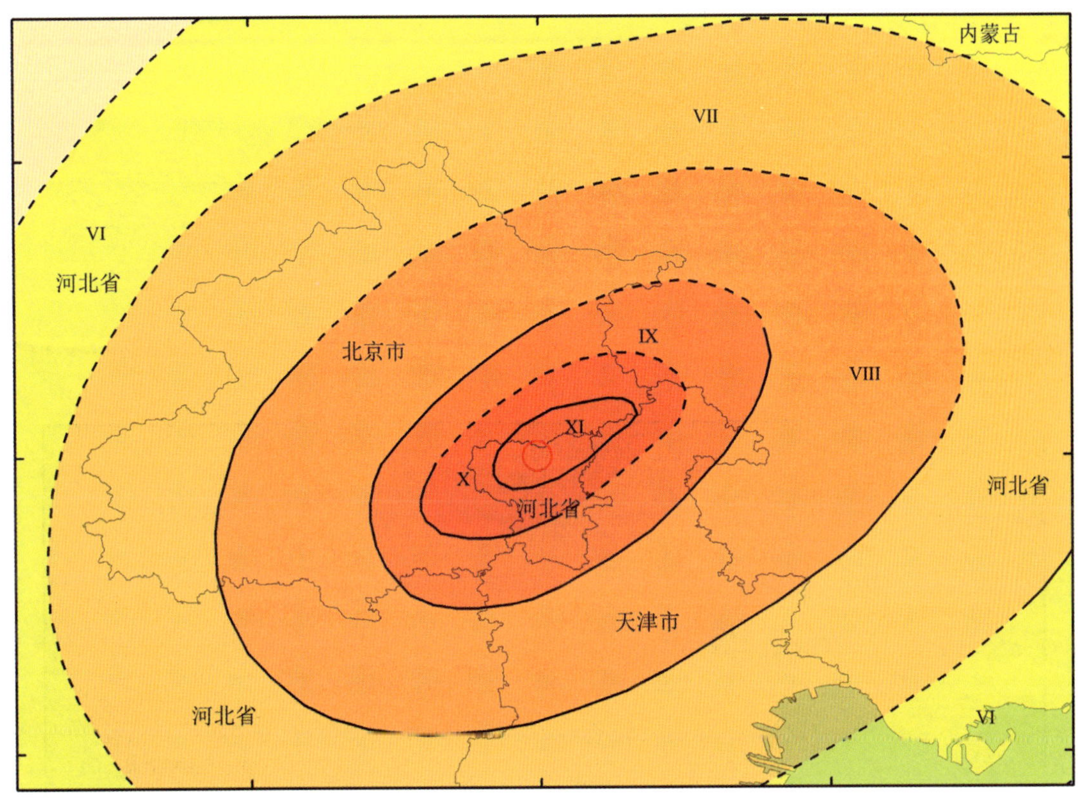

∧ 三河平谷 8 级地震烈度分布图

区建筑按照地震烈度区划标准Ⅷ度进行抗震设计，能够抵御本地 6 级地震。即将建成投入运行的烈度速报与预警工程将显著提升应急响应速度和应对精准程度。北京已经编制了各级各类地震应急预案，能够在破坏性地震发生后立即展开高效有序的救援抢险。

表 3–11　地震监测主要方法和内容

监测目标	监测内容	监测方法
地震	地震波、地面震动强度壳形变、地磁场、重力场及地壳内流体物理及化学性质变化	地震仪、强震仪、烈度仪、GNSS、伸缩仪、重力观测仪、水位测量仪、地球化学测量仪、地电场观测仪、地磁观测仪、电磁波观测仪

“安全岛”

北京大兴和河北玉田是 1976 年唐山大地震的两个明显低烈度异常区，具有位于相对稳定的构造凸起顶部、内部地壳差异运动不显著、第四纪覆盖层厚度不大、地表以下存在较厚的冲洪积砾石层等相似地质条件，没有活断层加重震害的影响、发生地震危险小，可看作地震带内的“安全岛”。

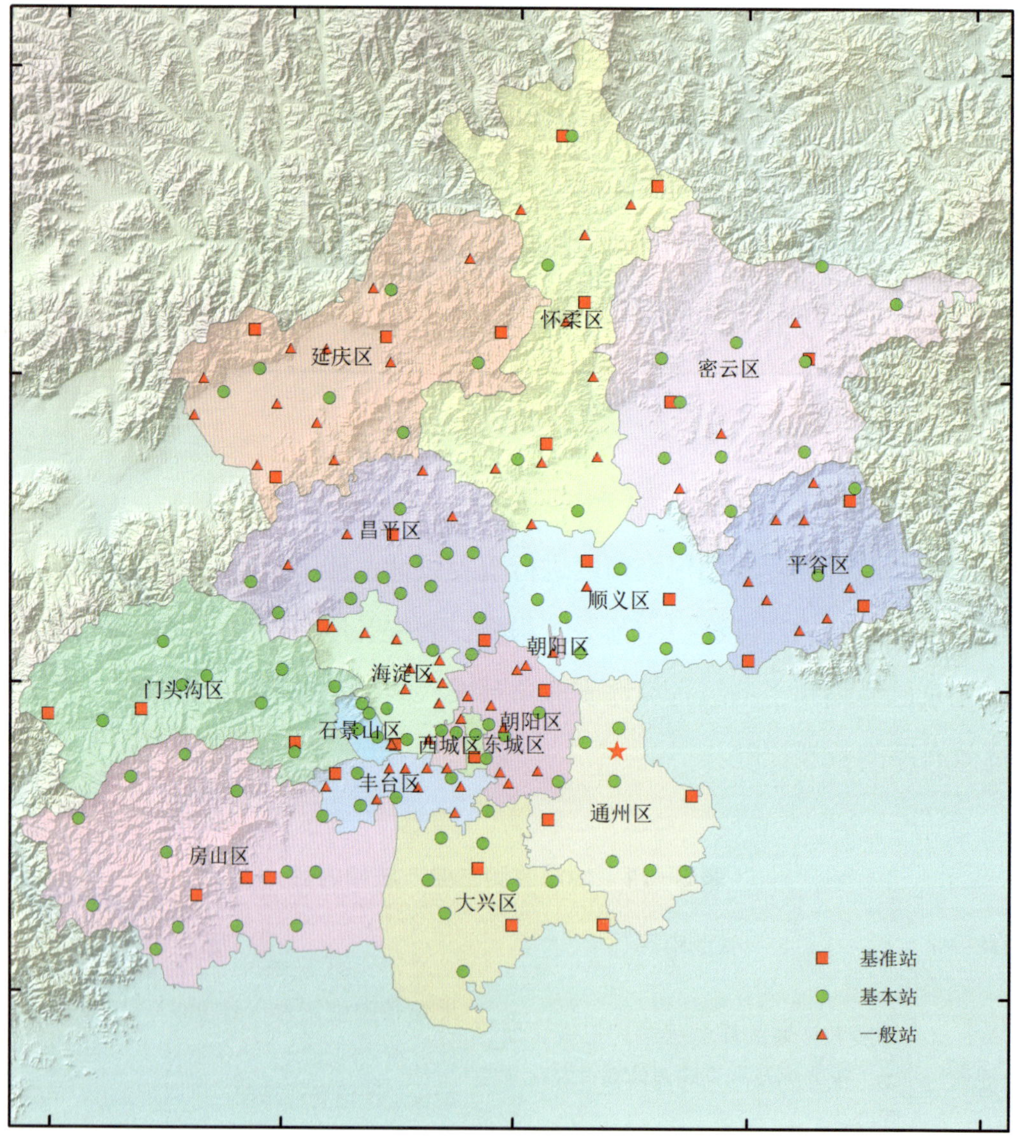

∧ 北京预警台站分布图（北京市地震局 绘制）

第三节　矿山生态环境

一、矿山生态环境概述

矿山生态环境

生态系统：主要指地表景观、矿区土地及周边地区内的生物生存条件、生物量和环境适宜变化等

环境系统：主要指矿山开发利用过程中的大气、水、声、土壤和地质环境之间的相互关系

矿山生态环境是指矿区内生态系统和环境系统的整体，包括地表植被与景观、生物多样性、大气环境、水环境、声环境、土壤环境、地质环境等。

矿产资源是经济社会的物质基础，同时又是生态环境的重要组成。矿产资源开采过程中实施的采掘、开挖、堆弃、建设等活动，必然会破坏和影响原有的地质体及周边环境，形成矿山生态问题。开展矿山生态保护、修复和治理，就是还一片青山、一片绿水，让绿翠环绕的“金山银山”造福于人类。

（一）矿山生态环境问题

矿山生态环境问题主要指由于矿山开采活动造成的地质安全隐患、土地损毁和植被破坏等生态问题。

矿山生态环境问题主要有地形地貌破坏、矿山地质灾害、土地资源占用和破坏、矿区水土环境污染等。其中，地形地貌破坏、矿山地质灾害、土地资源占用和破坏主要产生于露天采矿场、排土场、采空塌陷区、固体废弃物排弃场（尾矿库、煤矸石堆）和选矿、冶炼厂等；水土环境污染主要是矿产资源开发利用过程中产生的大量废气、废水、废渣等有害

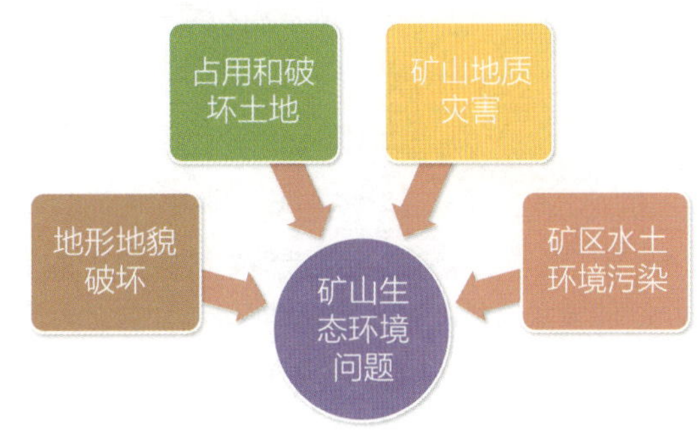

物质对矿区的空气、水系和土壤污染。

表 3-12　矿山生态环境问题类型说明表

问题类型	具体描述
地形地貌破坏	矿产资源开采活动改变了原有的地形地貌特征，造成山体破损、岩石裸露、植被破坏等
矿山地质灾害	矿产资源开采活动引发的地面塌陷、地裂缝、崩塌、滑坡和泥石流等地质灾害
土地压占与破坏	采矿废渣、选矿尾矿渣、煤矸石等固体废弃物堆排压占土地，露天开采剥离挖损土地，以及地质灾害对土地的破坏
矿区水土环境污染	矿山的废水、废渣中有毒有害物质排放导致周边水土环境质量恶化

（二）矿山生态环境问题产生因素

矿山生态环境问题的产生，与矿山的开采方式、类型、规模及矿区地质环境条件等因素有关。

表 3-13　矿山生态环境问题影响因素表

影响因素	产生问题
开采方式	露天开采主要为剥离覆盖层，挖损大量土地，易造成地质灾害等； 采坑及外排土场压占破坏土地； 地下开采矿山可导致含水层破坏、地面塌陷、地裂缝以及山体开裂等，并诱发崩塌、滑坡灾害
矿山类型	煤矿等能源矿山开采易引起地面塌陷、地裂缝等，造成土地占压、植被破坏等，因疏干排水对含水层造成破坏。金属矿山开采形成的废水废渣，含有毒有害物质，会导致水土污染问题；采矿弃渣、尾矿的不合理堆放压占破坏土地、容易诱发泥石流等。非金属矿山多是露天开采，容易造成地形地貌破坏和崩塌、滑坡等地质灾害
矿山规模	大型矿山比小型矿山产生的扰动破坏效应更大，大型矿山对区域生态环境影响持续时间也相对较长
矿区地质环境条件	岩石构造等地质条件及海拔、坡度等地形地貌条件，对矿山生态环境问题的产生和发展变化具有明显的影响。地质地貌条件复杂地带，矿山开发易形成较严重的生态环境问题，问题类型也较多样

二、北京地区矿山生态环境特征

（一）北京地区矿山分布特征

北京地区蕴藏有丰富的矿产资源，具有分布广泛、矿种相对集中，矿产资源分布不均衡，以远郊区为主等特点。

根据北京市矿山分布特征可知，山地丘陵地区矿种主要为北部山区密云区铁矿，平谷区、怀柔区及昌平区的贵金属矿及各类用途的石灰岩矿，西山的房山区和门头沟区煤矿；平原区主要矿种为建筑用砂石及黏土矿，建设用砂石主要分布于潮白河、清水河、南独乐河、洵河、永定河的河道和古河道附近。黏土矿主要分布于各区山前平原区地带。

截至 2020 年，北京市共有 355 处矿产地，其中大型矿产地 42 处、中型矿产地 101 处、小型矿产地 196 处、矿点 16 处，分别占总矿产地数的 11.8%、28.5%、55.2% 和 4.5%。

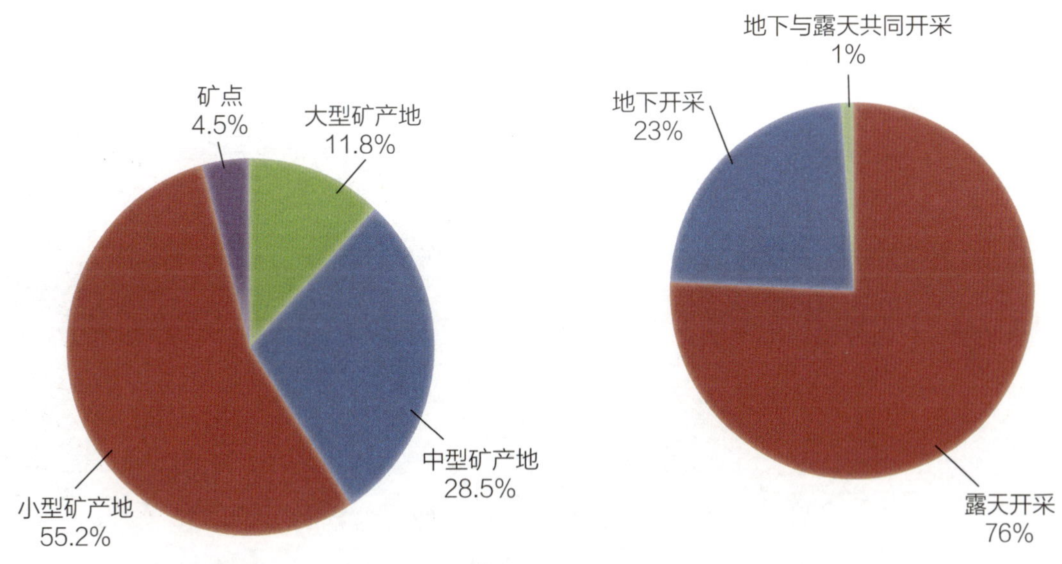

∧ 北京市矿产地规模和矿山开采方式比例图

北京市的煤矿以地下开采为主，其余矿种以露天开采为主。其中露天开采矿山占 76%、地下开采矿山占 23%、地下与露天共同开采矿山占 1%。

（二）北京地区矿山生态环境问题

北京市矿产资源开发利用产生的生态环境问题，主要为地形地貌破坏、土地资源压占、矿山地质灾害隐患（如崩塌、滑坡、泥石流）和水土环境污染等。

地形地貌破坏

矿山建设与采矿活动改变了原有的地形条件与地貌特征，主要表现为矿山露天开采改变了原有的地形地貌，造成岩石裸露、山体破损、植被破坏等。

∧ 矿山开采对土地资源的压占

∨ 地形地貌破坏

占用和破坏土地

主要指矿山堆放的剥离物、废石、矿渣、表土和施工材料等，造成土地资源压占或受损，土地原有功能丧失。

截至 2020 年，北京市尚有 1373 公顷因矿山开采造成的地形地貌破坏和土地资源压占需要逐步进行治理。

∧ 采空塌陷形成山体开裂发生崩塌

矿山地质灾害

北京市矿山地质灾害主要为崩塌、滑坡、泥石流和采空塌陷。崩塌、滑坡、泥石流多是露天矿山开采引发。采空塌陷主要是煤矿开采形成，多发生在埋深 100 米以内的煤层露头附近，尤以急倾斜煤层露头处最为发育。塌陷类型以塌坑、地裂缝为主，沿煤层露头呈条带状展布。此外，还可引起山体开裂与崩塌。采空塌陷主要分布在房山与门头沟区的煤采区。

∧ 矿山开采排水

矿山水土环境污染

北京市矿山环境污染主要是金属矿和煤矿开采产生的水土环境问题，是因矿山建设、生产过程中排放污染物，造成水体、土壤原有理化性状恶化，使其部分或全部丧失原有功能的过程。

土壤污染主要发生在密云、怀柔、平谷、延庆区内的金属矿区，多以重金属元素污染为主，主要污染物指标为汞、砷、铅、镉。水污染较轻微，一般污染指标为氨氮、总磷和硫酸盐。

三、矿山环境保护与生态修复

北京有着悠久的矿产资源开发历史，特别是伴随城市的形成与发展，矿产资源的开发力度不断加大，随之而来的是产生了一系列的矿山环境问题。进入 21 世纪，根据首都城市功能定位的环境保护和生态建设要求，固体矿产资源开发逐步受到限制并最终退出。2000 年以来，矿山环境调查评价全面开展，矿山生态修复不断推进，矿山地质环境监测初步建立，现已初步形成矿山环境调查评价、修复治理和监测体系，全面实现了对北京市矿山环境的保护与生态修复。

（一）绿色矿山

绿色矿山是生态文明建设的重要组成部分，是生态保护的客观要求，是新常态下加快矿业转型升级、提高矿业发展质量和效益的现实需要，更是实现资源效益、经济效益、生态效益、社会效益协调统一的有效途径。

绿色矿山建设是我国矿产资源开发转变经济发展方式的战略要求，是立足提高能源资源保障能力的选择，也是转变发展方式、建设资源节约型社会和环境友好型社会的必然要求，对我国经济社会发展全局具有十分重要的现实意义和深远的战略意义。早在 2010 年我国就启动了绿色矿山建设，北京市从 2014 年开始全面推进国家级绿色矿山建设，先后建成国家级绿色矿山 8 家，国家级绿色矿山试点单位 1 家。

北京市在全面关停矿业开发之前，通过积极引导、加强监督管理、落实鼓励和支持政策，有序推进了全市绿色矿山建设，使在生产矿山的开发向绿色环保、高效智能推进。2020 年以来，按照减量提质、疏解非首都功能的要求，北京市矿山持续关闭，至今仅剩一座生产处置危险废弃物必需原料的矿山。

∧ 绿色矿山——北京首云铁矿

表 3-14　北京市绿色矿山一览表

分类	矿山名称	建成时间
国家级绿色矿山	北京水泥厂有限责任公司凤山矿 首云矿业股份有限公司首云铁矿 北京云冶矿业有限责任公司冯家峪铁矿 北京威克冶金有限责任公司巨各庄铁矿 北京昊华能源股份有限公司大安山煤矿 北京昊华能源股份有限公司木城涧煤矿 北京密云放马峪铁矿 北京建昌矿业有限责任公司太师屯铁矿	2017 年
绿色矿山试点	北京首钢鲁家山石灰石矿有限公司鲁家山矿	2014 年

注：鲁家山矿现已建成现代化的垃圾焚烧发电厂。

国家级绿色矿山基本条件

◎依法办矿　◎环境保护
◎规范管理　◎土地复垦
◎综合利用　◎社区和谐
◎技术创新　◎企业文化
◎节能减排

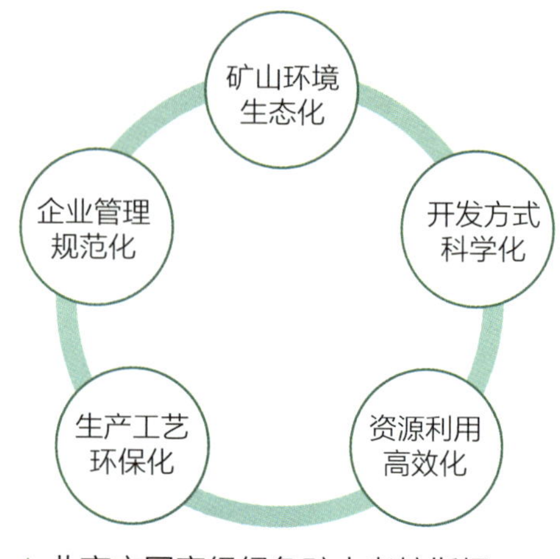

∧ 北京市国家级绿色矿山考核指标

（二）矿山生态修复

矿山生态修复原则

矿山生态修复着眼于整个生态系统，充分考虑各生态要素相互依存、相互影响、相互制约等特点，坚持“山水林田湖草沙是一个生命共同体”理念，推动山水林田湖草沙一体化保护和修复，按照“生态优先、绿色发展，自然恢复为主、人工修复为辅，统筹规划、综合治理，问题导向、科学修复，经济合理、效益综合”原则进行生态修复。

矿山生态修复方式

矿山生态修复指依靠自然力量或通过人工措施干预，对因矿产资源开采活动造成的地质安全隐患、土地损毁和植被破坏等矿山生态问题进行修复，使矿山地质环境达到稳定、损毁土地得到复垦利用、生态系统功能得到恢复和改善。

依据生态规律，矿山生态修复以自然恢复为主，尽可能激活和发挥生态系统的自我修复功能，顺应自然，尊重自然。依据生态功能，充分考虑地区差异、历史成因、经济社会现状，按照自然修复、辅助再生和生态重建三种方式，因地制宜开展矿山生态修复。

自然修复：对生态系统停止人为干扰，以减轻负荷压力，依靠生态系统的自我调节能力和自组织能力使其向有序的方向自然演替和更新恢复。自然修复主要针对矿区生态环境扰动和破坏程度较轻，生态系统恢复力较强的区域。主要采取保护封闭方式，避免继续扰动和破坏，由生态系统的自我修复功能进行修复。

辅助再生：充分利用生态系统的自我恢复能力，辅以人工促进措施，使退化、受损的生态系统逐步恢复并进入良性循环。针对矿区生态环境扰动和破坏较突出、生态系统恢复力一般或较弱的区域，可进行辅助再生。主要是通过轻微或小型的工程措施，如简单的地形平整、微地貌整理和恰当的补植补种等，修复受损的区域，增强生态环境自我调节能力，逐步恢复自然修复。

生态重建：对因自然灾害或人为破坏导致生态功能受损、生态系统自我恢复能力丧失或发生不可逆变化的区域，以人工措施为主，通过生物、物理、化学、生态或工程技术方法，围绕修复生境、恢复植被、生物多样性重组等过程，重构生态系统并使生态系统进入良性循环。针对矿区生态环境扰动和破坏程度严重、生态系统难以自我修复且环境逐步恶化的区域，可进行生态重建。主要是通过人工措施，例如，挡墙挡坝、挖方回填、截水排水、人工栽植等工程，进行地貌重塑、土壤重构、植被重建和地质灾害治理，修复受损的生态服务功能，重建生态系统。

矿山生态修复措施

北京市按照自然修复、辅助再生和生态重建三种方式，采用相应的技术措施，因地制宜开展矿山生态修复，取得了良好效果。

∧北京房山区某灰岩矿，采用辅助再生方式，通过修坡整地和补植补种技术措施，修复矿山生态

∧ 北京房山区某煤矿，以辅助再生为主，采用矸石坡修整、覆土、种植、排水等措施，修复矿山生态

∧ 北京门头沟区某砂岩矿，采用生态重建方式，通过坡体修复和喷播绿化技术措施，修复矿山生态

表 3-15　矿山生态修复主要技术措施表

修复方式		主要技术措施
自然恢复	拆除清理	清理渣土、污物等，拆除废弃设施，疏通堵塞通道
	围封提示	设置围栏或围网封闭修复区域；设立提示牌，减少人员进入；严禁挖掘、翻土、取石、修整和垦殖等
	植被恢复	维持原有状况，依赖生态系统自我愈合能力恢复植被种群，不进行更新替换原有植被或重新引种
辅助再生	水土改善	土地平整、坡面修整、渣石清理、引排水、土壤培肥、客土覆盖等
	植被修复	补植补播、合理引种、适度建植，抚育、间伐、杂灌草清除、病虫害防治等
生态重建	地貌重塑	坡体修复、坡面整形、台阶再造、场地清理和平整、挖方回填、格构或其他护坡、拦挡和截排水工程等
	植被重建	苗木栽植、喷播建植、人工播种等
	土壤重构	土壤改良、覆客土、清理平整场地、集排水设施等
	矿山地质灾害治理	挡墙、挡坝、锚固、抗滑桩、注浆、排水、锚喷、主被动网、注浆固结、嵌补、填充、削方清理等

矿山生态修复治理成效

北京市矿山生态环境治理是从2003年密云水库上游的大漕铁矿开始的。近20年来，北京市先后依托“全国矿山地质环境治理示范工程”“北京市2013—2017年清洁空气行动计划”和“打赢蓝天保卫战三年行动计划”等，陆续开展了“密云水库周边废弃铁矿矿山地质环境治理示范工程”“北京市西部山区百花山地区废弃煤矿矿山地质环境治理示范工程”等针对废弃矿山地质环境治理恢复。截至2021年，北京市规划和自然资源委员会共组织开展矿山治理项目296个，涉及房山区、怀柔区、门头沟区、密云区、昌平区、延庆区、顺义区、平谷区、丰台区共9个区，累计投入中央与地方资金约19亿元，治理矿区总面积约6627公顷，累计种植林木300余万株。北京市矿山生态修复取得了显著的社会、经济和环境效益。

案例一　房山区史家营乡曹家坊废弃煤矿生态修复——百瑞谷景区

百瑞谷位于房山区史家营乡，原是曹卫煤矿的一个矿区。根据北京市确定的“生态修复、生态涵养”的区域功能定位，房山区史家营乡从2006年至2010年，用5年时间将全乡范围内的142座煤矿全部关闭，结束了当地的千年煤炭开采史。史家营乡曹家坊煤矿区由于开采历史较长，矿区森林植被损毁、水土流失、采空塌陷等问题突出，山体崩塌、泥石流等地质灾害易发，野生动植物物种急剧减少，自然生态系统严重退化。从2010年起，这里采取“政府引导、企业和社会各界参与”的模式，开启了全面的生态修复。结合修复后的生活、生产与生态，生态修复引入市场主体，发展生态产业。经过近10年的不懈努力，曹家坊矿区修复面积2300多亩，昔日的废弃矿山已转变为“绿水青山蓝天、京西花上人间”的百瑞谷景区，实现了黑色产业“退场”、绿色产业“接棒”的转型发展，践行了“两山”理念，促进了生态产品价值实现。

案例二　丰台区永定河西岸填埋垃圾砂石场生态修复——北京园博园

北京园博园位于北京西南部丰台区境内永定河畔绿色生态发展带一线，东临永定河新右堤，西至鹰山公园，南起梅市口路，北至莲石西路，总占地面积

修复前

修复后

∧ 房山区曹家坊煤矿百瑞谷矿山生态修复效果

513 公顷，其中展区面积 267 公顷。这里依托永定河道，与卢沟桥遥相呼应，文化氛围浓郁，地形起伏多变，山水相依，林茂花香。

∨ 生态修复的典范——北京园博园锦绣谷（欧阳树辰 摄）

追溯北京园博园的前身，那里曾是永定河西岸采石挖砂的地方，采砂场留下众多的砂石坑，后来又成为垃圾填埋场。2010年园博园筹建之初，这里还留有一个面积10公顷，深达30米的大砂坑。由于砂石和垃圾裸露，飞扬的沙砾和垃圾尘埃让人难以停留。2011年北京园博园开始建设，设计人员利用既有地形建成锦

< 北京园博园总览图

∧ 20世纪80年代，永定河采砂及多种垃圾填埋

绣谷，将垃圾填埋场改造为下沉式景观花园，取传统的“燕京八景”之精髓，内设燕台大观、风篁清听、云台叠翠、云飞霞起、绿屿花洲、林天霞影、采芳云径等景区和大型山石叠水、花卉瀑布等景观，成为将平原的砂石开采和垃圾填埋场修复成为集园林艺术、文化景观、生态休闲、科普教育于一体的大型公益性城市公园的典范，完美诠释“化腐朽为神奇”的生态理念，成为永定河绿色生态发展带上一颗璀璨的明珠。

（三）矿山地质环境监测

矿山地质环境监测是对矿山地质环境要素与矿山地质环境问题进行的时空动态变化的观测。

北京市矿山地质环境监测始于 2014 年，监测范围目前已覆盖了北京生态涵养区的整个矿山环境影响区。通过长期动态监测，可以全面掌握和监控矿山地质环境动态变化情况，为加快推进生态文明建设和科学有效的开展矿山环境保护和生态修复提供服务。

∧ 微震（IMS）实时监测

北京市矿山地质环境监测采用遥感技术对矿山地形地貌景观变化进行监测；采用样品采集和测试，对土壤环境、水质和植物情况等进行监测；采用水准测量法、GNSS 定位法、微震（IMS）实时监测法对采空塌陷进行监测。

（四）矿业遗迹保护与利用

北京矿产资源丰富，矿业开发历史悠久，千年的矿业开发形成了厚重的矿业文化，留下了无比珍贵的文化遗产。

矿业遗迹

矿业遗迹是人类进行矿产资源探、采、选、冶等矿业开发活动遗存下来的遗迹、遗物和史籍等珍贵遗产，是人类开发矿业历程的重要见证。

矿业遗迹类型分为矿产地质遗迹、矿业生产遗迹、矿业制品遗存、矿山社会生活遗迹和矿业开发文献史籍等 5 大类，每一类中又包括了许多具体内容。

矿业遗迹可以利用主题公园、专题旅游、科教活动、研学科普、宣传作品、多媒体和自媒体等多种方式进行展示，讲述矿业开发故事，观览实物景致，体现历史内涵，传承文化精神。

表 3-16　矿业遗迹类型内容表

矿业遗迹类型	主要遗迹内容
矿产地质遗迹	典型矿床及其地质剖面；找矿地质标准和找矿标志；矿业水体与空间遗迹；地质环境改变与地质灾害遗迹
矿业生产遗迹	矿业开发的各种生产活动有关的地点、设施、设备、建筑、工具用品等，如采场、选矿场、采掘设备、矿井提升与运输设备等
矿业制品遗存	矿业开发过程中形成的产品和加工制品，如矿石、精矿制品、岩矿化石标本、矿物工艺品、珍贵矿产制品等
矿山社会生活遗迹	矿业开发活动场所遗址或遗迹，如工棚、寓所、礼堂等，以及历史纪念物，如纪念塔等；社会风俗和节庆活动遗存等
矿业开发文献史籍	反映与矿山和矿床发现、勘查、开发有关的文书实物与历史文献，记载矿山沿革与矿山生活等的文书实物与历史文献资料

矿业遗迹利用

北京市以国家矿山公园为载体，对矿业遗迹进行了有效保护和开发利用，带动矿业旅游、发展当地经济。目前北京市有国家矿山公园 4 处，分别为北京平谷黄松峪国家矿山公园、北京首云国家矿山公园、北京圆金梦国家矿山公园和北京史家营国家矿山公园，主要对公园所在的铁矿、金矿和煤矿矿业遗迹进

∧ 首云国家矿山公园中的北京铁矿博物馆

行保护与利用。

北京首云国家矿山公园隶属于首云矿业股份有限公司，位于北京市密云区，距离市区 67 千米。公园始建于 2005 年，园区面积 3.62 平方千米，是密云东线工矿业旅游的重要景点之一。公园以矿业旅游为主轴，突出开放式、互动式、高科技的体验模式，诠释了矿业旅游的新概念。目前已成功打造了四大主题游览区：铁矿博物馆、露天矿坑、斜长环斑花岗岩地质遗迹、尾矿坝等主题矿业观光区。

北京平谷黄松峪国家矿山公园位于平谷区黄松峪乡，距市区约 110 千米，核心区面积 4 平方千米，是中国首批 28 家国家矿山公园之一。公园以杨家洼一千多年淘金史为依托，利用博物馆、选冶体验、矿山设备广场和地下矿道采金体验等多种方式，展现平谷区金矿的发现史、开发史、开采方法和冶炼技术等，介绍这里丰富的金、银、铜、钾及稀有金属等矿产资源。公园通过矿业遗迹的保护与利用，为人们游览观赏和文化体验开辟了一条新途径。

北京史家营国家矿山公园位于房山区史家营乡，距北京市区 90 千米，面积约 14 平方千米，包含史家营、大村涧和西岳台三个行政村。区内的煤矿床是京西煤田的典型代表，这里保留了矿硐、生产工具、运输工具、优质煤矿石、煤矸石堆、矿工生活遗迹等，这些遗迹再现了当时矿工们的生产生活场景。此外，这里保留有与煤矿开采相关的文件资料和图书资料，如《京西煤田

∧ 史家营矿山矿业遗迹——矿硐与矿车

开采》和《北京市曹家坊煤矿煤炭资源储量核实报告》等，让人们了解煤矿的开采历史。这里还可以看到因煤矿开采形成的采空塌陷等地质灾害现象和矿山生态环境修复后的秀丽景观。这里成为人们亲近自然、了解历史、感受矿业文化的理想场所。

第四节　地下水环境

一、地下水环境概述

地下水与人类社会有着十分密切的关系，是生产生活的重要水源，同时地下水又是重要的环境因子，对一个地区的生态环境起着重要作用。地下水环境是地下水及其赋存空间环境在内外动力地质作用和人为活动作用影响下所形成的状态及其变化的总称。

（一）地下水形成条件

地下水的形成必须具备两个条件，一是有水分来源，二是要有贮存于水的空间。它们直接或间接受气象、水文、地质、地貌和人类活动的影响。

泉

泉是地下水的天然露头，是地下含水层或含水通道呈点状出露地表发生的地下水水涌出现象，是地下水集中排泄形式。

地下水贮存空间		
岩石的空隙	含水层	隔水层
· 结合水 · 重力水 · 固态水 · 气态水	· 能够给出并透过相当数量水的岩体 · 具备储水空间、储水构造和良好的补给来源	· 没有或很少有空隙的致密岩石 · 岩层中的水绝大多数为结合水，常压下不能排出也不能透水

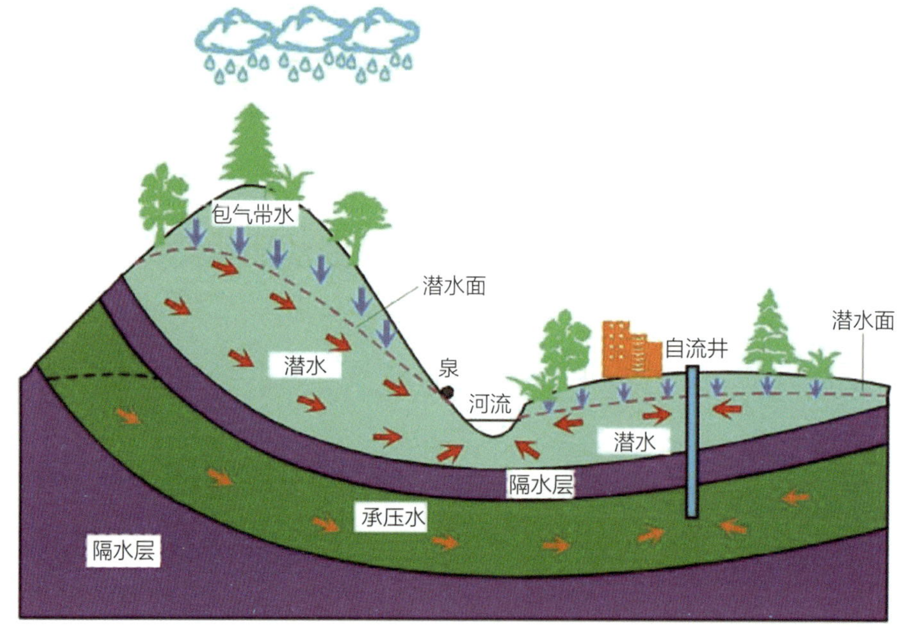

∧ 地下水类型（梁天璞 绘制）

（二）地下水分类

地下水的分类方法有很多，如按埋藏条件可以分为上层滞水、潜水和承压水；按含水空隙性质可以分为孔隙水、裂隙水和岩溶水；按地下水成因可以分为凝结水、渗入水、埋藏水、原生水等；按含盐量可以分为淡水、微咸水、咸水、盐水和卤水；按其力学性质可以分为结合水、毛细水和重力水等。

北京地区存在多层地下水，一般按埋藏深度划分为四个含水层组。

地下潜水与承压水

潜水： 地表以下第一个稳定隔水层以上具有自由水面的地下水；

承压水： 充满两个隔水层之间的含水层中的地下水。

第一含水层组： 埋深小于 50 米，多属于潜水或微承压水。

第二含水层组： 埋深 50～ 100 米的第一承压水，怀柔区和密云区无该层地下水。

第三含水层组： 埋深 100～180 米的第二承压水，房山区、怀柔区和密云区无该层地下水。

第四含水层组： 埋深 180～300 米的第三承压水，房山区、怀柔区和密云区无该层地下水。

据多年监测资料显示，北京市第一、第二含水层组水质相对较差，第三、第四含水层组水质总体较好。

（三）地下水动态

在各种因素影响下，地下水水位、水量和水质随时间发生变化的现象和过程，称为地下水的动态。地下水的动态反映了地下水的补给与排泄的消长关系。不同的补给来源和排泄途径决定着地下水的动态特征。分析研究地下水在某一地区、某一时段内水量收支的数量关系，对于掌握地下水水质和水量的变化规律、预测其变化趋势、合理开发

自然因素

气候因素
水文因素
地质因素
土壤和生物因素

人为因素

打井抽水
人工回灌
……

利用地下水具有重要的作用。

（四）地下水质量

地下水质量是地下水的物理、化学和生物性质的总称。依据我国地下水质量状况和人体健康风险，参照生活饮用水、工业、农业等用水质量要求，依据各组分含量高低（pH 除外），分为 5 类。

表 3–17 水质分类表

分类	地下水化学组分含量	适用情境
Ⅰ类	低	各种用途
Ⅱ类	较低	各种用途
Ⅲ类	中等	集中式生活饮用水水源及工农业用水
Ⅳ类	较高	以农业和工业用水质量要求以及一定水平的人体健康风险为依据，适用于农业和部分工业用水，适当处理后可作为生活饮用水
Ⅴ类	高	不宜作为生活饮用水水源，其他用水可根据使用目的选用

二、地下水特征及环境问题

（一）地下水系统

地下水系统是由边界围限的、具有水力联系的含水地质体，在时空分布上具有四维性质和各自特征、不断运动演化的若干独立单元的统一体。研究和分析北京市地下水系统特征，对地下水资源评价和地下水系统模拟和合理开发利用具有基础作用。

针对北京地区地质、水文地质特征、地下水循环状况，从整体上将北京地下水系统划分为潮白—蓟运—温榆河地下水系统、永定河地下水系统和大石河—拒马河地下水系统三个独立的区域地下水系统。依据含水介质的主要类型、含水介质空间分布以及地下水流动特征，进而划分为基岩裂隙水子系统、岩溶裂隙水子系统、第四系松散孔隙水系统。

（二）地下水特征

地下水水位的动态演变特征

历史上，北京地区地下水丰富，西郊位于燕山前麓，历史上泉、湖、沼星罗棋布，河流众多。20 世纪 50 年代北京尚有泉 1347 眼。20 世纪 60 年代，北京市平原区浅层地下水埋深一般不超过 5 米，70 年代以后，由于经济

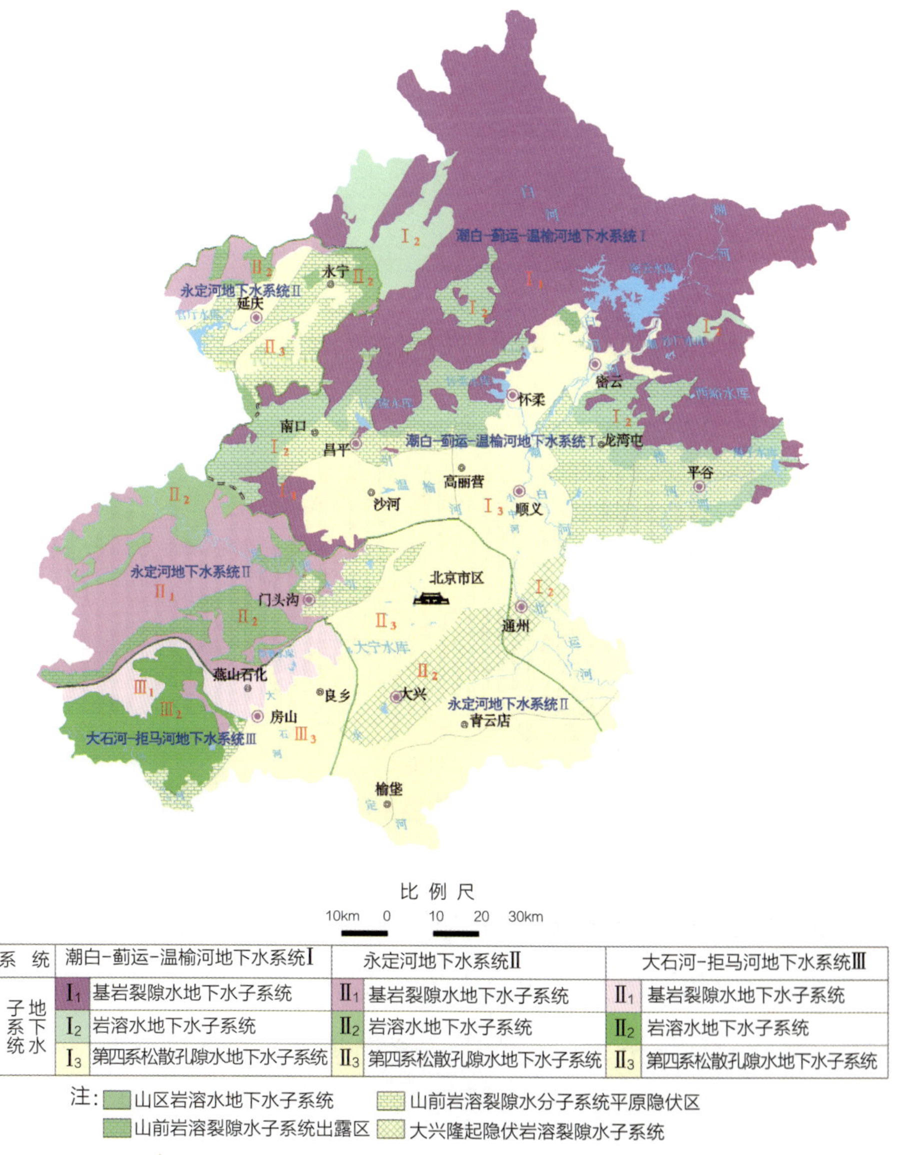

∧ 北京市地下水系统分区图（北京市地质环境监测所 提供）

迅速发展，人口急剧增加，北京用水需求逐步超过水资源承载能力，地下水总体处于超采状态，地下水水位逐年下降，80 年代平均年降幅 0.3 米，90 年代平均年降幅 0.5 米。2013 年底，北京市平原区地下水水位平均埋深 24.5 米，近年来由于控采，地下水水位有所回升，2019 年末地下平均埋深为 22.71 米。

地下水水质演变特征

地下水水质受多重因素影响，北京地区地下水质量变化经历了以下 4 个阶段。

原始状态（建国初期）：北京地区规模相对较小，工业体系薄弱，地下水还未大量开采，仍处于原始的自然状态，水化学类型单一，地下水水质基本良好。

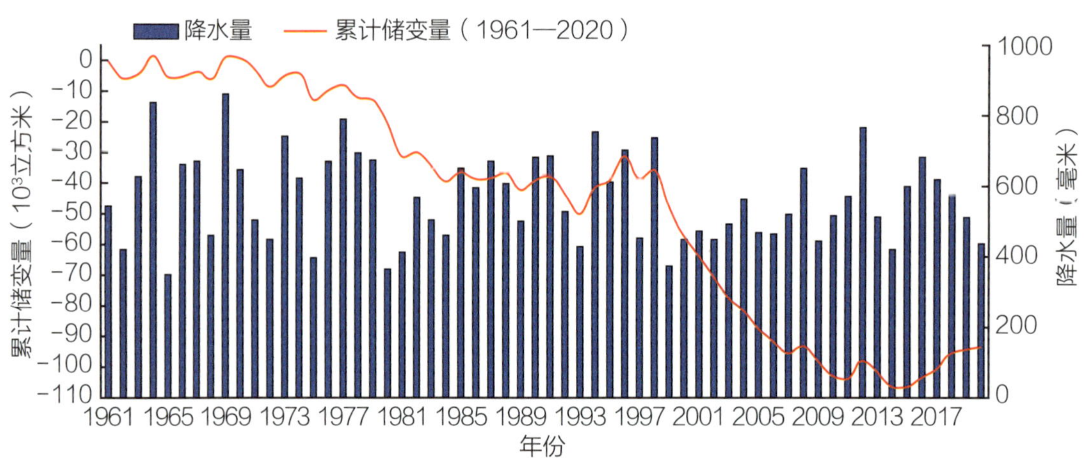

∧北京市地下水多年储变量图（北京市地质环境监测所 提供）

缓慢变化阶段（20 世纪 60 至 70 年代）：北京市经济社会发展较为迅速，由于城市人口的增加及工业规模的扩大，地下水开采量大幅增加，污水排放急剧增多，致使城近郊地下水水质逐年恶化，水污染问题已引起有关部门重视。

加速变化阶段（20 世纪 80 年代至 90 年代中期）：20 世纪 80 年代，地

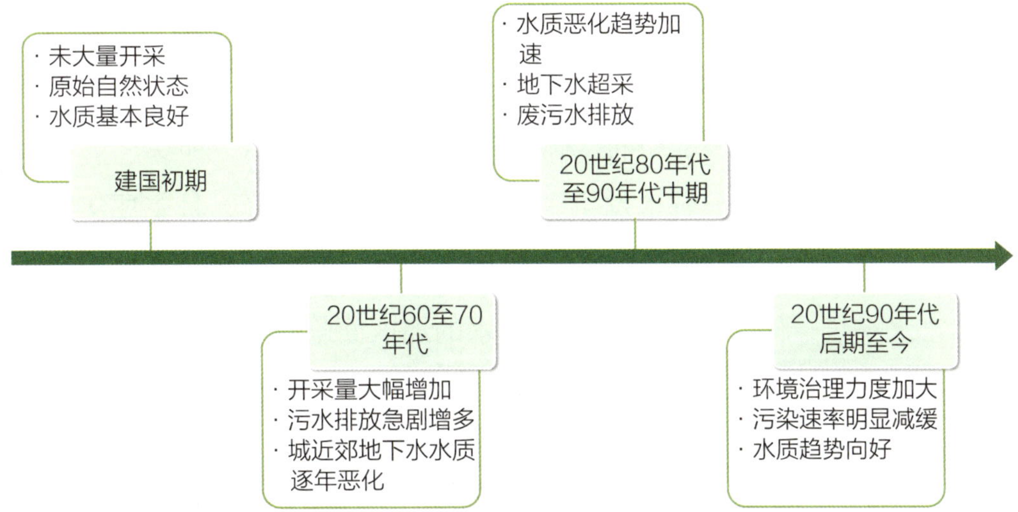

下水水质恶化趋势加速，地下水化学类型极为复杂，这主要是由地下水超采、废污水排放及污水灌溉共同作用造成的。80 年代中后期大部分开采井的深度加大，主要开采深层地下水，浅层水已基本不做饮用水水源。用水量增加的同时，带来的是废污水排放量的增加。1990 年，城近郊污水排放量达到 7.82 亿立方米，为 50 年代初期的 32 倍。地下水中除总硬度、硝酸盐氮超标外，溶解性总固体也成为地下水的主要污染指标之一。

趋势向好阶段（20 世纪 90 年代后期至今）：进入 20 世纪 90 年代中期以后，由于环保意识不断加强，环境治理力度不断加大，地下水各项污染指标超标面积缓慢扩大，速率明显减缓，在部分地区主要化学指标含量有降低趋势，地下水水质总趋势向好发展。

（三）环境问题

地下水环境问题主要包括地下水超采和地下水污染两方面。地下水超采是指地下水开采量超过地下水允许开采量，并造成地下水水位持续下降的一种现象。地下水污染是指我们日常生产生活中主要由人类活动所引起的，造成地下水水质恶化的现象。

地下水超采

地下水开采量不超过其天然补给量，才能保持生态平衡和可持续利用。

然而，由于对地下水依存度高，我国相当一部分地区出现了地下水过度开采的问题。地下水的超采往往会引发地面沉降、河流干涸、湿地锐减、植被退化、海水入侵、土地沙漠化等一系列严重的地质、生态、环境问题。据统计，我国已有超过 50 个城市发生了不同程度的地面沉降，且主要集中在人口相对密集的中东部地区。同时，这些由于地下水超采引起的问题也会直接威胁国家水安全，使这些高度依赖地下水的地区面临越来越严峻的水资源短缺形势。

北京市长达 40 余年的地下水超采，虽然保障了首都供水安全，但是也产生了一系列地下水环境问题，严重影响着地下水资源的可持续利用，威胁着首都生态安全。连续超采引起地下水位持续下降，局部形成地下水降落漏斗和地面沉降区，随着超采范围扩大，地下水降落漏斗逐年扩大。

地面沉降的形成

地面沉降是在人类活动影响下，由于地下松散地层固结压缩而导致地面标高降低的一种复杂水文地质、工程地质现象。绝大多数区域性大面积地面沉降都是由于大量抽排地下水所引起的。

地下水超采治理措施

◎规范禁止开采区，限制开采区划定

◎强化禁止开采区，限制开采区管理

◎规范地下水超采治理

地下水污染

随着社会经济的发展、人口的增长，及化工等产业的快速发展，人类活动对地下水环境的影响日益加剧，地下水遭受污染的程度和范围不断扩大。

人会生病，城市亦然。如果把雾霾、交通堵塞等比喻成显而易见的外科病，那么，地下水污染就是一个城市的“血液病”。城市得了“血液病”会

引用水污染危害

饮用水中硝酸盐含量达到 90~140 毫克 / 升时，会诱发婴幼儿产生高铁血红蛋白症（俗称蓝婴症）等身体疾病。

饮用水中砷含量大于 0.05 毫克 / 升时，会产生人的皮肤损害、神经系统破坏等砷中毒现象。

饮用水中氟含量达到 1.0~4.0 毫克 / 升时，会产生氟斑牙、氟骨症等地方性氟中毒现象。

造成多方面的危害。首先，民众的饮水安全受到极大威胁，地下水往往无色无味，即便饮用了含有有害物质的地下水，人们也常常难以察觉，这些物质对人体的影响往往是长期的、慢性的。在农业种植和畜牧养殖中，如果使用被污染的地下水，其中可降解的污染组分可能在动植物体内累积，这样的动植物若被人类食用，污染物就可能进入人体。与此同时，地下水的污染还会影响生态系统的健康。地下水具有流动性，有害物质会伴随地下水流动而发生迁移，从而导致另一地区的地下水污染，有害物质还可以通过地下水与地表水的相互作用流向地表，污染河流、海洋和土壤，破坏生态系统平衡。

由于在地下水系统中，含水介质的渗透速度远小于地表水的流速，地下水流动非常缓慢，因此地下水污染和地表水污染具有明显不同，地下水污染具有长期性、复杂性、隐蔽性和难以逆转性。地下水一旦受到污染，治理和修复难度大、成本高、周期长。

北京市目前共有区域地下水水质监测井 1190 眼，监测区域覆盖整个平原区，其中平原区第四系监测井 900 眼，隐伏岩溶水监测井 20 眼，山区监测井 20 眼，泉监测点 10 处。第四系孔隙水自上而下分 4 个含水层组监测，共监测 60 项指标。

表 3-18　北京市地下水监测指标表

分类		指标	指标数 / 项
常规指标	感官性状和一般化学指标	色、嗅和味、浑浊度、肉眼可见物、pH、总硬度（以 $CaCO_3$ 计）、溶解性总固体、硫酸盐、氯化物、铁、锰、铜、锌、铝、挥发性酚类（以苯酚计）、阴离子表面活性剂、耗氧量、氨氮（以 N 计）、硫化物、钠	20
	微生物指标	总大肠菌群、菌落总数	2
	毒理学指标	亚硝酸盐（以 N 计）、硝酸盐（以 N 计）、氰化物、氟化物、碘化物、汞、砷、硒、镉、铬（六价）、铅、三氯甲烷、四氯化碳、苯、甲苯	15
	放射性指标	总 α 放射性、总 β 放射性	2
非常规指标	毒理学指标	二氯甲烷、1，2- 二氯乙烷、1，1，1- 三氯乙烷、1，1，2- 三氯乙烷、1，2- 二氯丙烷、三溴甲烷、氯乙烯、1，1- 二氯乙烯、1，2- 二氯乙烯、三氯乙烯、四氯乙烯、乙苯、二甲苯、苯乙烯、苯并（a）芘	15
其他指标	一般化学指标	钾、钙、镁、重碳酸根、碳酸根、电导率	6

注：本表格信息由北京市地质环境监测所提供。

平原区第四系地下水主要超标指标为总硬度、锰和硝酸盐氮。主要超标指标中，锰总硬度超标面积最大，其次为总硬度，硝酸盐氮超标面积最小。平面上，平原区北部地下水水质好于南部，远郊区好于城近郊区；垂向上，第一含水层组水质最差，随着组深度的增加，水质逐渐变好。山区及平原区隐伏岩溶水水质较好，以Ⅱ类为主。

三、地下水环境保护

地下水环境是地球生态系统的关键组成部分，当前却面临着超采和污染的双重严峻挑战。可持续开发地下水资源、有效保护地下水环境，是满足人民美好生活需要、建设美丽中国、实现人与自然和谐共生的重要内容。

地下水不仅是首都发展的基础性资源，更是北京市发展的战略资源，在保障首都居民生产生活及社会发展方面具有非常重要的作用。

加快制度建设，制定规划，科学防治：加强地下水环境保护的制度建设，制定详细的阶段性防治规划，投入专项资金，助推地下水环境保护的研究和项目开展。

完善地下水环境监测网络：目前北京市共有1786眼地下水监测井，数量众多的监测井也被形象地称为“地眼”。通过这些地眼，我们可以监测地下水的水位变化和污染现状，进一步完善地下水水位变化和污染监测预警及应急处置工作。

全面推进河长制工作：2016年北京市出台了《北京市实行河湖生态环境管理“河长制”工作方案》，明确以建立市、区、乡镇（街道）、村四级“河长制”组织体系及巡查、监督、考核等工作机制为重点，落实区、乡镇街道属地政府河湖环境“三查三清三治三管”的主要任务。

河湖环境管理主要任务

◎**三查：**严查污水直排、严查垃圾乱堆乱倒、严查涉河违法建设

◎**三清：**清河岸、清河面、清河底

◎**三治：**加强水污染、水环境和水生态治理

◎**三管：**严格水资源、河湖岸线和执法监督管理

加强地下水科普：目前公众对地下水的认知远低于对地表水的认知，因此加强地下水方面的科普有利于提高公众对地下水的认知，让保护地下水环境的行动深入人心。

地下水、地表水和土壤协同防治：土壤是大气降水及地表污染物进入地下水的关键通道，为保护地下水环境，需要树立“水土不分家”的保护理念，要逐步探索地下水、地表水、土壤协同防治的管理模式，从整体上推动水土生态环境的保护和恢复。

第五节　土壤环境

一、土壤环境概述

土壤是地壳表层的岩石经过漫长的风化和成土过程形成的综合体，不仅仅是位于陆地表层能够生长植物的疏松多孔物质层，还包括土壤相关自然地理要素，主要受到母质、气候、生物、地形、时间和人类等因素影响。

（一）土壤剖面

土壤剖面是指从地面垂直向下的土壤纵剖面，由一些形态特征各异、大致呈水平展布的土层构成。这些土层是土壤形成过程中物质转化、迁移和积累的结果。自然土壤自上而下依次为有机层、腐殖质层、淋溶层、淀积层、母质层和母岩层。耕作土壤长期受人为耕作、灌溉、施肥活动的影响，其剖面一般分为耕作层（表土层）、犁底层（亚表土层）和心土层（生土层）和底土层（死土层）。

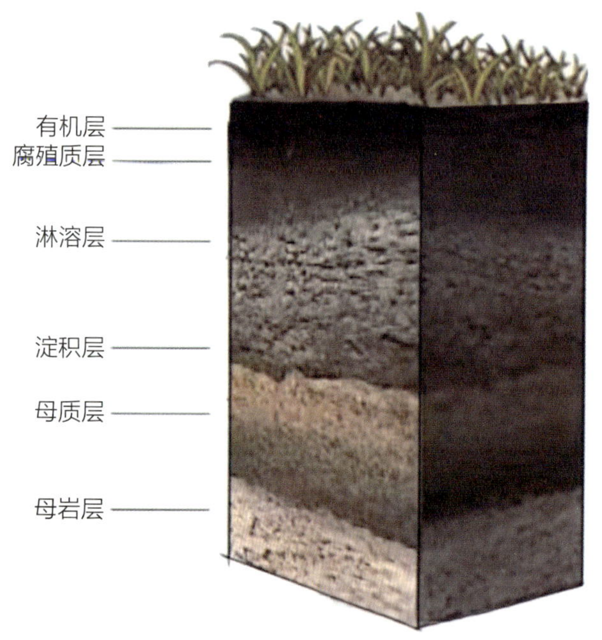

∧ 土壤剖面图层垂直序列（梁天璞　绘制）

（二）土壤形态

土壤形态特征是成土过程的反应和外部表现，主要包括土壤组成、颜色、质地、结构、孔隙、土壤干湿度等等，这些对于土壤分类、土壤特性、土壤资源环境评价具有重要意义。

土壤组成：土壤是一个复杂的物质与能量系统，由固体（包括矿物质、有机质和活性有机体）、液体（土壤水分和土壤溶液）、气体（土壤空气）等多种物质和多层结构组成的复杂且具有“活性”的物质与结构系统。矿物质和有机质组成固相，约占 55%，气相存在未被水分占据的土壤空隙中，约占 20%~30%，水分存在于土壤的空隙间，约占 20%~30%。

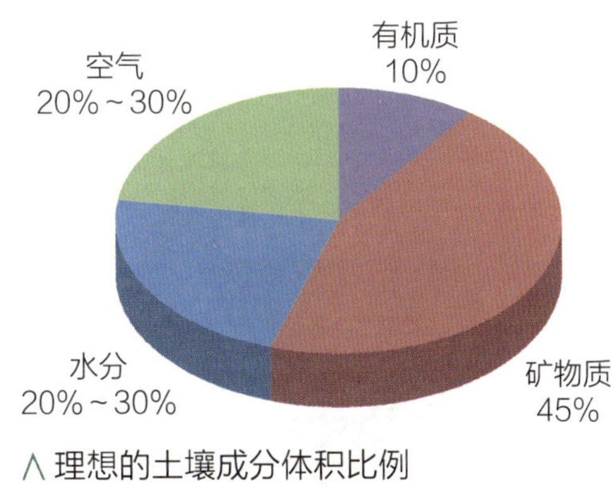

∧ 理想的土壤成分体积比例

土壤颜色：土壤颜色变化可作为判断和研究土壤成土条件、成土过程、肥力特征和演变的依据。土壤颜色也是其分类和命名的重要依据之一，如红壤、黄壤、黑土、栗钙土、灰钙土等。

土壤质地：是指土壤颗粒的组合特征，土壤质地的分类和划分标准世界各国并不统一，一般按砂粒、粉粒和黏粒的质量分数，将土壤划分为砂土、壤土、黏壤土和黏土。

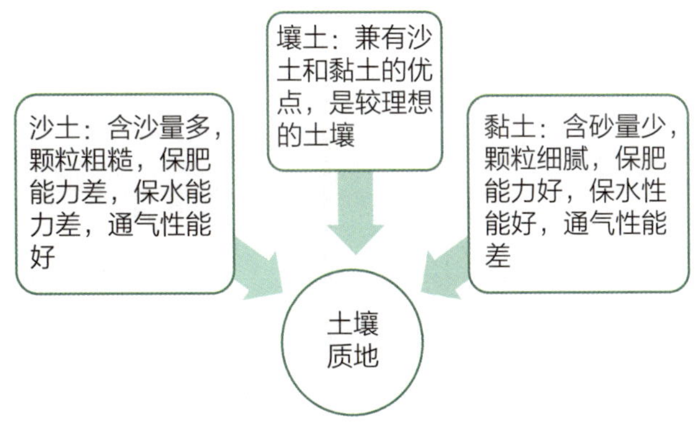

土壤结构：是指土壤颗粒胶结情况。土壤结构有团粒结构、块状结构、核状结构、柱状结构、棱柱状结构和片状结构等。

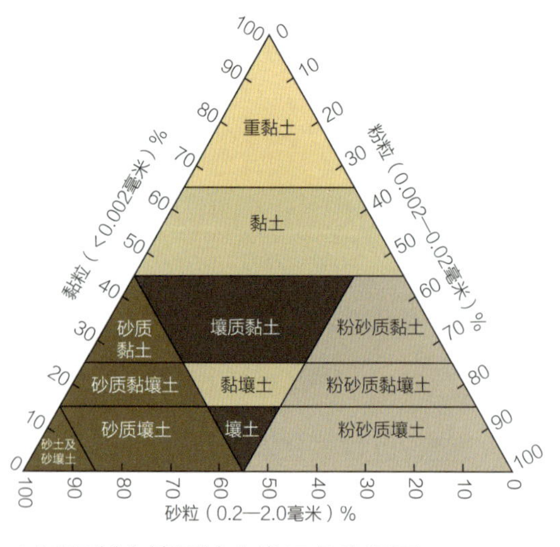

∧ 国际制土壤质地分类三角坐标图

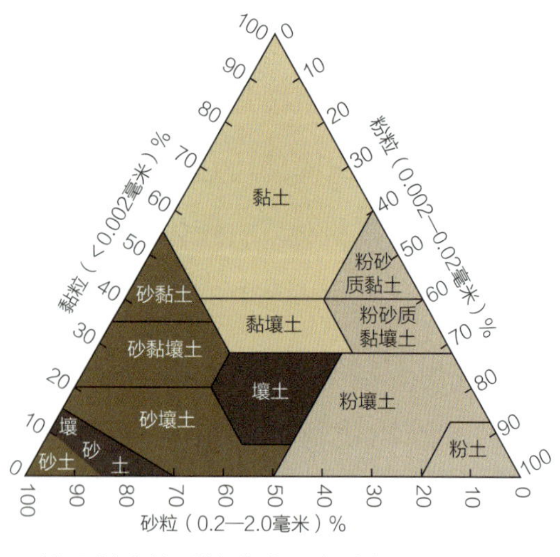

∧ 美国制土壤质地分类三角坐标图

（三）土壤分类

土壤科学分类是因地制宜利用土壤，因土施肥、因土种植和因土改良、发挥土壤生产潜力的基础；也是进行土地评价、土地利用规划和农业技术推广的重要依据。我国早在公元前2—3世纪的《禹贡》和《管子·地员篇》等著作中就有土壤分类方面的记载。现行的土壤分类系统是全国第二次土壤普查中拟定的，其高级分类自上而下是土纲、亚纲、土类、亚类，低级分类自上而下是土属、土种和变种。

目前，我国的土壤类型主要为砖红壤、赤红壤、红壤和黄壤、黄棕壤、棕壤、暗棕壤、寒棕壤、褐土、黑钙土、栗钙土、棕钙土、黑垆土、荒漠土、高山草甸土、高山漠土共15种。

我国古代土壤分类记载

《禹贡》根据土色、质地和水文等，将九州土壤分为黄壤、白壤、赤埴垆、白坟、黑坟、坟垆、涂泥、海滨广斥及青黎9类。

《管子·地员篇》根据土色、质地、结构、孔隙、结聚、有机质、盐碱性等肥力因素，结合水文、地形、自然植被等自然条件，将九州土壤分为18类，每类又分为5级，即所谓“九州之土凡九十物”。

北京地区成土因素复杂，形成了多种多样的土壤类型。山区的山地土壤根据位置从高到低，依次为山地草甸土、山地棕壤、山地褐土；平原地区土壤主要为洪积冲积物；山麓阶地及洪积冲积扇上、中部，为褐土、潮褐土，冲积扇末端和洼地为砂浆潮土、湿潮土和水稻土；近郊已逐渐发育为菜园褐土；东部及东南部是北京盐碱地集中地区，为盐湖土。

（四）土壤环境及环境功能

土壤所具有的物质组成、结构、空间位置及其缓冲性和净化等特殊性能，决定了土壤环境的重要作用。土壤环境是指受自然或人为因素作用的，由矿物质、有机质、水、空气、生物有机体等组成的陆地表面疏松综合体，包括陆地表层能够生长植物的土壤层和污染物能够影响的松散层等。

土壤的环境功能有很多，主要包括土壤肥力，即土壤在保持生物活性、多样性和生产性方面的功能；调节水体和溶质流动的能力；具有过滤、缓冲、降解、固定并解毒无机和有机化合物的能力，即自净能力；能够储存并使循环生物圈及地表养分和其他元素进行再循环；支撑社会经济构架并保护人类文明遗产的物质基础。

土壤肥力

指土壤为植物正常生长发育提供并协调营养物质和环境条件的能力。

土壤自净作用

在自然因素作用下，进入土壤的污染物在土壤矿物质、有机质和土壤微生物的共同作用下，通过吸附、分解、迁移、转化等自然作用降低污染物浓度或改变其形态，从而消除或减少污染物毒性的过程。按自净原理可以分为物理自净、物理化学自净、化学自净和生物自净。

二、土壤环境特征

（一）土壤环境质量

土壤质量是指土壤具有维持生态系统生产力和动植物健康而不发生土壤退化和其他生态环境问题的能力，一般用风险筛选值和风险管控值来判断土壤环境风险的高低。

> **土壤环境质量风险判断值**
>
> **风险筛选值：**指的是土壤中污染物含量等于或者低于该值的，一般健康风险可以忽略。
>
> **风险管制值：**指土壤中污染物含量超过该限值的，对人体健康通常存在不可接受风险。

根据不同的土地利用方式，土壤环境质量风险管控标准的不同，耕地和林地的标准要高于建设用地的标准。北京市平原区按照优先保护类（一级和二级质量区）、安全利用类（三级质量区）和严格管控类（四级质量区）对土壤环境综合质量进行区划，一级和二级质量区的土壤占平原区总面积的 99.8%；三级质量区的土壤占比 0.13%；四级质量区的土壤占比 0.06%，总体平原区土壤环境以优良状态为主。

（二）土壤环境问题

在增加土壤生产能力、提高生活水平的同时，自然资源的消耗也日益增加，进而影响和改变了现有土壤环境，产生了土壤环境问题，如土壤退化、土壤侵蚀、水土流失、土地沙化、土壤板结和贫瘠等。

土壤退化：由自然环境不利因素和人为利用不当引起的土壤肥力下降、植物生长条件恶化和土壤生产力减退的过程。

土壤侵蚀：在水力、风力、重力和冻融等作用下，土壤物质被剥离、迁移或沉积的过程，这是地球陆地表面最为普遍的自然地理过程之一。

土壤污染：是指因人为因素导致某种物质进入陆地表层土壤，引起土壤化

土壤退化与土地退化

与“土壤退化”相对应的还有一个概念，叫作“土地退化”，二者有所不同。从退化过程来看，土壤退化是土壤肥力下降而导致生产力下降；土地退化是土地的不合理开发利用而导致土地质量下降甚至荒芜。从退化内容来看，土壤退化是土壤环境及理化性质恶化的综合表征；土地退化包括森林的破坏及衰亡、草地退化和土壤退化等。

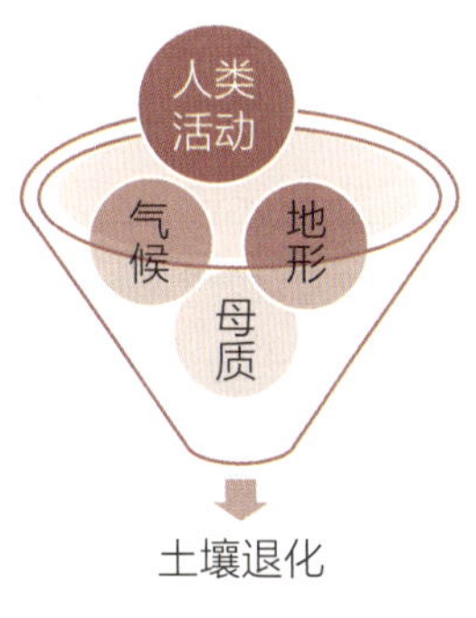

学、物理、生物等方面特性的改变，影响土壤功能和有效利用，危害公众健康或者破坏生态环境的现象。土壤污染具有隐蔽性、潜伏性、间接性和累积性、不可逆性、治理周期长等特点。

有机物污染	无机物污染	生物污染	放射性物质污染
主要为农药、石油、塑料制品、染料、表面活化剂、增塑剂和阻燃剂，以及药品及个人护理品等	主要为重金属污染，以及有害的氧化物、酸、碱、盐、氟等	主要为未经处理的粪便、垃圾、城市生活污水、饲养场与屠宰场的污物等	主要为在土壤中生存期长的放射性元素，以锶和铯放射性元素为主

∧ 土壤污染物种类

∨ 土壤侵蚀（耿韧 摄）

重金属

指密度大于5.0克/立方厘米的金属元素。一般指汞、镉、铅、铬、锌、铜、钴、镍、锡、钡、锑等，最受关注的5种重金属是汞、砷（类金属）、镉、铅、铬。

北京市土壤环境问题主要由工业活动、农业活动等人类活动引起，具体表现为灌溉污水、大气干湿沉降、化肥等输入途径，不同途径的输入通量呈现较大差异。2020年总体上重金属元素以大气干湿沉降的通量为最大，尤其以铅元素最为明显；镉和汞元素的大气沉降对土壤环境影响较大。总体来看，大气干湿沉降作为主要的输入途径，对土壤环境质量会产生一定影响。

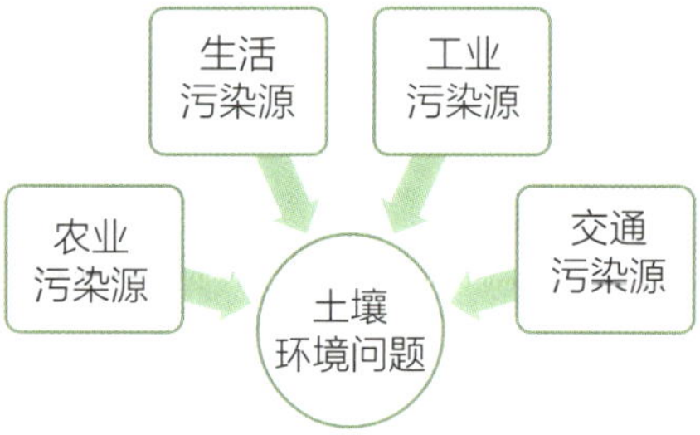

大气干湿沉降

指大气中的干降尘和湿降尘，干降尘形式包括自然灰尘和尘暴。湿降尘则为降雨、雪、雹等形式从大气中清洗下来的粉尘。这些灰尘作为环境中重金属的主要赋存介质，吸附着大量重金属污染物，这些重金属污染物通过大气沉降等途径持续大量地输入地表环境中，对环境造成影响。

三、土壤环境保护与修复

（一）土壤环境保护

土壤是经济社会可持续发展的物质基础，关系人民群众身体健康，保护好土壤环境是推进生态文明建设和维护国家生态安全的重要内容。

北京市在“十三五”期间，全面开展了土壤详细调查工作，初步查明了农用地土壤污染的面积、分布和污染程度，初步摸清了土壤污染状况及污染地块分布，推动了全市的土壤环境风险管控。全面建立北京市土壤环境监测网，实现土壤环境质量监测点位全覆盖，能够准确、及时、全面地反映土壤环境质量现状及发展趋势，为土壤环境管理、污染源控制、土壤环境保护提供科学依据。

北京市土壤环境保护主要聚焦农用地和建设用地两大领域，农用地实施分类管理，使受污染耕地全部采取安全利用措施；建设用地实行风险管控和修复，使建设用地具备了开发再利用的条件。通过加强土壤环境风险防控，保障了土壤环境安全，保持了土壤环境质量总体稳定，全面保障了农用地和建设用地土壤环境安全，土壤环境风险得到全面管控。

（二）土壤污染防治

我国土壤环境总体状况堪忧，部分地区污染较为严重，已成为全面建成小康社会的突出短板之一。为切实加强土壤污染防治，逐步改善土壤环境质量，《土壤污染防治行动计划》（简称“土十条”）提出：到 2020 年，

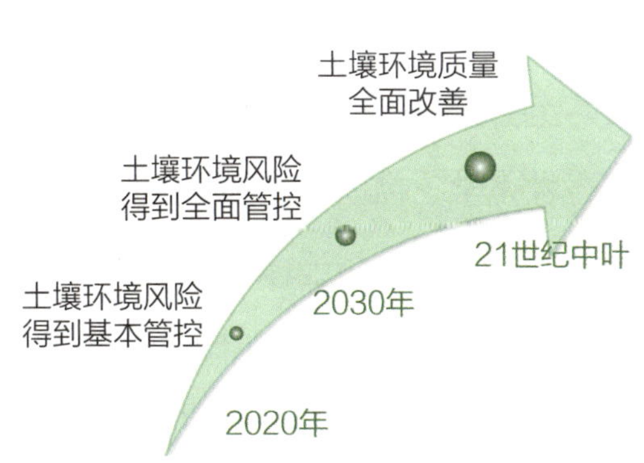

“土十条”防治措施

◎开展土壤污染调查，掌握土壤环境质量状况

◎实施农用地分类管理，保障农业生产环境安全

◎强化未污染土壤保护，严控新增土壤污染

◎开展污染治理与修复，改善区域土壤环境质量

◎发挥政府主导作用，构建土壤环境治理体系

◎推进土壤污染防治立法，建立健全法规标准体系

◎实施建设用地准入管理，防范人居环境风险

◎加强污染源监管，做好土壤污染预防工作

◎加大科技研发力度，推动环境保护产业发展

◎加强目标考核，严格责任追究

全国土壤污染加重趋势得到初步遏制，土壤环境质量总体保持稳定，农用地和建设用地土壤环境安全得到基本保障，土壤环境风险得到基本管控。到 2030 年，全国土壤环境质量稳中向好，农用地和建设用地土壤环境安全得到有效保障，土壤环境风险得到全面管控。到 21 世纪中叶，土壤环境质量全面改善，生态系统实现良性循环。

（三）土壤污染治理和修复

土壤污染治理是针对土壤中存在的污染物，通过对污染区域进行污染状况调查和监测，包括采样点布设，对采集的土壤样品进行分析以及数据处理，以获得污染源以及污染强度信息，根据土壤污染类型和污染程度拟定治理修复计划，并对修复进行监测和评价。

土壤污染修复是对土壤中的有毒有害污染物实施无害化处理的过程，包括利用各种化学、物理或生物学手段对污染物进行吸收、固定、降解和转化，使土壤中的污染物含量、迁移性或体积得到降低，污染物风险降低到可以接受的水平。

土壤修复案例："城市绿心"污染治理

北京城市副中心构建"一带、一轴、多组团"的城市空间结构，城市绿心位于"一带、一轴"交汇处东南角，总面积约 11.2 平方千米，是城市副中心

物理修复	挖掘、围堵、隔离、加热
化学修复	土壤固化—稳定化技术、淋洗技术、氧化—还原技术、光催化降解技术和电动力学修复技术等
生物修复	利用土壤中的各种生物吸收、降解和转化土壤中的污染物

∧ 污染土壤修复技术

< 土壤样品采集（张沁瑞 摄）

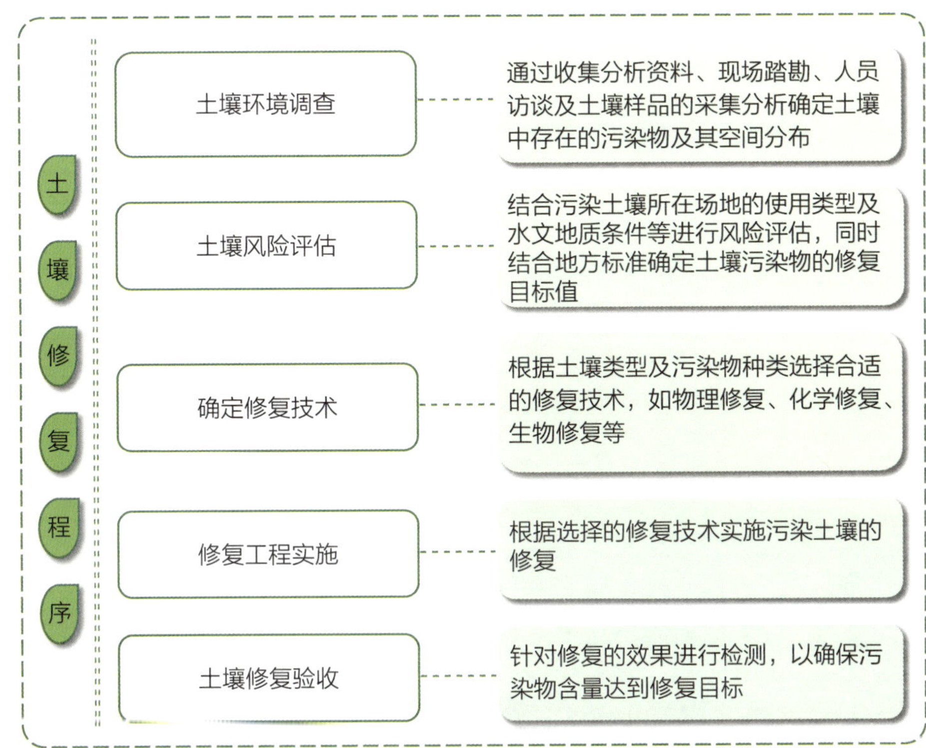

重点功能区之一。这里原有东方化工产、三个村庄和一些村镇企业，拆迁疏解腾退后，采用生态方式进行了污染治理，减少人工干预，用自然的力量恢复该区域生态环境。针对原东方化工厂区域，创新构建基于自然衰减、阻隔覆土、生态恢复、环境监测、制度控制于一体的全生命周期环境管控技术体系，实现了土地安全再利用。通过覆土和自然降解的方式进行先期治理，自然造林。

∧ 原东方化工厂旧貌和城市绿心森林公园现状（北京北投生态环境有限公司 提供）

第四章
资源环境与国土空间利用

北京拥有优越的自然地理条件、丰富的自然资源和宜人的生态环境，这些自然禀赋成就了历史，承载着未来。资源环境是人类出现、文化产生、城市形成的物质基础，也是未来北京国土空间利用和城市可持续发展的重要基石。

第一节　优越的自然环境条件孕育了北京历史文化

经历了漫长的地质演化和复杂多变的构造运动，北京拥有丰沛优质的水资源、广袤肥沃的土地资源和丰富多样的矿产资源；形成了山水相依、百草丰茂、丛林葱郁的自然环境。这些优越的资源环境孕育了内涵丰富、底蕴深厚、特色鲜明的北京历史文化，也孕育出西山永定河、长城和大运河三条历史文化脉络。

一、西山永定河历史文脉

在亿万年的地质演变历史中，北京西部经历了多次的海陆沉浮和剧烈的地壳运动，形成了多样的岩石矿物，有白云岩、大理岩、灰岩、砂岩、花岗岩、水晶等；蕴藏了丰富的矿产资源，有石灰岩矿、大理岩矿、煤矿、板岩矿等；造就了形态多样的地貌，有山丘、洞穴、平原、河流等。大自然塑造了西山和永定河这“一山一水”，西山被称为“太行之首”，永定河则是北京的母亲河，它们孕育了西山永定河丰厚的历史文化。

（一）灿烂的周口店古人类文化

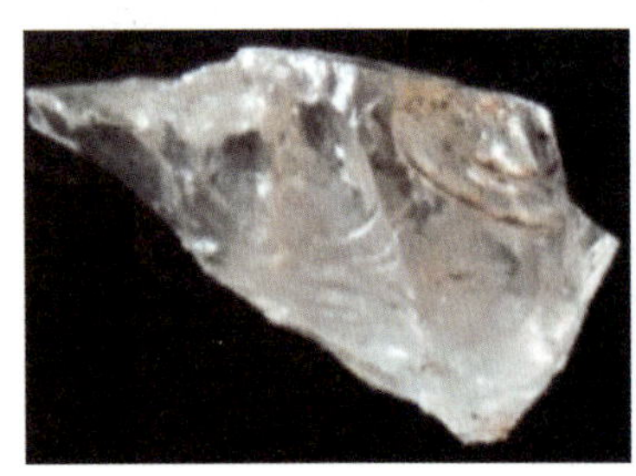

石器——水晶尖状器

石器——砂岩石核

∧ 周口店古人类用水晶和砂岩块石打制的石器（卫奇　提供）

亿万年的地质变迁在周口店地区形成了丰富多彩的岩石、大小适宜的溶洞和水量丰沛的周口河。在龙骨山一带，依山傍河、洞水相伴的自然环境，提供了适宜人类居住的条件，70万年前便出现了古人类。先后有“北京人”“新洞人”和“山顶洞人”在此生息繁衍，他们分属于猿人、早期智人和晚期智人。这些古人类利用丰富的岩石和矿物石块打制了数万件石器，用赤铁矿粉染色、祭祀，学会使用与控制火，制作精致的骨器饰品等，形成了灿烂的古人类文化，掀开了北京人类历史文化的第一页。周口店遗址同时发现三个阶段的古人类化石和十多万件文化遗存，这在世界古人类遗址中都是少有的，它是人类文化的宝库，是世界文化遗产。

周口店古人类文化重要贡献

- ◎解决“猿人是不是人”的争论，推进人类发展认识
- ◎人类控制用火记录推前了40万~50万年
- ◎建立了第四纪更新统堆积标准剖面

（二）最早的北京城市历史文化

奔流在山谷中的永定河将大量泥沙带出山口，塑造出北京宽阔平坦的大平原，而蜿蜒于平原西南部的琉璃河，在现今的房山董家林村附近折转摆动，形成了水面宽泛、河岸开阔、生态良好的临水而居环境，至今这里还保留着大片湿地。根据目前考古发现，3000年前北京的第一座城市——西周燕都就诞生在这里。已发掘的燕都遗址保留了许多城市文化印迹，城墙、护城河、宫殿区、手工业作坊区、平民居住区等遗迹，出土了青铜重器和礼器、陶器、漆器、黄钟大鼎等。这里建立了北京第一座城市，是北京城市历史文化的起源。

∧ 燕都遗址出土的叔鼎

（三）享誉世界的房山石经文化

大自然的鬼斧神工，在房山大石窝一带将十几亿年前形成的白云岩变质成了储量丰富、质地优良的大理石资源；而在不远的白云岩山体（今石经山）

∧ 房山琉璃河湿地（覃世明 摄）

上，则雕刻出了神秘的岩溶洞穴。大理石与岩溶洞机缘巧合地共同出现在大石窝地区，提供了采石刻经、洞藏石经的天然便利条件，成为确定石刻经书之地的重要缘由。丰富的大理石支撑了起源于隋末、延续 6 个朝代、长达 1000 多年的刻经用石，修整的溶洞宝藏了珍贵的石刻经书。依山傍水的云居寺、历经风雨的磨碑寺、石经山上的洞塔碑石与千年古道古井等众多文化遗存，以及首尾相连延展长达 12.5 千米的 14278 块石经，彰显了房山石经文化的丰富与厚重。它是一部刻在石头上的佛教文化巨献，是享誉世界的珍贵历史文化遗产。

∧ 房山石经

（四）三山五园皇家园林文化

地质历史的沧海桑田，在海淀西北山地与平原相接之处，形成了低山、孤丘、洼地和泉群。这种由高向低依次变化的地形、天然形成的湖沼湿地和山中流出的小溪，构成了山水宜人的田园风貌。“三山五园”皇家园林正是按照依山就势、依水而成的造园法理进行建造。现今的三山五园，包含香山、玉泉山、万寿山，香山的静宜园、玉泉山的静明园、万寿山的颐和园、圆明园和畅

∧ 俯瞰三山五园布局（遥感影像示意图）

春园，是我国目前现存规模最大的皇家园林。三山的塔、牌、阁、庙等古建筑和五园中的殿堂亭阁、廊桥塔园等，既宏大气派又精致典雅，是皇家园林文化的典型代表，是珍贵的人类文化遗产。

∨ 玉泉山塔

（五）内涵丰富的地学文化

北京西山叠嶂的峰谷、曲折的河流、多变的岩石、延展的断裂褶皱、特色的岩溶地貌、远古的生命遗迹和丰富的古人类与古动物化石，完整记录了西部地区跌宕起伏的地质演化历史，是一部天然的地质教科书。20 世纪初中国人自己完成的《北京西山地质志》开启了中国地质调查事业的先河；著名的“燕山运动”最早是依据西山的地质构造现象提出的，成为重要的构造运动学说；发掘在百年前的周口店遗址，在旧石器考古学、古人类学、古生物学、第四纪地质学、古地理与古气候学等方面研究成果斐然；1930 年我国自行建设了第一座地震台——鹫峰地震台，是我国地震科学历史研究的开端；周口店建有我国最具规模、时间最久，并延续至今的地质教学实习基地，培养了众多的科学家、学者和大量工程师。西山是中国地质工作的起源地，是中国地质工作的摇

∧ 19 世纪 20 年代参加周口店发掘的中外科学家（左一至左四分别为裴文中、王恒升、王恭睦、杨钟健）

∧ 1930 年，章鸿钊、翁文灏、李善邦、谢家荣等人在鹫峰地震台

篮，文化内涵丰富而深刻。

（六）汉白玉——北京独特的文化元素

房山大石窝地区蕴藏丰富的大理石资源，有着上千年的开采历史，形成了独特的石文化，其中汉白玉是石文化中最为璀璨的一个，它是北京皇家建筑和现代建筑文化中的重要元素。汉白玉洁白如雪、坚硬如玉，自发现利用之后，成为历朝历代重要建筑的首选。从云居寺等佛教建筑到明十三陵，从天坛、故宫到“三山五园”皇家园林，从天安门前的华表等

∧ 北京石文化经典作品：汉白玉石雕

古建到广场上现代重要建筑，都能见到汉白玉的身影。由汉白玉雕制而成的殿基雕栏、浮石雕刻、华表日晷、云龙御路等古建筑，历经数百年依然保持着高贵典雅的皇家气派。人民英雄纪念碑浮雕、国旗基座等显示了这些现代建筑的华丽庄重。汉白玉作为一种珍贵的矿石品种，享有国宝之称。2014 年亚洲太平洋经济合作组织（APEC）北京峰会，以汉白玉为底座的珍贵礼品——金钥匙馈赠给外国首脑，寓意了京华风貌的深刻含义。汉白玉是大自然对北京的眷顾，它在北京历史文化中留下了浓重的一笔。

西山永定河历史文脉串起了丰富的历史文化，有开启人类文明的周口店古人类文化、城市起源的燕都历史文化、独一无二的房山石经文化等，还有古村落、京西古道、汉白玉工艺、红色传承等众多的历史文化。北京从第一座城市西周燕都开始，一直到元大都，城址由琉璃河畔迁到莲花池附近，后又移至高梁河水系。自元大都移至高梁水系开始，北京城市地位上升，集聚效应明显，城市规模增长，进一步促进周边地区资源的获取，西山丰富的矿产资源和水资源成为北京发展的资源空间。北京西部独特的自然条件形成了以资源、生存、墓葬、游憩、权力等为主体的功能空间，已成为历史悠久、底蕴深厚、内涵丰富的西山永定河文化带，被喻为北京的文明之源、历史之根、文化之魂。

二、长城历史文脉

北京北山属燕山山脉，经过亿万年的地质洗礼，这里山高坡陡、河长谷狭，南与平原相接，北与蒙古高原紧邻。起伏的山峦托起了延绵万里的长城，成为护卫京城的天然屏障。这里有八达岭长城、司马台长城、居庸关与古北口关隘……它们是中国长城文化的缩影，也是与大自然浑然一体的历史文化杰作。长城脚下留有民族交流、农牧融合的历史文化印迹，北山脚下保留了皇家陵寝历史文化遗迹。

∧ 长城犹如巨龙盘卧在京北的崇山峻岭

（一）内涵深邃的长城文化

长城是我国历史上根据疆域防御需求所修建的一项巨大军事工程，它的布防一直遵循“因地形，用险制塞”原则。为此，高陡险要的山峰成为修筑城堡、烽火台等构筑物的重地；两山峡谷之间，或是河流转折之处，或是平川往来必经之地，成为修筑“一夫当关，万夫莫开”的关隘要地；外陡内缓的山岭提供了构筑“易守难攻”城墙的天然条件。沿线的山石、土石和阜柳等自然资源极大满足了长城延续千年的修筑。

亿万年的海陆沉浮、构造变动、岩浆活动和地壳抬升，造就了北京北部山石多变、峰峦叠嶂的地形地貌，蜿蜒的长城犹如巨龙盘踞在延庆、昌平、怀柔、密云和平谷的崇山峻岭之中，其身姿随山势起伏时而翘首挺拔、时而低缓匍匐。这多变的雄姿是因为它盘卧的基石和地形山势变化造成的。一些容易

中国长城

中国长城是一项巨大的线状防御工程，位于中国北部，东起山海关，西到嘉峪关，现全长约 6700 千米，通称万里长城。中国长城始建于 2000 多年前的春秋战国时期，秦朝统一中国之后联成万里长城，汉、明两代又曾大规模修筑。其工程之浩繁，气势之雄伟，凝聚着我们祖先的血汗和智慧，是中华民族的象征和骄傲，堪称世界奇迹。1987 年 12 月，长城被列入《世界遗产名录》。

北京地域上现存的长城以明长城为主体，有少量的北齐长城遗存。

∧箭扣长城（王黎东 摄）

∧用红色石英砂筑起的黄松峪长城

风化的变质岩、花岗岩等岩石地段，山脊比较浑圆，山体起伏较为舒缓，修筑的长城在刚毅之中透露出委婉柔美，如八达岭长城、山神庙长城、慕田峪长城等；在白云岩、石英砂岩等一些坚硬又易形成陡崖的地段，或因断裂形成峭壁的地段，长城姿态显得无比挺拔雄险，如古北口—司马台长城、箭扣长城等；在重要的峡间通道，建有居庸关、古北口等重要的长城关隘。北京山峡地域广阔，岩石类型多样，地势陡缓多变，依山而建的长城亦随之不断变换着身姿。此外，长城的修建秉承“就地取材、因材施用”原则，它的身色也随就地用石的不同发生着变化，如平谷砂岩分布地段的长城显现了浅红色。由此，北京北部有着引人入胜的长城景观：陡崖绝壁上的古北口长城、险峻山峰上的箭扣长城、山水一体的黄花城水长城、绵延起伏的八达岭长城、红色砂岩筑就的黄松峪长城等。长城距今已有千百年的历史，而它的基石却跨越了数十亿年到数千万年的历程。正是这坚不可摧的基石让长城这一世界建筑奇观历经数千年而不朽。

因为戍边、生产和往来的需要，长城沿线形成了许多古村落和边镇，延庆的岔道村、怀柔的河防口村、门头沟的柏峪村、密云的古北口镇和冯家峪镇上

∧ 密云冯家峪上峪村的上峪城堡遗址

∧ 黄花城水长城

峪村、平谷的黑水湾村等，因长城而生、而兴、而发展。如古北口镇，它紧靠历来是兵家必争之地的古北口长城，山峡通道易守难攻，战时是浴血厮杀的疆场，平时又是贸易与文化交流的通路，人群聚集往来，村落逐渐形成，守护边关的古北口镇由此产生。古北口镇与雄伟的山势、屹立的长城浑然一体，成为北京长城历史文脉中的杰出代表和文化结点。这里保存了瓮城、庙宇、戏楼牌楼等历史建筑及地方民族民间艺术等文化遗存，成为当今古北口特色小镇发展的重要资源。自 2008 年起，古北口镇先后获得“中国历史文化名镇”“中国传

< 古北口关隘遥感影像

古北口关隘

地壳运动使北部山体抬升，潮河下切穿过山体由北向南流动。在古北口地段形成了蟠龙山与桃山东西相夹的山谷，潮河流过山谷后出现大拐，形成了山高谷窄、地势险峻、易守难攻的天然关卡，便有了古北口关隘。

“长城”的地学所用

中国标准年代地层中，形成于距今18亿—16亿年中元古代的一套沉积地层被命名为“长城系”。这让“长城”这一称谓具有了地学文化意义。

统村落”“中国特色小镇”和“全国民族团结进步创建示范区（单位）”等称号。长城沿线富有特色的传统村落、碑刻寺庙和风俗民情等，是长城文化杰作中的宝物，蕴含着丰富的文化内涵。历经风雨的长城、护疆戍边的村镇、游牧与农耕文化的交融、民族民间的交往等，串接形成了北京悠远的长城历史文脉。

（二）世界文化遗产——明十三陵

∧ 明十三陵长陵

在燕山支脉军都山的南麓，坐落着明代皇家陵寝——明十三陵。它是中国明朝十三位皇帝的墓葬群。这里东西北三面环山，有蜿蜒的河水流经，是一个很小的山前盆地，山林丰茂、水明草绿、环境宜人，是个上风上水的好地方，无疑是一处天造地设的陵寝吉地。陵区地势总体由北向南倾斜，陵墓建筑也顺地势布局建造，由上向下逐级下降。十三座皇陵依山而建，用砖石而筑。

这里出土了六龙三凤冠、金盖金托玉碗、百子衣、铁甲、金酒注等多件重要文物。十三陵建筑群与大自然的山川、水流、植被和谐共存，体现了“天人合一”的追求，已被列为世界文化遗产地。

长城历史文脉随同长城的修筑而形成。它串起了长城沿线丰富的历史文化，城墙、关隘、敌台、烽燧及寺庙、古塔、民间丰富多彩的人文活动。当今，这里是保护与传承历史文化、彰显中华民族团结统一精神的长城文化带。

明十三陵

明十三陵坐落于天寿山麓，总面积 120 余平方千米。这里自永乐七年（1409 年）5 月始作长陵，到明朝最后一帝崇祯葬入思陵止，其间 230 多年，先后修建了十三座皇帝陵墓、七座妃子墓、一座太监墓。是中国乃至世界现存规模最大、帝后陵寝最多的一处皇陵建筑群。

积水潭

这里是古代永定河故道留下的洼坑，因积水变为水塘，曾名为西海、海子、北湖、莲花池等，后来曾成为京杭大运河北端最大的总码头。

三、大运河历史文脉

地质历史进入距今 6500 万年的新生代，地壳运动将北京地区原本西北高、东南低的地貌雏形塑造得更加清晰。西北部山体持续抬升，山中而来的永定河、潮白河等河流把大量的泥沙携出山口，冲淤形成了向东南缓缓倾斜的冲洪积平原。这里地势开阔、地形平坦、河流纵贯、泉水溢出，营造了良好的城市人居空间和文化孕育环境。

（一）流淌着的文化遗产

京杭大运河北京段是大运河的终端，由十泉、两湖、五河段组成，它的源头是昌平神山（今凤凰山）的白浮泉水。

∧ 大运河（北京段）源头的白浮泉遗址

∧ 京杭大运河北京段

十泉、两湖、五河段

◎**十　泉：**运河上游的十处水源

◎**两　湖：**今天的颐和园和积水潭

◎**五河段：**颐和园以上的白浮堰渠、颐和园至紫竹院的长河、紫竹院至积水潭的高梁河、城中的玉河、通惠河

∧ 积水潭

白浮泉水顺着北高南低的地势南下，向东南注入今天的昆明湖（瓮山泊），沿途拦截水源，并汇聚西山诸多泉水，经长河引入积水潭（今什刹海），又经玉河与通惠河，最后汇入北运河（古称白河），北运河继续向南顺流而下，流出北京界。

大运河北京段的修建，充分借助了北京平原西北高、东南低的地势，并利用一些天然的河道和汇集了西部山前潜水溢出的泉水，充分体现了顺应自然、利用自然的建设思想。整个河段从现今的昌平开始，经过了海淀、西城、东城、朝阳和通州，穿过了城市中心地区长 80 余千米。大运河像一条纽带，将天然而成的白浮泉、皇家园林颐和园、故道洼坑积水潭、依水而建的古村落——皇木村、古老村落张家湾等自然印记观与文化遗迹联结起来，形成了悠长的大运河历史文脉。

大运河满足了历史上多个朝代漕运的需要，是名副其实的“黄金水道”。如今的大运河北京段保存有白浮泉遗址、万宁桥、东不压桥等历史文化遗存，可谓是流淌着的人类文化遗产。

（二）顺应自然的人居文化

大自然塑造了北京“两山一平五河系”的整体风貌，也决定了北京城的人居格局。从古人类在周口河畔居住开始，北京第一座城市燕都建在了永定河冲洪积扇琉璃河畔，后来城址迁至今天的莲花池附近。之后几个朝代的北京城址迁移始终在冲洪积扇的潜水溢出带，围绕水和北高南低的地势布局。自元大都移至高梁水系开始，北京形成了以水为中心的城市格局和以胡同为特征的街巷系统，城市地位上升，集聚效应明显，中心城市的布局总体呈南北走向、东西对称。由于北京平原地势西北略高于东南，所以北京城的中轴线顺应地势而微微偏向北西。今天的北京老城仍保留着历史上的模样，环绕六海（北海、中海、南海、西海、后海、什刹海）分布着最富北京文化特色的胡同。城市的迁移、人居的迁徙，显现了自然资源环境对人居格局和城市文化产生的影响，体现了尊重自然、顺应自然的人居文化。

两山一平五河系

◎**两　山：**西部太行山、北部燕山

◎**一　平：**冲洪积平原

◎**五河系：**永定河、潮白河、北运河、大清河、蓟运河

北京的胡同

“胡同”原为蒙古语，即小街巷。北京的胡同大部分形成于元、明、清三个朝代，共有7000余条。最长的是东西交民巷，全长6.5千米；最短的一尺大街，长不过25.23米；最窄的胡同是钱市胡同，宽仅0.75米。

∧ 一尺大街

胡同的形成与水的地质作用有关。现在的北京中心城区正好位于永定河冲洪积扇上，由于冲洪积扇上的水流作用，形成了不同的枝脉状河道，地壳缓慢抬升后，河水不断变浅或干涸，原来的河道变成冲沟或消亡。后来人们建房修院，逐步形成许多街巷胡同，其中很多胡同的形成走向都与在冲沟两侧砌墙建房有关。

京杭大运河南北贯通之后，促进了北京城的大规模规划与营建，也使两岸出现了因漕运而兴的古村落，如皇木厂村、土桥村、里二泗村等。这些村落留下了许多漕运文化的印迹。

大运河历史文脉（北京段）不仅有以水为脉的漕运文化、人居文化，还蕴藏了许多历史文化内涵。这里将作为北京历史文化名城保护的重要区域——大运河文化带，保护传统风貌，传承文化精神，彰显文化魅力。

北京丰富的自然资源、相宜的山水环境和广域的国土空间，孕育和承载了底蕴深厚、形式多样、交融和谐的多彩文化，在空间上形成了具有北京城市自然本底和文化底蕴特色的西山永定河文化带，长城文化带和大运河文化带，三条文化带与北京“四个文化”交相呈现，彰显了北京历史文化的辉煌、厚重与传承。

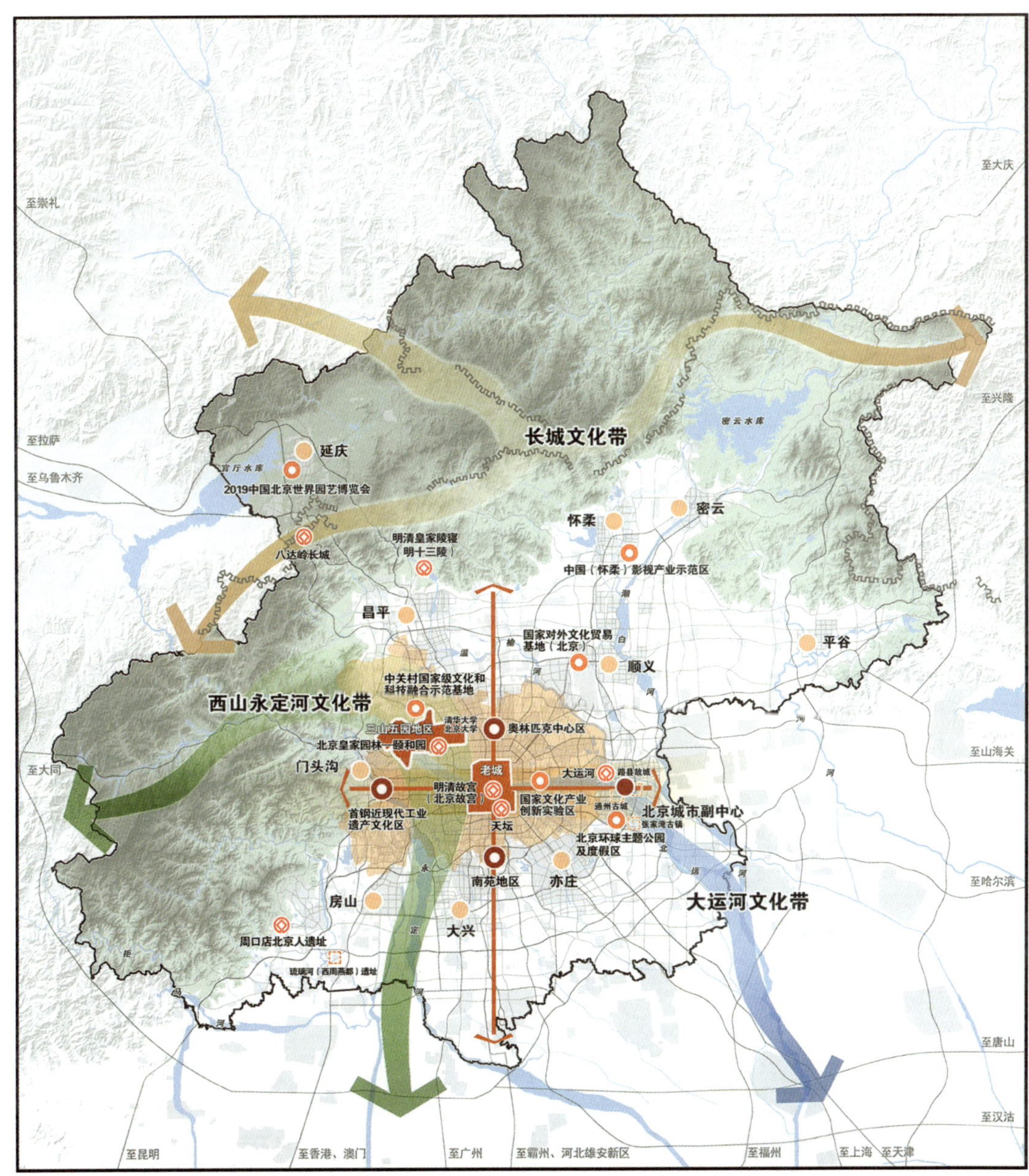

∧ 三条文化带空间示意图（2016 年）

一方水土，养一方人，形成一方文化。大自然赋予的资源环境空间，孕育诞生了文化积淀深厚、都城风貌独特的古老北京；承载营造了如今多元文化融合、传统现代协调的和谐之都，未来将支撑见证四个中心功能突出、引领区域协同发展的新北京。

表 4-1　北京地域文化的重要代表

四个文化	三条文化带		
	永定河文化带	长城文化带	大运河文化带
古都文化	周口店古人类遗址、燕都遗址、云居寺石经、金中都遗址；以“三山五园”为代表的皇家园林文化；多处寺庙建筑等	新石器“雪山文化”遗址；以八达岭为代表的长城遗址；明清皇家陵寝；红螺寺、银山塔林等历史古迹	大运河源头白浮泉、高梁（闸）桥、古河道等水利工程遗产；紫竹院等古典园林；燃灯佛舍利塔等古建筑
京味文化	以爨底下村为代表的古村落、京西古道、妙峰山庙会、京西民俗等文化遗产	以密云白马关村为代表的古村落和以“王麻子”剪刀为代表的众多国家级非物质文化遗产	记载漕运历史的村庄，如杨闸村、皇木厂村等；运河龙灯会和船工号子等
红色文化	“没有共产党就没有新中国”诞生地——堂上村，以卢沟桥宛平城、平西抗日根据地和香山双清别墅为代表的红色文化	以古北口长城抗战纪念馆、中共南口特支纪念馆和平谷红崖洞为代表的红色文化遗址；詹天佑办公旧址等	通州兵营旧址、平津战役指挥部宋庄旧址、二四九炮校旧址等；中国民兵武器装备陈列馆
创新文化	以首钢和矿产地为代表的工业与矿业文化遗产，中关村海淀科技园区、大兴新媒体基地等	聚焦科技创新和国际交往的怀柔科学城、雁栖湖国际会都和怀柔影视基地	朝阳国家文化产业创新实验区；京杭大运河书院

第二节　优良的资源环境禀赋支撑了北京城市建设

北京拥有富庶宽广的土地，肥沃平坦的平原营造了人类繁衍生息的温床，林茂起伏的山地成为动植物的天堂；拥有纵横交织的河流，蜿蜒流长的永定河、朝白河等提供了人类生生不息的源泉；拥有多样优质的矿产，黧黑闪亮的煤炭、洁白质纯的汉白玉等给予人类不断发展的物质基础。丰富的自然资源和良好的生态环境为北京城市的历史起源、城址变迁和市域扩展提供了坚实基础和适宜条件，更支撑了当代北京的城市建设。

一、支撑不同阶段北京城市建设

1949 年以来，北京依据七版城市总体规划对城市性质的定位，实施了城市建设发展，这个过程可以划分为三个阶段，每一个阶段的城市建设都离不开资源环境的支撑。

第一阶段（1949—1981 年）：北京城市建设经历了从百废待兴到逐渐步入正轨的阶段。建国初期城市性质确定为“政治、经济和文化的中心，特别要把它建设成为我国强大的工业基地和技术科学的中心”，城市建设总方针是“三为服务”。之后，城市性质依次为“北京是我国的政治中心和文化教育中心，我们还要迅速把它建设成一个现代化的工业基地和科学技术的中心”“全国科学、文化、科技最发达，教育程度最高的城市，并成为世界上最发达的城市之一”。

“三为服务”

为中央服务、为生产服务，归根到底是为劳动人民服务。

这一时期，北京对煤、铁、金等矿产资源进行了大力勘探与开发；对土地资源充分利用，划出整片土地建设毛纺厂、炼钢厂、炼油厂、焦化厂、印刷厂、机床厂和电机厂等，建立了重要工业基地；对水资源有效利用，修建了以官厅、密云水库为代表的蓄水工程和大型水处理厂等，加大了工农业生产和城市生活的水资源保障力度。此外，对土地资源的利用还支撑了包括人民大会堂在内的首批十大建筑、以中国科学院为代表的一大批科研院所及以中国人民大学为代表的众多高校的建设，初步形成了我国重要的科研基地。政治、文化、科技硬实力明显增强。这一时期对自然资源的开发，很大程度上支撑了城市建设和国民经济的恢复与发展。

第二阶段（1982—2015 年）：北京城市建设进入了快速发展阶段，城市性质为“政治、文化中心”，城市发展总方针是“四个服务”。这一阶段北京的

“四个服务”

为中央党政军领导机关工作服务、为国家国际交往服务、为科技和教育发展服务、为改善人民群众生活服务。

城市建设可以说是突飞猛进。煤炭、非金属矿和地热等矿产资源持续开发，为城市建设提供了能源与建材保障；加大地下水资源开发，弥补了地表水资源紧缺，缓解了城市的用水危机；土地资源持续充分利用，极大地支持了以高速路和轨道交通为代表的重大交通设施建设、亚运会与奥运会场馆建设、高新技术与经济开发区建设及百姓的住房建设；地质遗迹资源也逐渐被开发利用，建成多处地质公园。与此同时，面对日益突出的环境问题，加大了环境问题的调查评价

中国革命历史博物馆

中国人民革命军事博物馆

全国农业展览馆

人民大会堂

钓鱼台国宾馆

民族文化宫

北京火车站

民族饭店

华侨大厦

工人体育馆

∧ 北京首批“十大”建筑（北京市建筑设计研究院有限公司 提供）

和治理，启动了以地面沉降监测为代表的相关监测和以增加湿地、林地为代表的生态环境提升工程。这一时期经济快速发展，社会全面进步，人民生活水平稳步提高，首都精神文明建设成效显著。

第三阶段（2016 年至今）：北京城市建设进入了全面统筹阶段，城市战略定位为“四个中心”，发展目标是建成国际一流的和谐宜居之都，成为生态环境良好、经济文化发展、社会和谐稳定的世界级城市群的核心。

这一阶段，北京的城市建设由快速发展向高质量发展转变，“减量提质”成为重要内容。固体矿产资源的开发利用开始全面退出，矿山环境治理逐步开展。南水北调工程建成后，南水进京降低地下水资源开采强度，地下水位止降回升，缓解了地面沉降发展。实施最严格的土地资源保护制度，严控城乡建设用地规模，提高土地的综合利用、高效利用和产业利用；通过两次百万亩大造林和北京城市副中心城市绿心森林公园的建设等，增强土地的生态功能。土地资源支撑了首都履行“四个服务”的基本职责，在建设北京城市副中心方面发挥了巨大作用，不仅满足密切关系民生的基础设施与住宅建设的需求，也越来越多地服务于首都的生态文明建设和特色文化建设。

减量发展

在尽可能减少消耗自然资源，尤其是不可再生资源，以及转变对社会资源粗放使用的基础上，实现高质量发展的一种可持续发展模式。

近几年来，通过不断加大的水土环境治理、地质灾害防治、矿山生态修复等，恶化的环境得到明显改善。当前，北京城市建设正以资源环境承载力为刚性约束，向资源集约利用、绿色空间扩大、生活品质提高、文化内涵提升的高质量方向发展。

∧ 国家体育场中心——“鸟巢”与水立方

∨ 城市绿心森林公园设计图（北京城市副中心投资建设集团有限公司 提供）

二、服务首都的文化传承与建设

北京是有着三千年历史的都城，同时也是现代化国际大都市，深厚的古都文化与现代城市文化交汇融通，是著名的历史文化名城和现代文化中心。历史文化的保护与传承、现代文化的建设与发展、文化中心的彰显与体现，都需要良好的资源环境做支撑。

在历史文化保护方面，北京一直在划定适宜的国土空间范围对古建筑和文化遗址进行保护、修复、恢复与复建等，并进行博物馆建设和历史风貌恢复，以展示深厚的历史文化。如周口店遗址和燕都遗址的发掘保护，部分长城段的保护修复，云居寺与永定门的复建等，"三山五园"山水林田风貌恢复，长城、周口店、燕都遗址等博物馆建设等。利用文化街区、古建筑和文化遗址周边腾退的国土空间，恢复文化本真风貌和绿色环境。

在文化建设与发展方面，北京利用大量的土地资源，先后建设了民族文化宫、国家历史博物馆、国家图书馆、国家大剧院、首都博物馆等一大批重要文

∨ 国家大剧院（张卫 摄）

化设施，并规划建设故宫北院。利用产业转型的工矿业用地，建设了以“798”为代表的文化创新基地。此外，全市建设了大量的基层文化设施，已形成 4 级公共文化服务设施全覆盖。

北京的文化设施

形成 4 级公共文化服务设施约 7000 余个。

◎**市级：**首都博物馆与市文化艺术中心

◎**区级：**图书馆与文化馆

◎**街乡级：**综合文化中心

◎**社区村级：**综合文化室

文化是首都北京的一张名片，国土资源为这张名片的形成和展示搭建了巨大的舞台，未来它仍将服务于首都的文化中心建设，保护与传承历史文化，建设与发展创新文化。

三、创建了良好的国际交往环境

随着中国国际影响力的日益增强，作为世界看中国的重要窗口，首都北京将迎接八方来客，成为中国对外交往的重要聚集地和中心枢纽。在广阔的土地上先后建起南北呼应、寓意“龙凤呈祥”的两座大型国际机场，成为世界一流的航空“双枢纽”，架起了对外交流的空中桥梁；依托城区北部的田园和环境优美的松山，因形就势建设的奥运场馆不仅标志着北京是奥运史上唯一的“双奥之城”，也营造了世界各国体育健儿拼搏、学习和交流的友好环境。燕山脚下的雁栖湖国际会都是举世瞩目的第 22 次 APEC 领导人峰会举办地，这里已成为提升国际交往功能和带动国际高端会议、商务、旅游等相关产业发展的生态发展示范区。自 2000 年开始，利用朝阳区老工业基地产业结构调整后提供的充足土地资源，打造

北京世界一流航空“双枢纽”

北京首都国际机场和大兴国际机场总面积 21.9 万平方米，共有 7 条跑道，全长 25600 米。年旅客吞吐量超过 1 亿人次。目前通航 60 余个国家，国际航点 130 余个。世界一流航空“双枢纽”由此形成。

∧ 国家速滑馆内部空间（吴吉明 摄）

以国际金融为龙头、高端商务为主导、国际传媒聚集发展的北京商务中心（CBD）。这里集中了北京市大部分的国际传媒机构、国际组织、国际商会、跨国公司地区总部和国际金融机构，外籍人口数量众多。这里国际交流频繁，多元文化交融，国际化资源聚集，成为首都对外开放的重要窗口和率先与国

“双奥之城”

2008 年 8 月北京成功举办了第 29 届夏季奥林匹克运动会。2022 年 2 月，北京成功举办了第 24 届冬季奥运会，由此成为奥运史上第一座举办夏季奥运会和冬季奥运会的城市。

商务中心区

CBD——商务中心区（Central Business District）的简称，最初起源于 20 世纪 20 年代的美国，意为商业会聚之地。商务中心区是现代化国际大都市的一个重要标志。

∨ 北京 CBD（张卫 摄）

际接轨的商务中心，为国际商务活动和国际文化交流、集聚国际商务金融和国际组织、开展国际会议会展提供了良好空间环境。

北京富庶优美的自然资源环境成为打造良好国际交往环境的重要基础。

四、搭建科创和人才集聚的舞台

北京是全国科研机构与高校最为集中、科研软实力最强的城市，依托丰富而优质的科研资源和广阔的国土空间，着力打造全国科技创新中心的“主战场”——“三城一区”，即中关村科学城、怀柔科学城、未来科学城及“创新型产业集群和中国制造 2025 创新引领”示范区，为科技创新和高层次人才创业搭建了宽阔而适宜的舞台。这座“舞台”占地面积达 200 多平方千米，目前汇聚了近三十所高校、数十个国家级重点实验室和数百家工程技术与高端产业研发机构。未来，科技管理和运行机制将更加充满活力，“三城一区”科技要素流

北京科学城

怀柔科学城

中关村科学城

未来科学城

怀柔科学城： 面积 100.9 平方千米，定位为“世界级原始创新战略高地”。

中关村科学城： 面积约 75 平方千米，定位为“打造具有全球影响力的科技创新中心新地标”。

未来科学城： 面积约 170 平方千米，定位为“世界一流水准、引领我国应用科技发展方向、代表我国相关产业应用研究技术最高水平的人才创新创业基地”。

“三城一区”科创主方向

中关村科学城着力发展新一代信息技术、节能环保、航空航天、生物、新材料、新能源、新能源汽车、高端装备制造等；未来科学城将聚焦先进能源、先进制造和医药健康三大核心领域；怀柔科学城立足物质、空间、地球、生命、环境、信息和智能等领域前沿，打造世界级原创承载区；创新型产业集群和中国制造 2025 创新引领示范区则重点发展节能环保、集成电路、新能源等高精尖产业。

动性会更强，配套政策也会更加完善，为科技人才工作、生活和科技活动提供更多的优质服务。良好的创新创业环境，将会吸引更多高精尖企业和高层次人才集聚，这座“舞台”动能澎湃，将为北京高质量发展提供有力支撑，让中国“智造”这张名片更加熠熠生辉。

第三节　优化的国土空间格局保障了城市可持续发展

北京依托良好的自然资源环境不断发展壮大，从最初只有几十、几百人的聚落已发展成今天拥有 2000 多万人口的超大型城市。伴随城市发展，北京就像人会生病一样，也出现了病症——“大城市病”，主要表现在人口膨胀、交通拥挤、资源紧张、环境质量下降等方面。而未来，北京将克服这些症状全面建成更高水平的国际一流的和谐宜居之都，并引领京津冀世界级城市群向生态环境良好、经济文化发达、社会和谐稳定的方向发展。为此，必须合理利用自然资源，全面保护修复生态环境，优化资源环境空间，保障城市可持续发展。

大城市病

包括在大城市里出现的人口膨胀、交通拥挤、住房困难、环境恶化、资源紧张、物价过高等“症状”。

一、集约优化资源环境，支撑北京城市发展

自然资源环境禀赋支撑了北京三千多年的城市发展，现在仍然是北京城市建设发展的重要根基。在当今资源环境承载过重的情况下，要想确保城市可持续发展，就必须将城市的建设发展限定在资源环境可承受的范围内。为此，必须通过优化资源利用、减量提质、疏解非首都功能、承载力与适宜性“双评价”等，确定在资源环境约束下，城市的国土空间开发程度、城市的建设发展合理规模以及生产建设活动的适宜性，使资源环境能够承载城市建设发展，实现资源合理利用和国土空间格局优化，为百姓提供高品质“三生”空间。

（一）资源节约集约利用

北京城市快速发展，水土资源紧缺已成为制约城市发展的主要障碍之一。在水资源方面，存在着资源量减少、地下水位下降等问题；在土地资源方面，出现了城市占地规模过大、土地利用低效和闲置浪费等现象。此外，北京地下空间资源、地质遗迹资源、浅山区资源和闲置遗留场地资源等还未得到充分利用。

集约利用水土资源

水资源与土地资源是北京城市建设发展中最重要的支撑资源，如今在北京这个超大型城市中，人均拥有的资源量并不充足。因此，必须通过集约利用与合理利用，使水土资源的利用得到良性循环，保障城市的可持续发展。集约利用水资源主要是严格控制用水总量，加强水资源循环高效利用，科学统筹配置进京的南水（南水北调水）、地表水、地下水、雨洪水

人均土地与人均水资源

2020 年末，北京市人均土地面积约 0.075 公顷。2020 年以后，人口总量将长期稳定在 2300 万之内，人均土地面积可稳定在 0.071 公顷左右。

2020 年，北京市人均水资源量为 117.6 立方米，到 2035 年人均水资源量将提高到约 220 立方米。

和再生水资源，压采和保护本地地下水，严格保护密云水库并增加蓄水量，综合采取“渗、滞、蓄、净、用、排”等措施，加大降雨就地消纳和利用比重，促进水资源循环利用。集约利用土地资源主要是在控制和减少建设用地规模的基础上，有序推进存量建设用地优化利用、切实提升土地资源配置效率和加强土地的集约复合利用。

充分利用地下空间资源

北京市目前的地下空间开发利用以地下 30 米以上的浅层、次浅层地下空间为主，对地下 30 米以下的次深层和深层地下空间以保护为主。北京平原具有良好的地质结构和利用条件，具有巨量可开发的地下空间资源，通过有序开发，并与城市更新和历史文化名城保护相结合，解决城市发展空间紧张的问题，建立健全地下空间开发的管理体制与实施机制，形成地下、地表和空中协同发展的立体式宜居城市，扩大城市建设空间。

∧ 地下空间资源的利用——地下停车场（尹慎广 摄）

地下空间资源潜力

北京拥有巨大的地下空间资源潜力。北京市中心城区深度 10 米以内的地下空间资源潜力是 9000 万平方米，深度 30 米以内的地下空间资源潜力是 20910 万平方米，相当于近 3 万个标准足球场的面积。

发掘利用自然遗迹资源

北京拥有丰富多样的自然遗迹资源，如地貌景观、地质奇观、岩溶景观、水体景观、古人类遗址、采矿遗址等，通过强化保护与合理利用，将这些自然遗迹资源用于游览观光、研学旅游、教学实习、科学普及等，可以大大丰富社

∧ 密云古北水镇

会文化生活，助力地方经济发展。

保护利用浅山区资源

北京浅山区位于深山与平原过渡地带，面积 4833 平方千米。这里生态环境优美，资源矿藏丰富，文化底蕴深厚，是首都城市建设发展的第一道生态屏障。在浅山区，要把生态环境保护放在首位，保护山脚线，控制建筑高度，优化建设用地布局；利用存量空间适度引入生态技术、林业科技相关的高科技绿色产业；利用好生态与景观优势，发展生态型、人文型旅游服务；建设功能强、形态美、机制新的精品特色小城镇，实现人与自然和谐共生，成为首都生态文明示范区。在保护的基础上，还要挖掘历史文化资源，全方位展现人文城市特色，传承历史文化脉络，使其成为北京国土空间利用和文化中心建设的一道靓丽风景线。

创新土地产业利用

随着北京非首都功能疏解和产业结构调整，一些高污染、高能耗的企业以及全部采矿业搬迁或退出，其遗留的场地或遗址可通过修复、保留和传承等加以利用，转换、创新和扩展新的产业空间，为社会提供服务。以首钢为例，首钢搬迁后留下的 8.63 平方千米土地，将以文化创意产业、生产性服务业、高

∧ 首钢滑雪大跳台

技术产业、高端制造业四大主导产业推动区域发展。目前，建有承接第 24 届北京冬奥运会比赛的滑雪大跳台，还有攀岩场、滑板场、空中步道等设施。新首钢地区已成为企业深度转型的重要标志，未来将建成具有全球示范意义的新时代首都城市复兴新地标。

今后还将有大量的腾退空间、遗留修复空间和战略留白等，用以进行文化名城保护，发展和扩大绿色产业、文化产业、养老服务产业等，承载国土空间的产业利用。通过一系列自然资源的集约利用、高效循环利用、创新产业利用和潜力发掘，北京将扩大国土资源利用空间，助力城市可持续发展。

（二）资源利用的减量提质

进入新时期发展阶段，减量提质成为北京城市发展的重要举措。减量的核心是对开发建设进行数量调控、强度管控和空间控制，用刚性的底线和边界约束让城市发展由外延扩张式向内涵提升式转变。北京市依托“两线三区”进行全域空间管制，控制建设用地规模，使建设活动局限在一定的空间范围内，减少土地资源利用，降低平原区土地资源开发强度，扩大生态环境容量，提升资源环境整体质量，减轻土地资源承载过重问题。

通过减少城乡建设用地规模，特别是集体建设用地减量，压缩中心城区产业用地，高效利用存量产业用地，建立合理拆占比（新占建设用地与腾退的低效用地的比例），提高城市土地供应能力与质量，高效利用土地资源，实现城市高质量发展。

北京市资源利用的“减”与“降”，“增”与“提”

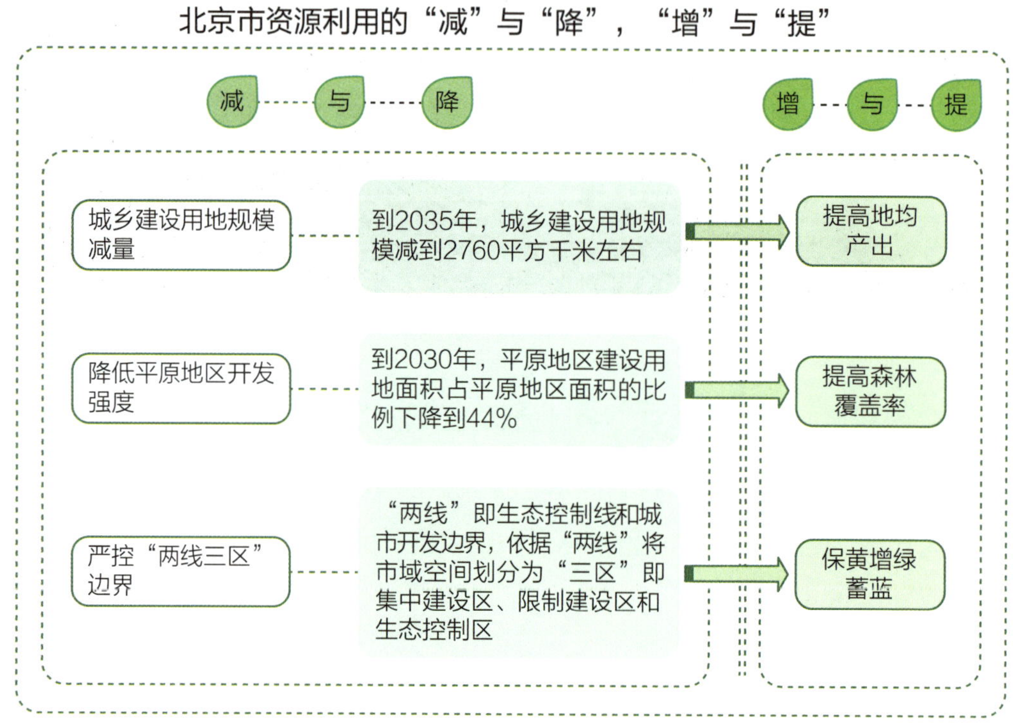

（三）提升资源环境承载力

疏解非首都功能是减轻北京城市发展压力、提升资源环境承载能力、确保城市可持续发展的重要途径。北京作为一个有着两千多万人口和过万亿经济总量的超大城市，在承担国家首都政治中心和文化中心功能之外，还承载了经济、金融、产业发展、教育、科研、医疗等方方面面的功能。人口规模庞大、城市体量巨大、资源环境承载过重、城市功能纷繁庞杂、“大城市病”突出。这些问题看起来似乎是人口过多带来的，但深层次上是城市的功能太多带来的。自 2016 年起，北京市采取“禁、关、控、转、调”方式，将不符合北京发展定位的功能疏解出去，解决经济、社会、人口与资源环境的矛盾。通过不断疏解，北京城市人口和建设规模得到控制，高耗能及污染产业全面退出，水土资源等开发强度得以控制，资源环境承载力得到提升。未来，依托城市副中心、雄安新区，以及京津冀协同发展区，非首都功能的疏解力度会不断加大，资源环境承载能力将会明显提升，城市可持续发展可以得到有效支撑。

非首都功能

指与北京“四个中心”定位不相符的城市功能。主要包括：

（1）一般性制造业；

（2）区域性物流基地和区域性批发市场；

（3）部分教育、医疗、培训机构；

（4）部分行政性、事业性服务机构。

（四）以“双评价”确定城市规模

资源环境承载力和国土空间开发适宜性是北京进行城市规划、确定发展最大合理规模的重要依据。通过“双评价”，我们能够充分认识北京地区水、土、气、生态等资源环境的本底状况和承载能力，确定在资源环境约束下，北京城市发展的最大合理规模，评价进行农业生产、城镇建设等活动的适宜性，使城市规模与资源环境承载能力相匹配，实现土地、地表水和地下水等资源的集约利用和国土空间开发格局的优化。

“双评价”

资源环境承载能力评价

基于特定发展阶段、经济技术水平、生产生活方式和生态保护目标，一定地域范围内资源环境要素能够支撑农业生产、城镇建设等人类活动的最大合理规模。

国土空间开发适宜性评价

在维系生态系统健康和国土安全的前提下，综合考虑资源环境等要素条件，特定国土空间进行农业生产、城镇建设等人类活动的适宜度。

优越的自然地理条件和自然资源环境，使北京成为人口高度聚集、功能强大繁多、文化荟萃繁荣的超大型城市。面对“四个中心”定位发展和缓解城市资源环境压力，自然资源环境是国土空间利用的首要基础条件。资源环境质量不降低，数量不减少，才能够承载未来城市“三生”空间的良好发展。

二、营造国土安全空间，实现韧性城市建设

由于自然与人为因素，北京还存在着不同程度的土地损毁、植被退化、水土污染和多种自然灾害等，城市发展面临资源环境安全问题。为此，通过生态保护与修复和建立防灾体系等，营造国土安全空间，让城市建设具有预防和抵御安全问题的能力，实现韧性城市发展。

（一）推进生态保护与修复

矿山生态修复

至 2020 年，北京还有 1373 公顷废弃矿山需要生态修复。未来，按照生态修复理念和坚持自然恢复为主、人工修复为辅的原则，开展矿山生态修复。主要内容是消除地质灾害隐患，保障生命财产安全；地貌重塑，修复受损山体，织补城市受损肌理，形成完整连贯的山水骨架和空间形态；土壤重构，置换与改良土壤，满足植被生境条件；植被重建，种植恢复地表植被，恢复生态环境。矿山生态修复应尊重自然生态格局和矿业特色文化，使修复后的景观与周边的自然景观和谐地融为一体，促进自然生态系统质量整体改善和生态系统服务能力全面提升，提高矿区生态环境承载力，增加土地资源，扩大绿色生态空间，服务国土空间利用。

生态修复理念

按照山水林田湖草沙冰生命共同体理念，依据国土空间总体规划以及国土空间生态保护修复等相关专项规划，遵循自然生态系统内在规律和内在机理，对受损、退化、服务功能下降的生态系统进行系统修复。

生态修复五大原则

◎生态优先、绿色发展
◎自然恢复为主、人工修复为辅
◎统筹规划、综合治理
◎问题导向、科学修复
◎经济合理、效益综合

坚守生态保护红线

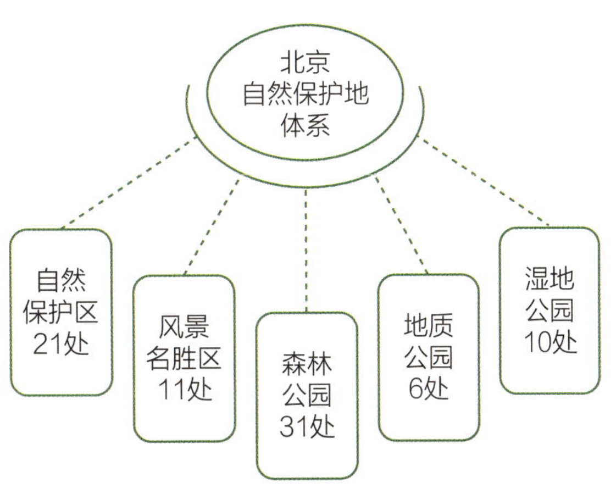

生态保护红线是国家生态文明制度的重要组成部分，是保障和维护国家生态安全的底线，是处理好人与自然、发展与保护关系的刚性约束。划定并严守生态保护红线，是贯彻落实生态文明思想，加快生态文明制度建设的具体举措。北京市以自然保护地体系为基础，划定生态保护红线，至 2019 年底，北京市共有 5 类 79 处自然保护地，面积约占全市面积的 22.4%。

北京市严格遵守生态保护红线，采取一系列措施，有效保护了生态环境和生物多样性。目前全市野生动物种类已达 600 种左右。属极危植物北京无喙兰的发现和属全球濒危鸟种震旦鸦雀的发现，以及 2020 年生物多样性调查中 70

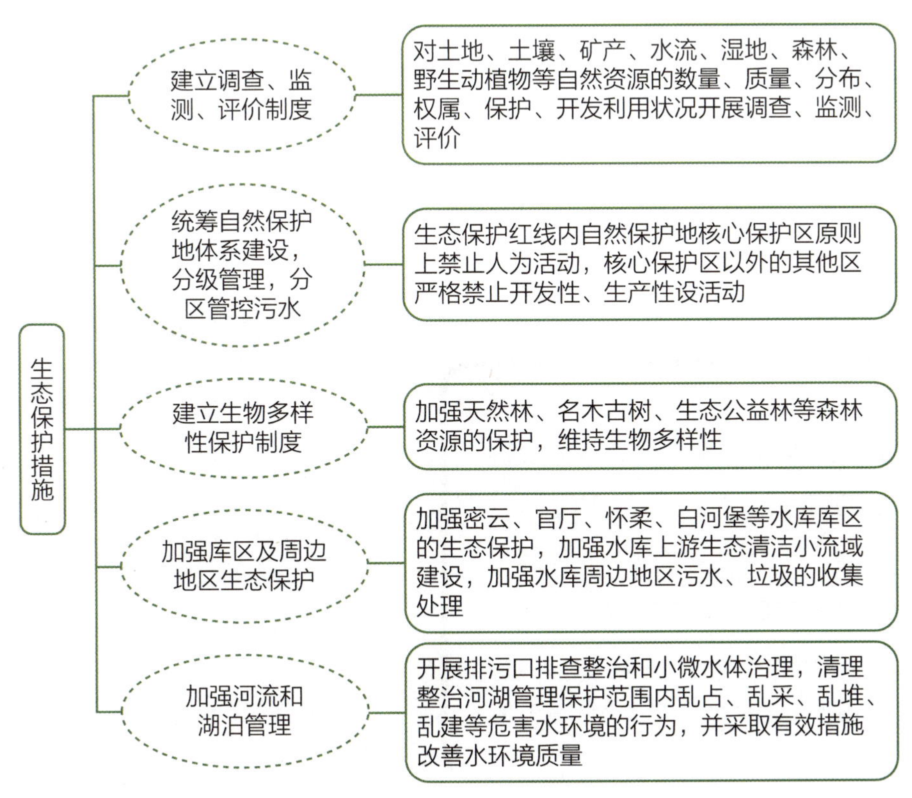

北京地区发现的国家级保护动物

◎**棘角蛇纹春蜓：**国家二级重点保护野生动物，它的出现能够反映当地优良的水质和丰富的水生植被

◎**金雕：**国家一级保护动物，食物链的顶级消费者，它的存在说明了生态系统的健康稳定

◎**豹猫：**国家二级保护动物，它的出现代表生态系统相对健康

种北京新记录种和 12 种中国新记录种的发现，都体现了北京坚守生态保护红线所取得的良好生态效果。未来将进一步细化生态保护管控范围和措施，突出“坚守底线，严格保护”的原则，建立健全生态保护综合补偿和监测评估等制度，实施生态保护，构建生态安全空间，保障北京城市生态安全。

（二）建立防灾减灾体系

北京地区面临地震、旱涝、地质、气象、森林和草原火灾等多种自然灾害，为避免灾害给经济社会和人民生命财产造成损失，应建立科学有效的防灾体系，营造安全空间。

目前，北京建立了较为健全的自然灾害管理体制和应急救援指挥协调机制，自然灾害应急处置能力较强，在全国防灾减灾日、安全生产月、全国消防日、国际减灾日、世界急救日等重要节点开展了形式多样的防灾减灾宣传教育活动。北京市坚持以人为本，依据“以防为主，防治结合”的原则，形成了支撑首都安全的完善、科学、有效的地质灾害防治体系，并实施了一些地质灾害治理工程，起到了良好的防

人机协同

通过人机交互实现人类智能与机器智能的结合。

通过人工智能、大数据、机器学习等新技术的应用，发挥智能信息平台“人机协同”优势，可以组织和实现重大自然灾害后的救援工作。

灾减灾效果。随着信息技术、生物技术、新材料技术、人工智能技术等战略前沿技术领域的发展，人机协同已在重大自然灾害事件中发挥出重要的救灾作用。

未来，北京将继续坚持人民至上、生命至上、以人民为中心的思想，统筹好发展与安全两件大事，处理好人与自然的关系、防灾减灾救灾和经济社会发展的关系。坚持以防为主，防抗救相结合，坚持常态减灾和非常态救灾相统一，从注重灾后救助转变为注重灾前预防，从应对单一灾种转变为综合减灾，从减少灾害损失转变为减轻灾害风险。形成统筹应对各灾种，有效覆盖各环节，综合协调各方面的全方位、全过程、多层次的现代化的自然灾害防治体系和防治能力，提高城市韧性，有效维护人民群众生命财产安全和社会和谐稳定，营造安全空间。

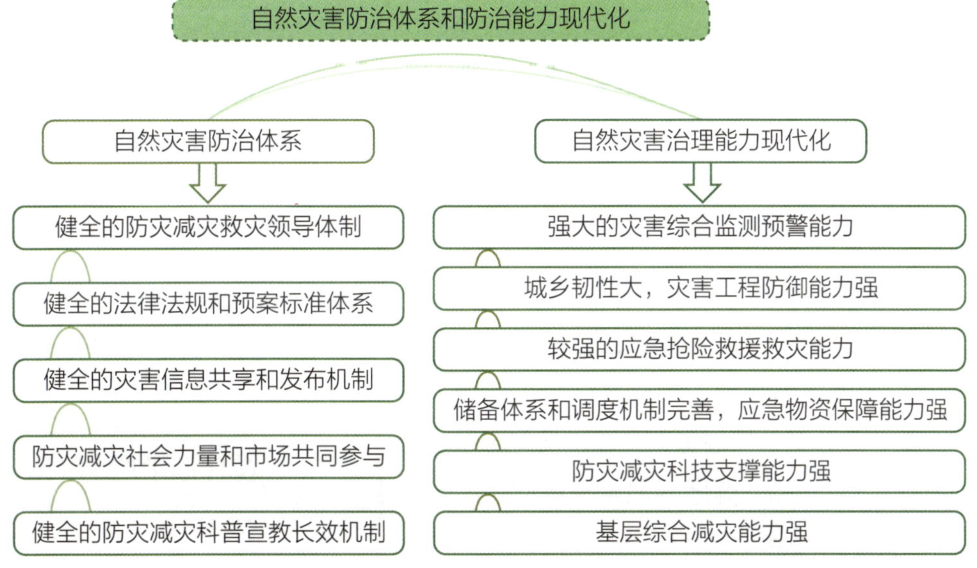

三、构建低碳绿色环境，满足宜居城市建设

（一）改善水土环境

北京经济社会高速发展和城市化的快速进程下，出现了水土环境质量下降和污染破坏问题。“十三五”期间，北京市实施了蓝天、碧水、净土三大“保

卫战”和农村“厕所革命”等，大力开展污染防治攻坚，并启动大规模跨流域生态补水，使水土环境明显改善，重点流域劣Ⅴ类水体进一步减少，国控断面劣Ⅴ类水体断面全面消除；土壤环境质量总体保持稳定。未来，北京市将主要从污染源源头控制、监测、治理和修复等方面持续改善水土环境，通过治理，扩大良好生态空间，促进生活空间宜居舒适，资源环境空间山清水秀，营造良好宜居环境满足城市绿色发展。

（二）营建低碳空间

本来，二氧化碳在地球演化历史中挺“规矩”的，在各种自然因素制约下并不出格，通常处于动态平衡之中。但是随着人类对化石能源的大量消耗，产生了“温室效应”，导致极端天气事件频发，影响城市正常发展。要实现减碳，达到碳中和与碳达峰的“双碳”目标，重要的方法之一是利用森林、草原、湿地、海洋等绿色资源进行吸碳固碳，减少大气中的碳量。此外，利用多种清洁能源可助力减少碳排放量，营造良好宜居环境。

森林固碳

森林植物通过光合作用吸收大气中的二氧化碳形成植物有机体。植被每积累 1 克干物质，可以固定 1.63 克二氧化碳，而二氧化碳中碳的质量约占 28%。

巨大的“碳储库”

森林生态系统碳储量占全球陆地生态系统总碳储量的 46%，湿地生态系统碳储量占全球陆地生态系统总碳储量的 12%~24%。

经济的“碳吸器”

通过植树造林增加的碳汇生产成本相对较低，一般在 10 美元 / 吨以下，而提高化石能源利用效率以减少碳排放成本为 100 美元 / 吨。

森林湿地吸碳固碳

对于北京而言，森林和湿地是碳汇的两个“大咖”，它们是陆地表面巨大的“碳储库”和经济的“碳吸器”。通过人工植树造林、管理与保护森林和湿地等，我们可以更加主动地增强碳汇能力。因此，植树造林和扩大湿地是北京实现碳达峰与碳中和的重要举措。

北京市拥有85万余公顷的森林面积，森林覆盖率达44.4%。北京市通过两轮百万亩造林工程，已形成的190多万亩森林，能够中和60万辆小轿车一年的碳排放量。北京市已形成千亩以上绿色森林湿地250处，万亩以上大尺度森林湿地29处，现已开展湿地固碳试点。

森林与湿地二氧化碳吸收

北京位于北温带，森林植被属于温带森林，温带森林每年每公顷可吸收二氧化碳2.5~27吨，湿地每年每公顷可吸收二氧化碳约15吨。

"十四五"期间，北京森林覆盖率将达到45%；未来5年、10年，全市恢复建设湿地面积持续增加。2021年12月28日，国务院批复同意在北京设立国家植物园，2022年4月18日国家植物园正式揭碑。它在中科院植物研究所和北京市植物园基础上扩容增效，总规划面积近600公顷。"十四五"期间将在通州潞城镇建设一座面积约360公顷的国家级植物园。森林、湿地、植物等绿色资源的持续增加，不仅营造了良好的生物多样性保护环境，也极大地提升了吸碳固碳能力，助推北京"双碳"目标实现，满足城市宜居发展。

表4-2　湿地发展目标

时间节点	湿地保护率	湿地恢复建设面积/公顷	小微湿地恢复与建设总数/个
2025年	≥70%	≥5000	≥50
2035年	≥80%	≥9000	≥100

使用清洁能源减少碳排放

实现"双碳"目标实现的另一个途径是减少碳排量，也就是减少化石燃料、增加清洁能源的利用。北京的清洁能源包括生物质能、太阳能、地热能、风能和小水电资源，以及垃圾焚烧再生能源。其中太阳能、生物质能和地热能的资源利用条件较好，风能和小水电资源有限，但开发利用程度较高。

∧ 官厅水库风力发电

北京地区太阳能资源丰富，太阳能开发主要集中在光热利用上，如太阳能热水器、太阳房、太阳能温室、太阳灶等，此外，还有太阳能光伏发电。北京风能资源总储量约为 460 万千瓦，可利用资源量为 60 万千瓦。2008 年，官厅风力电场正

清洁能源与可再生能源

清洁能源，即绿色能源，是指不排放污染物、能够直接用于生产生活的能源，包括核能和“可再生能源”。可再生能源，是指原材料可以再生的能源。

∧ 门头沟鲁家山垃圾焚烧发电厂

鲁家山垃圾焚烧发电厂

鲁家山垃圾焚烧发电厂是亚洲最大的垃圾焚烧发电工程。日“吞”垃圾 3000 吨，年发电 3.8 亿度，可为 4 个区供电供热，供热 34.9 万吉焦（约 9695.22 万千瓦 · 时），相当于节约 14 万吨标准煤，年减二氧化碳当量为 40 万吨。

式并网发电，标志着北京地区在风能开发利用方面零的突破。北京市已建有包括鲁家山在内的生物质垃圾焚烧发电厂超 10 座，累计生活垃圾处理规模超 2 万吨 / 日，产生大量的热能供给城市，对减少碳排放起到了积极作用。此外，北京的地热能资源也可为城市发展提供清洁能源。清洁能源的利用可以有效降低碳排放，有益城市环境的改善。

四、统筹区域资源环境，共建京津冀城市群

“京津冀同属京畿重地，地缘相接、人缘相亲，地域一体、文化一脉，历史渊源深厚、交往半径相宜，完全能够相互融合、协同发展”。京津冀协同发展是一项重大的国家战略，是实现首都可持续发展的必由之路，也是探索人口经济密集地区优化开发的新模式，建设以首都为核心的世界级城市群。有序疏解北京非首都功能，提升首都功能，解决北京“大城市病”问题，是京津冀协同发展的首要任务。

（一）渊源深厚相互依存

从空间发展脉络看，史前时期，京津冀是我国古人类活动和繁衍的重要区域之一。春秋战国、唐朝、宋辽时期，蓟城（今北京）、灵寿（今正定）、邯郸、幽州（今北京地区）、保定、张家口、秦皇岛、承德先后成为京津冀区域的重要城市。元代定都后，逐渐形成了以北京为核心的三层级首都城市功能圈。从文化渊源看，京津冀区域文化简称冀文化，历史悠久，贡献非凡，影响深远。虽然内部存在个别差异，但总体上呈现出平原文化的一致性。

从现状地缘看，京津冀均处于海河流域，位于由古代黄河与现代海河合力冲积而成的华北平原。河北和天津地处华北平原北部，北京位于华北平原西北边缘，三者紧密相依相拥。

从资源环境看，太行山纵贯于京津冀之西，燕山横亘于京津冀之北，两山是京津冀地区重要的生态屏障，也是京津冀最重要的水源涵养地，河北生态保护红线呈现着护佑京津之势。北运河、永定河、大清河像一条条玉带串联着京

津冀，水是流动的，京津冀互为上下游，上游没水，下游怎么会丰沛？上游污染，下游水质怎么会好？京津冀山同脉，水同源，相互影响明显。

从发展现状看，京畿大地上还存在着“发达的中心”与“落后的腹地”，京津冀三地发展不平衡，三地存在着亟待解决的现实问题。因此，京津冀是形成于同一方水土，具有天然血肉联系，相互依存，“本是同根生”的三兄弟。

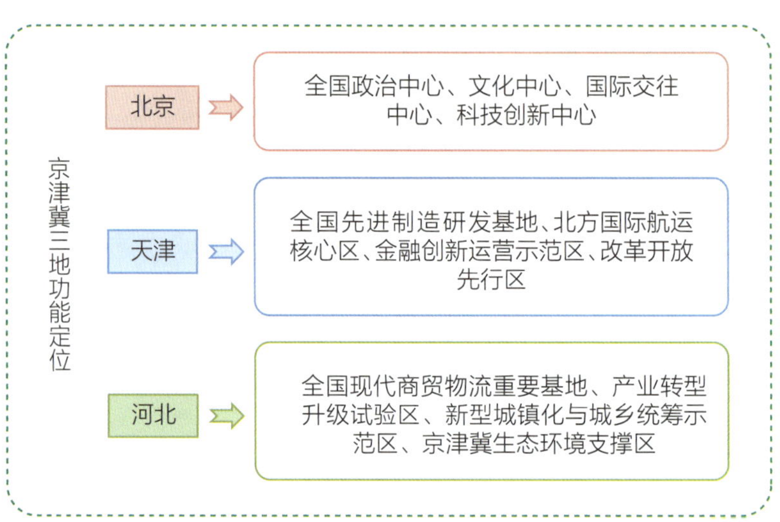

（二）时空融合协调发展

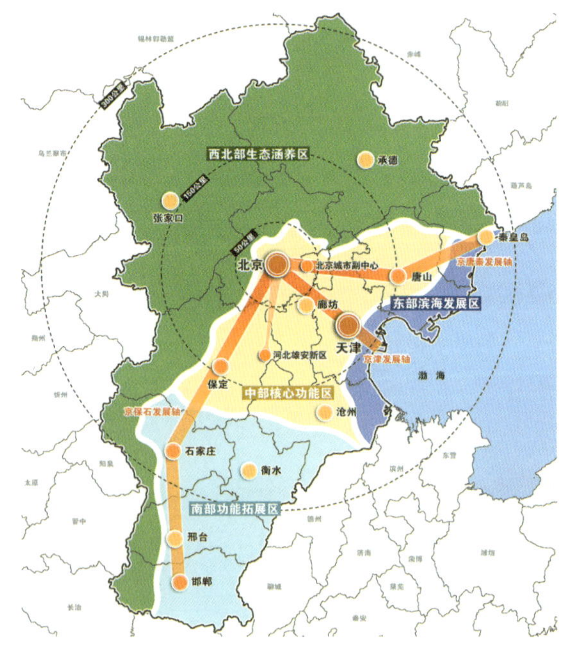

∧ 京津冀区域空间格局示意图（2016 年）

解决“大城市病”和区域发展不平衡问题有许多途径，京津冀三地协同发展，地缘上的紧密性具有协同发展的天然优势；时代的声音——打造具有较强竞争力的世界级城市群，具有协同发展的现实需要；而相同的资源、相似的环境更为协同发展、建设世界级城市群提供了天然的基础条件。

在资源广域分布的空间中，京津冀

西部同为太行山，北部同为燕山，环境优美、资源丰富；东南部同是由永定河等河流冲积而成的平原，地势平坦，土壤肥沃。基于京津冀资源环境现状，根据协同发展的目标和任务，京津冀空间布局为“一核、双城、三轴、四区、多节点”和新“两翼”。

京津冀空间布局

◎**一核：** 首都功能核心区

◎**双城：** 北京和天津

◎**三轴：** 京津、京保石、京唐秦三个产业发展带和城镇聚集轴

◎**四区：** 中部核心功能区、东部滨海发展区、南部功能拓展区和西北部生态涵养区

◎**多节点：** 包括石家庄、唐山、保定、邯郸等区域性中心城市和张家口、承德、廊坊、秦皇岛、沧州、邢台、衡水等节点城市

◎**新两翼：** 北京城市副中心和河北雄安新区

在京津冀整体空间中，围绕疏解北京非首都功能，解决北京“大城市病”这个首要任务，在推动疏解的同时，大力推进内部功能重组，优化提升首都功能，充分发挥“一核”的引领作用。“双城”是京津冀协同发展的主要引擎，强化京津联动，共同发挥高端引领和辐射带动作用；“三轴”是支撑京津冀协同发展的主体框架；“四区”每个区都有明确的空间范围和发展重点；“多节点”是非首都功能的承载空间。

北京积极对接支持新“两翼”中的“一翼”——河北雄安新区规划建设，

∧ 雄安新区

∧ 北京城市副中心

对“两翼”整体谋划，深化合作，取长补短，错位发展，比翼齐飞，共同发挥疏解非首都功能的示范带动作用。京津冀协同发展，将构建多中心网络化的空间格局。

京津冀协同发展首先推动交通、生态、产业三个重点领域率先突破。利用

京津冀协同发展成绩单（资源环境、国土空间方面）

北京非首都功能疏解稳步实施

功能疏解和人口调控成效持续显现：截至 2020 年 3 月，疏解一般制造业企业累计 2872 家；疏解提升市场、物流中心累计 980 余个。

雄安新区建设高标准

新区重点建设项目滚动实施：雄安新区目前已转入大规模实质性建设阶段。

白洋淀生态环境治理成果显著：截至 2020 年 3 月，上游 49 个有水断面中，46 个已达到或优于 IV 类标准，2017 年以来白洋淀累计获得补水 14.74 亿立方米。

重点区高质量发展协同推进

北京城市副中心建设高质量推进：截至 2020 年 3 月，北京学校小学部和北京大学人民医院、安贞医院通州院区基本建成，北京市 30 项市级管理权限赋权副中心并到位运行。

张家口首都“两区”建设取得明显成效：截至 2020 年 3 月，林木绿化面积累计达 2759 万亩，全市 8 个国、省考断面水质均值全面达到优良。

京津冀城市群布局不断优化：河北省城镇化率从 2019 年的 57.6% 提高到 2020 年的 59%。

重点领域重大项目建设加快实施

生态联防联控联治力度不断加大：2020 年，3 省市共完成植树造林 800 多万亩。

产业转移升级工作扎实开展：2020 年，天津共引进北京企业投资项目 676 个，占全市国内招商引资到位额的 43.14%，河北累计承接京津转入单位 3377 个。

广阔的土地和空间，建成世界级的机场、打造轨道上的京津冀，还有便捷畅通的公路网；基于三地环境具有的密切联系和相似特征，携手开展区域环境联防联控联治，持之以恒改善空气质量，治理水环境，构建大尺度绿色生态空间；依托地缘上的紧密性，加强重点领域产业对接，构建区域协同创新共同体。2014 年以来，京津冀协同发展取得了良好成绩。

（三）互利共赢走向未来

未来，京津冀三兄弟将继续秉持“创新、协调、绿色、开放、共享”的新发展理念，同心协力，发挥靠山面海的地理位置优势，发挥良好的生态环境优势和丰富的自然资源优势，坚守初衷，继续抓住疏解北京非首都功能这个“牛鼻子”，坚持和强化首都核心功能；坚持“一核两翼”联动，进一步深入推进京津冀协同发展，建设以首都为核心、生态环境良好、经济文化发达、社会和谐稳定的世界级城市群。

在我国建设世界科技强国的过程中，以首都为核心的世界级城市群必将肩负重要的历史使命。“雄关漫道真如铁，而今迈步从头越”，京津冀协同发展这一重大国家战略，将会书写出更加璀璨夺目的篇章，为全国乃至世界治理“大城市病”、区域协调发展提供“中国智慧”和“中国方案”。

世界级城市群

世界级城市群包括美国东北部大西洋沿岸城市群、北美五大湖城市群、日本太平洋沿岸城市群、英伦城市群、欧洲西北部城市群、长江三角洲城市群。

结语

优越的资源环境是北京未来发展的坚实基础，将支撑新形势下的国土空间利用。北京西部和北部连绵的山地承载森林规模的扩大，从而形成保障首都安全的**生态空间**；地表与地下丰富的自然遗迹资源为人们提供了文化体验和探索地球奥秘的**拓展空间**；统筹山区的土地资源、景观资源、人文资源和历史文脉，构建人与自然相和谐、文化与生态相融合、保护与利用相协调的**祥和空间**；广袤平原上的首都核心区通过疏解措施，提升资源环境承载能力，形成高质量的**服务空间**；建设中的北京城市副中心，通过城市绿心森林公园和蓝色河带建设，提升水土资源的生态功能，构建城市生态文明的**示范空间**；利用腾退与修复的土地资源，扩大文化传承与科技创新的**发展空间**；集约利用水土资源，提高水土环境质量，营造良好的**宜居空间**；山水相依地缘相接的资源环境，提供了京津冀世界级城市群建设的**广阔空间**。

山水林田湖草沙自然资源环境是大自然的馈赠，提供了人类生存发展空间。伴随人类发展、农业形成、城市出现、工业产生和文化呈现，我们生活的空间变得无比丰富多彩。未来，自然资源环境仍是北京城市建设和国土空间规划的重要基础与支撑。

参考文献

[1]《中国矿床发现史·北京卷》编委会. 中国矿床发现史·北京卷[M]. 北京：地质出版社，1996.

[2] 安蓓，刘红霞. 推动京津冀协同发展取得新的更大进展——解读习近平总书记在京津冀协同发展座谈会上的重要讲话[N/OL]. 人民日报，(2019-01-20)[2022-1-31]. http://politics.people.com.cn/n1/2019/0120/c1001-30578398.html.

[3] 北京发现"鸟中熊猫"震旦鸦雀属全球濒危鸟种[N/OL].(2018-03-02)[2022-2-22]. https://news.china.com/socialgd/10000169/20180302/32150124.html.

[4] 北京交通发展研究院. 2021年北京交通发展年度报告[R/OL].[2022-3-17]. https://www.bjtrc.org.cn/List/index/cid/7.html.

[5] 北京卷编辑部. 当代中国城市发展丛书：北京（上下）[M]. 北京：当代中国出版社，2011.

[6] 北京平原区地震影响小区划，北京市地震地质会战办公室. 玉田地区低烈度异常原因的初步地质分析. 1984，3-17.

[7] 北京平原区地震影响小区划，北京市地震地质会战办公室. 造成北京大兴轻震害区有关地质条件的初探. 1984，18-33.

[8] 北京市地方志编纂委员会. 北京志：国土资源志（1991—2010）[M]. 北京：北京出版社，2018.

[9] 北京市地方志编纂委员会. 北京志：水务志（1991—2010）[M]. 北京：北京出版社，2018.

[10] 北京市地震地质会战办公室. 北京地区地震地质的估价和新构造运动. 1981.

[11] 北京市地震地质会战办公室. 北京平原区全新世构造活动调查研究. 1982

[12] 北京市地质调查研究院. 北京市区域地质志[R]. 2017.

[13] 北京市地质调查研究院. 中国矿产地质志·北京卷 [R]. 2019.
[14] 北京市地质研究所. 北京市突发地质灾害详细调查总报告 [R]. 2013.
[15] 北京市地质研究所. 北京市地质遗迹详查、评价及保护对策 [R]. 2014.
[16] 北京市地质研究所. 华北地区重要地质遗迹调查（北京）[R]. 2014.
[17] 北京市规划和自然资源管理委员会. 北京市地下空间规划设计技术指南 [A/OL]. (2020-02-20) [2022-3-01]. http://ghzrzyw.beijing.gov.cn/biaozhunguanli/bz/cxgh/202002/P020200220587807816528.pdf.
[18] 北京市规划和自然资源委员会. 北京市矿山生态修复"十四五"规划（2021 年—2025 年）[A/OL]. (2021-04-12) [2022-2-12]. http://ghzrzyw.beijing.gov.cn/zhengwuxinxi/ghcg/zxgh/202104/P020210412558315250051.pdf.
[19] 北京市规划和自然资源委员会. 北京市浅山区保护规划（2017 —2035）[A/OL]. (2021-03-18) [2022-2-10]. http://ghzrzyw.beijing.gov.cn/zhengwuxinxi/ghcg/zxgh/202106/P020210625556622444995.pdf.
[20] 北京市怀柔区人民政府. 怀柔科学城控制性详细规划（街区层面）(2020 年—2035 年)（草案）[A/OL]. (2020-10-22) [2022-3-1]. http://www.bjhr.gov.cn/zwgk/tzgg/202010/P020201022394506485973.pdf.
[21] 北京市人民代表大会常务委员会. 关于北京市"十四五"时期生态保护红线管理的调研报告 [R/OL]. (2021-01-11) [2022-3-10]. http://www.bjrd.gov.cn/rdzl/rdllysjhk/202003q/202003ztgz/202101/t20210111_2211216.html.
[22] 北京市人民政府. 北京市进一步加快推进城乡水环境治理工作三年行动方案（2019 年 7 月— 2022 年 6 月）[A/OL]. (2019-11-29) [2022-3-11]. http://www.beijing.gov.cn/zhengce/zhengcefagui/201911/t20191129_726752.html.
[23] 北京市人民政府. 北京市生态控制线和城市开发边界管理办法 [A/OL]. (2019-5-20) [2022-3-10]. http://www.bjchp.gov.cn/cpqzf/xxgkzl/fdzdgknr/lzyj/wbj55/qjtj73/5084047/index.html.
[24] 北京市人民政府办公厅. 北京市人民政府办公厅关于推进海绵城市建设的实施意见 [A/OL]. (2017-12-04) [2022-3-1]. http://www.beijing.gov.cn/zhengce/zhengcefagui/201905/t20190522_60725.html.
[25] 北京市水科学技术研究院. 北京水问题研究与实践 [M]. 北京：中国水利水电出版社，2019.
[26] 北京市水务局. 北京：多措并举　推进水资源集约安全利用 [A/OL]. (2021-03-25) [2022-3-01]. http://swj.beijing.gov.cn/swdt/swyw/202103/t20210325_2322831.html.
[27] 北京市水务局. 北京市水资源公报.（2000 — 2020 年）[R/OL]. [2022-03-10]. http://swj.beijing.gov.cn/zwgk/szygb/.

[28] 北京市统计局，国家统计局北京调查总队．北京统计年鉴 2021 [R/OL]．http://nj.tjj.beijing.gov.cn/nj/main/2021-tjnj/zk/indexch.htm
[29] 北京市统计局，国家统计局北京调查总队．北京市 2021 年国民经济和社会发展统计公报 [R/OL].（2022-03-4）[2022-6-10]．http://www.beijing.gov.cn/gongkai/shuju/tjgb/202203/t20220301_2618806.html
[30] 北京市推进全国文化中心建设中长期规划（2019 年—2035 年）[A/OL].（2020-04-09）[2022-03-10]．http://www.beijing.gov.cn/zhengce/zhengcefagui/202004/t20200409_1798426.html.
[31] 北京市文史研究馆．北京史诗历史读本 [M]．北京：北京出版社，2018.
[32] 北京市文史研究馆．历史上的水与北京城 [M]．北京：北京出版社，2016.
[33] 地震出版社．中国防震减灾百科全书：地震工程学 [M]．北京：地震出版社，2014.
[34] 冯石岗，许文婷．京津冀文化圈的渊源和载体 [J]．河北工业大学学报（社会科学版），2013，5（2）：9-15，61.
[35] 高善明，张义丰．北京自然环境与都城变迁 [M]．北京：气象出版社，2007.
[36] 国家地震局．中国地震烈度区划工作报告 [M]．北京：地震出版社，1981.
[37] 国家发展改革委．2020 年京津冀协同发展取得明显成效 [A/OL].（2021-02-26）[2022-3-12]．https://mp.weixin.qq.com/s?__biz=MzA3MDE5NjE2Mg==&mid=2650701493&idx=2&sn=c4b6cc1107d39d57a5b5c8d0b02e177f&chksm=86ca5018b1bdd90e59d8b5052436de1da5abfd3ffc7a165be9226a74bcf984522bd0f9474b8e&scene=0&xtrack=1.
[38] 国家林业局．中国湿地资源：北京卷 [M]．北京：中国林业出版社，2015.
[39] 国土资源部，财政部，环境保护部，等．关于加快建设绿色矿山的实施意见 [A/OL]（2017-3-22）[2022-3-10]．http://www.gov.cn/xinwen/2017-05/12/content_5192926.htm.
[40] 韩光辉，等．古今北京水资源考察 [M]．北京：中国国际广播出版社，2020.
[41] 侯仁之．北京历史地理 [M]．北京：外语教学与研究出版社，2014.
[42] 侯仁之．北京历史地图集：文化生态卷 [M]．北京：文津出版社，2013.
[43] 环境保护部科技标准司，中国环境科学学会．土壤污染防治知识问答 [M]. 北京：中国环境科学出版社，2014.
[44] 黄宗理．地球科学大辞典：基础学科卷 [M]．北京：地质出版社，2006.
[45] 霍亚贞．北京自然地理 [M]．北京：北京师范学院出版社，1989.
[46] 孔昭宸，杜乃秋，张予斌．北京地区 10000 年以来的植物群发展和气候变化 [J]．植物学报，1982，24（2）：172-181.

[47] 孔昭宸，杜乃秋. 北京地区距今 30000 ~ 10000 年的植物群发展和气候变迁 [J]. 植物学报，1980，22（4）：330-338.
[48] 李凤双，张涛，齐雷杰等. 习近平总书记谋划推动京津冀协同发展谱写新篇章 [A/OL].（2021-10-20）[2022-1-31]. http://www.mod.gov.cn/topnews/2021-10/20/content_4897178.htm.
[49] 李茜. 北京五环内不同类型城市森林树种组成结构十年变化研究 [D]. 北京：中国林业科学研究院，2017.
[50] 梁学庆. 土地资源学 [M]. 北京：科技出版社，2006.
[51] 梁志刚. 话说西山 [M]. 北京：北京出版社，2019.
[52] 梁志刚. 话说运河 [M]. 北京：北京出版社，2019.
[53] 梁志刚. 话说长城 [M]. 北京：北京出版社，2019.
[54] 刘贵利，郭健，江河. 国土空间规划体系中的生态环境保护规划研究 [J]. 环境保护，2019，47（10）：33-38.
[55] 刘鸿雁. 植物学 [M]. 北京：北京大学出版社，2005.
[56] 刘俊民，余新晓. 水文与水资源学 [M]. 北京：中国林业出版社，1999.
[57] 刘黎明. 土地资源学 [M]. 北京：中国农业大学出版社，2020.
[58] 楼宝棠. 中国古今地震灾情总汇 [M]. 北京：地震出版社，1996.
[59] 梅雪英，张修峰. 长江口湿地海三棱藨草（Scirpus mariqueter）储碳、固碳功能研究：以崇明东滩为例 [J]. 农业环境科学学报，2007，26（1）：360-363.
[60] 沐先运，林秦文，刘冰，等. 北京植物区系资料增补 [J]. 北京林业大学学报，2017，39（12）：88-92.
[61] 彭程，宿敏，周伟磊，等. 北京地区外来植物组成特征及入侵植物分布 [J]. 北京林业大学学报，2010，32（1）：29-35.
[62] 全文实录|北京市生态保护新闻发布会 [A/OL].（2021-05-24）[2022-2-22]. https://www.sohu.com/a/468335765_121106842.
[63] 首都绿化委员会办公室，国家林业和草原局城市森林研究中心. 北京森林城市发展规划（2018 年—2035 年）[A/OL].（2020-04-23）[2022-3-10] http://yllhj.beijing.gov.cn/zwgk/ghxx/gh/202004/P020200423646806734337.docx.
[64] 宋洪涛，崔丽娟，栾军伟，等. 湿地固碳能力与潜力 [J]. 世界林业研究，2011，24：6-11.
[65] 王晨，周亮，吉利娜，等. 新形势下北运河防洪管理的思考 [J]. 水利发展研究，2020，20（09）：43-46.
[66] 王成，蔡春菊，陶康华. 城市森林的概念、范围及其研究 [J]. 世界林业研究，

2004，17（2）：23-27.

［67］韦京莲，吕金波，王建．石经文化中的地球密码—房山石经与石头的故事［M］．北京：地质出版社，2021.

［68］吴汝康，任美锷，朱显谟，等．周口店猿人遗址综合研究［M］．北京：科学出版社，1985.

［69］吴霞．小陇山林区森林固碳效益的研究［J］．西北林学院学报，2008，23（5）：164-167.

［70］曾梦婷，李志刚．基于改进价值当量因子的北京市生态－经济协调度实证分析［J］．生态经济，2021，37（4）：163-169.

［71］张进德，郗富瑞．我国废弃矿山生态修复研究［J］．生态学报，2020，40（21）：7921-7930.

［72］张士锋，陈俊旭，廖强．北京市水资源研究［M］．北京：中国水利水电出版社，2016.

［73］张兴亮．寒武纪大爆发的过去、现在和未来［J］．古生物学报，2021，60（1）：10-24.

［74］张亚钧．中国地质的摇篮——北京西山［M］．北京：地质出版社，2019.

［75］植树造林是增加森林面积和蓄积的最有效途径［A/OL］.（2013-04-03）［2022-1-21］．http://www.tanpaifang.com/tanhui/2013/0403/19113.html

［76］中共北京市委生态文明建设委员会，北京市节水行动实施方案［R/OL］.（2020-10-13）［2022-3-10］http://sthjj.beijing.gov.cn/bjhrb/index/xxgk69/zfxxgk43/fdzdgknr2/qtwj30/10873010/index.html.

［77］中国房山世界地质公园管理处．地质作用与演化对古人类文化产生的影响研究［R］．北京：2019.

［78］中华人民共和国国务院．中华人民共和国矿产资源法实施细则［A/OL］.（1994-03-26）［2022-03-20］．http://www.gov.cn/zhengce/2020-12/26/content_5575072.htm.

［79］中华人民共和国生态环境部．2020 中国生态环境状况公报［R/OL］.（2021-05-26）［2022-3-10］https://www.mee.gov.cn/hjzl/sthjzk/zghjzkgb/202105/P020210526572756184785.pdf.

［80］周健民，沈仁芳．土壤学大辞典［M］.北京：科学出版社，2013.

［81］朱日祥．华北克拉通破坏［M］．北京：科学出版社，2020.

［82］自然资源部，财政部，生态环境部．山水林田湖草生态保护修复工程指南（试行）［A/OL］.（2020-08-26）［2022-1-10］．http://search.mnr.gov.cn/axis2/download/P020200918388967566361.pdf.

［83］自然资源部．资源环境承载能力评价和国土空间开发适宜性评价指南（试行）［A/OL］．（2020-01-19）［2022-2-15］．http://gi.mnr.gov.cn/202001/P020200121501685759831.pdf.

后 记

《北京国土空间规划和自然资源科普知识丛书》（以下简称《丛书》）是在我国实现第一个百年奋斗目标，乘势而上向第二个百年奋斗目标进军的历史交汇期，立足首都特色发展与战略定位，围绕北京国土空间规划和自然资源管理的职能任务进行编写，力求内容系统、阐述准确、特色鲜明、易读易懂。

《丛书》的编写对我们来说既是系统性总结，也是深入思考创新，更是学习和提升的过程，编写组牢记首都工作关乎“国之大者”，在践行新时代首都规划和自然资源事业的初心使命中完成这部作品。

《丛书》自策划到正式出版历时两年有余，凝聚了来自北京市规划和自然资源委员会及所属单位、清华大学、北京大学、北京建筑大学、北方工业大学、北京城市规划学会、北京土地学会等相关部门两百余人的心血。编写过程得到了规划和自然资源领域各级领导、院士、知名专家学者，以及自然资源部国土空间规划局、生态修复司、地质勘查管理司、科普工作委员会办公室，水利部水资源司、水土保持司，应急管理部地震地质司、中国地质博物馆、中国地震局、北京市政府办公厅、北京市科学技术协会、北京市发展和改革委员会、北京市文化和旅游局、北京市气象局、北京市地震局等众多单位的指导帮助。国务院发展研究中心、国家博物馆、自然资源部航空物探遥感中心、中国科学院古脊椎动物和古人类研究所、中国建筑设计研究院有限公司、中国城市

规划设计研究院、北京林业大学、北京城市副中心投资建设集团有限公司、北京城市铁路投资发展有限公司、北京市建筑设计研究院有限公司、北京清华同衡规划设计研究院有限公司、永定河流域公司、房山世界地质公园管理处、延庆自然保护地管理处、密云水库管理处、中国自然资源摄影家协会、中国水利摄影家协会等单位为本书提供了众多精美的图片。中国科学技术出版社、科学普及出版社为本书的出版付出了辛苦的劳动。在此一并表示衷心的感谢！

《丛书》是目前我国规划和自然资源领域第一套集系统性、知识性和科普性为一体的读物，期望这套《丛书》能让广大读者了解北京前世今生所经历的自然环境变迁和城市发展演变，领略新时期规划与自然资源领域的新发展、新理念和新要求，汲取丰富的知识。本书的编写虽历经多次研讨与修改，但依然存在可细化与完善之处，期待读者的支持与反馈，为首都国土空间规划和自然资源管理提出更多更好的建议！

《北京国土空间规划和自然资源科普知识丛书》编委会

2022 年 12 月

北京国土空间规划和自然资源科普知识丛书

POPULAR SCIENCE SERIES ON BEIJING TERRITORIAL SPATIAL PLANNING AND NATURAL RESOURCES

第二篇 国土空间规划

Territorial Spatial Planning

北京市规划和自然资源委员会 编著

Beijing Municipal Commission of Planning and Natural Resources

科 学 普 及 出 版 社

中国科学技术出版社

·北 京·

图书在版编目（CIP）数据

国土空间规划 / 北京市规划和自然资源委员会编著 . -- 北京：科学普及出版社：中国科学技术出版社，2023.1

（北京国土空间规划和自然资源科普知识丛书；第二篇）

ISBN 978-7-110-10344-9

Ⅰ. ①国… Ⅱ. ①北… Ⅲ. ①国土规划—北京—通俗读物 Ⅳ. ① F129.91-49

中国版本图书馆 CIP 数据核字（2021）第 266795 号

《北京国土空间规划和自然资源科普知识丛书》

指导委员会

《北京国土空间规划和自然资源科普知识丛书》

学术委员会

《北京国土空间规划和自然资源科普知识丛书》

编写委员会

主　　任：张　维

副 主 任：陶志红　曹　慧

委　　员：姜庆丰　陈广峰　韦京莲　武廷海　张　勃　申玉彪　侯晓明　杨清法

第一篇《自然地理与资源环境》

编写人员：陈广峰　姜庆丰　韦京莲　刘　鸿　曹　颖　石国峰　徐庆勇　张　奕　杨清法　孙永华　秦　沛　华金玉　李长利　田红兵　乔　莹　刘桂萍

参编人员（以姓氏笔画为序）：

王旭辉　王晟宇　白立新　白同宇　乐琪浪　齐　干　苏　杰　杜吴鹏　李　婕　李文生　张　霖　张进平　张金塔　张思宇　陈海量　林天懿　林海燕　郝春燕　贾晗青　倪天娇　曹　开　梁天璞

第二篇《国土空间规划》

编写人员： 武廷海　姜庆丰　祝　贺　孔德荣　孙　喆　陈惠芳　刘　鸿
徐庆勇　邓　艳　穆　蕊　张　奕　顾　进　郭　璐　钟　舸
唐　燕

参编人员（以姓氏笔画为序）：
李　婧　李孟璇　连　璐　赵奕琳　贾　佳　原智远　商　谦
程　辉　甄艺津

第三篇《规划与自然资源管理》

编写人员： 曹　慧　姜庆丰　王红春　雷爱先　张　勃　陈广峰　彭　历
韦京莲　罗天正　李海霞　温　芳　李道勇　王　雷　王建西
范佳齐　王颖娟　张丽亚　张　茜　张　梅　谢天成　李　凯
郭　健　范晋芬　寇欣欣　吴　鹏　孙　巍　潘建刚　朱东龙

参编人员（以姓氏笔画为序）：
王浩翔　尹绪兵　邢冬梅　师　克　刘　斌　刘　静　刘京京
刘京磊　刘姝均　刘晓敏　许国庆　孙道胜　李　绮　李绍学
李晓亮　李博文　杨天宝　杨丽霞　张　静　张永仲　张楚瑶
张鹏程　陈　泉　陈晓然　邵姜华　泥军儒　宝　音　胡　倩
胡韵亭　侯春源　贾宏刚　郭佳奇　唐　玮　涂晓明　盖　乐
彭　瑜　彭宏海　臧建强　谭鲁渊　燕小丽　魏　颖

前　言

科学普及是国家创新体系的重要组成部分，也是实现创新发展的重要基础性工作。习近平总书记强调：“科技创新、科学普及是实现创新发展的两翼，要把科学普及放在与科技创新同等重要的位置。没有全民科学素质普遍提高，就难以建立起宏大的高素质创新大军，难以实现科技成果快速转化。”2021—2022 年，国务院先后印发了《全民科学素质行动规划纲要（2021—2035 年）》和《关于新时代进一步加强科学技术普及工作的意见》，再次深化了“两翼理论”认识，把科普工作提到了新的高度，为全国科普工作明确了定位，给新时代科普事业指明了方向。

党的十八大以来，中国特色社会主义进入新时代，北京发展也进入了历史上具有里程碑意义的时期。习近平总书记多次视察北京并发表重要讲话，提出了“建设一个什么样的首都，怎样建设首都”这一重大时代课题，为做好新时代首都工作提供了根本遵循。2017 年，中共中央、国务院批复了《北京城市总体规划（2016 年—2035 年）》，北京市在第十三次党代会报告中指出，北京城市总体规划既是首都功能的规划、千年古都的规划、人民的规划、国际化大都市的规划，也是率先基本实现社会主义现代化的规划。必须按照党中央批复的城市总体规划来做，充分发挥规划引领发展作用，“一张蓝图绘到底”。绿水青山是大国首都底色，守好绿水

青山、抓好生态保护，是我们的历史责任。尊重自然、顺应自然、保护自然，探索人与自然和谐共生之路，促进经济发展与生态保护协调统一，是首都新发展阶段的时代要求。

北京市规划和自然资源委员会（以下简称北京市规划自然资源委）全面贯彻习近平总书记指示精神，在北京市委市政府的领导下，不忘初心，牢记使命，风雨无阻，砥砺前行，努力推动北京这座伟大城市深刻转型，为实现国际一流的和谐宜居之都目标而奋斗，共同开启首都全面建设社会主义现代化新航程。

北京市规划自然资源委作为北京市政府重要组成部门，担负着全市国土空间规划和自然资源管理的重要职能，业务领域广泛、涉及专业类型多、服务对象具体，关系着首都城市发展和民生福祉。为进一步提高规划与自然资源领域专业知识的普及，提升全委科普工作的核心品质，我们组织编写了《北京国土空间规划和自然资源科普知识丛书》(以下简称《丛书》)，首次创新性地把自然资源、国土空间规划和管理等全要素业务知识进行规范化集成、系统性提炼、科普化介绍，将规划与自然资源领域的小众科学变成大众科普，让社会公众进一步提高对首都城市规划与建设的认知度，增强共同建设美丽家园的责任感。

《丛书》由三篇独立成册组成，单篇内容独立完整，三篇架构逻辑紧密，是一套国土空间规划和自然资源系列科普读物。开篇用以时间为序的三幅导图，图文并茂地向读者展示了北京的资源利用、都城营建和城市规划的发展历程，内容准确精练，表达清晰简略，是本书的亮点之一。第一篇《自然地理与资源环境》讲述了北京市自然地理、自然资源、国土空间环境，以及资源环境与国土空间利用，将自然资源环境与北京的城市建设发展、国土空间利用、特色文化形成等巧妙地关联起来，形成一条有特色的知识脉络，让读者从中汲取丰富的知识。第二篇《国土空间规划》从北京规划建设的前世今生讲起，介绍国土空间规划的产生和国土空间规划

体系的构成，并对北京城市的总体规划、详细规划、相关专项规划和城市设计等进行逐一阐述，抽丝剥茧地将庞大的国土空间规划体系及其内涵的科学知识，以通俗易懂的方式展现在读者面前。第三篇《规划与自然资源管理》从自然资源管理、土地资源管理、国土空间规划管理、专项业务管理、法治机制与监督管理等多个方面，对北京国土空间规划与自然资源的管理内容和特色进行了梳理和介绍。

《丛书》通过呈现首都的自然资源禀赋、城市建设发展、国土空间利用和自然资源管理，既回顾了北京古老的历史、总结了党的十八大以来首都规划与自然资源工作取得的阶段性成果，又谋划和展望了实现远景目标的努力方向；既是一部指导北京市规划自然资源委科普工作、促进各部门相互联动的工具书，又是面向公众及相关委办局的宣传书；既可作为兄弟省市自然资源系统相互交流学习的参考书，亦是国土空间规划和自然资源科普知识爱好者的收藏书。

张维

2022年10月27日

张维：北京市规划和自然资源委员会党组书记、主任。

序　一

由北京市规划和自然资源委员会编著，《北京国土空间规划和自然资源科普知识丛书》（以下简称《丛书》）的出版，值得庆贺。

北京，有着 3000 多年建城史、800 余年建都史，是华夏文明发展的缩影，也是中华民族精神图腾的象征之一。我翻阅了《丛书》的内容后，感觉这确实是一部了解北京自然概况的全方位“说明书”，是介绍北京地区历史演化、人文变迁、经济社会发展方方面面的“北京自然百科全书”。

以习近平同志为核心的党中央提出五大建设，其中生态文明建设与经济社会发展建设方面均与地球表面的自然资源系统密切相关，或者更准确地说，与自然环境中的气圈、水圈、土壤圈（岩石圈）、生物圈有着密不可分的依存关系。对自然资源与环境的认识，应当首先从认识我们赖以生存的地球开始，要了解如何遵从自然规律，科学地为人类所利用，并且可持续地、永远地利用下去。

国土空间规划，应当由专业学者提出最符合实际情况的科学利用方案，由政府相关部门会商决策，并通过最高权力机构确定下来，从而在全社会稳妥地推进实施。“规划”业经批准，各方执行切不可朝令夕改。当然，随着实践逐步深化，如果发现原有规划不合理或不再符合实际状况之处，可由批准部门经过多方论证和详细考察后，按规定程序做出合理修正。

最后，希望《丛书》最大的价值，是让北京两千两百万各族市民从自然科学角度更加全面了解、认识北京，从而更加热爱北京，并积极为生态文明建设贡献力量。通过大家齐心协力，让北京这颗璀璨的北国之星更为光彩夺目。愿北京的明天更加绚丽多彩！

宋瑞祥

2022 年 11 月 8 日

宋瑞祥：中共十五届中央委员、原地质矿产部部长、中国地震局原局长、青海省原省长。

序　二

北京市规划和自然资源委员会以贯彻国家科技创新战略为出发点，以弘扬习近平生态文明思想为指导，以科学高效地推动自然资源系统工作为目标，以普及国土空间规划和自然资源科学知识为内容，组织编著了《北京国土空间规划和自然资源科普知识丛书》（以下简称《丛书》）。《丛书》包括《自然地理与资源环境》《国土空间规划》《规划与自然资源管理》三篇。《丛书》紧紧围绕北京市规划和自然资源委员会承担的职能任务，根据北京市地质地理、自然资源、国土空间、历史文化等的条件和特点，归纳提炼科普知识，形成了规划与自然资源领域专业科普知识库。

《丛书》记述了北京市地质地理的印记和遗存。几十亿年的地质演化，经历了吕梁运动、燕山运动等多次重大地质事件，塑造了北京独特的地貌景观和丰厚的地质遗迹，使北京成为我国近代地质科学的发祥地，北京西山成为中国地质工作的摇篮，横亘于北、东、西的燕山和太行山脉，形成了护卫首都生态环境的天然屏障；展布于东南部的辽阔华北平原，支撑了首都核心功能的空间延展。

《丛书》记述了北京市丰富多样的自然资源：山脉和平原、河流和湖泊湿地、多种类型土地、丰富和品种齐全的矿产、优质的地下水和地热资源、多样的森林和丰富多彩的地质遗迹，构成了山水林田湖草沙等要素齐全的良好生态环境。

《丛书》记述了北京市国土空间环境及其保护和利用。较详细地论证了生态环境、地质环境及地质灾害、矿山生态环境、地下水环境和土壤环境的现状、特点、质量和存在的问题，提出了保护、修复、优化和合理开发利用的意见和措施。

《丛书》记述了北京地区的历史延革和文化发展历程。优越的资源环境、70 万年前开始的古人类的生息繁衍、3000 多年的建城历史和 800 余年的建都历程，孕育了内涵丰富、底蕴深厚、独具特色的北京历史文化，也孕育出西山永定河、长城和大运河三条历史文化脉络。周口店古人类文化、房山石经文化、三山五园皇家园林文化、兵马司地学文化，以及长城文化和大运河历史文脉等，都是世界独一无二的文化遗产。

《丛书》记述了北京国土空间规划的历史过程。在回顾北京城市建设发展演变基础上，北京市委市政府遵循中共中央国务院关于对《北京城市总体规划（2016 年—2035 年）》的批复要求，坚持新发展理念、坚持以人民为中心的发展思想，明确了首都发展要义，坚持首善标准，着力优化提升首都功能，确立了“三级三类四体系”的国土空间规划总体框架，把首都北京建成国际一流和谐宜居之都。

《丛书》站在了时代的最前列。优化资源环境，合理开发利用国土空间，建设和谐宜居城市，是城市建设的方向和追求的目标。《丛书》的作者在全国规划与自然资源领域率先行动，以潇洒的文笔和图文并茂的形式把北京市国土空间规划与自然资源相关知识进行了梳理，使之系统化、规范化、集成化和普及化，使小众科学变成大众科普，使广大民众认识国土空间规划和人与自然和谐共生的重要意义，从而达到共创共建美丽宜居之都的目标。《丛书》作为首都北京文化软实力的标志，在全国规划自然资源领域尚属首例。

《丛书》纲目完整、承古启今，内容丰实、内涵精深，语言通俗、图文并茂，做到了创新性、科学性、艺术性及普及性的巧妙结合。

《丛书》有观点、有论点、有特点、有亮点，堪称规划与自然资源领域科普作品之精品杰作，对普及科学知识和助推北京城市建设将发挥重要作用。

作为一名寓居北京 78 年的地质工作者，我拜读了《丛书》，感慨良深、受益匪浅，因以为序，殷盼《丛书》早日出版，以飨读者。

李廷栋

2022 年 11 月 10 日　于北京

李廷栋：中国科学院资深院士，地质学家。荣获“庆祝中华人民共和国成立 70 周年”纪念章、何梁何利基金奖等奖项。曾任中国地质科学院院长，地质矿产部科技司司长，中国地质学会副理事长，中国大洋协会副理事长，中国青藏高原研究会副理事长。

序　三

非常荣幸能够应邀为《北京国土空间规划和自然资源科普知识丛书》（以下简称《丛书》）作序。《丛书》按主题分为三篇:《自然地理与资源环境》《国土空间规划》《规划与自然资源管理》。《丛书》以北京地区为界，规划与自然资源领域为限，归纳提炼科普知识点，形成规划与自然资源领域专业科普知识库。这部作品既是北京市规划自然委系统用以指导全委科普工作和促进各部门相互联动的工具书，又是面向公众及相关委办局的宣传书，同时可作为兄弟省市自然资源系统相互交流学习的参考书。

《自然地理与资源环境》篇，对我来说看起来最为熟悉，也最为亲切。究其原因，还是与我地质学的专业有关。事实上，我目前负责的一个国家自然科学基金委的项目“克拉通破坏与陆地生物演化”，还与北京地区的地质有很大的关系。书中提到的燕山运动、岩浆活动、花岗岩、热河生物群等也都是我们课题组关注的研究内容。可以说，北京地区的地质背景造就了这一地区当今的自然地理与资源环境特点。

作为一名古生物学家，我自然也十分关注环境变化与生命演化及人类活动的关系。如果说《丛书》第一篇是基础，更多涉及自然科学的内容，那么第二、第三篇则是《丛书》内涵的自然延伸，涉及更多的社会与管理科学的内容，从而形成了自然与人文及管理科学的合理交叉与融合。将国土空间规划和自然资源相关专业知识进行系统化、规范化、集成化和科普

化，也是《丛书》的一大特色，使小众科学成为大众科普，积极推动和提升规划自然资源领域科普工作核心品质，让社会公众进一步了解支撑国土空间规划的科学原理，认识到现代社会的科学发展已经不再是依靠“战胜自然，人定胜天”，而是应当懂得人与自然和谐共生，达到共创共建美丽宜居之都，实现人类永续发展的终极目标。

《丛书》纲目完整、联系密切、承上启下，具有清晰的逻辑性；内涵丰富、内容准确、依据充分，具有严密的科学性；语言通俗易读、图文表达简洁、内容清晰易懂，具有很强的普及性；注重北京特色、强调地域特点、围绕人文自然，具有鲜明的独创性。

我也衷心希望《丛书》的出版能够受到读者们的欢迎，为推动首都的科学传播事业及提升国民科学素质做出独特的贡献。

周忠和

2022 年 11 月 6 日　于北京

周忠和：中国科学院院士，美国科学院外籍院士，发展中国家科学院院士，巴西科学院通讯院士，中国科普作家协会理事长，全国政协常委。

序 四

针对长期以来我国城市发展中的自然资源管理不到位、空间规划重叠等问题，2018 年 3 月由国务院组建中华人民共和国自然资源部，统一行使全民所有自然资源资产所有者职责、所有国土空间用途管制和生态保护修复职责，并于 2019 年发布《关于建立国土空间规划体系并监督实施的若干意见》，提出“建立全国统一、责权清晰、科学高效的国土空间规划体系，整体谋划新时代国土空间开发保护格局”。这是国家推进生态文明建设、建设美丽中国的关键举措，也是保障国家战略有效实施、促进国家治理体系和治理能力现代化的必然要求。

面对“国土空间规划和自然资源”这一科技创新领域，学术界同仁抱着十分的热情和敏感度，在短短三年内形成了一大批颇有见地的研究成果，很好地支撑了国土空间规划和自然资源行业工作的推进。但这些成果以专业性的理论、技术、应用等占绝大多数比例，覆盖读者人群考虑专业人士的多、面向社会大众的少，许多市民，甚至政府管理部门对国土空间规划和自然资源还没有基本概念，这对于公共政策属性显著的规划学科而言是一个隐忧。

《北京国土空间规划和自然资源科普知识丛书》(以下简称《丛书》)出版计划正是在这一背景下提出的，它以国土空间与自然资源规划为领域，以首都北京作为主要对象，从中归纳提炼科普知识点，形成规划与自然资源领域科普的知识库。

作为一名规划专家，我对《丛书》第二篇《国土空间规划》最为关注。该书分为六个部分：第一部分为北京的城市形态演变和规划建设历史；第二部分为国土空间规划概念的基本介绍；第三、第四、第五部分以“五级三类”国土空间规划体系为依据，对北京市的总体规划、详细规划和专项规划进行了重点介绍；第六部分特别将城市设计拎出来单独介绍，显示出对这一“改进规划方法、提高规划编制水平”有效工具的高度重视。这些内容具有系统化、规范化、集成化和科普化等特点，达到了让社会大众进一步认识国土空间规划、理解人与自然和谐共生的意义的目的。

总体而言，《丛书》作为国土空间规划与自然资源领域全国首例科普读物，不仅清晰描绘了北京得天独厚的自然地理与资源环境，而且完整呈现了北京的 3000 多年建城史和 800 余年建都史，还突出展示了近年来北京规划与自然资源管理工作中的一些关键举措与亮点。我相信，《丛书》的出版定会对新时期国土空间规划与自然资源工作起到很好的宣传与推动作用，对我们思考怎样实现高质量发展和高品质生活、建设美好家园也会有重要价值。

段进

2022 年 11 月 16 日　于南京

段进：中国科学院院士，国务院学位委员会城乡规划学科评议组成员，东南大学教授、博士生导师，东南大学建筑学院副院长，东南大学城市规划设计研究院副院长、总规划师，东南大学城市空间研究所所长，中国工程勘察设计大师。

序　五

在不断探索新时代中国国土空间规划的理论和方法的过程中，在反思人类造城 5000 年历史，尤其是最近的 200 年工业化城市时，有一个共识已经形成：城市发展迎来生态文明，可持续发展才是人类城市与空间规划的共同发展目标与时代主题。

北京是中华文明城市建设的范本，在建构中国国土空间规划体系的重要时期，北京的国土空间规划更是我们建构生态文明新时代空间治理的高级阶段的先行试验。这里既是我国天人合一的传统文明复兴，也是尊重自然、尊重生态价值观的重塑，更是当今世界大都市空间中人与自然和谐相处的鲜活实践。在北京大都市空间中，继承空间处理中的自然与都市生活相融的传统文化和生活方式，梳理都市空间规划中的理论知识体系，更是把老北京的生活空间扩大到大都市区域的人与自然的空间协调，把传统胡同文化中的百姓爱鸟、爱草、爱花的生活方式扩展到现代绿色低碳的大都市空间规划，提升为生态文明下的国土空间整体体系。针对国家空间的多个空间尺度层面，吸纳历史、社会、文化中的自然生活、本土传统，提升到更高维度的综合知识体系，植入现代自然地理和资源环境知识，是当今国土空间规划不可或缺的构成部分。

北京市规划和自然资源委员会编著的《北京国土空间规划和自然资源科普知识丛书》(以下简称《丛书》) 中，结合北京的自然地理和资源环境的历史和现状，在系统科普自然地理要素和自然资源本身的生态经济功能、分布特征之外，又以平实易懂而准确的语言阐述了自然地理和自然资源要素对包括城市建设、景观布局、生态修复、资源保护、地质灾害预防和减灾等方面的空间规划制定的影响，同时也科普了国际、国内关于国土空间规划、资源保护、生态修复等的法规和政策。

优越的资源环境孕育北京历史文化，本书从资源与城市发展的历史关系角度谈到了地方历史文化遗产保护这一重大议题，并介绍了历史上的国土空间规划行为，也是本书的另一大看点。

科普可以是一项终身的工作。《丛书》作为科普读物，把复杂、专业的科学问题讲解得让非专业的读者也能听懂，不仅能使大众更深切地理解处理好自然资源保护与开发的关系、实现国土空间合理规划和利用的重大意义，也是对编写《丛书》的国土空间规划者、学者的锤炼。

吴志强

2022 年 11 月 16 日　于上海

吴志强：中国工程院院士、德国国家工程科学院院士、瑞典皇家工程科学院院士、美国建筑师协会荣誉院院士（Hon.FAIA）。同济大学原副校长、长三角城市群智能规划协同创新中心主任、中国城市规划学会副理事长、上海市政府参事。

引　言

北京是中华人民共和国的首都，是全国政治中心、文化中心、国际交往中心、科技创新中心。2017 年 9 月，中共中央国务院关于对《北京城市总体规划（2016 年—2035 年）》的批复要求，明确首都发展要义，坚持首善标准，着力优化提升首都功能，有序疏解非首都功能，做到服务保障能力与城市战略定位相适应，人口资源环境与城市战略定位相协调，城市布局与城市战略定位相一致，建设伟大社会主义祖国的首都、迈向中华民族伟大复兴的大国首都、国际一流的和谐宜居之都。

2020 年 4 月 12 日，北京市委市政府发布《关于建立国土空间规划体系并监督实施的实施意见》，要求牢牢把握首都城市战略定位，以《北京城市总体规划（2016 年—2035 年）》为统领，建立权责清晰、科学高效的国土空间规划体系并监督实施，发挥国土空间规划战略引领和刚性管控作用，加强全域全类型国土空间开发保护和用途管制，坚持“一张蓝图干到底”，实现国土空间开发保护更高质量、更有效率、更加公平、更可持续。

《国土空间规划》作为《北京国土空间规划和自然资源科普知识丛书》的第二篇，具体展示了北京市基于三千年建城史和八百年建都史，坚持新发展理念，坚持以人民为中心的发展思想，坚持首都规划权属党中央，结合北京实际所确立的“三级三类四体系”国土空间规划总体框架，对促进首都全面协调可持续发展具有重要意义。

目录

北京城市变迁历史导图

从周口店古人类邻水穴居，到三千余年的城市营建与八百年的都城更迭，悠久的历史变迁和持续的城市沿革，形成了北京厚重的历史文化和独特的城市风貌，集中展现了中华民族悠久的人居智慧，也奠定了当代北京城市建设与发展的基础。

新石器时代的人居聚落分布更加广泛，多选址于沿河阶地或山麓台地，展现了北京先民适应自然的人居智慧。

西周初年，周武王分封诸侯，在今琉璃河畔与广安门莲花池附近建立了燕与蓟两城。历史上二城对立，燕灭蓟后，迁都蓟城，而原本的燕城在西周后期废弃。

幽州进行行政重划，北京地区分属涿郡、安乐郡、渔阳郡管辖。修建隋唐大运河，沟通南方富饶的江浙地区、作为政治中心的中原地区。

秦统一六国后，燕国覆灭，蓟城为广阳郡郡治。修建王都咸阳直通蓟城的驰道，蓟城成为治理国家北方疆土的重镇。

全国行政区划改为道、州、县三级制，北京即河北道的幽州，下辖范阳郡等十余个郡，城中划分为二十六个封闭式坊里。

旧石器时代	新石器时代	周	秦	汉 - 南北朝	隋	唐 - 五代	辽
距今 70 万年—1 万年	距今 1 万年—4000 年	约公元前 1046—前 256 年	公元前 221—前 206 年	公元前 206—公元 589 年	581—618 年	618—960 年	916—1125 年

“北京人”等古人类开始在周口店地区生活，已能使用火和打制石器，群居特征明显，山顶洞人生活的洞穴内已有了功能分区。

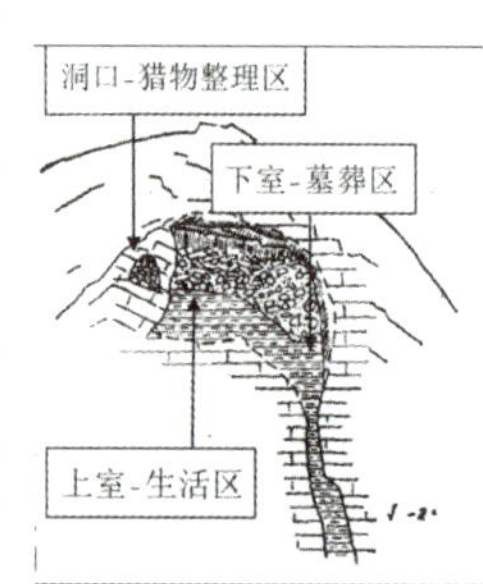

蓟城长期为王国都城或郡治所在地，从东汉起蓟城成为幽州，其作为区域中心性城市的地位十分稳固。此时的渔阳郡、涿郡等各郡共同构成了今天的北京。

在幽州建立陪都，改称南京，也称燕京。辽南京仍沿用幽州城，城方三十六里，城墙高三丈。双重城郭，外城共八门。辽亡后，宋一度占据燕京，改燕京为燕山府。

金朝国都称“中都”，在辽南京旧城的基础上进行扩建，重修皇城与宫城，并且参照北宋东京汴梁制度，形成了宫城、皇城、大城三套城的格局。

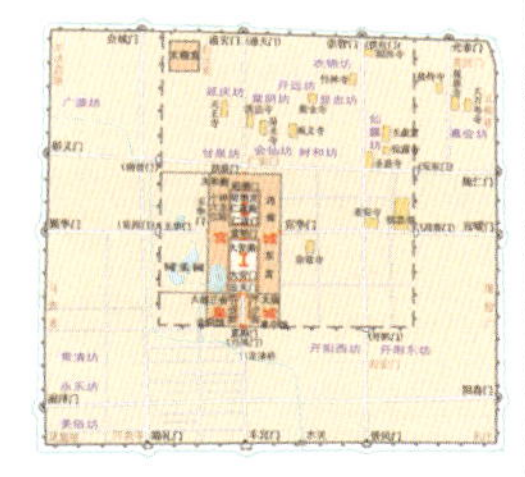

元朝国都称“大都”。元大都继承发展了唐宋以来中国古代城市规划的优秀传统手法——三套方城、宫城居中、中轴对称的布局。反映了“居中不偏”“不正不威”的传统观点，运用建筑环境加以烘托“至高无上”的皇权。

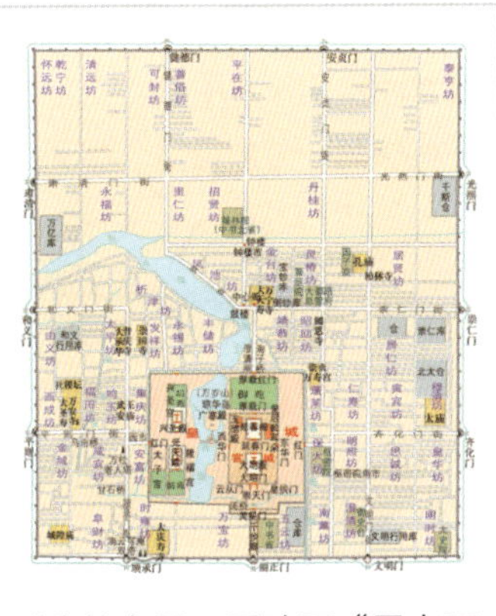

近代历史上统治北京的政权几经更迭，战乱不断。但设立了最早的近代意义上的城市规划与建设主管部门，推动了建设管理的进步，实施了一系列城市改造工程。

中华人民共和国首都称“北京”，是历史文化名城，是全国的政治中心、文化中心、国际交往中心和科技创新中心。

宋	金	元	明	清	中华民国	中华人民共和国
960—1279年	1115—1234年	1206—1368年	1368—1644年	1644—1911年	1912—1949年	1949年以来

明朝国都称“北京”。明皇城在元代皇城基础上向南扩展而成，同时在中海旁增挖南海，营建西苑，并在都城四周修建了天、地、日、月四坛，形成“天南地北、日东月西”的布局。

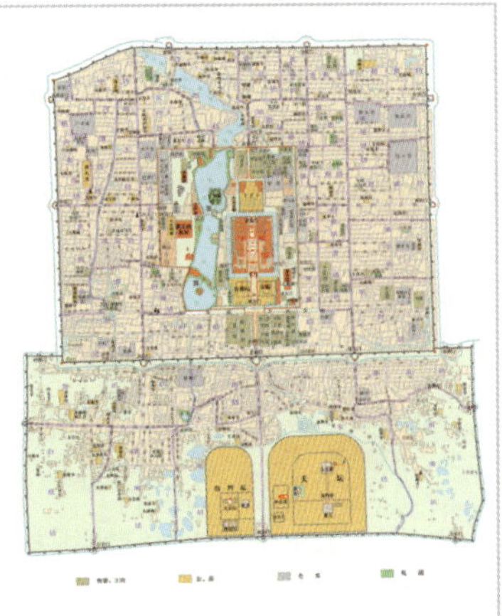

清朝国都亦称“北京”，沿用明代城市基础。此时期北京城人口已超百万。清北京的城市范围、宫城及干道系统均未更动，唯居住地段有改变，将内城一般居民迁至外城，内城驻守八旗兵设营房。

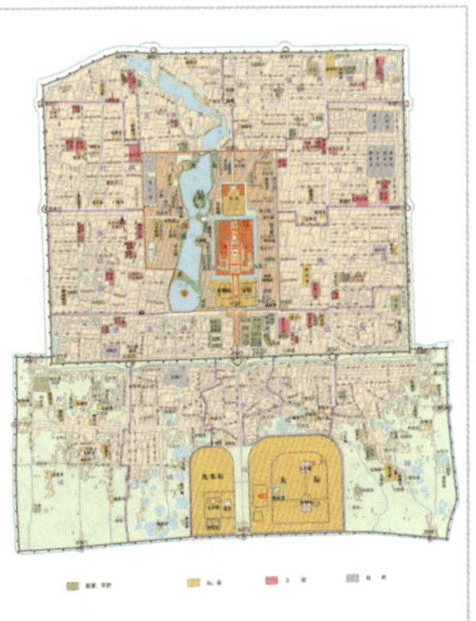

本页地图审图号：京S（2014）010号

北京城市规划演进导图

城市规划是人类顺应自然、改造自然、创建美好人居环境的实践过程。在风起云涌的近代，作为古代王朝国都的北京经历了深刻的变革。新中国成立后，首都编制七版城市总体规划，应对了不同历史时期的挑战，满足了不同阶段城市建设的发展需要，不变的是人民城市为人民的初心。

城市定位：政治、经济和文化的中心，我国强大的工业基地和技术科学的中心。

空间布局：依托旧城向郊区发展，形成棋盘、环形、放射形骨架。

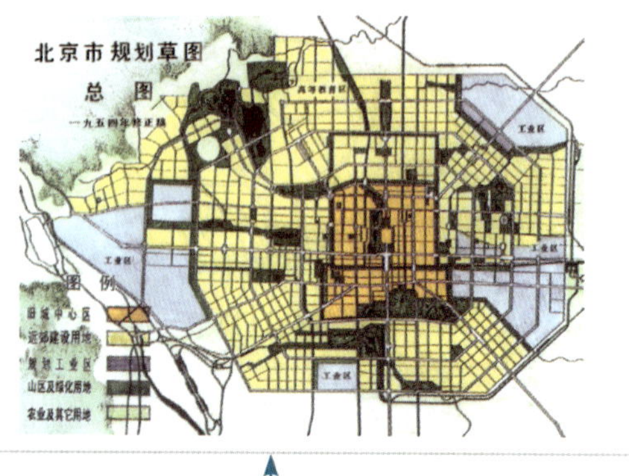

城市定位：政治中心和文化教育中心、现代化的工业基地和科学技术中心。

空间布局：分散组团，建设卫星镇。

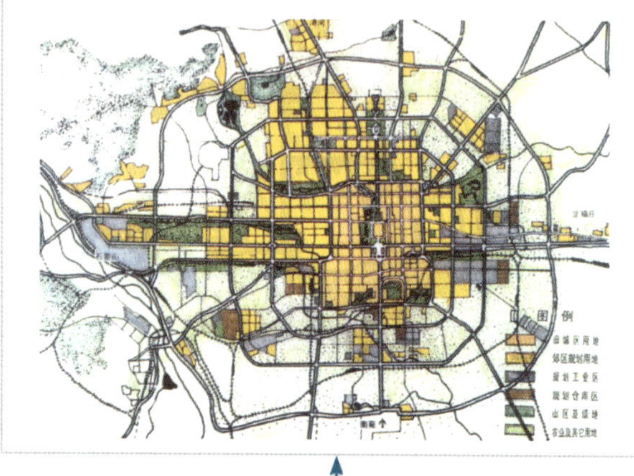

第一版城市总体规划
1953 年

第二版城市总体规划
1958 年

第三版城市总体规划
1973 年

第四版城市总体规划
1982 年

城市定位：政治中心和文化教育中心、现代化的工业基地和科学技术中心。

空间布局：控制市区，发展郊区。

城市定位：伟大社会主义祖国的首都、全国的政治中心和文化中心。

空间布局：旧城逐步改建，近郊调整配套，远郊积极发展。

城市定位：中华人民共和国的首都，全国的政治中心和文化中心、世界著名的古都和现代国际城市。

空间布局：两轴、两带、多中心。

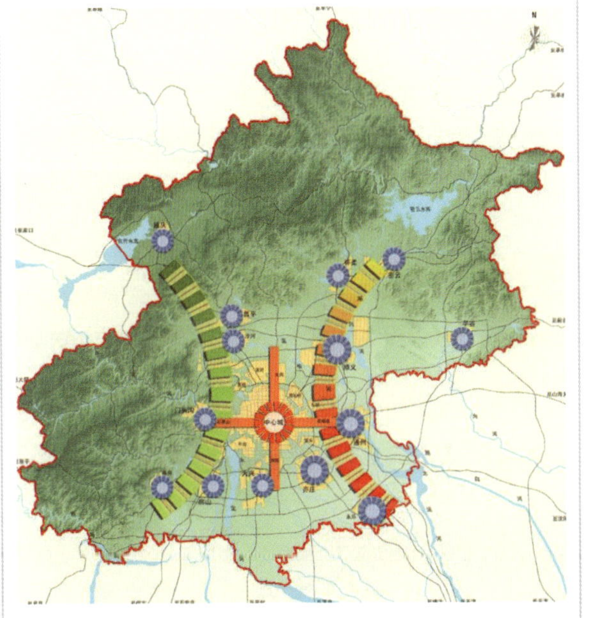

城市定位：全国的政治中心、文化中心、国际交往中心和科技创新中心。

空间布局：一核一主一副、两轴多点一区。

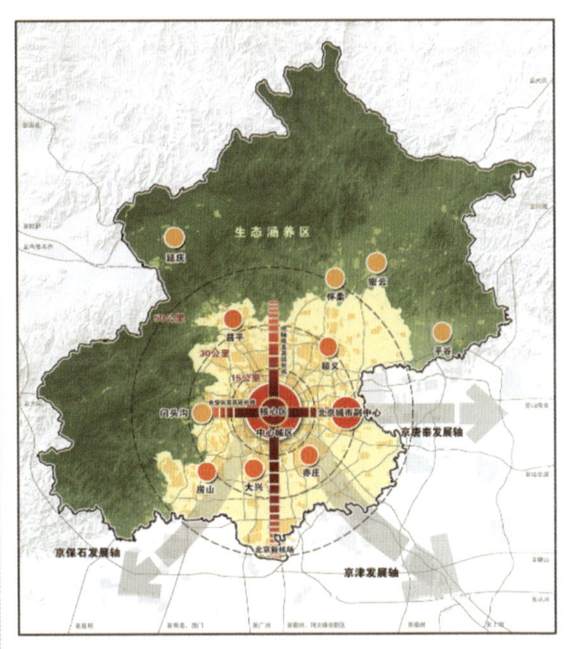

第五版城市总体规划
1992 年

第六版城市总体规划
2004 年

第七版城市总体规划
2016 年

城市定位：伟大社会主义中国的首都、全国的政治中心和文化中心、世界著名的古都和现代国际城市。

空间布局：城市建设重点逐步从市区向远郊作战略转移，市区建设从外延扩展向调整改造转移。

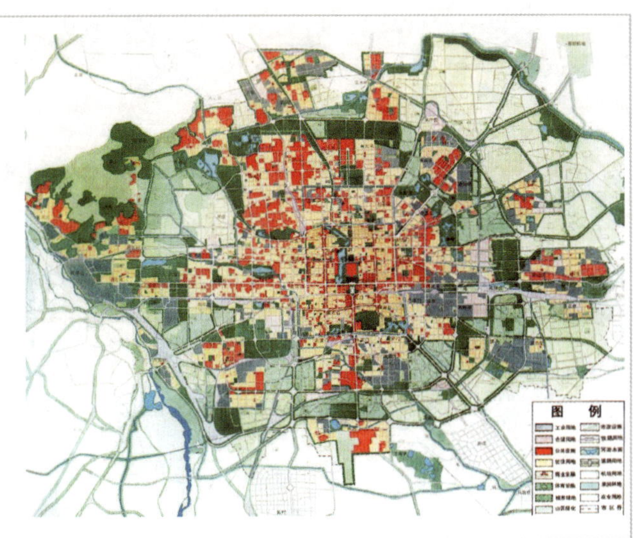

第一章

北京规划建设的前世今生

北京有着三千多年建城史、八百余年建都史，凝结了中华民族悠久的人居智慧。从“城”到“都”的演变，对国家和城市规划的发展而言都具有重要意义。在风起云涌的近代，曾作为古代国都的北京经历了深刻的变革，其中既有对城市转型的有益探索，也有旧时中国特有的无奈与遗憾。中华人民共和国成立后，首都历版城市总体规划应对了不同历史时期的挑战，满足了城市不同阶段的发展需要，但不变的是人民城市为人民的初心。以史为镜可以知兴替，回顾“都”与“城”的前世今生，可以让我们铭记历史，在新时期秉持科学规划的根本原则，引领这座千年古都不断迈向新的辉煌。

第一节　北京的历史演变与发展

一、人居起源

北京“左环沧海，右拥太行，北枕居庸，南襟河济”。一亿多年前的造山运动，使今天北京西侧的太行山脉抬升，形成东、西、北三面山地环绕，东南面向渤海的北京小平原。北京总体地势自西北向东南降低，永定河、大清河、北运河、潮白河、蓟运河水系顺流而下、汇流入海，冲刷形成的冲洪积平原，气候温和，成为远古人居聚落、繁衍生息的温床。

北京猿人、山顶洞人无不彰显着北京悠久的人类史，房山周口店遗址保存了纵贯七十万年的史前人类活动遗迹。自新石器时代开始，北京地区就存在较为广泛的人居聚落。门头沟区清水河谷地的东湖林遗址、怀柔区宝山寺乡的转年遗址、房山区拒马河旁的镇江营遗址、平谷盆地内的上宅遗址、北埝头遗址、昌平区南口的雪山遗址等都展现了古代的人居智慧。这些北京先民因农业萌芽而定居，或立于沿河阶地，或存于山麓台地，为后世“营城”贡献了最初尊重自然、适应自然、改造自然的经验与智慧。《史记·五帝本纪》云:“一年而所居成聚，二年成邑，三年成都。”从原始聚落演进至城邑，北京地区历经石器时代和青铜时代的长期发展，聚落逐渐增多，来自南方中原地区和东北地区的文化在此汇聚交融，终于在商周时期孕育出了第一座真正意义上的“城”——蓟城。

二、三千年建城史

西周初年，周武王分封诸侯，在今永定河东北，以及西南部的拒马河流域

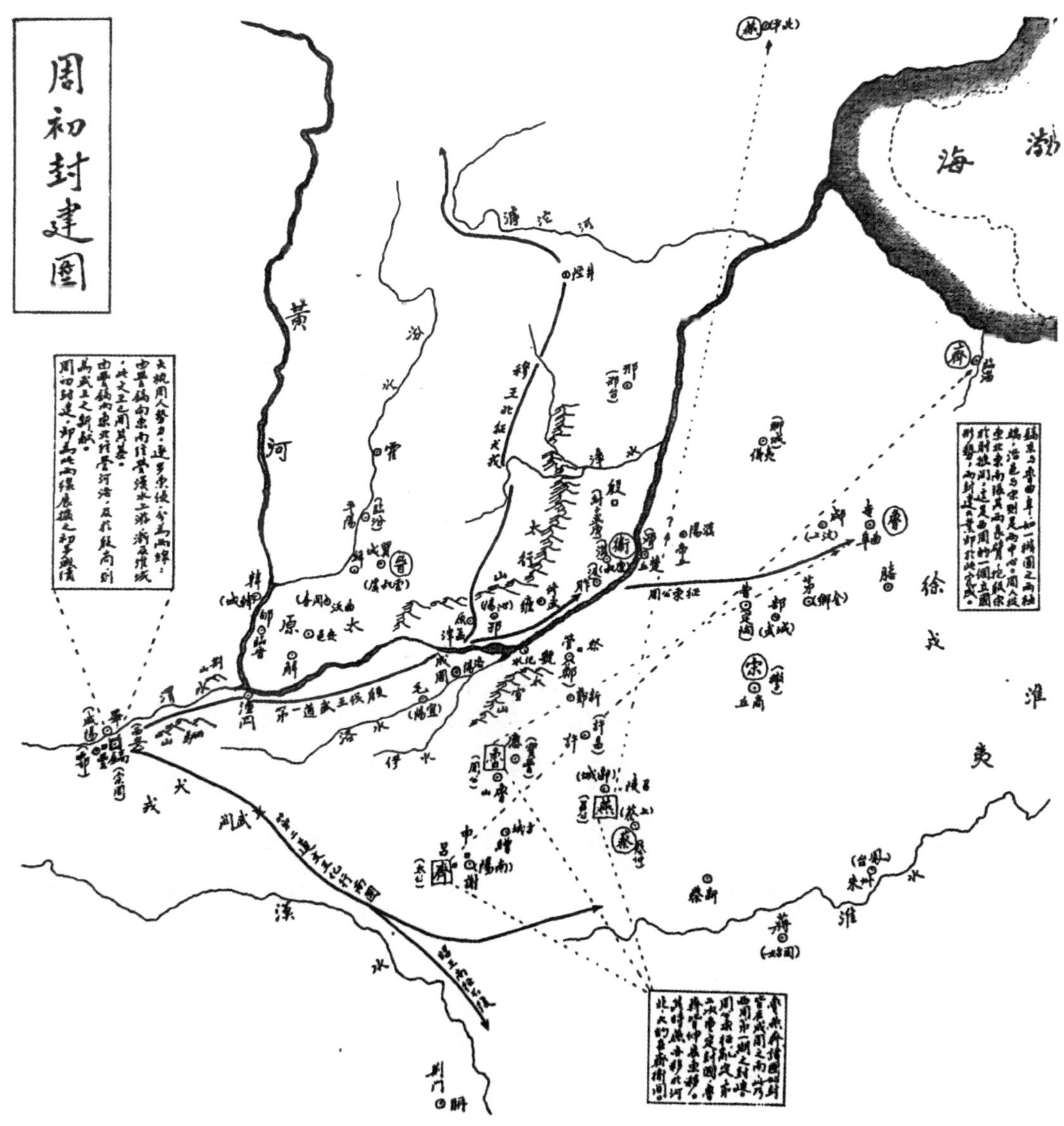

∧周初封建图（改绘自钱穆《国史大纲》）

先后建立了蓟与燕两座城市。历史上二城对立，燕灭蓟后，迁都蓟城，而原本的燕城在西周晚期被逐步废弃。此时的燕蓟城成为北京地区统一的区域性中心城市，势力范围向辽西、冀北扩张，也成为联系中原地区、东北地区和蒙古地区的交通要道。因其优越的交通条件，后世多个政权都将其作为本地区的统治中心城市，并加以不断改建。城址位于今天的广安门以东地区，城池方正。

燕蓟城作为燕国都见证了西周、春秋、战国三代，秦统一六国后，燕国覆灭，原本的疆域成为全国四十余个郡之一的广阳郡，郡治所设在蓟城，仍是区域中心性城市。蓟城采用两层城郭，王城位于郭城西南，城内西北有蓟丘，呈现出“两城制”特点，王城是统治阶级的居所，外城是一般居民和商业活动的所在。秦代修建了王都咸阳直通蓟城的驰道，使得北京地区与中原的联系得到了大大加强，成为治理国家北方广大疆土的重镇。同时期广阳郡周边还有上谷、渔阳、右北平等郡，其中渔阳郡位于今天的北京怀柔区梨园庄。此外，秦代为防御北方匈奴，下令修建万里长城，将原本燕、蓟、赵一线连为一体，进一步促进了今天京津冀地区的文化融合。

西汉工朝建立后，在中原地区实行郡县制，而在涵盖北京地区的燕、赵、齐等边远地区分封侯国，燕国继续以蓟城为都。东、西汉王朝期间因政治动荡，广阳郡一度并入上谷郡，蓟城的城市性质屡次在郡治所和侯国国都之间变换，但作为区域中心性城市的地位一直十分稳固。此时期的渔阳郡、涿郡等各郡共同构成了今天的北京。除蓟城外，今天的海淀区清河街道朱房村、房山区良乡、窦店、长沟镇等地都存有汉代古城遗迹，说明当时北京地区的城市营建活动十分繁盛，对于后世北京地区的营城建都也产生了较大影响。

东汉末年，官渡之役后，今日的北京地区开始依附于曹操管制，势力范围不断扩大。蓟城不再仅仅是郡治所，而成为幽州治所，管辖蓟、广阳、军都、昌平四县。同时，还有从涿郡改名而来的范阳郡，以及扼守居庸关地区交通要道的上谷郡。晋代，幽州行政区划亦有变化，管辖郡、国增至七个。由此可见，北京行政边界内的外围郊区有着深远的历史沿革，今天的昌平、延庆、怀柔、平谷、房山等区自古就已经归属于北京地区。此时的北京地区战乱频频，幽州是兵家必争之地，蓟城内政权多次更迭，城池也屡遭破坏。幽州是防御北方乌丸、鲜卑等少数民族的前沿，各县筑城很大程度上为的是巩固边境的防守。另一方面，幽州也是中华多民族文化交融之地。中原农耕文明与北方少数民族游牧文明之间既有战争冲突，也有商业、文化、技术、制度的交流，奠定了北京在中华文明形成过程中举足轻重的地位。

魏晋十六国时期后，隋文帝杨坚再次统一全国，结束了自汉代后长达三百余年的分裂，建立了大一统的隋朝。隋代重划幽州的行政边界，北京地区分属涿郡、安乐郡、渔阳郡管辖。此时期修建的隋唐大运河“北至涿郡，南至余杭”，水陆运输极大改变了北京的地理区位条件，永济渠经今天的凉水河直达蓟城，沟通起南方富饶的江浙地区、作为政治中心的中原地区，以及北方的军事和区域统治中心。隋代灭亡后，大唐盛世步入历史的舞台，全国行政区划改为道、州、县三级制，北京即河北道的幽州。《乘轺录》记载当时的幽州“城

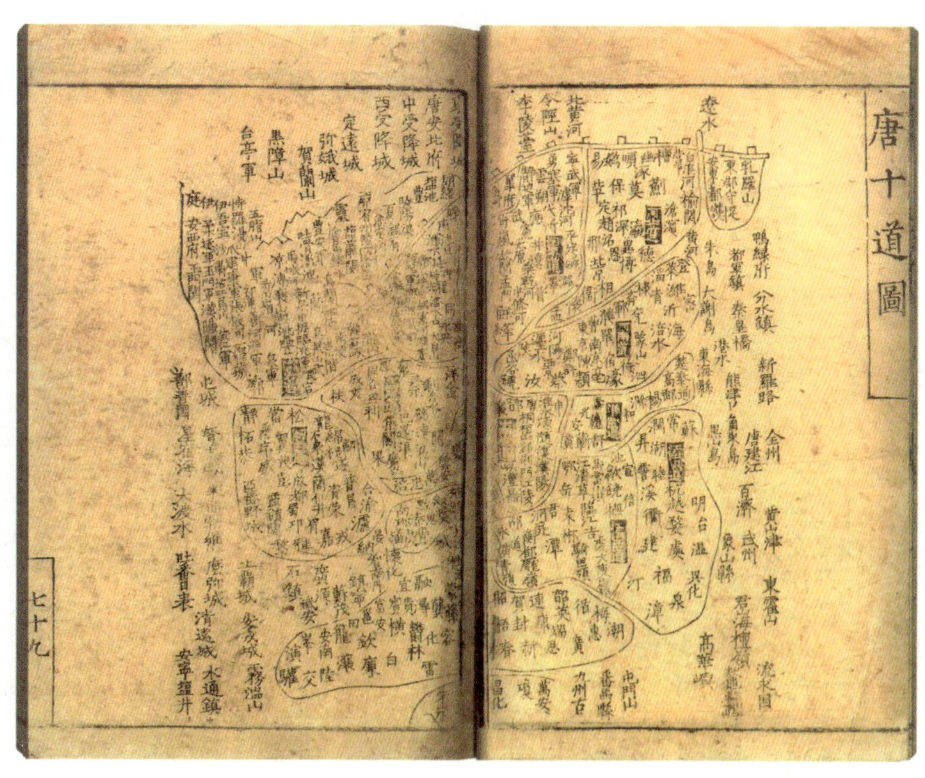

>《历代地理执掌图》中的《唐十道图》

中凡二十六坊，坊有门楼，大署其额，有罽宾、肃慎、卢龙等坊”。

唐代灭亡后，五代十国期间北京、天津北部至山西大同一带的边州被契丹国所占，史称燕云十六州，抑或燕蓟十六州。中原为北宋王朝统治时，契丹耶律氏改国号为辽，以今天的内蒙古自治区巴林左旗为国都，以幽州城为陪都，作为统治辽王朝版图南面大范围领土的支点。此时幽州城改称南京，又叫燕京，自此得名“京”，意味着曾经作为区域中心的幽州，至此开始逐步向国家中心演变。辽南京本身史考仍沿用幽州城，并未做大规模改造，城内仍为二十六坊。城方三十六里，城墙高三丈。双重城郭，外城共八门。子城位于外城西南，与外城共用西侧城墙，内部分为宫殿区和园林区，宫殿区南北向布置多重宫殿，具有较强的汉族礼制建筑布局特点。城内人口三十万左右，汉、契

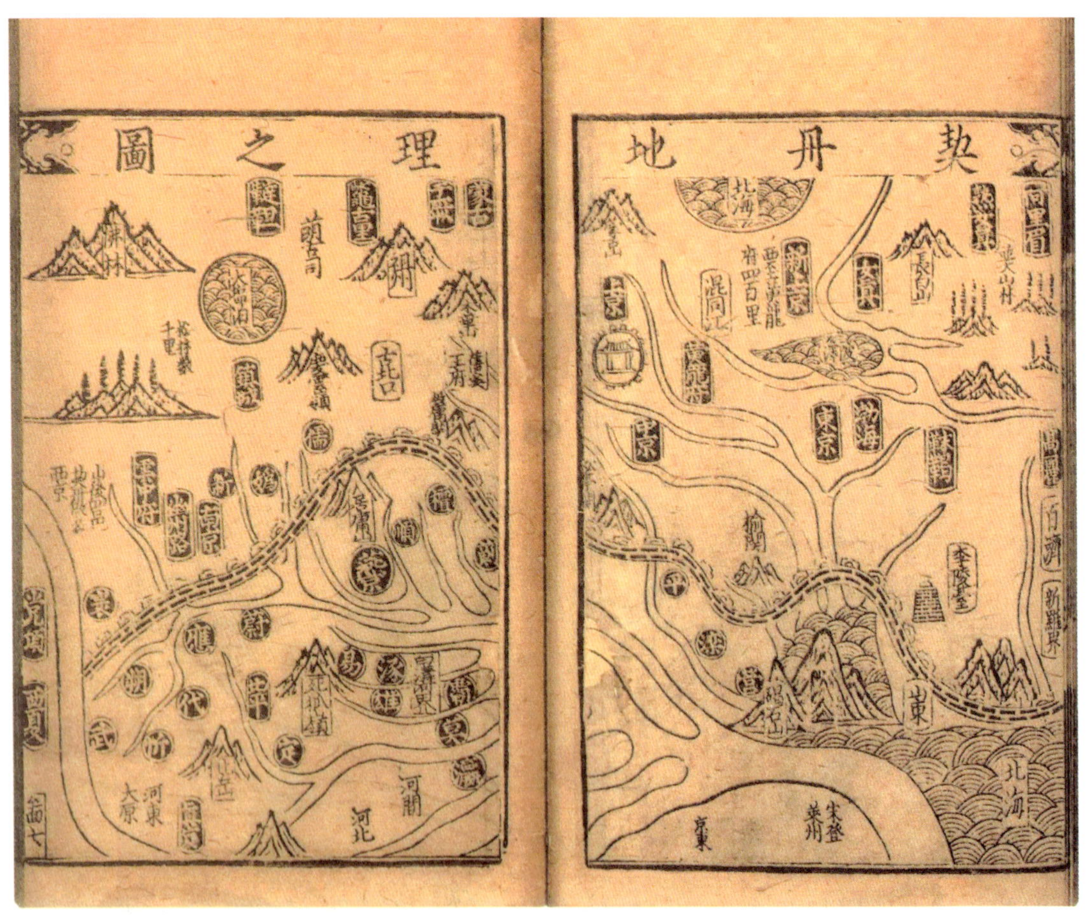

∧《契丹国志》中的《契丹地理之图》

丹、女真、渤海，以及西域各民族济济一堂，城北部有商贸中心，是中原、西域、蒙古、东北地区的文化与商业交流中心。

三、八百年建都史

（一）金中都

北京八百年建都史始于金中都，自此北京成为金、元、明、清四个王朝的首都。女真族灭北宋，吞并辽王朝大面积疆土，并将首都由上京会宁府迁至辽南京，改名金中都。不同于辽南京对幽州城的继承，金中都对辽南京进行了大规模的城市改造，效仿北宋东京城汴梁。金中都在辽南京旧城的基础上向东、南、西三面拓展进行扩建，重修皇城与宫城，并且在大城和宫城的制度上参照北宋首都汴梁制度，形成了宫城、皇城、大城三套城的格局。宫城居中略偏西，皇城据中偏西，包含宫城与皇家苑囿。金中都各项规划都非常贴近汉族都城的形制，反映了文化的逐渐融合。金中都宏伟壮丽，在传统都城布局形制的承袭上十分突出，对元代建大都城在布局、规模上都有很大影响。

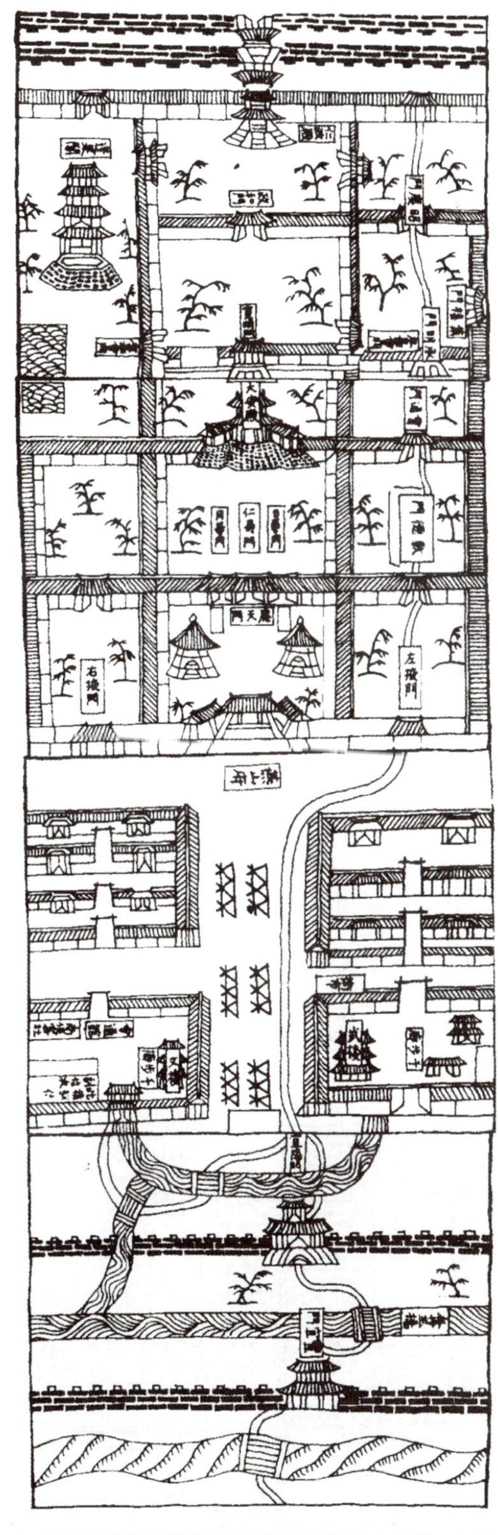

∧《新编纂图增类群书类要事林广记》中的《燕京图》

（二）元大都

元至正年间，忽必烈决定迁都燕京，在金中都东北郊建设新都，并命刘秉忠负责城市规划。元大都是唐代以来中国规模最大的一座新建城市，有统一的规划和建设计划。首先进行了详细的地形测量，然后制定总体规划。房屋和街道修建之前，先埋设了全城的下水道，再逐步按规划建造。在用地选址上，完全让开金中都的废墟，但又把风景优美未遭破坏的万宁宫及附近大片湖水包括

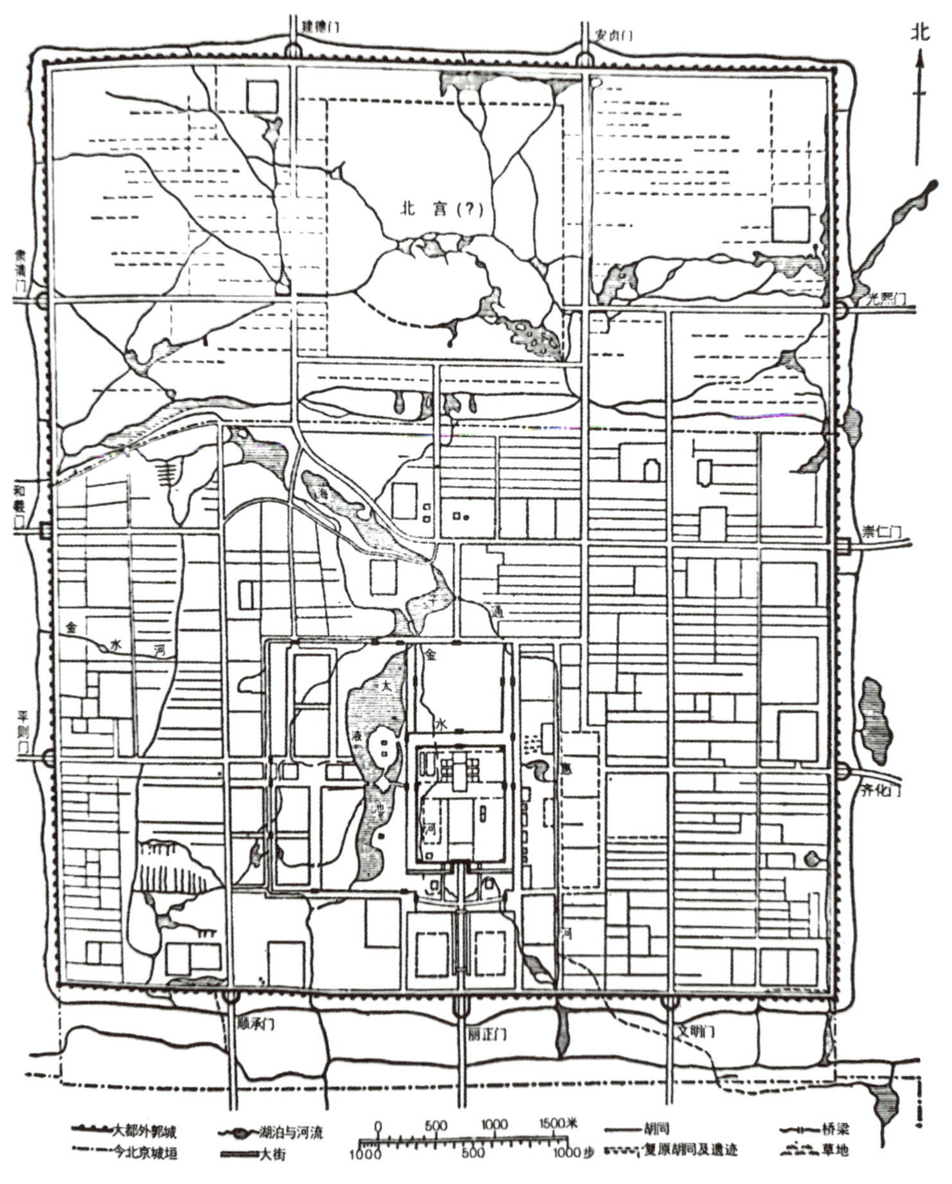

< 元大都复原图（引自赵正之《元大都平面规划复原的研究》）

了进去，为宫城所在。

大都继承发展了唐宋以来中国古代城市规划的优秀传统手法——三套方城、宫城居中、中轴对称的布局。这种布局从唐长安、宋汴梁、金中都到元大都逐步发展成三套整齐规则的方形城池层层嵌套的模式，中轴线也更加对称突出，反映了“居中不偏”“不正不威”的思想。皇城内以太液池为中心，也就是今日的北海和中海，东部为宫城，宫城呈长方形偏于都城南部。大都城市布局严谨、井然有序，有明确的中轴线。平地而建的元大都是中国唯一按照规划建设街巷的都城，干道系统基本上是方格网式，全城被干道分成方形的街坊，街坊再被平行的小巷（胡同）划分为住宅用地，成为开放式街巷制城市的典型。

（三）明北京

明北京在元大都的基础上改造而来，明初为缩短城墙防守距离，将大都城北面荒芜部分划为城外，将北城墙收缩至了今天的德胜门、安定门一线。当年元大都的北城墙设有健德门和安贞门，今日两地名仍在沿用。明北京采取京城、皇城、宫城三重城墙。嘉靖年间，又计划环绕京城修筑外城，但后来因财力人力有限，只修筑了南侧外城，形成了明清北京的“凸”字形格局。明皇城位于全城中心位置，是在元代皇城基础上向南扩展而成的，同时在中海旁增挖南海，营建西苑，并在皇城四周修建了天、地、日、月四坛，形成“天南地北、日东月西”的布局。皇城之中有宫城，称为紫禁城，纵深布局、三朝五门、前朝后寝，并按照“左祖右社”的规制，在宫城以南的左侧和右侧分别布置供奉先祖——太庙与国家社稷的礼制建筑——社稷坛。

北京紫禁城的特征基本上延续了隋唐以来形成宫殿区规划建设的传统，但明代的营造在继承传统之余更达到了登峰造极的程度。严格的轴线布局，皇家精神、礼乐传统的卓越体现，层次分明、高潮迭起的院落景观，等级严格、规模适宜的空间尺度，庄严雄伟、大气磅礴的建筑艺术，布置周密的基础设施，甚至规划设计中的象征比附等，都达到了历代宫殿建筑群规划设计前所未有的高度（见《明清紫禁城宫殿平面布置分析图》）。在展现皇权的同时，明北京作

明北京城复原图

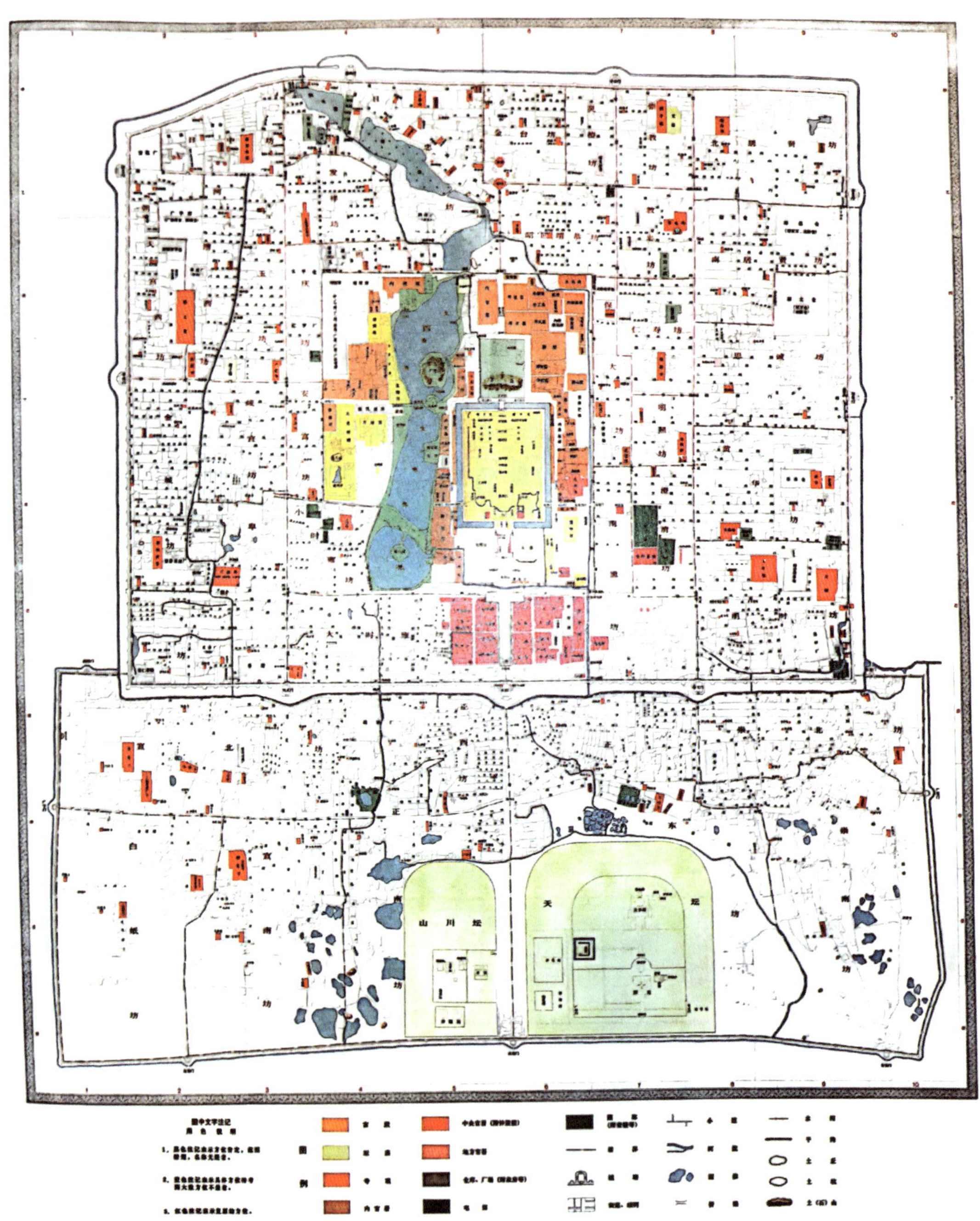

∧ 明北京城复原图（引自徐苹芳《徐苹芳文集》）

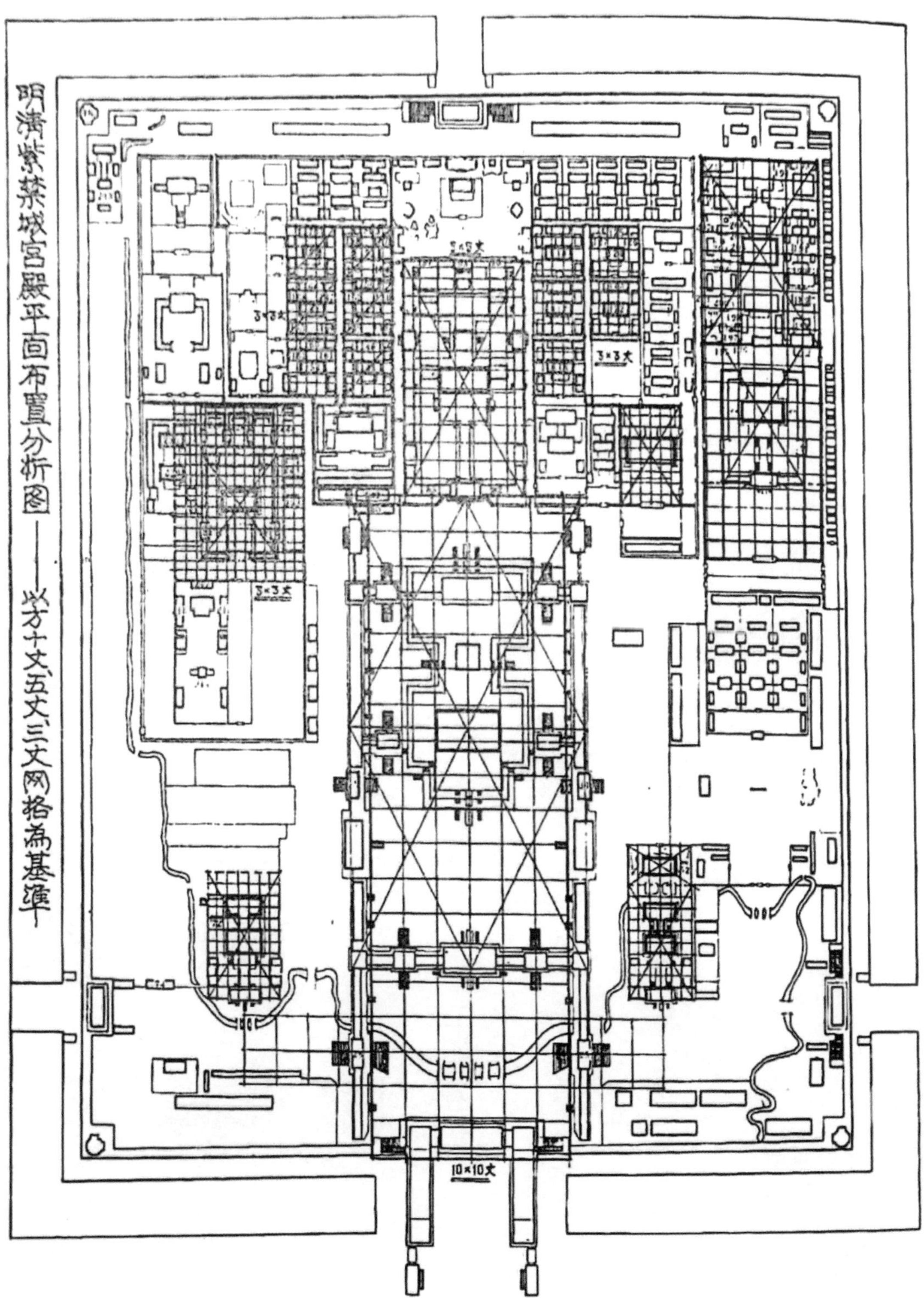

∧ 明清紫禁城宫殿平面布置分析图

为一座中国封建史晚期的经济中心城市，城内商事繁忙，今日东四、西四、钟鼓楼、前门所在的东大市、西大市、朝前市、朝后市商贾会集，店铺林立。

（四）清北京

清灭明后入关，仍建都北京，并未对城市整体进行改造，基本沿用明代城

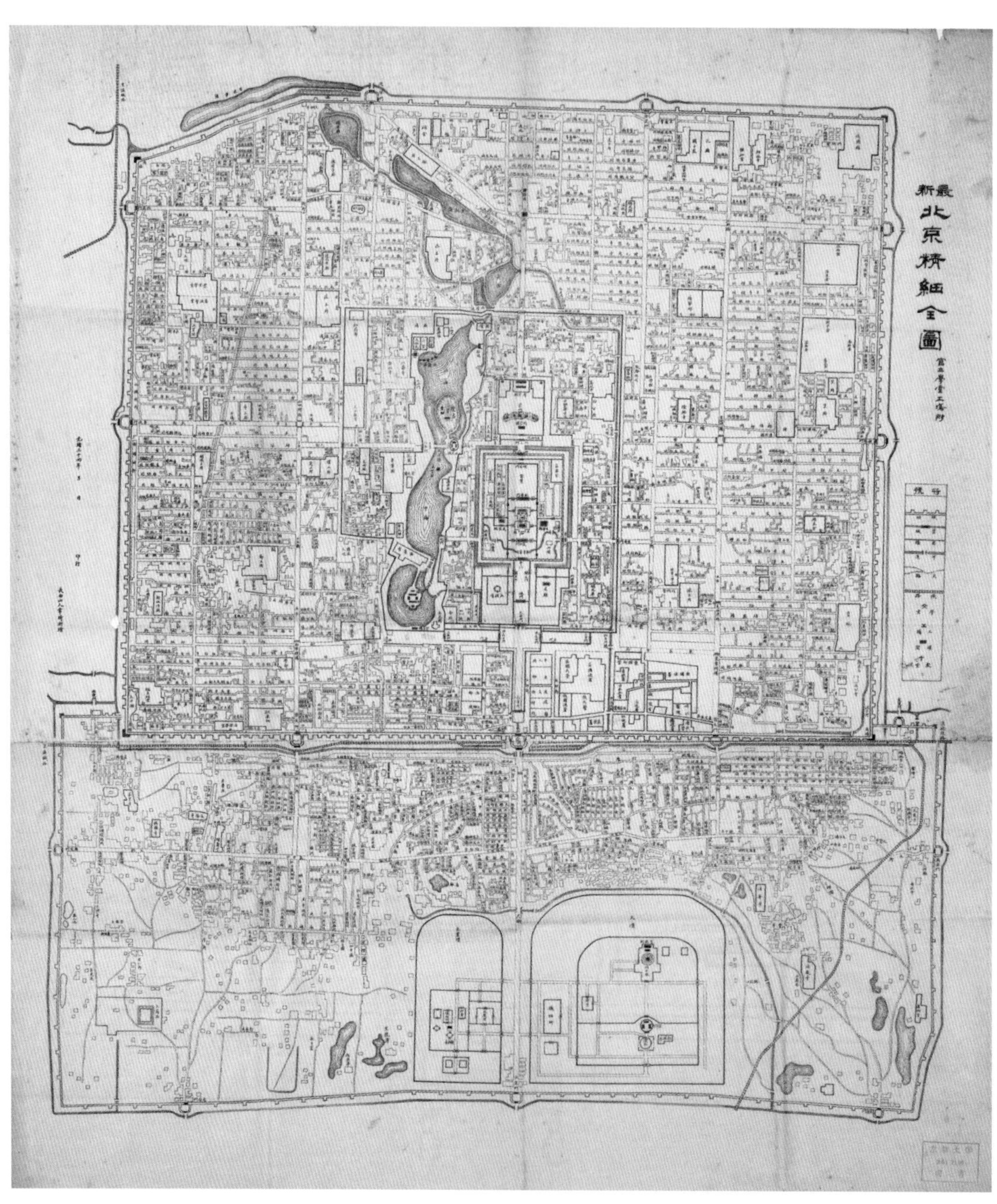

∧ 光绪年间北京精细全图

市基础。此时期北京城人口已超百万，是当时全世界最大的城市之一。清北京的城市范围、宫城及干道系统均未更动，唯居住地段有改变，如将内城一般居民迁至外城，内门驻守八旗兵设营房。内城里建有许多王亲贵族的府第，并占据很大的面积，屋宇宏丽，大都有庭园。清康熙朝开始，在西郊建大片园林宫殿，著名的三山五园（香山、玉泉山、万寿山，圆明园、畅春园、静宜园、静明园和颐和园）是世界上最大皇家园林组群。

∧ 乾隆时期北京鸟瞰图（出自清代画家徐扬的《京师生春诗意图》）

清代由于满人居内城、汉人居外城的城市空间布局，京城文化体现出多元特征。该时期北京人口数量的增长及商品经济进一步的发展，使城内店铺林立、摊贩走卒好不热闹，除朝前市、朝后市、东大市、西大市外，东单、西单、东闹市口、西闹市口也发展成重要的综合性商业聚集区。因为清代北京的商品运输多依靠水陆运输，城市北部的积水潭、东部的大运河沿线，建有商事码头、仓库。

四、近代北平演变史

北京城经过辽、金、元、明、清等朝代，约八百年间一直是古代王朝统治的政治文化中心。城市的规划布局集中体现了中国古代城市规划的传统，在同时代的世界各国城市中放出异彩。在近代工业革命萌芽带来的劳动力进步，以及古代王朝覆灭的政治变迁背景下，上层建筑与经济基础都在倒逼城市做出改变。这种变化与天津、武汉等划分大量租界的城市，或是大连、青岛等外国侵略者独占的城市，或是上海、南京等本国政府借鉴西方经验自发开展现代城市规划的城市均有所不同。近代北京的城市变革是相对局部的、保守的和缓慢的。时至 1949 年 10 月 1 日中华人民共和国成立，北京的城市结构与城市面貌仍然是一座典型的中国传统都城。

（一）清末民初

古代王权的消亡为北京的城市空间结构变革提供了机会，原本的“凸”字形城池中心的皇城、内城大量的府衙和达官显贵的府第极大地压缩了一般百姓的生产、活动空间，也使交通隔断。近代随着京奉铁路通车，北京城墙外敷设了环城铁路，在建设过程中拆除了正阳门、宣武门等附属的瓮城。辛亥革命后，中华门前东西千步廊被拆除，原本皇城前由两座城门及广场、廊道、宫墙组成的“T”字形空间不复存在，但也打通了长安街。同时，北京城内明清时期建设的大量皇家园林，甚至祭坛庙宇都逐步向公众开放。从社稷坛而来的中央公园，成为北京第一座现代意义上的公园。北京老城中最精华的建筑与场所，从服务极少数封建统治阶级，转变为服务大众的场所。

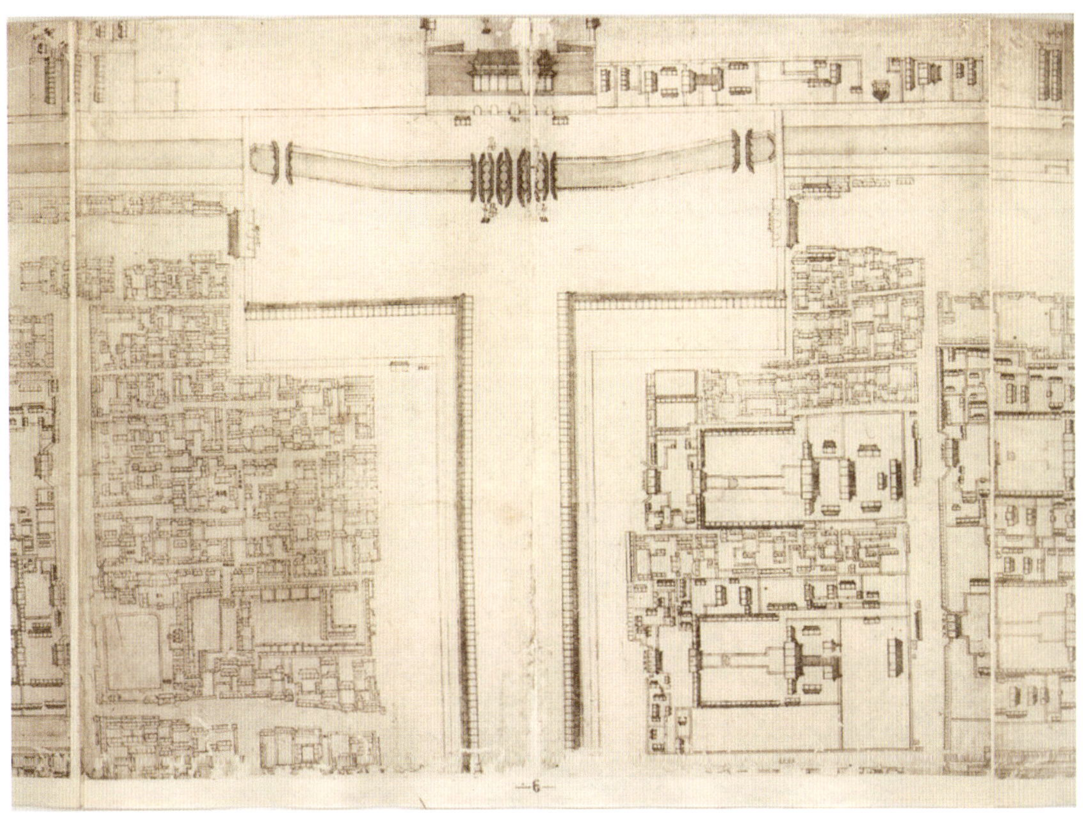

∧《乾隆京城全图》中的千步廊地区

（二）北洋政府时期

北洋政府统治下的北平成立了京都市政公所，作为北京第一所近代意义上的城市规划与建设主管部门，对北京城实施了一系列城市改造工程。其中包括香厂新市区的建设，也就是今天北京的南至先农坛，北至虎坊桥大街，西至虎坊路，东至留学路的天桥地区。香厂新市区是北京近代城市建设史上第一次依据近代城市规划原则进行的城市建设实践。香厂新市区住宅和商业功能分区明显，动静分离，成为北京外城集购物、娱乐、餐饮于一身的前卫商业娱乐中心。此外，这一时期京都市政公所还主导了全市的水平测量、沟渠普查、老城区建筑与土地权属勘察、制订电车计划、编制开辟街市和道路计划、整修道路、增设浴场、公园、市场等公共服务设施的工作，可以说京都市政公所在北洋政府对北京十年的统治中，利用有限的人力与物力，对北京的城市近代化改造产生了较大影响。

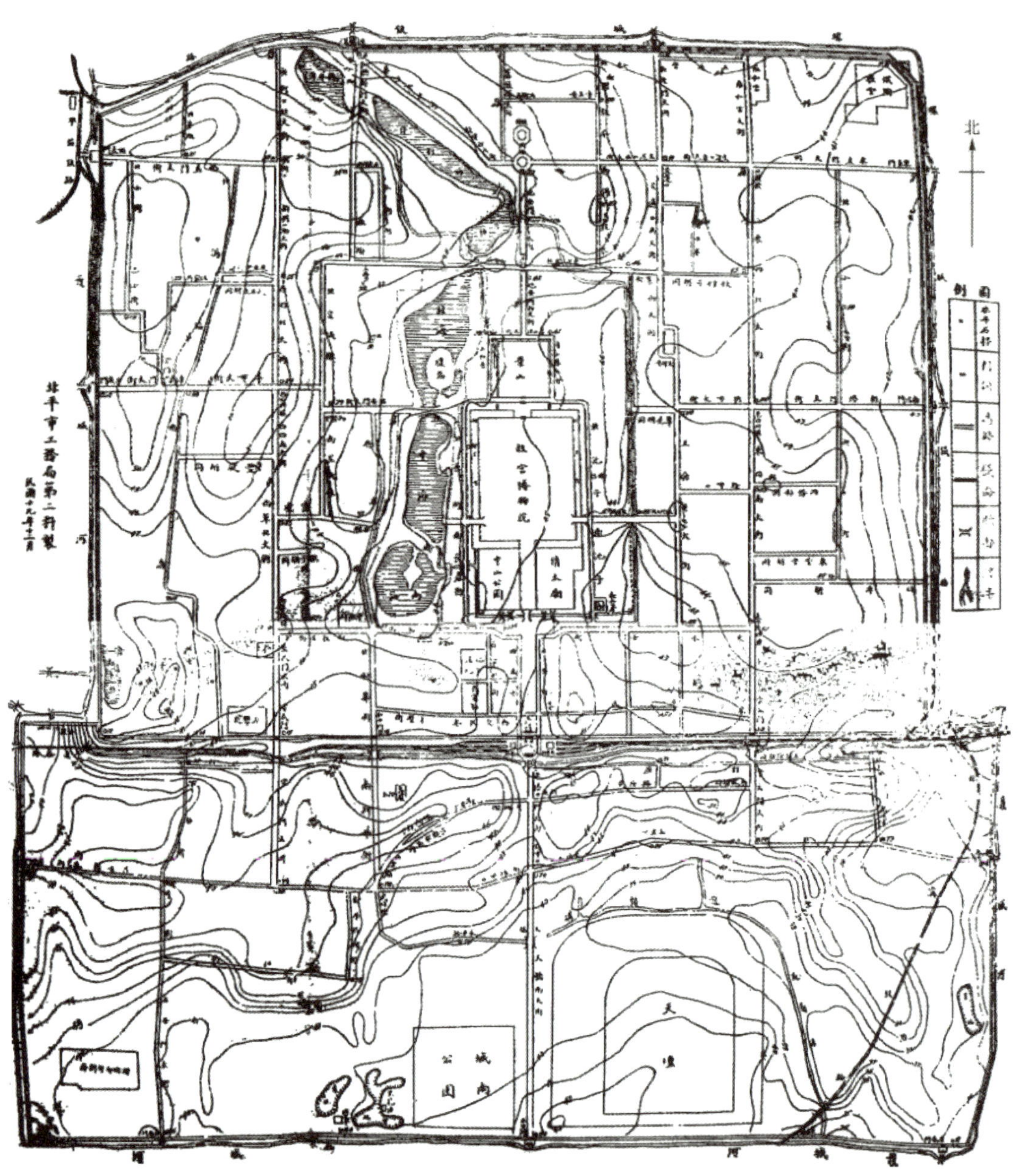

∧ 北平内外城重要街市及水平石地标图（京都市政公所）

（三）国民政府时期

国民政府时期，北京不再作为国家首都，成为北平特别市，全市分为内外十个区域，工务局接替了京都市政公所的管理职能。这一时期北平市政府颁布了《北平特别市房地转移规则》《北平特别市掘路规则》《北平特别市房基线规

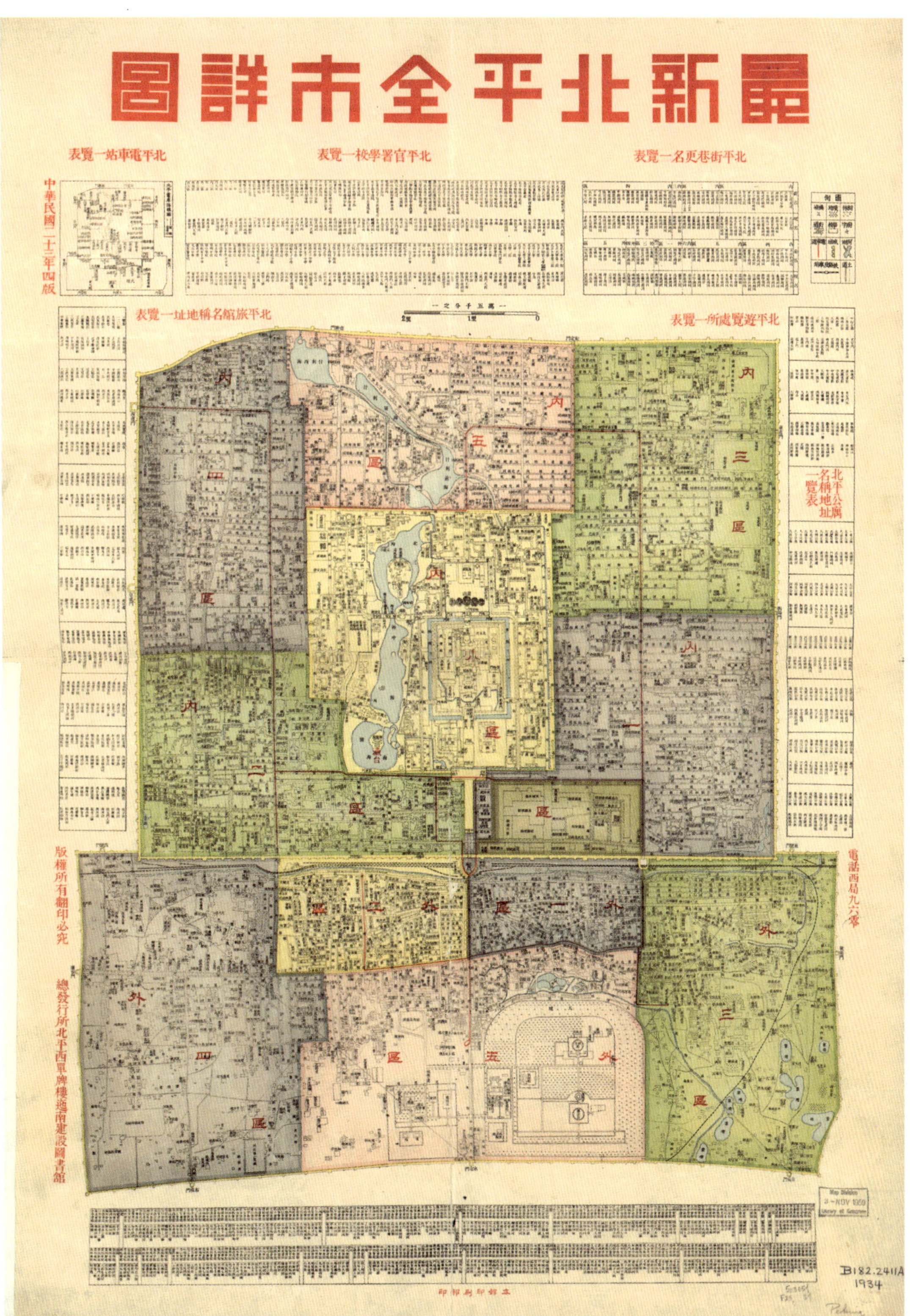

∧ 1934 年最新北平全市详图

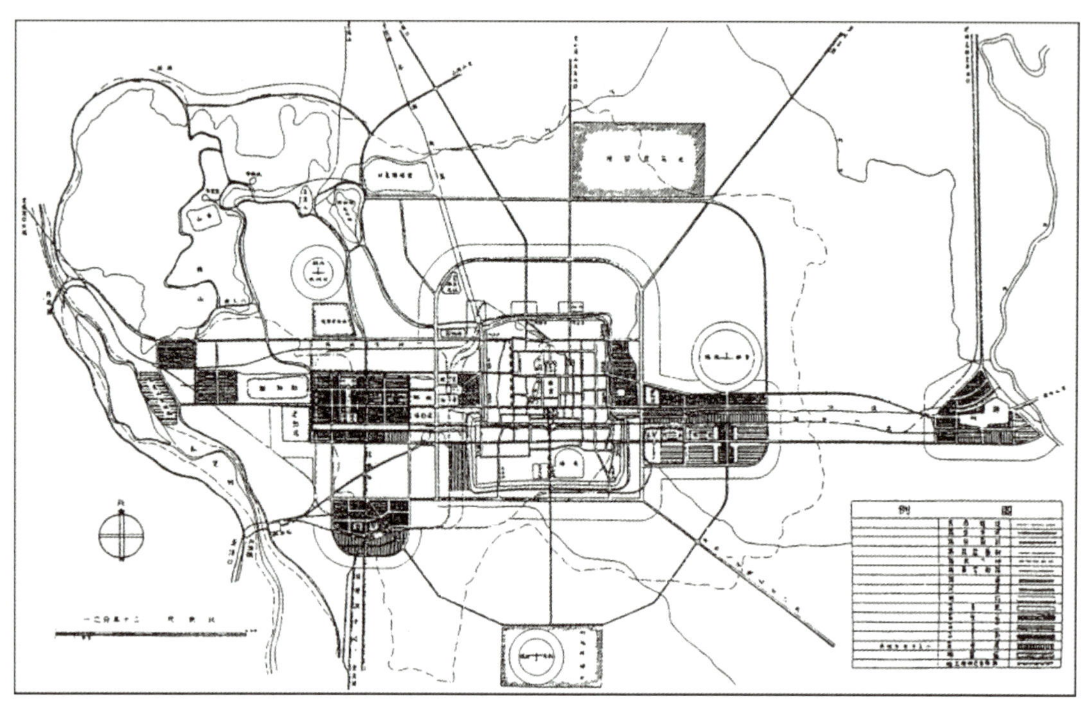

∧《北京都市计划大纲》中的《北平市都市计划简明图》

则》等一系列与城市规划建设息息相关的规章，是北京近代化城市规划管理制度体系的雏形。北京在 1933 年主持编制了“市政三年建设计划”，这是北京城的近代第一部总体规划。该计划不仅提出修建或拓宽道路、完善水系和绿化等内容，更提出修复古建筑、提升休闲场所水平以保护历史文化、发展旅游业等先进的理念。当时颁布的《饬北平市政府着知市内商民建筑楼层应遵守有关规定令》，是北京最早为保护古都风貌和天际线而颁布的制度，包含了分区、分类型的建筑限高规定与建筑样式规定。此外，当时的北平还制订了《建筑房屋暂行规则》，对建筑物间距、日照、通风、控制污染排放等都有详细的规定。“七七事变”后，日本侵略者改北平为北京，其间编制了《北京都市计划大纲》。

（四）中华人民共和国成立前夕

抗日战争胜利后，北京又改名为北平，国民政府将其设为特别市，面临着战后重建和恢复经济的重任，在原《北京都市计划大纲》基础上重新编制规划。规划编制的原则是：表面要北平化，内部要现代化。这个原则体现了既要保留和保护北平历史风貌和历史建筑、保持北平本身的城市特色，又要促进城市建设、基础设施建设现代化的双重含义。同时，随着战后城市人口规模的增长及城市功能的拓展，北平制定了市域拓展计划——《北平新市界草案》，将原本城市外围的部分村镇、工矿区、水源地、垃圾堆放场地、南苑机场等纳入市域范围，并提出了相对应的建设计划，以明清北京城为核心的市域范围得到了较大拓展。在该草案的基础上，出台了《北平新都市第一期计划大纲》，囊括了五年的短期计划和十年的中长期计划。短期计划解决旧城区的有序改建问题，中长期计划则面向西郊新城的持续建设问题。此外，该时期北平市工务局进行了城市人口、经济、古建筑、道路测绘，形成了《北平都市计划资料（第一集）》。

第二节　首都规划建设

古代的北京，有过辉煌的历史；近代的北京，历经风雨沧桑。1949年1月，北平宣告和平解放，改名北京，千年古都回到了人民的怀抱，完整地保存了这座历史文化名城。至此，这座历经战乱、破败不堪的古老都城迎来了崭新的历史机遇。如何使这座百废待兴的历史名城作为新中国的首都焕发光彩，成为一代代建设者的主要任务。随后数十年间的七版城市总体规划，积极应对了不同时期的挑战，也引领和支撑了新中国首都的蓬勃发展。

一、第一版城市总体规划

为筹划新中国首都的建设，1949 年北京专门成立了都市计划委员会作为首都城市规划建设的设计研究机构和管理机构。当时城市建设的主导思想是

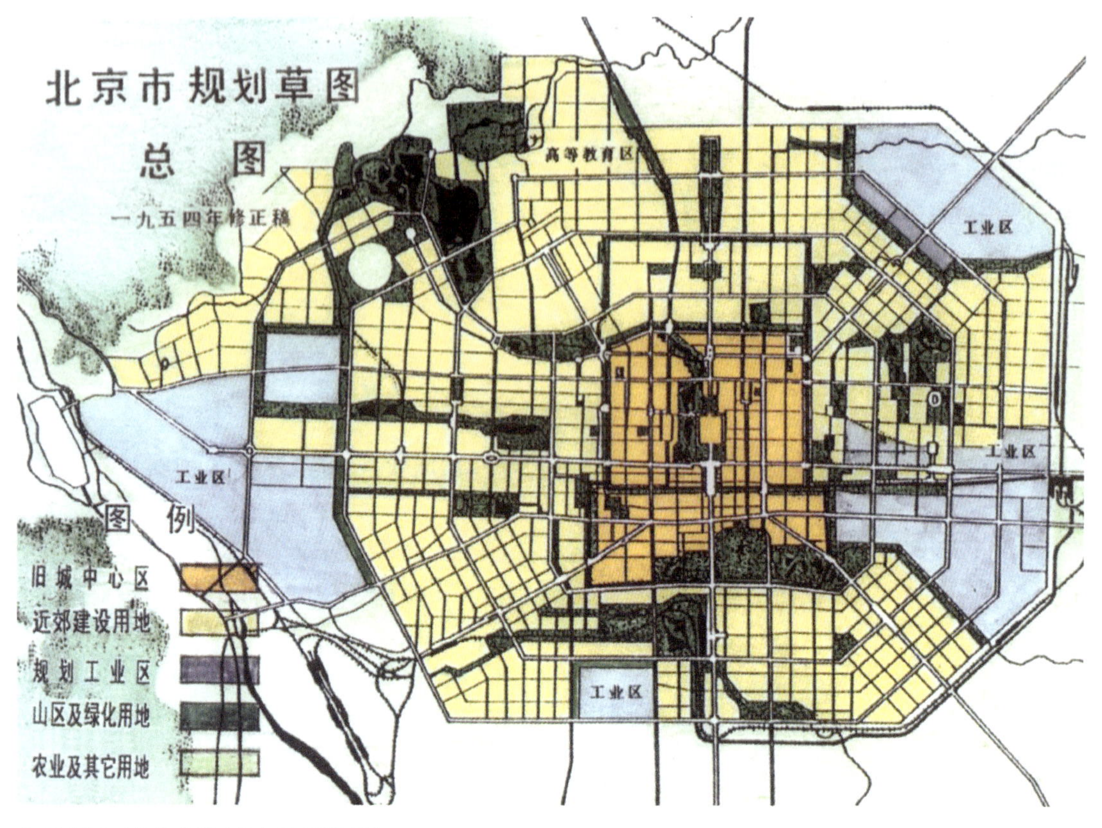

∧ 改建与扩建北京城市规划草案

“变消费城市为生产城市”。苏联专家巴兰尼科夫和中国专家梁思成、陈占祥、朱兆雪、赵东日、华南圭等中外专家从不同方面提出了不同的研究方案，但共性建议均是以旧城为中心，采取放射、环状路系统向外发展的方式；根据城市主导风向，把工业区安排在城市的东南部和西南部；鉴于西北部已有清华大学、燕京大学，把文教区放在西北区；将颐和园、香山一带辟为休养区；住宅结合工作地点分布在城市四周。总体而言，中外专家对北京的城市发展做出了积极的探索和相关准备。

1953 年夏季，北京市委成立了规划工作组，结合当时的形势和首都工作的特点，在综合过去工作方案和研究的基础上，形成了甲、乙两个方案。二者在定位、城市规模方面没有太大差别。差异主要体现在对旧城格局的改变上，甲方案将东南、西南两条对外放射干道插入外城，与正阳门大街

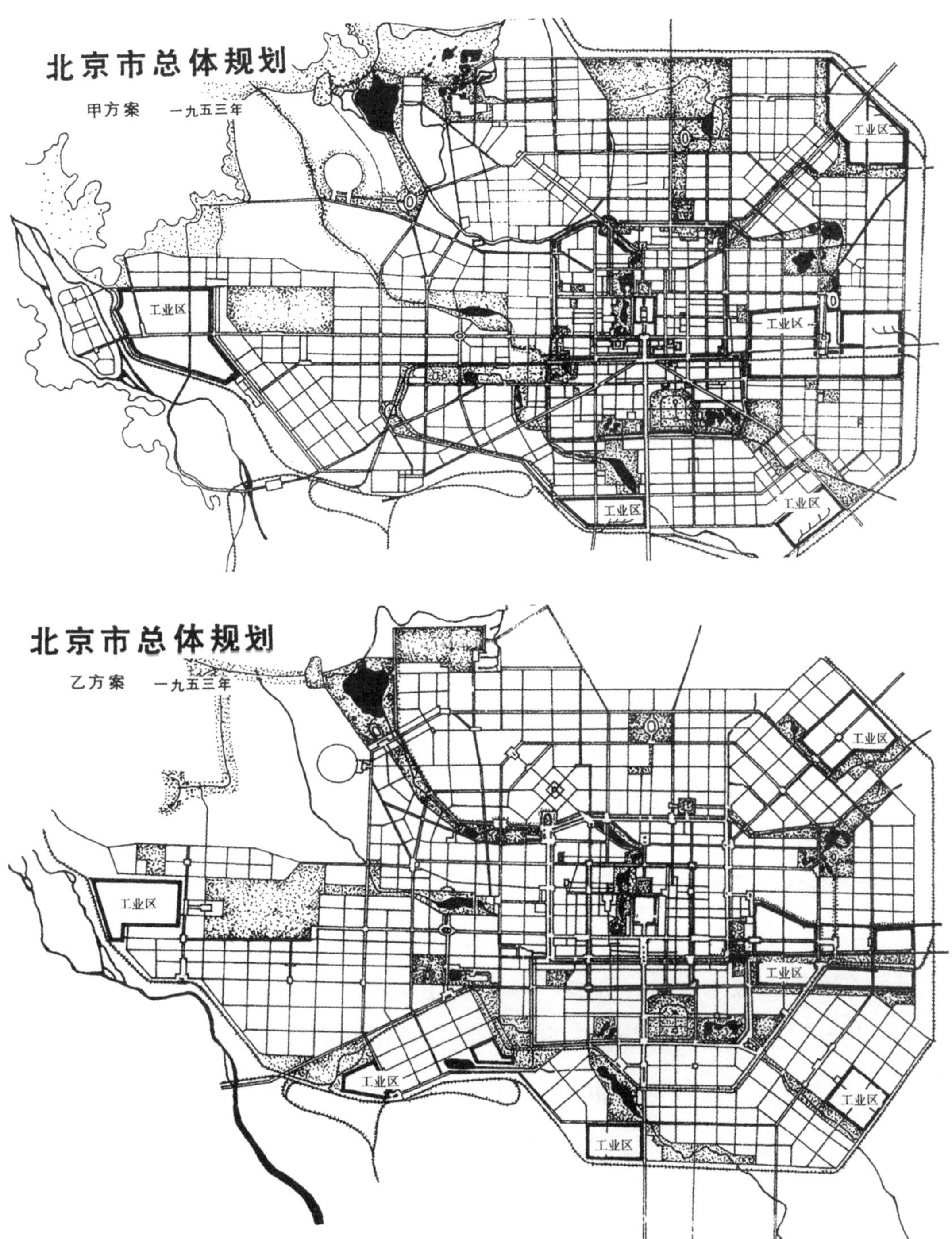

∧ 1953 年的甲方案（上）和乙方案（下）（引自董光器《古都北京五十年演变录》）

汇交于正阳门；东北、西北两条放射干道从内城东北、西北插入，分别交于新街口与北新桥；并引铁路干线从地下插入中心区，总站设在前门。乙方案则完全保持旧城棋盘式道路格局，放射路均交于旧城环路上。铁路不插入旧城，总站设在永定门。1953 年底，更多吸取乙方案的《改建与扩建北京城市规划草案》被上报给党中央，成为中华人民共和国成立以来北京的第一版总体规划。规划明确了“为生产服务，为中央服务，归根结底是为劳动人民服务”的首都建设总方针，同时确定城市性质为“政治、经济和文化的中心、强大的工业基地和技术科学的中心”。草案提出：大约 20 年内，北京人口规模发展到 500 万人左右，城市面积扩展至 600 平方千米左右。方案形成了城市道路系统、工业区布置、街坊建设、河湖绿化系统、铁路和各项公用事业建设等城市功能布局的规划雏形。在第一个五年计划期间的北京城市建设，基本上是按照这个规划草案进行的。今天看来，这个规划草案规定的首都建设总方针和城市的基本布局设想还是正确的，并在以后的几次总体规划中得到了继承和发展。

二、第二版城市总体规划

我国进入“一五”计划时期，北京与全国社会经济有序恢复并得到发展，城市规划建设事业步入正轨。北京市委同时改组了都市计划委员会，并从城市建设各方面抽调技术人员，在苏联专家指导下工作。经过两年努力，在对北京市的现状做了广泛深入的调查、各专业规划深化的基础上，都市规划委员会编制出新一轮总体规划方案，即 1957 年的《北京城市建设总体规划初步方案》。第二版城市总体规划延续了 1953 年编制的规划草案对城市性质和城市规模等的基本原则内容，在规划内容上做出了部分调整和深度细化，该版总规基本奠定了北京当前的道路机构、基础设施布局等内容。

该方案围绕国家工业化战略，进一步突出了发展工业的思路，指出北京是中国的政治中心和文化教育中心，而且还应迅速地把它建成一个现代化的工业

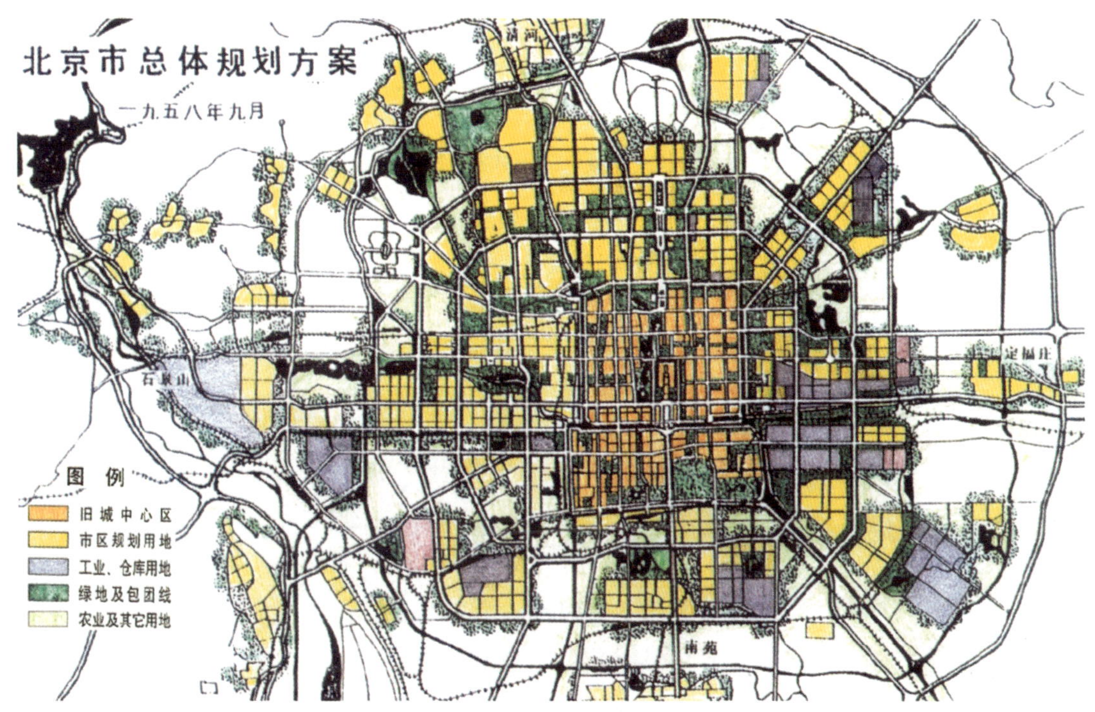

∧ 北京市总体规划初步方案（1958 年）

基地和科学技术中心。同时在城市布局上采取“子母城”的形式，在发展市区的同时，有计划地建设一批卫星城镇。方案提出用十年时间对北京老城进行改造，预计每年拆除 100 万平方米以上的旧房，使旧城破旧的面貌得到彻底改变。面对建国十周年大庆，规划提出打通东西长安街，建设人民大会堂、中国历史博物馆、革命历史博物馆及民族文化宫、民族饭店、钓鱼台国宾馆等若干公共建筑，这些时至今日仍是首都北京的重要历史记忆。此外，该规划首次按万分之一的深度进行调查、编制，补充了煤气、热力、电力、电信等市政建设方案。在居住区规划方面，较早体现了“职住平衡”的理念，提出了工作和就地居住的布局原则。

三、第三版城市总体规划

1958 年，在中共中央《关于在农村建立人民公社问题的决议》出台后，北京市决定对已上报的城市总体规划方案进行重大修改。在规划理念上，提出首都建设应为工农业生产服务，促进首都工业化、公社工业化和农业工厂化，其核心是无功能分区、无城乡之别的完全均等化建设。故在城市用地上，一反之前的单中心集中化布局，提出在城市内部也要保留农业用地，使市区成为工业、农业的结合体，进而消除城乡差异。在具体建设方式上，提出按人民公社的模式组织功能，设立提供几乎一切公共服务功能的公社大楼，一般住宅楼成为不设厨房的集体宿舍。修改后的规划方案成为指导北京较长时间段内建设的依循。

1959—1961 年的三年困难时期，国家提出“调整、巩固、充实、提高”的国民经济发展方针，北京市的城市规划与建设活动大多陷于停滞。难能可贵的是这一时期北京市规划主管部门对过去一段时间的城市规划进行了详尽的调查研究，提出了《北京市城市建设总结草稿》。在肯定自中华人民共和国成立以来城市建设成就的同时，对规划与建设过程中诸多客观问题做出了反思，例如冶金、化工企业对中心城区产生的严重影响，分散力量、盲目冒进开发外围卫星城镇等。这一总结围绕首都规划的客观规律做出了很多有意义的论断，为后期城市规划活动提供了参考。

1966—1976 年的“文化大革命”时期，北京市城市总体规划暂停执行，城市规划主管机构被撤销。城市建设缺少规划引导，政府主导的如东西长安街等重要建设项目暂缓，其他一般性建设被鼓励以“见缝插针”和“干打垒”模式开展。在“文化大革命”后期，北京市召开城市建设和城市管理工作会议，提出把原来的总体规划拿出来，重新修订，以扭转北京城市建设出现的混乱局面。第三版城市总体规划是在 1959 年方案和对中华人民共和国成立以来十三年总结城市建设经验的基础上修订而成的。规划立足“治乱治散”，提出控制市区规模，大力发展郊区的设想，并明确今后原则上不再安排“三废”（危害大、占地多、用水多）的工厂和事业单位，城市建设“骨头”和“肉”要配套，要加强住宅和生活服务设施的配套建设。

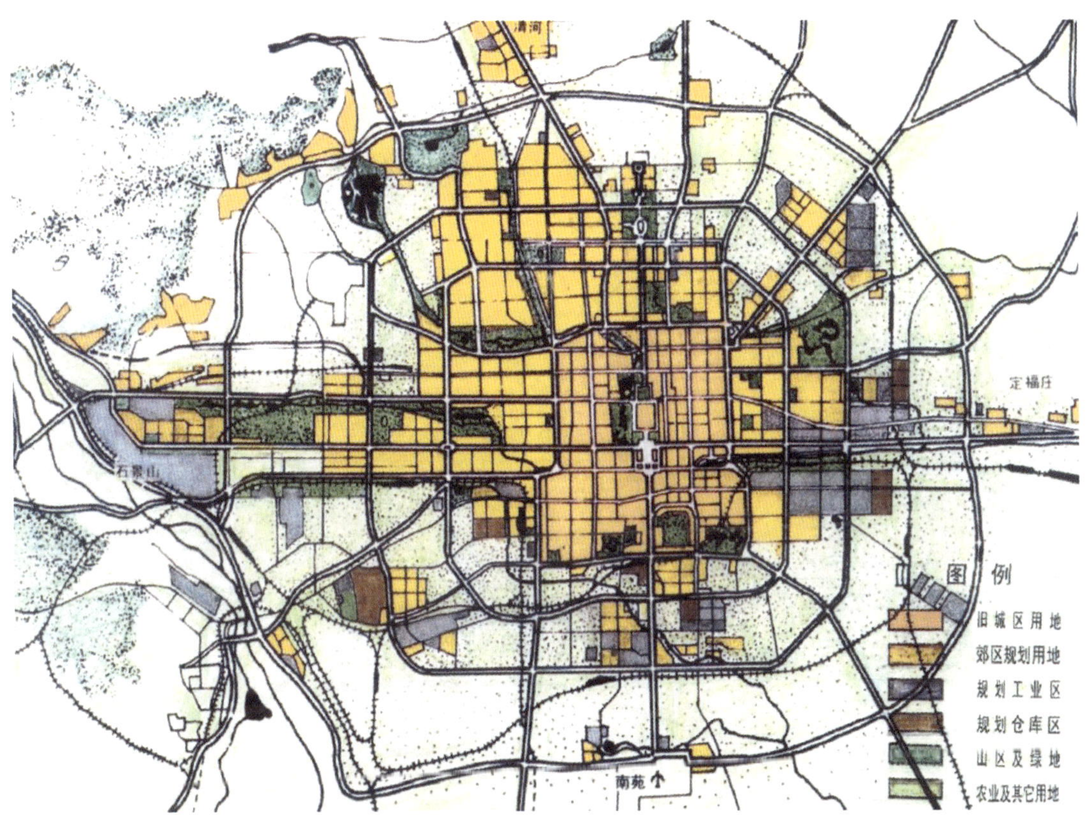

∧ 北京市总体规划方案（1973 年）

四、第四版城市总体规划

党的十一届三中全会之后，北京市充分吸收中华人民共和国成立以来首都规划建设的经验教训，着手《北京城市建设总体规划方案》的编制工作。1981 年，北京市政府决定成立北京市城市规划委员会，统筹总体规划工作。1983 年，第四版城市总体规划编制完成，规划指出“首都的建设要保证党中央、国务院领导全国工作和开展国际交往的需要；要满足各省、市、自治区来京工作的需要；要为首都人民的工作和生活创造方便的条件”，并对城市性质做出重大调整，只保留了“政治中心和文化中心”，而不再提“经济中心”和“现代化工业基地”。同时，规划指出首都要严格控制城市人口规模，在 2000 年全市常住人口控制在 1000 万，市区人口数量控制在 400 万以内。

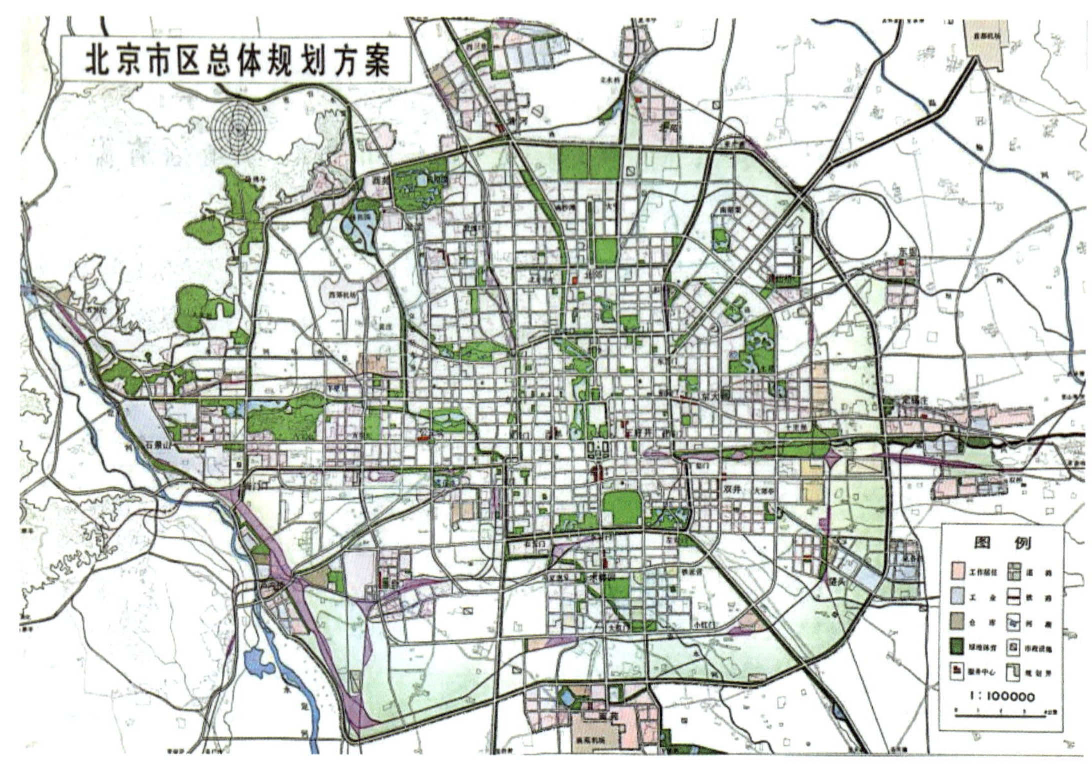

∧ 北京市总体规划方案（1983 年）

在空间发展上，明确了“旧城逐步改建，近郊调整配套，远郊积极发展”的建设方针。在历史文化保护上，规划明确提出将保护范围从建筑本身扩展至周边环境，整体保护的理念已经初具雏形。在生态环境方面，到 2000 年全市森林覆盖率要达到 28% 左右，并建立一批自然保护区和风景游览区。此外，规划还提出了“健全法制、加强领导、改革体制、分期实施、落实到基层”的保障措施。

为保证规划的落地实施，促进（中）央、地（方）协同，随着规划的批复，1983 年北京市政府、国务院相关部委和中央军委共同成立了“首都规划建设委员会”，该机构一直延续至今，对首都规划建设具有里程碑式的重大意义。依据新的规划，北京加大了各类设施建设力度，在北郊集中建设了国家奥林匹克体育中心和亚运村，团结湖、劲松、左家庄等大型居住区相继建成，新建了大量饭店和商业综合体建筑，公共设施现代化水平大大提升，城市面貌焕然一新。

五、第五版城市总体规划

1984 年，中共十二届三中全会通过《关于经济体制改革的决定》，提出加快以城市为重点的经济体制改革步伐。20 世纪 90 年代后，随着以社会主义市场经济体制的建立，北京的建设速度也逐步加快。这个新形势对首都城市的规划和建设提出了新的、更高的要求。一是要进一步增强北京作为全国政治、文化中心的功能，确立并充分发挥 21 世纪北京在国际上的重要地位和作用；二是适应社会主义市场经济的发展，要大力发展适合首都特点的经济；三是大大提高城市素质，要求优化城市布局，提高环境质量，加速城市现代化建设，保护和发扬文化古都的特色，不断改善人民生活条件，加强城市管理和精神文明

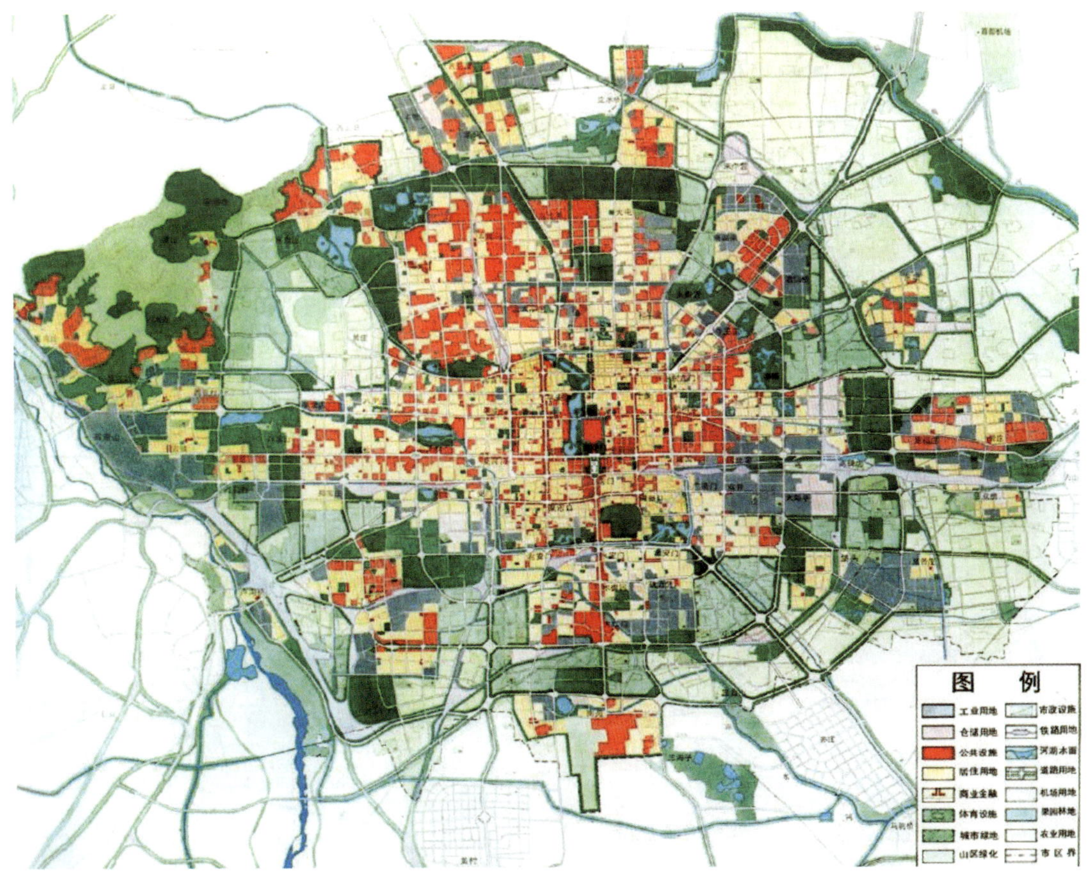

∧ 北京市总体规划市区规划图（1992 年）

建设。此外，城市本身也存在人口规模突破原规划目标，城市土地使用及各项功能亟待调整和发展，城乡之间、经济发展与基础设施、环境建设之间的关系亟待解决以及各项城市基础设施亟须研究新对策、寻找新出路等问题。为适应新的形势，北京自 1989 年底就开始筹划修编城市总体规划，于 1992 年编制完成。

1992 年的第五版城市总体规划在全方位对外开放背景下，在城市性质中，除了继续保留“全国的政治中心和文化中心”并增加了“世界著名古都”外，还强调了北京将是一座“现代国际城市”，提出建立“以高新技术为先导，第三产业发达，产业结构合理，高效益、高素质的适合首都特点的经济”。在空间布局上，提出“两个战略转移”的思想，即城市建设的重点从市区向远郊区转移，市区建设的重点从外延扩展向调整改造转移，以解决人口和产业过于集中在市区而引起的各种问题和矛盾。在此基础上，明确在建国门至朝阳门之间原东郊工业区原址上建设中心商务区（CBD），同时在中轴北延长线两侧及北端安排了大型公共建筑用地，为奥运会场馆建设预留了空间。在此期间，城市经济结构调整成效明显，空间结构也不断优化，CBD、金融街、北京经济技术开发区等新的功能区成为城市经济的发动机，一个现代化国际城市初具雏形。

在修订过程中，北京历史文化名城保护规划正式被列为总体规划的重要组成部分。规划进一步明确了历史文化名城的保护范围，提出了文物保护单位、历史文化保护区、新增建设协调区的三级保护体系，为我国的历史文化名城保护发展贡献了北京智慧。这稿规划突出了历史城市保护的要求，从此总体规划不再把“旧城改建”作为专题，而从突出“改建”转化为突出“保护”；从“加快旧城改建”转变为“旧城逐步改建”，进而转变为“历史城市的保护与更新”；从单纯对“文物古迹的保护”发展到“要保护其周围环境”，进而发展到对旧城实施整体保护，这些转变反映了城市规划对历史城市保护认识不断提高与深化的过程。当然，这种思想的转变离不开北京政治、经济、社会、文化的发展与进步，也离不开几代规划工作者坚持不懈的实践与探索。应该说，1992 年总体规划提出的内容对北京来说具有划时代的意义，标志着对于历史城市保护与更新的认识进入比较成熟的阶段。

总体而言，与 1982 年北京城市建设总体规划相比，1992 年北京城市总体规划的突出特点有两个方面：一是 1992 年总体规划是一项跨世纪工程，也是展望首都建设第二个五十年的发展规划；二是 1992 年总体规划第一次按照社会主义市场经济体制的要求编制，在城市发展方向、城市性质与功能、城市布局、城市产业结构、历史文化名城保护、城市基础设施、郊区农村建设和城市环境等方面提出了许多新理念。

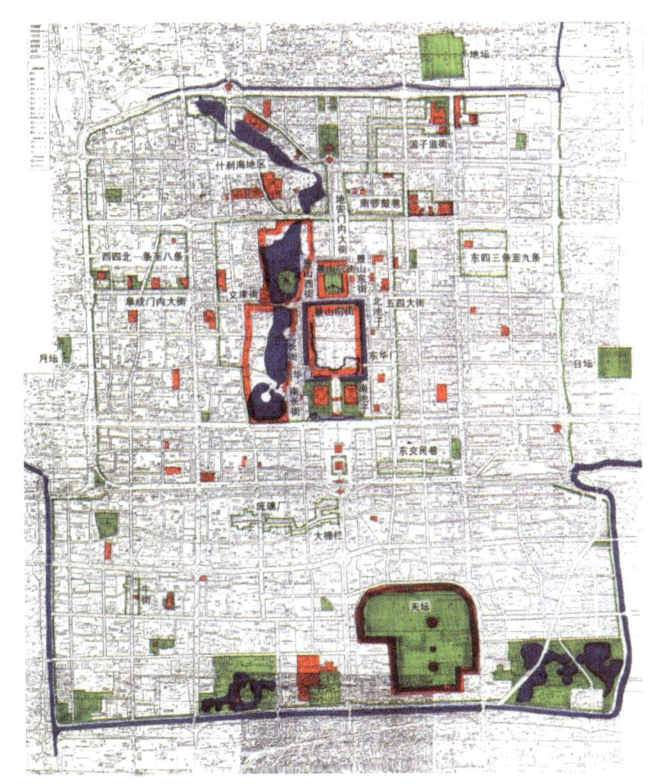

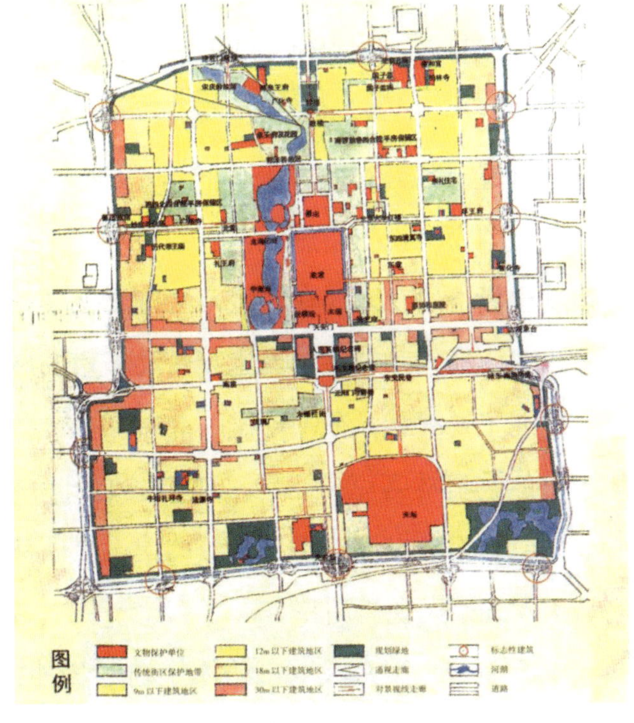

∧ 北京城区历史文化名城保护规划图（1992 年）

六、第六版城市总体规划

随着20世纪90年代市场经济的蓬勃发展，1992版总规设定的规划目标大多提前实现。在国家提出科学发展观和全面建设小康社会后，各界对北京在发展中存在的不平衡问题有了更加深入的理解。北京的首都功能由简单到复杂，对城市空间布局产生了巨大的影响。这些功能很大一部分都集聚在中心城区，形成单中心结构。中心城区功能不断集聚，继而引发人口集聚、规模增长、交通拥堵等一系列问题。虽然城市规划也做了很多努力，包括控制中心城区增量、发展能够缓解中心城区压力的新城等，但由于中心城区的巨大吸引力，效果并不明显。

在此背景下，北京于2004年编制了第六版城市总体规划。规划明确了“四个服务”的工作原则，即“更好地为中央党政军领导机关服务，为日益扩大的国际交往服务，为国家教育、科技、文化和卫生事业的发展服务和为市民的工作和生活服务”，并提出了“国家首都、世界城市、文化名城、宜居城市”的发展目标。在优化功能布局上，规划提出疏解中心地区人口，积极引导人口向新城和边缘集团转移；搬迁改造传统工业；搬迁中心地区小商品批发市场；调整迁出部分行政办公、教育、科研、医疗设施；整治“城中村”；搬迁整治危险源六项具体措施。在空间布局上，提出了“两轴、两带、多中心”的城市发展新格局，同时在市域范围内划定了禁止建设区、限制建设区、适宜建设区。在此期间，用举办奥运会带动城市发展、用城市建设保障奥运会成为城市发展的主要思路。在中轴线的北端形成一个集体育、文化、会展、休闲等功能于一体的奥林匹克中心区，轨道交通日新月异，T3航站楼、北京南站等一些大型设施相继投入使用，新城的建设全面铺开，以首钢、焦化厂为代表的中心城工业开始大规模调整。

总体而言，第六版城市总体规划是21世纪伊始，北京在科学发展观指导下，在规划理念、认识维度和技术方法上的又一次大跨越式进步，诸如功能疏

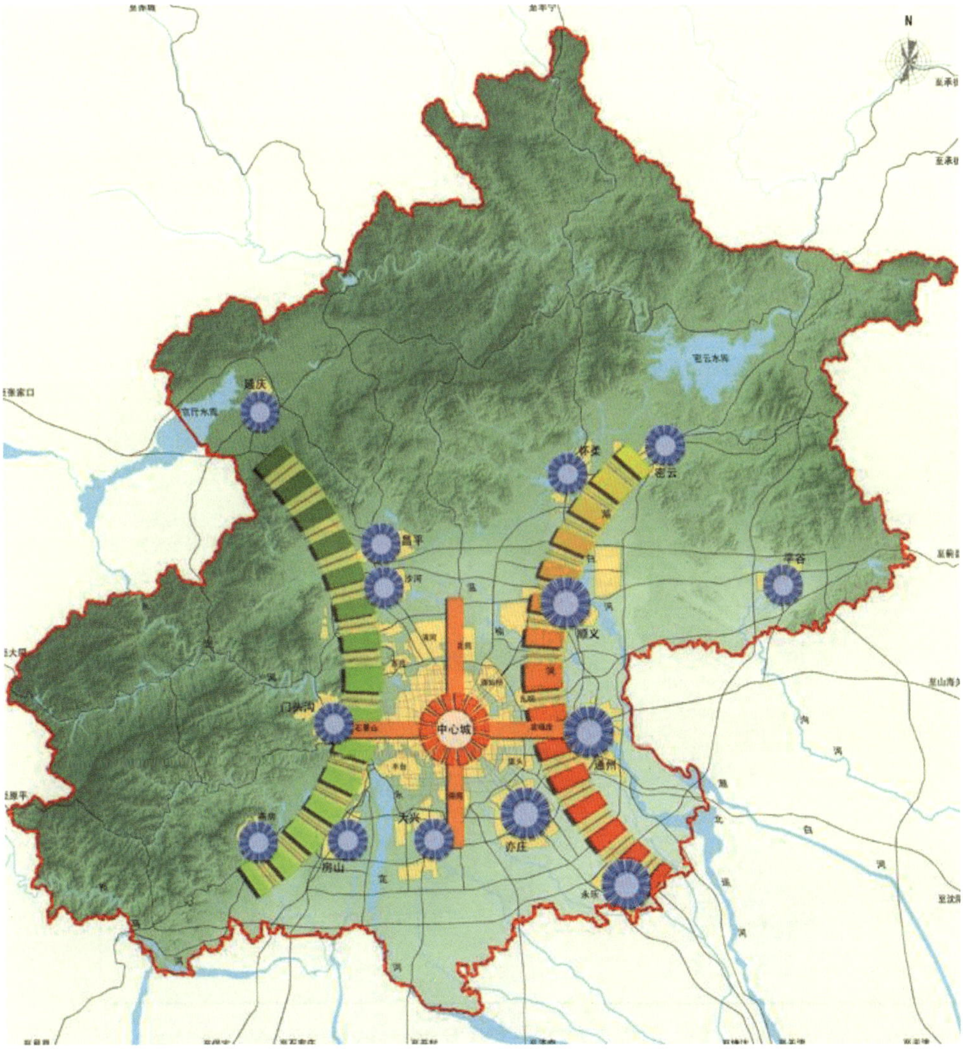

∧《北京市城市总体规划（2004 年—2020 年）》中的市域空间结构图

∨ 北京南站

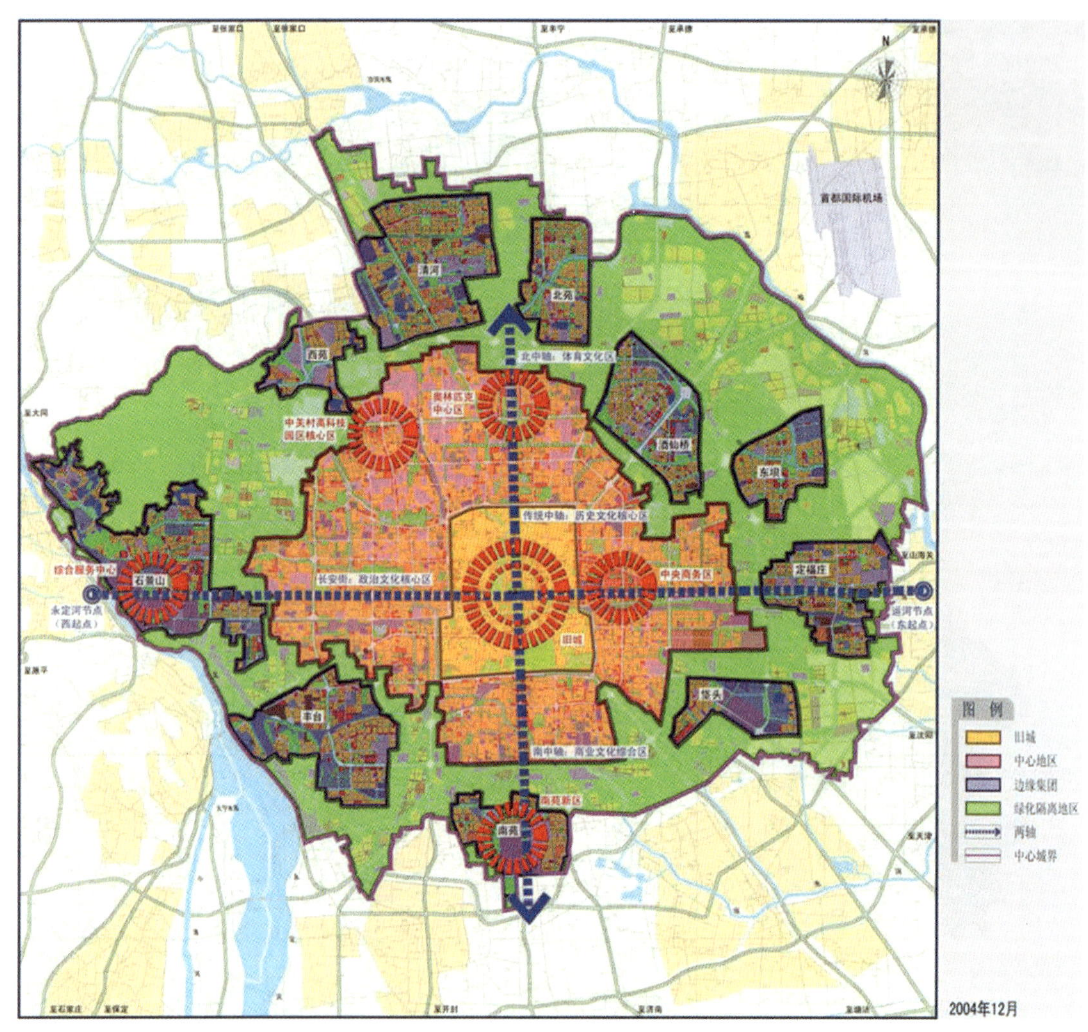

∧《北京市城市总体规划（2004 年—2020 年）》中的中心城功能结构规划图

解、区域统筹等内容被延续至当前正在实施的 2016 版的城市总体规划中。规划优先关注生态环境的建设与保护，优先关注资源的节约与有效利用，打破行政界限，推动城市规划创新与城市建设模式的转变。充分考虑城市发展的复杂性，采取更为灵活的、适应未来发展的规划对策。突出新城规划、交通与基础设施规划、生态环境保护规划和历史文化名城保护规划四个重点内容，同时对城市安全问题和京津冀区域协调发展问题进行了重点研究。经过这段时间的建设发展，城市现代化、国际化水平大大提升。

七、第七版城市总体规划

2016 年，北京市紧紧扣住迈向“两个一百年”奋斗目标和中华民族伟大复兴的时代使命，围绕“建设一个什么样的首都、怎样建设首都”这一重大课题，进行了新城市总体规划的编制工作。该规划提出北京“政治中心、文化中心、国际交往中心、科技创新中心”的定位，并从空间布局、要素配置、疏解整治提升等方面做出了具体安排，力求增强首都功能的服务保障能力，提升为中央党、政、军领导机关的工作服务、为国家的国际交往服务、为科技和教育发展服务、为改善人民群众生活服务的“四个服务”水平。

第七版《北京城市总体规划（2016 年—2035 年）》（以下简称“新总规”）以疏解非首都功能为“牛鼻子”，坚持疏解功能谋发展。规划通篇贯穿了疏解非首都功能这个关键环节和重中之重，同时统筹考虑疏解与整治、疏解与提升、疏解与发展、疏解与协同的关系，力求在疏解功能中实现更高质量、更可持续的发展。改变了以往聚集资源谋发展的思维定式。规划紧密对接京津冀协同发展，着眼于更广阔的空间来谋划首都的未来。规划跳出北京看北京，放眼京津冀广阔空间来规划北京的未来。城市总体规划强调深入推进京津冀协同发展，对支持河北雄安新区规划建设做出安排，努力打造以首都为核心的世界级城市群。

本次规划编制以北京市民最关心的问题为导向，集中聚焦人口过多、交通拥堵、房价高涨、大气污染等“大城市病”治理，从源头入手综合施策，对治理“大城市病”做出了规划安排。规划坚持均衡发展。针对北京南北、内外、城乡发展不均衡问题，规划提出以重大基础设施、生态环境治理、公共设施建设和重要功能区为依托，带动优质要素在南部地区聚集，加快南部地区发展；明确各区功能定位，促进主副结合发展，加快外围多点发展，山区和平原地区互补发展；突出城乡统筹，对如何促进城乡均衡发展做了专门安排。本次城市总体规划率先实现了城市总体规划与土地利用总体规划的两

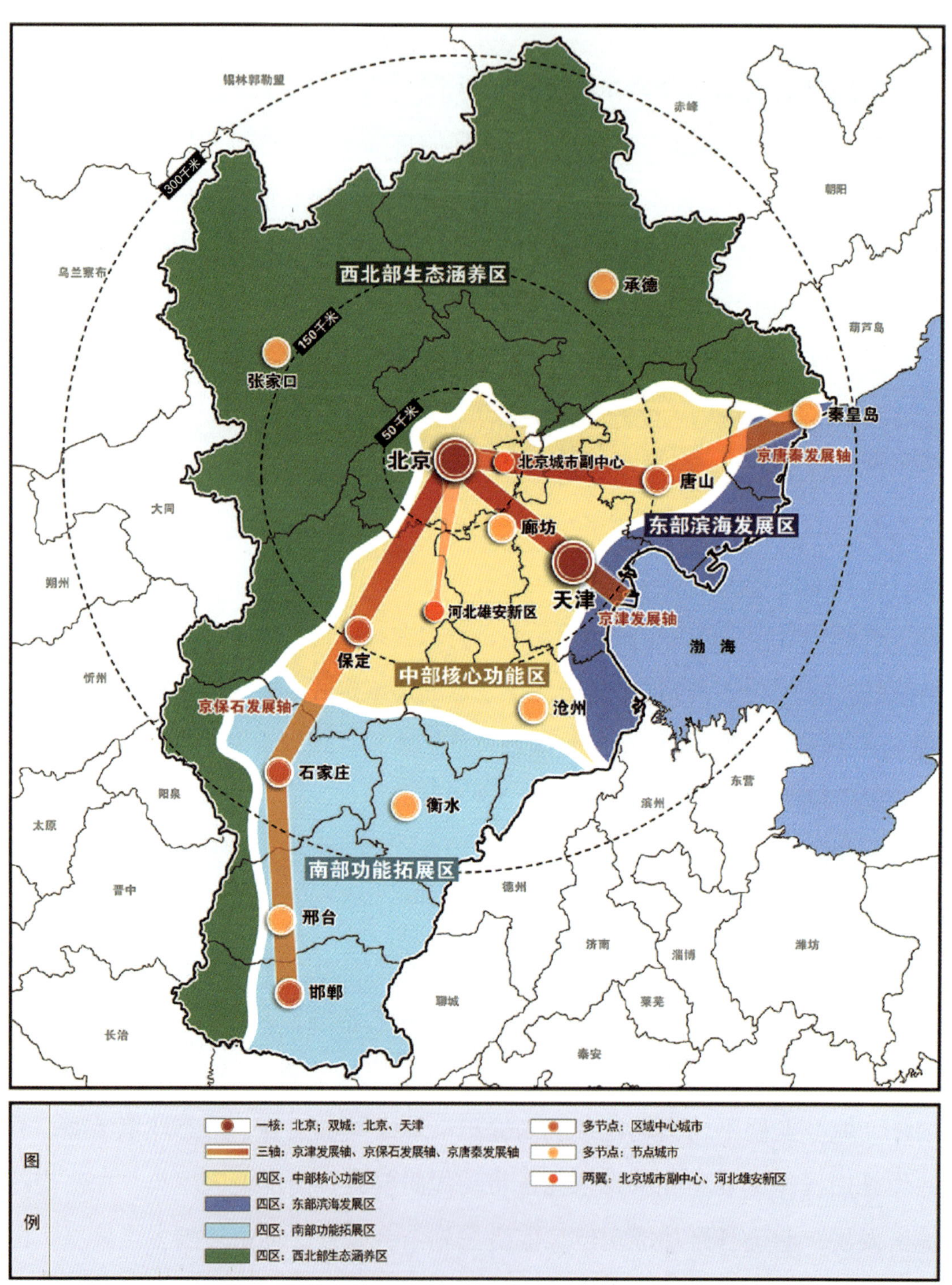

∧“新总规”中的京津冀区域空间格局示意图（2016 年）

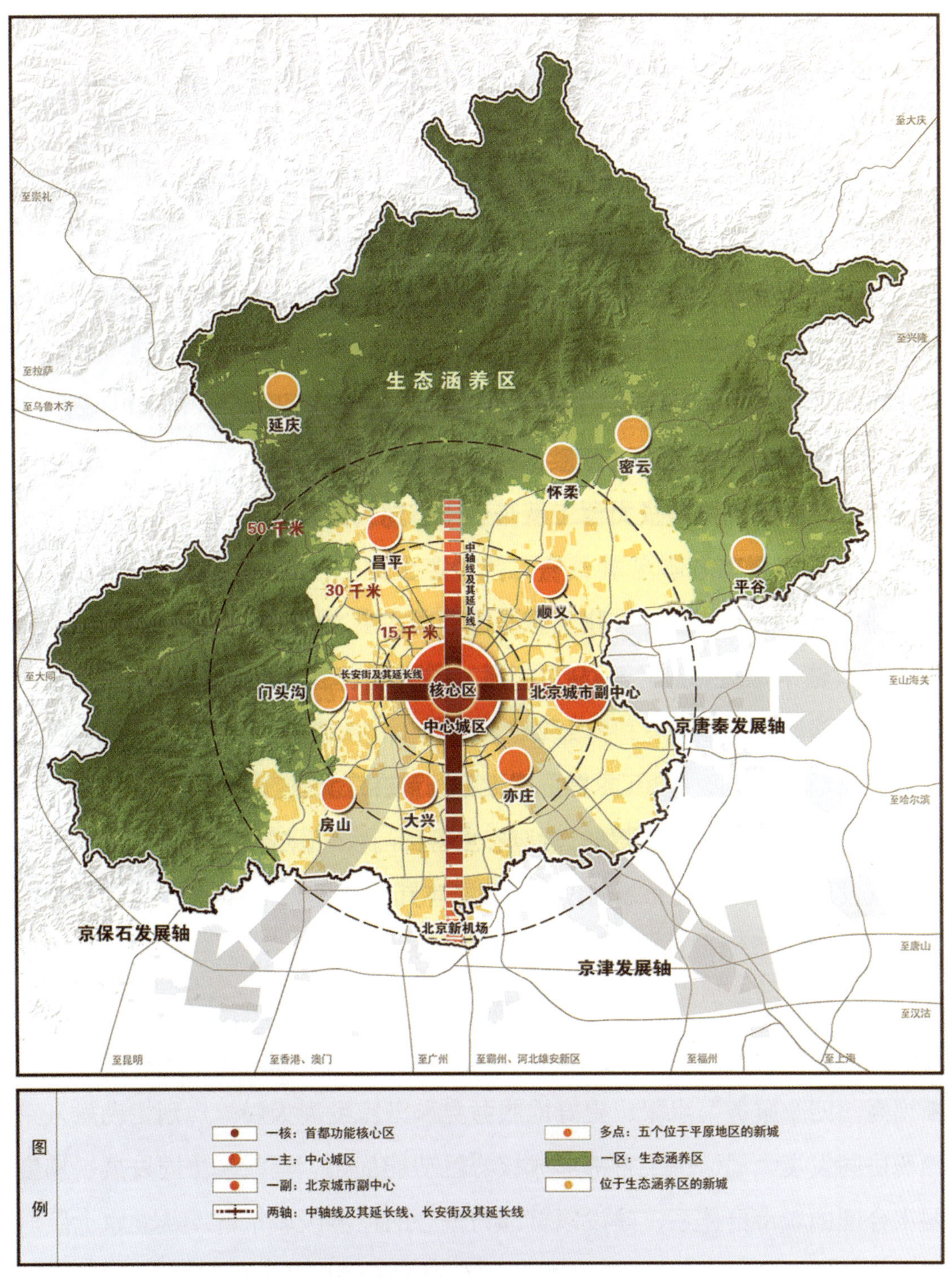

∧“新总规”中的市域空间结构规划图（2016 年）

规合一，实现城市规划向城乡规划转变，形成全域空间规划的基础底图。以城市总体规划为统领，整合各种空间规划，统筹各专项规划的核心要素，实现多规底图叠合、数据融合、政策整合，形成一本规划，实现“一张蓝图干到底”。

回望来路，中华人民共和国成立之后北京编制完成的七版城市总体规划，由于时代背景不同，形成了不同的城市发展建设指导方针。中华人民共和国成立初期，北京第一版城市总体规划的编制广泛征集国内外专家意见，依据当时客观的社会经济基础，做出了集众家之所长的科学决策，为北京时至今日的城市发展与建设搭建了基础空间框架。此后，第二版城市总体规划提出了控制市区、发展郊区的“分散组团式”城市布局模式，这一总体思路被一直延续至今，不同的是视野逐步从市区正向更大的区域拓展。而在特殊历史时期，第三版城市总体规划发挥了“治乱治散”的作用，在治理工业污染、规范违法建设、防止破坏文物等方面做出了贡献。改革开放后的第四版和第五版城市总体规划妥善平衡了发展与保护之间的关系，在促进经济建设的同时，愈发强调对生态环境和历史文化的保护。进入 21 世纪后，北京编制的第六版城市总体规划，提出了“四个服务”，城市职能定位越发清晰明确。同时，第六版城市总体规划相较过往规划更加全面、系统，在新城建设、绿色可持续发展、重大交通和基础设施建设、城市安全等方面都做出了积极探索。而最新的第七版城市总体规划对“建设一个什么样的首都、怎样建设首都”这一重大时代命题做出了新的回答。新规划以“四个中心”战略定位为统领，并分别提出了空间布局规划方案，以切实增强首都功能的服务保障能力，不断提高“四个服务”水平，更好地服务党和国家发展大局。规划主动融入京津冀协同发展大局，围绕首都形成核心区功能优化、辐射区协同发展、梯度层次合理的城市群体系，建设以首都为核心的世界级城市群。从北京七版城市总体规划可见，首都规划工作始终围绕着为人民服务、为中央服务的初心，不断提升全面性、科学性、协调性。近年来在国家层面国土空间规划改革的大背景下，北京正在继承、发扬与变革中，逐步探索形成具有首都特色的国土空间规划体系，新体系的建立将为这座古老而又现代的城市做出更多新的贡献。

第二章

走近国土空间规划

人类自诞生之日起，无论是选择自然条件优越的居址，还是对栖息地进行功能分区，都会对生存、生产、生活的空间进行或粗犷或精细、或长远或短暂的“空间规划”。进入文明社会后，这种“空间规划”被赋予了更丰富的内涵。2019 年 5 月 9 日，中共中央、国务院正式印发《关于建立国土空间规划体系并监督实施的若干意见》，标志着国土空间规划体系顶层设计和“四梁八柱”基本形成，各地构建国土空间规划体系的工作正式列上日程。2020 年，北京市委、市政府印发《关于建立国土空间规划体系并监督实施的实施意见》，根据北京市进入减量发展、高质量发展阶段的客观需求，对北京国土空间规划提出了更高标准、更高要求。

第一节　国土空间规划概述

国土空间是指国家主权与主权权利管辖下的地域空间，包括陆地国土空间和海洋国土空间，可以分为城市空间、农业空间、生态空间等类型。国土空间是宝贵的资源，在国家的工业化、城镇化及经济发展规划中起着非常重要的作用。

一、国土空间规划的产生

规划是为了确保未来的发展能力，塑造优于现在的未来，实现社会整体利益和公共利益，实现决策者所确定的社会、经济、环境、资源方面的长远目标而进行的一种谋划、安排、部署或展望。为达到特定的目标，规划不仅要做出理性选择、提供未来系统发展战略，还要借助合法权威对系统行为及其变化不断进行动态调节和控制；不仅要预先决定、安排相应的手段和途径，还要考虑如何对这些手段和途径进行具体的应用。

中华人民共和国成立以来，经过 70 多年的发展，我国城乡建设发展的规划体系逐步形成，其中包括各类各级多种规划。这些规划在支撑城镇化快速发展、促进国土空间合理利用、有效保障耕地和粮食安全方面发挥了积极作用。但由于分属不同事权的管理部门，规划目标、方法和重点往往自成体系，存在规划类型过多、内容重叠冲突，审批流程复杂、周期过长，地方规划朝令夕改等问题，被人们形象地称为“九龙治水”。

为从体制机制上解决这些问题，2018 年自然资源部正式组建，设国土空间规划局，负责拟订国土空间规划相关政策，承担建立空间规划体系工作并监督实施；组织编制全国国土空间规划和相关专项规划并监督实施等工作。2019 年国土空间规划体系框架正式确立，将原有的主体功能区规划、土地利用规划、城乡规划等空间规划融合为统一的国土空间规划，推进“多规合一”，进行区域整体谋划，形成“一龙治水”“一张蓝图”的新局面。

表 2-1 “多规合一”改革进程

时间节点	改革进程
2012 年 11 月党的十八大	优化国土空间开发格局
2013 年 11 月十八届三中全会	健全国土空间开发体制机制
2013 年 12 月中央城镇化工作会议	建立空间规划体系，“一张蓝图干到底”
2014 年 3 月国家新型城镇化规划	建立国土空间开发保护制度，推动有条件地区“多规合一”
2014 年 12 月中央经济工作会议	健全空间规划体系，推进市县“多规合一”
2015 年 9 月生态文明体制改革总体方案	构建以空间治理和空间结构优化为主要内容，全国统一、相互衔接、分级管理的空间规划体系，一个市县、一本规划、一张蓝图
2016 年 2 月中央六号文件	推进两图合一，探索城市规划管理和国土资源管理部门合一
2016 年 3 月“十三五”规划	建立空间治理体系，以主体功能区规划为基础统筹各类空间性规划，推进“多规合一”
2017 年 1 月省级空间规划试点方案	以主体功能区规划为基础，统筹各类空间性规划，编制统一的省级空间规划
2018 年 3 月《中共中央关于深化党和国家机构改革的决定》	强化国土空间规划对各专项规划的指导约束作用，推进“多规合一”，实现土地利用规划、城乡规划等有机融合

续表

时间节点	改革进程
2018 年 3 月《深化党和国家机构改革方案》	组建自然资源部；统一行使全民所有自然资源资产所有者职责，统一行使所有国土空间用途管制和生态保护修复职责 主要职责：建立空间规划体系并监督实施等
2019 年 5 月《中共中央国务院关于建立国土空间规划体系并监督实施的若干意见》	将主体功能区规划、土地利用规划、城乡规划等空间规划融合为统一的国土空间规划，实现“多规合一”

注：2014 年以来，国家相关部门组织开展了 28 个市县“多规合一”和 9 个省级空间规划试点。

二、国土空间规划的使命

国土空间规划是国家和地方空间发展的指南、可持续发展的空间蓝图，是各类开发保护建设活动的基本依据。国土空间规划改革是推进生态文明建设的关键举措，是坚持以人民为中心、实现高质量发展和高品质生活的重要手段，是促进国家治理体系和治理能力现代化的必然要求。

国土空间规划结合自然要素和人文要素，围绕如何处理好人与自然之间的相互关系、协调开发与保护的矛盾，从不同的空间尺度对国土空间的保护、开发、利用、修复做出总体部署、统筹安排与空间布局，是国家和地方空间发展的指南、可持续发展的空间蓝图，是各类开发保护建设活动的基本依据。国土空间规划通过优化空间资源配置探索一套适应创新、协调、绿色、开放、共享新发展理念的国土空间利用模式，着力提升人居环境品质，打造高品质生活，满足人民对美好生活的向往。

编制全国国土空间规划是党中央、国务院部署的重大工作，也是理顺规划体系、实现“多规合一”的基础性工作。科学划定“三区三线”是编制国土空间规划的关键，是关系国家战略安全的一件大事。“三区三线”以国土空间规划为依据，是作为调整经济结构、规划产业发展、推进城镇化不可逾越的红线。划定“三区三线”要强化区域统筹平衡。立足区域资源环境承载能力和禀赋特色，落实区域重大战略、区域协调发展战略和主体功能区战略，结合省市县国土空间总体规划编制，统筹优化农业、生态、城镇空间和基础设施、公共资源布局，合理确定各市县的耕地、永久基本农田、建设用地等约束性指标。按照耕地和永久基本农田、生态保护红线、城镇开发边界的优先序，在国土空间规划中统筹划定落实三条控制线，做到现状耕地应保尽保、应划尽划。确保三条控制线不交叉不重叠不冲突。

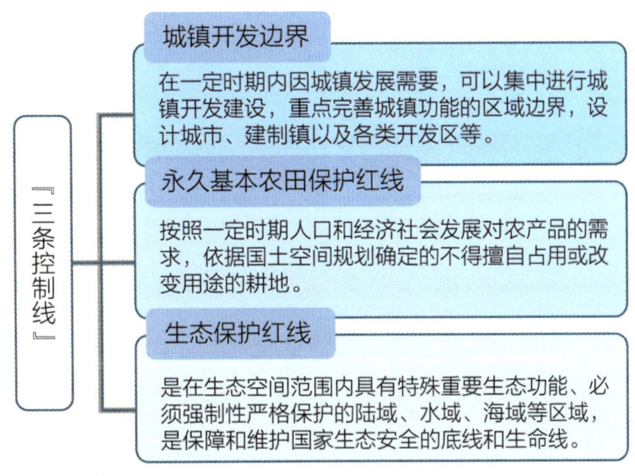

∧ 国土空间规划中的“三条控制线”

第二节　国家国土空间规划体系

国土空间规划体系是由不同类型、不同层次的空间规划按一定秩序和内部联系组合而成的系统。建立国土空间规划体系的主要目的是明确国土空间规划的层次、从属关系和空间管理事权，以统一的空间规划结构整合空间权责，从而明晰不同层次、不同类型空间规划的功能定位和规划内容。在生态文明建设时代背景下，坚持以人民为中心的思想，从生态视角、生态价值观出发，建立全国统一、权责清晰、科学高效的国土空间规划体系，整体谋划新时代国土空间开发保护格局，综合考虑人口分布、经济布局、国土利用、生态环境保护等因素，科学布局生产空间、生活空间、生态空间，全面实现高水平治理，引领高质量发展，缔造高品质生活，是保障国家战略有效实施、促进国家治理体系和治理能力现代化、实现“两个一百年”奋斗目标和中华民族伟大复兴中国梦的必然要求。

一、总体框架

我国国土空间规划体系总体框架为“五级三类四体系”，其中，“五级”纵向对应我国的行政管理体系，包括国家级、省级、市级、县级、乡镇级；“三类”是规划的内容类型和工作深度，相当于各层级的横向内容，包括总体规划、详细规划和相关专项规划；“四体系”是指国土空间规划编制审批体系、实施监督体系、法规政策体系和技术标准体系。

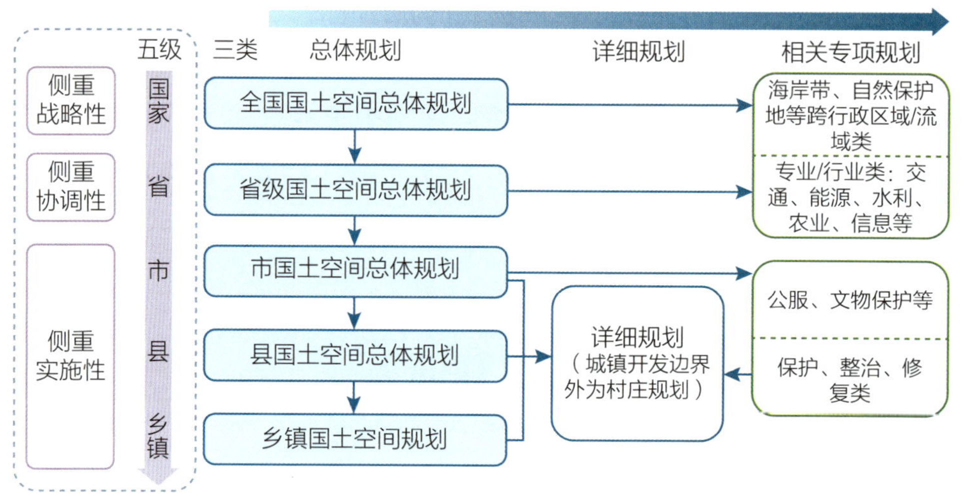

∧ 我国国土空间规划的“五级三类”

以 2020 年、2025 年、2035 年为时间节点，国家国土空间规划体系的建

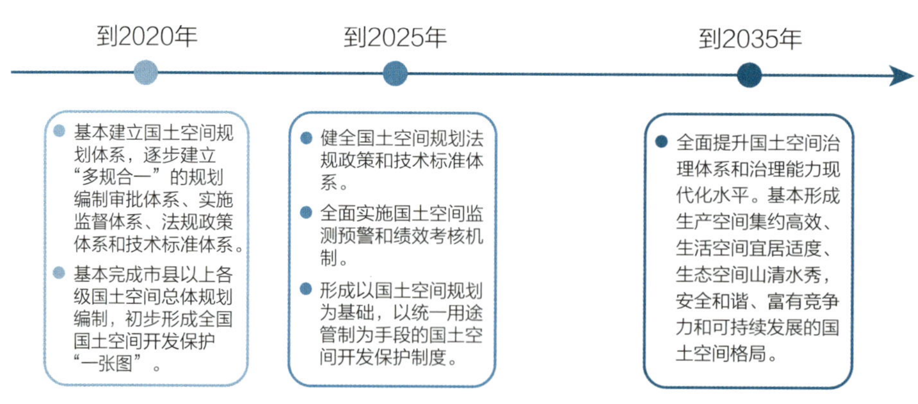

∧ 建立我国国土空间规划体系的三个分阶段工作目标

设设置了三个阶段性目标，运用城市设计、乡村营造、大数据等手段改进规划方法、提高规划编制水平，发挥国土空间规划在国家规划体系中的基础性作用，为国家发展规划落地实施提供空间保障。

二、总体规划

国土空间总体规划是对国土空间结构和功能的整体性安排，具有战略性、整体性、约束性和引导性等基本特征，是其他各类空间规划的上位规划，是制定详细规划和相关专项规划的基础，是国土空间内进行各类开发建设活动、实施国土空间用途管制的基本依据。

国土空间总体规划的规划对象是指定区域范围内的全部国土资源，是对自然、社会、经济、文化、生态、人口、土地、城镇、乡村、产业、交通、水利等全要素进行的统一规划，绝不仅仅是各个对象的简单叠加。规划过程中，采用调查评价、指标预测、战略分析、规划决策、效益分析、资源分配、系统仿真、空间分析、空间大数据处理等综合性方法和技术进行全域统筹，确定规划内容和整体性目标。规划的重点内容包括规划实施评估、制定空间战略、划定安全底线、调整利用结构、优化空间布局、生态修复整治及落实实施监管等内容。

（一）国家级国土空间总体规划

全国国土空间规划是对全国国土空间做出的全局安排，是全国国土空间保护、开发、利用、修复的政策和总纲，侧重战略性，由自然资源部会同相关部门组织编制，由党中央、国务院审定后印发。

（二）省级国土空间总体规划

省级国土空间总体规划是对全国国土空间规划纲要的落实和深化，是一定时期内省域国土空间保护、开发、利用、修复的政策和总纲，是编制省级相关专项规划、市县等下位国土空间规划的基本依据，在国土空间规划体系中发挥承上启下、统筹协调作用，具有战略性、协调性、综合性和约束性。

省级国土空间总体规划的范围包括省级行政辖区内全部陆域和管理海域

省级国土空间规划编制原则

◎生态优先、绿色发展
◎以人民为中心、高质量发展
◎区域协调、融合发展
◎因地制宜、特色发展
◎数据驱动、创新发展
◎共建共治、共享发展

国土空间。通过分区传导、底线管控、控制指标、名录管理、政策要求等方式，省级国土空间总体规划对下级规划编制提出指导约束要求，下级规划不得突破。省级国土空间规划由省级政府组织编制，经同级人大常委会审议后报国务院审批。编制过程采取政府组织、专家领衔、部门合作、公众参与的方式，建立全流程、多渠道的公众参与机制。

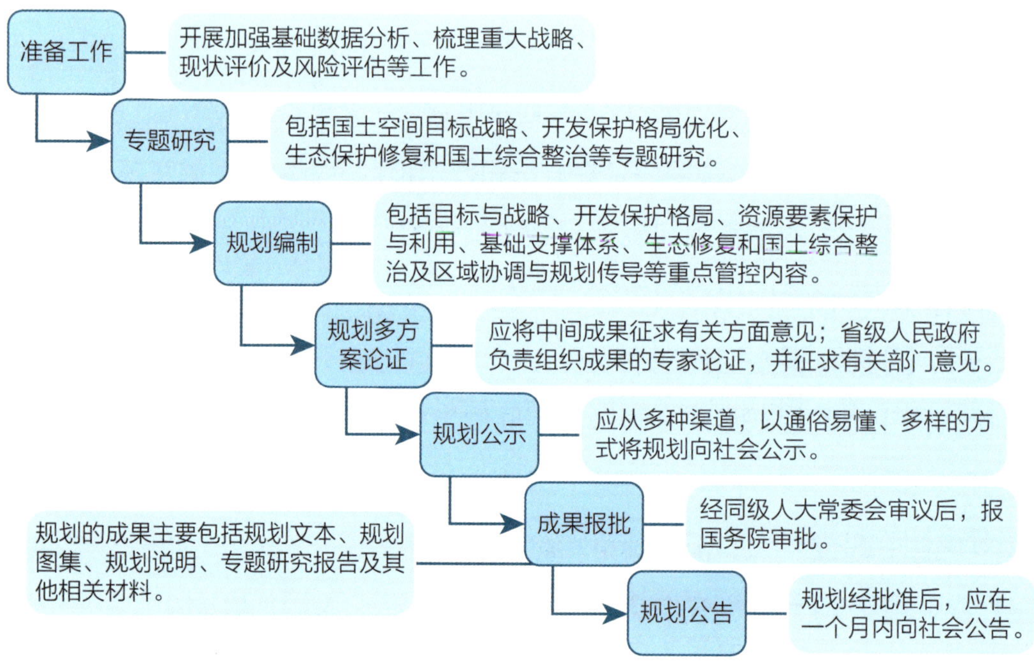

∧ 省级国土空间规划编制程序

省级自然资源主管部门会同有关部门对省级国土空间规划实施情况，开展动态监测、评估和预警，建立规划实施保障措施，健全配套政策机制，完善国土空间基础信息平台建设，坚持“一张蓝图干到底”。

（三）市级国土空间总体规划

市级国土空间总体规划是城市为实现“两个一百年”奋斗目标制定的空间发展蓝图和战略部署，是城市落实新发展理念，实施高效能空间治理、促进高质量发展和高品质生活的空间政策，是市域国土空间保护、开发、利用、修复和指导各类建设的行动纲领。市级总体规划要体现综合性、战略性、协调性、基础性和约束性，落实和深化上位规划要求，为编制下位国土空间总体规划、详细规划、相关专项规划和开展各类开发保护建设活动、实施国土空间用途管制提供基本依据。

市级国土空间总体规划一般包括市域和中心城区两个层次，规划范围包括市级行政辖区内全部陆域和管理海域国土空间，编制过程中要坚持贯彻新时代新要求、突出公共政策属性、创新规划工作方法的原则。

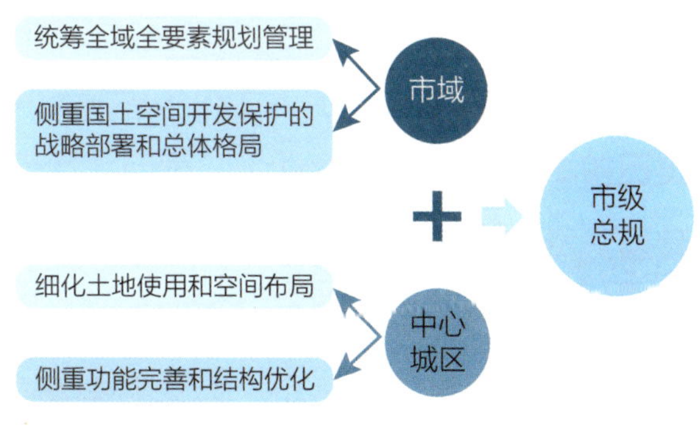

∧ 市级国土空间总体规划的层次划分

中心城区

是市级总规关注的重点地区，根据实际和本地规划管理需求等确定，一般包括城市建成区及规划扩展区域，如核心区、组团、市级重要产业园区等；一般不包括外围独立发展、零星散布的县城及镇的建成区。

市级人民政府负责市级国土空间总体规划的组织编制工作，市级自然资源主管部门会同相关部门承担具体编制工作，编制过程中要坚持党委领导、政府组织、部门协同、专家领衔、公众参与。

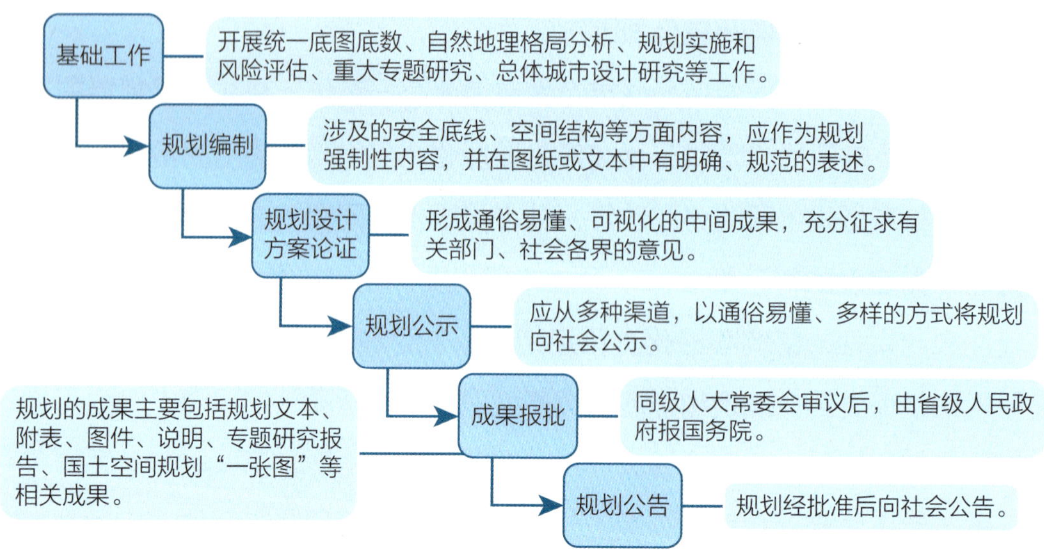

∧ 市级国土空间规划编制程序

（四）县级国土空间总体规划

县级国土空间总体规划是在县（市、区）行政辖区范围内对国土空间保护、开发、利用、修复的总体安排和部署，是对省级、市级国土空间总体规划和相关专项规划的细化落实，侧重实施性和操作性，是编制乡镇（片区）级国土空间总体规划、相关专项规划、详细规划及实施国土空间规划用途分区管制的重要依据。

（五）乡镇级国土空间规划

乡镇级总体规划是对省级、市级、县级国土空间总体规划和相关专项规划的深化落实，是对一定时期内乡镇的经济和社会发展、土地使用、空间布局及各项建设的综合部署与安排，是编制详细规划及实施国土空间用途管制的重要依据。规划范围包括一个或多个乡镇（街道）行政辖区范围。

三、详细规划

详细规划是对具体地块用途和开发建设强度等做出的实施性安排，是开展国土空间开发保护活动、实施国土空间用途管制、核发城乡建设项目规划许可、进行各项建设等的法定依据。详细规划是我国国土空间用途管制的重要基础，在微观层面明确国土空间细分单元的建设目标、功能用途、监管要求等内容。在城镇开发边界内的建设，实行“详细规划 + 规划许可”的管制方式；在城镇开发边界外的建设，按照主导用途分区，实行“详细规划 + 规划许可”和“约束指标 + 分区准入”的管制方式。

详细规划要依据批准的国土空间总体规划进行编制和修改，相关专项规划的主要内容要纳入详细规划。在城镇开发边界内的详细规划，由市县自然资源主管部门组织编制，报同级政府审批；在城镇开发边界外的乡村地区，以一个或几个行政村为单元，由乡镇政府组织编制“多规合一”的实用性村庄规划作为详细规划，报上一级政府审批。

四、相关专项规划

国土空间相关专项规划是在国土空间总体规划的框架控制下，针对国土空间的某一方面或某一特定问题而制定的规划，是对某一特定领域的细化、补充和深化，具有针对性、专一性和从属性，必须在规划目的、规划原则、空间结构和规划政策等方面与总体规划保持严格一致，服从于总体规划，不得违背总体规划强制性内容，其主要内容要纳入详细规划。专项规划可分为特定地区规划和特定领域相关专项规划，当在特定地区、特定领域内实现特定功能时，需要制定相关专项规划，对空间开发保护利用做出专门安排。

海岸线、自然保护地等专项规划及跨行政区域、流域的国土空间规划，由所在区域或上一级自然资源主管部门牵头组织编制，报同级政府审批。涉及空间利用的某一领域专项规划，如交通、能源、水利、农业、信息、市政等基础设施，公共服务设施，军事设施，以及生态环境保护、文物保护、林业草原等专项规划，由相关主管部门组织编制。相关专项规划可在国家、省和市县层级编制，不同层级、不同地区的专项规划可结合实际选择编制的类型和精度。

第三节 北京市国土空间规划体系

一、总体框架

北京市坚持首都规划权属党中央，牢牢把握首都城市战略定位，结合行政管理层级划分将国土空间规划体系总体框架确立为“三级三类四体系”。

“三级”为市、区、乡镇三级行政管理区，分别对应国家五级中的第二级省、第三四级市县和第五级镇，强调规划范围，突出不同范围事权主体的作用；

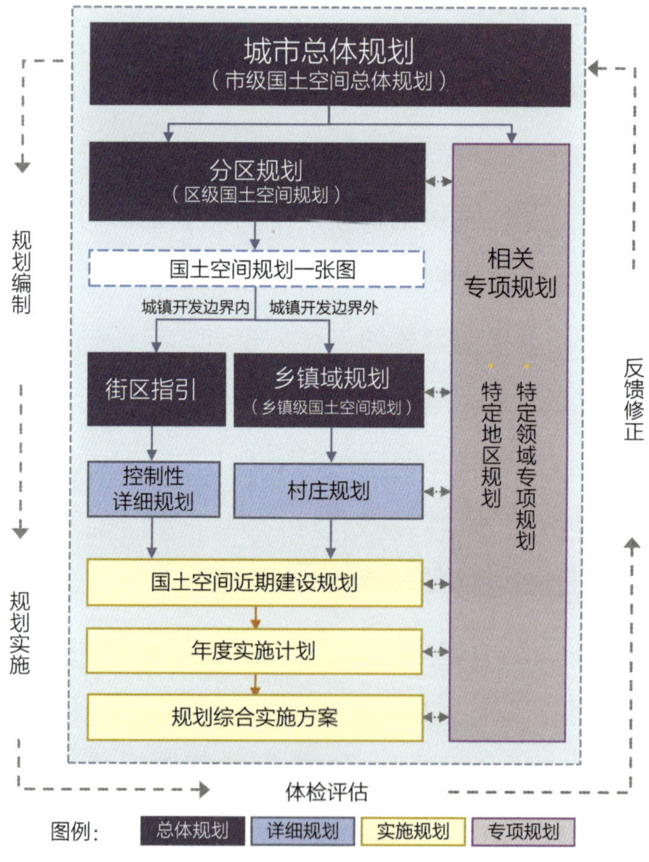

∧ 北京市国土空间规划体系示意图

“三类”指总体规划、详细规划以及相关专项规划三种规划类别，强调的是规划内容及工作深度；“四体系”为规划编制、规划实施、规划监督和运行保障四个子体系，形成闭环管理工作流程。北京以城市总体规划为依据、分区规划为基础，构建国土空间规划“一张图”，乡镇域规划及详细规划、相关专项规划经批准后纳入国土空间规划“一张图”。

北京国土空间规划体系的建立以 2020 年、2025 年、2035 年为时间节点，设置了三个阶段性目标，推动“多规合一”，坚持“一张蓝图干到底”，实现国土空间开发保护更高质量、更有效率、更加公平、更可持续。

中华人民共和国成立至今，北京共编制了七版总体规划，城市建设内容从老城区向城市建设区，再到北京市域不断延伸，反映了首都北京的规划建设从城市规划到城乡一体的城乡规划、再到全域管控的国土空间规划的变革，充分体现了规划随经济社会发展不断拓展领域及自我完善的过程。

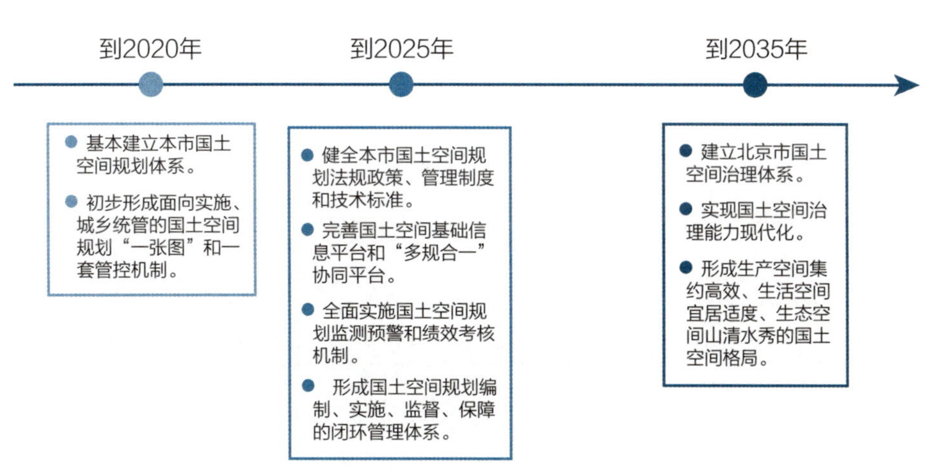

∧ 建立北京市国土空间规划体系的三个分阶段工作目标

二、总体规划

北京市国土空间总体规划是详细规划的依据、相关专项规划的基础，包括城市总体规划、分区规划（含亦庄新城规划）及乡镇域规划。

（一）北京城市总体规划

北京城市总体规划即市级国土空间总体规划，是对党中央、国务院重大决策部署及全国国土空间规划的落实，是对城市发展战略目标和刚性管控要求做出的安排，是北京城市发展、建设、管理的基本依据，是其他各级各类国土空间规划编制的基础，任何部门和个人不得随意修改、违规变更。作为直辖市，北京城市总体规划在规划层级和类型上对应全国国土空间体系中的省级国土空间规划，由市政府组织编制，按法定程序审议后报党中央、国务院批准。

城市总体规划是城市发展的总纲，主要任务是对城市远景发展做出战略性、综合性的时空布置和安排，是一定时期内城市性质、发展目标、发展规模、土地使用、空间布局及各项建设的综合部署，规划的期限一般为二十年。

（二）分区规划

北京分区规划是区级层面的国土空间总体规划，在规划层级和类型上对应国家层面市县级国土空间总体规划，由区政府或北京经济技术开发区管委会会同北京市规划自然资源委组织编制，按法定程序审议审批。

分区规划是北京推动总体规划落地、实现“一张蓝图干到底”的重要举措，是对城市总体规划要求的细化落实，是各区落实和深化总体规划要求而制定的空间发展蓝图和战略部署，是落实新发展理念、实施高效能空间治理、促进高质量发展的具体安排，是国土空间保护、开发、利用、修复和指导各类建设的行动纲领，是编制乡镇国土空间规划、详细规划和相关专项规划及开展各类开发保护建设活动、实施国土空间用途管制的基本依据。下一层级乡镇国土空间规划、详细规划和相关专项规划编制实施要服从分区规划。

（三）乡镇域规划

北京乡镇域规划即乡镇级国土空间规划，是对分区规划要求的细化落实，统筹村庄布局、用地减量和生态治理，是构建分级、分类、分层、分区域国土空间规划体系的重要内容，是建立健全城乡一体的空间规划制度的重要环节。由区政府或北京经济技术开发区管委会组织编制，按法定程序审议审批。

跨新城的乡镇，镇中心区在新城规划范围内的，镇中心区纳入新城街区（单元）规划编制，并同步编制乡镇国土空间规划；镇中心区在新城外的，编制乡镇国土空间规划。

三、详细规划

北京市现行的国土空间规划体系中，详细规划分为控制性详细规划、村庄规划和规划综合实施方案三种类型。在城镇开发边界内的区域编制控制性详细规划，结合具体实施编制规划综合实施方案。城镇开发边界以外的村庄地区编制实用性村庄规划，城镇开发边界外的国有用地纳入所在区域规划综合实施方案。

（一）控制性详细规划

控制性详细规划（简称“控规”）是开展国土空间开发保护活动、实施国土空间用途管制、核发建设项目规划许可、进行各项建设的直接依据。

根据国土空间规划体系建设要求，北京对城镇开发边界内的区域，按照总体规划确定的“一核一主一副、两轴多点一区”城市空间结构，分类编制控规。首都功能核心区控规以服务保障中央政务功能、更好发挥首都功能为出发点，侧重精细化治理和存量有机更新；北京城市副中心控规以示范带动非首都功能疏解、推动京津冀协同发展为目标，侧重高标准建设和高品质保障；北京市中心城区（不包括核心区）和新城地区（不包括副中心）街区控规以传导总体规划和分区规划的发展策略、统筹平衡空间资源、优化提升城市品质为目标，重点在于确保规划在基层治理层面的落实。依法批准的控规是落实北京城市总体规划各项战略部署、原则要求和规划内容的关键环节。

（二）村庄规划

村庄规划是法定规划，是国土空间规划体系中乡村地区的详细规划，是开展国土空间开发保护活动、实施国土空间用途管制、核发乡村建设项目规划许可、进行各项建设等的法定依据。村庄规划范围为村域全部国土空间，现行政策鼓励结合实际在乡镇域范围内以一个或几个行政村为单元进行编制。

北京村庄规划需通盘考虑土地利用、产业发展、居民点布局、人居环境整治、生态保护和历史文化传承等内容，研究制定村庄发展、国土空间开发保护、人居环境整治目标，完善农村基础设施和公共服务设施，优化提升农村生态、生产、生活“三生空间”，传承历史文化和地域文化，凸显村庄与山水格局、自然环境的融合协调，全面提升农村精细化管理水平，完善村庄规划建设管理机制，编制完成科学、合理、实用的“多规合一”的村庄规划。

依据“新总规”提出的“两线三区”市域空间分区管控要求，北京按照集中建设区、限制建设区和生态控制区对村庄进行控制引导，并针对不同类型的村庄因村施策、分类指导，按照城镇集建、整体搬迁、特色提升、整治完善四种类型，编制能用、管用、好用的实用性村庄规划。

（三）规划综合实施方案

规划综合实施方案是北京响应新时代要求、实现规划引导实施的创新探索，是多元包容的综合性详细规划，是共商共治的协商平台，将项目编制的技术性内容与实施的实操性内容进行了融合。

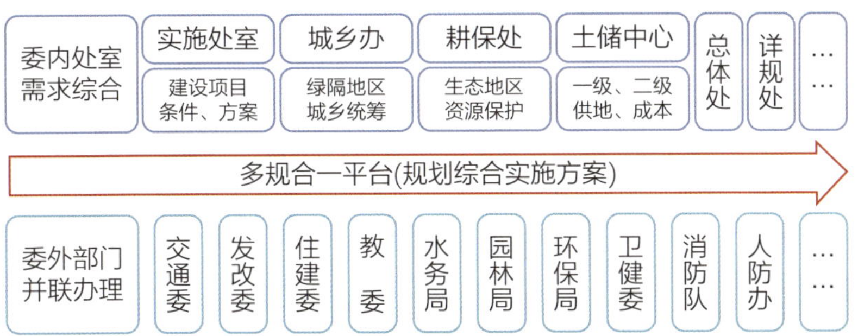

∧ 统筹多元需求的规划综合实施方案

从时间轴上看，规划综合实施方案处在总体规划、详细规划等规划编制与规划实施阶段的“交棒处”；从深度上看，它处在街区控规（及传统的地块控规）与场地、建筑尺度研究的“交接处”；从广度、内容上看，它处在详细规划与一些传统专项规划及社会、经济领域专项研究的“交界处”。

作为从街区控制性规划到项目审批的衔接环节，综合实施方案不仅细化了控规要求，还重点关注资源底账、建设进展和资金来源等关键实施性问题的梳理、解答，以规划编制带动“成本 - 收益”测算，增强规划的末端实操性。

∧ 规划综合实施方案模块化、定制化的技术内容

综合实施方案既可以在较大范围的单元层面编制，统筹建设空间与非建设空间、增量使用与存量更新、资源保护与建设任务、实施方式与成本控

制等内容，也可以在较小范围的实际项目层面编制，明确土地权属、规划指标、市政及交通条件、城市设计要求、供地方式和建设时序等。

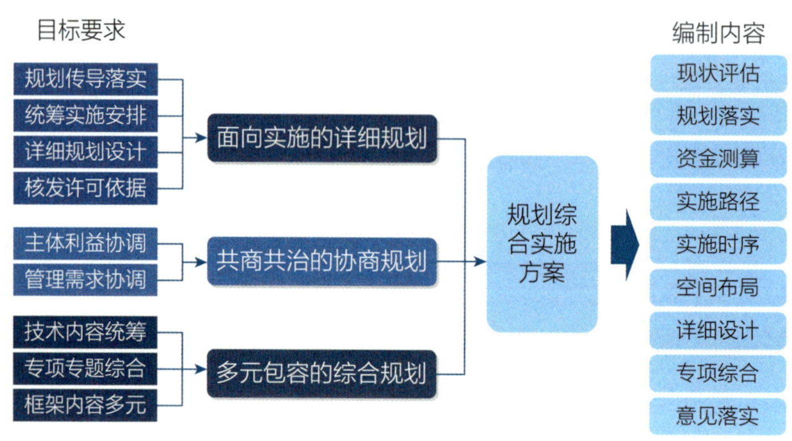

∧ 规划综合实施方案的主要目标与多样内容

四、相关专项规划

北京市根据国土空间总体规划，结合国民经济和社会发展规划相关要求编制特定地区规划和特定领域专项规划，将编制内容扩展到重点领域和区域及实施政策、行动计划等方面，由相关主管部门、区政府或开发区管委会组织编制，按法定程序审批，经审批后将有关内容纳入国土空间总体规划和详细规划。相关专项规划如属于向党中央请示报告的事项，按程序办理。同时，城市设计及规划实施阶段的近期规划、年度实施计划，以及规划实施过程中的一系列专项行动计划也纳入专项规划范畴。

从经济发展、社会管理、历史遗迹等方面考量，将北京市域内具有某些独特形态特征或功能的地区划定为特定地区，如中轴线及其延长线、长安街及其延长线、三山五园、“三城一区”等。以方便生活、满足多种需求为原则，将特定领域相关专项规划分解为市区与居住社区两个层级，市区层级专项规划研究某专项设施在全市范围的体系构建，以及大型设施的布局，如体育中心、综合医院、歌剧院、商业中心、交通枢纽、轨道线网等；居住社区层级专项规划主要考虑“一刻钟生活圈”各类设施的合理布局，如社区商服中心、小学及托幼、小区公共绿地等，也包括部分市政及交通设施。现有公共服务设施、市政基础设施、公共安全设施及生态保护、能源供给等各级各类专项规划，对应特定领域专项规划，如教育专项、医疗专项、住房专项、生态环境保护专项、防疫专项等。

第三章
北京市总体规划

城市的发展要遵循“先规划、后建设”的原则。一座城市以什么样的定位、以何种模样呈现在人们眼前，未来它将拥有什么样的发展前景、空间发展形态，将因何特征为人们所喜爱，都与城市总体规划息息相关。

第一节 城市总体规划

2017 年 9 月 13 日，《北京城市总体规划（2016 年—2035 年）》（以下简称“新总规”）正式获批，这是自中华人民共和国成立以来首都的第 7 版总体规划。“新总规”面向 2035 年、展望到 2050 年，紧密对接“两个一百年”奋斗目标和中华民族伟大复兴的时代使命，围绕“建设一个什么样的首都，怎样建设首都”这一重大课题，把握“都”与“城”、“舍”与“得”、疏解与提升、“一核”与“两翼”的关系，坚持以人民为中心，坚持可持续发展，坚持一切从实际出发，注重长远发展，注重减量集约，注重生态保护，注重多规合一，从空间布局、要素配置、疏解整治提升等方面做出了具体的安排，明确了首都未来可持续发展的新蓝图，书写着中华民族伟大复兴中国梦的北京篇章。“新总规”的理念、重点、方法都有新突破，对全国其他大城市有示范作用。

“新总规”确定的规划区范围为北京市行政辖区，总面积为 16410 平方千米。规划年限为 2016 年至 2035 年，明确到 2035 年的城市发展基本框架。

一、规划发展目标

（一）2035 年发展目标

初步建成国际一流的和谐宜居之都，“大城市病”治理取得显著成效，首都功能更加优化，城市综合竞争力进入世界前列，京津冀世界级城市群的构架基本形成。

——成为拥有优质政务保障能力和国际交往环境的大国首都。

——成为全球创新网络的中坚力量和引领世界创新的新引擎。

——成为彰显文化自信与多元包容魅力的世界文化名城。

——成为生活更方便、更舒心、更美好的和谐宜居城市。

——成为天蓝、水清、森林环绕的生态城市。

（二）2050 年发展目标

全面建成更高水平的国际一流的和谐宜居之都，成为富强民主文明和谐美丽的社会主义现代化强国首都、更加具有全球影响力的大国首都、超大城市可持续发展的典范，建成以首都为核心、生态环境良好、经济文化发达、社会和谐稳定的世界级城市群。

——成为具有广泛和重要国际影响力的全球中心城市。

——成为世界主要科学中心和科技创新高地。

——成为弘扬中华文明和引领时代潮流的世界文脉标志。

——成为富裕文明、安定和谐、充满活力的美丽家园。

——全面实现超大城市治理体系和治理能力现代化。

二、明确城市战略定位

“新总规”明确了北京城市战略定位是“全国政治中心”“文化中心”“国际交往中心”和“科技创新中心”，今后北京的一切工作都要围绕“四个中心”展开，履行“四个服务”基本职责，着力优化提升首都功能，有序疏解非首都功能，做到服务保障能力同城市战略定位相适应、人口资源环境同城市战略定位相协调、城市布局同城市战略定位相一致，有所为有所不为，坚持首善标准，将北京建设成国际一流的和谐宜居之都。

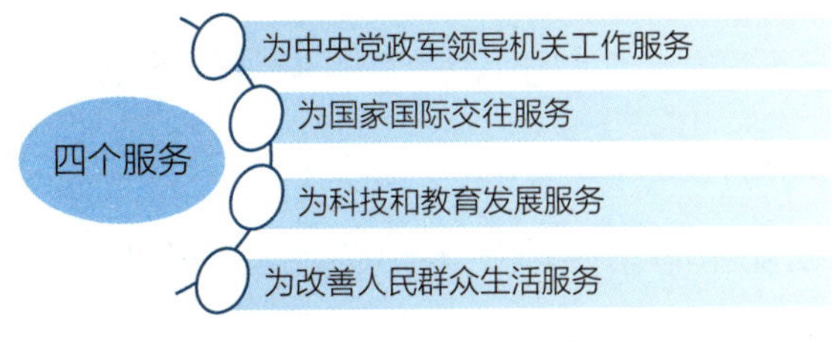

∧“四个服务”基本职责

（一）政治中心

政治中心建设要为中央党政军领导机关提供优质服务，全力维护首都政治安全，保障国家政务活动安全、高效、有序运行。严格中心城区高度管控，治理安全隐患，以更大范围的空间布局支撑国家政务活动。

（二）文化中心

文化中心建设要充分利用北京文脉底蕴深厚和文化资源集聚的优势，发

∧ 冬奥延庆赛区（北京城市副中心投资建设集团有限公司 提供）

挥首都凝聚荟萃、辐射带动、创新引领、传播交流和服务保障功能，把北京建设成为社会主义物质文明与精神文明协调发展，传统文化与现代文明交相辉映，历史文脉与时尚创意相得益彰，具有高度包容性和亲和力，充满人文关怀、人文风采和文化魅力的中国特色社会主义先进文化之都。实施中华优秀传统文化传承发展工程，更加精心保护好北京历史文化遗产这张中华文明的金名片，构建涵盖老城、中心城区、市域和京津冀的历史文化名城保护体系。建设一批世界一流大学和一流学科，培育世界一流文化团体，培养世界一流人才，提升文化软实力和国际影响力。完善公共文化服务设施网络和服务体系，提高市民文明素质和城市文明程度，营造和谐优美的城市环境和向上向善、诚信互助的社会风尚。激发全社会文化创新创造活力，建设具有首都特色的文化创意产业体系，打造具有核心竞争力的知名文化品牌。

（三）国际交往中心

国际交往中心建设要着眼承担重大外交外事活动的重要舞台，服务国家开放大局，持续优化为国际交往服务的软硬件环境，不断拓展对外开放的广度和深度，积极培育国际合作竞争新优势，发挥向世界展示我国改革开放和现代化建设成就的首要窗口作用，努力打造国际交往活跃、国际化服务完善、国际影响力凸显的重大国际活动聚集之都。优化九类国际交往功能的空间布局，规划建设好重大外交外事活动区、国际会议会展区、国际体育文化交流区、国际交通枢纽、外国驻华使馆区、国际商务金融功能区、国际科技文化交流区、国际旅游区、国际组织集聚区等。

（四）科技创新中心

科技创新中心建设要充分发挥丰富的科技资源优势，不断提高自主创新能力，在基础研究和战略高技术领域抢占全球科技制高点，加快建设具有全球影响力的全国科技创新中心，努力打造世界高端企业总部聚集之都、世界高端人才聚集之都。坚持提升中关村国家自主创新示范区的创新引领辐射能力，规划建设好中关村科学城、怀柔科学城、未来科学城、创新型产业集群和“中国制造 2025”创新引领示范区，形成以“三城一区”为重点，辐射带动多园优化发展的科技创新中心空间格局，构筑北京发展新高地，推进更具活力的世界级创新型城市建设，使北京成为全球科技创新引领者、高端经济增长极、创新人才首选地。

三、优化城市空间布局

为科学统筹不同地区的主导功能和发展重点，“新总规”确定了新的北京城市空间结构——“一核一主一副、两轴多点一区”。这六类空间结构延续了

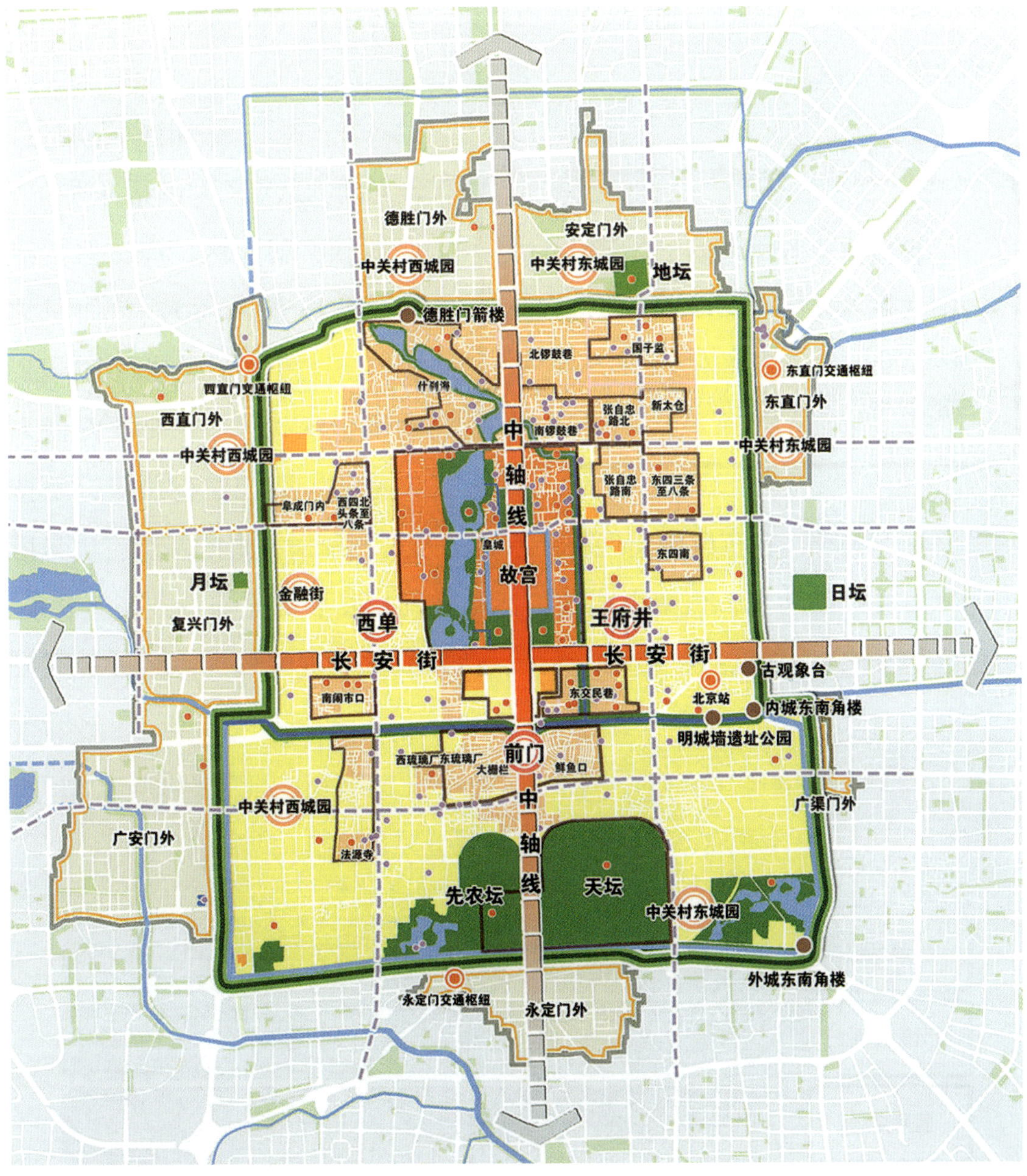

∧ 核心区空间结构规划图（2016 年）

古都历史格局，突出把握首都发展、减量集约、创新驱动、改善民生的要求，围绕实现“都”的功能来谋划“城”的发展，以“城”的更高水平发展服务保障“都”的功能。

“一核”——指的是首都功能核心区，总面积约 92.5 平方千米，是“四个中心”的核心承载区。未来要合理降低人口密度，逐步降低建设密度，提高开敞空间规模和服务能力，建设政务环境优良、文化魅力彰显和人居环境一流的首都功能核心区。

蓝网系统

指以水域为网络核心，由河道内水体（蓝）、河道两侧绿化带（绿）及滨水空间（灰）三个空间层面共同组成的滨水公共开放空间廊道网状系统。

“一主”——指中心城区，也就是城六区（包括东城区、西城区、朝阳区、海淀区、丰台区、石景山区），总面积约 1378 平方千米，是“四个中心”的集中承载区。未来要降低人口密度、严控建设总量，坚持疏解整治促提升，在疏解中实现更高水平的发展。疏解腾退的空间将优先用于保障中央政务功能，预留重要国事活动空间；发展文化与科技创新功能；增加绿地和公共空间，建设绿道系统、蓝网系统和通风廊道系统；补充公

人口	降低人口密度，到2035年中心城区常住人口控制在1085万人以内。
建设总量	严控建设总量，到2035年中心城区城乡建设用地减到818平方千米左右。中心城区规划总建筑规模动态零增长。
绿道系统	构建多功能、多层次的绿道系统，到2035年中心城区建成市、区、社区三级绿道总长度增加到约750千米。
通风廊道系统	构建多级通风廊道系统，到2035年形成5条宽度500米以上的一级通风廊道，多条宽度80米以上的二级通风廊道，远期形成通风廊道网络系统。
蓝网系统	构建水城共生的蓝网系统，到2035年中心城区景观水系岸线长度增加到约500千米。

∧ 中心城区到 2035 年的建设目标

∧ 副中心鸟瞰图（北京城市副中心投资建设集团有限公司 提供）

共服务设施，增加公共租赁住房，改善居民生活条件；完善交通市政基础设施，保障城市安全高效运行。

“一副”——指位于通州区的北京城市副中心，总面积约 155 平方千米。高水平规划建设城市副中心，将“一副”建设成为水城共融的北方水城、蓝绿交织的生态城市、古今同辉的人文城市，建设多组团集约紧凑发展的未来城市典范，着力打造国际一流的和谐宜居之都示范区、新型城镇化示范区和京津冀区域协同发展示范区，示范带动非首都功能疏解。

“两轴”——指中轴线及其延长线、长安街及其延长线。中轴线及其延长线为传统中轴线及其南北向延伸，传统中轴线南起永定门，北至钟鼓楼，长约 7.8 千米，向北延伸至燕山山脉，向南延伸至北京新机场、永定河水系，是首都文化自信的代表。长安街及其延长线以天安门广场为中心东西向延伸，其中复兴门到建国门之间长约 7 千米，向西延伸至首钢地区、永定河水系、西山山

∧ 中轴线鸟瞰图

脉，向东延伸至北京城市副中心和北运河、潮白河水系，是国家行政、军事管理、文化、国际交往功能的承载区。

“多点”——包括顺义、大兴、亦庄、昌平、房山五个新城，是承接中心城区适宜功能和人口疏解的重点地区，是首都面向区域协同发展的重要战略门户。“多点”要坚持集约高效发展，建设高新技术和战略性新兴产业集聚区、

城乡综合治理和新型城镇化发展示范区，营造宜居宜业的环境。

“一区”——指生态涵养区，包括门头沟、平谷、怀柔、密云、延庆区，以及昌平和房山的山区，是首都重要的生态屏障和水源保护地，也是城乡一体化发展的主要着力区，要建设宜居宜游的生态发展示范区、展现北京历史文化和美丽自然山水的典范区。

四、控制城市发展规模

“新总规”以资源环境承载能力为硬约束，为北京城市发展划定了“三条红线”，切实减重、减负、减量发展，实施人口规模、建设规模双控，倒逼发展方式转变、产业结构转型升级、城市功能优化调整，充分考虑城市规模同资源环境承载能力相适应，实现各项城市发展目标之间的协调统一。

为落实“新总规”城市规模减量发展的要求，北京市坚定有序推进违法建设治理工作，坚持规划引领，树立治理思维，坚持拆治结合，大力消减存量违法建设，坚决遏制新生违法建设，建立拆违腾地后续利用管控机制，推进“留白增绿”。实施创建“基本无违法建设区”三年行动计划（2021 年—2023 年），实现了整治型拆违向精细化治违的转变，“疏解整治”向“促提升”的转变，有效促进了城市规模减量，大幅增加了生态空间，优化了城市空间结构布局。

第一条

人口规模上限

北京是一座特别缺水的城市，要按照以水定城、以水定人的要求，根据可供水资源量和人均水资源量，确定北京市常住人口规模到2020年控制在2300万人以内，2020年以后长期稳定在这一水平。

第二条

生态控制线

要保护好山、水、林、田、湖、草这些宝贵的生态资源，不仅不能随意破坏和侵占，还要不断扩大规模、提高质量，到2035年，北京全市75%的空间都要划入生态控制区。

第三条

城市开发边界

要通过严格控制用地规模，划定城镇建设空间的管控边界，遏制城市“摊大饼”式无序蔓延扩张，到2035年，北京全市城乡建设用地规模要减量到2760平方千米左右。

∧“三条红线”的约束

五、科学配置资源要素

“新总规”综合考虑城市环境容量和综合承载能力，加强城市生产系统和生活系统循环链接，科学配置资源要素，统筹好生产、生活、生态这“三生空间”，形成更健康安全的生态环境，推进城市修补和生态修复，提高城市发展的宜居性。

到2035年城乡居住用地占城乡建设用地比重提高到39%-40%。

到2035年生态控制区面积占市域总面积比重提高到75%，到2050年提高到80%以上。

到2035年城乡产业用地占城乡建设用地比重降低到20%以内。

∧“三生空间”占地规划目标

（一）生产空间集约高效

压缩生产空间规模，大力疏解不符合城市战略定位的产业，压缩工业、仓储用地，腾退低效集体产业用地，高水平建设“三城一区”，促进腾笼换鸟。优化科技创新布局，促进科技、金融、文化创意、信息、商务服务等现代服务业创新发展和高端发展，突出高端引领。严把产业准入关，创新工业用地利用政策，重点实施新能源智能汽车、集成电路、智能制造系统和服务等高技术产业和新兴产业，构建高精尖经济结构，全力打造北京创造品牌，推进生产方式绿色化，构建绿色产业体系。

（二）生活空间宜居适度

适度提高居住及其配套用地比重，促进职住平衡，改善人居环境。构建覆盖城乡、优质均衡的公共服务体系，包括教育服务、健康服务、养老服务、公共文化服务、全民健身公共服务、社会救助和助残服务等。形成居民和家庭服务、健康服务、养老服务、旅游服务、体育服务、文化服务、法律服务、批发零售服务、住宿餐饮服务和教育培训服务十大便民服务网络，提高生活性服务品质。到 2035 年，一刻钟社区服务圈将基本实现城乡全覆盖，让居民不论是购物还是享受健康休闲服务，都很方便、安心。

（三）生态空间山清水秀

大幅度提高生态规模与质量，健全市域绿色空间体系，构建“一屏、三环、五河、九楔”的市域绿色空间结构，让森林进入城市，让河流更加清澈，让市民更加方便亲近自然。到 2035 年，全市森林覆盖率不低于 45%，平原地区森林覆盖率达到 33%，人均公园绿地面积提高到 17 平方米，建成绿道超过 2000 千米。既要建设漂亮的大公园，还要增加小微绿地、活动广场，让每个人都能在身边享受到绿荫下的健康生活。

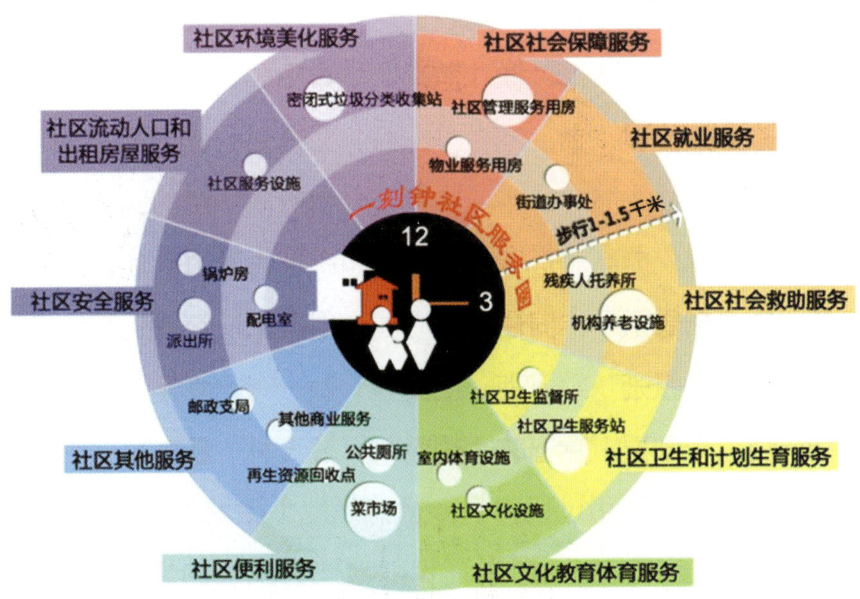

∧ 一刻钟社区服务圈示意图

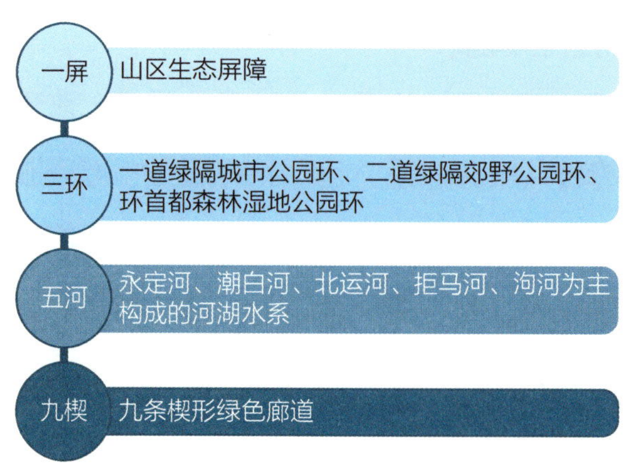

∧“一屏、三环、五河、九楔”的市域绿色空间结构

（四）水资源可持续利用

落实以水定城、以水定地、以水定人、以水定产，实行最严格的水资源管理制度，坚持节水优先、空间均衡、系统治理、两手发力的思路，保障首都水资源高效利用，提高水安全保障、水污染防治、水生态保护能力，建设海绵城市，促进水与城市协调发展。到 2035 年，全市年用水总量符合国家要求，人均水资源量（包括再生水和南水北调等外调水量）提高到约 220 立方米，密云水库蓄水量力争达到历史最高水平，恢复官厅水库饮用水源功能，单位地区生产总值水耗下降 40% 以上，全市城乡污水基本实现全处理，重要江河湖泊水功能区水质达标率达到 95% 以上。

（五）职住平衡发展

提升劳动者就业创业能力，实现比较充分和更高质量的就业；合理调控中心城区就业岗位规模，提高北京城市副中心和新城吸引力；加强主要功能区和大型居住组团之间交通联系，缩短通勤时间；创新职住对接机制，提高就业人员就近居住配置率。

（六）地下空间资源综合开发利用

地下空间资源开发利用过程中，要坚持先地下后地上、地上地下相协调、平战结合与平灾结合并重的原则，统筹以地铁为代表的地下交通基础设施，统筹以综合管廊为代表的各类地下市政设施，统筹以人防工程为代表的各类地下安全设施，统筹以地下综合体为代表的各类地下公共服务设施，构建多维、安全、高效、便捷、可持续发展的立体式宜居城市。科学评估地下空间资源，确定地下空间开发利用底线，到2035年，人均地下空间建筑面积达到8平方米。

六、保护历史文化名城

“新总规”提出了构建“四个层次、两大重点区域、三条文化带及九个方面”的历史文化名城保护体系，更加精心保护好北京历史文化遗产这张“金名片”。未来的北京让人们可以在这里看城市、看山水、看历史、看风景，从红墙琉璃瓦、庄严大气的老城，到湖光山色两相和的三山五园地区，再到纵贯南北、横穿东西的三条文化带，让居民望得见山、看得见水、记得住乡愁；从保护世界文化遗产，拓展到近现代工业遗产，从保护物质遗产扩展到传承老字号、民俗等非物质文化遗产和遗产背后的故事，做到在保护中发展、在发展中保护，让历史文化名城保护成果惠及更多民众。

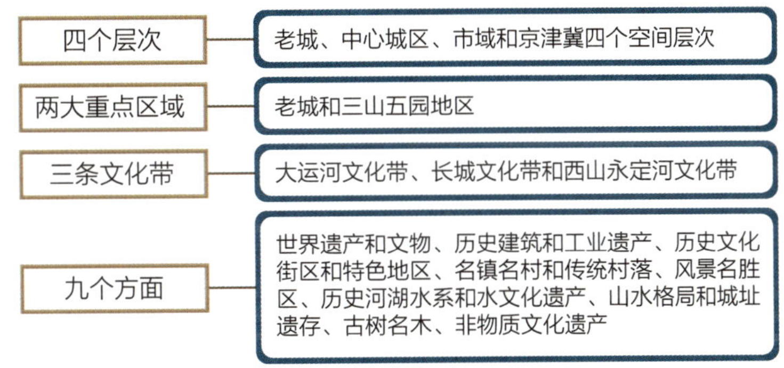

∧ 北京历史文化名城保护体系

（一）加强老城整体保护

二环路以内的老城是老北京的根和魂，“新总规”明确提出“老城不能再拆”，要坚持整体保护十重点，加强文物保护与腾退，完善保护实施机制，加强公众参与与制度化建设，营造“我要保护”的社会氛围。

（二）加强三山五园地区保护

把三山五园地区作为一个整体保护的区域来对待，构建历史文脉与生态环境交融的整体空间结构，保护与传承历史文化，恢复山水田园的自然历史风貌，将三山五园地区建设成为国家历史文化传承的典范地区，并使其成为国际交往活动的重要载体。

（三）加强城市设计，塑造传统文化与现代文明交相辉映的城市特色风貌

“新总规”还提出要加强城市设计，进行特色风貌分区，构建绿水青山、两轴十片多点的城市整体景观格局。管控好建筑高度、城市天际线和第五立面，汲取赤、青、黄、白、黑古都五色的灵感精髓，形成典雅、庄重、协调的北京城市色彩形象，发挥城市色彩对塑造城市风貌的重要作用。贯彻适用、经济、绿色、美观的建筑方针，打造首都建设的精品力作。

第五立面

指从空中俯瞰城市上部空间的整体意象，是由建筑屋顶、街道、开敞空间、自然风貌、绿化植被等要素构成的整体环境。其中，建筑屋顶是构成第五立面的核心要素。

∨燕山文化景观区域中的银山塔林（籍霞 摄）

老城 文化景观区域	三山五园 文化景观区域	长城 文化景观区域	大运河 文化景观区域	京西 文化景观区域
· 老城	· 三山五园地区	· 长城北京段	· 中国大运河北京段	· 京西古道

燕山 文化景观区域	房山 文化景观区域	南苑 文化景观区域	国际 文化景观区域	创意 文化景观区域
· 明十三陵 · 银山塔林 · 汤泉行宫等	· 房山文化线路	· 南苑 · 南中轴森林公园地区	· 北京商务中心区 · 三里屯地区	· 望京 · 酒仙桥 · 定福庄地区

∧ 十片重点景观区域

（四）加强文化建设，提升文化软实力

高水平建设重大功能性文化设施，推进首都文明建设，激发文化创意产业创新创造活力，提升文化国际影响力，讲好中国故事、传播好中华文化，让北京成为弘扬中华文明和引领时代潮流的世界文脉标志。

七、有效治理“大城市病”

建设和管理好首都，是国家治理体系和治理能力现代化的重要内容。“新总规”以解决人口过多、交通拥堵、房价高涨、大气污染等“大城市病”为突破口构建超大城市治理体系，围绕“七有”“五性”不断加强民生保障，明确提出到 2035 年“大城市病”治理取得显著成效，到 2050 年全面形成具有首都特点、与国际一流的和谐宜居之都相适应的现代化超大城市治理体系。

划定城市开发边界

以资源环境承载能力为硬约束，划定城市开发边界，结合生态控制线，将 16410 平方千米的市域空间划分为集中建设区、限制建设区和生态控制区，实现“两线三区”的全域空间管制，遏制城市“摊大饼式”发展。到 2050 年实现两线合一，永久性开发边界原则上不超过市域面积的 20%，生态控制区比例提高到 80% 以上。

“两线三区”

“两线三区”划定是新版城市总体规划的重要内容。“两线”指生态控制线和城市开发边界,“两线”又将市域范围划分为生态控制区、集中建设区和限制建设区(简称“三区”)。而“三区三线”是根据城镇空间、农业空间、生态空间三种类型的空间,分别对应划定的城镇开发边界、永久基本农田保护红线、生态保护红线三条控制线。

生态控制线:是指以严格的生态保护为目标,在市域内划定的重要生态空间的边界。

城市开发边界:是指一定规划期限内城市集中连片开发建设地区的边界。划定城市开发边界是控制城市无序蔓延的重要措施。

生态控制区:指生态控制线以内,以严格的生态保护为目标,统筹山水林田湖草等生态资源保护利用的地区,是强化生态保育和生态建设、严控开发建设的区域。

集中建设区:指城市开发边界以内,一定规划期限内城市集中连片开发建设的地区,是引导城市各类建设项目集中布局的地区。

限制建设区:指生态控制区和集中建设区以外的区域,是进行生态保护建设、控制开发强度、促进城乡建设用地集约减量的综合治理区域。

缓解交通拥堵

将综合交通承载力作为城市发展的约束条件,坚持公共交通优先战略,加强交通需求调控,完善城市交通路网,加强静态交通秩序管理,积极鼓励绿色出行,标本兼治,构建安全、便捷、高效、绿色、经济的综合交通体系。

实现住有所居

完善购租并举的住房体系,坚持“房子是用来住的,不是用来炒的”定位,将稳定房地产市场作为长期方针。建立购租并举的住房体系,以政府为主提供基本保障、以市场为主满足多层次需求,建立房地产基础性制度和长效机制,努力实现住有所居。

治理大气污染

坚持源头减排、过程管控与末端治理相结合，控制燃煤污染物排放、推进交通领域污染减排、削减工业污染排放总量、严格控制扬尘和农业面源污染，强化区域联防联控联治，全面改善大气环境质量，努力让人民群众享受到蓝天常在、青山常在、绿水常在的生态环境。

建设基础设施

适应资源环境约束新要求，按照世界城市标准定位，形成适度超前、相互衔接、满足未来需求的功能体系，在设施建设标准、市政服务质量、运行安全保障等方面，全面提升市政基础设施规划建设水平。

健全城市公共安全体系

深化平安北京建设，增强抵御自然灾害、处置突发事件和危机管理能力，降低城市脆弱度，形成全天候、系统性、现代化的城市运行安全保障体系，让人民群众生活得更安全、更放心。

创新城市治理方式

坚持系统治理、依法治理、源头治理、综合施策，从精治、共治、法治、创新体制机制入手，构建权责明晰、服务为先、管理优化、执法规范、安全有序的城市管理体制，形成与国际一流的和谐宜居之都相匹配的城市治理能力。

八、实现城乡发展一体化

“新总规”把城市和乡村作为有机整体统筹谋划，破解城乡二元结构，推进城乡要素平等交换、合理配置和基本公共服务均等化，推动城乡统筹协调发展，全面推进城乡发展一体化，构建以城带乡、城乡一体、协调发展的城乡关系，形成城乡共繁荣的良好局面。

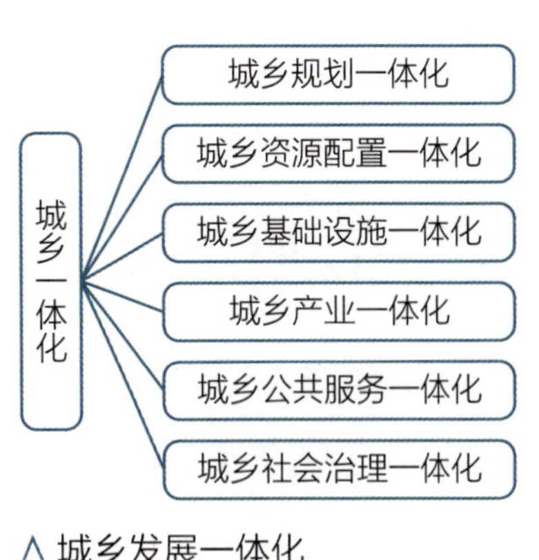

∧ 城乡发展一体化

中心城区 — 北京城市副中心 — 新城 — 镇 — 新型农村社区

∧“新总规”的现代城乡体系

城乡统筹格局和目标任务

完善新型城乡体系，建设绿色智慧、特色鲜明、宜居宜业的新型城镇，未来的北京将由集约紧凑的宜居城区、各具特色的小城镇和舒朗有致的美丽乡村相互支撑。推进新型农村社区建设，打造美丽乡村，建设绿色低碳田园美、生态宜居村庄美、健康舒适生活美、和谐淳朴人文美的美丽乡村和幸福家园。

提高城乡发展一体化水平

全面深化改革，实现城乡规划、资源配置、基础设施、产业、公共服务、社会治理一体化。

发展乡村观光休闲旅游

坚持乡村观光休闲旅游与美丽乡村建设、都市型现代农业融合发展的思路，促进乡村旅游与都市型现代农业、文化体育产业相融合，发展乡村精品酒店、国际驿站、养生山吧、民族风苑等新型业态，将乡村地区建设成为提高市民幸福指数的首选休闲度假区域。

实现城乡接合部减量提质增绿

进行严格的开发建设管控，发展宜绿、宜游、宜农的都市型休闲产业，促进城乡接合部地区与集中建设区基础设施建设统一规划、统一建设、统一管理，实现城乡接合部的减量、提质、增绿。

九、建设世界级城市群

京津冀协同发展是围绕疏解北京非首都功能，解决北京“大城市病”这个首要任务展开的，推动京津冀协同发展是实现首都可持续发展的必由之路。

建设以首都为核心的世界级城市群

“新总规”明确提出围绕首都形成核心区功能优化、辐射区协同发展、梯度层次合理的城市群体系，提升京津冀城市群在全球城市体系中的引领地位，推动京津冀区域建设成为以首都为核心的世界级城市群、区域整体协同发展改革引领区、全国创新驱动经济增长新引擎、生态修复环境改善示范区，构筑协同一体的城市群空间体系，共建城市群可持续发展的支撑体系。

协同构筑显山露水、品质优良的生态体系
协同建立产城融合、创新驱动的产业空间体系
协同形成共建共享、协调集约的基础设施体系
协同营造京畿特色、多元活力的文化体系
协同建设设施均好、区域均衡的公共服务体系

∧ 城市群可持续发展的支撑体系

对接支持河北雄安新区规划建设

河北雄安新区和北京城市副中心形成北京新的“两翼”，从建立便捷高效的交通联系、支持在京资源转移疏解、促进公共服务全方位合作等方面，全力支持河北雄安新区规划建设，打造北京非首都功能疏解集中承载地，实现北京中心城区、北京城市副中心与河北雄安新区功能分工、错位发展。

推进重点领域率先突破

推进区域交通、生态环境、产业重点领域率先突破，携手建设国际性综合交通枢纽、共建绿色生态空间、构建区域协同创新共同体，精准开展对口帮扶。

加强交界地区统一

加强交界地区统一规划，发展跨界城市组团；保障统一政策，加强跨界协同对接；实现统一管控，有序跨界联动。

区域整体发展水平提升

借助筹办 2022 年北京冬奥会的契机，高水平规划建设赛事场馆，提供优良保障和服务，提升京张地区整体生态环境质量，延伸体育产业链条，推动群众性冰雪活动。

十、保障规划实施

“新总规”经法定程序批准后将成为北京城市发展的法定蓝图。全市上下和在京各部门各单位各方面应坚持依法办事，涉及空间规划的事情自觉接受城市总体规划约束，坚决维护城市总体规划的严肃性和权威性。尊重市民对城市规划的知情权、参与权与监督权，调动各方面参与和监督规划实施的积极性、主动性和创造性。

为保障首都功能布局良好、运行有序，各项建设与管理按照城市总体规划有效实施，北京市将建立多规合一的规划实施及管控体系，实现底图叠合、指标统合、政策整合，实现一张蓝图干到底；建立城市体检评估机制，提高规划实施的科学性和有效性；建立实施监督问责制度，维护规划的严肃性和权威性；加强组织领导，完善规划实施统筹决策机制，不断朝着建设国际一流的和谐宜居之都的目标前进。

第二节　分区规划

分区规划是对城市总体规划要求的细化落实、对本区域国土空间开发保护做出的具体安排，统筹全域划定各类国土空间规划分区和规划单元。以往的规划编制实施，在全市总体规划出台后就直接进入了地块的控制性详细规划阶段，不同地块的规划执行一段时间后，再拼合起来时常常与总体规划目标发生偏离。针对这一现象，北京在总体规划中设置了分区规划，并由各区委、区政府负责组织编制，使区委、区政府由规划的实施主体转变为编制主体，充分发挥各区的主观能动性，编制出更加符合各区实际的规划文本，以确保总体规划的落实。

一、传导层次

北京市从构建完整国土空间规划传导体系的角度出发，在城市空间结构确定的中心城区、多点地区、生态涵养区增加了分区规划的传导层次，由市级层面统筹，各区委、区政府和经开区工委、管委会作为主体，分别组织编制了朝阳、海淀、丰台、石景山、顺义、大兴、房山、门头沟、昌平、延庆、怀柔、密云、平谷共13个分区规划以及亦庄新城规划。2019年，14个分区规划均得到北京市人民政府正式批复。

北京国土空间规划体系中的分区规划，在规划层级和类型上对应国家层面市县级的国土空间总体规划，处于承上启下的关键位置；规划内容上由侧重城乡规划建设扩展至全域全要素管控，充分体现了多规合一的国土空间规划的系统性变革。主要目的是将“新总规”规划内容和要求分解到各区，并作为进一步编制控制性详细规划、乡镇域规划（国土空间规划）和规划实施管理的基本依据，以确保“新总规”的宏观战略目标和底线管控要求在空间规划体系中得到层层传递并严格落实。分区规划与首都功能核心区和城市副中心控制性详细规划成果矢量图层拼合后形成覆盖全市域、全类型的规划底图，作为规划编制、审批的基础和依据。

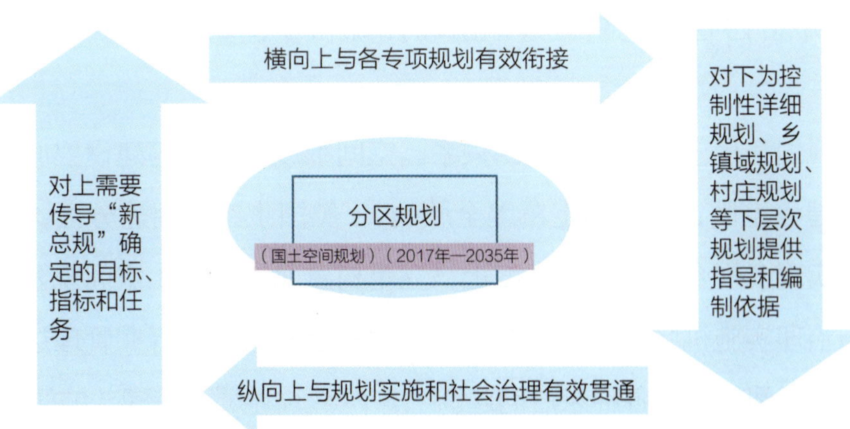

二、编制理念

分区规划的编制，坚持“新总规”刚性约束的有效传导，强化空间与时间关系的把握。

（一）体现圈层差异化特色

分区规划强化了“一核一主一副、两轴多点一区”城市空间布局和各圈层梯度式疏解、承接和提升的逻辑特征。进一步完善中心城区、城市副中心、新城、镇组团和村庄的城乡体系，深化了总规确定的“一屏、三环、五河、九楔”绿色空间结构。通过开展整体城市设计，划定了三级、六类城市设计重点地区，构建了圈层递减、起伏有序的整体空间形态。

中心城区集中落实首都战略定位，优化提升首都功能，重点突出服务“四个中心”建设和城市治理工作创新。多点地区着力打造首都发展新的增长极，重点突出减量路径的创新与实践。生态涵养区紧紧围绕守护好绿水青山，保障首都生态安全，重点突出生态治理和绿色发展。

（二）统筹空间维度与时间维度

分区规划加强了总规刚性约束的有效传导，较好地解决了以往规划传导不力、规划与实施衔接不够的问题。在强化战略引领和刚性管控的同时，为下一层次规划编制定指导原则，为下一阶段规划实施定运行规则，并通过创新战略留白管控机制，为下阶段控规和乡镇域规划的编制实施留足弹性。

分区规划强化了空间和时间的关系。空间维度上，统筹建设空间和山水林田湖草非建设空间，首次划定覆盖全域的 11 类国土空间用途分区，在动态过程中逐步实现多规合一。时间维度上，立足构建北京市国土空间规划体系、打通规划与治理实施机制，面向实施划定不同政策分区和各行业管理边界，以规划统筹解决时间轴上的各种矛盾问题。

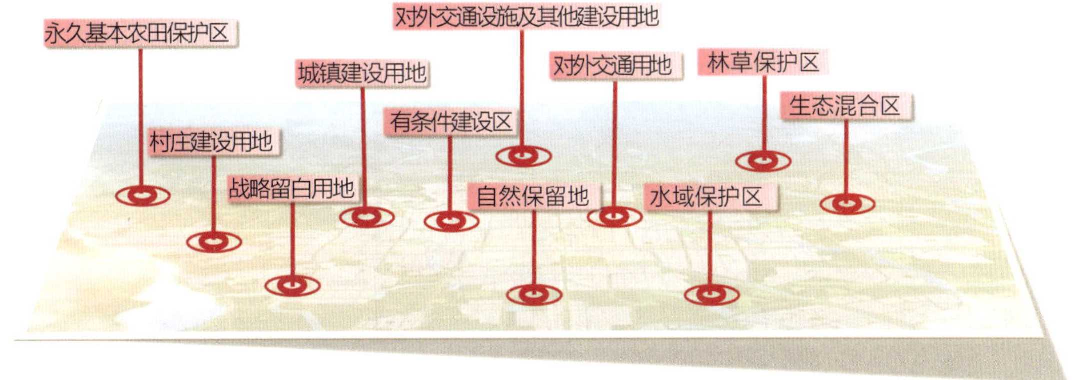

∧ 国土空间用途分类

（三）落实总量管控要求

分区规划框定了各区规模总量。落实了总规阶段确定的人口和城乡建设用地指标分解方案，并进一步将规划建筑规模和管控规模分解到各区、各新城和街乡镇规划单元。

分区规划优化配置了各类资源要素。深化细化了总规确定的城市开发边界和生态控制线，落实了生态保护红线、基本农田保护区、水域保护区等生态功能用地，强化了“两线三区”全域全要素空间管控。

三、规划内容

各分区规划紧密围绕首都“四个中心”战略定位，围绕优化提升首都功能、疏解非首都功能，落实各区功能定位，明确了各区规划发展目标，积极探索解决跨区域和区域内不同地区之间发展不平衡、不充分的问题。

规划强化了空间结构形态，进一步完善中心城区、城市副中心、新城、镇、新型农村社区的城乡体系，通过开展整体城市设计，划定了三级六类城市设计重点地区，分空间圈层提出了城、镇、村的建设强度和管控要求，强化了建筑风貌的引导管控。

表 3-1　分区规划人口指标（到 2035 年）

分区规划	常住人口规模（万人）
朝　阳	333.4
海　淀	313
丰　台	≤ 195.5
石景山	55
顺　义	145
大　兴	220
房　山	143
门头沟	38
昌　平	234
延　庆	约 38
怀　柔	54
密　云	55
平　谷	50
亦庄新城	89.2

表 3-2　分区规划城乡建设用地规模指标（到 2035 年）

分区规划	城乡建设用地规模（平方千米）
朝　阳	269
海　淀	227
丰　台	≤ 173
石景山	53
顺　义	277.32
大　兴	314.25
房　山	282
门头沟	70
昌　平	263.35
延　庆	89.6
怀　柔	97.25
密　云	132.5
平　谷	103
亦庄新城	133.4

第三节　乡镇规划

北京市国土空间规划体系中，乡镇总体规划即为乡镇级的国土空间规划。乡镇国土空间规划是各乡镇开展详细规划、村庄规划和专项规划编制的依据，侧重衔接性、落地性、实施性，细化落实城市总体规划、分区规划的目标指标要求，以自然资源统一管护、生态保护和修复、用途空间管控为主导，综合乡镇发展、土地利用、村庄布局、相关影响评价等内容，形成统筹指导乡镇规划建设及自然资源保护、修复、开发和利用等工作的“一张蓝图”、一本规划。

一、编制主体

北京的乡镇国土空间规划由所在区人民政府组织编制，乡、镇人民政府按照区人民政府的要求负责具体工作。规划编制完成后由区人民政府报市规划和自然资源主管部门审查后报市人民政府审批，经审批后报市人民代表大会常务委员会备案。

各区建立全区各乡镇间的指标统筹与调配机制，统筹各乡镇规划人口规模、城乡建设用地指标、建筑规模指标、交通廊道、市政工程等重点内容，按编制原则要求进行规划编制。

二、规划内容

乡镇规划包含以下强制性内容：乡镇功能定位、乡镇用地规模总量与结构、“两线三区”空间落位、全域国土空间用途管控、战略留白用地规模、村庄布局与边界、三大设施规划，以及集中建设区内、外城乡建设用地规划。

“新总规”提出了新型城镇包括三种形态，包括新市镇、特色小镇和小城镇，新市镇和特色小镇的规划宜纳入所在行政建制乡镇范围内统一编制。确定为新市镇的乡镇，按照分区规划确定的城镇功能定位开展规划编制，重点描述其所处的自然环境、生态区位和所承接的城市功能。镇域范围内如包含经国家级、市级相关部委认定的特色小镇，需要重点描述其主导产业发展方向和主要特点。对于小城镇的建设，在乡镇国土空间规划编制中，根据各镇的区位条件，差异化引导，充分挖掘其资源禀赋特点，立足于地区整体发展情况，结合各区管控目标要求，确定乡镇功能定位、发展目标和产业导向等。

乡镇规划的编制，要坚决克服重城市轻农村现象，把城市和乡村作为有机整体，建立健全城乡一体的空间管控制度，构建和谐共生的城乡关系，有效推进乡村振兴战略实施。

第四章

北京市详细规划

城市的规划建设需要宏观层次上方向性的总体把控，也需要微观层次上务实性的详细雕琢。在总体规划明确了城市发展总体空间决策的基础上，如何将“写意”的宏观要求转化为城市开发建设、保护更新、管理审批等方面“写实”的落地措施，需要发挥详细规划的实施性功效。

北京市的详细规划分为控制性详细规划（简称“控规”）、村庄规划和规划综合实施方案三种类型，分别在各自的适用范围对国土空间进行具体化安排。“新总规”获批以来，北京的规划建设发展开启了新的篇章。面对新时代、新起点、新要求，北京市的详细规划在继承传统的技术性管控职能基础上，更加深入地扮演了空间治理工具的新角色。

第一节　首都功能核心区控制性详细规划

首都功能核心区是北京市“新总规”中提出的“一核一主一副”城市空间结构中的“一核”。北京市政府为深入落实“新总规”的各项要求，组织编制了《首都功能核心区控制性详细规划（街区层面）（2018 年—2035 年）》（以下简称“核心区控规”），并得到党中央、国务院批复。作为首都规划建设史上第一次整体编制的核心区控规，关系到党和国家工作大局、关系到北京城市发展和人民群众切身利益，具有重大而深远的影响。

核心区控规是聚焦首都功能核心区空间治理的“绣花型”规划，规划范围包括东城区和西城区两个行政区，总面积约 92.5 平方千米。该项控规面临“都”与“城”、保护与利用、减量与提质等重大关系的协调任务，聚焦服务保障中央政务和治理“大城市病”目标，推动政务功能与城市功能有机融合，促进老城保护与有机更新，将核心区建设成为环境优良、文化魅力彰显、人居环境一流的首善之区。核心区控规着眼于新时代党中央和人民群众对北京发展的新要求、新期待，深化巩固了首都作为全国政治中心、文化中心和国际交往中心的战略定位，细化明确了核心区的发展目标、建设规模和空间布局。

核心区控规是核心区发展、建设、管理的基本依据与具体要求，主要内容包括五个方面：战略定位和空间结构、政务环境保障、老城整体保护、人居环境与民生改善、规划实施机制。

一、战略定位和空间结构

核心区的战略定位是全国政治中心、文化中心和国际交往中心的核心承载区，是历史文化名城保护的重点地区，是展示国家首都形象的重要窗口地区。围绕战略定位，核心区控规进一步明确了核心区的发展目标，未来将建设为纲维有序、运行高效的国家中枢，古今辉映、礼乐交融的千年古都，舒朗庄重、蓝绿环抱的文化名城，功能融合、里外联动的宜居城区，和谐宁静、雅韵东方的人居画卷。

首都功能核心区发展目标

◎纲维有序、运行高效的国家中枢
◎古今辉映、礼乐交融的千年古都
◎舒朗庄重、蓝绿环抱的文化名城
◎功能融合、内外联动的宜居城区
◎和谐宁静、雅韵东方的人居画卷

核心区的空间结构规划为“两轴、一城、一环”。“两轴”是指长安街和中轴线，其中长安街以国家行政、文化、国际交往功能为主，体现庄严、沉稳、厚重、大气的形象气质；中轴线以文化功能为主，展示传统文化精髓，体现现代文明魅力。“一城”是指北京老城，规划推动老城整体保护与复兴，使之成为体现中华优秀传统文化的代表地区。“一环”是指沿二环路的文化景观环线，将建设为展示历史人文景观和现代化首都风貌的公园环。

二、政务环境保障

优良的政务环境保障是核心区的主要任务之一。核心区控规突出北京的政治中心定位，全力做好为中央党政军领导机关工作服务保障工作，营造安全、整洁、有序的政务环境。以长安街为依托，相对集中布局中央政务功能，保障中央政务活动安全高效有序运行。通过严格控制建筑高度，加强安全管理和保障，建立统一指挥、统一管理、统一协调的安全保障体系，确保中央党政机关和中央政务活动绝对安全。

落实“双控四降”，实施人口、建设规模双控，降低人口、建筑、商业和旅游密度，让核心区“静”下来。到 2035 年，核心区常住人口规模控制在 170 万人左右，地上建筑规模控制在 1.19 亿平方米左右，到 2050 年稳定在 1.1 亿平方米左右。结合非首都功能疏解，承接利用北京市搬迁腾退办公用房，优化中央党政机关办公布局，推进核心区功能重组，支撑中央政务活动。加强环境保障，推进精细化治理，提升城市品质，营造安全、整洁、有序的政务环境，展现大国首都形象。增强城市服务功能，提升市政交通基础设施保障能力，形成优质完善的政务配套条件。

核心区政务环境保障举措

◎着眼大国首都，优化中央政务功能布局结构

◎优化中央党政机关布局，保障中央政务功能高效运行

◎落实国家安全观，提升安全保障水平

◎创造优良的中央政务环境，展现大国首都形象

◎加强城市服务保障，形成优质完善的政务配套设施

三、老城整体保护

老城整体保护是北京作为全国文化中心建设的核心内容，有助于扩大中国传统文化的竞争力、影响力与传播力。历史格局的保护是实现老城整体保护的关键，两轴统领、四重城郭、六海八水、九坛八庙、棋盘路网是老城空间格局的重要特征，是奠定老城空间地位的重要载体。核心区控规以历史格局保护作为老城整体保护的中心任务，并综合运用多种手段，结合城址遗存保护、历史

水系恢复、绿化空间建设等工作，在城市景观中融入历史文化，强化老城空间的整体性。

老城整体保护举措

◎保护老城整体格局，彰显独一无二的壮美空间秩序

◎丰富和拓展保护对象，最大限度留住历史印记

◎加大文物、历史建筑保护力度，鼓励开放与合理适度利用

◎依托内环路串接重要文化场所，展示老城特色文化空间

◎建设文化探访路，整体增强历史文化遗产展示水平

◎营造特色景观视廊，感受历史空间联系

严格落实“老城不能再拆”的要求，实现保护对象的“应保尽保”。核心区控规围绕老城的核心价值，在“新总规”要求的基础上，进一步突出老城文化遗产特色，将传统胡同、历史街巷、传统地名、历史名园、革命史迹等纳入老城保护对象。通过多种途径加强历史文化资源的展示利用，结合内环路特色文化空间打造、特色景观视廊营造、文化探访路建设等手段，生动讲述老北京故事。综合利用多种措施，严格实施建筑高度、建筑风貌、街巷风貌的管控，守护古都风韵，传承民族精神。

两轴统领：中轴线和长安街统领核心区整体秩序。

四重城郭：明清形成的紫禁城、皇城、内城、外城城郭。

六海八水：六海包括北海、中海、南海、西海、后海、前海；八水包括通惠河（含玉河）、北护城河、南护城河、筒子河、金水河、前三门护城河、长河、莲花河。

九坛八庙：九坛包括天坛（内含祈谷坛）、地坛、日坛（又称朝日坛）、月坛（又称夕月坛）、先农坛（内含太岁坛）、社稷坛、先蚕坛（位于北海内）。八庙包括太庙、奉先殿（位于故宫内）、传心殿（位于故宫内）、寿皇殿、雍和宫、堂子（已无存，现为贵宾楼）、历代帝王庙、孔庙（又称文庙）。

∧ 核心区老城街景

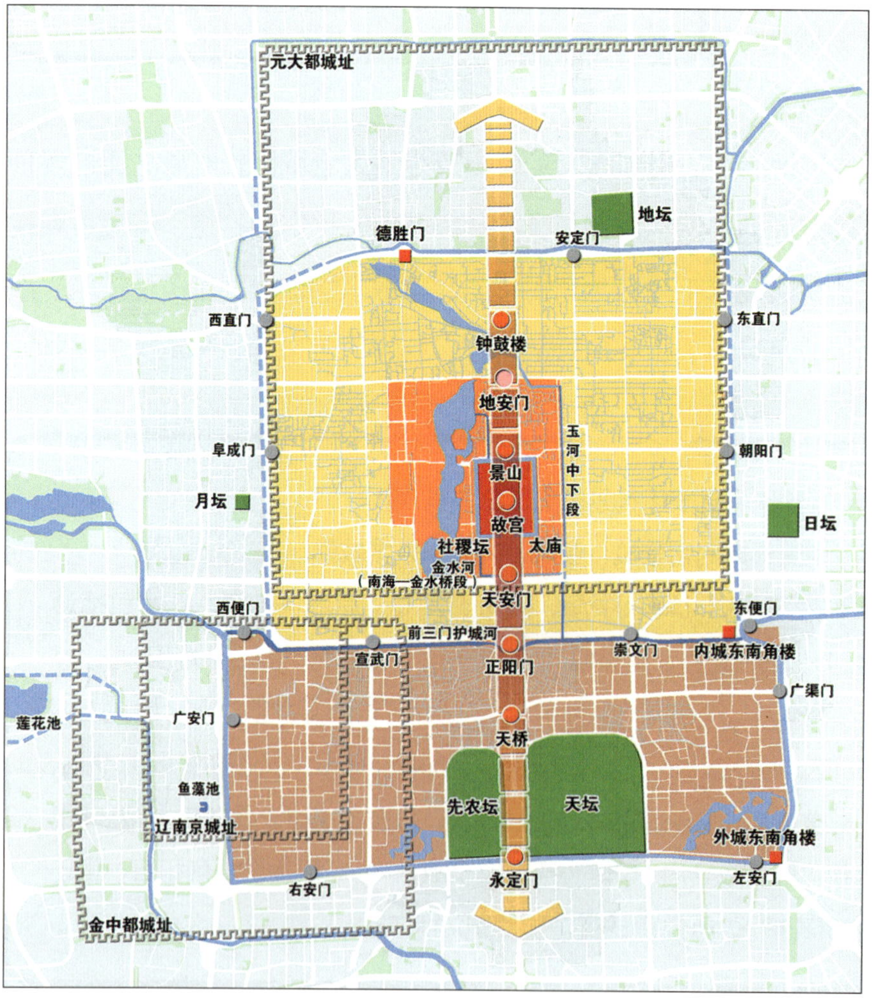

< 老城传统空间格局保护示意图（2016 年）

四、人居环境与民生改善

核心区控规聚焦人居环境与民生改善，坚持以人民为中心的发展思想，落实“七有”“五性”要求，构建优质均衡的公共服务体系、和谐宜人的居住环境、绿色高效的城市交通体系、安全可靠的基础支撑体系、智慧精细的城市管理体系，努力将核心区建设为人居环境一流的首善之区。

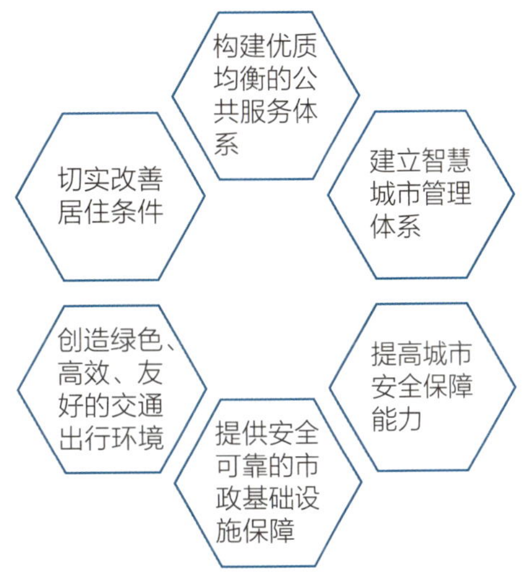

∧ 核心区人居环境与民生改善

核心区控规提出，应以存量挖潜、时空共享的方式探索有限空间内高品质公共服务的多元化、均等化、人性化供给，构建优质均衡的公共服务体系。居住环境方面更加强调更新改善的可持续性，提升平房区与老旧小区居住品质，以申请式退租、共生院模式让胡同里的老街坊过上现代生活。通过街道空间整体设计加大步行、骑行路权保障，提高核心区绿色交通出行比例，创造绿色、高效、友好的交通出行环境。推进老旧管线与市政设施整治、海绵城市建设与垃圾分类全覆盖，提升清洁能源、再生水、排水服务能力，提供安全可靠的市政基础设施，提升老城居民的获得感、幸福感、安全感。把人民群众生命安全和身体健康作为城市发展的基础目标，构建强大的城市安全保障体系，健全预警响应机制，全面提升防控和救治能力，提高安全预防控制能力和水平。

“七有”“五性”要求

“七有”是指幼有所育、学有所教、劳有所得、病有所医、老有所养、住有所居、弱有所扶，体现了以人为核心、以人民为中心的理念。

“五性”是指反映市民需求的便利性、宜居性、安全性、公正性、多样性五个方面。

“七有”“五性”需求集中反映了公共服务和民生保障水平，两者都是社会建设的重要内容。

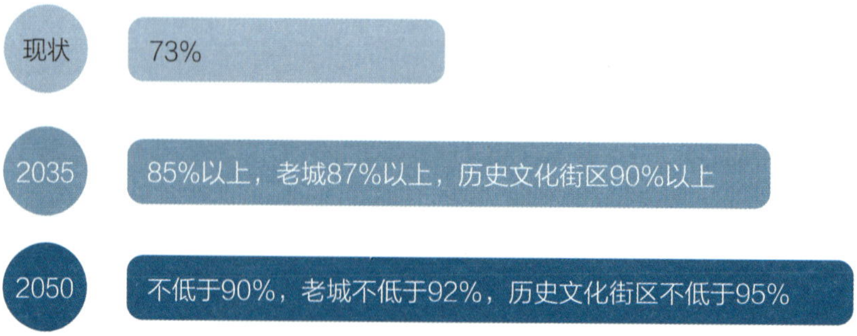

现状	73%
2035	85%以上，老城87%以上，历史文化街区90%以上
2050	不低于90%，老城不低于92%，历史文化街区不低于95%

∧ 核心区绿色出行比例现状及规划目标

五、规划实施机制

通过建立健全规划实施机制，保障核心区控规有序有效实施。以时间换空间，有序疏解非首都功能，促进核心区提质增效。创新规划实施模式，从街区、地块、建筑等不同层次，按照历史保护、保留提升、更新改造三种方式，有序推进老城开展小规模、渐进式、可持续的高质量保护更新。

核心区控规实施机制

◎有序疏解非首都功能，促进核心区提质增效

◎创新规划实施模式，开展街区保护更新

◎完善规划、建设、管理体系，保障规划有序实施

◎加强政策集成与创新，保障规划有效实施

◎建立实施监督问责制度，维护规划的严肃性和权威性

完善规划、建设、管理体系，做实做强首都规划建设委员会执行工作机制，严格落实向党中央、国务院请示报告制度。通过控规编制体系创新、“街区、地块、建筑”综合体检评估机制、责任规划师制度，加强规划的科学性、实用性、时效性、公众参与性。修订《北京历史文化名城保护条例》等法规规章，加强政策集成创新，完善资源腾退、置换、财税等配套政策机制和技术标准规范体系，保障规划有效实施。健全规划公开制度，建立规划实施监督考核问责制度，维护规划的严肃性和权威性。

第二节　城市副中心控制性详细规划

北京城市副中心规划建设是疏解北京非首都功能、推动京津冀协同发展的历史性工程，是落实北京“新总规”提出的“减量提质”发展方略、“一核一主一副、两轴多点一区”空间布局的重要举措，对调整北京空间格局、治理“大城市病”、拓展发展新空间，对落实首都城市战略定位、建设国际一流的和谐

∧“一核两翼”空间格局示意图（2016 年）

宜居之都，对建设以北京为核心的世界级城市群，都具有十分重大而深远的意义。《北京城市副中心控制性详细规划（街区层面）（2016 年—2035 年）》（以下简称“副中心控规”）是党中央、国务院在全国批复的第一个控规，反映出北京城市副中心的重要性。副中心控规规划范围为原通州新城规划建设区，西至与朝阳区之间的规划绿化隔离带，东至规划东部发展带联络线，北至潞苑北大街，南至京哈高速公路，面积约 155 平方千米。

副中心在北京市及京津冀区域范围内承担了三个层次的主要任务：首先是北京城市整体层次，“主”与“副”关系的处理，需要促进中心城区疏解与副中心承接的紧密对接、良性互动，加强对中心城区首都功能的服务保障；其次是在北京局部层次，副中心与通州区拓展关系的处理，需要发挥副中心在北京城市局部的核心带动作用，加强城乡统筹，提高发展的整体性与协调性；最后是在京津冀区域层次，强化副中心的辐射激活作用，需要带动北京市东部各区、河北省北三县地区协同发展，将副中心建成北京市东部综合服务中心和枢纽。

副中心控规对副中心的未来发展、建设、管理进行了全域覆盖、精细化、高标准的安排部署，主要内容包括五个方面：战略定位和空间结构、非首都功能疏解、城市特色风貌、治理“城市病”、高质量发展。

一、战略定位和空间结构

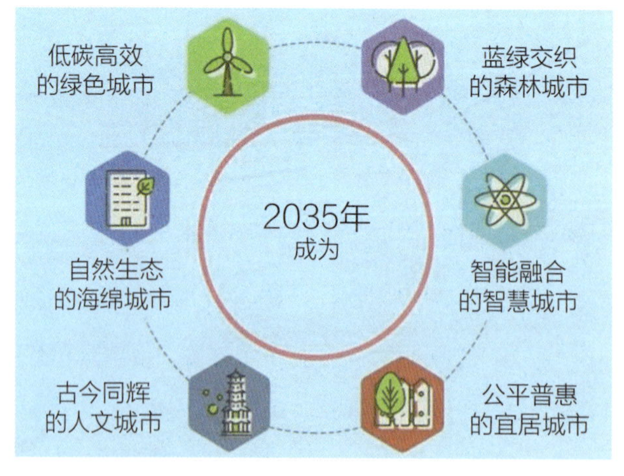

∧ 北京城市副中心发展目标

副中心是北京新“两翼”中的一翼，战略定位是国际一流的和谐宜居之都示范区、新型城镇化示范区和京津冀区域协同发展示范区。副中心控规的发展目标是到 2035 年将副中心初步建成具有核心竞争力、彰显人文魅力、富有城市活力的国际一流的和谐宜居现代化城区，创建低碳高效的绿色城市、蓝绿交织的森林城市、自然生态的海绵城市、智能融合的智慧城市、古今同辉的人文城市、公平普惠的宜居城市。

副中心控规充分考虑了中华营城理念、北京建城传统、通州地域文脉，构建了蓝绿交织、清新明亮、水城共融、多组团集约紧凑发展的生态城市布局，形成由生态文明带、创新发展轴、民生共享组团构成的“一带、一轴、多组团”空间结构。沿大运河展开的生态文明带总长度约 23 千米，凸显城市滨水公共空间魅力。创新发展轴总长度约 14 千米，结合现状六环路入地改造建设六环公园，缝合城市功能、织补城市空间。通过组团中心和家园中心的均衡配置，提升城市空间均好性。

∧ 北京城市副中心空间结构规划示意图（2016 年）

“一带、一轴、多组团”空间结构

“一带”指依托大运河构建城市水绿空间格局形成的蓝绿交织生态文明带。

“一轴”指依托六环路建设的功能融合活力地区，形成一条清新明亮的创新发展轴。

“多组团”指的是依托水网、绿网、路网，形成 12 个民生共享组团和 36 个美丽家园（街区）。

二、非首都功能疏解

副中心控规强调对疏解非首都功能的示范带动作用，承接中心城区功能和人口转移，以行政办公、商务服务、文化旅游为主导功能，提高对中心城区的服务保障能力。有序承接市级党政机关和市属行政事业单位向城市副中心转移，带动中心城区其他相关功能和人口疏解，实现人随功能走、人随产业走，到 2035 年承接中心城区 40 万~50 万常住人口疏解。在副中心内部建设方面，以“一带、一轴”为统领，以“组团、家园”为单元，推动新时代和谐宜居城区建设，营造良好的功能承接环境。

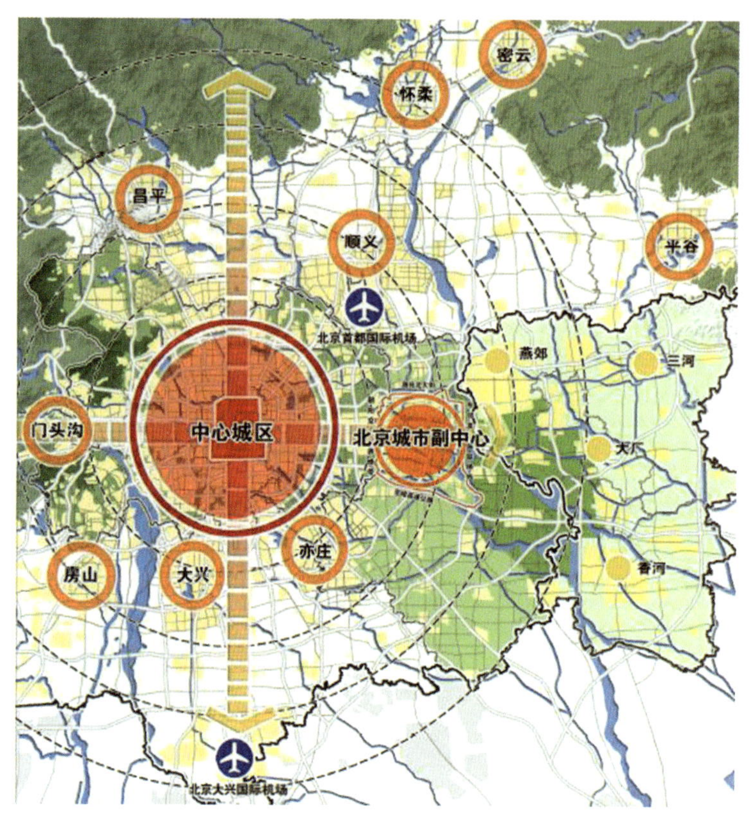

∧ 北京城市副中心位置与区位分析图（2019 年）

三、城市特色风貌

突出水城共融、蓝绿交织、文化传承的城市特色，构建疏密有序、错落有致的城市空间秩序，塑造京华风范、运河风韵、人文风采、时代风尚的城市风貌，展现“绿心环翠承古韵，一支塔影认通州”的新时代画卷。建设水城共融的生态城市，传承运河历史文化，秉承自然生态理念，构建系列分洪体系，保障防洪防涝安全，重构水与城、水与人的和谐关系。建设蓝绿交织的森林城

∧ 北京城市副中心文化传承系统规划图（2019 年）

市，增加绿色空间总量，提升绿色空间的便捷性、共享性和舒适性，构建结构清晰、布局均衡、连续贯通的绿色空间系统。建设文化传承的人文城市，保护并利用好以大运河为核心的历史文化资源，构筑全面覆盖、亘古及今的历史文化传承体系，形成“一河三城、一道多点”整体保护格局。

“一河三城、一道多点”整体保护格局

“一河”指贯穿城市副中心南北的大运河。

“三城”指路县故城（西汉）、通州古城（北齐）和张家湾古镇（明嘉靖）。

“一道”指东西向燕山南麓大道（历史上北京地区沿燕山山前通往辽东地区的一条交通廊道，包括秦驰道、清御道等）。

“多点”指包括历史建筑、工业遗产、地下文物埋藏区、传统村落等各类历史文化资源。

四、治理“城市病”

副中心控规提出要建设未来没有“城市病”的城区，突出生态优先、绿色发展理念，打造立体复合的设施服务环，构建以人为本的综合交通体系，建立绿色低碳和节水节能的市政基础设施体系，完善公平普惠的民生服务体系，形成多元共治的环境综合治理体系，健全坚韧稳固的公共安全体系，建设智能融合的智慧城市，满足人民群众对美好生活的新期待，为北京治理“大城市病”做出示范。

∧ 副中心治理“城市病”措施

系统整合城市公共服务和基础设施，建设一条功能复合、布局均衡、地上地下空间一体的设施服务环，提高土地利用效率。秉持以人为本的规划理念，建设舒适便捷的街区网络，实现路网密、节点通、交通快慢有序的目标，构建不依赖小汽车出行的绿色交通系统。建立

绿色低碳和节水节能的市政基础设施体系，推进设施融合发展和资源循环利用，构建智能高效、安全可靠的市政基础设施体系，提升城市运行保障水平。完善公平普惠的民生服务体系，建立优质均衡的公共服务体系，以组团、家园为单元满足居民丰富多元的城市生活服务。建设更优良的生态环境，统筹山水林田湖草沙生命共同体的系统治理，对自然资源进行统一管控，深入实施大气、水、土壤污染防治行动计划。健全坚韧稳固的城市安全体系，高标准规划建设防灾减灾基础设施，全面提升监测预警、预防救援、应急处置、危机管理等综合防范能力。搭建数字共享、人民共创、全局全时的智慧城市服务体系，建设世界智慧城市典范。

五、高质量发展

北京城市副中心将高质量发展贯彻到规划、建设、管理的全过程，努力

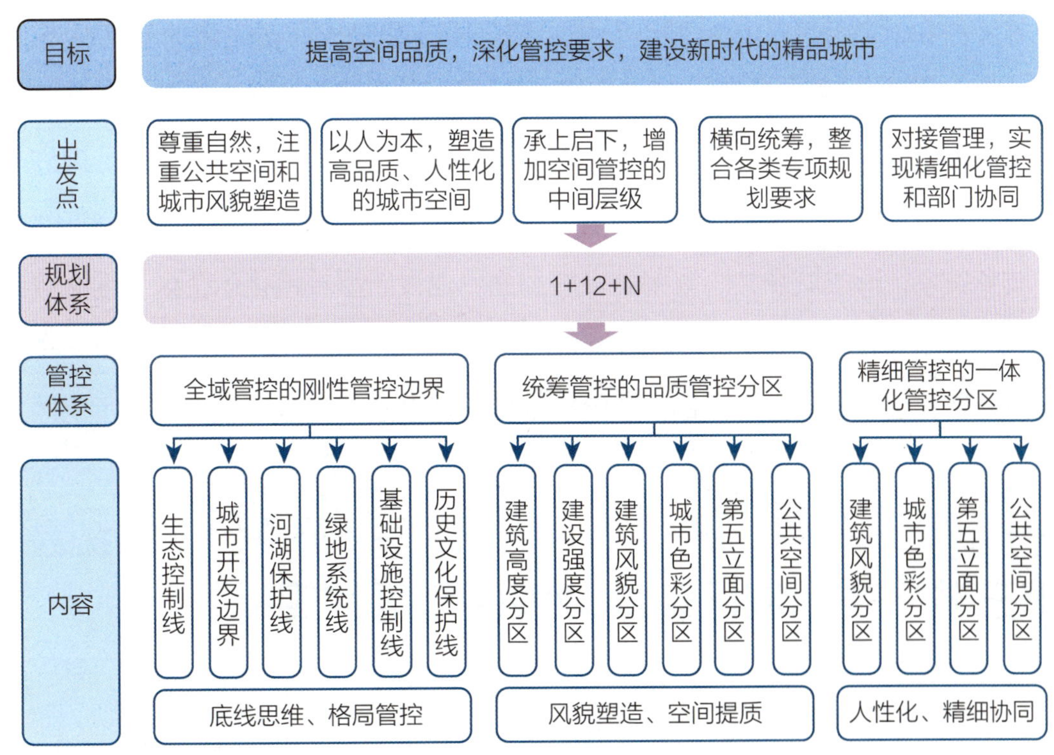

∧ 副中心控规空间管控边界和分区体系构建

“1+12+N”规划编制体系

“1”为街区层面控制性详细规划总成果，通过规划核心指标、管控边界及管控分区集中落实北京城市总体规划要求，通过文本、图纸、图则实现对总体功能、规模、布局和各项系统性内容的刚性管控和弹性引导，经法定程序批准后具备法定效力。

“12”为12个组团控制性详细规划深化方案，分解落实系统管控要求，主要通过规划图则和相关说明实现对各组团的建设管控和引导，经相关程序进行备案管理。

“N”为城市色彩、街道空间、滨水空间等N个规划设计导则，兼具刚性管控和弹性引导作用，作为城市副中心街区层面控制性详细规划成果的重要补充，经部门联审和专家论证后作为设计人员和管理人员开展工作的规范性文件，其中刚性内容纳入总成果的图则中进行管控。

创造经得起历史检验的“城市副中心质量”，创新规划编制和管控体系，建立“1+12+N”规划编制体系，划定16类城市空间管控边界及分区，在“城市开发全生命周期管理”的思路下，实现对城市空间的全域管控、对各专项系统的统筹管控和对每一寸土地的精细管控，将副中心建设成为新时代的精品城市。

副中心还坚持把区域协同发展作为“城市副中心质量”的内生动力，把改革创新作为协同发展的根本动力。充分发挥城市副中心的核心带动作用，处理好与通州区的拓展关系，统筹城乡协同发展，推进城乡要素平等交换，构建和谐共生的城乡关系，形成城乡共同繁荣的良好局面，建设新型城镇化示范区。推动城市副中心辐射带动廊坊北三县地区协同发展，强化交界地区规划建设管理，实现统一规划、统一政策、统一标准、统一管控，建设京津冀区域协同发展示范区。

第三节　中心城区和新城地区街区控规

中心城区和新城地区街区控规是在新阶段、新理念、新格局的大背景下，面向北京“新总规”的发展目标，立足“一核一主一副、两轴多点一区”的城市空间结构，针对首都功能核心区之外的北京市中心城区、北京城市副中心之外的新城地区开展的控制性详细规划，是北京市国土空间规划体系的重要组成部分。

一、中心城区和新城地区街区控规的作用

面对构建新时代北京市国土空间规划体系、深入实施北京“新总规”转型发展战略的目标任务，中心城区和新城地区街区控规按照总体规划、分区规划确定的区域功能定位和圈层差异化发展策略，实现三个主要目标任务。首先，重点强调自上而下的减量约束和刚性传导，将城市总体规划的大目标通过分区规划从市级传导到各区，再通过街区控规传导到各街镇和社区。其次，重点解决建筑规模管控和各区现实发展需求的矛盾问题，加强空间资源的统筹平衡、集约利用、高效配置、合理投放，确保城市总体规划在基层治理层面得到深化落实。最后，优化提升城市空间品质，为“十四五”时期构建新发展格局做好高质量的空间支撑保障。

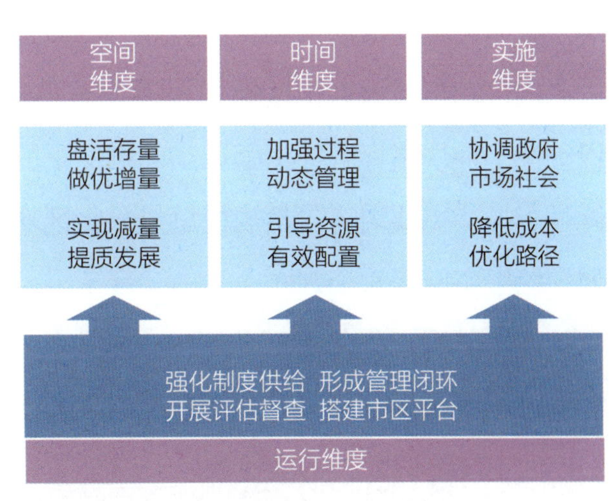

∧ 中心城区和新城地区街区控规的作用

中心城区和新城地区街区控规在空间、时间、实施、运行四个维度上统筹优化了资源配置，进一步提高了规划的科学性和实施性。在空间维度上，坚持规划引领，通过存量和增量空间的盘活优化，实现减量的同时提升发展质量。在时间维度上，加强过程管理，引导资源有效配置。在实施维度上，协调政府、市场、社会的关系，降低实施成本，优化实施路径。在运行维度上，强化制度供给，通过建立控规管理体系落实城市总体规划的战略引领和刚性管控作用，坚持一张蓝图干到底。

为科学引导街区控规编制，将中心城区及新城地区的街区划分为建设主导

街区、生态复合街区、战略留白街区三种类型。其中，建设主导街区是城乡建设生活的核心地区，需进一步优化格局，提升品质；生态复合街区是与城市集中建设区域相邻的大尺度绿色空间，需进一步优化开发边界，实现城乡统筹发展；战略留白街区是城市重要的发展预留地，需进一步促进集中连片，保障未来发展。考虑集中建设地区的实施情况不同，将建设主导街区按照实施率从高到低，细分为统筹治理、存量更新、优化完善和动态引导四种类型。统筹治理街区通过综合治理、拆违、整治等手段释放存量资源，实现街区整体提升。存量更新街区通过少量未实施规模指标补充三大设施补短板。优化完善街区和动态引导街区可将未实施建筑规模建立发展资源规模指标池和三大设施规模指标池，通过建筑规模指标流量管控精准对接未来发展需求，解决以往指标分配空间错配导致的建筑规模不够用的问题。

二、中心城区和新城地区街区控规的主要内容

按照“按需滚动编制街区控规，高质量引导地区发展”的总体要求，引导中心城区和新城地区街区控规有序编制。街区控规以主导功能和总量管控替代以往单个地块指标管控，强调空间维度上的街区刚性管控和时间维度上的地块弹性引导，主要内容包括规模总量、街区功能、用地结构、系统支撑、空间品质、统筹实施等六个方面。

规模总量：强化街区范围内人地房的总量管控，确保刚性管控有效落实。实施过程中鼓励建立建筑规模指标流量池，引导建筑规模在时间上有序释放，在空间上统筹调配、精准投放。

街区功能：合理确定街区范围的主导功能，引导要素向重点发展的区域集中。实施过程中鼓励用地混合兼容利用，主动适应多情景、多类型、多模式的使用需求，提高空间资源配置的适应性。

用地结构：在街区范围内统筹生产、生活、生态空间，合理安排产业、居住和三大设施用地实施时序，推进职住平衡，保障城市集约高效运行。实施过

程中鼓励加强重点功能区和大型居住组团之间的交通联系，有效减少通勤时间和通勤距离。

系统支撑：在街区范围内统筹三大设施系统性安排，严守规模总量和刚性底线管控。实施过程中鼓励围绕“七有”“五性”民生需求综合施策，补齐民生设施短板，加强健康城市、韧性城市、智慧城市建设。

空间品质：在街区范围内统筹谋划城市空间品质、城市天际线、建筑立面和建筑色彩，合理管控建设强度和建设高度，传承与保护历史文化要素，塑造传统内涵和现代风貌相协调的特色风貌。实施过程中鼓励加强各级各类重点地区城市设计，围绕轨道微中心、社区会客厅等塑造有活力的公共空间，充分利用边角地和畸零地建设口袋绿地等微空间，塑造环境品质和城市特色。

统筹实施：在街区范围内加强自上而下刚性传导和自下而上解决问题的有机结合，强化实施动态监测。实施过程中统筹算好规划账、历史账、时间账和效果账，精准有序释放空间资源，有效支撑城市经济社会高质量可持续发展。

三、中心城区和新城地区街区控规管理体系

为实现街区控规“深编、精批、细管”，适应城市多元化的治理需求，维护规划的严肃性和科学性，系统构建“1+5”控规整体运行框架，以“组合拳”和“工具箱”的方式支撑街区控规维护运行。

“1”是指“总体规划—分区规划—街区控规—综合实施方案”的实施管理路径。“5”分别指形成各区街区指引，落实分区规划指标管控要求，分配各街区人地房规模、三大设施台账及建筑规模流量库和存量池，作为各区组织编制街区控规的基础底账；出台《北京市控制性详细规划实施管理办法（试行）》，形成编制、审批、实施、运维和保障的闭环管理制度，增强规划实施的全过程管理；制定《北京市国土空间调查、规划、用途管制用地分类指南（试行）》《北京市建设用地功能混合使用管理办法（试行）》《北京市建筑规模管控实施管理办法（试行）》等一套管控规则；形成详细规划完整数据库层并纳入全市

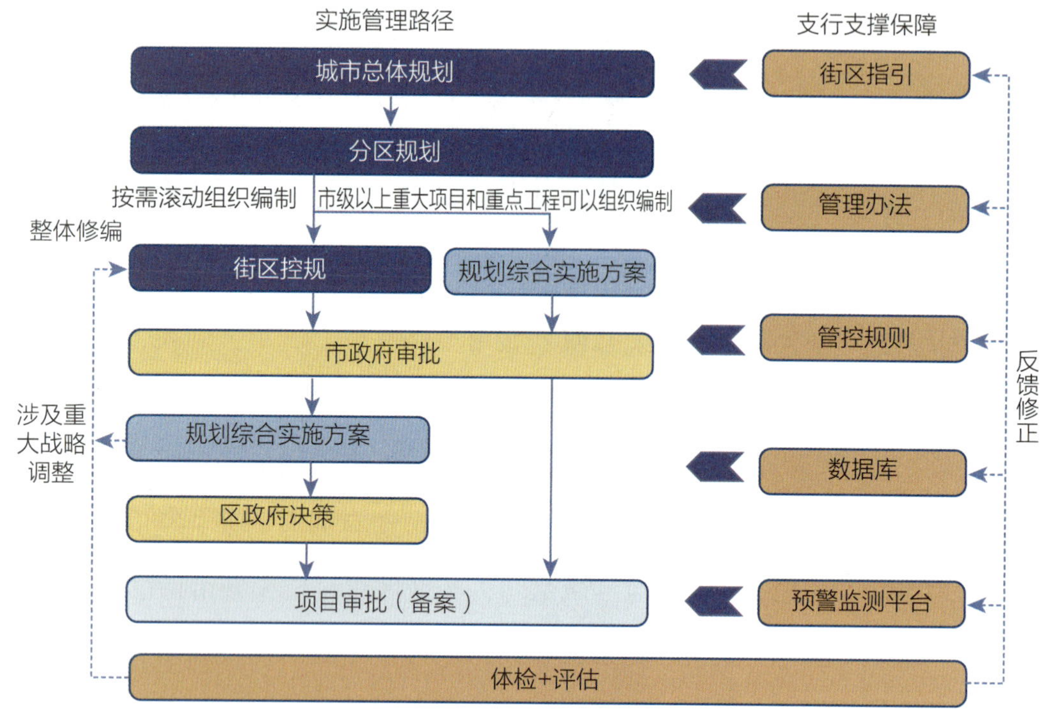

∧“1+5”控规整体运行框架

“一张图”管理系统；建立详细规划运行监督平台，实现全市详细规划的系统维护与动态监测预警。

四、中心城区和新城地区街区控规典型案例

怀柔科学城位于长城脚下、雁栖河畔，总面积约 100.9 平方千米，是北京建设国际科技创新中心“三城一区”的主平台之一。高质量、高起点规划建设怀柔科学城，是贯彻落实国家创新驱动发展战略、深入实施北京城市总体规划、推进国际科技创新中心建设的重要任务。《怀柔科学城控制性详细规划（街区层面）（2020 年—2035 年）》（以下简称“怀柔科学城街区控规”）按照“1+1+N”的总体工作框架开展编制（1 项控制性详细规划，1 条城市设计导则，以及综合交通、市政基础设施等专项规划和专题研究），邀请相关领域院士专家、在地科研工作者参与指导，加强央地对接，统筹多元诉求，充分征求了公众意见。

怀柔科学城街区控规坚持规划引领。紧扣战略定位和发展目标，传导落实

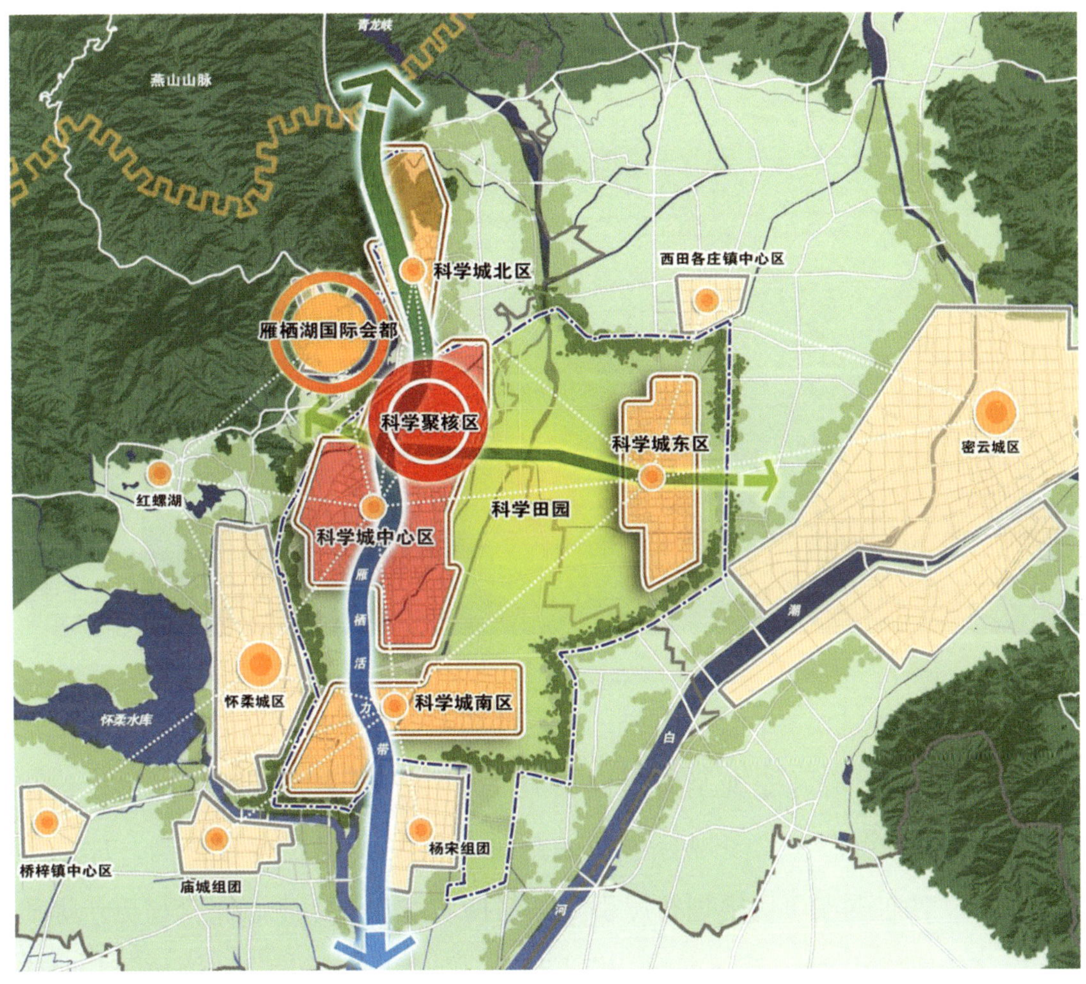

∧ 怀柔科学城空间结构规划图（上报审议阶段图）

北京城市总体规划和分区规划，落实生态涵养区绿色创新发展要求，围绕建设科学家之城、科学之城、“科学 + 城”，构建了创新生态体系与自然生态体系高度融合的整体格局，以规划为引领，构建了强力支撑原始创新的城市功能布局，营造了开放包容、高效便捷的国际人才社区体系，塑造了大尺度生态建设与小尺度街区营造双管齐下的高品质城市空间。

怀柔科学城街区控规坚持刚弹并济。积极适应资源紧束、减量提质的发展要求，落实刚性管控和底线约束，坚持生态保育、生态建设和生态修复并重，加强规模管控。在强化刚性传导的基础上，以街区为对象，统筹考虑经济社会、城市安全、文化传承、生态保护等各方面发展需求，通过创新规划策略，实现

< 怀柔科学城总体空间效果示意图（上报审议阶段图）

实施过程中的弹性引导，增强规划的适应性和对重大项目落地的保障能力。

怀柔科学城街区控规坚持面向实施。从百年科学城长远目标出发，谋划近期实施重点，在“多规合一”的基础上与发展规划有效协同，加强对“十四五”时期重点项目规划布局引导，坚持功能注入、生态保育与更新提质并重，突出要素集聚、系统支撑、节点带动，加强路径推演、成本核算和时序安排，并提出完善规划实施管理机制的要点与建议。

第四节　村庄规划

一、村庄规划的由来和作用

北京市开展过多次村庄规划编制工作，保障了乡村地区的建设和发展。党的十九大提出乡村振兴战略后，北京市积极开展美丽乡村建设专项行动，牢牢把握北京“新总规”提出的用地减量、功能疏解、生态保护等新目标，翻开乡村规划建设的新篇章。2017 年印发《北京市村庄规划导则（试行）》，并于 2019 年修订完善，提出加强农村环境综合治理、促进生态环境保护、加强资源集约节约统筹利用等要求，有效推动北京乡村地区健康和可持续发展。

编制村庄规划主要是为了指导农村的建设，为农村的各项发展谋划合理的空间布局，避免村庄建设中的随意性和盲目性。农村如同城市一样需要规划，农村的经济发展也离不开国土空间的合理布局。村庄规划也是村民民主自治管理的一项重要内容，通过村庄规划可以凝聚人心，增强村民对自己家园的关注和认同。

二、北京市村庄分区分类引导

依据北京“新总规”提出的“两线三区”市域空间分区管控要求，按照集中建设区、限制建设区和生态控制区对村庄进行控制引导。集中建设区内的村庄应稳步推进城镇化，同步优化环境品质，提高公共服务、交通和市政基础设施建设标准。限制建设区内的村庄集体建设用地占全市比重较大，要严格控制城乡建设用地规模；村庄整治、更新应以集体产业用地腾退、整理、集约优化布局为重点，有序推进集体建设用地减量，确保腾退后集体建设用地优先还绿，并同步实施；鼓励集约后的集体建设用地向集中建设区、有条件建设区集中布局，加强与城市功能衔接，促进产业升级，实现城乡联动。生态控制区内村庄长远发展和农民增收问题需重点统筹考虑，村庄的发展建设要坚持生态保育的大原则，通过整治村容村貌、提升环境品质、完善配套设施、发展宜农宜绿产业、挖潜村庄特色、加强村庄治理，建设与自然和谐相融的美丽乡村。

根据村庄定位和国土空间开发保护的实际需要对村庄进行分类，针对不同类型的村庄因村施策、分类指导，编制能用、管用、好用的实用性村庄规划。北京全市行政村划分为四种类型：城镇集建型、整体搬迁型、特色提升型、整治完善型。当影响村庄发展的限制要素或资源禀赋条件发生变化，村庄的规划引导类型可进行动态调整，具体类型应结合村庄的资源条件进行确定。

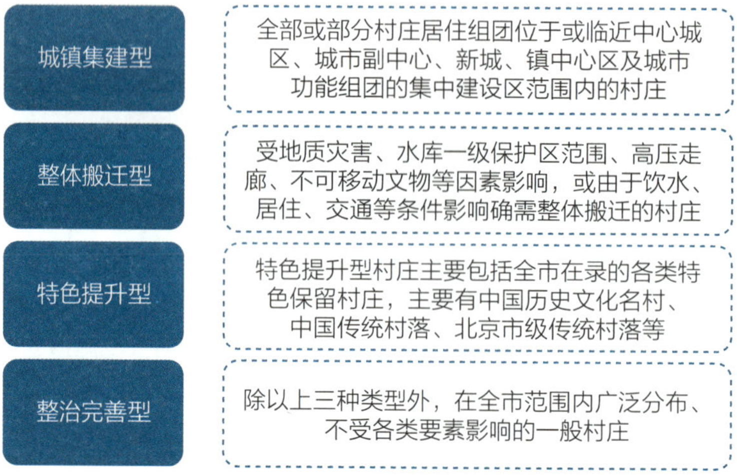

城镇集建型	全部或部分村庄居住组团位于或临近中心城区、城市副中心、新城、镇中心区及城市功能组团的集中建设区范围内的村庄
整体搬迁型	受地质灾害、水库一级保护区范围、高压走廊、不可移动文物等因素影响，或由于饮水、居住、交通等条件影响确需整体搬迁的村庄
特色提升型	特色提升型村庄主要包括全市在录的各类特色保留村庄，主要有中国历史文化名村、中国传统村落、北京市级传统村落等
整治完善型	除以上三种类型外，在全市范围内广泛分布、不受各类要素影响的一般村庄

∧ 北京市村庄规划分类引导

三、村庄规划的主要内容

（一）规划内容刚性要求

村庄规划应充分落实刚性上位要求，做好生态底线管控。按照“新总规”的相关要求，结合“两线三区”整体管控目标，做好生态空间底线管控，落实生态保护红线，落实永久基本农田和永久基本农田储备区划定成果，落实补充耕地任务，守好耕地红线，落实和巩固平原造林成

生态控制线

依据“新总规”有关内容，以生态保护红线、永久基本农田保护红线为基础，将具有重要生态价值的山地、森林、河流湖泊等现状生态用地和水源保护区、自然保护区、风景名胜区等法定保护空间及永久基本农田划入生态控制线内。到2020年全市生态控制线围合区域面积约占市域面积的73%，到2035年提高到75%，到2050年提高到80%以上。

生态保护红线划定

依据北京城市总体规划有关内容，以生态功能重要性、生态环境敏感性与脆弱性评价为基础，划定全市生态保护红线。

果，促进村庄环境品质优化提升。

村庄规划应落实规模管控目标，明确核心指标。按照各区分区规划的规模管控要求，落实减量提质，明确村庄的规划常住人口规模、城乡建设用地总规模、建筑规模、永久基本农田及耕地保有量、平原造林规模等关键核心指标。

（二）规划内容要点

根据村庄定位和实际需要，编制实用性村庄规划，抓住主要问题，聚焦重点，内容深度详略得当，不贪大求全，内容要点如下。

对村庄发展现状、相关上位规划开展分析和评估，提出规划目标与定位。从人口规模、用地规模、产业发展等方面分析村庄的发展现状。针对不同类型的村庄，现状分析应结合实际，突出特点，如特色提升型村庄应对村庄的历史文化要素、特色资源进行着重分析。梳理相关上位规划对村庄提出的发展要求，明确落实上位规划的对策。对已有村庄规划的实施情况进行总结，分析实施过程中的典型问题。根据村庄所处的不同地区，充分落实集中建设区、限制建设区、生态控制区的管控要求，落实上位规划的有关要求，结合村庄的具体类型，提出规划目标与定位。

提出村庄规模控制与减量发展策略，划定村庄发展的空间管控范围，优化村庄布局。在分区分类引导的基础上，充分落实全区城乡建设用地总规模管控目标，提出村庄建设用地管控要求、规模总量。针对有建设控制要求的村庄，如长城建设控制地带内的村庄，应严格落实相应的建设控制要求。针对村庄的非建设空间，加强土地整治，合理安排农业空间和生态空间。

在明确村庄用地规模管控的基础上，对村庄集体建设用地进行优化布局，并明确村庄整体风貌的控制引导要求，以保证村庄整体形态与周边环境协调。针对历史文化名村、传统村落，应结合村庄历史、文化特色要素进行具体分析，统筹考虑村庄风貌特点，提出形态控制要求，传承文化，突出特色。

针对性开展产业发展引导、历史文化资源保护、生态环境保护的谋划。结合全镇产业发展策略及对村庄特色资源的分析，以宜农、生态、绿色、低碳为原则，制定村庄产业发展引导策略，促进村庄产业兴旺。对历史文化资源较丰富的村庄，如历史文化名村、传统村落，应提出村庄历史文化资源保护策略。对村域内非建设空间的山水林田湖草资源进行详细梳理，提出村庄生态恢复和环境保护对策，针对具有特色自然资源的保留村庄，应明确特色自然资源的保护范围、保护要求。

提升村庄配套设施，注重防灾减灾要求。结合村庄的人口规模和发展实际，从方便使用、有利建设的角度提出基础设施、公共服务设施的规划目标和布局方案。配套设施的规划应重点考虑不同区位、不同类型村庄之间的差异。例如对于以乡村旅游为特色产业的保留村庄，应重点考虑旅游人口带来的配套设施的需求增量，以及配套设施建设与村庄风貌和历史文化保护相协调等问题。基础设施规划要包括道路交通、供水、排水、能源供应、环卫、通信设施等。公共服务设施规划应包括教育、医疗、文化、体育、社会福利设施等。城镇集建型、整体搬迁型村庄，在实施搬迁安置前应结合村庄现状条件提出明确的防灾减灾要求；特色提升型村庄，应结合历史文化保护、风貌传承制定具体的防灾减灾要求；整治完善型村庄，应结合村庄具体的更新建设方式，明确防灾减灾措施。

村庄规划组织机制方面，强化五级书记抓乡村振兴的制度保障，尊重村民意愿，形成区镇政府组织领导、村党组织发挥核心引领作用、村民发挥主体作用、规划编制人员负责技术指导的工作组织模式。建立以村民为主体，规划师、政府、企业、社会组织、大专院校、建筑师、热爱乡村事业的有识之士共同参与的协作式规划编制工作机制。

四、村庄规划典型案例

《北京市大兴区礼贤镇佃子村村庄规划》是 2021 年度北京市优秀城乡规划一等奖项目，较好地完成了各项村庄规划目标任务，结合村庄特色提出了适宜的产业发展策略，具有较好的示范性。

佃子村属城镇集建型村庄，按照北京城市总体规划“减量提质”的总要求，结合大兴区集体经营性建设用地改革，编制过程中对村域内存疑的建设用地进行排查，对照 2016 年土地变更调查，规划减量 2.38 公顷（1 公顷 =0.01 平方千米）集体建设用地。划定用地管控三类分区，即基本农田潜力区、复垦潜力区、平原造林工程潜力区，落实刚性上位要求。

充分挖掘利用佃子村积淀深厚的农业文化、村庄自身特点及周边良好的交通条件，发展乡村文化旅游产业，打造农业展示和体验的窗口，带动村域休闲产业全面发展。发挥旅游业的脱贫致富、缩小贫富差距的作用，让本地居民有效参与到旅游产业链之中，分享旅游繁荣带来的收益。以节庆为契机，赋予文化活力，开展丰富的业态活动，如农耕体验、民俗体验、一日三餐、主题民宿等。

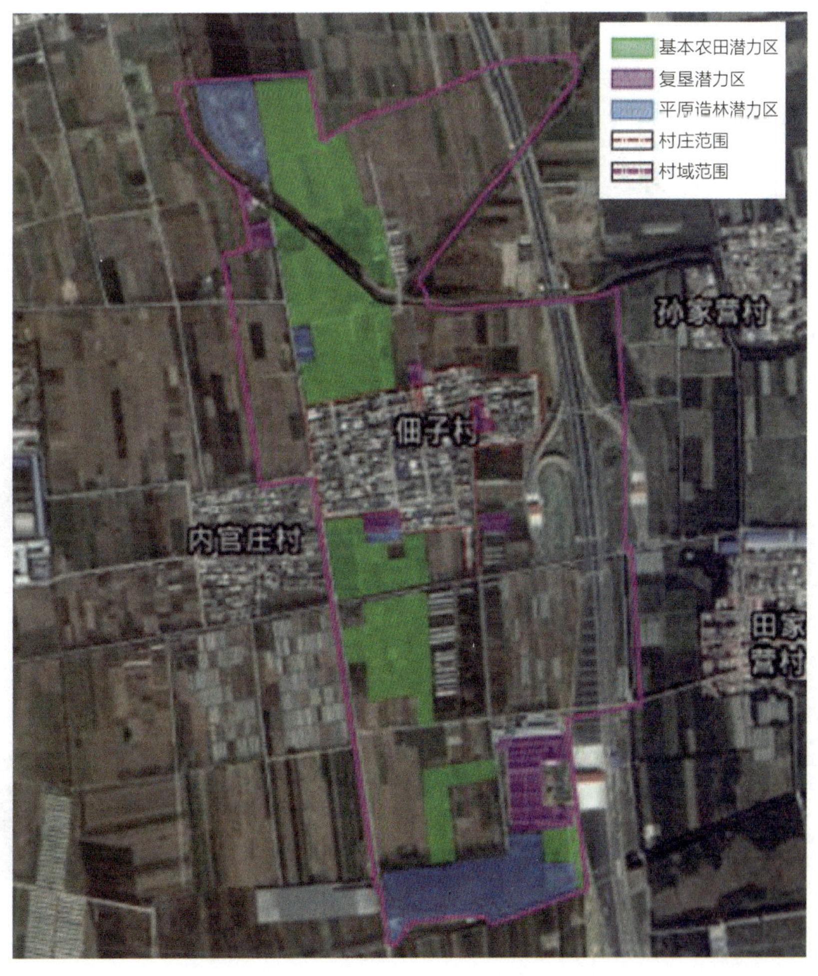

> 佃子村村域用地管控示意图（引自《北京市大兴区礼贤镇佃子村村庄规划》）

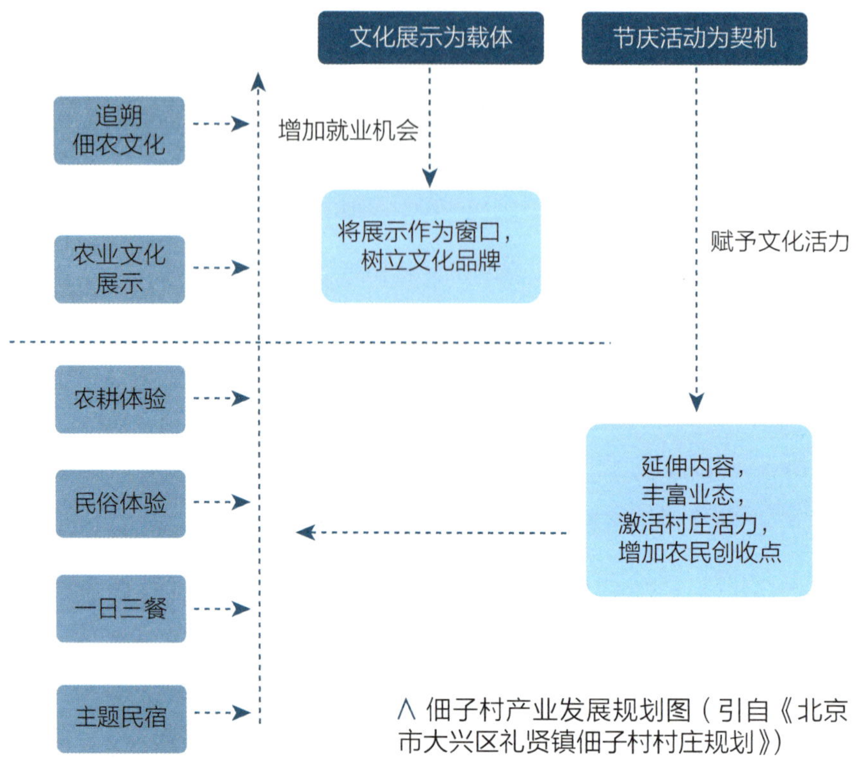

∧ 佃子村产业发展规划图（引自《北京市大兴区礼贤镇佃子村村庄规划》）

∧《佃子村村庄规划村民手册》内容（引自《北京市大兴区礼贤镇佃子村村庄规划》）

规划编制团队采取下乡驻村编规划的方式，通过实地调研、走访座谈、讨论、宣讲等方式，与各级政府、村委会、村民充分沟通村庄发展思路。完成村庄规划编制的同时，制定了《佃子村村庄规划村民手册》，即村民版规划成果。该版村民手册图文简明、通俗易懂，表达方式新颖活泼，让村民能看得懂、记得住规划内容，方便村民掌握、接受和执行村庄规划。

第五节　规划综合实施方案

规划蓝图编制完成在某种意义上说仅仅是一个新阶段的开始，如何在实施的过程中保证目标不走偏、路径最优化、建设有效率是这个新阶段的重要问题。这就如同在城乡建设旅程中需要一个良好的导航系统，明确工具、甄选路线、把控时间，并对各类突发情况做好预案，形成一套完整的攻略。基于这些问题，北京提出了规划综合实施方案，为科学实现蓝图编制切实可行的路线图。

一、规划综合实施方案的由来和作用

"规划综合实施方案"是北京国土空间规划体系的一项重要创新，是规划转型发展的缩影。规划综合实施方案的概念最初在 2014 年由北京市土地管理部门在土地储备工作中首次引入，要求在进行土地储备项目之前，加强对项目可行性的评估工作，政府相关部门应依据控规，编制规划实施单元的规划实施方案，形成建设项目规划条件。当时的规划综合实施方案是相对狭义的概念，其作用主要是细化控规相关指标和要求，为土地储备工作提供技术支撑。

北京市委、市政府印发的《关于建立国土空间规划体系并监督实施的实施意见》(京发〔2020〕7 号)构建了市、区、乡镇三级，总体规划、详细规划、

相关专项规划三类的国土空间规划体系，正式提出了详细规划包括控制性详细规划、村庄规划和规划综合实施方案，规划综合实施方案正式成为详细规划对接实施的桥梁性工具。

规划综合实施方案是对落实区域近期建设目标，从规划统筹方案、成本测算方案、实施计划方案等方面做出的全面、具体的计划安排。其目标是主动实施规划；核心是对标“新总规”要求；方法是坚持统筹协调，坚持整体性思维、系统性思维；手段是分类施策和落实各方责任；原则是公开、透明、可监督；作用是实现全要素管控。

规划综合实施方案依据“新总规”、分区规划、街区控制性详细规划和近期建设计划要求，结合地区实际情况和经济社会发展需求制定，是深化街区控制性详细规划的执行体系，实现规划编制层面与实际建设方案的协调统一。规划综合实施方案可以直接指导审批手续办理，高效推动规划实施。

二、规划综合实施方案的适用范围和主要内容

在尚未编制、批准控制性详细规划，或在途项目中需要按照“新总规”进行校核的建设项目，对于确需实施的事项，以及情况复杂，需要统筹研究减量发展路径，或涉及兼顾多方利益，存在历史遗留问题的区域，适宜通过编制规划综合实施方案的方法统筹研究，解决问题。规划综合实施方案不单独研究某个地块的规划指标，而是就区域规划、经济测算、可操作性进行统筹研究，整体确定规划，分步实施，一揽子解决区域的若干规划实施问题，兼具整体性、经济性和可实施性。

∧ 规划综合实施方案内容

符合“新总规”要求，并经市政府批准确定“控规”的区域，可不再编制区域规划综合实施方案，具备条件的可直接进入项目规划设计阶段。

规划综合实施方案的内容包括统筹方案、成本测算方案、实施计划方案，三者互为支撑、相互影响、相互

校核。可进一步拆分为“实施目标、实施方式、成本测算、城乡统筹、用地布局、风貌塑造、三大设施、配建任务”等若干技术要点，具体项目可按需划定实施范围、组合技术模块要点、确定编制深度，并可延展衔接其他内容，从而统筹政府与市场需求，面向多元治理。

规划统筹方案应当对规划实施范围内人口、土地、房屋、产业等现状情况进行梳理，收集相关权益人与市场投资者的需求，明确政府及有关主管部门的目标与规划，开展市政交通基础设施承载力与公共服务设施配置情况分析，传导分解落实各级规划要求。在此基础上明确刚性与弹性控制内容，确定用地性质、规模、布局及城市设计要求，合理安排市政交通基础设施与公共服务设施，制定具体的工作步骤并预估实施效果。

综合实施方案应当实施成本详细计算，包含社会效益、生态效益。应当制定严格的安置政策、控制拆迁成本，通过调整资产管理方式和运营方式降低当期财务税费成本，统筹规划账、经济账、社会账、生态账，实现成本合理均衡。

根据规划方案和成本测算方案，构建公平、公正、共建、共享的实施机制。综合运用土地供应、拆迁安置、住房保障、产业发展等政策，结合资金安排、建设计划提出多种实施路径，通过对比实施成本与效果，选取合理实施路径，实现资源与需求的合理匹配，并确定切实可行的实施计划。

三、规划综合实施方案典型案例

《中关村生命科学园研究型国际医疗产业转化平台规划综合实施方案》是2021年度北京市优秀城乡规划二等奖项目，该平台实施方案融合区域国民经济和社会发展规划、土地利用规划、环境保护等各类规划，并通过相关委办局以“多规合一”协同平台推动规划实施，是规划综合实施方案的示范性案例。

实施方案围绕规划实施，系统梳理医药健康资源和项目平台实施任务，明

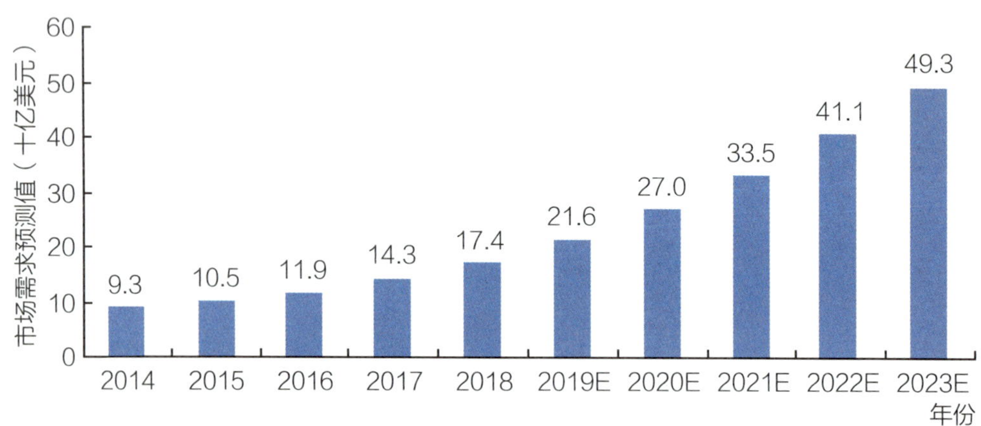

∧《中关村生命科学园研究型国际医疗产业转化平台规划综合实施方案》中的市场需求预测

确平台建设的实施统筹路径和主体任务，并提出实施对策。匡算项目资金需求，在项目实施从拿地到空间载体建设，再到研究型国际医院导入，都开展了明确的资金需求估算、资金筹措方式及收益模式设计，在空间载体建设和医院运营方面，未来经济收益评价结果均比较积极乐观，建设和运营等主体投入回收有保障，确保项目整体盈利能力在财务上具备可行性。

实施方案协同项目范围内的人口与就业、土地使用性质、土地权属、建筑规模、基础设施等各项要素，以此完善平台的运营和建设。人员规模严格按照研究型医院定位，重点打造和配备研究人员团队，辅助顶级专家及研究医生完成临床研究工作。用地规模严格按照三级综合医院 500 床位规模进行节约集约配置，规划占地面积 3.2 公顷。

精准测算核算空间规模，基于试验天数和入组人数复合预估病床数量，再根据国际案例功能配置核算空间规模。研究型医院包括三大功能组成部分，即临床研究病房和基础诊疗空间、研究及研发空间、其他配套空间，共需 11.96 万平方米，根据北京集约利用土地相关要求，对各部门面积进行合理压缩，最终确定地上总建筑面积 9.68 万平方米。

项目工作历程涵盖规划组织编制、确定开发建设主体、明确运营单位和方案等多个链条。其中由未来科学城管委会协调相关产业、规划、建筑等多专业

表4-1　临床试验项目数及所需人员数量

角色	人数	单项目人月	项目总数	人月总数	人数总计
顶级专家	1	0.5	400	200	17
研究医生	1	1	400	400	33
研究助理	2	1.5	400	1200	100
护士	2	0.5	400	400	67
流动科研人员	5~10	0.5	400	1000~2000	67~167

职责分工：
· 顶级专家：主要研究者，完成方案设计、学术审核等顶层设计工作
· 研究医生：根据项目设计方案完成项目执行工作及工作总结等
· 研究助理：辅助研究医生完成项目执行、数据整理、文档管理工作
· 护士：按照医生医嘱执行针对患者的各项操作等
· 流动科研人员：项目管理、数据管理及统计、项目监察、药物警戒等工作

表4-2　医疗机构设置所需人员

角色	人数
医生	150
护士	200
其他行政管理	100

顶级专家

共计20人，来源包括：
1.高博医疗集团专家
2.被投企业首席科学家
3.国家级学术组织的常委以上专家

研究人员

研究人员220~320人，来源包括：
1.专职研究相关人员120人，核心来自高博储备以及培训人才，部分公开招聘
2.流动科研人员：根据项目需求灵活配备（按照5~10人/项，若平均每天同时有20项临床试验同步推进，则共有流动科研人员100~200人）

临床医生及护士

医生共计200人，护士300人，来源包括：
1.高博医疗集团储备人才输入
2.发挥北京的医疗资源优势，公开招聘

其他：行政人员及其他支撑人员

专职行政人员100人，主要通过公开渠道招聘

∧《中关村生命科学园研究型国际医疗产业转化平台规划综合实施方案》中的人才梯队规划

表 4-3　空间规模测算表

分类			压缩前 / 平方米	压缩后 / 平方米	备注
临床研究所需	七大部门面积指标	急诊部	1604	1405	
		门诊部	2426	2226	
		住院部	22875	27887	
		医技部	16909	17042	
		保障支持系统	6960	6960	
		行政管理	2264	1504	
		院内生活	655	476	
	单列项目面积指标	大型医用设备用房	4000	4000	
		教学与科研（含精准诊疗参考实验室及共享实验室）	9357	9400	
	合计		67050	70900	
配套用房	室内活动用房		719	500	
	动力中心		7126	5800	
	机动车停车库（含人防区域）		41540	18200	机动车位约 478 个，其中 40% 为机械车位
	非机动车停车库		2196	800	
	氧气站、医用气体室外楼梯 / 风井等		948	600	
	合计		52529	25900	
总建筑面积			119579	96800	

■突出研究型特色的临床研究面积建设

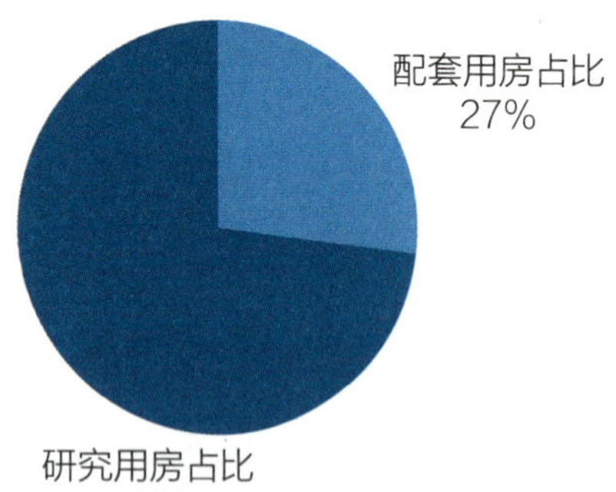

■车位需求分析

基于研究型医院的研究定位，以住院业务为核心，门诊量较小，预估 800~1000 人次 / 天，同时结合临床试验的管理规范及标准，多为封闭式管理，病区访视需求弱，因而院内停车需求核心面向工作人员及部分门诊患者。若院内全职工作人员 740 人，30% 有停车需求，院内流动工作人员 150 人，20% 有停车需求，门诊量 1000 人，20% 有停车需求，则共提供停车位 452 个，即可满足院内运营需求。

∧《中关村生命科学园研究型国际医疗产业转化平台规划综合实施方案》中的空间规模测算

单位，完成了多规合一的技术成果编制。由政府指定区国有开发公司以协议出让方式获取土地并建设和持有用房，建设完成后以出租的形式交付医院进行产业运营，可有效保证平台的良好运营。

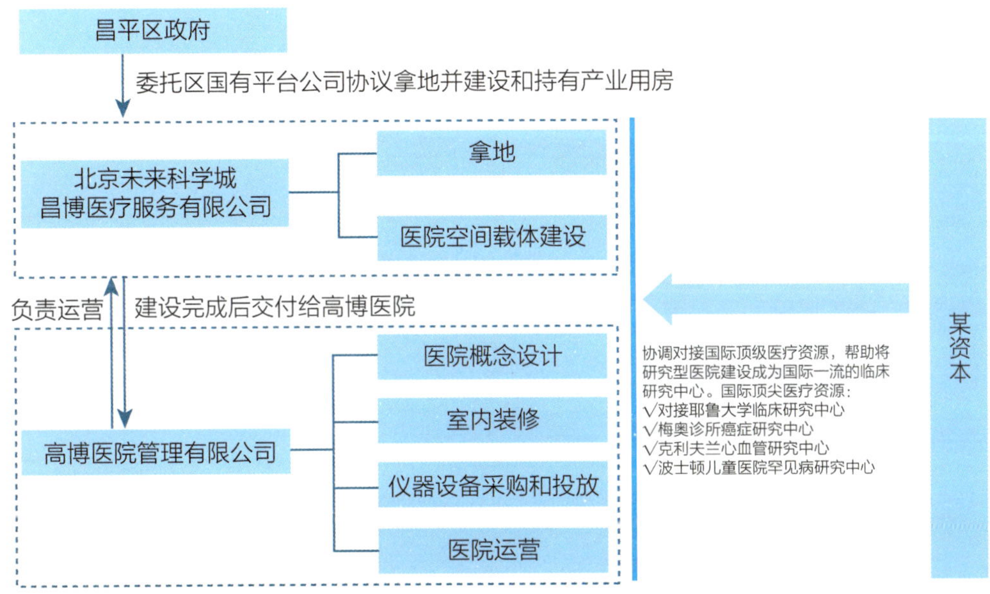

∧《中关村生命科学园研究型国际医疗产业转化平台规划综合实施方案》中的实施模式

第五章
北京市国土空间专项规划

作为国土空间规划体系的重要组成部分，专项规划在遵循总体规划的前提下，针对特定地区或领域做出专门安排，以体现该地区或该领域的特定功能，并实现空间开发保护利用。北京根据国土空间总体规划，结合国民经济和社会发展规划相关要求，从目标一致、底线约束、实施导向和民生优先等角度出发，编制了相关专项规划。

第一节 建设“四个中心”

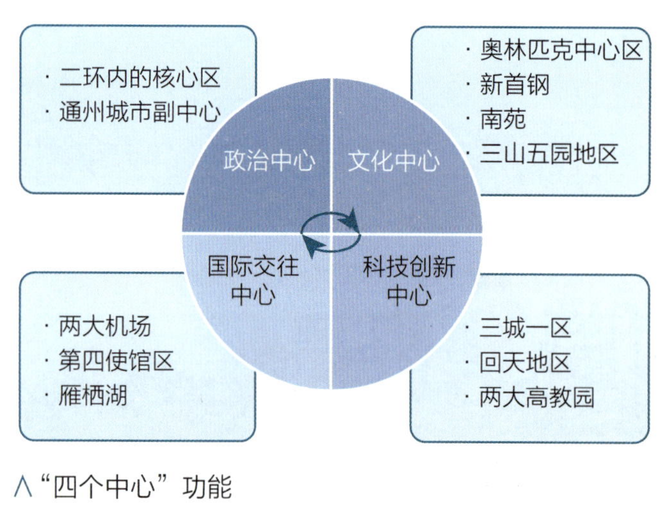

∧“四个中心”功能

牢固确立首都城市战略定位，加强“四个中心”功能建设，提高“四个服务”水平，是首都发展的全部要义，也是首都职责所在。要将“四个中心”“四个服务”蕴含的巨大能量充分释放出来，更好服务党和国家工作大局，促进首都经济社会高质量发展。

一、政治中心

做好全国政治中心服务保障，是党和国家赋予北京的重大政治使命和职责。要立足迈向中华民族伟大复兴的大国首都新需要，坚持首都发展的统领地位，始终如一提高政治站位、强化使命担当，始终如一把全国政治中心的服务保障摆在首位，始终如一把主城区作为工作重心，把突出政治中心与突出人民群众有机统一，科学统筹资源配置和服务供给，以更优越的空间、更优良的环境和更优质的服务，保障国家政务活动安全、高效、有序运行。

（一）保障优越的政务空间

以长安街、中轴线、二环路沿线区域为重要载体，推进老城重组，优化利用疏解腾退空间，持续提升政务空间品质，全面增强首都功能核心区对政治中心功能的承载能力，优化核心区中央政务空间。强化全域范围政务空间保障，合理布局政务空间供给，统筹利用疏解腾退空间，增强对中央政务功能的支撑保障能力。

（二）营造优良的政务环境

持续降低首都功能核心区人口、建筑、商业、旅游“四个密度”；实现中心城区高度管控全覆盖；落实建筑形式、城市色彩等管控要求；优化核心区街道发展定位、主导功能和规划管控策略，使街区环境与政务功能协调融合，塑造特色政务环境风范。

基本完成中央政务功能集中区域周边综合整治。打造四条内环绿荫空间。净化重点区域空间，加强重大活动服务保障区域空间环境治理，实施市政箱体美化行动。提升重大活动、节假日、纪念日期间重点区域、重要街道环境景观和夜景照明布置水平。积极倡导各类院落开展内部环境整治和“开墙透绿”，与市民共享更多绿色空间，显著提升政务环境品质。

着力改善政务交通环境，精准协调政务交通与市民日常出行，为中央政务活动创造安全、高效、便捷的出行环境。

（三）提供优质的政务服务

坚持政府统筹、多方联动、专业支撑、市场服务相协调，系统精准提供全流程、全要素、高品质服务，确保重大活动安全有序高效，提升重大活动保障能力。提升日常精细服务能力，编制实施政务功能优化提升专项规划，坚持主动服务与争取支持、保障政务与服务市民相统筹，为中央党政军领导机关工作生活提供良好服务。

二、文化中心

推进全国文化中心建设，是北京在社会主义文化强国建设中承担的重要使命和职责。要坚持社会主义先进文化前进方向，全力做好首都文化这篇大文章，扎实推进人文北京建设，紧紧围绕古都文化、红色文化、京味文化、创新文化的基本格局和“一核一城三带两区”总体框架，努力提高社会文明程度，精心保护历史文化金名片，全面繁荣文化事业和文化产业，把北京建设成为弘扬中华文明与引领时代潮流的文化名城、中国特色社会主义先进文化之都。

∨ 北海五龙亭一角

（一）建设社会主义核心价值观首善之区

筑牢理论思想基础，传播好主流价值观，传承弘扬红色文化，推动中国特色社会主义思想理论高地建设。加强社会主义精神文明建设，大力推进公民道德、志愿服务、诚信社会、网络文明等建设，打造社会风气和道德风尚最好的城市。铸就新时代文艺创作高峰，营造能出精品、善出精品的文艺创作环境，推出文艺高峰之作，搭建全国文化交流平台，吸引“好作品来北京”，形成“大戏看北京”“影视看北京”“好书看北京”的标杆效应，建设具有广泛影响力的文艺创作、展演、传播中心。

（二）打造弘扬中华优秀传统文化典范之城

加强老城整体保护，严格落实老城不能再拆的要求，焕发老城文化活力，展现古都北京独特的历史风貌和人文魅力。

加强“三条文化带”传承保护利用，利用好千年运河文化品牌，守护传承好长城文化精神，建设好西山永定河山水人文家园，发挥好文化带联结古今文化、优化城市功能布局、促进沿线区域发展的作用，构建融合历史人文、生态风景与现代设施的城市文脉。

推动文化遗产保护活化利用，构建系统有效的文物保护体系，坚持在保护中发展，在发展中保护，探索文物、历史建筑腾退与开放利用新模式，让更多文物保护成果惠及人民群众。

（三）加快建设公共文化服务体系示范区

丰富公共文化服务供给，坚持政府主导、社会参与、共建共享，推动公共文化设施身边化、服务内容品质化、供给主体多元化、服务方式智能化，让文化设施成为百姓乐园，让文化惠民走进群众生活，让文化艺术浸润城市品质，提高公共文化服务效能。

（四）推进文化产业发展引领区建设

促进文化产业提质升级，推进“文化 +”融合发展，优化文化产业发展环境，拓展文化产业发展空间，提升文化产业发展实力，加快构建充满活力的现代文化产业体系和文化市场体系。

深化对外文化交流合作，广泛汇聚国内外高端文化要素资源，让蓬勃兴盛的文化产业为首都发展提供强劲动能。

到 2025 年，力争文化产业增加值占地区生产总值比重达到 10% 以上，建设具有国际竞争力的创新创意城市。

三、国际交往中心

推进国际交往中心功能建设是服务国家总体外交大局的根本任务。要适应我国日益走近世界舞台中央的新形势新要求，强化中国特色大国外交核心承载地功能，优化国际交往环境建设，推动更高水平、更深层次、更高质量的开放合作。

（一）提升国际交往服务保障能力

优化“一核、两轴、多板块”的国际交往空间布局，更好地履行提升服务国家总体外交的能力和水平，满足中华民族伟大复兴大国外交的服务保障要求。打造一批功能复合、环境优良、文化底蕴深厚的高品质承载空间，精心打造服务国际交往的会客厅；发挥不同区域资源禀赋优势，打造一批特色鲜明、亮点突出、功能互补、配套完善的国际交往活力板块，积极拓展承载国际交往的新空间；精准提供专业化国际化服务保障。

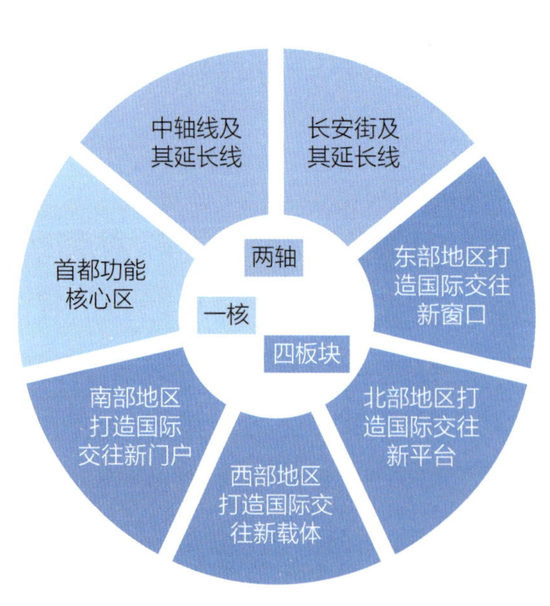

∧ 国际交往空间布局

“一核”为首都功能核心区，是开展国家政务和国事外交活动的首要承载区，是展示国家首都形象的重要窗口地区。“两轴”为中轴线及其延长线、长安街及其延长线，是国家政治、经济、文化等国际交往功能的集中承载区，是体现中华文化自信和大国首都形象气质的代表地区。“多板块”是拓展丰富公共外交和民间外交的承载空间，是多维度、全方位展现北京国际化大都市形象魅力的亮点板块，主要包括东部地区的使馆区板块、首都国际机场板块、北京城市副中心板块，北部地区的雁栖湖国际会都－科学城板块、八达岭长城－冬奥会－世园会板块，西部地区的中关村－三山五园板块，以及南部地区的大兴国际机场板块等。

（二）深化对外交流合作

拓宽对外交往渠道，创新对外交往方式，不断扩大北京对外交往“朋友圈”。主动服务“一带一路”建设，带动“北京标准”“北京智造”和“北京服务”走出去，共同打造“请进来”“走出去”的“北京样板”。积极拓展地区间友好交往，擦亮“北京日”“北京周”等友城活动品牌，持续打造“欢动北京”“地球一小时”等品牌公共外交活动，积极参与城市间国际组织，提升国际交往活跃度和话语权。打造全球最具影响力的服务贸易展会，培育提升国际知名活动品牌，聚集国际高端要素，全方位、多角度、立体化开展城市品牌宣传推介，讲好北京故事，传递中国声音，彰显中华文化软实力，积极发挥向世界展示中国在全球影响力的首要窗口作用。

（三）全方位营造国际化服务环境

提升国际人员往来便利化服务水平，加快建设一流国际人才社区，增强国际教育医疗服务能力，营造国际化旅游商务环境，着力打造宜居宜业宜商宜游的国际化环境，构建与国际接轨的公共服务体系，提升城市整体国际化水平，增强吸引力和亲和力，将北京建设成为承担我国重大外交外事活动的首要舞台、引领全球科技创新和交流合作的中心枢纽、展现中国文化自信与多元包容魅力的重要窗口、彰显我国参与全球治理能力的国际交往之都。

四、科技创新中心

创新在现代化建设中处于核心地位，是引领发展的第一动力。北京建设国际科技创新中心，要面向世界科技前沿、面向经济主战场、面向国家重大需求、面向人民生命健康，突出强化科技北京战略，以全球视野谋划科技创新，强化科技创新主平台主阵地的引领作用以及企业创新的主体地位，抓住人才和体制的关键，提升自主创新能力，塑造发展新优势。

（一）聚力提升原始创新能力

强化国家战略科技力量核心支撑，前瞻布局一批“从 0 到 1”的前沿基础研究和交叉研究平台，加速产生一批重大原创性成果，突破一批“卡脖子”关键核心技术，全面提升原始创新引领带动能力。

强化国家实验室创新引领，加强综合性国家科学中心战略支撑，持续建设世界一流新型研发机构，全面提升院所高校创新能力，加快推进在京国家重点实验室体系重组，培育国家战略科技力量。

打造人才高地激发创新活力，集聚全球顶尖人才，大力吸引培育青年人才，充分激发人才创新活力，优化人才服务管理。

增强基础研究源头供给，攻克一批关键核心技术，突破一批重大原创成果和关键核心技术。

（二）加快建设“三城一区”主平台和中关村示范区主阵地

聚焦中关村科学城，充分发挥一流院所高校、顶尖人才集聚优势，打造充满活力与创造力的创新生态，建设科技创新出发地、原始创新策源地和自主创新主阵地，着力强化基础前沿布局，持续提升创新生态效能，统筹优化空间功能布局，率先建成国际一流科学城。

突破怀柔科学城，以支撑北京怀柔综合性国家科学中心建设为核心，体系化布局一批设施平台、创新主体，加快形成战略性创新突破，培育创新创业生态，建成与国家战略需要相匹配的世界级原始创新承载区，建成一流重大科技设施平台集群，强化创新要素集聚，构建与科学融合共生的现代化城市。

搞活未来科学城，依托“两谷一园”，即生命谷、能源谷与沙河高教

中关村科学城	怀柔科学城	未来科学城	创新型产业集群示范区
围绕人工智能、量子信息、区块链等重点方向，实现更多“从0到1”原始创新，打造科技创新出发地、原始创新策源地和自主创新主阵地，力争率先建成国际一流科学城。	以物质为基础、以能源和生命为起步科学方向，重点培育高端仪器与传感器、能源材料、细胞与数字生物等战略性新兴产业和未来产业，努力打造成为世界级原始创新承载区，聚力建设“百年科学城”。	紧抓生物技术、生命科学、先进能源、数字智造等发展机遇，“生命谷”布局基因编辑、脑科学、人工智能赋能药物研发等前沿技术，“能源谷”围绕碳达峰、碳中和，在绿色能源、能源科技、能源互联网等领域加快布局。	瞄准集成电路、医药健康、新能源智能汽车、新材料、智能装备等产业领域高端发展需求，加快建成北京经济发展新增长极，打造具有全球影响力的高精尖产业主阵地。

∧“三城一区”主平台

园，积极营造“龙头企业 + 中小创新企业 + 公共服务平台 + 高校”的创新生态，建成全球领先的技术创新高地、协同创新先行区、创新创业示范城，加快重点领域技术创新突破，全面深化与央企央校联动合作，重点打造“两谷一园”。

提升创新型产业集群示范区，发挥北京经济技术开发区、顺义区产业基础优势，积极承接三大科学城创新成果外溢，着力强化产业技术自控力和引领力，打造高精尖产业主阵地和成果转化示范区，保障核心产业自主可控发展，打造技术创新引领高地，加强区域协同联动。

坚持中关村改革先行先试，办好中关村论坛，建设创新创业高地，推动一区多园统筹协同发展，强化中关村国家自主创新示范区先行先试引领作用。

第二节　历史文化名城保护规划

历史文化是城市的灵魂，历史遗迹、文化古迹、人文底蕴，是城市生命的一部分。北京丰富的历史文化遗产是中华文明源远流长的伟大见证，拥有悠远

北京市各类保护对象数量

（截至 2021 年 5 月）

◎ 7 项	世界文化遗产	◎ 5 处	中国历史文化名村
◎ 135 处	全国重点文物保护单位	◎ 44 处	传统村落
◎ 209 处	北京市文物保护单位	◎ 126 个	国家级非物质文化遗产项目
◎ 1056 栋（座）	历史建筑	◎ 273 个	北京市非物质文化遗产项目
◎ 49 片	历史文化街区	◎ 197 个	老字号
◎ 13 片	特色地区	◎ 158 处	不可移动革命文物
◎ 68 片	地下文物埋藏区	◎ 2111 件 / 套	可移动革命文物
◎ 1 处	中国历史文化名镇	◎ 41865 株	各级各类古树名木

绵长的文化脉络、厚重深邃的文化内涵、独有千秋的文化形态以及完整丰富的文化遗迹。传承保护好极具魅力的北京历史文化遗产，擦亮古都“金名片”，是首都的职责，要处理好城市改造开发和历史文化遗产保护利用的关系，传承历史文脉，凸显历史文化整体价值，强化“首都风范、古都风韵、时代风貌”的城市特色，实现市域保护全覆盖，应保尽保不漏项。

一、老城整体保护与复兴

老城保护涵盖明清时期北京城护城河及其遗址以内的区域，保护以传统中轴线和长安街、“凸”字形城郭、明清皇城、历史河湖水系和水文化遗产、传统胡同、历史街巷和传统地名、胡同与四合院建筑形态、平缓开阔的空间形态、景观视廊和街道对景、传统建筑色彩和形态特征、古树名木和大树、坛、庙等其他相关遗存为重点的历史传统风貌和空间格局，严格落实老城不能再拆的要求，坚持“保”字当头，展示传统文化精髓，展现国家成长记忆，延续老城历史文脉，最大限度留住历史印记、守住传统风貌基底，精心保护好这张中华文明的金名片。

（一）强化老城空间秩序管控

推进中轴线申遗保护工作取得更大实质性进展，展示传统文化精髓；提升长安街沿线建筑界面和公共空间品质，展现国家成长记忆；强化四重城郭历史格局与传统风貌，彰显老城空间秩序；扩大历史文化街区、成片传统平房区范围，最大限度留住历史印记；保护棋盘路网格局，延续老城历史文脉；加强历史水系保护与恢复工作；强化老城空间秩序管控，展现东方人居画卷、千年古都菁华。

（二）有序推进街区保护更新

守住传统风貌基底，推动老城平房院落申请式改善；保留时代印迹，推进特色地区内老旧小区综合整治；以“绣花功夫”提升城市综合治理能力，改善老城环境与基础设施品质；打造更具文化魅力的公共空间环境，让充满老北京味的街巷胡同有魅力、有活力。

（三）加强历史文化资源保护利用

塑造内环路特色文化空间，推动文化探访路建设，推动文物、历史建筑

∨南锣鼓巷（赵洪山 摄）

腾退开放利用，推进革命文物保护，推进历史名园、古树名木保护，开展主题博物馆建设，推进老字号复兴，焕发老城文化活力，建设弘扬中华文明的典范地区。

二、三山五园地区整体保护

三山五园地区是传统历史文化与新兴文化交融的复合型地区，拥有以世界遗产颐和园为代表的古典皇家园林群，集聚一流的高等学校智力资源，具有优秀的历史文化资源、优质的人文底蕴和优美的生态环境。三山五园地区保护涵盖以北京西北郊清代皇家园林为代表的各历史时期文化遗产，重点保护以古典园林、山水相依的景观格局、历史河湖水系和水文化遗产、古村落、古道和传统地名、优秀近现代教育传播地、革命史迹、稻田景观及其他相关遗存。

（一）系统保护历史文化遗产

加强三山五园本体保护；加强各级各类文物的保护，实施全域文物资源专项调查与评估；恢复圆明园大宫门、功德寺等重要节点历史格局；活化非物质文化遗产，增加非物质文化教育与展示体验场所；全方位展示利用历史文化资源，建成三山五园艺术中心。

（二）保护山水形胜的整体格局

保护西山山脉生态环境；恢复功德寺、颐和园西侧三角地、东西红门、西水磨等大尺度绿色空间；恢复历史水系和稻田景观等特色自然要素风貌；保护三山五园地区与老城的联系通廊，实施万泉河、金河河道治理，织补御道文化，建设京张铁路遗址公园一期工程；加强环境综合整治，实施景观环境、城市功能、公共服务等方面全面提升；保护山水形胜的整体格局，在三山五园地区形成公园成群、绿树成荫、历史环境与绿水青山交融的景观风貌。

三、“三条文化带”建设

大运河、长城、西山永定河三条文化带承载了北京“山水相依、刚柔并济”的自然文化资源和城市发展记忆，历史悠久、内涵丰富、底蕴丰厚，是北京文化脉络乃至中华文明的精华所在，是京津冀协同发展、深度交融的空间载体和文化纽带。三条文化带重点保护元、明、清时期的大运河，各历史时期的长城，西山永定河沿线的历史文化资源密集区，大运河、长城、西山永定河沿线的古村落、古道、山水格局及其他保护对象。

（一）大运河文化带

通过实施万寿寺、延庆寺、八里桥、神木厂遗址等重点片区文物保护修缮与腾退，推进大运河源头遗址公园、路县故城考古遗址公园建设等措施，实现对大运河历史文化遗产的高水平保护；推进北运河、通惠河、萧太后河、坝河等大运河重点河段综合治理，营造蓝绿交织的生态文化景观廊道，打造水清岸绿、文景共融的绿色人文长河；建设大运河国家文化公园标志性项目，创建通州大运河国家 5A 级旅游景区，建设文化发展魅力走廊，延续壮美运河千年神韵。

（二）长城文化带

创建全国长城修缮示范模板，实施箭扣长城修缮工程，对重要古关口及长城城堡开展考古研究，建立长城保护修复实践基地；构建长城绿道体系，恢复“居庸叠翠”“岔道秋风”等历史文化景观，建设“生态长城”；深入挖掘长城文化蕴含的精神力量，彰显长城作为中华民族代表性符号的重要价值，基本建成长城国家文化公园，推进中国长城博物馆改造提升、上宅文化博物馆等建设，打造国家级标志性工程，守护传承好长城文化精神。

（三）西山永定河文化带

加强文化遗产保护传承利用，建设琉璃河考古遗址公园，推进南海子文化遗产保护提升和金中都城墙遗址公园建设，实施模式口历史文化街区保

∧ 五园三山及外三营地图，清光绪二十二年（1896 年）绘

∧ 颐和园万寿山（张卫 摄）

护性更新改造，持续开展长辛店老镇有机更新；提升人文山水、生态文化景观品质，留住永定河“母亲河”文化乡愁，建设京西生态屏障；加强房山世界地质公园地质遗迹保护，加强文化生态旅游功能，打造国际精品旅游线路。

四、创新保护利用路径

保护是为了更好地传承和利用，坚持在保护中发展，在发展中保护，通过保护对象的活化利用，实现经济转型，促进传统文化的展示与传承，实现共赢保护。坚持以保护促民生，把保护历史遗迹、保存历史文脉与改善人居环境结合起来，实现历史文化名城保护成果社会共享，惠及更多人民群众。

（一）细化管理机制

以健全政策体系为重点，深化落实《北京历史文化名城保护条例》；实施保护名录制度，多领域分批次公布保护名录，探索保护责任人制度；建立历史建筑、历史文化街区、名镇、名村和传统村落保护利用的正面或者负面清单，引导保护利用方向；探索多种途径实施文物腾退、保护利用和开放政策，完善保护性修缮和恢复性修建政策机制，做到“不求所有、但求所保，向社会开放”。高质量实施老城、三山五园地区整体保护规划，高水平推进历史文化街区、名镇、名村保护规划和传统村落保护发展规划等保护规划编制，并纳入相应层级的国土空间规划。加大宣传教育力度，做好名城保护的社会宣传和舆论引导工作，持续开展“北京历史文化名城保护·进机关”“北京历史文化名城保护·进校园”“北京历史文化名城保护·进社区”等形式多样的名城保护宣传活动，增强社会整体对名城保护的认知能力、审美水平和家园责任感。

（二）活化历史文化遗产

全面加强文物保护利用，大力弘扬红色文化精神，积极推进历史建筑合理改造利用，持续深化传统村落振兴，振兴非物质文化遗产和老字号，保护好古树名木及其自然生境，保护传承传统农耕文化，活化历史文化遗产，创新保护利用路径。

（三）强化中外交流

持续推进文化走出去工作，不断提升北京历史文化名城的国际影响力，建设世界级历史文化名城。培育提升名城保护的国际品牌，精心打造一批国际旅游精品线路。

（四）优化展示利用方式

依托首都丰富的文化科技资源优势，加强文化科技融合创新，高水平构建管理信息平台，优化展示利用方式，促进文化科技相融合。

∧长城（覃世明 摄）

第三节 特定地区规划

中轴线、长安街、王府井……都是具有特殊意义和重要功能的地区。落实、深化和细化北京城市总体规划，基于历史积淀，根据未来发展需求，对这些地区进行规划，可以实现历史文化传承、城市特色风貌塑造、空间品质提升、科技创新和经济发展等特定功能。

一、中轴线及其延长线规划

北京传统中轴线北起钟鼓楼，向南经过万宁桥、景山、故宫、天安门广

场、正阳门，至永定门，贯穿北京老城南北，全长约 7.8 千米。中轴线既是历史轴线，也是发展轴线，在“新总规”的要求下，传统中轴线向北延伸至燕山山脉，向南延伸至新机场、永定河水系，全长共约 88.8 千米。

中轴线及其延长线以文化功能为主，是体现大国首都文化自信的代表地区。作为北京乃至中国历史文化遗产的金名片，其规划理念与物质载体不断被保护与延续，既要延续历史文脉，展示传统文化精髓，又要做好有机更新，体现现代文明魅力。

中轴线及其延长线：择中而居，美善交汇

作为中国传统文化活的载体，都市计划的无比杰作，北京中轴线自元大都建都以来，一直统领着城市功能与空间格局。在历代城市建设者的不断保护传承下，北京形成了气势恢宏、纲维有序的城市特色风貌。

北中轴延长线	大国首都生态后花园，科技文化交往新庭苑。
北中轴	完善奥林匹克中心区的国际交往、国家体育文化功能，依托奥林匹克森林公园体现生态绿色功能，集中展现大国首都文化自信和现代文明魅力。
传统中轴	政治中心、文化中心，承载中华优秀传统文化与首都独有壮美空间秩序的代表地区。
南中轴	大国首都功能的新兴承载区、中华文化自信的重要彰显区、生态文明城市建设的样板区、首都南城崛起的核心引领区、和谐宜居城市建设的示范区。
南中轴延长线	是体现大国首都文化自信的重点地区，是大兴区未来发展的统领。要注重生态景观塑造与文化、国际交往等功能的引入，并为重大项目做好预留；依托北京大兴国际机场，丰富国际交往功能内涵，重点发展与首都文化中心及国际交往中心定位相匹配的数字创意、文化艺术、国际商务、高端生活服务业等产业。

∧ 中轴线功能分区

完善奥林匹克中心区国际交往、国家体育文化功能，依托奥林匹克森林公园、北部森林公园等增加生态空间；结合南苑地区改造，推进功能优化和资源整合；结合南海子公园、团河行宫，建设南中轴森林公园；结合北京新机场，建设城市南部国际交往新门户。

中轴线及其延长线规划策略为：整体研究，分段施策。整体研究，对轴线的格局、定位进行总体安排；对轴线的各段进行分类施策：传统中轴线以保护为主、南北中轴线以功能提升为主、中轴线延长线以战略研究和指引为主；突出重点，弥补差距。规划重点研究南中轴及其延长线地区，通过该地区的产业提升、设施完善、生态建设、景观营造等，成为新的地区增长极，带动整个南

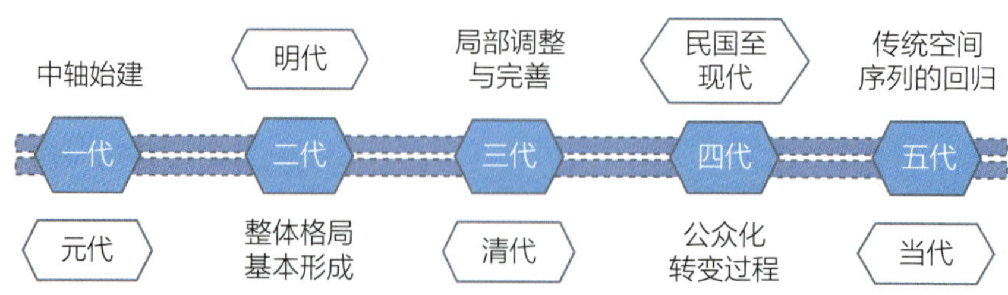

∧ 中轴线发展演变的五个历史时期

城地区发展，缩短与北中轴的差距；展望未来，虚实结合。把握中轴线变化发展的特性，规划既要有前瞻性，又要有可操作性。谋定而后动，策略上需要虚实结合。延长线地区作为城市未来发展腹地，需加强相关战略研究与指引，并为自然生态永续利用和可持续发展留有余地。

二、长安街及其延长线规划

长安街是北京乃至中国的象征，历经上百年的沧桑变迁，依旧庄严、沉稳、厚重、大气，它蕴藏了一个国家和城市的成长记忆。

长安街及其延长线是北京市完善城市空间和功能组织秩序的两条轴线之一，以国家行政、军事管理、文化、国际交往功能为主，体现庄严、沉稳、厚重、大气的形象气质，其规划定位是以政治性、文化性、人民性为统领，代表中华民族伟大复兴和首都城市建设发展的“神州第一街”。

规划重点包括轴线格局、轴线功能、风貌管控、城市公共空间和道路空间五个方面。

V 朝霞下的长安街

长安街雏形来自元大都南城墙内的顺城街，至元八年（1271 年）建成。明永乐十七年 (1419 年)，由于皇城扩大，内城的南城墙南移的同时，拆文明门与顺承门之间的城墙辟为路，形成了最早的“长安街”，取“长治久安”之意。

表 5-1 长安街及其延长线规划重点一览表

规划内容	规划重点
轴线格局	强化轴线空间秩序，突出轴线统领城市格局、串联重点景观区域与景观节点的骨架作用。
轴线功能	进一步聚焦国家行政、军事管理、文化、国际交往等首都核心功能，展现新时代大国首都形象。
风貌管控	推动轴线空间秩序的和谐连续，整体上塑造长安街及其延长线“庄严、沉稳、厚重、大气”的形象气质。
城市公共空间	贯彻新时代生态文明建设思想和开放共享的理念，通过城市公共空间的精细化、人性化设计，全面提升城市品质，构建开放共享、珠链相嵌的“长安绿带”。
道路空间	坚持以人为本设计理念，在保持道路红线宽度不变的基础上，对全线道路横断面进行优化设计，全面提升长安街及其延长线的出行品质和运行效率。

三、三山五园地区规划

三山五园地区是对位于北京西北郊，以清代皇家园林为代表的各历史时期文化遗产、独特的山水形胜整体格局，以及人与自然和谐的空间秩序的统称，总面积约 68.5 平方千米。

三山五园地区是北京历史文化名城保护体系的两大重点区域之一，是大运河文化带的枢纽、西山永定河文化带的龙头，是传统历史文化与新兴文化交融的复合型地区，是全国政治中心、文化中心、国际交往中心和科技创新中心功能相叠加的重点地区。

在三山五园地区打造传统文化与现代文明交相辉映、生态环境与国家形象相得益彰的首都靓丽“金名片”，将三山五园地区建设成为首都功能建设重要

三山五园

三山指香山、玉泉山、万寿山；五园指静宜园、静明园、颐和园、圆明园、畅春园。

依托独具特色的山水自然景观，三山五园地区在清代之前便成为历代王朝营建行宫别苑的首选地之一，也是城市重要的水源地。

康熙至乾隆年间，北京西郊一带陆续修建起了一系列皇家行宫苑囿。自康熙之后的多位皇帝热衷于在皇家园林内“园居理政”，王公大臣也纷纷在周边建设园林居所，三山五园地区因此集聚了军队驻防和为皇室和贵族提供服务的村镇居民等功能。全盛时期的三山五园地区形成了以皇家园林为中心，以山、水、田为基底，园林、村庄、驻防、民俗、宗教设施有机交织的整体格局。

承载区，国家历史文化传承典范区，形成“两带、三区、多点”的空间布局，构建历史文脉与生态环境交融的整体空间结构。

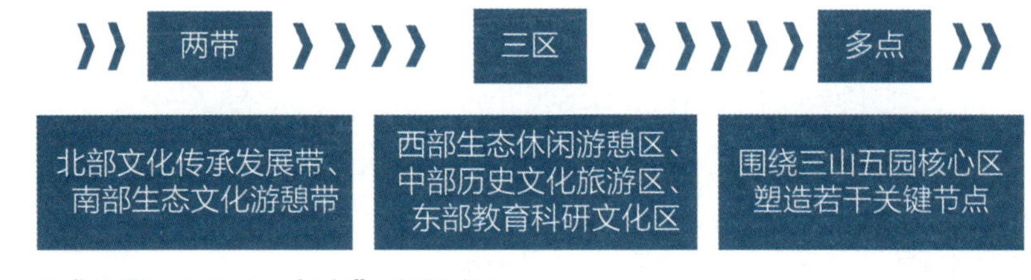

∧“两带、三区、多点”空间布局

北部文化传承发展带串联颐和园、圆明园等重要景区及大宫门、青龙桥等城市节点，重点加强历史文化资源挖掘、修复与利用；南部生态文化游憩带连接香山、西山等城市绿色空间，重点加强生态修复和环境整治，提升绿化质量，完善生态功能。

西部生态休闲游憩区以香山公园、北京植物园、西山国家森林公园为基础，整合绿地资源，提升景观质量，完善游憩功能；中部历史文化旅游区以颐和园、圆明园为载体，以文化为主导功能，优化完善公共服务设施，成为展示和交流中国历史文化的示范区；东部教育科研文化区以北京大学、清华大学等

∧ 俯瞰三山五园地区

高等学校为载体，以教育和文化为主导功能，优化完善配套设施。

沿北部文化传承发展带重点塑造若干关键文化节点，以文化遗产保护与展示为主题。沿南部生态文化游憩带布置若干景观游憩节点，改善和提升环境品质。

规划划定以下六个保护重点。

保护与老城的密切联系：规划保护与老城互为依托、相得益彰的密切关系，包括长河、御道遗产廊道与视线通廊，融入北京历史文化名城保护大格局。保障政治中心功能，突出文化中心功能，承载国际交往中心功能，服务科技创新中心功能，充分保障首都功能的发展提升需求。

保护山水形胜的整体格局：以山水环境为本底，以西山为屏障，以皇家苑囿为核心，以水系御道相互串联，各类要素有机交织的整体格局为参照，系统保护山、水、林、田、路、园、村等各类结构性要素及其所形成的空间秩序，

∧ 北部文化传承发展带中的颐和园（覃世明 摄）

打造文化体验的城市亮点，创建融合历史文化与现代城市功能的精品之作。

保护丰富多样的文化遗产：构建以皇家园林为核心的文化保护体系，积极创建国家文物保护利用示范区，保护世界文化遗产颐和园为代表的园林集群，加强 121 处现状文物修缮与日常维护，推进潜在文物点挖掘工作，丰富非物质文化遗产传承利用，梳理挖掘文物遗存，做到应保尽保，做好国家文物保护利用示范区创建工作。

保护绿地成片的生态基底：重点保护生态系统建设，发挥三山五园地区作为连接西山与老城的生态桥梁和纽带作用，完善首都生态安全格局，恢复大尺度绿色空间，保护生物多样性，推进海绵城市建设，形成公园成群、绿地成片的绿色生态基地，构筑地区良好的生态环境。

保护有机交融的文化景观：保护整体景观风貌格局和片区风貌特色，重点保护提升生态文化游憩带、御道历史文化体验道、历史水系沿线景观风貌。织补打造文化街区的精品之作，形成“园外有园，景外有景”的城市精品亮点地区。

保护和谐优越的人居环境：坚持以人民为中心的发展理念，改善居住环境，提升公共服务与基础设施水平，构建绿色出行体系，补齐公共服务短板，营造和谐优越的人居环境。

四、“三城一区”规划

“三城一区”指中关村科学城、怀柔科学城、未来科学城及创新型产业集群和“中国制造 2025”创新引领示范区。“三城一区”规划聚焦中关村科学城，突破怀柔科学城，搞活未来科学城，加强原始创新和重大技术创新，发挥对全球新技术、新经济、新业态的引领作用；以创新型产业集群和“中国制造 2025”创新引领示范区为平台，促进科技创新成果转化。建立健全科技创新成果转化引导和激励机制，辐射带动京津冀产业梯度转移和转型升级。

（一）中关村科学城规划

中关村科学城位于北京西北部，范围以中关村海淀园 174 平方千米的主体区域为基础，拓展至海淀区全域及生命科学园等昌平部分地区。中关村科学城是首都唯一位于中心城区的科学城，汇集全市最为密集的高校院所、高新技术

∨ 中关村科学城北清路发展轴意向图

企业和高智力人群，拥有完善多元的城市建成环境及便捷通达的交通区位。功能定位为科技创新出发地、原始创新策源地、自主创新主阵地，以构建创新驱动的城市新形态为主线，聚焦多目标统筹、新业态培育、传统空间向创新空间的转变、多元化服务体系的建立。

中关村科学城要通过集聚全球高端创新要素，提升基础研究和战略前沿高技术研发能力，形成一批具有全球影响力的原创成果、国际标准、技术创新中心和创新型领军企业集群。

规划特点为依托存量打造低成本创新空间供应体系、打造高品质国际化人居环境、挖掘文化与科技融合发展新动力。

（二）怀柔科学城规划

怀柔科学城位于长城脚下、雁栖河畔，规划范围跨怀柔、密云两区，总面积约 100.9 平方千米。

怀柔科学城作为北京怀柔综合性国家科学中心的核心承载，其定位为与国家战略需要相匹配的世界级原始创新承载区，将聚焦科学发展的源头优势、大科学装置的强度优势和生态涵养区的山水人文优势，建成创新要素活跃、国际化特色浓郁、城市综合服务完善、生态环境品质卓越的百年科学城。

规划围绕北京怀柔综合性国家科学中心、以中国科学院大学等为依托的高

∨北京怀柔综合性国家科学中心

端人才培养中心、科技成果转化应用中心三大功能板块，集中建设一批国家重大科技基础设施，打造一批先进交叉研发平台，凝聚世界一流领军人才和高水平研发团队，做出世界一流创新成果，引领新兴产业发展，提升我国在基础前沿领域的源头创新能力和科技综合竞争力，建成与国家战略需要相匹配的世界级原始创新承载区。

规划特点为落实好生态涵养区绿色创新发展要求，围绕建设科学家之城、科学之城、“科学＋城”的总体目标，构建了创新生态体系与自然生态体系高度融合的整体格局，以规划为引领，构建了强力支撑原始创新的城市功能布局，营造了开放包容、高效便捷的国际人才社区体系，塑造了大尺度生态建设与小尺度街区营造双管齐下的高品质城市空间。

（三）未来科学城

未来科学城位于昌平区南部，毗邻温榆河畔，距离市中心约 25 千米。规划范围东至京承高速路，北至北六环路，西至昌平区界，南侧紧邻“回天”地区，面积 170.67 平方千米。

未来科学城功能定位为建成全球领先的技术创新高地、协同创新先行区、创新创业示范城。着重集聚一批高水平企业研发中心，集成中央企业在京科技资源，重点建设能源、材料等领域重大共性技术研发创新平台，打造大型企业技术创新集聚区。

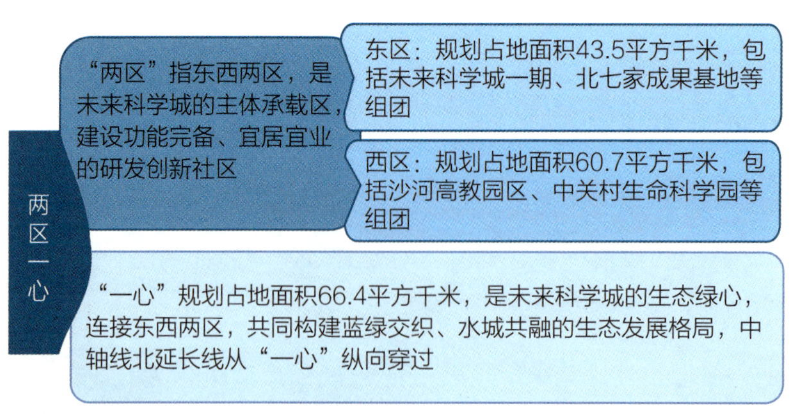

∧ 未来科学城空间布局的“两区一心”

∧ 未来科学城鸟瞰示意图

规划特点主要体现在三个方面，即打造全球领先的技术创新高地、统筹谋划“两区一心”空间格局、营造激发活力的留人环境。

（四）创新型产业集群和“中国制造 2025”创新引领示范区

规划围绕技术创新，以大工程大项目为牵引，实现三大科学城科技创新成果产业化，建设具有全球影响力的创新型产业集群，重点发展节能环保、集成电路、新能源等高精尖产业，着力打造以亦庄、顺义为重点的首都创新驱动发展前沿阵地。

五、重点功能区规划

（一）北京商务中心区规划

北京商务中心区，简称北京 CBD，位于长安街东延长线。西起东大桥路，东至东四环，南起通惠河，北至朝阳北路，总面积约 7 平方千米。其中 CBD 西区为产业功能集中、规划引导发展地区，总面积约 4 平方千米；CBD 东区主要为居住功能，是产业区辐射范围，总面积约 3 平方千米。

北京商务中心区规划定位为国际金融功能和现代服务业集聚地，首都现代化和国际化大都市风貌的集中展现区域。规划在保证商务设施主导功能

∧ CBD 风貌

的同时，加大了商业、文化、公共服务配套设施的比例，规划居住设施占25%，商业及公共服务设施占25%。控规还包含交通、市政、景观、产业等多个规划研究，确保区域规划的科学性、超前性、人性化、可持续性和可实施性。

（二）新首钢地区规划

新首钢高端产业综合服务区（以下简称“新首钢地区”），位于长安街西延线，西临永定河，背靠石景山，北至石龙路，南至规划水泥厂后身路，东至北辛安路北段和规划道路，面积约 7.8 平方千米，具有独特的区位、历史和资源优势，又有筹办 2022 年北京冬奥会的重大机遇。

新首钢地区规划定位为“传统工业绿色转型升级示范区、京西高端产业创新高地、后工业文化体育创意基地”，规划建设成为新时代首都城市复兴新地标，形成了“一轴、两带、五区”的空间结构。

“一轴”是长安街首都功能轴，以长安街西延线的“城市轴线”为统领，完善沿线功能秩序，突出“庄严、沉稳、厚重、大气”的景观基调，成为辉煌的首都西大门。

“两带”是永定河生态带和后工业景观休闲带。永定河生态带凭借永定河和石景山的山水文化景观资源，形成人文活动、滨水景观和自然资源和谐共生的“魅力蓝带”；后工业景观休闲带依托沿线丰富的特色工业资源，引入文化展览、休闲娱乐、时尚消费、花园办公等功能，形成工业遗存、文化体验、休闲娱乐有机融合的“活力绿带”。

“五区”包括冬奥广场区、科技创新区、国际交流展示区、综合服务配套区和战略留白区。冬奥广场区将工业资源活化利用为冰雪运动为主的体育休闲

∧ 新首钢地区整体鸟瞰图

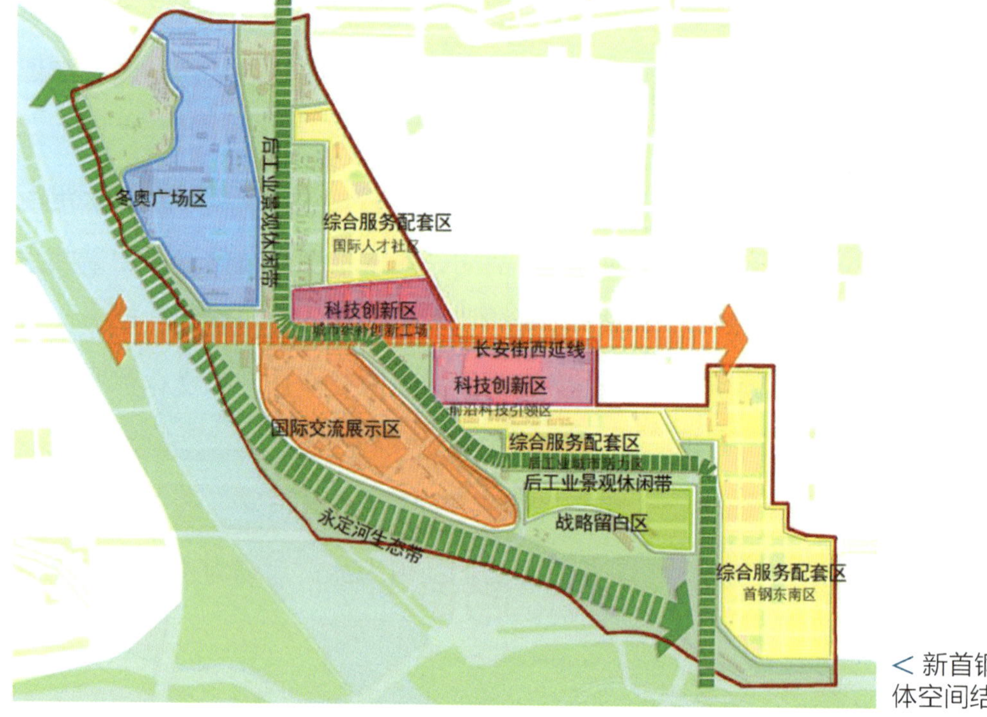

< 新首钢地区整体空间结构图

设施，服务保障冬奥，承接“体育 +”产业，将成为展现工业之美、冬奥之美的国家体育产业示范区；科技创新区对大尺度厂房进行修补，引入数字智能、高精尖科技等前沿机构和科技服务配套功能；国际交流展示区借冬奥的国际化平台，积极引入国际高端体育、文化创意产业要素，发展数字创意、数字传媒、创意展演等产业，承载国际化文化展览、科技交流活动；综合服务配套区服务国际人才、科技创新人才和文化创意人才，营造类国际化的生活环境和创意创新氛围，形成工作、交流、生活一体的功能复合街区和后工业特色的“未来消费”街区；战略留白区为远期发展预留空间。

（三）王府井商业街规划

王府井商业街是指王府井大街中的长安街至灯市口段，全长 1172 米，通过北延、西进、东扩，丰富商业服务内容、改善历史环境、提高文化品位等一系列举措，奠定了“金十字”的商业街区构架。王府井商业街区以王府井大街为核心，东起东单北大街，西至南河沿大街、北河沿大街，南起东长安街，北至五四大街、东四西大街，面积 1.65 平方千米。

规划以“塑造独具人文魅力的国际一流步行商业街区”为目标，以“文化、人本、更新、传承”为主题，整合产业规划、交通规划、城市设计、景观园林、公共艺术等各项工作，探索商业街区更新与治理规划的编制方法和实施路径。

在规划引领下，城市设计、业态优化和交通治理举措协同发挥作用，使得王府井商业街区在营造高品质空间的同时实现了功能提升。

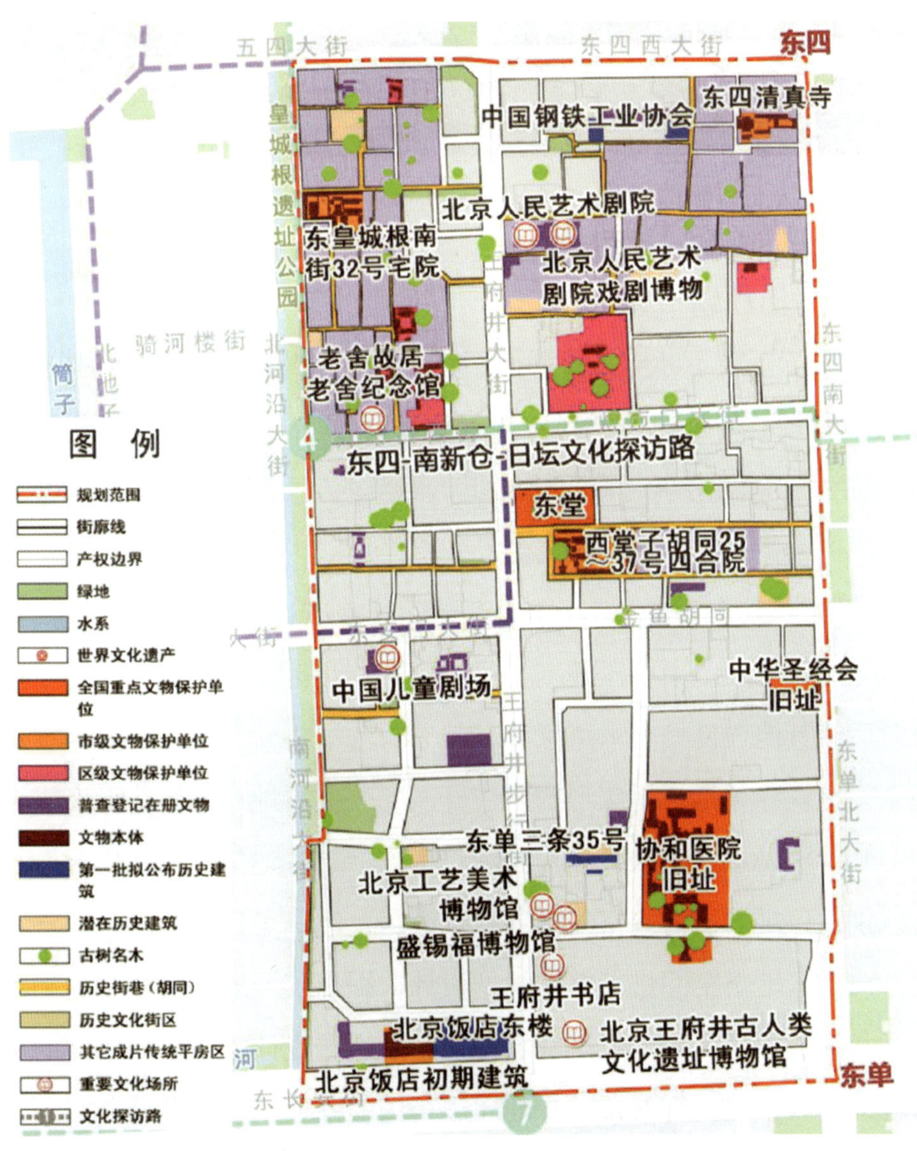

∧ 王府井商业街区内的历史文化资源及重要文化场所分布情况

∧ 金融街

（四）金融街规划

伴随着改革开放不断深入，我国经济总量增速明显，产业结构加速调整，对金融资产管理的需求日益凸显，国家金融管理中心的建设势在必行，“金融街”应运而生。金融街东起太平桥大街，西至西二环路，南起复兴门内大街，北至阜成门内大街，总占地面积约 1.2 千米。

金融街的规划宗旨是塑造一个具有国际化水准且 24 小时充满生机和活力的商务功能区。因此，中心区控规提出若干设计策略，促成了街区向目标发展，也对后续其他项目具有示范意义。

规划将地块绿化指标汇集形成集中开阔的公共绿地，以流线形态贯穿中心区并向两侧渗透，塑造宜人环境与景观；确立标志性建筑，以强化金融功能区形象与识别性；规划更为丰富的商业娱乐设施，以满足日夜不息生机勃勃的活动需要；对街区地下空间进行整体规划设计，提出统一地坪的要求以确保后期相互贯通和高效利用；提出建筑底层注重开放通透设计，以形成良好的街道体验和温馨的街区氛围；针对公共绿地周边布局的商业设施规划外摆空间，以优化消费和娱乐环境。

（五）丽泽金融商务区规划

丽泽金融商务区西至西三环南路，东至京九铁路，北至丽源路、红莲南路、孟家桥北街，南至丰台站东街，总规划范围约为 584 公顷，其中核心区总面积约 272 公顷，是新兴金融产业的核心承载区，是城市精细化管理的焦点地区。

∧ 丽泽商圈

丽泽金融商务区是支撑首都现代服务业发展的重要功能区和现代化大都市高品质建设的典范地区。通过构建“一心、三带、多点”的整体空间结构，统领地区发展，2025 年完成中期建设，城市航站楼投入使用，金融龙头机构企业入驻，品牌效应建立；2030 年全面建成，产业能级持续扩大，实现优势引领，成为产城融合、宜业宜居的示范城区；2035 年成为首都发展新的增长极，全球创新金融高地，历史文化与自然生态永续利用、与现代化建设交相辉映的

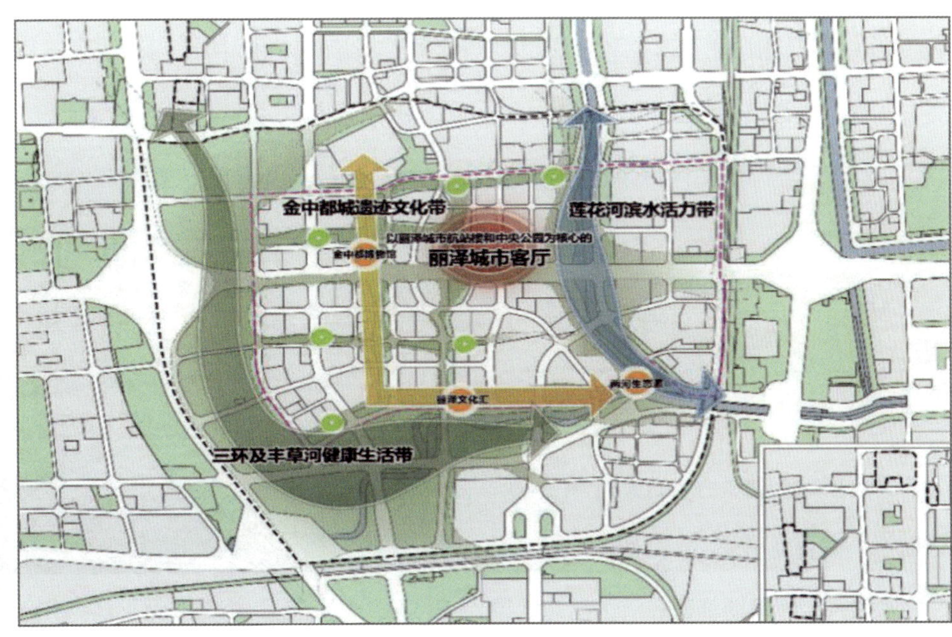

> 北京丽泽金融商务区规划综合实施方案

新金融中心。

高质量建设丽泽金融商务区是深入实施总体规划和分区规划，承接首都功能核心区功能疏解、带动城市南北均衡发展，促进京津冀协同发展，打造首都发展新的增长极的重要任务。

（六）北京大兴国际机场及临空经济区规划

北京大兴国际机场规划

北京大兴国际机场航站楼以旅客为中心，整个航站楼有 79 个登机口，旅客从航站楼中心步行到达任何一个登机口，所需时间不超过 8 分钟。

北京大兴国际机场是首都的重大标志性工程，是国家发展一个新的动力源。2009 年机场选址落位于大兴区南端，2014 年正式开工建设，2019 年建成投运。北京市重点围绕机场外围配套工程，从交通集散、市政供给、回迁安置等方面做好规划支撑保障工作，实现机场内部与外部城市功能的有机衔接。

临空经济区规划

北京大兴国际机场临空经济区总面积约 50 平方千米，位于机场东北侧的礼贤镇与西侧的榆垡镇。规划立足于保障北京大兴国际机场建设运营及实现临

∧ 北京大兴国际机场临空经济区鸟瞰效果

空经济区“国际交往中心功能承载区、国家航空科技创新引领区、京津冀协同发展示范区”的战略定位，遵循临空发展规律，科学配置各类资源要素，紧密围绕对接中心城区功能疏解，着力提升首都国际交往中心功能，辐射带动周边地区转型升级，实现地区高质量发展。

六、绿化隔离地区规划

绿化隔离地区规划包括第一道和第二道绿化隔离地区，总面积约 1220 平方千米，是构建平原地区生态安全格局、防控首都安全隐患、遏制城市“摊大饼式”发展的重点地区，同时也是全市人口规模调控、非首都功能疏解、产业疏解转型和环境污染治理的集中发力地区。

按照 2035 年实现“一绿建成、全面实现城市化，二绿建好、加快城乡一体化”的总体目标，绿化隔离地区疏解与整治并举，全面实现绿化隔离地区减量提质增绿和集体产业、基础设施、民生保障、社会管理的城乡一体化发展。

（一）第一道绿化隔离地区规划

环首都功能核心区的第一道绿化隔离地区，既是遏制中心城区“摊大饼式”发展、实现首都“分散集团式”布局的重点区，也是疏解非首都功能、承载首都功能的主阵地，承担着 2035 年全面实现城市化的历史重任。

规划范围涉及朝阳、海淀、丰台、石景山、大兴、昌平六个区，近 30 个乡镇。规划主要内容为植树造林、农民搬迁、土地征用、旧村改造和新村建设、商品房开发、基础设施建设、公共服务配套设施完善等，并按照中心城区标准统一建设；规划重点发展服务城市功能的休闲产业、绿色产业。到 2035 年规划绿地全部实现，绿色开敞空间占比提高到 50% 左右，已建及在建公园绿地养护全部实现与城市园林绿化同等标准。

（二）第二道绿化隔离地区规划

第二道绿化隔离地区是指控制中心城区向外蔓延及防止新城间连片发展的

绿化隔离地区，是构建平原地区生态安全格局、防控首都安全隐患、遏制城市“摊大饼式”发展的重点地区，同时也是全市人口规模调控、非首都功能疏解、产业疏解转型和环境污染治理的集中发力地区。

规划确定第二道绿化隔离地区的范围是指第一道绿化隔离地区和市区边缘集团外界至规划六环路外侧 1000 米绿化带之间的区域，总用地面积约 910 平方千米。规划加大生态建设投入力度，完善绿地实施和养护机制，重在提升环境品质，发展城乡结合、城绿结合的惠农产业、特色产业；加强与集中建设区的统筹规划、建设和管理，重点提高垃圾、污水处理率和清洁能源利用比例。实

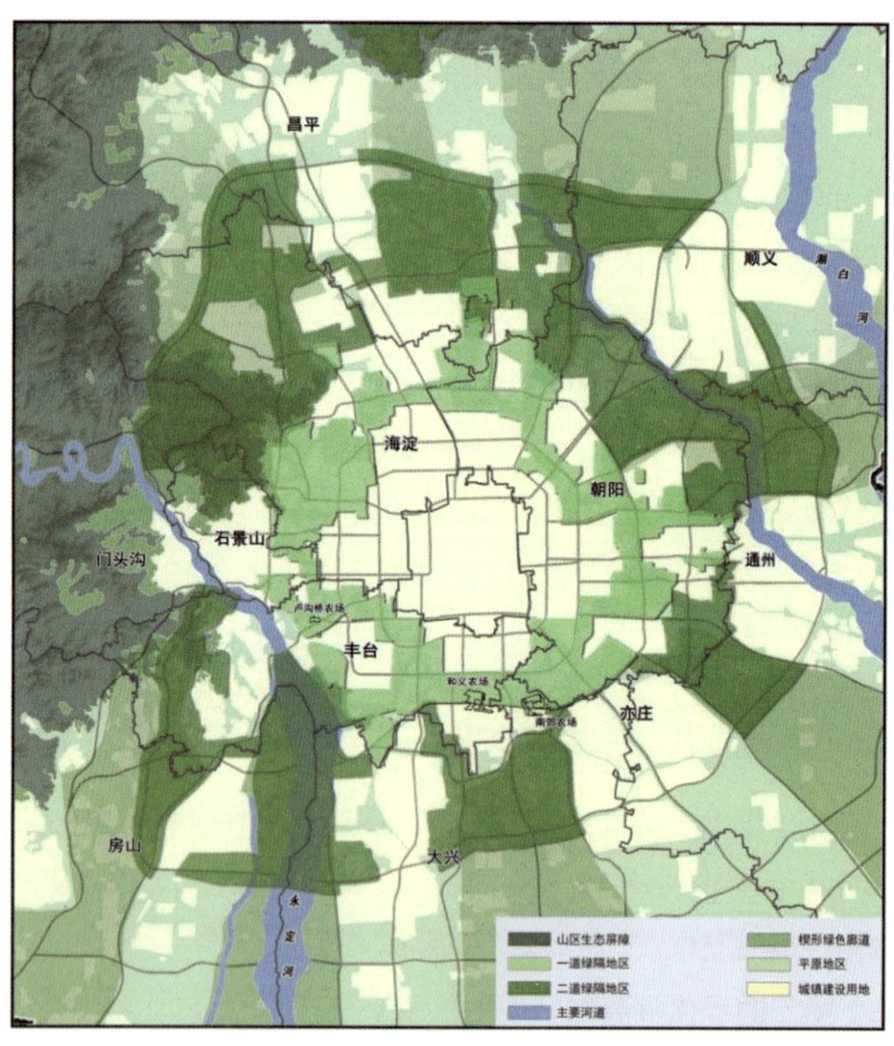

∧ 绿隔地区规划范围示意图（2021 年）

∧ 南海子郊野公园（王静 摄）

现“双控增绿”，2035 年实现 80 万 ~ 90 万的人口疏解；城乡建设用地较现状减量约 90~100 平方千米。同时，大幅提高第二道绿化隔离地区绿色空间比重，大力推进郊野公园建设，形成以郊野公园和生态农业用地为主体的环状绿化带，加强九条楔形绿色廊道植树造林，到 2035 年绿色开敞空间占比提高到 70% 左右。

做好绿化隔离地区的建设工作对深化落实城市总体规划、推进首都生态文明建设、维护社会和谐具有重要意义，绿隔建设任重道远。

七、密云水库上游地区空间保护规划

密云水库位于市域北部燕山群山丘陵之中，是云蒙山环绕的一颗“燕山明珠”。建成 60 年以来，始终作为华北地区的重要水源地，对支撑首都工农业生产和人民生活发挥着重要作用，同时也是国家和首都安全的重要保障。水库上游地区生态空间占比 97% 以上，河流广泛发育，自然生态资源丰富，人文要素荟萃。

（一）规划目标

到 2035 年，密云水库上游地区生态系统格局健康稳定，水源涵养能力持续提升，水源安全坚实可靠；经济社会发展与生态保护协同并进，因水而美、依水而兴的村镇建设取得显著成效，形成与生态优先、绿色发展要求相适应的空间保护总体格局。

（二）空间保护总体格局

构建“1+2+2+179”的空间保护总体格局。

1	水库上游地区的生态安全格局本底，重点落实国土空间规划全域管控要求，推动山水林田湖草生态要素系统治理，构筑水源涵养坚固生态屏障。
2	水库的一、二级保护区，坚持因地制宜和以人民为中心，统筹推进水源保护区内村镇绿色可持续发展。
2	以潮河、白河为重点，统筹干流与支流、河岸与水域空间，加强污染防控，确保入库断面水质达标。
179	水库上游地区的179个小流域，是水源涵养的基本治理单元，实现人与自然和谐共生、镇村绿色发展活力不断提升的统筹发展目标。

∧“1+2+2+179”空间保护格局

（三）规划策略

生态保水：提升全域水源涵养能力

强化国土空间全域管控，严格落实“两线三区”全域国土空间管控要求；逐步实现城乡建设用地和建筑规模减量，保持稳定的人口数量，形成与资源环境承载能力和水源涵养要求相适应的适宜发展规模；划定并严格保护自然保护地，实施矿山修复，加强白河、喇叭沟、云蒙山等重要生物多样性源地保护，提升湿地保护小区功能，加强水质指示性生物监测，恢复湿地植物生态缓冲带，持续稳固自然生态系统完整性；划定六类水源涵养治理优化区，明确治理

∧ 密云水库上游的古北水镇（徐庆群 摄）

范围和任务；聚焦潮河、白河两大水系的重点区域，逐步推进种植业农药化肥减量，完善污水收集处理设施和垃圾清运及处理处置。

绿色发展：续写两山理论实践新篇章

聚焦与流域生态价值、特色农业资源、水源保护要求相契合的绿色农业方向，促进科技赋能和结构调整；优先挖潜利用存量用地资源，实现生态旅游精品化、特色化、品牌化发展，整体构建“6 板块 +4 轴带 + 多节点”的绿色发展格局。在密云水库上游地区形成一批兼具水源涵养、绿色产业、文化传承特色的美丽乡村示范；优化村庄空间布局，因地制宜探索绿色生态的乡村振兴发展路径；整体形成“两水聚明珠，长城护山色，三道串古今，多点显精华”的碧水文脉共荣格局。坚持共建共享，确保绿色生态产业发展收益能够为水库上游地区居民共享，持续提升库区居民的幸福感和获得感。

（四）实施保障

加强与河北省协同治理，细化完善相关机制，形成全流域统筹管理体制机制；坚持多方参与、多级联动，搭建流域信息共享平台，多维度建立各区、各部门协作治理体系；强化空间治理任务的逐层分解与责任衔接落实，市级层面制定行动计划，区级层面保障重点任务有序推进，乡镇层面重点结合乡镇国土空间规划编制细化落实近期实施任务。

6板块：密云水库东线和西线、天河—琉璃河、满乡原始森林、百里山水画廊和四海—珍珠泉。重点加强板块内资源整合，突出水源涵养特色，构建以多元板块相互支撑的生态富民发展格局。

4轴带：聚焦滦赤路、京加路、密关路—琉辛路、京密路等4条带动轴线，串联水库上游地区主要乡镇中心区和生态农业、山水人文资源，打造地域特色突出、空间序列丰富、休闲体验多元、配套服务完备的生态富民绿色发展带。

多节点：重点持续做优做精白河湾、云蒙山、古北水镇、喇叭沟门原始森林等重要功能节点，形成与水源涵养相契合的生态旅游高品质发展示范。

∧“6 板块 +4 轴带 + 多节点”全域绿色发展格局

第四节　特定领域规划

对生态安全格局、住房、交通、园林等与人民群众生产生活密切相关的领域进行规划，是落实、深化和细化北京城市总体规划的要求。规划以改善民生、增进福祉、提高服务水平为目标，体现了人民至上、以人民为中心的发展思想，使人民群众的获得感、幸福感和安全感不断提升。

一、生态安全格局规划

生态安全格局是实现区域和城市生态安全的空间保障。构建科学合理的生态安全格局，是保障首都生态安全、推动首都生态文明建设和绿色高质量发展的重要空间战略。

规划目标是保护区域战略性生态空间及重要生态资源，打通关键生态廊道，稳固生态功能节点，形成底线鲜明、蓝绿交织、功能融合的生态空间格局。构建超大城市韧性生态系统，切实保障首都生态安全，提升城市生态品质，不断满足居民对高品质生态空间的需求。规划主要内容如下。

（一）格局构建：筑牢首都生态安全屏障

紧扣保障首都生态安全和满足人民多层次生态福祉的目标，落实《总体规划》相关要求，构建水、生物等生态安全格局，依托山水脉络，根据地形地貌等因素构建城区三级通风廊道系统，保护自然资源，保障生态功能。坚持“用生态的办法

通风廊道系统

一级通风廊道：宽度 500 米，五条，引导风速较大、风频较高的西北风进入中心城区。

二级通风廊道：宽度 80 米以上，多条。

三级通风廊道：连接小型生态冷源与建设区。

三级通风廊道与一、二级通风廊道共同形成通风廊道系统。

底线安全格局	是保障生态安全的最基本空间格局，主要包括生态保护红线、永久基本农田、自然保护地、重要河湖湿地、饮用水水源一级保护区等。
一般安全格局	是提升生态系统功能和健康水平的关键空间格局，实行限制开发。
理想安全格局	是维护区域生态系统服务的理想空间格局，可根据具体情况允许有条件开发建设。

∧ 综合生态安全格局构成

解决生态问题”理念，加强植树造林、流域治理、环境整治和废弃裸露地生态修复等，推进水土流失综合防治；建立更加完善的地质环境安全评估体系，加强地质灾害风险防范。系统保护、利用、传承好历史文化遗产，构建历史文化遗产格局，提高景观完整性和连续性；兼顾生态功能和民生福祉，优化公园和绿道等休闲游憩空间格局，完善相关配套设施，为居民提供优质的公园游憩服务，提升健康福祉。以水为脉，以田为纲，以 “绿”为底，形成“一屏、三环、五河、九楔、九田、多廊”的市域生态空间结构，优化国土空间开发保护格局。

（二）系统治理：提升生态系统的质量和功能

以生态安全格局为基底，面向生态系统质量和功能的全面提升，强化“两线三区”全域空间管控，准确把握自然生态系统的整体性、系统性和内在关联性，坚持山水林田湖草沙生命共同体理念，推进自然生态系统整体保护。“点”“线”“面”相结合，多层次推进生态系统修复；通过实施湿地保护修复工程，大幅提升城市绿量，提高土壤有机质含量等方式，多措并举，提升生态系统碳汇能力。科学引导疏解建绿、拆违还绿、留白增绿、见缝插绿，将减量腾退与百万亩造林、公

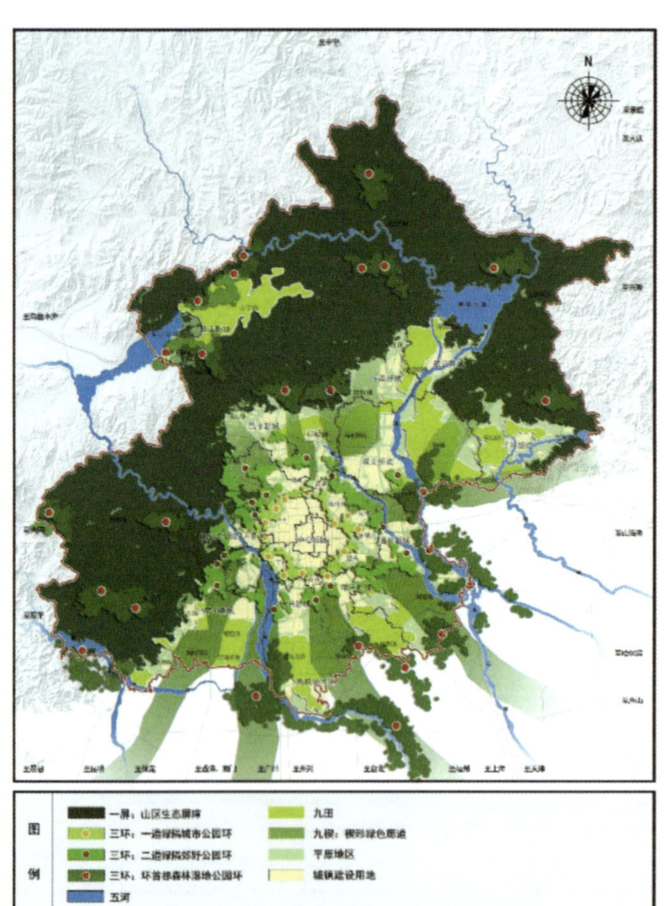

∧ 市域生态空间结构示意图（2016 年）

“点” 聚焦影响生态安全格局的功能节点。

“线” 通过以永定河、潮白河、北运河、拒马河、泃河五条大河为重点的河流水系修复及重要生态廊道的修复，构建生态网络体系。

“面” 强化水源涵养、水土保持、生物多样性维护等重要生态系统服务保障。

∧“点”“线”“面”

园绿地建设等工作精准挂钩，以疏解还绿为抓手，促进市域绿色空间综合整治；引导生态、生产、生活“三生”空间有序布局，将建设用地减量与生态空间格局优化充分衔接，促进自然资源合理有序配置，严守耕地保护红线，挖潜耕地后备资源，优化耕地保护空间，以全域土地综合整治为平台，优化乡镇地区生态空间格局。

（三）空间管控：建立分级分类生态管控体系

以山水林田湖草沙生命共同体为基本理念，以要素融合和格局调控为抓手，以功能提升为目标，将全市生态安全格局划分为一、二、三级管控区，分别与底线、一般和理想安全格局相对应，制定分级差异化管制政策；按照市域三级管控区相关要求，面向城镇开发边界内用地和城镇开发边界外复合生境单元，在时空两个维度上，针对水、林、田、生物、地质、文化等不同类别要素，通过宏观准入政策、中观正负清单、微观项目和名录管控，形成面向多维度要素的生态空间分类管控体系，提高生态空间精细化治理水平。

（四）实施保障：推进生态空间格局落实落地

建立区域协调、部门协同、上下联动的生态空间规划实施机制，在统一调查、体制机制、政策体系、规划传导、资金保障、科技支撑、评估监督等各方面加强实施保障体系建设，强化从规划编制、规划实施到评估监督的全过程闭环管理，有效推进生态安全格局落实落地。

二、住房及公共服务设施规划

（一）住房规划

住房承载着城乡居住功能，满足家庭或个人日常生活起居需求，与人民生活息息相关。住房规划的主要内容是建立健全租购并举、市场供应与政府保障相结合的住房类型体系。对全市住房发展总规模、不同类型住房的构成比例形成基本判断，并在摸清存量住房资源的基础上明确新增住房供应任务。

住房规划以促进职住平衡为原则，统筹协调新增住房用地供应、存量更新改造重点与就业中心、大容量公共交通、公共服务配套设施等要素布局关系。到 2035 年规划城乡居住用地约 1100 平方千米，其中城镇居住用地约 600 平方千米，位于农村集体土地上的居住用地（含宅基地）约 500 平方千米。居住用地优先在轨道车站、大容量公共交通廊道节点周边布局。同步组团式实施周边区域商业和公共服务设施项目，形成一批职住平衡、生态宜居、交通便利的多功能社区。

加大租赁型住房供给，大力筹集建设各类租赁型住房，提高公共租赁住房备案家庭保障率；鼓励存量低效商业、办公、厂房等建筑改造为租赁型职工集

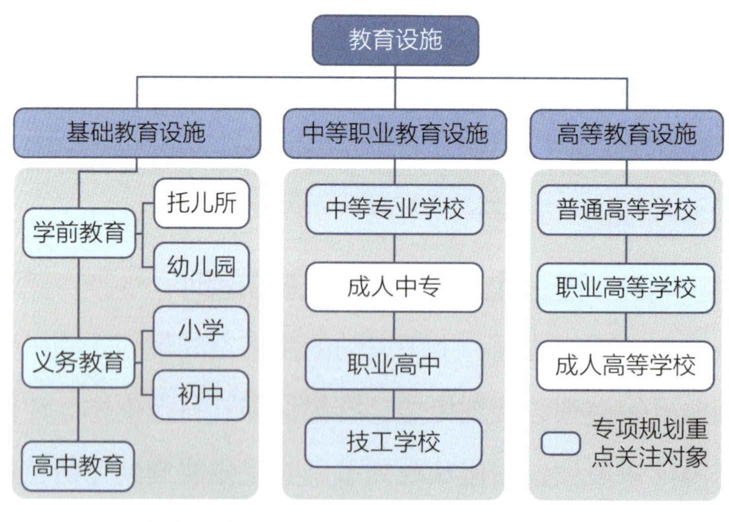

∧ 教育设施分类示意图

体宿舍或公寓；加快高层次人才公租房和国际人才公寓建设。优化政策性住房供给，持续推进共有产权住房建设，精准对接自住型需求。合理增加普通商品住房供给，以市场化为主导，满足多层次、多样化居住需求。

（二）教育设施规划

教育设施是城市重要的公共服务设施，规划主要目的是优化教育资源配置、引导教育设施布局、合理安排各类教育设施用地、完善各类学校建设标准及要求，为提高整体教育品质提供空间方面的保障。

基础教育设施规划

重点关注“上学难”问题。合理安排学校的空间布局和配置规模。未来五年，计划年累计增加幼儿园学位 23 万个，新建、改扩建中小学规模 150 所，完成后新增中小学学位 16 万个。到 2025 年，义务教育就近入学比例要超过 99%。

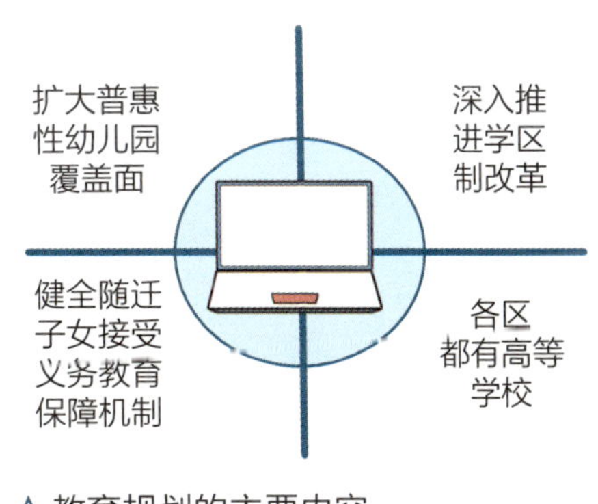

∧ 教育规划的主要内容

同时关注“上好学”问题。促进中心城区教育资源均衡配置；加强北京城市副中心教育配套保障，促进区域教育质量整体提升；提升平原新城地区教育承载力。计划在城市副中心、三城一区、大兴国际机场临空经济区等重点功能区和人才聚集区建设约 17 所优质中小学。建成后提供优质中小学学位 5 万个。

中等职业教育规划

对不同类型的职业学校提出了不同的发展方向和模式，鼓励职业教育适应城市的需求、发展城市急需的专业（如养老、卫生、电子科技等专业）。推进职业教育“高质量、有特色、国际化”发展。

高等教育规划

合理安排高校用地，做到“区区有高校”。同时以内涵式发展、提高办学质量为目标，鼓励高等学校与企业、科研院所共建基础研究和前沿技术研究基地。建设世界一流高校，培养拔尖创新人才。

（三）医疗卫生设施规划

医疗卫生设施规划按照每千常住人口 1.5 张床位为社会办医疗卫生机构预留规划空间。北京市每个街道（乡镇）设一所社区卫生服务中心，人口超过 10 万的街道（乡镇），每增加 5 万 ~10 万人口，增设一所社区卫生服务中心；按照每两个社区配备一个站点的原则，参考人口、交通等因素设置社区卫生服务站；农村地区按照“一村一室（站）”原则，补齐村级卫生服务机构短板，做到“应设尽设”，基层医疗卫生机构 15 分钟步行可达基本全覆盖。

规划严格控增量疏存量，分级分类分区统筹规划全市医疗卫生资源配置；持续推进分级诊疗，提升基层卫生机构服务能力；优化调整医疗卫生体系结构，补齐资源短板；落实首都国际科创中心功能定位，提升科研创新能力；以“新基建”为抓手，加快科技创新应用，推进“智慧医疗”和“互联网 +”健康医疗；突出医防并重，健全首都公共卫生应急管理体系；纵深推进京津冀医疗卫生协同发展；提升国际医疗服务能力；强化医疗卫生机构安全防护设施规划建设。

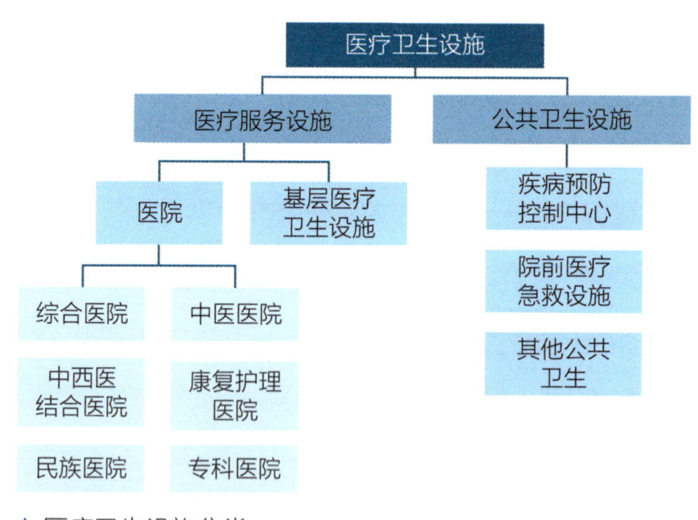

∧ 医疗卫生设施分类

（四）养老服务设施规划

养老服务设施是指为老年人提供居住、生活照料、医疗保健、文化娱乐等方面专项或综合服务的建筑通称。

目前，北京市养老政策是“9064”，即 90% 居家养老，6% 社区养老，4% 机构养老。

养老服务设施规划以老年人群体实际需求为导向，在充分分析养老服务设施现状情况、判断设施需求趋势的基础上，明确规划目标、设施建设标准和配置规模等要求，从增强养老服务有效供给、推动养老服务高质量发展、提供覆盖老年人全生命周期的服务资源等方面对各类养老服务设施提出相关的规划策略及实施建议，优化养老服务设施的空间布局，明确各区养老服务设施引导要求。规划主要管控指标包括千人养老机构床位数等。

预计到 2035 年，北京全市养老床位总数将达到 21.6 万张，千人养老床位数达 9.5 张；建成并运营街乡镇养老照料中心 380 个，社区养老服务驿站总量不少于 1600 个。全面建立街乡镇养老服务联合体和市区养老服务联动支援机制，失能失智老年人 90% 以上可获得优质高效的长期照护服务，老年人可享受便捷可及、品质较高的养老服务。

社区养老和养老社区的区别

社区养老，是指老人住在家庭里，在继续得到家人照顾的同时，由社区承担养老工作或托老服务，如社区办老年饭桌、送餐上门、家庭病床、料理家务和“急救铃”等。

养老社区，也称为持续照护型养老社区。能同时接纳活力老人、自理老人、半自理老人、护理 / 康复型老人及认知症（阿尔茨海默病）老人。为老人们提供从日常清洁、每日餐食、代配药到安宁照护（临终关怀）、身后服务等一站式服务。

（五）其他公共服务设施规划

其他公共服务设施包括公共文化服务设施、体育设施、商业服务设施、物流设施、殡葬设施。规划主要内容如下表。

表 5-2　其他公共服务设施规划主要内容

规划类别	规划主要内容
公共文化服务设施	优化现行公共文化设施服务体系，调整各级设施定位及作用，与实际文化活动相匹配；均衡大中型公共文化设施布局，在市、区、街道办事处、社区四级公共文化服务设施的基础上补充地区综合性文化服务中心；加强基层文化设施建设和服务品质；确定各级设施的建设标准。 到 2035 年，北京人均公共文化服务设施建筑面积将增至 0.45 平方米，公共文化服务设施网络在全面实现“一刻钟文化服务圈”基础上，更好实现全地域覆盖。
体育设施	城市级：以“两群”为主要配置内容。在奥体中心区、工体、五棵松、首钢、城市副中心绿心、延庆冬奥赛区打造六大竞演场地场馆群。四大竞训场地场馆群：分别为龙潭湖、白石桥、老山综合竞训场馆群，并在城市南部地区或其他地区新选址建设一处“三大球”青训基地。 区级：包括体育中心、大型全民健身中心和大型体育公园。总用地面积可按 3~20 公顷配置。 街区级：主要服务于 3 千米健身圈，包括中型全民健身中心和中型体育公园。 社区级：主要服务于 1 千米健身圈，包括小型全民健身中心和小型体育公园。
商业服务设施	对广域级、区域级、地区级和社区级四级商业中心，提出优化完善建议；针对农产品批发市场、城市运行保障基础设施和一般性商品交易市场，提出空间布局的引导优化建议。同时，针对核心区、中心城区、城市副中心、多点平原地区、生态涵养区、“三城一区”及其他产业区提出不同的分区引导策略。
物流设施	从城乡规划建设角度对物流类型进行合理界定；在城市空间地域范围内，对不同物流类型、业态和层级进行界定和总结，从城市物流需求角度进行物流分类，总结各种物流类型的运作模式与城市物流节点布局的协同关系；架构适合不同规模等级及空间结构的城市物流组织体系；物流需求预测分析及物流设施空间布局；确定北京市重点物流设施的空间布局和规模大小，提出相关原则性要求，指导重点物流设施布局规划；实施路径和政策机制研究；提出促进物流设施建设实施的对策建议，明确政府职能。

续表

规划类别	规划主要内容
殡葬设施	严格控制殡葬设施数量及占地规模，至 2035 年，全市各类殡葬设施占地总规模原则上不再增加；推进殡葬设施用地管理规范化；统筹平衡区域资源，打破城乡界线，补齐局部供给短板，构建覆盖城乡的殡葬设施体系；突出公益导向，确保人人享有公益性基本殡葬服务；殡葬设施选址统筹考虑多方面因素，合理确定用地位置与服务范围；推进散坟迁移，全面推行火葬；尊重民族习俗，保障多元服务需求；细化分解全市殡葬设施建设任务，明确分区域统筹引导要求。

∧ 公共文化服务设施：北京宣南文化博物馆

∧ 商业服务设施：西单商业街

∧ 体育设施：国家体育场

∧ 物流设施：小区里的快递柜（尹慎广 摄）

三、城市交通规划

城市交通规划就是以最小的资源消耗为目标安排交通工具和线路，高效服务城市内人和货物移动。现代城市交通规划是集成步行、自行车、机动车、轨道等各种交通方式的综合交通体系规划，并与城市用地功能相协调，是国土空间规划的重要组成部分，是指导城市综合交通发展的总体规划，侧重于城市交通系统发展方向、政策的制定及重大交通基础设施的布局。

到 2035 年，基本建成综合、绿色、安全、智能的立体化现代化城市交通系统，打造一流设施、一流技术、一流管理、一流服务，建设人民满意、保障有力的首善交通。

（一）城市对外交通规划

城市对外交通规划主要为人和货物去往其他城市或区域提供交通设施和工具。围绕实现客运“立体换乘”、货运“无缝衔接”目标，构建多层级一体化综合交通枢纽体系和综合运输服务系统，推动各种运输方式功能融合、标准协同、运营规范、衔接便捷、信息智能、服务高效，不断提升综合交通运输服务一体化发展水平。机场规划需要合理确定机场分类、功能、布局和用地规模。特大城市根据乘坐飞机的乘客数量一般可设置 2~3 处机场。北京规划提升航空“双枢纽”国际竞争力，强化京津冀机场群分工协同，优化航线网络布局，形

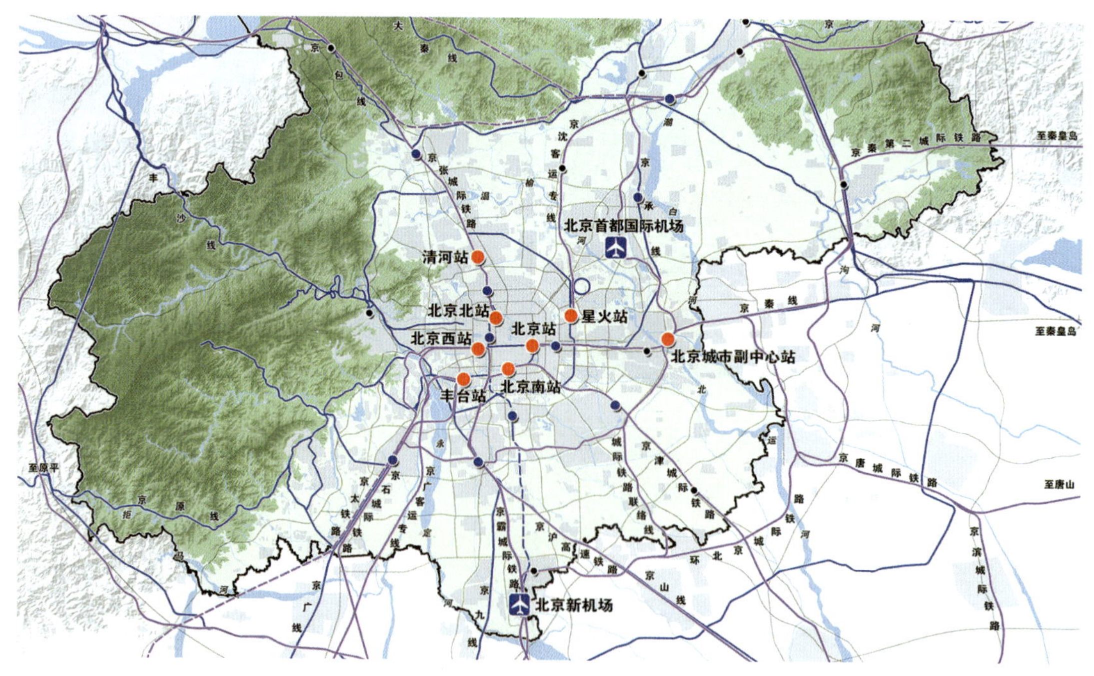

∧“新总规”中的市域客运枢纽体系规划图（局部）（2016 年）

成分工合作、优势互补、协同发展的世界级机场群，提升在全球资源配置中的枢纽地位。铁路规划需合理确定铁路线路、站场布局和用地规模。以服务首都对外始发终到客流为主，兼顾少量通过客流，规划形成由北京、北京南、北京西、北京北、丰台、清河、星火、城市副中心（站名待定）等 8 大车站构成的客站格局，按分方向把口原则合理分工。目前北京市也在积极研究利用既有及规划铁路资源开行市郊列车，主要服务中心城区、副中心与半径 50~70 千米的新城、城镇组团和跨界地区的快速通勤联系及旅游带动。城市对外交通规划中涉及的公路规划主要应根据国家和省域公路网规划、城市布局、公路客货运输要求，合理确定公路功能等级、站场布局和用地规模。规划加快推进大兴南兆和房山阎村两个公路客运枢纽建设。

（二）城市公共交通规划

城市公共交通规划的目的是实现城市公共交通资源的优化配置，提升城市公共交通服务能力和服务水平，最大程度保障公众基本出行需求。按照规划对象可分为城市轨道交通规划、地面公交规划等。

> 通过积极发展轨道解决特大城市交通问题已成为社会共识，北京自 1971 年开通首条地铁线路以来，经过 50 年的发展，轨道交通（含市郊铁路）总里程达 1092 千米。未来将继续加强轨道交通建设，围绕轨道交通站点布设多种城市功能并进行高密度用地开发，鼓励更多市民采用轨道交通出行。

城市轨道交通规划

城市轨道交通包括地铁系统、轻轨系统、单轨系统、有轨电车、磁浮系统、自动导向轨道系统、市域快速轨道系统。城市轨道交通规划以高质量网络化运营服务为目标，坚持轨道交通新线建设和既有线改造提升并重，着力完善线网层级，构建由城市轨道交通快线、市域（郊）铁路、城际铁路和干线铁路“四网融合”的快线通勤网络，扩大一小时通勤圈；着力突破技术标准障，提升城市轨道交通与市郊铁路融合度，实现“一套体系、一网运营、一卡通行、

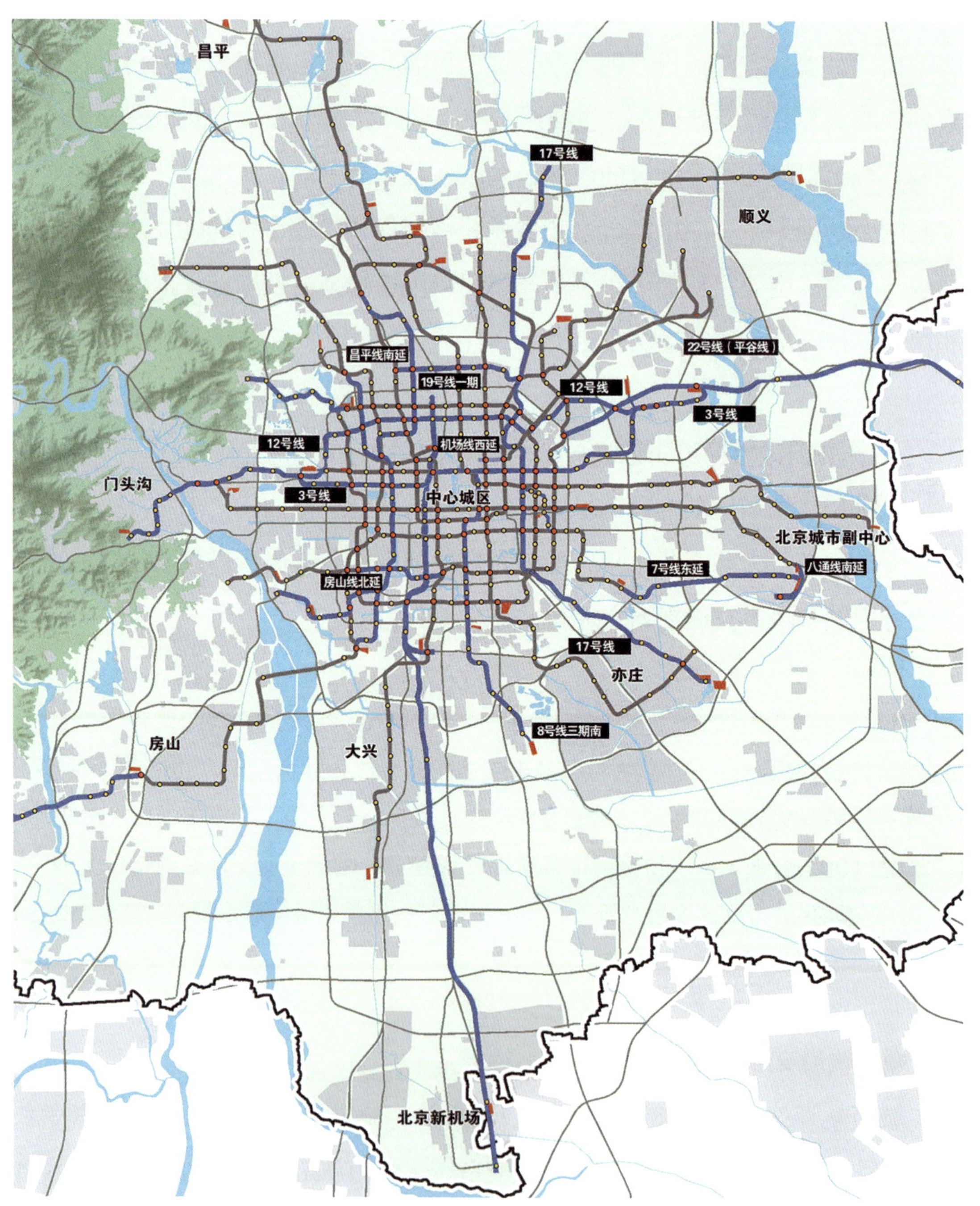

∧“新总规”中的市域轨道交通 2021 年规划示意图

一站安检”；着力突破线网瓶颈，强化网络整体运输效能，推动全网资源共享、高质量网络化运营和降本增效；着力强化轨道线网与城市空间、城市功能、市民出行及由此延伸的增值服务之间的融合，健全“轨道 + 土地”模式，构建“轨道上的都市生活”。

未来将进一步加强轨道引领城市发展，科学配置交通与空间资源，优先将人口、城市功能和建设指标向轨道交通周边合理布局和集聚。

城市地面公交规划

贯彻“慢行优先、公交优先、绿色优先”的交通发展思路，充分运用大数据编制公交线网规划。提出“3+1”线网层级体系（“3”即干线、普线和微循环线，统称常规线路；“1”即定制公交）。持续优化地面公交线网，促进地面公交与轨道交通两网融合（包括功能、线网、站点、运营等方面的融合），形成轨道公交一张网。推动地面公交网络化运营，强化基础能力建设和优先政策保障，提升地面公交服务能力和水平（包括提升公交专用道使用效率、公交场站保障能力、公交网络化调度能力）。构建一干多支副中心公交网络，提供便捷服务（包括提供与中心城区之间快速通勤服务，深化副中心内部地面公交整合，提升线网服务效率，加强与北三县公交联系，提供快速进京服务，加快配

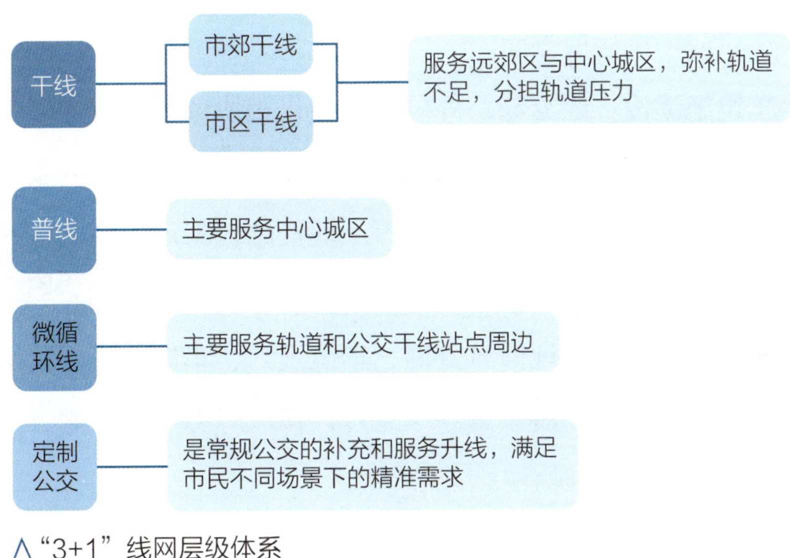

∧“3+1”线网层级体系

套公交专用道、道路和场站建设等)，完善公交政策体制，深入落实公交优先战略，研究建立公交专用道规划、施划、运维和运营管理工作机制，为推动落实公交专用道提供保障。

城市停车规划

停车场是城市基础设施之一，在城市走向现代化、国际化的过程中起着重要的作用。城市停车场位置的选择、车位的排列和数量等，都是根据实际情况来设定的，应事先规划，全面考虑，并着眼未来的发展。规划目标是构建科学合理的静态交通体系。规划要求有以下几点。

缓解居住停车压力：建立完善停车设施与需求登记制度，摸清供需底账，“十四五”末实现中心城区和新城停车设施信息报送工作 100% 覆盖。引导社会停车资源向周边居民提供居住停车服务，拓展共享停车资源，力争“十四五”末共享停车泊位达到 10 万个。

调控出行停车需求：健全路外停车设施供给与使用管理制度；实行车位总量控制，建立年度评估机制，定期对既有道路车位进行调整，“十四五”末道路停车位总量控制在 10 万个以内；加强驻车换乘停车场建设。

营造良好停车环境：加强违法停车的执法力度，实现日、夜间停车执法全覆盖，进一步压缩“免费”停车空间。推动道路停车电子收费视频设备赋能，提高违法停车非现场执法覆盖面。

推动停车设施建设：建立与路外停车市场化相协调的、更为精细的道路停车收费制度；鼓励利用地下空间分层规划停车设施；梳理辖区内零散用地、闲置土地、储备用地、边角地、拆违腾退等土地资源，制定年度供地计划并滚动更新；引导社会资本参与停车设施投资建设。

提升停车服务管理：实现信息查询、车位预约、车位共享、车位导航、电子支付等服务功能集成，开展智慧停车监管，构建静态交通监测评价体系，识别违停高频路段，实现精准执法。

∧王府井步行街

步行和自行车交通规划

步行和自行车交通规划是通过提供道路资源及美化周边环境，鼓励市民多走路和骑车出行而编制的规划。构建广泛覆盖、连续安全、环境友好、彰显文化的步行和自行车网络体系，充分发挥慢行交通在中短距离出行和公共交通“最后一公里”接驳中的重要作用。

规划目标是：构建连续安全的步行和自行车网络体系，保障步行和自行车路权，开展人性化、精细化道路空间和交通设计，创造不用开车也可以便利生活的绿色交通环境。积极鼓励、引导、规范共享自行车健康有序发展，充分发挥其在市民公共交通接驳换乘及短距离出行中的作用，制定共享自行车系统技术规范和停放区设置导则，结合轨道交通车站、大型客流集散点等地区优化落实共享自行车停放区设置，持续改善慢行空间品质，提升步行和自行车出行吸引力，使慢行交通成为市民健康生活的一部分。引导慢行特色生活方式，打造慢行文化氛围，改善设施与服务，促进无障碍化出行。到 2035 年城市绿色出行比例不低于 80%；自行车出行比例不低于 12.6%。

（三）其他城市交通规划

其他城市交通规划包括综合交通体系、城市货运交通、城市道路网、交通枢纽、城市公共加油加气站及充换电站、智慧交通。具体规划内容如下。

表 5-3　其他城市交通规划主要内容

规划类别	规划主要内容
综合交通体系	城市综合交通体系规划以交通调查为依据，评估城市交通现状及存在问题，根据城市发展目标和土地利用规划，借助交通模型分析手段，预测未来交通量，通过政策制定及设施供给满足人和物的移动需求和交通工具停放需求。
城市货运交通	规划城市货运车辆行驶路线网络及其层次等级，统筹中转换装枢纽、货运配送站点及停靠设施布局，制定通行管制和其他交通管理措施等。
城市道路网	需确定城市骨架道路系统布局及线位、道路等级、建设控制标准、道路红线、交叉口形式与控制范围；确定支路控制规模，设置标准、走向、控制要求；确定红线控制范围，提出初步规划方案及跨线桥位置与用地控制范围；主要道路横断面推荐方案；确定交通设施布设位置、标准与控制要求。“十四五”期间，北京将提高路网密度，畅通道路微循环。加快实施跨区道路工程，推进拥堵节点改造，推广实施路口秩序化改造，减少道路隔离护栏，规范设置标识标线。
交通枢纽	规划对象包括客运和货运枢纽。提出城市各类客货交通枢纽规划建设和布局原则，确定各类交通枢纽的总体规划布局、功能等级、用地规模和衔接要求。
城市公共加油加气站及充换电站	根据城市车辆能源供给需求，安排设施的规模和布局，并做好规划用地控制及周边道路交通的衔接。
智慧交通	融入了物联网、云计算、大数据、移动互联网、人工智能等新技术。规划内容包括智慧交通体系的构建、标准融合；构建交通基础设施网、运输服务网、能源网与信息网融合发展的网络基础设施；预判现在和未来智慧交通工具的发展形态和交通应用的各类场景等。“十四五”期间，北京将持续推进信号灯统一管理、联网升级改造和信号配时优化，实现全市有建设需要的路口智能信号灯覆盖率达到 100%，城市重要功能区域系统联网控制率达到 95% 以上。

四、市政基础设施规划

居民生活所需用到的水、电、气、热、网络，所排放的污水，所丢弃的垃圾，以及雨天积存在城市里的雨水，都需要一套完整的供应、排放、转运、收集、处理系统，这套系统就是市政基础设施。市政基础设施的存在，使人们在城市居住更加便捷、卫生、舒适和安全。市政基础设施规划就是对上述设施在空间上进行科学统筹安排，如对城市电力系统的电源、电网、变电站等设施做出数量、规模、位置等的安排。

（一）水系统规划

水资源规划

水资源规划指统筹水资源的开发、利用、配置、节约、保护与管理，确定水资源可持续利用的目标和方向、任务和重点、模式和步骤、对策和措施，规划水事行为，实现水资源可持续利用，促进经济社会发展和生态环境保护。

水资源规划强化节水，严格控制用水总量，促进生产生活全方位节水，继续推进高耗水企业转型，鼓励再生水替代部分生活、生产用新水。减少过程损耗，适当考虑实际服务人口规模，实现全面节水与安全宜居相统一，2035 年单位地区生产总值水耗在 2015 年基础上下降 40% 以上。加强水源地保护，严格保护“两库一渠”（密云水库、怀柔水库、京密引水渠），涵养地下水，有序实施官厅水库、永定河流域生态修复，到 2035 年恢复官厅水库饮用水源功能。完善水资源调配体系，充分利用北京市现状调蓄工程（包括密云水库、怀柔水库、大宁水库等调蓄水库和团城湖、亦庄调节池等），在全市形成布局合理、安全高效的多级调蓄系统。预留输水廊道，规划预留南

∧ 北京市主要水资源

∧ 密云水库

水北调中线扩能走廊 80 千米，宽度为 40~110 米；南水北调东线进京工程走廊 130 千米，廊道宽度为 40~100 米。

供水规划

供水规划即城市给水系统规划、城市给水工程（专业）规划，是为了经济合理、安全可靠地供给城市居民的生活和生产用水，以及用以保障人民生命财产的消防用水，并满足其对水量、水质和水压的要求，而对城市给水系统发展的规模与布局做出的近远期安排。

规划建立外调水源与本地水源联合调配、安全可靠的多水源供水体系，外

调水优先配置中心城区、城市副中心、大兴新城、亦庄新城、房山新城和门头沟新城，顺义、昌平、平谷、怀柔、密云、延庆等新城优先以本地水作为主要供水水源。规划按照供水能力 1322 万立方米 / 日（中心城区约 686 万立方米 / 日，其他各区约 636 万立方米 / 日）预留供水厂用地 101 处，占地约 843 公顷，后续按照实际需求量安排建设，供水安全系数达到 1.3，实现安全供水全覆盖。

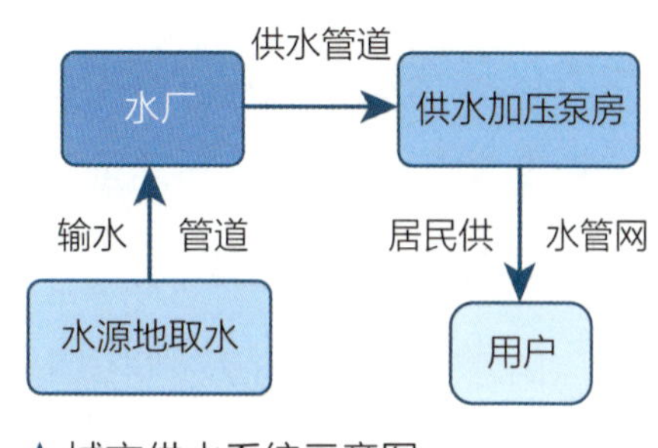

∧ 城市供水系统示意图

污水排除与再生水利用规划

污水排除规划：是对污水收集管道、泵站、污水调蓄池及污水处理厂等收集、输送和处理城镇污水的设施进行的全面统一安排和布局，保护环境免受污染，保证城市生活和生产的正常秩序。

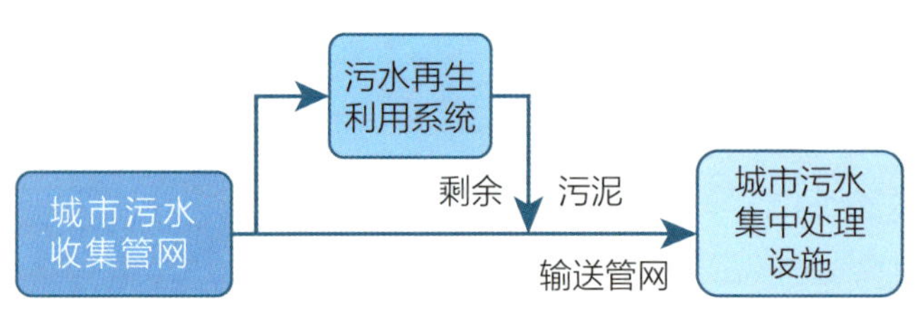

∧ 城市污水排除系统示意图

再生水利用规划：为了缓解水资源紧缺状况，结合城市污水处理厂规模、布局，将城市污水处理后作为生态用水、市政杂用水、工业用水等，并确定城市再生水厂、再生水管网和相关配套设施的规模和布局，满足用户对水质、水量、水压等要求而做出部署和近远期安排。

规划由清河、高安屯、高碑店、槐房、小红门等 22 座再生水厂共同为中心城区提供再生水水源，保留现状第六水厂作为加压泵站使用，改建现状八一湖泵站，新建香泉泵站、田村泵站、首钢泵站，规划预留 21 座局部加压及河湖补水循环泵站用地；城市副中心、新城及乡镇集中建设区规划再生水厂 169 座。进一步完善输水管道系统，形成槐房 – 首钢泵站 – 田村泵站、清河 – 香泉环岛泵站 – 西北热电中心、小红门 – 永定河等七大再生水输水管道系统。

中心城区及城市副中心再生水厂安全系数采用 2.0，新城及乡镇集中建设区采用 1.5，多措并举保障连续高日污水量达标处理。到 2035 年全市城乡污水处理率达到 99% 以上。

农村地区因地制宜采用集中与分散相结合的方式收集处理污水，鼓励采用生态化污水处理方式，基本实现农村污水收集及处理设施全覆盖，污水经处理后根据实际需求进行回用或达标排放，全面改善农村水环境。

雨水排除与防涝规划

雨水排除与防涝规划指根据城市规模、气候条件、降雨特点、下垫面情况等，科学合理设定城市雨水排除与防涝规划的目标、原则及标准，因地制宜地规划雨水排除及防涝工程体系，从源头控制、过程排蓄、末端治理，不同空间层面实现对城市暴雨径流的安全处置，保障城市排水及防涝安全，并兼顾城市近远期发展需要，与城市用地布局、高程竖向、防洪及河湖水系、环境保护、地下空间等规划相统筹协调。

按照世界城市标准定位，建立国际一流的排水防涝体系，逐步提升城市排水防涝能力。到 2035 年，常规降雨（设防标准降雨）条件下不发生内涝灾害；超常规降雨（超标准降雨）条件下不发生严重内涝灾害，对人民生命财产不造成重大影响。

中心城区雨水排除系统共分为清河、坝河、通惠河、凉水河、高井沟流域、温榆河流域、小场沟流域、南沙河及北沙河流域、小清河及小哑叭河流域等 9 个排水流域。规划新建干线雨水管道总长度约 601 千米，对尚未达标的 30 座雨水泵站逐步实施升级改造，新建下凹路段应制定防涝规划方案，并随道路同步实施。

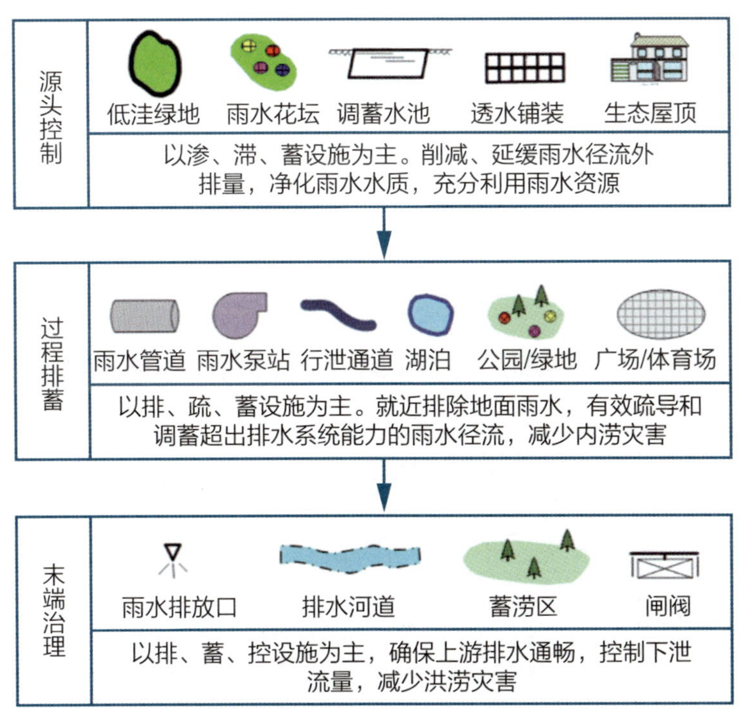

∧ 雨水排除与防涝系统组成示意图（刘子龙 提供）

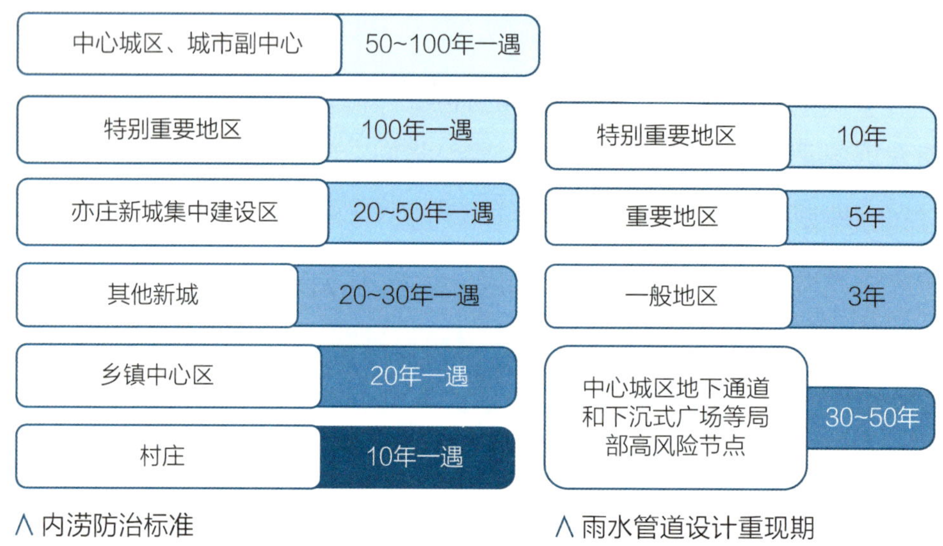

∧ 内涝防治标准　　∧ 雨水管道设计重现期

防洪及河道治理规划

城市防洪规划是为抵御和减轻河洪、海潮、山洪和泥石流对城市的侵害，在水文分析的基础上，具体部署防洪安全布局，以及工程和非工程措施。河道治理规划是根据河道演变规律及现状情况，优化调整河道形态，稳定河势，使之适应防洪、引水、生态、休闲游憩等要求所采取的工程措施安排。

规划主要内容包括防洪标准和防洪体系规划。防洪标准规划中心城区（不含海淀北部地区、丰台河西地区）达到 200 年一遇；海淀北部地区、丰台河西地区达到 50 年一遇；城市副中心达到 100 年一遇；其他新城防洪标准达到 50~100 年一遇；乡镇中心区防洪标准达到 20 年一遇，村庄防洪标准达到 10 年一遇。特别重要设施和其他集中建设区可根据人口、经济规模、重要性等独立确定防洪标准。防洪体系规划以“上蓄、中疏、下排”的总体防洪格局为基础，基于流域自然本底条件，有效蓄滞利用雨洪，采取流域调控、分区防守、洪涝兼治、化灾为利的策略，保障城市防洪安全。

（二）能源规划

能源指能够为人类提供能量的资源，这里的能量通常指热能、电能、光能、机械能、化学能等。城市能源规划指对城市能源生产和消费状况进行调查和分析，预测能源需求，并对能源的开发、生产、转换、分配和使用而进行的统筹安排。

推进节能降耗，控制能源消费总量，大力发展绿色交通体系，严格实施产业禁限目录，深入推进能源系统节能增效等，进一步降低产业能耗强度，力争 2030 年—2035 年全市能源消费总量达到峰值。推动能源供给革命，建立多元供应体系，大力开发本地新能源和可再生能源，积极引进外部清洁优质能源，努力构建以电力和天然气为主，地热能、太阳能和风能等为辅的多元供应体系。多措并举推动新能源和可再生能源发展，一是大力推进分布式光伏发电；二是积极推广热泵供热；三是巩固发展太阳能利用；四是有序推进风能利用；五是加强氢能等新能源创新利用。

供电规划

城市供电系统规划是城市供电主管部门会同有关部门，在城市总体规划指导下，结合当地经济社会发展需求及区域能源、电源条件编制的本行政区供电保障及供电基础设施建设规划，主要解决城市电力负荷及电力平衡，城市供电电源、城市变电站、输配电线路敷设等城市电力基础设施布局。包括电源规划

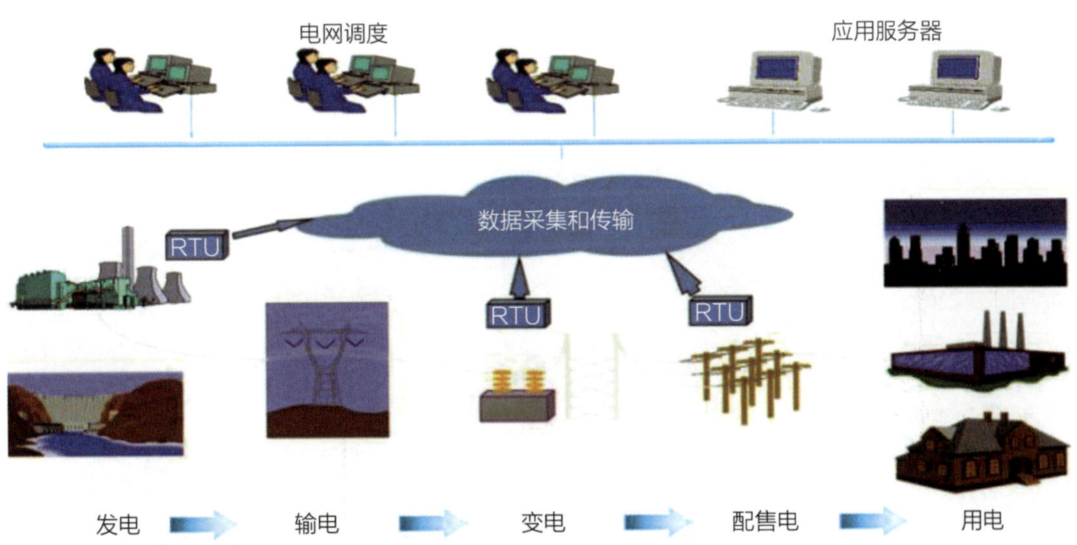

∧ 城市供电系统示意图（席江楠 提供）

注:“RTU”为“远程测控终端”的英文缩写。

和电网规划。

电源规划以外部电源为主、本地电源为补充，积极发展外部电源，同时推进本地可再生能源装机及储能设施建设，加大需求侧管理，实现电力供需平衡。2035 年北京市最大电力负荷约 4000 万千瓦，外受电占比约 65%~70%，基本维持在目前水平。

电网规划建设北京 CBD、通北、丽泽、科学城、亦庄南、海淀山后、未来科学城西等 7 座 500 千伏变电站，到 2035 年全市 500 千伏变电站数量达到 19 座。规划落实张家口 - 门头沟、北京东 - 通北、北京东 - 通州等 6 大外受电通道。到 2035 年北京电网外受电达到 18 个通道，39 回线路，电网总供电能力达到 5450 万千瓦，全市规划 220 千伏变电站 162 座，变电容量 9100 万千伏安，持续完善“分区运行，区内成环，区间联络”的网架结构。到 2035 年规划 110 千伏变电站 669 座，变电容量达到 9900 万千伏安。110 千伏变电站基本实现双电源链式接线方式，偏远乡镇、山区等地区采用 T 接或双辐射的接线方式。

燃气规划

城市燃气指城市居民、工业企业、事业单位等使用的各种气体燃料的总称。燃气规划是对一定时期城市或其一定区域内的燃气供应源、燃气输配和用户设施所做的综合部署和具体安排。包括天然气气源和门站、天然气高压输配系统、天然气调峰应急体系及液化石油气供应体系规划。

天然气气源和门站规划，到 2035 年北京市形成陆上气、海上气及煤制气 3 种气源，供应能力达 260 亿立方米 / 年以上。规划新增密云、平谷、李桥、城南、台湖、城西、北安河、十里堡等 8 座门站，2035 年全市规划天然气门站共计 18 座。天然气高压输配系统规划优化场站布局及管网架构，完善“一个平台 + 三个环路 + 多条联络线”的城镇天然气输配系统，推进西六环中段高压 A 管线的建设，实现六环路输气平台成环，2035 年全市规划高压 A 调压站共计 35 座，高压调压站 90 座。天然气调峰应急体系规划应急储备设施以外部为主，本地为辅，形成多元多级互联互通的应急保障体系。液化石油气供应体

∧ 城市液化天然气储配站示例图（丁国玉 提供）

系规划优化整合液化石油气供应市场，清理整顿不规范的液化石油气站点，结合各区发展需求，规划 9 座液化石油气充装站。

供热规划

城市供热规划以国家和地方法规政策及城市宏观目标为基本依据，针对不同的热负荷特点和城市内不同区域的资源条件，研究提出并区划清洁、绿色、高效、经济、合理的供热方式。

中心城区供热规划新增北小营、北辰等调峰热源，规划热源总能力约 11653 兆瓦，加快建设海淀北部区域热电联产供热系统；精细化发展燃气供热，规划保留现状 54 座集中燃气锅炉房；大力发展可再生能源供热，2035 年，中心城区可再生能源供热面积约 6500 万平方米。城市副中心、乡镇中心区因地制宜推广地热能、太阳能、污水废热、工业余热、垃圾焚烧发电余热等可再生能源供热，优先采用再生水源热泵供热，完善涿州、三河跨区域热电联产供热系统。农村地区因地制宜发展空气源热泵、地源热泵、太阳能、生物质能等可再生能源采暖技术应用，到 2035 年，全市农村基本实现无煤化。

为保证城镇燃气管道运行安全，维修简便，我国将燃气管道按压力级制分为七级，其中家庭使用的一般是低压燃气管道。

表 5–4　城镇燃气管道压力级制表

序号	压力等级	压力值（兆帕）
1	高压燃气管道 A 级	2.5<P ≤ 4.0
2	高压燃气管道 B 级	1.6<P ≤ 2.5
3	次高压燃气管道 A 级	0.8<P ≤ 1.6
4	次高压燃气管道 B 级	0.4<P ≤ 0.8
5	中压燃气管道 A 级	0.2<P ≤ 0.4
6	中压燃气管道 B 级	0.01<P ≤ 0.2
7	低压燃气管道	P<0.01

（三）其他市政基础设施规划

其他市政基础设施包括生活垃圾处理、电信、有线电视、综合管廊、海绵城市、市政工程综合。规划主要内容如下。

表 5–5　其他市政基础设施规划主要内容

规划类别	规划主要内容
生活垃圾处理	规划生活垃圾处理设施 21 座，焚烧和生化处理能力约 3.5 万吨 / 日，垃圾转运站和环卫停车场约 190 处。
电信	加强电信网、互联网和广播电视网“三网融合”，建成宽带、泛在、融合、安全的信息基础设施。推进 5G 基站建设，形成“宏微协同、高低搭配、室内外结合”的基站解决方案。在不同区域按不同标准设置室外宏基站。
有线电视	保留现状有线电视总前端机房 1 座，新增总前端备份机房 2 座。分前端机房中心城区 5 座，城市副中心 2 座，其他各区按人口规模，每个区设置 1~2 座。到 2035 年，全市规划有线电视分前端机房 21 座。
综合管廊	因地制宜构建特色鲜明、层次分明的综合管廊体系，在新开发区、地下空间开发强度大的地区建设综合管廊。到 2035 年，全市综合管廊长度达到 450 千米，有序推进小型管廊和缆线管廊建设。

续表

规划类别	规划主要内容
海绵城市	改造城市道路绿化隔离带、公园绿地，增强对雨水的调蓄和消纳作用，探索雨洪水利用市场化机制。到 2025 年，建成区海绵城市达标面积比例达到 40% 以上。
市政工程综合	可分为市政管网系统布局深化、市政工程三维控制统筹、附属设施精细化管控三部分。 市政管网系统布局深化：根据工程实施的实际情况，对之前各个设计方案集约整合，最终实现管网系统整体的高效、可靠、经济。 市政工程三维控制统筹：在同一空间内，明确各项工程的具体位置和控制高程，合理安排建设的先后顺序，避免冲突浪费。 附属设施精细化设计管控：避免各类箱体、杆线随意在道路空间安家落户，影响行人通行及景观和谐。

∧ 综合管廊（北京城市副中心投资建设集团有限公司 提供）

五、防灾、防疫等规划

（一）综合防灾规划

城市综合防灾规划是为城市建立健全城市防灾体系、开展综合防灾部署所编制的城市规划中的防灾规划和城市综合防灾规划。应贯彻落实“预防为主，防、抗、避、救相结合”的方针，坚持以人为本、尊重生命、保障安全、因地制宜、平灾结合，科学论证及全面评估城市灾害风险，整合协调城市防灾资源，坚守防灾安全底线，统筹防灾战略与任务，综合落实防灾要求，建立健全具备多道防线的城市防灾体系。

综合防灾规划主要包括防灾备灾、灾害预警和应急救灾设施布局三个方面。

防灾备灾规划

又包括完善用地布局、交通生命线和市政生命线三个方面。完善用地布局方面，降低城市灾害发生频率，加强森林植被管理和水环境治理与保护。严格控制中心城区人口规模，逐步发展新城和小城镇，形成城市群形态的引导方向。将中心城范围内按照尺度为 3~4 千米网络划分防灾分区。完善交通生命线方面，进一步完善老、旧、破、损交通设施的检测、维护制度；对已建道路、桥梁等设施的抗震能力进行普查；对抗震设防水准较低和破损严重的道路、桥梁等设施进行抗震加固和改造；建立地震、滑坡、泥石流、

< 应急避难所——明城墙遗址公园（王静 摄）

崩塌等地质灾害危险区域内的重要道路、桥梁等交通设施的监测和风险评估制度。完善市政生命线方面，更新改造老旧管道设施，建立完善的现代化管网管理系统、管网破损监测 / 预警系统，提高抢修效率，最大限度地减少管网损坏对城市运行安全的影响。提高设施能力，增加安全储备。

灾害预警规划

需提出建立面向全社会的预警发布渠道，建立统一的突发事件预警信息发布中心，制定与各类预警相配套的公众行动指导细则。

应急救灾设施布局规划

又包括应急指挥场所系统、应急避难场所系统、应急救援疏散通道系统、市政设施应急保障、救援机构保障等几个方面的规划。应急指挥场所系统规划：利用现有民防指挥场所建设室内指挥所系统。室外指挥场所结合行政体制安排市级、区级两级防灾指挥中心。应急避难场所系统规划：推进地震应急避难场所建设，主要依托公园、绿地、广场、学校操场等设施。应急救援疏散通道系统规划：市域紧急救援疏散主通道、紧急救援疏散备用通道由部分一级公路和高速公路辅路构成。市政设施应急保障规划：在各种重要公共场所、基础设施（如应急指挥中心、政府、医院、水厂、电厂、避难场所等）建设应急供水设施或系统、应急供电设施、广播通信系统，应急垃圾及污水处理设施。救援机构保障规划：应急救灾队伍主要来自军队、消防、警察、志愿者、各专业部门的专业抢险队伍，其中负责日常救援工作的主体是各级消防队站。

（二）防疫规划

城市防疫规划的主要对象为城市防疫设施。规划建立城市疫情风险和应急响应能力评估模型，开展综合评估，叠加后生成全市疫情防控脆弱性地图，识别城市防疫脆弱地区。

分级管控，统筹部门协作和资源调度，划定市 – 区 – 街乡 – 社村四级防疫单元。结合情景模拟预测需求，完善基层设施，优化发热门诊布局，补充生物安全实验室短板，筛选集中隔离观察设施备选，提高预警筛查和监测能力。

构建市级传染病专科医院骨干格局，明确区级定点医院名单和备选方案，统筹在京各类医疗资源，制订平战转换预案，提出方舱医院备选设施，预留市级紧急医疗设施建设备用地。

从物资储供、交通组织、市政保障、应急指挥、智慧引领、完善标准六个方面强化运行系统保障，系统提升城市韧性；按照圈层特点，分解十六个区的任务清单，切实落地各项设施，保障首都安全。

（三）地下空间、人民防空和竖向规划

地下空间规划

城市地下空间指城市地表以下自然形成或人工开发利用的空间。地下空间规划是对一定时期内城市地下空间开发利用的综合部署、具体安排和实施管理。分为总体规划和详细规划。

地下空间总体规划主要内容是提出地下空间开发利用的基本原则和建设方针，确定地下空间的功能、布局和规模，明确地下空间开发利用时序和重点建设区域，为编制地下空间详细规划提供总体指引。地下空间详细规划主要内容是在落实地下空间总体规划的各项要求基础上，进一步确定地下空间各功能设施，协调地下各类功能设施系统的空间关系，明确各类用地的地下空间规定性和引导性管控要求，为地下空间规划管理提供技术依据。

人民防空规划

人民防空规划是国土空间规划的专项规划，是对人民防空各项建设任务的统筹安排，是对人民防空设施建设的规划引导。北京人民防空规划编制体系包括人民防空总体规划与详细规划。

新时期北京人民防空规划编制应统筹发展与安全，落实国家总体安全观，坚持集约高效、开放共享发展理念，围绕“防得严、稳得好、守得住”，完成好“保核心”“保生命”“保潜力”和“保运转”的核心任务，构建与首都安全和现代战争形态相适应，与国家人民防空特级设防城市相匹配，强大、可靠、韧性、完备的首都现代人民防空体系与城市防护体系。

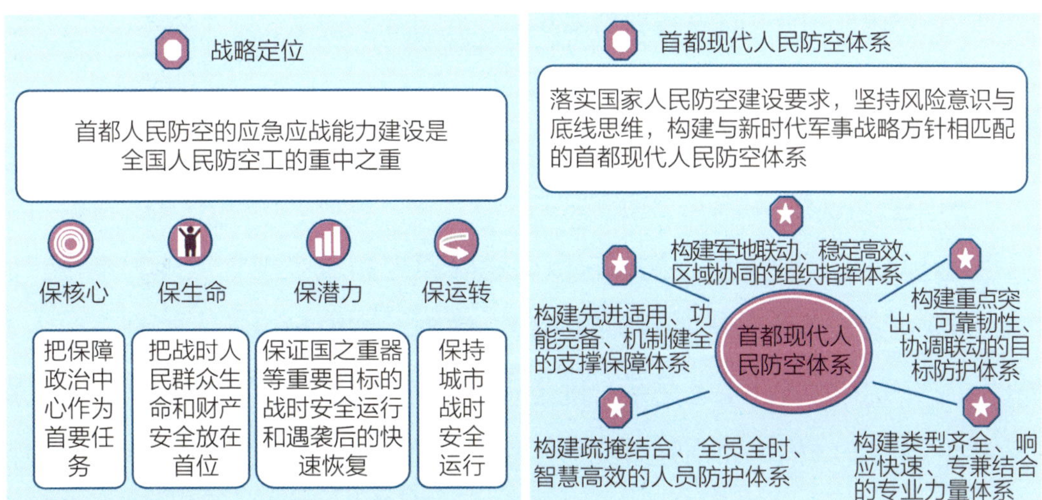

规划围绕首都现代人民防空五大体系系统谋划，同时集约高效建设人民防空设施，形成以地下轨道交通人民防空防护工程为骨干，以结建人民防空工程为主体，以中央经济目标防护为重点，以单建式平战结合人民防空工程和兼顾人民防空要求的地下空间为补充的人民防空设施系统。

竖向规划

竖向规划指城乡建设用地内，为满足道路交通、排水防涝、建筑布置、城乡环境景观、综合防灾及经济效益等方面的综合要求，对自然地形进行利用、改造，确定坡度、控制高程和平衡土石方等而进行的规划。

> **竖向规划的作用**
>
> 城乡建设用地竖向规划应与城乡建设用地选择及用地布局同时进行，使各项建设在平面上统一和谐、竖向上相互协调；有利于保障城市排水防涝、防洪安全；有利于城乡生态环境保护及景观塑造；有利于保护重要保留建筑及特色风貌等。

规划主要内容为制定利用与改造地形的合理方案；确定城乡建设用地规划地面形式、控制高程及坡度；结合原始地形地貌、自然水系及排水分区等，合理组织道路路面排水、土石方工程和防护工程；提出有利于城乡生态保护和改善、海绵城市建设、美好环境景观塑造的竖向规划要求；提出城乡建设用地防灾和应急保障的竖向规划要求。

六、生态及园林绿化规划

（一）生态规划

生态规划是一种规划方法，它以生态学原理和城乡规划原理为指导，应用系统科学、环境科学等多学科的手段，辨别、模拟和设计人工复合生态系统（如城市）内的各种生态关系、确定资源开发利用与保护的生态适宜度，探讨改善生态系统结构（如物种组成、生物多样性、营养结构等）与功能（如物质循环、生产力、抗干扰等）的生态建设对策，促进人与环境关系持续协调发展。

生态规划强调运用生态系统整体优化的观点，重视规划区域内城乡生态系统的人工生态因子（如土地利用状况、产业布局状况、环境污染状况、人口密度以及建筑、桥梁、道路等）和自然生态因子（气候、水系、地形地貌、生物多样性、资源状况等）的动态变化过程和相互作用特征，研究物质循环和能量流动的途径，而提出资源合理开发利用，环境保护和生态建设的规划对策。

规划以统筹山水林田湖草一体化保护修复为主线，将问题导向、目标导向

运用整体、协同、循环、自生的生态整合原理，重视景观整合性、代谢循环性、反馈灵敏性、技术交叉性、体制综合性和时空连续性

以尽可能小的物理空间容纳尽可能多的生态功能，以尽可能小的生态代价换取尽可能高的经济效益，以尽可能小的物理交换量换取尽可能大的生态交流量，实现资源利用效率的最大化

营建一种朴实无华、多样性高、适应性好、生命力强、能自我调节的人居环境；强调水的流动性、风的通畅性、生物的活力、能源可再生性及人对自然的适应性

最大限度地满足居民身心健康的基本需求和交流、学习、健身、娱乐、美学及文化等社会需求

∧ 生态规划的原则

和实施导向相结合，构建全要素统筹、全空间覆盖、全过程传导、全周期监管的国土空间生态修复规划和实施体系。主要内容包括：研判重大生态问题和生态风险；筹划全市生态修复总体布局；谋划市域重大生态修复工程；建立健全生态保护修复长效机制等。

在新版总体规划中，北京一方面以资源环境承载能力为硬约束，划定人口规模上限、生态控制线和城市开发边界三条红线，划定永久基本农田和生态保护红线；另一方面对大气污染、土壤污染、水污染等问题给予了响应，提出了应对策略。

通过控制燃煤污染物排放、推进交通领域污染减排、削减工业污染排放总量及严格控制扬尘和农业面源污染等应对策略，全面推进大气污染防治；通过加强农业土壤污染防治工作、实施污染地块风险管理等应对策略，保障土壤环境安全；通过强化源头控制、水陆统筹，构建全流域、全过程、全口径的水污染综合防治体系，系统整治水体污染，深入推进工业和生活污水防治，全面控制城市和农业面源污染，严格保护饮用水源，实现水环境质量全面改善。

（二）园林绿化规划

园林绿化规划是指对全市所有的园林绿化用地进行定性、定位、定量的统筹安排，形成具有合理结构的园林绿化空间系统，以实现园林绿化用地所具有的生态、游憩、景观文化等功能。规划主要包括以下内容。

建成国际一流的绿色生态之都

立足全域绿色空间格局的保护，对城市总体规划提出的绿色空间结构进行了深化、细化，形成“一屏、两轴、两带、三环、五河、九楔”网络化空间格局，引导首都绿化空间全面发展。

探索构建环首都西北山区自然保护地体系和环首都东南平原大尺度森林湿地建设体系，形成两大体系相结合的跨区域生态协同发展工作框架。建立山区、平原、绿隔、绿楔等绿色空间分级、分圈层管控体系，形成协同高效的全域生态保护建设体系；形成四级三类绿地结构网络，通过大型结构性公园建设提升服务能力，并融入健身、文化等设施，提升绿地综合社会效益；聚焦核心区，结合老城保护，整合恢复“轴、坛、城、水、园”五大传统园林文化要素，全面提升老城街区绿化水平，改善老城人居环境，形成文脉清晰的核心区绿地系统格局；围绕城市副中心，建设水韵林海、绿野田园的绿地系统。

构建普惠共享的森林宜居城市

提出构建基于不同人群、不同游憩需求的分类、分级的公园游憩供给体系；构建全市“城乡公园系统—自然公园系统—休闲绿道系统”三大系统组成的多层级、系统化的公园游憩体系，形成1300多个公园。

规划十大高品质结构性公园，塑造首都城市公园环；发展专类公园，塑造首都园林绿化发展水平的展示窗口。到2035年形成历史名园类、专业科普类、设施游乐类、专项配套类和主体文化类五类专类公园，建成多个世界顶级水平，一批国际先进水平的专类公园。

建设享誉世界的园林文化城市

以山、水、林、田、湖、草为生态基底，构建蓝绿交织的园林绿化风貌特色。外围依托山区、平原、绿化隔离地区等区域生态建设，构建蓝绿交织的大尺度森林湿地景观，展现大山大水、蓝绿交织的生态基底景观风貌；内部针对核心区内“轴、城、坛、水、园”五大核心园林文化要素，以园林绿化手段加以强化与修复，以绿缀檐、以水塑景，展现千年古都风韵。

重点加强三山五园地区园林景观风貌整治和塑造，展现北京山水城市格局和东方园林文化风貌。同步融合城市重点功能片区的风貌特色，加强公园绿地文化内涵的塑造，形成汇聚品味、体现国际风范的园林景观风貌。

（三）低碳城市规划

低碳城市规划是在全球气候变暖的背景下，为了改善全球气候条件，改善人居环境和生态环境，最终实现人类的可持续发展而做出的规划安排和具体实践，是一个涉及城市交通、城市产业结构和城市空间等各个方面的综合性系统规划。

∧ 建设中的低碳城市——北京城市副中心（黄鹏飞 提供）

规划主要内容是制定经济、社会、环境与资源这四个方面协调、可持续的发展目标；变革城市规划的各个系统，内容大体可分为土地利用生态规划、绿色交通规划、景观生态规划、能源规划、水资源保护与利用规划、绿色建筑与环境保护规划六大系统；将发展目标与各系统的要求落实到空间规划上来，形成生态控制性指标。

“十四五”时期，北京将实现碳达峰后稳中有降，推动产业绿色化发展，实现资源高效集约利用来扎实推进绿色低碳循环发展。

第六章

承上启下的城市设计

城市设计是落实城市规划策略的具体执行方法、指导建筑设计的有效手段，贯穿于城市规划建设管理全过程，是营造美好人居环境的重要理念与方法。北京城市设计工作具有开展早、类型多、覆盖面广、成果形式多样等特点。在目前优秀的城市发展成果的基础之上，北京未来的城市建设必将提供给人民群众一个更加宜居宜业的美好人居环境，并面向全国和世界展示一个现代先进、科技进步、绿色环保、有历史文化底蕴、充满活力的世界都市。

第一节　城市设计的内容与作用

城市设计古已有之。我国古代城市营造则以礼制思想为基础，结合特定的自然地理、气候条件，形成城市建设的基本形制。古代城市的营造方式是古人

∧ 明清北京城的传统山水城市意向图

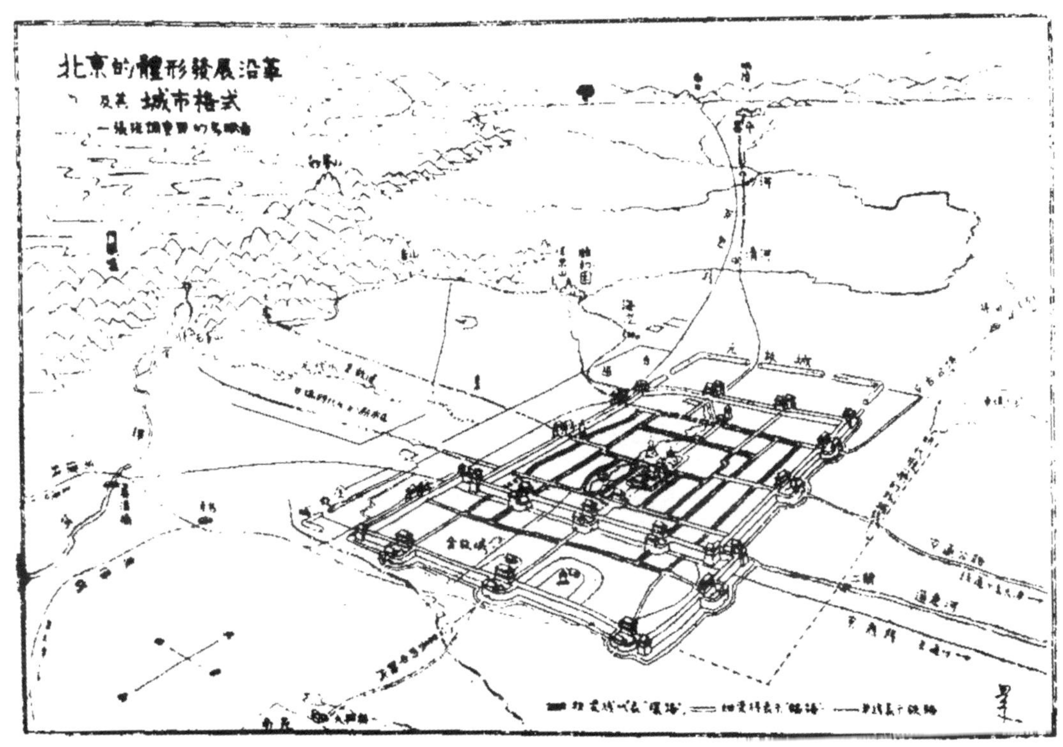

∧北京的体形发展沿革

“象天法地”“天人合一”观念的产物，如我国建筑史学家和教育家梁思成先生所说，古都北京正是此类设计的优秀代表。

中华人民共和国成立后，我国城市设计的思想方法和基本内容一直贯穿于城市的营造活动中。20 世纪 80 年代至今，随着我国大规模的城市建设与发展，形成了较大规模和较为普遍的城市设计实践研究。

城市设计在我国城市规划建设实践和管理中日益得到重视，并逐渐成为一项重要内容，在与城市规划编制和管理的多维度、多层次的融合方面形成了自身的特色。在规划设计流程上，城市设计衔接、渗透到城市规划、建筑设计与景观设计等各专业和阶段，是介于其间的一种综合型设计，呈现整体性和连续性。在空间维度上，城市设计使得国土空间规划能够被论证、深化和落实，并对建筑环境产生一定的约束和指导，提升城市环境的品质，促进城市发展，资源组合配置优化，是重要的空间工具和技术方法。

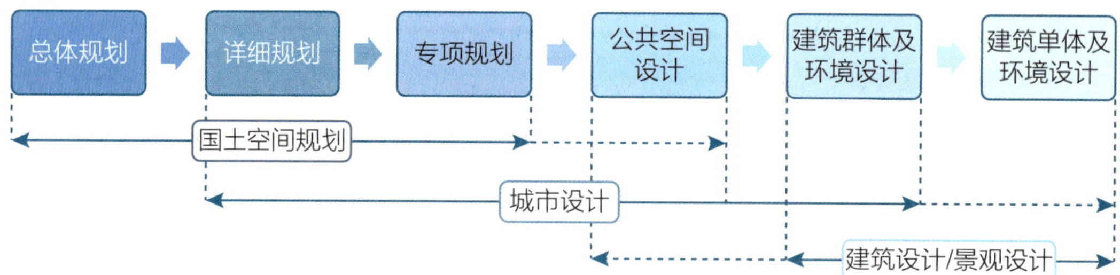

∧ 城市设计与国土空间规划体系的关系（连璐 绘）
注：虚线表示涉及，但不作为主要范围。

《国土空间规划城市设计指南》将城市设计定义为营造美好人居环境和宜人空间场所的重要理念与方法，通过对人居环境多层级空间特征的系统辨识、多尺度要素内容的统筹协调，以及对自然、文化保护与发展的整体认识，运用设计思维，借助形态组织和环境营造方法，依托规划传导和政策推动，实现国土空间整体布局的结构优化，生态系统的健康持续，历史文脉的传承发展，功能组织的活力有序，风貌特色的引导控制，公共空间的系统建设，达成美好人居环境和宜人空间场所的积极塑造。

城市设计方法在国土空间规划中的运用类型主要包括总体规划、详细规划及专项规划中城市设计方法的运用等方面。北京按照设计类型将城市设计分为管控类城市设计、概念类城市设计和实施类城市设计。其中管控

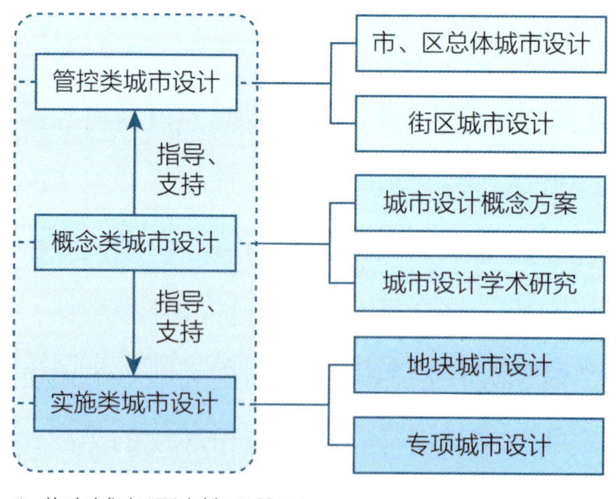

∧ 北京城市设计管理体系

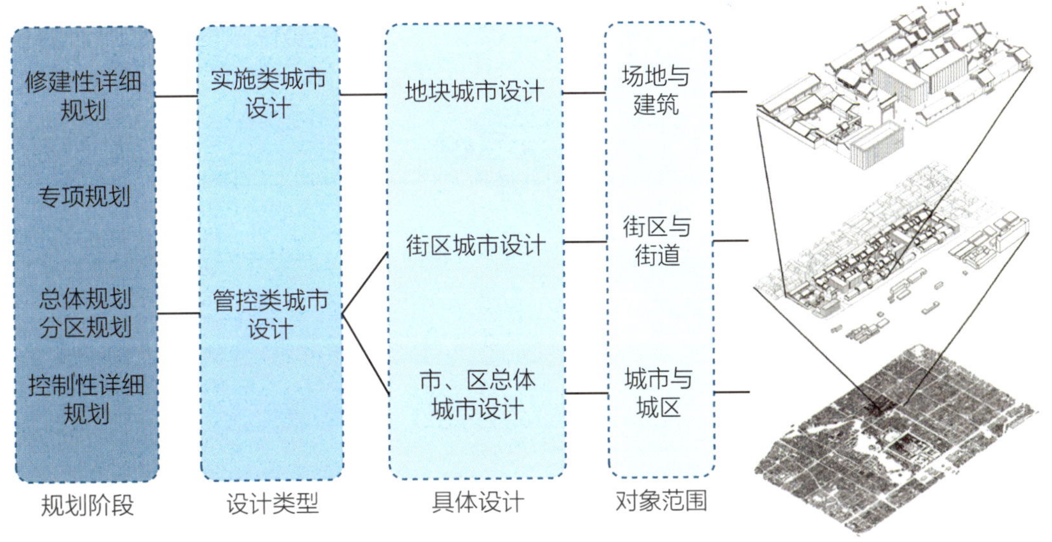

∧ 城市设计的阶段和空间层级示意图（孔德荣，曹恩沛 绘）

类城市设计包括市、区总体城市设计及街区城市设计；实施类城市设计包括地块城市设计和专项城市设计。概念类城市设计包括城市设计概念方案和城市设计学术研究，为管控类城市设计和实施类城市设计提供指导和支持。

一、衔接总体规划和分区规划的市、区总体城市设计

与总体规划相衔接的市、区总体城市设计，其对应的空间对象和范围主要为城市与城区。从设计的目的上看，市总体城市设计对城市土地利用、生态格局等提出总体策略和调控原则，针对城市整体物质形态空间、开敞空间和绿地景观、道路交通规划、城市历史文化与风貌保护等进行专题研究并提出控制原则，作为详细城市设计的依据。区总体城市设计关注城市局部地区的如中心城区的空间结构、街区界面、建筑密度、城市图底空间，对空间构成要素的描绘更加具体。区总体城市设计参照城市分区规划，进一步对风貌分区、开放空间体系、重点地段、城市建筑景观等提出较为具体的发展原则和控制指引。如北京城市副中心总体城市设计就属于这一类型的城市设计。

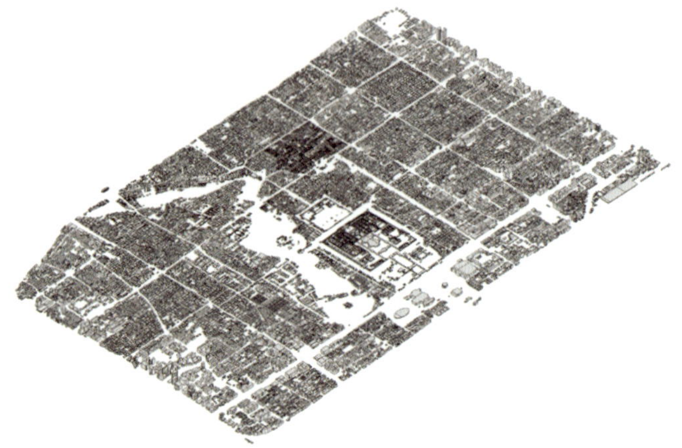

具体设计	市、区总体城市设计
对象范围	城市与城区
设计重点	对城市土地利用、生态格局等提出总体策略和调控原则，针对城市整体物质形态空间、开敞空间和绿地景观、道路交通规划、城市历史文化与风貌保护等进行专题研究并提出控制原则，作为详细城市设计的依据。参照城市分区规划，进一步对风貌分区、开放空间体系、重点地段、城市建筑景观等提出较为具体的发展原则和控制指引。

∧ 市、区总体城市设计空间层级示意图（孔德荣，曹恩沛 绘）

∧ 北京副中心总体城市设计效果图

二、衔接控制性详细规划和修建性详细规划的街区、地块城市设计

与控制性详细规划相衔接的街区城市设计，其对应的空间对象和范围主要为街区、街道。街区城市设计对空间结构、交通组织、主要景观视线和节点、公共开放空间、建筑形态等提出具体设计建议和引导要求，并将该段的研究成果转化为设计导则、图则纳入控规体系中。例如北京的城市设计案例，未来科学城“两谷一园”通过具体项目连接产业规划、控制性详细规划。

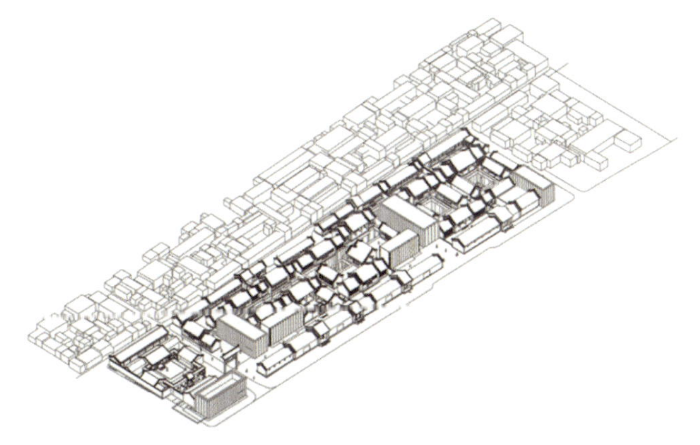

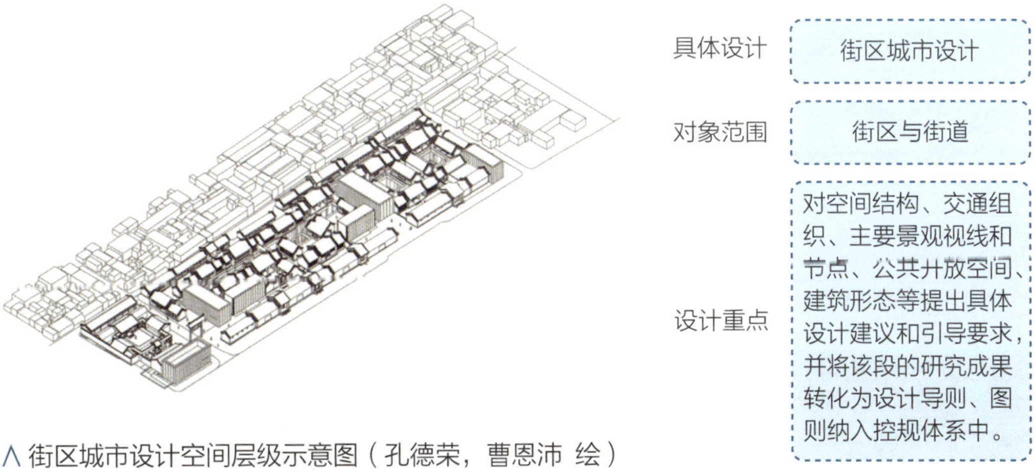

具体设计	街区城市设计
对象范围	街区与街道
设计重点	对空间结构、交通组织、主要景观视线和节点、公共开放空间、建筑形态等提出具体设计建议和引导要求，并将该段的研究成果转化为设计导则、图则纳入控规体系中。

∧ 街区城市设计空间层级示意图（孔德荣，曹恩沛 绘）

∨ 未来科学城城市设计效果图

与修建性详细规划相衔接的地块城市设计，其对应的空间对象和范围主要为场地、建筑。地块城市设计内容较控规阶段更加细致深入，为建筑设计及项目实施提供依据。此阶段的城市设计对象和范围更为具体，它着眼于周边场地环境、建筑与外部环境的关系、空间的交通组织、建筑的体块与布置及外部空间的具体设计。如老城区更新中的胡同和四合院的设计改造。

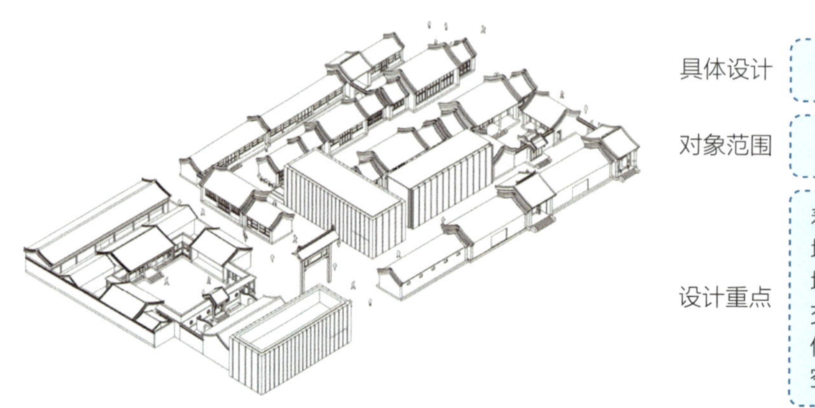

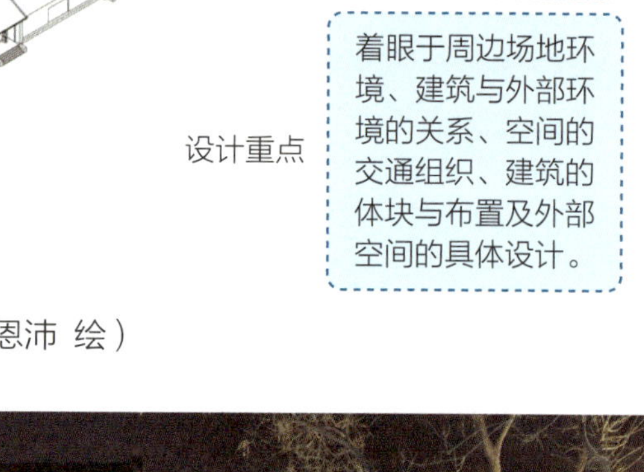

∧ 地块城市设计空间层级示意图（孔德荣，曹恩沛 绘）

∧ 北京老城更新：烟袋斜街实景（刘晓勘 摄）

∧ 北京老城更新：南锣鼓巷实景（孔德荣 摄）

三、衔接专项规划的专项城市设计

与专项规划相衔接的专项城市设计，其对应的空间对象和范围为特定领域、特定地区中的空间环境要素。专项城市设计通过对空间环境要素的统筹，提升空间环境品质，北京中轴线城市设计、北京街巷环境综合整治（治理）项目和社区环境品质提升项目中涉及建筑、文物、道路、市政、交通设施、园林、绿化等的重大专项建设工程，都需要开展专项的城市设计，以确保工程质量和使用安全。

第二节　城市设计的发展方向

不同的城市社会背景、自然条件和文化传统对应不同的城市设计途径和方法。当代的城市设计不仅要面对城市居民对城市空间环境和景观质量要求的提高，而且还要为城市环境的健康和可持续发展而设计。面对城市和社会的复杂性，我们需要明确认知存在的不足和局限，始终保持批判的思维继承和发展，以灵活、包容、多元化的途径和方法讨论与探索城市设计的发展和提升。本部分将以“立足北京、创自身特色，放眼世界、开放包容”的视角来论述城市设计的发展方向。

一、绿色、生态、可持续发展的城市

人类文明的建立与发展在很大程度上取决于其所处的自然环境，以及人们对待自然环境的态度。城市处于整个自然生态系统之中，而城市本身也可以看作一种生态系统，需要维持和发展。“设计结合自然”不仅是对自然生态环境的尊重和利用的体现，也是城市地域特色、生态格局和宜居环境的来源与基本原则，如北京未来科技城穿城而过的温榆河 - 潮白河绿色生态走廊。

同时，城市是人类社会生活、工业生产、经济发展的主要空间载体，也是能源消耗与碳排放的主体——我国城市承载着全国 60% 的常住人口，城市碳排放量占总量的 70% 以上。推动绿色低碳发展、积极应对气候变化是我国生态文明建设的重要任务。面向“2030 碳达峰、2060 碳中和”的目标，城市设计应关注城市建设与自然相关的环境属性，通过把握和运用以往城市建设所忽视的自然生态的特点和规律，营造人工环境与自然环境和谐共存的城市环境，

∧ 北京未来科学城温榆河－潮白河绿色生态走廊

并引导城市与城市生活向绿色、生态和可持续方向发展。

二、城市保护与城市更新

我国快速城镇化进程中的城市规划设计模式以现代主义为主导，一定程度上忽略了城市的人文历史格局、地域文化与脉络、自然系统及其自然过程，对城市自身的文脉延续和生态格局产生了负面的影响。

当前，城市发展正在由外延扩张式向内涵提升式转变。城市更新中以存量用地和空间结构优化为主的城市发展和治理方式，是我国新的城市建设战略性方向和国土空间规划管理的重要内容。城市保护不仅是城市发展的需要，也是人类现代文明进步的需要，城市保护应与城市发展相互依托与共生，只有协调与平衡好保护与发展的关系，城市才能真正走向可持续发展。

∧ 北京核心区城市保护（田芳已 摄）

在城市保护与更新的背景下，城市设计对基础设施、景观生态、建筑等进行整体统筹设计和建设也将是趋势之一。在城市设计中通过对以上城市介质的建设和完善，建立复合系统与联系，如基础设施的绿色化、景观化、公共空间的功能多样化等；同时推动以上设计与建设全方位地参与到城市历史文化，生产生活、自然生态的全过程，有机结合以上过程的多方面需求，进而形成整体复合、一体化的城市空间，增加城市的流动性和联系性，激活城市资源与功能，提升环境品质，提高资源利用效率，对于城市工业地块的改造更新、城市中心区的复兴、新城开发、绿色基础设计建设等问题具有较高的应用价值。

三、城市设计与社区规划的融合

我国城市建设历经几十年的高速增量发展，满足了过去国民经济快速发展时期的需求，但从社会角度看也出现了诸多问题，如城市空间缺乏活力与安全感；配套公建的不均衡与可达性差；城市风貌趋同与场所精神缺失；城市空间分离有碍社会公平等。以往的城市设计在内容上过于侧重物质空间，忽视人与自然、人与人、人与社会之间的和谐关系；在操作方式上采用的是一种“自上而下”的政府主导推动方式，忽略了市民作为城市发展参与者的主观能动作用。当代城市设计的发展方向必须从物质空间设计上升到社会层面设计，来自社会学研究领域的社区规划理论可资借鉴。

（一）社区规划

社区规划是指通过对社区的整体部署与设计来形成真正意义上的“社区”。其内容既包括社区内公共设施与建筑、景观环境、道路交通等物质空间的规划，又包括社区的文化传统、历史渊源、风俗习惯、理想信念、宗教信仰等有助于形成合作精神和群体认同的社区精神层面的规划。城市设计融合社区规划有利于解决之前单一物质空间设计所导致的社会层面的诸多问题。

社区

社区是指聚居在一定地域范围内的人们所组成的社会生活共同体。包括以下特征：有一定的地理区域，有一定的人口数量，居民之间有共同的意识和利益，并有着较密切的社会交往。社区里的人对所在社区具有认同感、归属感和参与感，形成相互帮助、相互照应的亲密情感联系。

（二）社区建设

当前我国正在积极推进社区建设。中共中央办公厅、国务院办公厅转发了民政部《关于在全国推进城市社区建设的意见》（中办发〔2000〕23号）。老百姓身边的基层自治组织城市“居民委员会”也正式更名为“社区居民委员会”。2017年6月，中共中央、国务院发布了《关于加强和完善城乡社区治理的意见》。“社区”这个名称在全国范围内得以普及，过去为城市居民所熟悉的“小区”“住区”和“居住区”等物质空间，未来将悄悄地在内涵上逐渐完成向社区的转变。曾经的城市高速增量发展时期所出现的社会问题将随着社区建设的推进得以逐步解决，首先使人们在作为城市基层空间的社区实现和谐的生活，进而实现我国建成全面和谐社会的理想。

（三）社区生活圈

2021 年 6 月，自然资源部发布《社区生活圈规划技术指南》（下文简称“《指南》”），社区生活圈在国土空间规划中是实施层面的重要抓手，也是规划体检评估的重要对象。《指南》以北京等地在社区生活圈规划方面实践经验为基础，综合运用全生命周期的方法，明确现状评估、规划方案和行动计划制定、动态监测等工作程序，提出新建地区、城市更新地区和老旧小区等工作重点，鼓励部门协同、公众参与和社会共建。通过打造“宜业、宜居、宜游、宜养、宜学”多元功能的空间单元，激活作为“城市细胞”的社区，发挥社区生活圈在城乡社区发展和社区治理方面的基础平台作用，推动城市发展方式和市民生活方式转变，建设健康安全、便利舒适、富有活力和魅力的人民城市。

（四）老旧小区的社区更新

关于城市设计融合社区规划的策略，除了上级政府部门出台的指南与办法，近年来在实践方面也出现了一些有益的探索，主要体现在立足于存量空间资源提质增效的城市更新方面。比如北京大栅栏胡同风貌地区的“胡同微更新”计划，把腾退后的四合院改造为微型花园、公共阅读空间、展览厅和居民会客厅等社区公共空间，实现“老城区 · 新生活”；北京通州有社区采取由“责任规划师”与“责任建筑师”组成的“责任双师”组织社区居民开展对老旧小区进行环境整治和公共空间改造提升等社区更新项目，发挥居民自驱力，体现共建、共治、共享理念，实现“社区自更新”和“可持续”社区治理。可以预见，以后越来越多的城市更新实践项目会将“营造社区”作为重要内容和目标。

雨儿胡同的现代生活

雨儿胡同位于东城区南锣鼓巷西南部，南锣鼓巷片区作为北京首批历史文化街区，是北京老城历史最悠久的地区之一。2015 年以来，雨儿胡同试点开展平房区直管公房申请式腾退和申请式改善工作，外迁一部分居民，同步提升留住居民生活质量。雨儿胡同更新项目根据历史街区风貌保护要求和居民实际需求，以街区为单元制定整体规划，设计过程坚持“一院一策、一户一设计”，满足居民合理的多样化、个性化需求。腾空房优先植入公共交往和服务功能，如“共生院”“槐香客厅”“议商暖阁”“值年小站”“文馨书馆”“琢玉学堂”等公共空间，承载邻里交往和议事协商等功能，为社区居民提供优质的社区公共生活体验，提升居民的社区认同感、归属感和凝聚力。

项目通过政府主导、部门协作、企业实施、专业力量支持、社会公众参与的机制，加强规划引领，坚持问题导向，分类施策、回应居民诉求，系统有序地进行院落更新、环境提升和社区治理，以“绣花”精神精细设计、精心修缮，做到修旧如旧，传承历史文脉，在留住老北京的乡愁和记忆的同时提升居民的生活水平，改善居住环境，实现“老胡同的现代生活”。

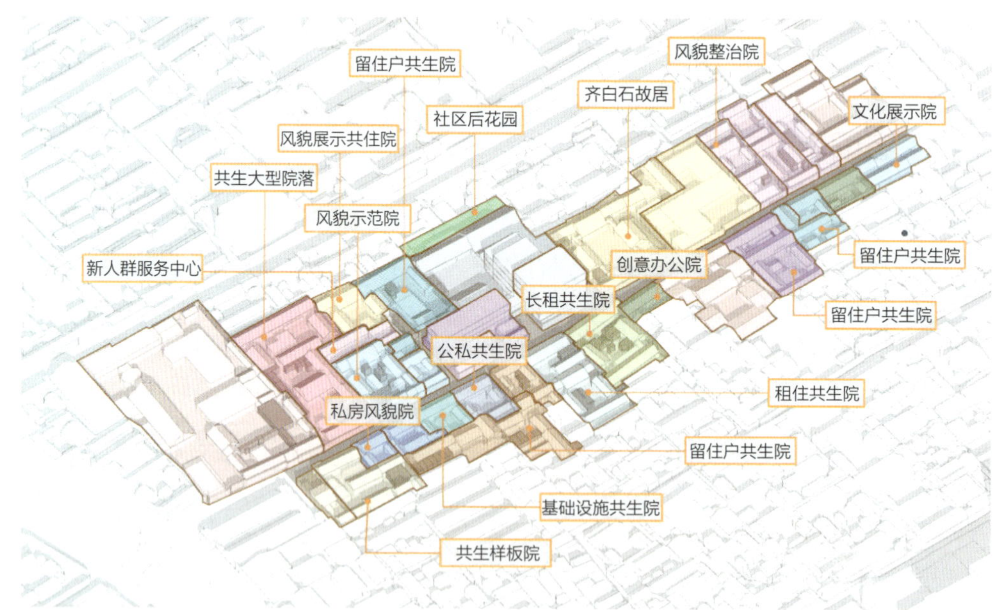

∧ 雨儿胡同院落更新规划

四、人工智能与智慧城市

大数据、人工智能、移动网络、云计算等新技术的发展，正在引发全球范围内新一轮技术革命，并深刻影响城镇化发展的诸多领域，对城市规划与设计提出了新的要求，也带来了新的机遇。人工智能可以对城市数量庞大、形式繁杂的数据进行高效分析与利用，通过建立约束参数或生成式设计算法模型等路径，合理有效地优化不同空间层级的人与城市的关系，为城市空间形态生成、公共空间环境设计、微气候调节等提供依据。同时，智慧城市的建设也在不断深化，并产生更多有价值的城市数据，为人工智能辅助城市设计提供基础条件与应用场景。如北京城市副中心“十四五”时期智慧城市建设的思路已基本成型。其中，运河商务区将聚焦金融科技、绿色金融，文化旅游区将聚焦元宇宙、数字文旅，张家湾镇将聚焦数字设计、智慧城市生活实验室，行政办公区则要聚焦自动驾驶应用，这些智慧城市相关的数字技术，人工智能将赋能首都规划和超大城市治理领域创新应用。

尽管目前城市设计工作中尚未对人工智能进行大规模的应用，但是针对这一技术的可行性研究已取得较大进展，人工智能参与的城市规划、城市设计和建筑设计将创造出更加科学、高效、民主，同时更具可持续性、韧性和响应能力的城市，并进一步促进城市管理模式和空间结构等的发展。

第三节　北京城市设计案例

北京如古人所言：幽州之地，左环沧海，右拥太行，北枕居庸，南襟河济，诚天府之国。居中华之北，尽显气吞万里，包容天下之势。从古至今，北京经历了众多的建设阶段。如今的首都建设者在前辈的基础上不断探索和实践，从保护、发展、更新等多个方面，通过众多优秀的城市设计项目推动北京的城市发展，优化城市功能布局，提升城市环境品质，迈向未来。

一、北京中轴线与奥林匹克公园规划设计

北京中轴线历史悠久、层次清晰、内涵深刻、功能明确，具有深厚的文化价值和功能价值，它既是中国传统城市空间营构的集大成者，也是城市文化空间塑造的杰出范例，在世界城市中独树一帜，有着重要的历史和民族意义。

奥林匹克公园以“通往自然的轴线”为规划设计理念，没有采用以往在中轴线尽端建设重要项目的常规做法，而是将主要的体育场馆分别设置在中轴线

∧ 北京中轴线景山与鼓楼段（田芳已 摄）

∧ 北京中轴线奥林匹克公园段局部（刘松伊 摄）

的两侧，并以开放的绿色公园收尾。奥林匹克公园的设计理念充分考虑北京古都城市轴线的延续性、规划与景观设计借鉴了老城传统的规划手法，体现了城市与历史文脉的传承与发展，也使整个城市中轴线向北延伸的部分与传统轴形成一个有机的整体。这不仅是一个融汇古今的城市设计案例，更在城市空间共享和城市绿地留白上为北京市民的城市生活提供了重要的场所。

∧ 奥林匹克公园规划设计平面图

北京新中轴南北延线的城市空间以及建筑群，体现了对传统中轴线的传承与发展。2019 年北京中轴线向南延长至北京大兴国际机场，成为世界上最长的城市轴线。

二、北京中轴线与地安门外大街整治提升设计

地安门外大街位于北京老城传统中轴线的北端，东连南锣鼓巷，西临什刹海，南起地安门东西大街，北至鼓楼，跨东西两个城区，全长近 800 米，是北京中轴线上形成时间最早、形态最稳定的商业街市。地安门外大街是中

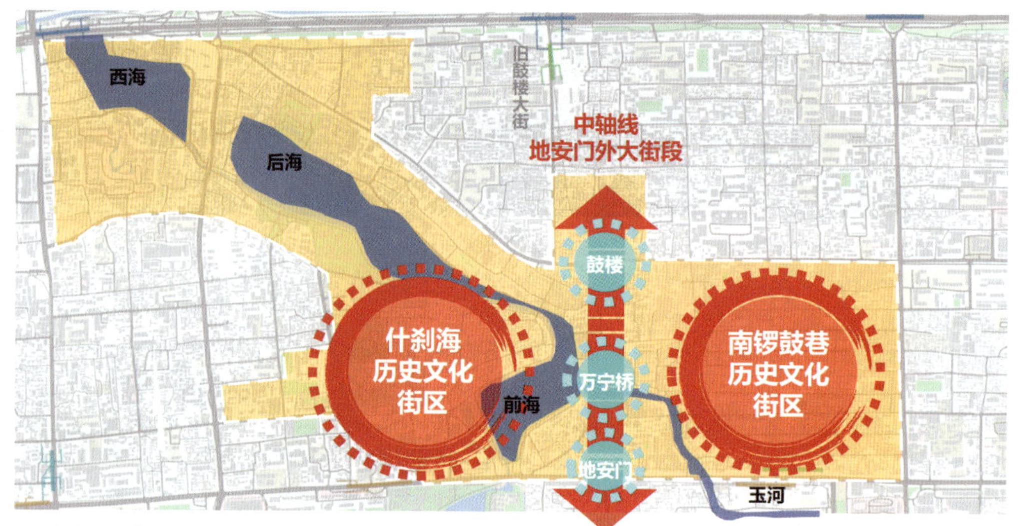

∧ 北中轴“一轴、两翼、三节点”空间布局结构

∧ 北中轴“一轴两翼”文化探访路

轴线的重要构成，是北京城市发展沧桑变迁的历史见证，但其两侧建筑风貌样式杂乱、缺少管控，逐渐失去了商业的繁华与特色，亟待整治提升。

在此背景下，“地安门外大街复兴计划”贯彻落实新版北京总规、核心区控规要求，基于对区域发展沿革及历史文化的深入研究和梳理，遵循“真实性”“完整性”原则，以中轴线两侧区域为核心，以街面风貌恢复为切入点，打造中轴线文化探访路，留存地区文脉记忆。

“地安门外大街复兴计划”在全国首次创新性地实施“微整治、微修缮、微更新”理念。建筑层面，深化建筑设计技术指引，对建筑立面进行保护修缮与提升，修复商铺历史风貌；空间层面，通过梳理街道空间要素，聚焦历史空间节点，统筹考虑车行、人行、绿化空间、公共基础设施提升，塑造大街空间秩序；业态层面，积极开展业态调整，以“老场景、新消费”为导向，以“高品质、重文化、强引领”为内核，开展业态策划。同时向周边街区拓展整合，通过中轴线两侧区域的综合提升带动周边街区全面复兴，体现了城市发展中的交融性。

∧ 旧式铺面房段历史风貌恢复方案（北京市建筑设计研究院有限公司吴晨工作室 提供）

∧ 地安门外大街第五立面整治后效果图（北京市建筑设计研究院有限公司吴晨工作室 提供）

三、北京城市副中心城市设计

现代北京建设基于古都北京原址“单中心，同心圆”式的城市空间格局，这使得城市功能过度集中于中心城区，给中心城区造成了严重的交通拥堵和环境压力，限制了北京综合承载能力的提升，影响到北京的可持续发展。面对发展中的挑战，北京市提出了“减量提质”的发展方略，即“一核一主一副、两轴多点一区”的空间布局构想。北京城市副中心是新建城区，区总体城市设计的优秀案例，通过政府机构、新通州 CBD、交通枢纽、绿心公园等转移和建设，有力地承担了不同的城市功能，提高了城市的服务效率，并能够有效地分散交通、人口和环境压力。

其中城市绿心公园片区占地 112 平方千米，位于北京城市副中心一带一轴交汇处，是副中心自控规批复以来第一个面向市民开放的大型绿色活力公共空间。规划设计落实以人民为中心的总体价值观，以城市绿心森林公园为生态基础，融合剧院、图书馆、博物馆、体育中心、会议中心等公共功能，塑造彰显东方智慧和展示生态文明的市民活力中心。在新规划格局的引导下，北京正向着社会、经济、生态全面协调的可持续城市发展。

∧ 北京城市副中心交通枢纽

∧ 绿心公园

四、北京多中心有机疏散城市设计

通过多中心有机疏散城市设计，北京逐步形成分工明确、协调互补的网络化城市格局，在一定程度上实现集中主要功能、扩散次级功能、控制城市规模过度扩张、建设发展城市的目标。从 1993 年开始，北京就确定周边卫星城的建设。自 2004 年起，通过调整空间布局，提出了“两轴、两带、多中心”的城市空间结构规划，建设了多个城市功能中心，如在金融方面的中心商务区（CBD）、金融街、丽泽金融科技中心等。这些新城市中心可以有效缓解北京的城市压力，并形成扩散效应，长期有效地带动周边区域经济发展。

五、北京首钢北区设计

通过对城市公共空间和功能的重新设计，城市设计可以改变城市环境中的固有风貌，让城市焕发出生态、绿色、人文的活力。北京首钢园区设计通过挖掘首钢地区汇集的西山永定河历史文化、近现代工业遗存文化和当代“双奥”城市文化价值，形成了工业遗存保护与新建建筑融合的城市设计方法，同时其创造性地将工业园区改造为生态绿园。

∧ 首钢园区效果图

∨ 首钢园区改造后的景色（曹恩沛 摄）

首钢的发展历程是中国钢铁工业从无到有的缩影，在更新改造过程中如何做到既能有效地保护工业遗产，又能实现地区经济、社会、文化与环境的协调发展，是一个时代的难题。在城市空间设计上，创造性地运用“织补城市”的理念，充分评估了工业遗存的艺术和功能价值，晾水池、炼铁厂、焦化厂等区域工业遗存最能凸显工业历史脉络和风貌特征，是首钢工业遗产的精华所在，通过城市设计与建筑改造，以“金属公园”为主题，创造性地提出“环境绿颜值”“建筑棕颜值”概念，通过打造绿色环保的山水之城、宜居宜业的幸福之城、技术创新的未来之城，形成了特有的历史文化景观，最终形成了充满艺术氛围的园区。

在城市布局设计上，围绕“一轴一带多组团”的总体布局思路，首钢以长安街西延线作为主发展轴，城市织补创新工场优先发展高精尖产业；以永定河为绿色生态发展带，发展生态休闲、户外体验等城市慢产业；并通过四个中心组团功能，引入文化、体育和创意元素，打造时尚活力空间，设计最终形成“三带五区”的功能结构，推动文化、产业、生态和活力的全面复兴。

首钢的园区设计，是北京在新时期新发展需求下的一个成功案例，在推动城市转型、塑造城市文化魅力、改善生态环境、提升群众幸福感和获得感等方面取得了阶段性的成效，已成为具有国际影响力的城市更新项目。

六、北京老城更新设计

北京老城是悠久历史文化的深层次体现，老城保护与更新的目的不能仅仅是危房改造，单纯以满足现代化生活的需要为出发点，而是要在延续历史文化形态的基础上使老城恢复其在城市发展中的原有活力，使其发挥新的作用，以达到改善市民生活质量与环境、振兴城市经济、推动社会进步的目的。

在对北京老城规划建设进行长期研究、对中西方城市发展历史和城市规划

菊儿胡同试验

菊儿胡同位于南锣鼓巷地区，占地面积 8.2 公顷。菊儿胡同试验是在协调古都传统风貌的前提下和充分研究北京老城肌理的基础上，在传统四合院区域内开展的一项具有科研性质的“改造更新、新旧结合”式的危改试点方案。菊儿胡同吸取了南方住宅里弄和北京鱼骨式胡同体系的特点，以通道为骨架进行组织，向南北发展形成若干进院，向东西扩展出不同跨院，突破了北京传统四合院的全封闭结构，探索“新四合院”住宅体系，同时延续传统的邻里交往方式，与北京老城的肌理有机统一，保持了城市文脉的延续性，是“有机更新”理论在北京历史文化街区的第一次成功尝试。

∧ 菊儿胡同新四合院住宅（武廷海 提供）

理论充分认识的基础上，吴良镛院士结合北京的实际情况提出“有机更新”理论，即采用适当规模、适合尺度，依据改造内容与要求，妥善处理目前与将来的关系——不断提高规划设计质量，使每一片的发展达到相对的完整性，这样集无数相对完整性之和，就能促进北京老城的整体环境得到改善，达到有机更新的目的。城市的更新与发展应注重城市的内在规律和整体性，以城市的可持续发展为前提进行城市规划与设计。

对历史的尊重以及对老城居民生活的关切，始终是城市设计中重要的环节。从 20 世纪 90 年代开始，北京市逐步通过政策和法规的方式对老城更新设计进行引导。

在此背景下，北京从未停止过对老城更新的探索与项目实践，不断寻找老城居住与公共生活平衡的最优解。在“有机更新”理论的基础上，产生了“小规模渐进式”更新和“微循环”改造的策略。

2011 年，北京市政府启动大栅栏地区保护与复兴计划，整体策略为“区域系统统筹规划，微循环有机更新”，通过疏解人口、腾退空间、修缮建筑、织补文化等措施，使得老城胡同重新焕发了活力。

2017 年，“遇见什刹海——院落共生的城市家园”什刹海更新设计开始，多个设计团队最终形成了“叠合院”“四院记”“文化碰撞”“城市延长线”等 9 个主题的合院改造方案，以针灸的方式介入什刹海片区更新，对老城复兴模式进行了有益探索。

V 北京老城更新：什刹海实景图（田芳已 摄）

∧ 北京老城更新：白塔寺实景图（曹恩沛 摄）

2018 年，白塔寺再生计划开启，并持续至今，形成了政府主导、企业示范、社会力量参与、本地居民共建的新模式。

2019 年，雨儿胡同改造开始，项目提出了“共生院”的命题，着力解决“保留的传统建筑与植入的现代建筑共生、留驻的老居民与迁入的新居民共生，以及传统的院落居住文化与当代居住文化共生”这一难题，对普通居民的居住与空间需求进行了切实回应，为真正社会意义上的民居更新推广应用起到了示范性作用。

2020 年，北京大栅栏观音寺片区项目组织开展区属直管公房申请式腾退、申请式改善、恢复性修建和环境整治提升等工作，以改善核心区人居环境、保

∧ 北京老城更新：雨儿胡同院落改造实景图（陈溯 摄）

∧ 北京老城更新：雨儿胡同院落改造实景图（田芳已 摄）

护老城文化与风貌、有效运营腾退资产、业态转型及活力增强、社会保障与民生改善为目标。

北京的老城更新设计伴随着政策的调整与设计的变化：自上而下方面，更新方式从大建大拆的危改拆迁模式向协议腾退下的微改造模式转变；自下而上方面，从单纯的高成本艺术化改造到回归群众生活的空间改造——反映出城市设计在较小的街道、院落、建筑尺度上以人为本的探索和关怀，将现代生活的多样性引入传统历史胡同街区，从而使得老城焕发新的活力与市民生活的“烟火气”。

∧ 北京老城更新：大栅栏实景图（田芳已 摄）

七、北京城市精细化设计

精细化城市设计是城市转型升级的一个重要技术方法，其空间对象主要是城市的公共空间。这些精细化城市设计涵盖从宏观到微观的多个公共空间层次，并呈现形态多样化、功能复合化的空间特点。通过主推公共空间项目，其可作为城市整体发展战略、城市转型升级的具体实施环节。

2019 年，北京开展了“小空间 大生活——百姓身边微空间改造行动计划”，以践行“人民城市人民建，人民城市为人民”的精神。并在 2021 年完成多个试点空间改造，聚焦百姓身边需求和改造意愿强烈的“三角地”“边角地”“垃圾丢弃堆放地”“裸露荒弃地”等具有低效使用或消极特征的小微公共空间，通过向全社会广泛征集，评选出一批优秀设计方案并组织实施，以期激活和重塑城市“消极空间”和“剩余空间”。将这些空间与社区视为一个整体，运用城市设计的方法，进行功能整合，内外空间统筹，开展集约高效一体化设计。添加了健身步道、规范了停车和充电桩、增设了儿童乐园；整合出共建党群活动室、孩子们的自习室、无障碍厕所等提高宜居度的多元化空间。形成环境品质佳、无障碍设施优、使用功能完善、历史文化厚重、居民文体活动丰富、公共艺术经典的城市公共空间更新示范案例。

∧ 东城区北新桥街道民安小区内公共空间（北京建筑大学未来城市设计高精尖创新中心 提供）

∧ 西城区新街口街道玉桃园三区 12 号楼公共空间（北京建筑大学未来城市设计高精尖创新中心 提供）

改造前

改造后

∧ 东城区北新桥街道民安小区内公共空间（北京建筑大学未来城市设计高精尖创新中心 提供）

改造前

改造后

∧ 海淀区花园路牡丹园北里 1 号楼南侧公共空间（北京建筑大学未来城市设计高精尖创新中心 提供）

结语

2017 年，住房城乡建设部印发通知，将北京等 20 个城市列为第一批城市设计试点城市。同年，北京市政府办公厅明确提出要加强城市设计和城市特色风貌塑造，提升城市公共空间环境品质。一座城市的发展不是一蹴而就的，城市设计正是一门从上至下、从理念到具体的设计学科，每个城市的发展历程中都无法离开城市设计，而城市设计也随着历史发展不断被赋予新的内容和要求。总的来说，城市设计作为一门综合性的学科，保持着对地域性的关注和文化多元的立场，在城市环境改善和塑造方面具有创新属性，并将为全球克服“特色危机”、发展多元和高品质的城市人居环境发挥关键性的作用。

北京的城市设计也在不断发展、进步，并产生众多优秀成果，为首都政治、经济、功能、环境、文化、风貌发展等都提供了有力的支持，并为人民群众创造了越来越多的宜居、宜业、公平公正、以民为中心、可持续的优秀人居环境。北京的城市设计必将继往开来，为营造更加美好的首都城市环境而努力。

参考文献

[1]“控规”决策研究调研组. 北京市区控制性详细规划编制及实施的决策研究[J]. 北京规划建设，1997，(01)：24-27.

[2]埃德蒙·N·培根. 城市设计[M]. 黄富厢，朱琪，译. 北京：中国建筑工业出版社，2003.

[3]北京卷编辑部. 北京//中国当代城市发展丛书[M]. 北京：当代中国出版社，2011.

[4]北京市殡葬设施专项规划(2021年—2035年)[A/OL].(2021-12-10)[2022-2-11]. http://mzj.beijing.gov.cn/art/2021/12/10/art_6112_14608.html.

[5]北京市发展和改革委员会. 北京市国民经济和社会发展第十四个五年规划和二〇三五年远景目标纲要(2021).[A/OL].[2021-11-3]. http://fgw.beijing.gov.cn/fgwzwgk/ghjh/wngh/ssiwsq/202104/t20210401_2341992.htm.

[6]北京市规划和自然资源委员会. 北京城市副中心控制性详细规划(街区层面)(2016年—2035年).[A/OL].[2021-11-17]. http://ghzrzyw.beijing.gov.cn/zhengwuxinxi/ghcg/csfzxgh/.

[7]北京市规划和自然资源委员会. 北京市国土空间生态修复规划(2021年—2035年)(草案)[A/OL].(2021-09-10)[2022-2-11]. http://files.in5.cn/anli/202109-%E5%8C%97%E4%BA%AC%E5%B8%82%E5%9B%BD%E5%9C%9F%E7%A9%BA%E9%97%B4%E7%94%9F%E6%80%81%E4%BF%AE%E5%A4%8D%E8%A7%84%E5%88%92%EF%BC%882021%E5%B9%B4-2035%E5%B9%B4%EF%BC%89%EF%BC%88%E8%8D%89%E6%A1%88%EF%BC%89.pdf.

[8]北京市规划和自然资源委员会. 北京物流专项规划[A/OL].(2020-12-01)[2022-2-13]. http://ghzrzyw.beijing.gov.cn/zhengwuxinxi/ghcg/zxgh/.

[9]北京市规划和自然资源委员会. 分区规划(国土空间规划)(2017年—2035年).

［A/OL］.［2021-11-17］. http://ghzrzyw.beijing.gov.cn/zhengwuxinxi/ghcg/fqgh/.

［10］北京市规划和自然资源委员会. 首都功能核心区控制性详细规划（街区层面）(2018年—2035年).［A/OL］.［2021-11-17］. http://ghzrzyw.beijing.gov.cn/zhengwuxinxi/ghcg/csfzxgh/.

［11］北京市海淀区人民政府.《三山五园地区整体保护规划（2019年—2035年）》公示［A/OL］.（2021-01-20）［2022-3-11］. http://zyk.bjhd.gov.cn/ywdt/hdywx/202101/t20210120_4448729.shtml.

［12］北京市建筑设计研究院奥林匹克公园中心区规划组. 绿色、科技、人文场所——北京奥林匹克公园中心区详细规划设计［J］. 北京规划建设，2004（03）：95-99.

［13］北京市人民代表大会. 北京历史文化名城保护条例（2021）.［A/OL］.［2021-10-27］. http://www.beijing.gov.cn/zhengce/zhengcefagui/202102/t20210207_2278719.html.

［14］北京市人民政府. 北京市生态控制线和城市开发边界管理办法（2019）［A/OL］.［2021-10-17］. http://www.gov.cn/xinwen/2019-04/28/content_5387051.htm.

［15］北京市人民政府. 北京市养老服务设施专项规划（2021年-2035年）［A/OL］.（2021-09-07）［2022-3-20］. http://www.beijing.gov.cn/zhengce/zhengcefagui/202109/W020220118588954060439.pdf.

［16］北京市体育局. 北京市体育设施专项规划（2018年—2035年）［A/OL］.（2020-12-31）［2022-2-11］. http://tyj.beijing.gov.cn/bjsports/zcfg15/ghjh/10913648/index.html.

［17］北京市园林绿化局. 北京森林城市发展规划（2018年-2035年）［A/OL］.（2020-04-23）［2022-3-10］. http://yllhj.beijing.gov.cn/zwgk/ghxx/gh/202004/t20200423_1881046.shtml.

［18］北京市园林绿化局. 北京市园林绿化专项规划（2018年—2035年）［A/OL］.（2021-09-17）［2022-2-10］. http://yllhj.beijing.gov.cn/zwgk/ghxx/gh/202109/t20210923_2500345.shtml.

［19］北京市政基础设施专项规划草案公示——2035年官厅水库恢复饮用水源功能［A/OL］. 北京日报,（2021-03-02）［2022-2-13］. http://www.beijing.gov.cn/ywdt/gzdt/202103/t20210302_2296435.html.

［20］彼得·卡尔索普. 未来美国大都市：生态·社区·美国梦［M］. 郭亮，译. 北京：中国建筑工业出版社，2009.

［21］董光器. 古都北京五十年演变录［M］. 南京：东南大学出版社，2006.

［22］傅熹年. 中国古代城市规划、建筑群布局及建筑设计方法研究（上册）［M］. 北京：中国建筑工业出版社，2001.

［23］国务院. 关于印发全国国土规划纲要（2016—2030年）的通知（2017）［Z/ OL］.

（2017-01-03）［2021-10-17］. http://www.gov.cn/zhengce/content/2017-02/04/content_5165309.htm.

［24］国务院. 关于印发全国主体功能区规划的通知（2010）［A/OL］.（2020-12-21）［2021-10-17］. http://www.gov.cn/zwgk/2011-06/08/content_1879180.htm.

［25］梁思成. 北京——都市计划的无比杰作［J］. 新观察，1951，2（7-8）.

［26］钱穆. 国史大纲［M］. 北京：商务印书馆，2010.

［27］邱跃. 北京中心城控规动态维护的实践与探索［J］. 城市规划，2009，33（05）：22-29.

［28］石晓冬，廖正昕，李楠，等. 石晓冬：首都功能核心区——老北京，新起点［J］. 北京规划建设，2020，（06）：190-194.

［29］首都之窗. 一张图读懂《北京人民防空建设规划（2018年—2035年）》［A/OL］.（2021-04-19）［2022-2-19］. https：//www.sohu.com/a/461576648_203914.

［30］汪光焘. 领导干部城乡规划建设知识读本［M］. 北京：中国建筑工业出版社，2003.

［31］王飞. 北京新城控制性详细规划编制创新的基本思路［J］. 北京规划建设，2009，（S1）：26-29.

［32］王建国. 城市设计（第2版）［M］. 南京：东南大学出版社，2004.

［33］王引，陈军. "磨砺成真"——解读北京市区"控规"编制的昨天与今天［J］. 北京规划建设，2006，（05）：23-26.

［34］吴次芳，叶艳妹，吴宇哲，岳文泽等. 国土空间规划［M］. 北京：地质出版社，2019.

［35］吴良镛. 北京旧城与菊儿胡同［M］. 北京：中国建筑工业出版社，1994.

［36］徐苹芳. 徐苹芳文集：明清北京城图［M］. 上海：上海古籍出版社，2012.

［37］伊利尔·沙里宁. 城市：它的发展、衰败与未来［M］. 北京：中国建筑工业出版社，1986.

［38］张敬淦. 北京规划建设五十年［M］. 北京：中国书店，2001.

［39］赵勇健，吕海虹，杜立群. 提高空间品质，深化管控要求——北京城市副中心空间管控边界及分区研究［J］. 北京规划建设，2019，（02）：31-36.

［40］赵正之. 元大都平面规划复原的研究//科技史文集［M］. 上海：上海科学技术出版社，1980.

［41］中共北京市委，北京市人民政府. 关于建立国土空间规划体系并监督实施的实施意见（2020）［A/OL］.（2022-10-28）［2022-03-28］. http://ghzrzyw.beijing.gov.cn/zhengwuxinxi/zcfg/gfxwj/202004/t20200420_1847932.html.

[42] 中共北京市委，北京市人民政府. 关于印发《北京市“十四五”时期国际科技创新中心建设规划》的通知（2021）. [A/OL].（2022-01-05）[2022-03-28]. http://www.beijing.gov.cn/zhengce/zhengcefagui/202111/t20211124_2543346.html.

[43] 中共中央，国务院. 关于加强和完善城乡社区治理的意见. [A/OL].（2017-06-12）[2022-04-22]. http://www.gov.cn/zhengce/2017-06/12/content_5201910.htm.

[44] 中共中央，国务院. 关于建立国土空间规划体系并监督实施的若干意见 [A/OL].（2019-05-23）[2021-10-28]. http://www.gov.cn/zhengce/2019-05/23/content_5394187.htm.

[45] 中共中央办公厅，国务院办公厅. 关于在国土空间规划中统筹划定落实三条控制线的指导意见 [Z/ OL].（2019-11-01）[2021-10-17]. http://www.gov.cn/xinwen/2019-11/01/content_5447654.htm.

[46] 中国城市规划学会，全国市长培训中心. 城市规划读本 [M]. 北京：中国建筑工业出版社，2002.

[47] 中国共产党北京市委员会，北京市人民政府. 北京城市总体规划（2016 年—2035 年）[M]. 北京：中国建筑工业出版社，2019.

[48] 中国国家图书馆，测绘出版社. 北京古地图集 [M]. 北京：测绘出版社，2010.

[49] 中华人民共和国国家发展和改革委员会. 北京市国民经济和社会发展第十四个五年规划和 2035 年远景目标纲要 [A/OL].（2021-03-31）[2022-2-17]. https://www.ndrc.gov.cn/fggz/fzzlgh/dffzgh/202103/P020210331517775703990.pdf.

[50] 中华人民共和国自然资源部. 社区生活圈规划技术指南：TD/T 1062-2021 [S/OL].（2021-06-09）[2022-03-09]. http://gi.mnr.gov.cn/202106/t20210616_2657688.html

[51] 朱自煊. 中外城市设计理论与实践 [J]. 国外城市规划，1990（03）：2-7.

[52] 自然资源部. 关于印发《国土空间调查、规划、用途管制用地用海分类指南（试行）》的通知 [A/OL].（2020-11-17）[2021-10-28]. http://www.gov.cn/zhengce/zhengceku/2020-11/22/content_5563311.htm.

[53] 自然资源部. 省级国土空间规划编制指南（试行）[A/OL].（2020-01-17）[2021-10-17]. http://gi.mnr.gov.cn/202001/t20200120_2498397.html.

[54] 自然资源部. 市级国土空间总体规划编制指南（试行）[A/OL].（2020-09-22）[2021-10-17]. http://gi.mnr.gov.cn/202009/t20200924_2561550.html.

[55] 自然资源部国土空间规划局. 新时代国土空间规划：写给领导干部 [M]. 北京：中国地图出版社，2021.

后　记

《北京国土空间规划和自然资源科普知识丛书》(以下简称《丛书》)是在我国实现第一个百年奋斗目标，乘势而上向第二个百年奋斗目标进军的历史交汇期，立足首都特色发展与战略定位，围绕北京国土空间规划和自然资源管理的职能任务进行编写，力求内容系统、阐述准确、特色鲜明、易读易懂。

《丛书》的编写对我们来说既是系统性总结，也是深入思考创新，更是学习和提升的过程，编写组牢记首都工作关乎“国之大者”，在践行新时代首都规划和自然资源事业的初心使命中完成这部作品。

《丛书》自策划到正式出版历时两年有余，凝聚了来自北京市规划和自然资源委员会及所属单位、清华大学、北京大学、北京建筑大学、北方工业大学、北京城市规划学会、北京土地学会等相关部门两百余人的心血。编写过程得到了规划和自然资源领域各级领导、院士、知名专家学者，以及自然资源部国土空间规划局、生态修复司、地质勘查管理司、科普工作委员会办公室，水利部水资源司、水土保持司，应急管理部地震地质司、中国地质博物馆、中国地震局、北京市政府办公厅、北京市科学技术协会、北京市发展和改革委员会、北京市文化和旅游局、北京市气象局、北京市地震局等众多单位的指导帮助。国务院发展研究中心、国家博物馆、自然资源部航空物探遥感中心、中国科学院古脊椎动物和古人类研究所、中国建筑设计研究院有限公司、中国城市

规划设计研究院、北京林业大学、北京城市副中心投资建设集团有限公司、北京城市铁路投资发展有限公司、北京市建筑设计研究院有限公司、北京清华同衡规划设计研究院有限公司、永定河流域公司、房山世界地质公园管理处、延庆自然保护地管理处、密云水库管理处、中国自然资源摄影家协会、中国水利摄影家协会等单位为本书提供了众多精美的图片。中国科学技术出版社、科学普及出版社为本书的出版付出了辛苦的劳动。在此一并表示衷心的感谢！

《丛书》是目前我国规划和自然资源领域第一套集系统性、知识性和科普性为一体的读物，期望这套《丛书》能让广大读者了解北京前世今生所经历的自然环境变迁和城市发展演变，领略新时期规划与自然资源领域的新发展、新理念和新要求，汲取丰富的知识。本书的编写虽历经多次研讨与修改，但依然存在可细化与完善之处，期待读者的支持与反馈，为首都国土空间规划和自然资源管理提出更多更好的建议！

《北京国土空间规划和自然资源科普知识丛书》编委会

2022 年 12 月

北京国土空间规划和自然资源科普知识丛书

POPULAR SCIENCE SERIES ON BEIJING TERRITORIAL SPATIAL PLANNING AND NATURAL RESOURCES

规划与自然资源管理

Planning and Natural Resources Management

北京市规划和自然资源委员会　编著

Beijing Municipal Commission of Planning and Natural Resources

科 学 普 及 出 版 社

中国科学技术出版社

·北　京·

图书在版编目（CIP）数据

规划与自然资源管理 / 北京市规划和自然资源委员会编著 . -- 北京 : 科学普及出版社 : 中国科学技术出版社 , 2023.1

（北京国土空间规划和自然资源科普知识丛书 ; 第三篇）

ISBN 978-7-110-10344-9

Ⅰ. ①规… Ⅱ . ①北… Ⅲ . ①国土规划－北京－通俗读物②自然资源－资源管理－北京－通俗读物 Ⅳ. ① F129.91-49 ② F124.5-49

中国版本图书馆 CIP 数据核字（2021）第 266794 号

《北京国土空间规划和自然资源科普知识丛书》

指导委员会

《北京国土空间规划和自然资源科普知识丛书》

学术委员会

《北京国土空间规划和自然资源科普知识丛书》

编写委员会

第一篇《自然地理与资源环境》

第二篇《国土空间规划》

编写人员：武廷海　姜庆丰　祝　贺　孔德荣　孙　喆　陈惠芳　刘　鸿
徐庆勇　邓　艳　穆　蕊　张　奕　顾　进　郭　璐　钟　舸
唐　燕

参编人员（以姓氏笔画为序）：
李　婧　李孟璇　连　璐　赵奕琳　贾　佳　原智远　商　谦
程　辉　甄艺津

第三篇《规划与自然资源管理》

编写人员：曹　慧　姜庆丰　王红春　雷爱先　张　勃　陈广峰　彭　历
韦京莲　罗天正　李海霞　温　芳　李道勇　王　雷　王建西
范佳齐　王颖娟　张丽亚　张　茜　张　梅　谢天成　李　凯
郭　健　范晋芬　寇欣欣　吴　鹏　孙　巍　潘建刚　朱东龙

参编人员（以姓氏笔画为序）：
王浩翔　尹绪兵　邢冬梅　师　克　刘　斌　刘　静　刘京京
刘京磊　刘姝均　刘晓敏　许国庆　孙道胜　李　绮　李绍学
李晓亮　李博文　杨天宝　杨丽霞　张　静　张永仲　张楚瑶
张鹏程　陈　泉　陈晓然　邵姜华　泥军儒　宝　音　胡　倩
胡韵亭　侯春源　贾宏刚　郭佳奇　唐　玮　涂晓明　盖　乐
彭　瑜　彭宏海　臧建强　谭鲁渊　燕小丽　魏　颖

前　言

科学普及是国家创新体系的重要组成部分，也是实现创新发展的重要基础性工作。习近平总书记强调:“科技创新、科学普及是实现创新发展的两翼，要把科学普及放在与科技创新同等重要的位置。没有全民科学素质普遍提高，就难以建立起宏大的高素质创新大军，难以实现科技成果快速转化。”2021—2022 年，国务院先后印发了《全民科学素质行动规划纲要（2021—2035 年）》和《关于新时代进一步加强科学技术普及工作的意见》，再次深化了“两翼理论”认识，把科普工作提到了新的高度，为全国科普工作明确了定位，给新时代科普事业指明了方向。

党的十八大以来，中国特色社会主义进入新时代，北京发展也进入了历史上具有里程碑意义的时期。习近平总书记多次视察北京并发表重要讲话，提出了“建设一个什么样的首都，怎样建设首都”这一重大时代课题，为做好新时代首都工作提供了根本遵循。2017 年，中共中央、国务院批复了《北京城市总体规划（2016 年—2035 年）》，北京市在第十三次党代会报告中指出，北京城市总体规划既是首都功能的规划、千年古都的规划、人民的规划、国际化大都市的规划，也是率先基本实现社会主义现代化的规划。必须按照党中央批复的城市总体规划来做，充分发挥规划引领发展作用，“一张蓝图绘到底”。绿水青山是大国首都底色，守好绿水

青山、抓好生态保护，是我们的历史责任。尊重自然、顺应自然、保护自然，探索人与自然和谐共生之路，促进经济发展与生态保护协调统一，是首都新发展阶段的时代要求。

北京市规划和自然资源委员会（以下简称北京市规划自然资源委）全面贯彻习近平总书记指示精神，在北京市委市政府的领导下，不忘初心，牢记使命，风雨无阻，砥砺前行，努力推动北京这座伟大城市深刻转型，为实现国际一流的和谐宜居之都目标而奋斗，共同开启首都全面建设社会主义现代化新航程。

北京市规划自然资源委作为北京市政府重要组成部门，担负着全市国土空间规划和自然资源管理的重要职能，业务领域广泛、涉及专业类型多、服务对象具体，关系着首都城市发展和民生福祉。为进一步提高规划与自然资源领域专业知识的普及，提升全委科普工作的核心品质，我们组织编写了《北京国土空间规划和自然资源科普知识丛书》(以下简称《丛书》)，首次创新性地把自然资源、国土空间规划和管理等全要素业务知识进行规范化集成、系统性提炼、科普化介绍，将规划与自然资源领域的小众科学变成大众科普，让社会公众进一步提高对首都城市规划与建设的认知度，增强共同建设美丽家园的责任感。

《丛书》由三篇独立成册组成，单篇内容独立完整，三篇架构逻辑紧密，是一套国土空间规划和自然资源系列科普读物。开篇用以时间为序的三幅导图，图文并茂地向读者展示了北京的资源利用、都城营建和城市规划的发展历程，内容准确精练，表达清晰简略，是本书的亮点之一。第一篇《自然地理与资源环境》讲述了北京市自然地理、自然资源、国土空间环境，以及资源环境与国土空间利用，将自然资源环境与北京的城市建设发展、国土空间利用、特色文化形成等巧妙地关联起来，形成一条有特色的知识脉络，让读者从中汲取丰富的知识。第二篇《国土空间规划》从北京规划建设的前世今生讲起，介绍国土空间规划的产生和国土空间规划

体系的构成，并对北京城市的总体规划、详细规划、相关专项规划和城市设计等进行逐一阐述，抽丝剥茧地将庞大的国土空间规划体系及其内涵的科学知识，以通俗易懂的方式展现在读者面前。第三篇《规划与自然资源管理》从自然资源管理、土地资源管理、国土空间规划管理、专项业务管理、法治机制与监督管理等多个方面，对北京国土空间规划与自然资源的管理内容和特色进行了梳理和介绍。

《丛书》通过呈现首都的自然资源禀赋、城市建设发展、国土空间利用和自然资源管理，既回顾了北京古老的历史、总结了党的十八大以来首都规划与自然资源工作取得的阶段性成果，又谋划和展望了实现远景目标的努力方向；既是一部指导北京市规划自然资源委科普工作、促进各部门相互联动的工具书，又是面向公众及相关委办局的宣传书；既可作为兄弟省市自然资源系统相互交流学习的参考书，亦是国土空间规划和自然资源科普知识爱好者的收藏书。

张维

2022年10月27日

张维：北京市规划和自然资源委员会党组书记、主任。

序　一

由北京市规划和自然资源委员会编著,《北京国土空间规划和自然资源科普知识丛书》(以下简称《丛书》)的出版，值得庆贺。

北京，有着 3000 多年建城史、800 余年建都史，是华夏文明发展的缩影，也是中华民族精神图腾的象征之一。我翻阅了《丛书》的内容后，感觉这确实是一部了解北京自然概况的全方位“说明书”，是介绍北京地区历史演化、人文变迁、经济社会发展方方面面的“北京自然百科全书”。

以习近平同志为核心的党中央提出五大建设，其中生态文明建设与经济社会发展建设方面均与地球表面的自然资源系统密切相关，或者更准确地说，与自然环境中的气圈、水圈、土壤圈（岩石圈）、生物圈有着密不可分的依存关系。对自然资源与环境的认识，应当首先从认识我们赖以生存的地球开始，要了解如何遵从自然规律，科学地为人类所利用，并且可持续地、永远地利用下去。

国土空间规划，应当由专业学者提出最符合实际情况的科学利用方案，由政府相关部门会商决策，并通过最高权力机构确定下来，从而在全社会稳妥地推进实施。“规划”业经批准，各方执行切不可朝令夕改。当然，随着实践逐步深化，如果发现原有规划不合理或不再符合实际状况之处，可由批准部门经过多方论证和详细考察后，按规定程序做出合理修正。

最后，希望《丛书》最大的价值，是让北京两千两百万各族市民从自然科学角度更加全面了解、认识北京，从而更加热爱北京，并积极为生态文明建设贡献力量。通过大家齐心协力，让北京这颗璀璨的北国之星更为光彩夺目。愿北京的明天更加绚丽多彩！

宋瑞祥

2022 年 11 月 8 日

宋瑞祥：中共十五届中央委员、原地质矿产部部长、中国地震局原局长、青海省原省长。

序　二

北京市规划和自然资源委员会以贯彻国家科技创新战略为出发点，以弘扬习近平生态文明思想为指导，以科学高效地推动自然资源系统工作为目标，以普及国土空间规划和自然资源科学知识为内容，组织编著了《北京国土空间规划和自然资源科普知识丛书》（以下简称《丛书》）。《丛书》包括《自然地理与资源环境》《国土空间规划》《规划与自然资源管理》三篇。《丛书》紧紧围绕北京市规划和自然资源委员会承担的职能任务，根据北京市地质地理、自然资源、国土空间、历史文化等的条件和特点，归纳提炼科普知识，形成了规划与自然资源领域专业科普知识库。

《丛书》记述了北京市地质地理的印记和遗存。几十亿年的地质演化，经历了吕梁运动、燕山运动等多次重大地质事件，塑造了北京独特的地貌景观和丰厚的地质遗迹，使北京成为我国近代地质科学的发祥地，北京西山成为中国地质工作的摇篮，横亘于北、东、西的燕山和太行山脉，形成了护卫首都生态环境的天然屏障；展布于东南部的辽阔华北平原，支撑了首都核心功能的空间延展。

《丛书》记述了北京市丰富多样的自然资源：山脉和平原、河流和湖泊湿地、多种类型土地、丰富和品种齐全的矿产、优质的地下水和地热资源、多样的森林和丰富多彩的地质遗迹，构成了山水林田湖草沙等要素齐全的良好生态环境。

《丛书》记述了北京市国土空间环境及其保护和利用。较详细地论证了生态环境、地质环境及地质灾害、矿山生态环境、地下水环境和土壤环境的现状、特点、质量和存在的问题，提出了保护、修复、优化和合理开发利用的意见和措施。

《丛书》记述了北京地区的历史延革和文化发展历程。优越的资源环境、70 万年前开始的古人类的生息繁衍、3000 多年的建城历史和 800 余年的建都历程，孕育了内涵丰富、底蕴深厚、独具特色的北京历史文化，也孕育出西山永定河、长城和大运河三条历史文化脉络。周口店古人类文化、房山石经文化、三山五园皇家园林文化、兵马司地学文化，以及长城文化和大运河历史文脉等，都是世界独一无二的文化遗产。

《丛书》记述了北京国土空间规划的历史过程。在回顾北京城市建设发展演变基础上，北京市委市政府遵循中共中央国务院关于对《北京城市总体规划（2016 年—2035 年）》的批复要求，坚持新发展理念、坚持以人民为中心的发展思想，明确了首都发展要义，坚持首善标准，着力优化提升首都功能，确立了“三级三类四体系”的国土空间规划总体框架，把首都北京建成国际一流和谐宜居之都。

《丛书》站在了时代的最前列。优化资源环境，合理开发利用国土空间，建设和谐宜居城市，是城市建设的方向和追求的目标。《丛书》的作者在全国规划与自然资源领域率先行动，以潇洒的文笔和图文并茂的形式把北京市国土空间规划与自然资源相关知识进行了梳理，使之系统化、规范化、集成化和普及化，使小众科学变成大众科普，使广大民众认识国土空间规划和人与自然和谐共生的重要意义，从而达到共创共建美丽宜居之都的目标。《丛书》作为首都北京文化软实力的标志，在全国规划自然资源领域尚属首例。

《丛书》纲目完整、承古启今，内容丰实、内涵精深，语言通俗、图文并茂，做到了创新性、科学性、艺术性及普及性的巧妙结合。

《丛书》有观点、有论点、有特点、有亮点，堪称规划与自然资源领域科普作品之精品杰作，对普及科学知识和助推北京城市建设将发挥重要作用。

作为一名寓居北京 78 年的地质工作者，我拜读了《丛书》，感慨良深、受益匪浅，因以为序，殷盼《丛书》早日出版，以飨读者。

李廷栋

2022 年 11 月 10 日　于北京

李廷栋：中国科学院资深院士，地质学家。荣获“庆祝中华人民共和国成立 70 周年”纪念章、何梁何利基金奖等奖项。曾任中国地质科学院院长，地质矿产部科技司司长，中国地质学会副理事长，中国大洋协会副理事长，中国青藏高原研究会副理事长。

序　三

非常荣幸能够应邀为《北京国土空间规划和自然资源科普知识丛书》（以下简称《丛书》）作序。《丛书》按主题分为三篇:《自然地理与资源环境》《国土空间规划》《规划与自然资源管理》。《丛书》以北京地区为界，规划与自然资源领域为限，归纳提炼科普知识点，形成规划与自然资源领域专业科普知识库。这部作品既是北京市规划自然委系统用以指导全委科普工作和促进各部门相互联动的工具书，又是面向公众及相关委办局的宣传书，同时可作为兄弟省市自然资源系统相互交流学习的参考书。

《自然地理与资源环境》篇，对我来说看起来最为熟悉，也最为亲切。究其原因，还是与我地质学的专业有关。事实上，我目前负责的一个国家自然科学基金委的项目“克拉通破坏与陆地生物演化”，还与北京地区的地质有很大的关系。书中提到的燕山运动、岩浆活动、花岗岩、热河生物群等也都是我们课题组关注的研究内容。可以说，北京地区的地质背景造就了这一地区当今的自然地理与资源环境特点。

作为一名古生物学家，我自然也十分关注环境变化与生命演化及人类活动的关系。如果说《丛书》第一篇是基础，更多涉及自然科学的内容，那么第二、第三篇则是《丛书》内涵的自然延伸，涉及更多的社会与管理科学的内容，从而形成了自然与人文及管理科学的合理交叉与融合。将国土空间规划和自然资源相关专业知识进行系统化、规范化、集成化和科普

化，也是《丛书》的一大特色，使小众科学成为大众科普，积极推动和提升规划自然资源领域科普工作核心品质，让社会公众进一步了解支撑国土空间规划的科学原理，认识到现代社会的科学发展已经不再是依靠“战胜自然，人定胜天”，而是应当懂得人与自然和谐共生，达到共创共建美丽宜居之都，实现人类永续发展的终极目标。

《丛书》纲目完整、联系密切、承上启下，具有清晰的逻辑性；内涵丰富、内容准确、依据充分，具有严密的科学性；语言通俗易读、图文表达简洁、内容清晰易懂，具有很强的普及性；注重北京特色、强调地域特点、围绕人文自然，具有鲜明的独创性。

我也衷心希望《丛书》的出版能够受到读者们的欢迎，为推动首都的科学传播事业及提升国民科学素质做出独特的贡献。

周忠和

2022 年 11 月 6 日　于北京

周忠和：中国科学院院士，美国科学院外籍院士，发展中国家科学院院士，巴西科学院通讯院士，中国科普作家协会理事长，全国政协常委。

序　四

针对长期以来我国城市发展中的自然资源管理不到位、空间规划重叠等问题，2018 年 3 月由国务院组建中华人民共和国自然资源部，统一行使全民所有自然资源资产所有者职责、所有国土空间用途管制和生态保护修复职责，并于 2019 年发布《关于建立国土空间规划体系并监督实施的若干意见》，提出“建立全国统一、责权清晰、科学高效的国土空间规划体系，整体谋划新时代国土空间开发保护格局”。这是国家推进生态文明建设、建设美丽中国的关键举措，也是保障国家战略有效实施、促进国家治理体系和治理能力现代化的必然要求。

面对“国土空间规划和自然资源”这一科技创新领域，学术界同仁抱着十分的热情和敏感度，在短短三年内形成了一大批颇有见地的研究成果，很好地支撑了国土空间规划和自然资源行业工作的推进。但这些成果以专业性的理论、技术、应用等占绝大多数比例，覆盖读者人群考虑专业人士的多、面向社会大众的少，许多市民，甚至政府管理部门对国土空间规划和自然资源还没有基本概念，这对于公共政策属性显著的规划学科而言是一个隐忧。

《北京国土空间规划和自然资源科普知识丛书》（以下简称《丛书》）出版计划正是在这一背景下提出的，它以国土空间与自然资源规划为领域，以首都北京作为主要对象，从中归纳提炼科普知识点，形成规划与自然资源领域科普的知识库。

作为一名规划专家，我对《丛书》第二篇《国土空间规划》最为关注。该书分为六个部分：第一部分为北京的城市形态演变和规划建设历史；第二部分为国土空间规划概念的基本介绍；第三、第四、第五部分以“五级三类”国土空间规划体系为依据，对北京市的总体规划、详细规划和专项规划进行了重点介绍；第六部分特别将城市设计拎出来单独介绍，显示出对这一“改进规划方法、提高规划编制水平”有效工具的高度重视。这些内容具有系统化、规范化、集成化和科普化等特点，达到了让社会大众进一步认识国土空间规划、理解人与自然和谐共生的意义的目的。

总体而言，《丛书》作为国土空间规划与自然资源领域全国首例科普读物，不仅清晰描绘了北京得天独厚的自然地理与资源环境，而且完整呈现了北京的 3000 多年建城史和 800 余年建都史，还突出展示了近年来北京规划与自然资源管理工作中的一些关键举措与亮点。我相信，《丛书》的出版定会对新时期国土空间规划与自然资源工作起到很好的宣传与推动作用，对我们思考怎样实现高质量发展和高品质生活、建设美好家园也会有重要价值。

2022 年 11 月 16 日　于南京

段进：中国科学院院士，国务院学位委员会城乡规划学科评议组成员，东南大学教授、博士生导师，东南大学建筑学院副院长，东南大学城市规划设计研究院副院长、总规划师，东南大学城市空间研究所所长，中国工程勘察设计大师。

序　五

在不断探索新时代中国国土空间规划的理论和方法的过程中，在反思人类造城 5000 年历史，尤其是最近的 200 年工业化城市时，有一个共识已经形成：城市发展迎来生态文明，可持续发展才是人类城市与空间规划的共同发展目标与时代主题。

北京是中华文明城市建设的范本，在建构中国国土空间规划体系的重要时期，北京的国土空间规划更是我们建构生态文明新时代空间治理的高级阶段的先行试验。这里既是我国天人合一的传统文明复兴，也是尊重自然、尊重生态价值观的重塑，更是当今世界大都市空间中人与自然和谐相处的鲜活实践。在北京大都市空间中，继承空间处理中的自然与都市生活相融的传统文化和生活方式，梳理都市空间规划中的理论知识体系，更是把老北京的生活空间扩大到大都市区域的人与自然的空间协调，把传统胡同文化中的百姓爱鸟、爱草、爱花的生活方式扩展到现代绿色低碳的大都市空间规划，提升为生态文明下的国土空间整体体系。针对国家空间的多个空间尺度层面，吸纳历史、社会、文化中的自然生活、本土传统，提升到更高维度的综合知识体系，植入现代自然地理和资源环境知识，是当今国土空间规划不可或缺的构成部分。

北京市规划和自然资源委员会编著的《北京国土空间规划和自然资源科普知识丛书》(以下简称《丛书》)中，结合北京的自然地理和资源环境的历史和现状，在系统科普自然地理要素和自然资源本身的生态经济功能、分布特征之外，又以平实易懂而准确的语言阐述了自然地理和自然资源要素对包括城市建设、景观布局、生态修复、资源保护、地质灾害预防和减灾等方面的空间规划制定的影响，同时也科普了国际、国内关于国土空间规划、资源保护、生态修复等的法规和政策。

优越的资源环境孕育北京历史文化，本书从资源与城市发展的历史关系角度谈到了地方历史文化遗产保护这一重大议题，并介绍了历史上的国土空间规划行为，也是本书的另一大看点。

科普可以是一项终身的工作。《丛书》作为科普读物，把复杂、专业的科学问题讲解得让非专业的读者也能听懂，不仅能使大众更深切地理解处理好自然资源保护与开发的关系、实现国土空间合理规划和利用的重大意义，也是对编写《丛书》的国土空间规划者、学者的锤炼。

吴志强

2022 年 11 月 16 日　于上海

吴志强：中国工程院院士、德国国家工程科学院院士、瑞典皇家工程科学院院士、美国建筑师协会荣誉院院士（Hon.FAIA）。同济大学原副校长、长三角城市群智能规划协同创新中心主任、中国城市规划学会副理事长、上海市政府参事。

引　言

北京丰富的自然资源支撑了城市的可持续发展，立足首都战略定位的国土空间规划开启了全面建设社会主义现代化首都的新航程。把让人民生活幸福作为规划与自然资源管理工作的出发点和落脚点，以实现迈向国际一流和谐宜居之都为目标。

北京市自然资源主管部门不断探索构建有效的管理体系，通过行政统筹、行政许可、技术服务和其他因地制宜的科学管理方法，下足“绣花功夫”，依法对自然资源要素进行全域、全流程、立体化管理，对国土空间规划的科学编制与实施落地进行监督管理，坚决维护规划的严肃性和权威性，实现以资源环境承载力为硬约束的城市发展和全域全类型国土空间开发保护和用途管制，坚持“一张蓝图绘到底”。

通过对自然资源、国土空间利用以及各项建设活动进行有效的控制、引导、监督和管理，畅通相关法律、法规、政令的实施，确保了国土空间规划落实，发挥国土空间规划战略引领和刚性管控作用，保障公共利益和合法权益，促进首都政治、经济、文化、社会、生态各方面协调有序发展，实现高质量、高效率、更公平、可持续的自然资源利用与国土空间开发保护。

《规划与自然资源管理》作为《北京国土空间规划和自然资源科普知

识丛书》的第三篇，从管理角度对规划与自然资源进行解读，具体包括自然资源管理、土地资源管理、国土空间规划管理、专项业务管理、法制机制与监督管理五个方面，展现了首都北京在有效实施国土空间规划和合理利用自然资源方面所建立的管理体系与施行的管理方法，以及对在首都国土空间规划落实等方面所发挥的重要作用。

目录

第一章

自然资源管理

∧湿地中包含丰富的自然资源（苗礼义 摄）

自然资源，是指天然存在、有使用价值、可提高人类当前和未来福利的自然环境因素的总和，例如，水资源、土地资源、矿产资源、森林资源、野生动物资源、湿地资源等。我国自然资源主管部门涉及的自然资源管理主要包括土地、矿产、森林、草原、水、湿地、海域海岛等自然资源，涵盖陆地和海洋、地上和地下。自然资源在经济社会发展和生态文明建设中承担着重要的作用，是国家发展之基、生态之源、民生之本，关系着人类永续发展。

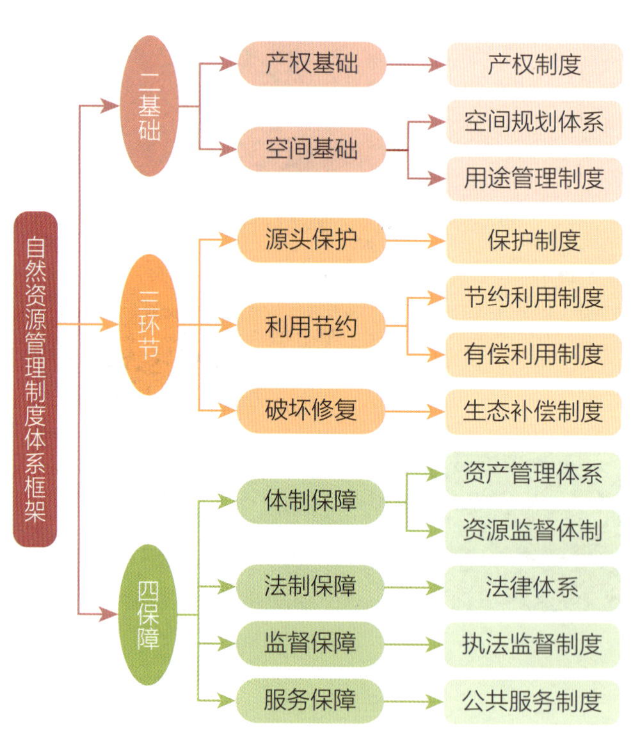

自然资源管理是依托健全的制度体系，依法对山、水、林、田、湖、草、沙、冰等自然资源要素进行全域、全流程、立体化管理。我国的自然资源管理制度体系由

"二基础、三环节、四保障"构成，即产权与空间两大基础制度体系，源头保护、利用节约、破坏修复三大环节制度体系，体制、法制、监督与服务四大保障制度体系。

按照"加强自然资源可持续管理，严守生态底线，优化生态空间格局"要求，北京市自然资源主管部门依法对北京自然资源调查监测、自然资源确权登记、自然资源资产、自然资源保护与利用实施管理。

第一节　自然资源调查监测管理

自然资源调查监测管理包括建立调查监测体系、组织自然资源调查、开展自然资源监测、构建资源调查数据库和进行自然资源评价。

一、构建自然资源调查监测体系

（一）建设思路

自然资源调查监测体系立足于山水林田湖草是生命共同体的理念，建立统一的调查、评价、监测制度，形成协调有序的调查工作机制，构建完整的标准

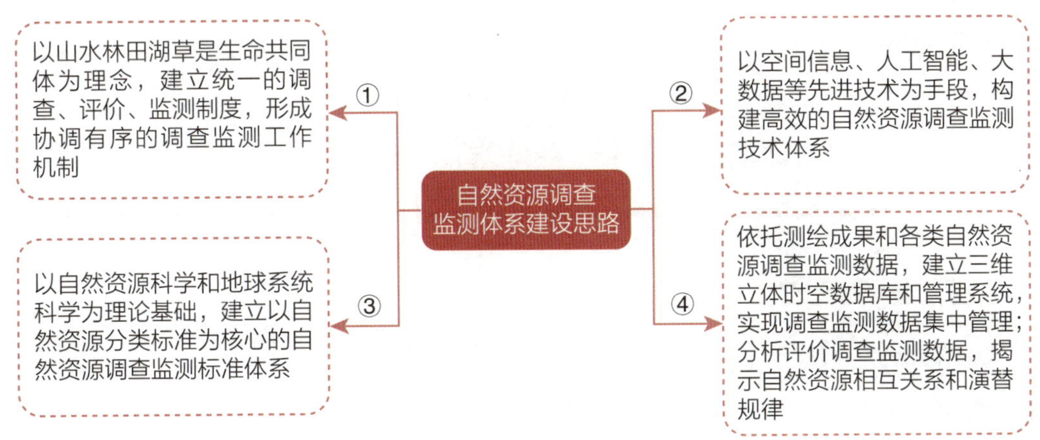

体系和技术体系，建立自然资源三维立体时空数据库和管理系统，实现调查监测数据集中管理。

（二）目的作用

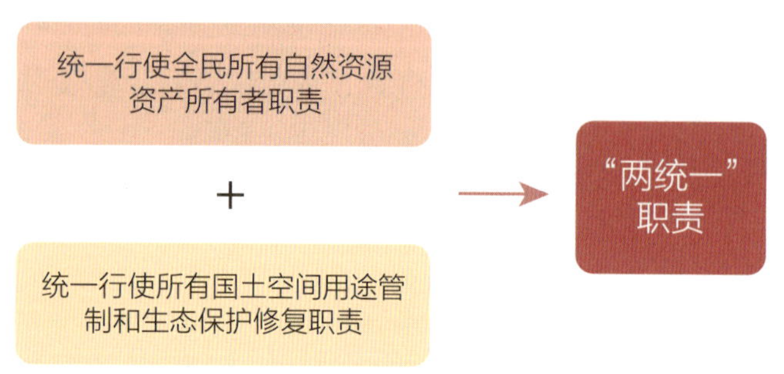

实现自然资源管理的“两统一”职责并统一自然资源分类标准，依法组织开展自然资源调查监测评价，查清各类自然资源家底和变化情况，为编制国土空间规划，实现山水林田湖草保护修复和综合治理，保障生态安全，提升治理体系与能力，提供基础支撑和服务保障。

（三）主要任务

建立自然资源分类标准，构建调查监测系列规范；调查自然资源状况；监测自然资源动态变化情况；建设调查监测数据库；分析评价自然资源调查监测数据。

自然资源调查监测任务

◎建立自然资源分类标准和调查监测系列规范

◎调查自然资源的种类、数量、质量和空间分布等

◎监测自然资源动态变化

◎建设数据库，建成“一张底版、一套数据和一个平台”

◎分析评价自然资源和生态环境保护修复治理利用效率

（四）体系构成

包括业务体系、工作体系、组织实施和保障措施。其中，工作体系包含调查、监测、数据库建设、分析评价、成果及应用。

自然资源调查监测评价体系

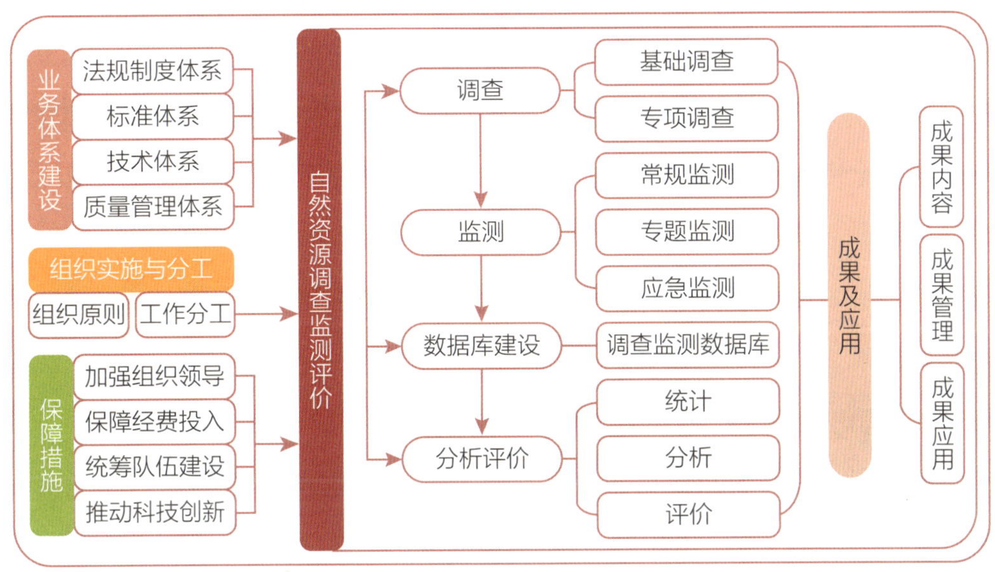

二、组织自然资源调查

自然资源调查是对山、水、林、田、湖、草、沙、冰等要素构成的自然资源与环境因素进行定期和非定期调查，了解自然资源总体情况，摸清自然资源的数量、分布、面积、权属等基本情况和变化情况。

自然资源调查重要举措

自 2017 年起，国务院统一部署开展第三次全国国土调查（简称“国土三调”），历时 3 年，于 2021 年 8 月发布了主要数据公报。其成果是国家制定经济社会发展重大战略规划、重要政策举措的基本依据，形成了国土空间规划和各类相关规划的统一基数和“一张底图”。

（一）组织部署

重大国情国力调查，如全国国土调查等，由党中央、国务院部署安排。2017 年国务院决定开展第三次全国土地调查，即第三次全国国土调查。以第三次全国国土调查（以下简称“国土三调”）为基础，集成现有的森林资源清查、湿地资源调查、水资源调查、草原资源清查等数据成果，形成全国自然资源管理的调查监测“一张底图”。

北京市于2018年9月开始全面开展全市第三次国土调查工作，并以2019年12月31日为统一时点更新数据。组织开展年度国土变更调查；开展第九次全市园林绿化资源专业调查、荒漠化调查、湿地资源和全市公园基本情况普查；完成第三次水资源调查评价。通过调查，查明和掌握了重要自然资源的数量、质量、分布、权属、保护和开发利用状况，形成全市自然资源调查现状“一张图”。

（二）调查分类

自然资源调查分为基础调查和专项调查，基础调查是对自然资源共性特征开展的调查，属重大的国情国力调查。专项调查是针对土地、矿产、森林、草原、水、湿地、海域海岛等自然资源的特性或特定需要开展的专业性调查，两者结合共同描述自然资源总体情况。

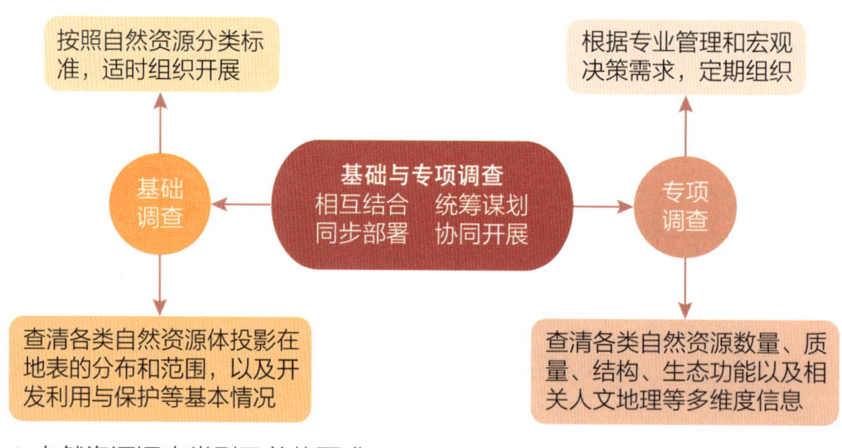

∧ 自然资源调查类型及总体要求

（三）专项组织

在自然资源专项调查中，北京市自然资源主管部门牵头组织或负责组织土地资源、矿产资源、地下水资源和地表基质等调查。其他相关专项调查按专业部门的管理职责或需求，由各相关部门组织实施。例如，湿地、野生动物专项调查由北京市园林绿化部门组织实施。

自然资源专项调查

耕地资源	水资源	城乡建设用地	水土流失
森林资源	海洋资源	城镇设施用地	海岸带侵蚀
草原资源	地下资源	野生动物	荒漠化沙化石漠化
湿地资源	地表基质	生物多样性	……

三、开展自然资源监测

自然资源在自然因素和人类开发活动的影响下，在空间分布、规模数量、存续质量上可发生变化，也会对自然环境产生影响。通过自然资源监测，掌握自然资源变化情况，及时有效地为自然资源监管和保护提供服务。

自然资源监测是在已取得的调查数据基础上，利用航空航天遥感、采样分析、自动化监测等技术，对土地、森林、湿地、水等自然资源的数量、分布、质量等变化开展监测。

自然资源监测分为常规监测、专题监测和应急监测三种类型。

常规监测

对全国自然资源进行定期的全覆盖动态遥感监测，以每年 12 月 31 日为时点，重点包括土地利用在内的各类自然资源，及时掌握年度变化信息，为督察执法以及各类考核提供基础数据。

专题监测

对地表覆盖和某一区域、某一类型自然资源的特征指标进行动态跟踪，掌握地表覆盖及自然资源数量、质量变化情况。

应急监测

对社会关注的焦点和难点问题进行的快速实时的紧急监测，为突发情况处

自然资源监测方式

针对自然资源管理要求，落实相应的自然资源监测方式。

◎常规监测：重点包括土地利用在内的各类自然资源的年度变化情况

◎专题监测：主要包括地理国情、重点区域、地下水、生态状况等监测

◎应急监测：社会关注的自然资源焦点和难点问题

置提供依据。

北京市对森林、水、耕地、湿地等自然资源逐步实施全覆盖动态监测，对自然保护地、永久基本农田、自然灾害易发区等区域进行重点监测。北京市自然资源主管部门开展土地变更调查与遥感监测；组织完成地理国情监测专项工作；落实土地利用、地下水、矿山生态环境、地质灾害等专项监测，及时发现违法占用土地资源和盗采矿产资源以及资源开采形成的环境问题等，实现“早发现、早制止、严打击”，有效遏制自然资源的损失损毁，使环境得到有序修复治理。自然资源调查监测成果为北京市国土空间规划、矿山生态修复规划等提供重要依据。

发现矿山开采破坏图斑

监测破坏图斑修复工程

监测图斑生态修复成效

∧ 北京怀柔区某矿山开采破坏图斑生态修复无人机监测

四、构建调查监测数据库

自然资源调查监测数据库是实现自然资源管理“一张底版、一套数据、一

个平台”的重要内容，是国土空间基础信息平台的数据支撑。

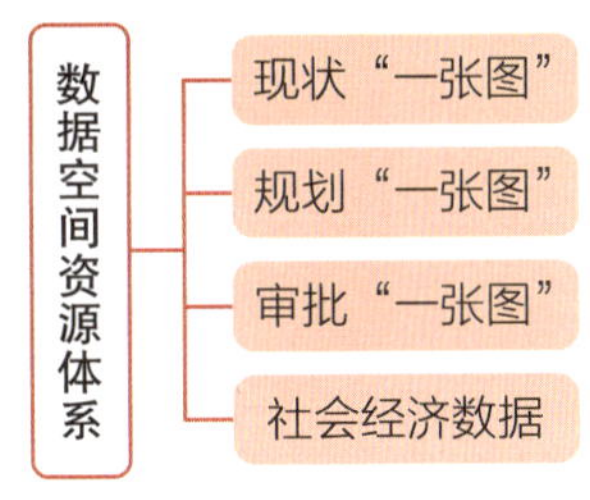

北京市自然资源主管部门以自然资源调查成果数据为核心，以基础地理信息为框架，以数字高程模型、数字表面模型为基底，充分利用大数据、云计算、分布式存储等技术，构建资源调查数据库，实现包含基础地理、摄影测绘、调查评价、管理成果、执法监督等数据的现状“一张图”，建成国土调查数据库和共享应用平台。现状“一张图”与规划“一张图”、审批“一张图”及社会经济数据共同形成覆盖全市域的地理信息和集合市级多个部门资源数据的空间资源体系，达到自然资源调查监测数据的集成管理，满足对规划、审批、执法、监管及决策等业务应用的支撑。

五、进行自然资源评价

自然资源评价是在调查监测数据基础上，按照一定的评价原则和科学的评价指标，对自然资源数量、质量、地域组合、空间分布、开发利用、治理保护等方面进行定量或定性的分析评价。

（一）评价工作内容

主要包括数据统计、综合分析和资源评价。

数据统计：包括自然资源调查监测数据的基础统计和分类、分项统计。

综合分析：根据统计数据，结合全市或区域国土规划目标，以及专题要求，从数量、质量、结构、生态功能等方面，进行自然资源现状、开发利用程度及潜力分析，综合分析自然资源、生态环境等发展变化趋势和整体情况。

资源评价：建立符合北京自然资源特点及城市定位发展要求的调查评价指标体系，评价自然资源基本状况与保护开发利用程度，评价自然资源要素之间、城市建设与自然资源之间、经济社会与区域发展之间的协调关系等。针对北京市自然资源特色和生态环境要求开展相关评价，如全市的土地资源质量分

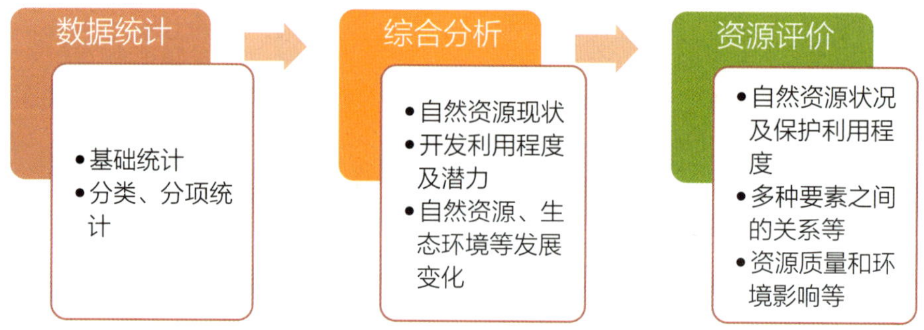

析评价、水资源分析评价、城市建设用地规模分析评价、自然资源开发生态环境影响评价等，为首都城市发展的自然资源保护与合理开发利用提供参考。

（二）主要评价方法

自然资源评价包含了多种要素与变量，评价可用定性与定量相结合的方法。主要评价方法有传统调查分析法、3S 技术法、数理统计分析法、指标赋值法等。

（三）资源评价模式

包括单项资源评价、自然资源综合评价、自然资源质量评价、自然资源经济评价、区域资源综合评价。

单项资源评价 | 自然资源综合评价 | 自然资源质量评价 | 自然资源经济评价 | 区域资源综合评价

∧ 自然资源评价的五种模式

第二节　自然资源确权登记

为贯彻落实我国的生态文明建设部署，利于实现山水林田湖草沙冰的整体保护、系统修复和综合治理，国家实行自然资源统一确权登记，以不动产登记为基础，建立归属清晰、权责明确、保护严格、流转顺畅、监管有效的自然资源资产产权制度。通过自然资源统一确权登记，清晰界定全部国土空间各类自然资源资产的所有权主体，划清全民所有和集体所有之间的边界，划清全民所有、不同层级政府行使所有权的边界，划清不同集体所有者的边界，划清不同类型自然资源之间的边界。

一、确权登记任务

自然资源确权登记是对水流、森林、山岭、草原、荒地、滩涂、海域、无居民海岛，以及探明储量的矿产资源等自然资源的所有权和所有自然生态空间的确权登记。

（一）国家公园自然保护地确权登记

明确国家公园内各类自然资源的数量、质量、种类、分布等自然状况和权属状况，并关联公共管制要求。

（二）自然保护区、自然公园等其他自然保护地确权登记

明确自然保护区、自然公园等自然保护地范围内各类自然资源的数量、质量、种类、分布等自然状况和权属状况，并关联公共管制要求。

（三）江河湖泊等水流自然资源确权登记

明确水流的范围、面积等自然状况和权属状况，并关联公共管制要求。

（四）湿地、草原自然资源确权登记

明确湿地、草原自然资源的范围、面积等自然状况和权属状况，并关联公共管制要求。

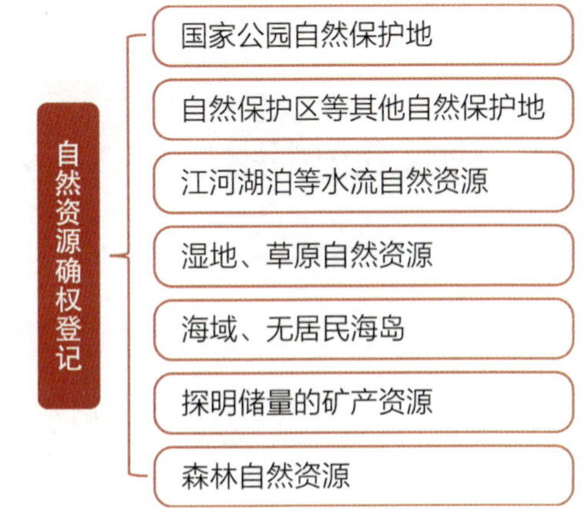

（五）海域、无居民海岛自然资源确权登记

明确海域的范围、面积等自然状况和权属状况，并关联公共管制要求。

（六）探明储量的矿产资源确权登记

明确矿产资源的数量、质量、范围、

种类、面积等自然状况和权属状况，并关联勘查、采矿许可证号等相关信息和公共管制要求。

（七）森林自然资源确权登记

对已登记发证的重点国有林区做好林权权属证书与自然资源确权登记的衔接，进一步核实相关权属界线。在明确所有权代表行使主体和代理行使主体的基础上，对国务院确定的重点国有林区森林资源的代表行使主体和代理行使主体探索进行补充登记。省级及省级以下自然资源主管部门对本辖区内尚未颁发林权权属证书的森林资源，以所有权权属为界线单独划分登记单元，进行所有权确权登记。

公共管制要求

用途管制要求：依法确定的自然资源有关规划对自然资源登记单元的用途管制要求。

生态红线要求：依法划定的生态保护红线对自然资源登记单元的生态保护要求。

特殊保护要求：自然资源有关法律法规或者规划和红线确定的对自然资源登记单元的其他保护要求。

自然资源确权登记具体内容主要包括：自然资源的坐落、空间范围、面积、类型及数量、质量等自然状况；自然资源所有权主体、所有权代表行使主体、所有权代理行使主体、行使方式及权利内容等权属状况以及其他相关事项。

二、确权登记组织

自然资源确权登记工作按照分级和属地相结合的方式进行。国务院自然资源主管部门负责指导、监督全国自然资源统一确权登记工作。省级以上人民政府负责自然资源统一确权登记工作的组织，各级不动产登记机构具体负责自然资源登记。

各省负责组织开展本行政区域内由中央委托地方政府代理行使所有权的自

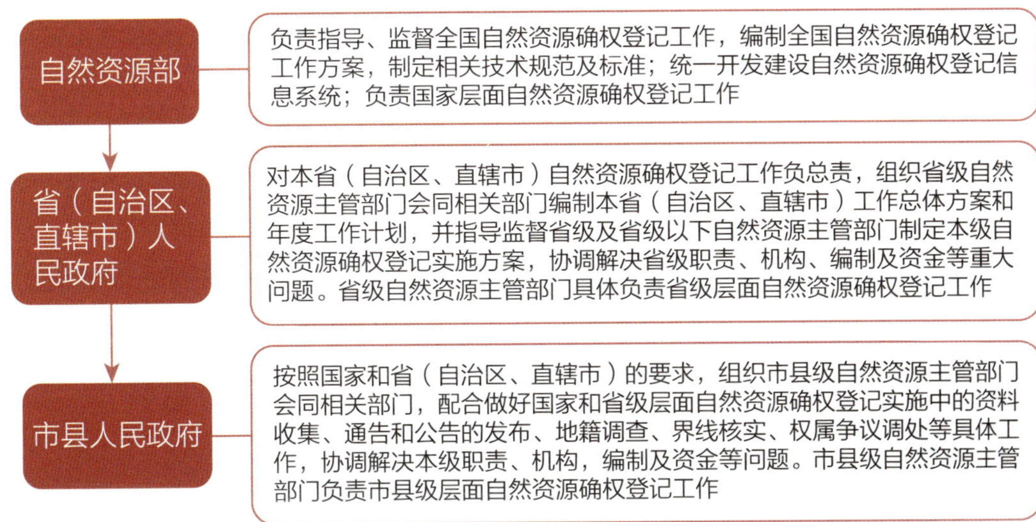

∧ 自然资源确权登记组织分工

然资源和生态空间的统一确权登记工作。市县应按照要求，做好本行政区域范围内自然资源统一确权登记工作。跨行政区域的自然资源确权登记由共同地上一级登记机构直接办理或者指定登记。

北京市成立了包括市规划和自然资源委、市财政局、市生态环境局、市水务局、市园林绿化局、市农业农村局等部门组成的工作专班，建立和实施自然资源统一确权登记制度，制订了本市自然资源统一确权登记总体工作方案，以不动产登记为基础，充分利用国土调查成果，开展自然资源统一确权登记。2022 年启动自然资源确权登记，先期开展试点区域的自然资源确权登记工作，之后逐步推进，实现对北京市辖区自然保护地、水流、湿地、森林及探明储量的矿产资源等全部国土空间内的自然资源登记全覆盖。

三、登记类型与流程

（一）登记类型

自然资源确权登记分为首次登记、变更登记、注销登记和更正登记四种类型。

首次登记：在一定时间内对登记单元内全部国家所有的自然资源所有权进行的第一次登记。

变更登记：因自然资源的类型、范围和权属边界等自然资源登记簿内容发生变化进行的登记。分为依职权变更和依嘱托变更。

注销登记：已经登记的自然资源，因不可抗力等因素导致自然资源所有权灭失，登记机构依嘱托办理注销登记。

更正登记：登记机构对自然资源登记簿的错误记载事项进行更正的登记。分为依职权更正和依嘱托更正。

（二）登记流程

自然资源确权登记的流程如下。

首次登记：登记程序为通告、调查、审核、公告、登簿。北京市自然资源首次登记主要分为前期准备、调查核实、入库审核与登记发证四个阶段，包括编制工作底图、预划登记单元、发布通告、地籍调查、调查核实、调查成果上图、数据入库、登记审核、进行公告与登簿发证等多个环节。

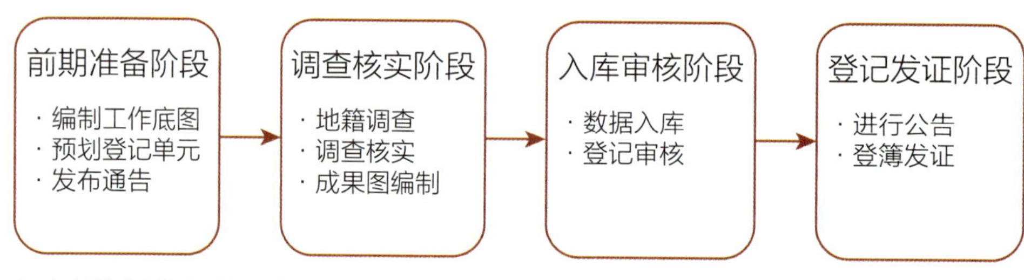

∧ 自然资源首次登记流程

变更登记：登记机构依职权办理变更时，在登记信息平台上通过数据库关联，自动提取自然资源数据变化数据，实现登记簿的定期更新；登记机构依嘱托办理信息变更时，按照嘱托→接受嘱托→审核→登簿的程序进行。

注销登记：登记机构依嘱托办理注销登记，按照嘱托→接受嘱托→审核→公告→登簿的程序进行。

更正登记：登记机构依职权办理更正时，按照启动→审核→公告→登簿的程序进行；依嘱托更正时，按照嘱托→接受嘱托→审核→登簿的程序进行。

自然资源统一确权登记以不动产登记为基础，依据《不动产登记暂行条例》的规定办理登记的不动产权利，不再重复登记。

四、登记资料管理

北京各登记机构统一采用自然资源登记信息系统，利用标准的自然资源登记数据库，录入相关数据，充分利用登记信息系统进行相关信息公开、共享与原始资料查询等。

自然资源登记簿采用电子介质，关联的国土空间规划明确的用途、生态保护红线、特殊保护规定等信息，以及不动产权利信息、矿业权信息（勘查许可、采矿许可信息）、取水许可信息、排污许可信息等。当相应信息发生变化时，登记机构依职权通过系统及时更新。

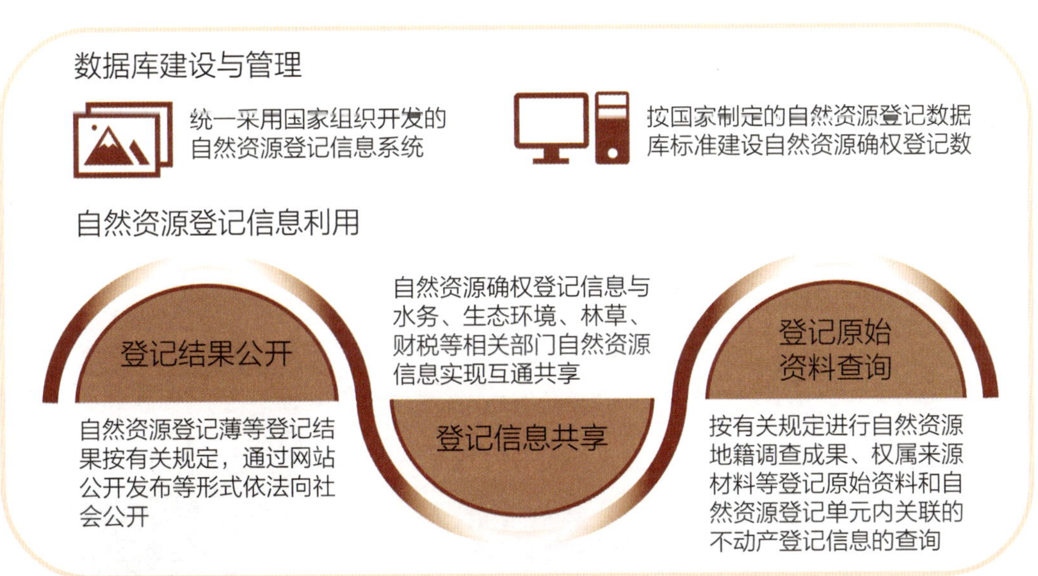

第三节　自然资源资产管理

自然资源资产管理是自然资源管理的重要内容之一，其以自然资源监管为基础，主要任务是建立全民所有自然资源资产统计制度，负责全民所有自然资源资产核算；编制全民所有自然资源资产负债表，拟订考核标准；制定全民所有自然资源资产划拨、出让、租赁、作价出资和储备政策，合理配置全民所有自然资源资产；负责自然资源资产价值评估管理，依法收缴相关资产收益。

一、自然资源资产

自然资源资产是指具有稀缺、有用性（经济、社会和生态效益）及产权明确的自然资源。主要包括土地、水、矿产、森林、草原、湿地、海域海岛等。

（一）全国国有自然资源资产基本情况

表 1-1　全国国有自然资源资产基本情况（2021 年发布）

	类别	数量
土地	建设用地	1760.6 万公顷
	耕地	1957.2 万公顷
	园林	238.7 万公顷
	森林	11284.1 万公顷
	草原	19733.4 万公顷
	湿地	2182.7 万公顷
	全国国有土地总面积	52333.8 万公顷
矿产		173 种
水		31605.2 亿立方米
海洋		300 万平方千米
自然保护地		9200 个
野生动植物		173300 种

注:1 公顷 =0.01 平方千米。

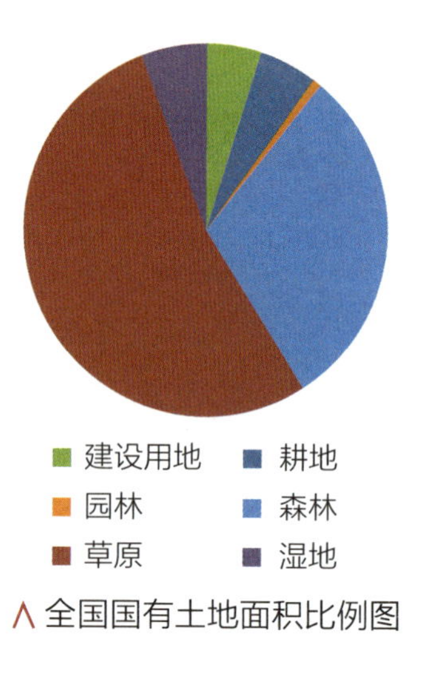

∧ 全国国有土地面积比例图

（二）北京市自然资源资产基本情况

北京市国土总面积 164.06 万公顷，其中国有土地面积 35.21 万公顷，集体土地面积 128.85 万公顷。全市六大国有自然资源是土地资源、矿产资源、森林资源、水资源、湿地资源、自然保护地。

表 1-2　北京市自然资源资产基本情况（2021 年发布）

类别		数量
土地资源	农用地	126.91 万公顷
	建设用地	32.79 万公顷
	未利用地	4.36 万公顷
矿产资源		129 种
森林资源		84.83 万公顷
水资源		25.76 亿立方米
湿地资源		3125.64 公顷
自然保护地		22.72 万公顷

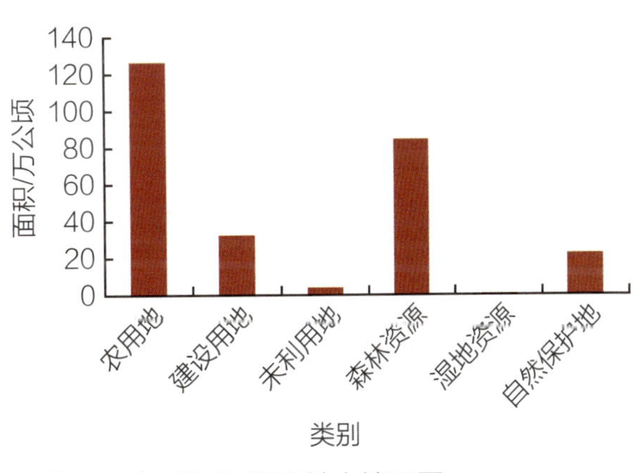

∧ 北京市自然资源资产基本情况图

二、自然资源资产管理职责

依据宪法和法律，我国自然资源资产采取分级、分部门管理的形式。国家对国有自然资源行使用益物权的管理，行政主体包括各级政府、授权的特定组织机构和企业。以往国有自然资源资产管理工作由分门类的自然资源管理部门具体实施。各门类自然资源管理部门按照中央和地方（省、市、县）人民政府批准的职责分工，分级对口负责，业务上部分采用垂直管理，共同做好国有自然资源资产管理工作。

对于具有经营性的国有自然资源资产，按资产的“市场”属性进行分类实施管理。例如，在北京某区由国家出资探明的矿产资源，具有市场属性，有交易主体和交易市场，其纳入自然资源管理部门矿业权出让范围，其中探矿权由中央和北京市两级管理，采矿权由中央、北京市、区三级管理。

三、建立自然资源资产产权制度

自然资源资产产权制度是加强生态保护、促进生态文明建设的重要基础性制度。改革开放以来，我国自然资源资产产权制度逐步建立，在促进自然资源节约集约利用和有效保护方面发挥了积极作用，但也存在自然资源资产底数不清、所有者不到位、权责不明晰、权益不落实、监管保护制度不健全等问题。

北京市以落实《北京城市总体规划（2016 年—2035 年）》为统领，以完善自然资源资产产权体系为重点，以落实产权主体为关键，以调查监测和确权登记为基础，积极改革创新，加强监督管理，着力促进自然资源集约利用、整体保护和系统修复，逐步完善资产监管和资产产权法规体系，加快构建自然资源资产产权制度体系。

北京市自然资源资产产权制度的基本原则

保护优先、集约利用： 正确处理资源保护与开发利用的关系，严守保护底线，严格用途管制，优化资源配置，提高利用效率，推动高质量发展。

履行所有者职责、维护所有者权益： 坚持主体明确、权能明晰、权责对等，处理好自然资源资产所有权与使用权的关系，平等保护各类自然资源资产产权主体合法权益。

市场配置、政府监管： 以扩权赋能、激发活力为重心，发挥市场配置资源的决定性作用；加强政府监督管理，促进自然资源权利人合理利用资源。

首善标准、区域协作： 围绕落实首都城市战略定位，统筹推进自然资源资产产权制度改革，提高自然资源资产管理水平，发挥示范作用；坚持京津冀协同发展，加强区域联动。

北京市依照四个基本原则和九项主要任务，构建自然资源资产产权制度。主要包括健全自然资源资产产权体系，明确自然资源资产产权主体和权责，开展自然资源统一调查监测评价，加快自然资源统一确权登记，强化自然资源整体保护，促进自然资源资产集约开发利用，推动自然生态空间系统修复，健全自然资源资产监管体系，完善自然资源资产产权法规体系。

北京市自然资源资产产权制度的主要任务

健全产权体系	加快统一确权登记	推动生态修复
明确主体权责	强化整体保护	健全自然资源资产监管体系
统一调查监测评价	促进集约开发利用	完善法规体系

四、实施自然资源资产管理

（一）构建自然资源资产管理系统

自然资源资产管理需要对各类自然资源的资产情况进行全面查清与核算，包括实物量清查和价值量核算，因此需要构建自然资源资产管理系统，实现信息化管理。系统实现有以下主要功能。

形成资源资产“一张图”：形成自然资源资产数据整合，满足资产管理状况的浏览展示、查询统计、分析对比、专题图制作的可视化管理。

进行自然资源资产核算：通过统一的数据采集输入，根据所需核算范围，基于资产权属、空间分析、数量、质量、用途等数据维度，形成资产管理核算搭建指标和管理模型体系，实现自然资源

自然资源资产负债表主要涉及内容

◎自然资源数量的存量表

◎划分种类和品质的质量表

◎衰减变化的流向表

◎根据市场估值的价值表

资产成果的自动管理。

资产负债表编制：体现自然资源在核算期初、期末的存量水平及核算期间的变化量。基于自然资源资产实物量和价值量核算结果，按照统一的资产负债表的编制方法与技术，实现自然资源资产负债表的自动编制。

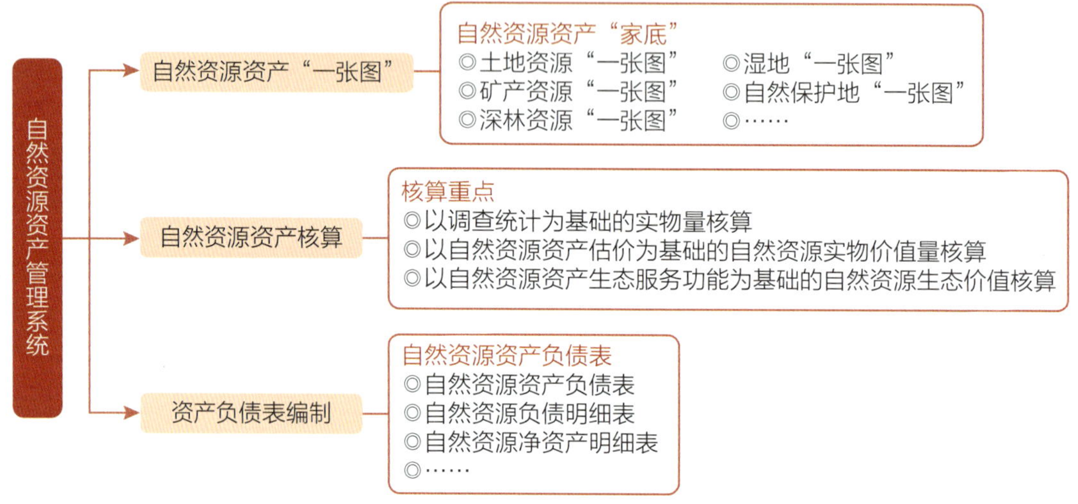

∧ 自然资源资产管理系统主要功能

（二）落实自然资源资产管理

落实确权登记，完善工作机制

北京市按照全面铺开、分阶段部署要求，于2022年先期开展试点区域的自然资源确权登记，之后逐步推进，实现覆盖全市的自然资源登记。基本建立市区两级资产管理报告编制工作机制。通过对部分市级与区级政府部门及领导干部的自然资源资产离任审计，完善生态文明绩效评价考核和责任追究制度。

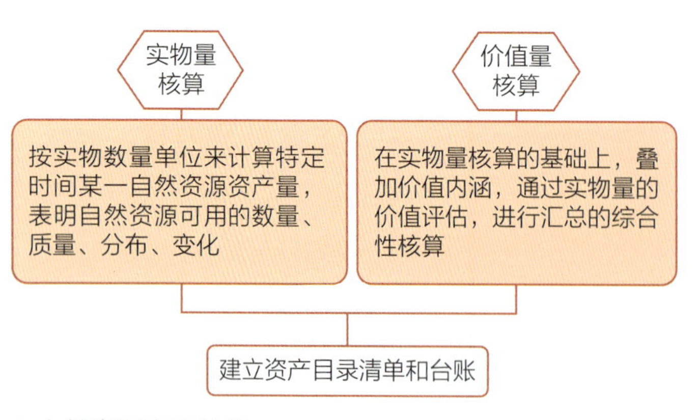

∧ 自然资源资产核算

推进国有自然资源资产核算

在西城区和门头沟区启动了国有自然资源资产清查试点工作，创新采用“实物量清查 + 价值量评估”的清查模式，初步建立了自然资源的一本“资产台账”。开展国有土地、矿产、森林和水资源资产价值评估和资产核算研究，以国有森林资源经营单位为试点，做好林木资产的核算工作，探索生态服务等资产核算管理体系。探索建立国有农用地有偿使用制度并创新完善国有建设用地有偿使用制度。

强化自然资源优化配置和集约利用

科学配置和集约利用自然资源资产，按照国土空间规划有计划、有步骤、有重点地配置好各类自然资源资产；以人为本进行自然资源资产配置，合理安排生产、生活、生态空间。做好首都功能核心区各类自然资源资产调配；加强生态保护及修复与未利用地、拆违腾退用地、耕地保护工作衔接联动。

创新土地资源配置机制，通过建设用地净减量，实现从增量扩张到减量发展的历史性转变，支撑首都高质量发展；优化矿产资源保护利用方式，停止固体矿产和矿泉水矿业权（探矿权、采矿权）新立审批；构建高效的国有森林资源资产管理体系，推动国有林场发展方式转变；组织实施全市取用水管理专项整治行动，集约节约用水初见成效；推进审批改革试点等，提高建设项目审批效率；制定规划用地保障措施，大力支持“两区”建设；编规划、出意见，梳理存量空间资源，推进城市有机更新；落实留白增绿，为城市发展预留战略空间。

> **“两区”建设**
>
> 指国家服务业扩大开放综合示范区和中国（北京）自由贸易试验区建设。

提高自然资源的配置效率

建立建设用地精细化利用机制，实施土地全生命周期管理。精细化推进城市存量更新，提高北京市存量用地的利用效率。实施城市更新专项行动，引导中心城区存量资源优化提升。鼓励存量低效商办项目改造；做好老旧小区、老旧厂房和老旧楼宇更新改造；创新存量空间资源提质增效政策机制，鼓励单位盘活自有低效存量用地。推进闲置、低效用地处置，加快土地盘活。完善低效用地盘活机制，提高土地配置效率。

提升自然资源可持续利用水平

坚守耕地保护红线，全面落实“田长制”，强化“村地区管”工作机制，构建耕地保护激励补偿政策。推进矿山环境恢复治理和地质灾害防治。落实相关矿产开采企业关停退出，有序推进地热矿业权审批。强化林水资源保护与节约利用，推动开展国有林权证换发不动产登记工作；制定水要素规划管理细则，实施最严格的水资源管理制度；坚持山水林田湖草系统治理，扎实推进矿、水、湿等自然资源治理与修复。搭建全市生态要素空间资源数据库。

统筹全域全要素自然资源管理

构建全域、全要素、全过程的国土空间用途管制体系，推进自然资源整体保护和生态空间系统修复，实施绿色北京战略，落实“三线一单”生态环境分区管控体系，建立“市级＋功能区＋管控单元”的“1+5+756”生态环境准入清单体系。

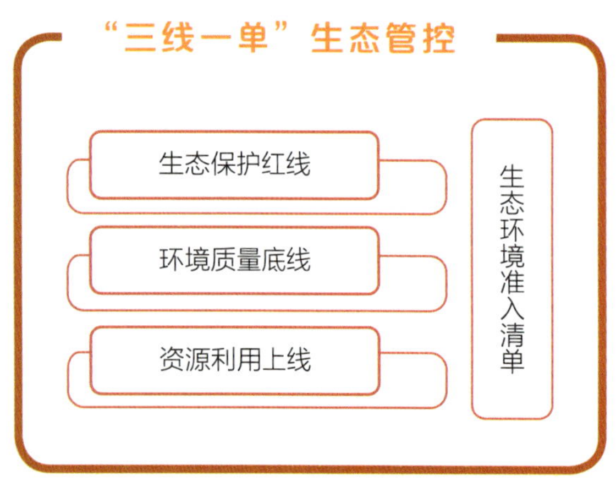

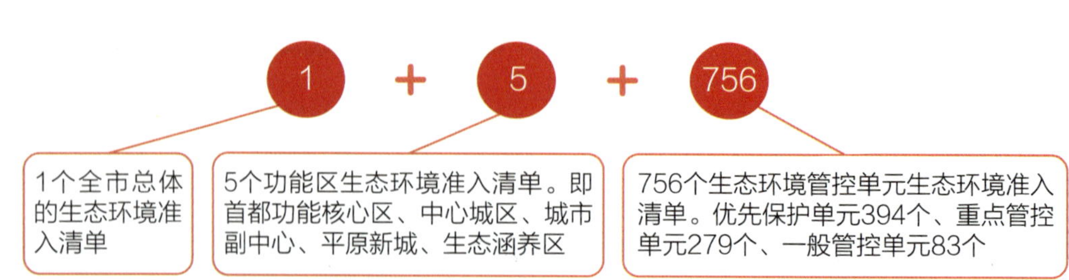

∧ 北京市生态环境准入清单体系

在管控单元中，394 个优先保护单元，坚持保护优先，强化生态保育和生态建设，严控开发建设，严禁不符合主体功能的各类开发活动，确保生态环境功能不降低；279 个重点管控单元，以环境污染治理和风险防范为主，优化空间布局，促进产业转型升级，加强污染排放控制和环境风险防控，不断提升资源利用效率。

（三）推进法治保障，打造现代化管理

为推进自然资源管理法制建设与保障，制定本市自然资源资产管理相应的政策法规，完善建设征地补偿安置办法、农村建设用地管理等规章制度；加快推进资源环境损害类司法鉴定机构准入，制定环境损害司法鉴定登记评审细则；采用“三合一”审理环境资源类刑事、民事、行政案件；推动全市中级、基层法院环境资源审判专门机构体系的构建；强化自然资源日常执法和督察，完善动态巡查责任机制；逐步健全自主督察制度，开展专项自主督察。

打造本市自然资源的现代化管理，不断优化自然资源资产管理体系，持续进行精细化城市建设与管理，打造智慧平台，加快建设“数字北京”，提升自然资源数字化管理服务水平，制定服务优化营商环境的改革措施，持续推进优化营商环境。

第四节　自然资源保护和利用管理

自然资源保护是指为了解决由于生产扩大、环境污染、资源浪费等对自然资源造成损害而采取的保护措施。自然资源开发利用是服务于人类生产、生活所需而对自然资源进行充分、合理使用的一切活动。对自然资源的保护与开发利用，是为了保持生态平衡，创造美好人居环境，达到人与自然和谐相处，最终取得经济、社会和生态效益的统一。北京市对自然资源的管理坚持保护优先、集约利用，统筹自然资源开发利用，实施严格的保护管理。

一、自然资源开发利用管理

自然资源开发利用管理是在落实节约资源和保护环境基本前提下，对自然资源开发利用进行合理统筹和有效推进。自然资源开发利用管理的目标是落实生态文明体制改革总体方案的部署要求，健全完善自然资源开发利用制度机制，体现对自然资源的整体性与系统性利用理念，强化资源配置方式的市场机制，突出节约集约的资源利用导向。

（一）主导思想

贯彻“山水林田湖草”是一个生命共同体的系统思想，统筹协调自然资源开发利用。坚持保护也是发展，统筹考虑资源的多重功能，协调开发不同门类资源的矛盾冲突，推动合理开发利用。

遵循“发挥市场在资源配置中的决定性作用和更好发挥政府作用”的改革路径，实施自然资源市场监管。制定开发利用公共政策，健全市场配置、价格管理、宏观调控、法治环境保障等方面的制度，规范市场交易行为，维护公平竞争环境。

坚持“节约优先，保护优先，自然恢复为主”的方针，以“严控总量、优化结构、提高效率、评价考核”为基本路径，推进建立自然资源节约集约利用机制。对自然资源进行全过程节约集约管理，健全完善政策标准制度体系，提升利用效率，大幅降低资源消耗强度，减少生态损害，积极促进经济发展质量变革、效率变革、动力变革，推动生态文明建设。

（二）管理措施

构建“统筹牵头、协同配合、系统开发、政策衔接、规范有序”的自然资源开发利用统筹协调机制，坚持“六个统筹”。

六个统筹

◎自然资源有偿使用制度建设的统筹
◎自然资源开发利用准入的统筹
◎自然资源开发利用标准的统筹
◎自然资源开发利用政策衔接的统筹
◎自然资源开发利用市场监管的统筹
◎自然资源开发利用评价考核制度的统筹

构建“产权清晰、规则一致、信用完善、平台统一、监管有力”的自然资源市场监管体制。统筹推进自然资源市场化配置，着力推动自然资源市场“三个统一”和自然资源管理制度与机制的“两个健全”。

自然资源市场“三个统一”

◎统一交易规则

◎统一监管制度

◎统一交易平台

“两个健全”自然资源制度与机制

◎健全分等定级价格评估制度，严格评估队伍管理

◎健全市场调控机制，研究制定自然资源调控政策

（三）管理实施

北京市自然资源开发利用管理主要包括：自然资源资产管理、耕地实施保护管理、生态保护管理和土地征收征用管理。

自然资源资产管理方面

拟订自然资源资产有偿使用的制度，建立监督和交易管理并监督实施，建立自然资源市场交易规则和交易平台，组织开展自然资源市场调控。负责自然资源市场监督管理和动态监测，建立自然资源市场信用体系。建立政府公示自然资源价格体系，组织开展自然资源分等定级价格评估。拟订自然资源开发利用标准，开展评价考核，指导节约集约利用等。

耕地保护管理方面

拟订并实施耕地保护政策，组织实施耕地保护责任目标考核和永久基本农田特殊保护，负责永久基本农田划定、占用和补划的监督管理。承担耕地占补平衡管理工作。依法依规解决部分现有使用权、经营权合理退出问题等。

生态保护管理方面

探索建立政府主导、企业和社会参与、市场化运作、可持续的生态保护补偿机制。

土地征收征用管理方面

负责耕地保护政策与林地、草地、湿地等土地资源保护政策的衔接。

（四）坚持减量发展

为确保城市资源环境承载能力和国土空间适宜性开发，满足城市功能定位要求，北京坚持减量发展。减量发展是在尽可能减少消耗自然资源尤其是不可再生资源及转变对社会资源的粗放使用基础上，实现高质量发展的一种可持续发展模式。北京减量发展主要体现在控制城市发展边界、优化城市内部资源配置、疏解非首都功能和改善城市生态环境方面。

推进城乡建设用地减量

依据国土空间规划确定的城乡建设用地减量目标和各分区规划确定的各区城乡建设用地规模，结合年度减量任务目标和减量实施方案，根据平原、浅山和深山区的不同条件，以乡镇为规划实施单元开展统筹，采取差异化的引导策略，严格落实各区拆占比和拆建比，细化至具体地块，实施矢量管理，统筹推进城乡建设用地减量工作。

全面退出固体矿产开发

引导全市范围内固体矿产和矿泉水矿业企业有序退出，推动重要功能区深层地热资源和浅层地热能资源的勘查开发和利用，禁止新增其他矿产勘查开采审批，“十四五”规划期间全市固体矿山企业全部退出，规划重点以矿山生态修复为主。

建立减量标准和管理系统

北京市出台了一系列推动城乡建设用地减量任务实施的配套文件，初步形成减量标准体系。建立并运行“北京市城乡建设用地增减挂钩在线监管系统”，作为全市减量实施技术支撑平台。

制定多种减量发展途径

推动减量任务落实细化减量途径，分别制定了分圈层、多维度城乡建设用地减量途径，主要有违法建设拆除、违法占地腾退、低效产业用地腾退、矿山治理修复以及农村居民点整理等途径。

二、自然资源保护管理

自然资源保护管理是依据国家自然资源法律法规开展的与自然资源保护相关的审查、监督、服务工作。我国自然资源主管部门主要负责耕地保护监管、矿产资源保护监督、海洋海岸带海岛规划监督管理和国土空间生态修复管理等。

耕地保护监督

拟订并实施耕地保护政策，组织实施耕地保护责任目标考核和永久基本农田特殊保护，落实耕地保护政策与林地、草地、湿地等土地资源保护政策的衔接。

矿产资源保护监督

监督指导矿产资源保护，矿产资源储量评审、备案相关工作，矿山储量动态管理，监督管理古生物化石。

海洋海岸带海岛规划监督管理

海洋战略规划、海岸带综合保护利用、海域海岛保护利用等规划并监督实施。

国土空间生态修复管理

修复政策研究与规划，承担生态保护补偿相关工作。

北京市在自然资源保护和开发利用方面，着力优化城乡空间布局，以资源环境承载能力为硬约束，划定生态控制线和城市开发边界，将市域空间划分为生态控制区、集中建设区和限制建设区，实现“三区”的全域空间管制。针对不同生态要素和生态空间，分级分类制定建设活动管控要求，严守生态控制线

“三区”

生态控制区：指生态控制线以内，以严格的生态保护为目标，统筹山水林田湖草等生态资源保护利用的地区，是强化生态保育和生态建设、严控开发建设的区域。

集中建设区：指城市开发边界以内，一定规划期限内城市集中连片开发建设的地区，是引导城市各类建设项目集中布局的地区。

限制建设区：指生态控制区和集中建设区以外的区域，是进行生态保护建设、控制开发强度、促进城乡建设用地集约减量的综合治理区域。

和城市开发边界。生态控制线和城市开发边界作为各类规划编制及城乡规划建设管理的基础和前提，并纳入城市体检评估进行考核。

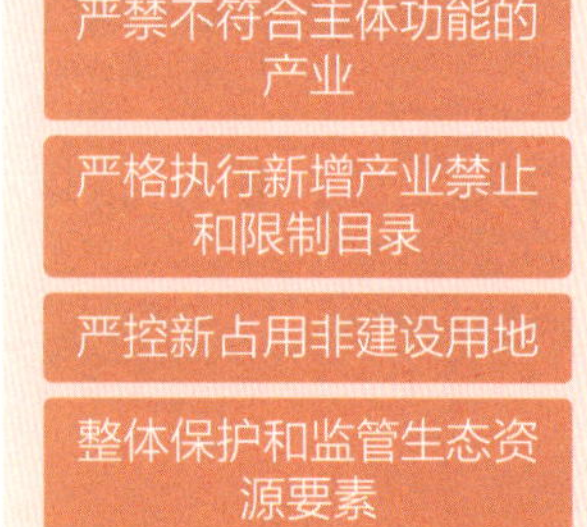
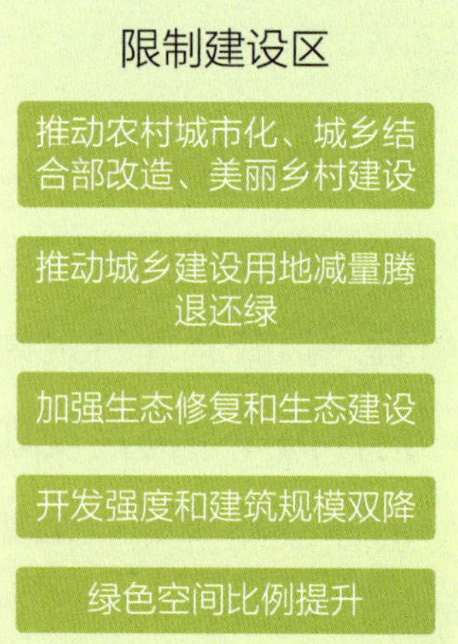

∧北京市“三区”管控要求

生态控制线和城市开发边界一经划定，在规划周期内原则上不得进行调整。因国家级重大项目建设、上位规划调整、重大自然灾害等原因确需对生态控制线或城市开发边界进行局部微调的，按照下页图所示的程序进行。

北京市自然资源主管部门加大耕地保护，研究耕地保护政策机制，多措并举落实占补平衡，开展新增耕地核查，做好耕地保护专项督察，结合耕地保护实际，出台系列政策文件，不断完善具有区域特色的耕地保护政策体系，完成永久基本农田红线评估。

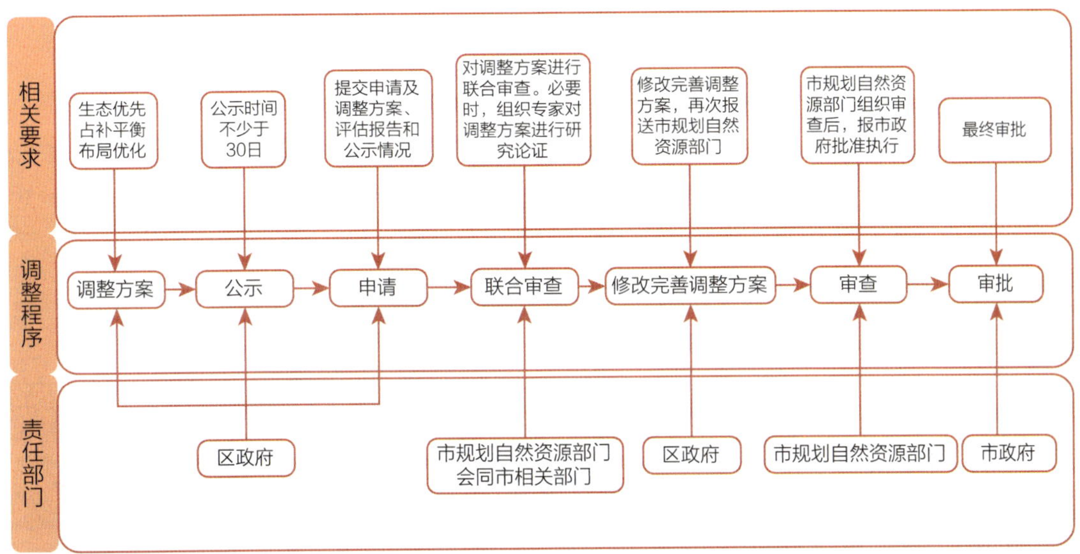

∧生态控制线或城市开发边界调整程序流程

第二章
土地资源管理

首部《中华人民共和国土地管理法》是 1986 年 6 月 25 日审议通过、1987 年 1 月 1 日实施的。伴随着我国改革开放和土地使用制度改革进程，先后经历了 1998 年的全面修订和 1988 年、2004 年、2019 年的三次修正。现行《土地管理法》及配套法规政策明确规定了土地公有制、耕地保护、土地用途管制、有偿使用、土地调查、土地登记、土地督察等制度要求，是加强土地资源管理的基本遵循。

第一节　土地资源管理概述

一、土地的概念、特性与功能

（一）土地的概念

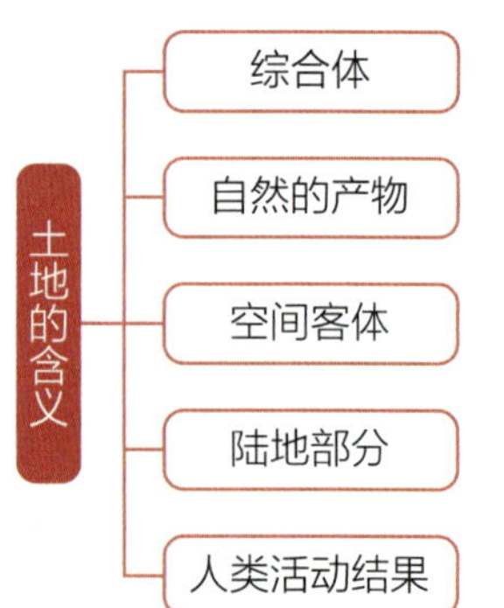

土地是地球陆地表面由地貌、土壤、岩石、水文、气候和植被等要素组成的自然历史综合体，它包括人类过去和现在的种种活动结果。这一定义包括以下五层含义。

土地是综合体

组成土地的各要素，在一定的时间和空间内相互联系、相互作用、相互依存，而组成具有一定结构和功能的有机整体。土地的性质和用途取决于全部构成要素的综合作用，而不取决于任何一个单独的要素。因此，评价土地时要综合考虑各要素的特性及其相互作用，才能得出符合客观实际的结果。

土地是自然的产物

人类活动可以引起土地有关组成要素的性质变化，从而影响土地性质和用途的变化。

土地是地球表面具有固定位置的空间客体

土地具有立体的垂直剖面，在纵向范围上包括地表，也包括一定深度的地下和一定高度的地上，它向上、向下的范围是现今人们利用土地的技术所能达到的范围。

土地是地球表面的陆地部分

海洋和陆地是地球表面的两大组成部分，有着明显区别的自然地理特征。陆地是突出于海洋面上的部分，包括内陆水域、海洋滩涂。将土地限定在陆地范围，符合人们的一般认识和劳动习惯。

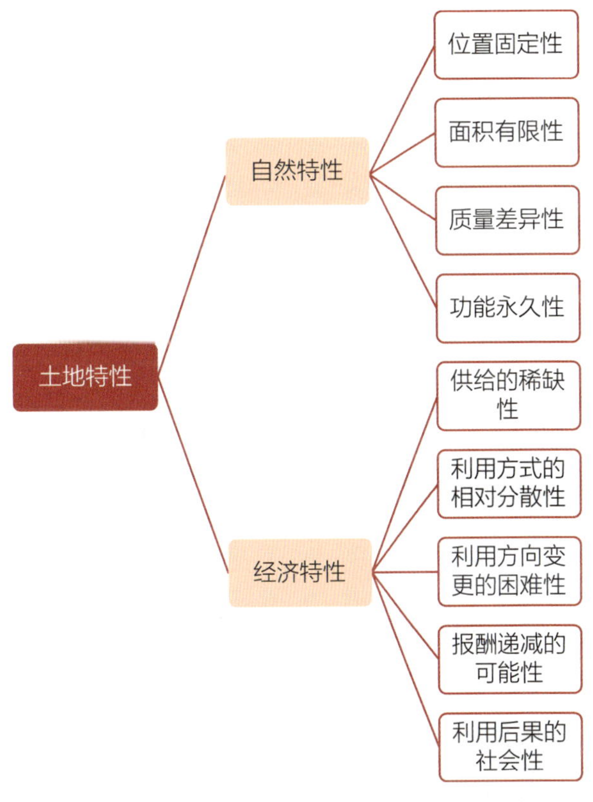

土地包括人类过去和现在的活动结果

人类活动影响土地性质和用途，这种新的性质和用途与人类的活动成果密不可分，没有这些成果，土地就不具有这些用途。从这一意义上讲，这些人类的活动结果形成的建筑物、构筑物、人工植被等也是土地的重要组成部分。

（二）土地的功能

承载功能

土地由于其物理特性，具有承载万物的功能，因而成为人类进行一切生活和生产活动的场所和空间，成为人类进行生产建设的地基。“皮之不存，毛将焉附”，在一定意义上反映了土地对于人类的这种承载功能。

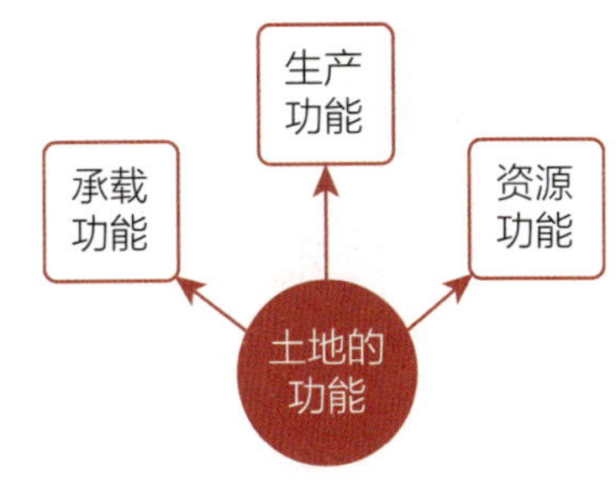

生产功能

在土地的一定深度和高度内，附着许多滋生万物的生产能力，如土壤中含有各种营养物质及水分、空气，还可以接受太阳照射的光、热等，这些是地球上一切生物生长、繁殖的基本条件。没有这些环境与条件及其功能，地球上的生物也就不能生长繁育，人类也就无法生存和发展。

资源功能

人类要进行物质资料生产，除了需要生物资源，还需要大量非生物资源，如建筑材料、矿产资源和动力资源（石油、煤炭、水力、天然气、地热）等。这些自然资源蕴藏于土地之中。如果没有土地，没有这些丰富的自然资源，人类就无法进行采矿业和加工工业生产；如果没有这些生产，也就不能生产各种机械设备，不能进行各种房屋、道路建设，不能生产人民生活需要的各种工业品。同样，如果没有这些资源，人类也无法生存和发展。

二、我国土地资源构成

我国陆地面积约 960 万平方千米，占世界陆地面积的 6.4%，是亚洲陆地面积的 1/4，仅次于俄罗斯和加拿大，居世界第三位。

（一）按地形特征分类

按地形特征分类，我国土地资源有以下五类。

平原

我国主要有三大平原：东北平原、华北平原和长江中下游平原，海拔在 200 米以下。结合其他农业自然条件（水、气候等）考察，东北平原虽土壤肥沃，但气温低，光照不足；华北平原缺水；长江中下游平原由两湖平原、皖中平原和长江三角洲组成，土壤肥沃，河湖众多，水网稠密，气候适宜，是我国最适宜发展农业的平原。

盆地

我国主要有四大盆地：四川盆地、准噶尔盆地、塔里木盆地和柴达木盆

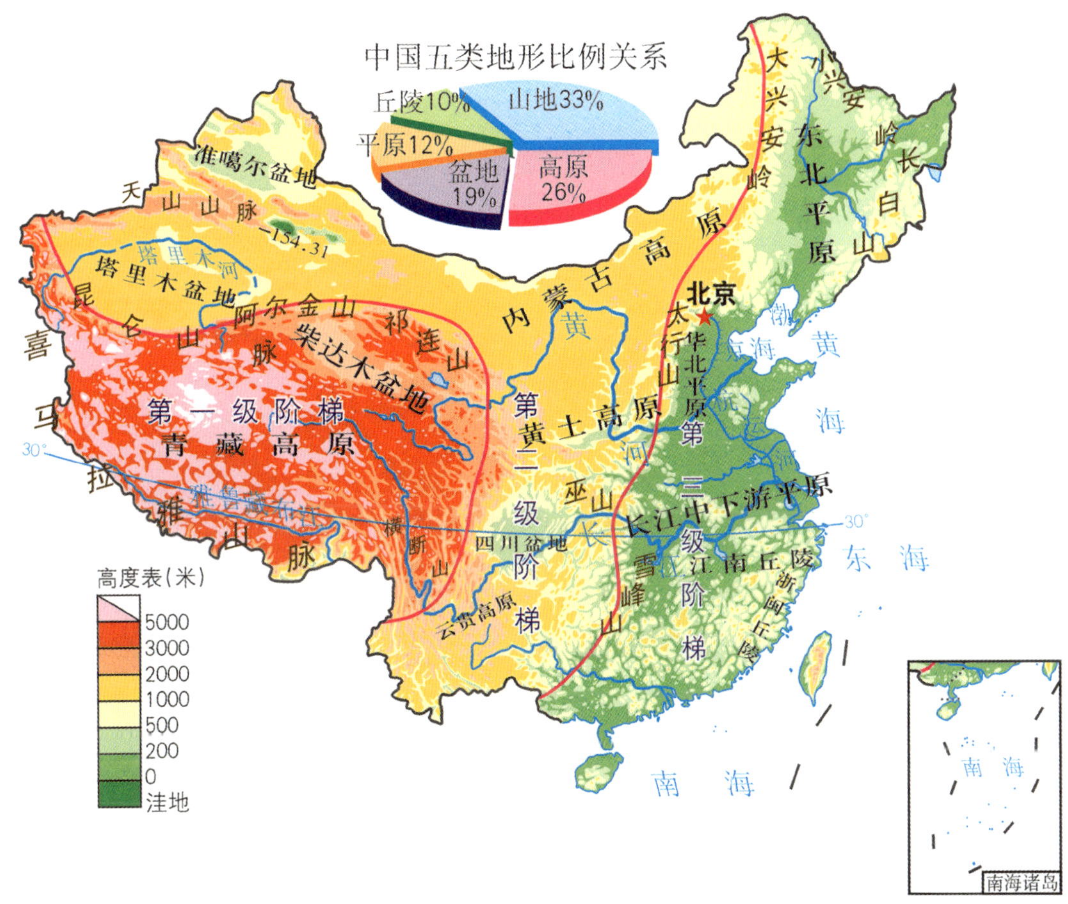

∧ 中国地势三级阶梯示意图

地。其中的四川盆地内丘陵广布，海拔 300~400 米，西缘为成都平原，是最适于发展农业的盆地。其他三个盆地归为内陆盆地，海拔 500~3000 米，一个比一个地势高，前两个盆地中部为沙漠、草原，边缘山麓有绿洲，只要有水就可以发展农牧业。

丘陵

海拔一般在 200~1000 米，我国主要有四大丘陵：江南丘陵、闽浙丘陵、两广丘陵和山东丘陵。在丘陵、低山之间常有河谷小盆地、小平原或河口小平原，都宜于发展农林牧业，尤以江南丘陵宜于发展农业和亚热带经济林木。

高原

海拔 1000~5000 米以上，我国主要有四大高原：内蒙古高原、黄土高原、云贵高原和青藏高原，都可以发展农、牧、林业，但自然条件均有这样或那样的缺陷。

山地

我国主要山脉有 18 座：天山、阴山、昆仑山、秦岭、南岭、大兴安岭、太行山、雪峰山、长白山、武夷山、台湾山、阿尔泰山、祁连山、喀喇昆仑山、横断山、贺兰山、六盘山、喜马拉雅山等，有 8 座 5400 米以上的山峰，其中珠穆朗玛峰和乔戈里峰分别是世界第一和第二高峰。

（二）按土地用途分类

按土地用途分类，我国土地资源有以下三类。

农用地

是指直接用于农业生产的土地，包括耕地、林地、草地、农田水利用地、养殖水面、农村道路、设施农用地等。

建设用地

是指建造建筑物、构筑物的土地，包括城乡住宅和公共设施用地、工矿用

∧ 农用地

地、交通水利设施用地、旅游用地、军事设施用地等。

未利用地

是指农用地和建设用地以外的土地。

三、我国的土地社会主义公有制

根据我国《宪法》和《土地管理法》规定，我国实行土地公有制，包括全民（国家）所有制和集体所有制。土地公有制是我国土地根本制度，也是我国社会主义制度的重要经济基础，一切土地立法都必须遵循和维护这一制度。

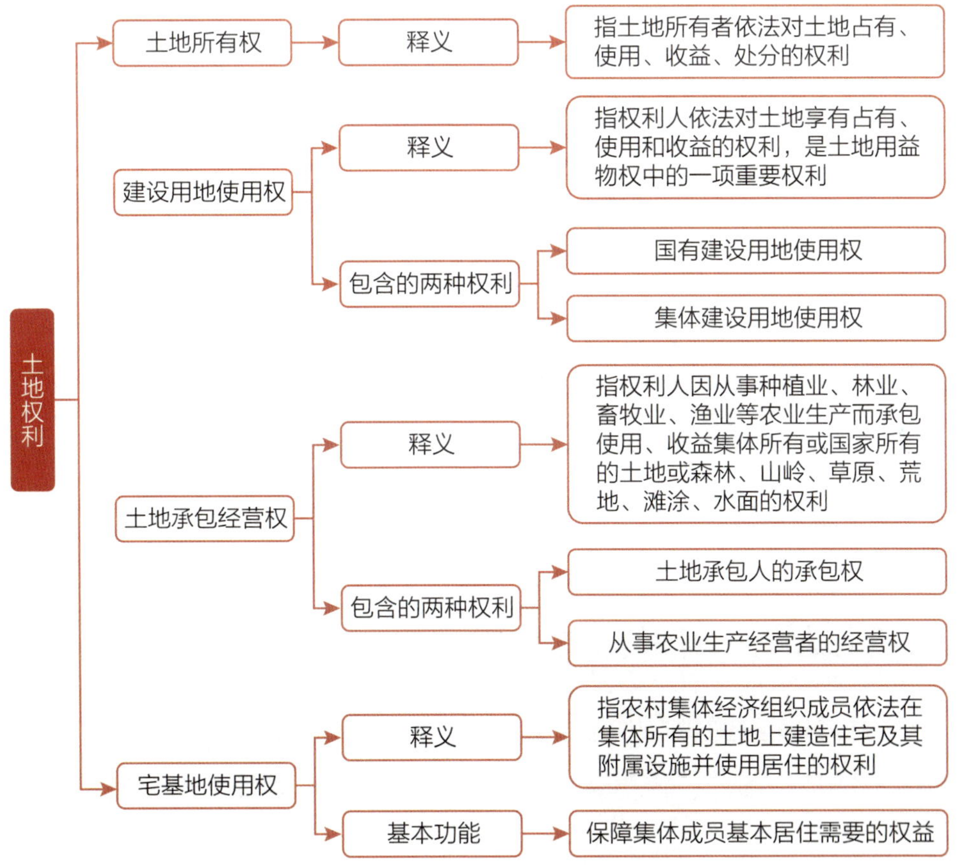

（一）土地全民所有制

国家土地所有权是指国有土地属于全民所有，即国家所有土地的所有权由国务院代表国家行使。城市市区的土地属于国家所有。

（二）土地集体所有制

农村和城市郊区的土地，除由法律规定属于国家所有的以外，属于农民集体所有；宅基地和自留地、自留山，属于农民集体所有。农民集体所有的土地依法属于村农民集体所有的，由村集体经济组织或者村民委员会行使土地所有权及经营权、管理权；已经分别属于村内两个以上农村集体经济组织的农民集体所有的，由村内各该农村集体经济组织或者村民小组行使土地所有权及经营、管理；已经属于乡（镇）农民集体所有的，由乡（镇）农村集体经济组织经营、管理。

四、我国土地资源管理的主要内容

（一）土地调查监测和确权登记

包括土地基础调查、变更调查、动态监测、分析评价、土地确权登记、权籍调查、不动产测绘、争议调处等。

（二）国土空间规划和土地利用计划

包括编制国土空间规划、相关专项规划、土地利用计划等和监督管理实施。

（三）耕地保护与土地征收管理

包括耕地保护目标、内容、措施，新增建设用地计划管理与农用地转用、土地征用、占用耕地补偿管理，土地征收权限、征收程序、征地补偿标准、被征地农民安置管理等。

（四）建设用地供应与土地市场管理

包括国有与集体土地配置、国有建设用地使用权划拨、出让、租赁、作价出资（入股）、国有土地转让、出租、抵押管理，土地市场调控、土地收购储备，土地价格评估与管理等。

（五）土地法制管理

包括土地法规的制定与实施管理、土地执法监察、土地违法案件的查处、土地法规贯彻执行情况的监督检查，等等。

第二节　耕地保护

一、耕地的概念和分类

（一）耕地的概念

耕地是指种植农作物的土地，包括熟地，新开发、复垦、整理地，休闲地（含轮歇地、轮作地）；以种植农作物（含蔬菜）为主，间有零星果树、桑树或其他树木的土地；平均每年能保证收获一季的已垦滩地和海涂。耕地中包括南方宽度小于 1.0 米、北方宽度小于 2.0 米固定的沟、渠、路和地坎（埂）；临时种植药材、草皮、花卉、苗木等的耕地，以及其他临时改变用途的耕地。

（二）耕地的分类

根据水资源条件，耕地分水田、水浇地和旱地。

水田	水浇地	旱地
是指用于种植水稻、莲藕等水生农作物的耕地。包括实行水生、旱生农作物轮种的耕地	是指有水源保证和灌溉设施，在一般年景能正常灌溉，种植旱生农作物的耕地。包括种植蔬菜等的非工厂化的大棚用地	是指无灌溉设施，主要靠天然降水种植旱生农作物的耕地，包括没有灌溉设施，仅靠引洪淤灌的耕地

∧ 耕地的不同类别

（三）基本农田的概念和划定

基本农田的概念

基本农田是指根据一定时期人口和国民经济对农产品的需求以及对建设用地的预测而确定的在国土空间规划期内未经国务院批准不得占用的耕地。基本农田是从战略高度出发，为了满足一定时期人口和国民经济对农产品的需求而必须确保的耕地的最低需求量，基本农田是耕地中的精华，是为实现“中国人的饭碗主要装中国的粮食”目标所设置的安全底线，是我们的“饭碗田”“保命田”。

永久基本农田划定

2020年实施的新《土地管理法》将原法中的“基本农田”统一修改为“永久基本农田”。同时规定，下列耕地应当根据国土空间规划划为永久基本农田，

永久基本农田

◎经国务院农业农村主管部门或者县级以上地方人民政府批准确定的粮、棉、油、糖等重要农产品生产基地内的耕地

◎有良好的水利与水土保持设施的耕地，正在实施改造计划以及可以改造的中、低产田和已建成的高标准农田

◎蔬菜生产基地

◎农业科研、教学试验田

◎国务院规定应当划为永久基本农田的其他耕地

实行严格保护。

永久基本农田占耕地的比例

《土地管理法》规定，各省、自治区、直辖市划定的永久基本农田一般应当占本行政区域内耕地的 80% 以上，具体比例由国务院根据各省、自治区、直辖市耕地实际情况规定。

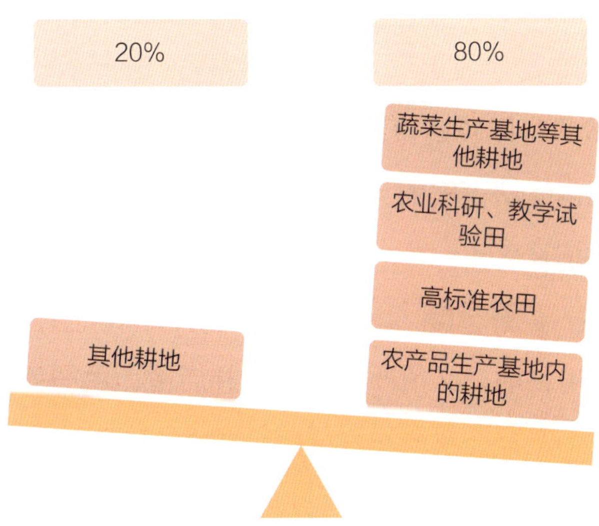

二、耕地保护主要制度

（一）用途管制制度

国家对耕地实行特殊保护，严守耕地保护红线，严格控制耕地转为林地、草地、园地等其他农用地。一般耕地主要用于粮食和棉、油、糖、蔬菜等农产品及饲草饲料生产；在不破坏耕地耕作层且不造成耕地地类改变的前提下，可以适度种植其他农作物。对占用耕地行为明确了七条规定。

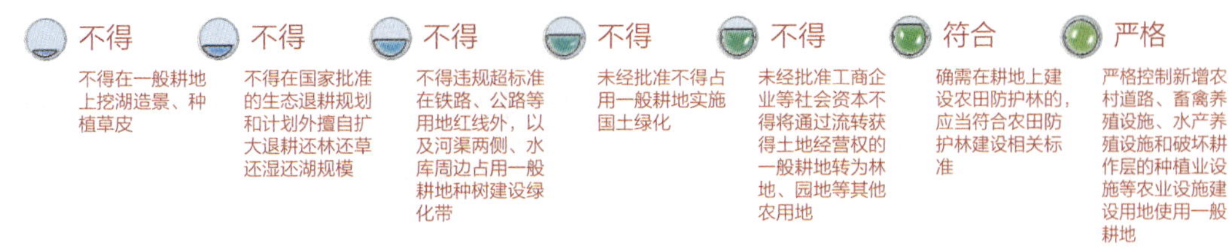

（二）耕地转用“进出平衡制度”

为守住18亿亩（1亩≈667平方米）耕地保护红线，确保可以长期稳定利用的耕地不再减少，有必要根据本级政府承担的耕地保有量目标，对耕地转为其他农用地及农业设施建设用地实行年度“进出平衡”，即除国家安排的生态退耕、自然灾害损毁难以复耕、河湖水面自然扩大造成耕地永久淹没外，耕地转为林地、草地、园地等其他农用地及农业设施建设用地的，应当通过统筹林地、草地、园地等其他农用地及农业设施建设用地整治为耕地等方式，补足同等数量、质量的可以长期稳定利用的耕地。“进出平衡”首先在县域范围内落实，县域范围内无法落实的，在市域范围内落实；市域范围内仍无法落实的，在省域范围内统筹落实。

（三）耕地占补平衡制度

非农业建设占用耕地，必须严格落实先补后占、占一补一、占优补优和占水田补水田，积极拓宽补充耕地途径，补充可以长期稳定利用的耕地。

在符合生态保护要求的前提下，通过组织实施土地整治复垦开发及高标准农田建设等，经验收能长期稳定利用的新增耕地可用于占补平衡。

积极支持在可以垦造耕地的荒山荒坡上种植果树、林木，发展林果业；同时，将在平原地区原地类为耕地上种植果树、植树造林的地块，逐步退出，恢复耕地属性。其中，第二次全国土地调查不是耕地的，新增耕地可用于占补平衡。

除少数特殊紧急的国家重点项目并经自然资源部同意外，一律不得以先占后补承诺方式落实耕地占补平衡责任。经同意以承诺方式落实耕地占补平衡的，必须按期兑现承诺。到期未兑现承诺的，直接从补充耕地储备库中扣减。

垦造的林地、园地等非耕地不得作为补充耕地用于占补平衡。城乡建设用地增减挂钩实施中，必须做到复垦补充耕地与建新占用耕地数量相等、质量相当。

对违法违规占用耕地从事非农业建设，先冻结储备库中违法用地所在地的补充耕地指标，拆除复耕后解除冻结；经查处后，符合条件可以补办用地手续的，直接扣减储备库内同等数量、质量的补充耕地指标，用于占补平衡。

县域范围内难以落实耕地占补平衡的，省级自然资源主管部门要加大补充耕地指标省域内统筹力度，保障重点建设项目及时落地。

（四）占用耕地补偿制度

国家实行占用耕地补偿制度。在国土空间规划确定的城市和村庄、集镇建设用地范围内经依法批准占用耕地，以及在国土空间规划确定的城市和村庄、集镇建设用地范围外的能源、交通、水利、矿山、军事设施等建设项目经依法批准占用耕地的，分别由县级人民政府、农村集体经济组织和建设单位负责开垦与所占用耕地的数量和质量相当的耕地；没有条件开垦或者开垦的耕地不符合要求的，应当按照省、自治区、直辖市的规定缴纳耕地开垦费，专款用于开垦新的耕地。

（五）耕地保护责任

国家法律规定，省、自治区、直辖市人民政府对本行政区域耕地保护负总责，其主要负责人是本行政区域耕地保护的第一责任人。省、自治区、直辖市人民政府应当将国务院确定的耕地保有量和永久基本农田保护任务分解下达，落实到具体地块。开展耕地保护责任考核，国务院对省、自治区、直辖市人民政府耕地保护责任目标落实情况进行考核。

三、永久基本农田特殊保护制度

（一）法律规定

《土地管理法》规定，永久基本农田经依法划定后，任何单位和个人不得擅自占用或者改变其用途。国家能源、交通、水利、军事设施等重点建设项目选址确实难以避让永久基本农田，涉及农用地转用或者土地征收的，必须经国务院批准。禁止通过擅自调整县级国土空间规划、乡（镇）域国土空间规划等方式规避永久基本农田农用地转用或者土地征收的审批。

（二）永久基本农田保护要求

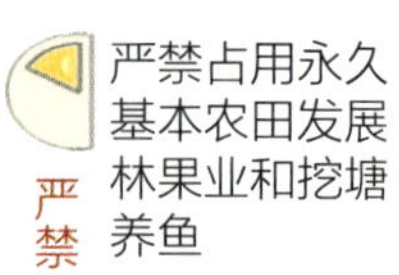

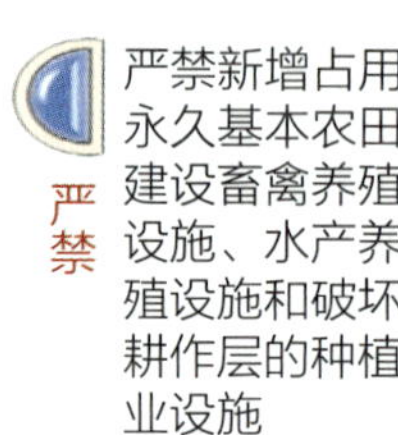

永久基本农田不得转为林地、草地、园地等其他农用地及农业设施建设用地，已划定的永久基本农田，任何单位和个人不得擅自占用或者改变用途。

非农业建设不得“未批先建”。

能源、交通、水利、军事设施等重大建设项目选址确实难以避让永久基本农田的，经依法批准，应在落实耕地占补平衡基础上，按照数量不减、质量不降原则，在可以长期稳定利用的耕地上落实永久基本农田补划任务。

（三）永久基本农田储备区制度

各地要在永久基本农田之外的优质耕地中，划定永久基本农田储备区并上图入库。土地整理复垦开发和新建高标准农田增加的优质耕地应当优先划入永久基本农田储备区。

建设项目经依法批准占用永久基本农田的，应当从永久基本农田储备区耕地中补划，储备区中难以补足的，在县域范围内其他优质耕地中补划；县域范围内无法补足的，可在市域范围内补划；个别市域范围内仍无法补足的，可在省域范围内补划。

在土地整理复垦开发和高标准农田建设中，开展必要的灌溉及排水设施、田间道路、农田防护林等配套建设涉及少量占用或优化永久基本农田布局的，要在项目区内予以补足；难以补足的，县级自然资源主管部门要在县域范围内同步落实补划任务。

四、土地整理复垦开发

（一）土地开发整理复垦的概念

土地开发

土地（农用地）开发是指在国土空间规划划定的可开垦的区域内，对未利用土地通过工程的、生物的或综合的措施，使其成为可利用土地的过程。我国荒山、荒地、荒滩等土地后备资源多处于干旱、半干旱地区，生态环境脆弱，盲目开发将会造成风蚀沙化、水土流失，不仅影响土地资源可持续利用，还会破坏生态环境。因此，土地开发活动必须全面贯彻党中央、国务院确定的国土资源管理的有关政策，坚持在保护中开发、在开发中保护的方针，在国土空间规划的控制和指导下，科学合理地开发耕地后备资源。对于不具备开发条件造成生态环境破坏的开发行为，要坚决制止。禁止毁林、毁草开荒；禁止在大于25度坡地和自然保护区内开垦耕地；禁止围湖造田和禁占江河滩地。

土地整理

土地整理是人们为了一定目的，依据规划对土地进行调整、安排和整治的活动，即合理组织土地利用，理顺土地关系的一种活动。土地整理的实质是合理组织土地利用，使土地利用方式、强度和结构适应特定发展时期的特定目标，也符合土地长期可持续利用的目标，提高土地利用效率及产出率。土地整理从整理的对象来判别，可以划分为农地整理和建设用地整理。

农地整理：指在一定区域内，依据国土空间规划，通过采取行政、经济、法律和技术手段，对田、水、路、林、村等进行综合整治，调整土地关系，改善土地利用结构和生产、生活条件，以提高耕地质量，增加有效耕地面积，改善农业生产条件和生态环境的行为。

建设用地整理：就是现在所说的“城市更新”，是指在城镇规划区内对经过长期历史变迁形成的建设用地利用布局，按城镇发展的规律和新时期城市发展的要求进行调整和改造。建设用地整理不仅要调整土地利用的平面布局，而

∧农田（赵洪山 摄）

且要科学调整其三维利用空间。目前我国已开展的旧城改造、开发区整合、存量土地的盘活等就属于建设用地整理的范畴。

土地复垦

土地复垦是指对在生产建设过程中，因挖损、塌陷、压占、污染等造成破坏的土地，采取整治措施，使其恢复到可供利用状态的活动。

（二）土地开发整理复垦制度

土地开发制度

《土地管理法》规定，国家鼓励土地开发。具体政策包括以下四点。

第一，国家鼓励单位和个人按照国土空间规划，在保护和改善生态环境、防止水土流失和土地荒漠化的前提下，开发未利用的土地；适宜开发为农用地的，应当优先开发成农用地。国家依法保护开发者的合法权益。

第二，开垦未利用的土地，必须经过科学论证和评估，在国土空间规划划定的可开垦的区域内，经依法批准后进行。

第三，禁止毁坏森林、草原、湿地开垦耕地，禁止围湖造田和侵占江河滩地。根据国土空间规划，对破坏生态环境开垦、围垦的土地，有计划有步骤地退耕还林、还牧、还湖。

第四，开发未确定使用权的国有荒山、荒地、荒滩从事种植业、林业、畜牧业、渔业生产的，经县级以上人民政府依法批准，可以确定给开发单位或者个人长期使用。

土地整理制度

《土地管理法》规定，国家鼓励土地整理。县、乡（镇）人民政府应当组织农村集体经济组织，按照国土空间规划，对田、水、路、林、村综合整治，提高耕地质量，增加有效耕地面积，改善农业生产条件和生态环境。地方各级人民政府应当采取措施，改造中、低产田，整治闲散地和废弃地。

土地复垦制度

《土地管理法》规定，因挖损、塌陷、压占等造成土地破坏，用地单位和个人应当按照国家有关规定负责复垦；没有条件复垦或者复垦不符合要求的，应当缴纳土地复垦费，专项用于土地复垦。复垦的土地应当优先用于农业利用。

第三节　土地用途管制制度

一、土地用途管制制度的主要内容

（一）土地用途管制的定义

《土地管理法》所称的土地用途管制，就是在依法认定土地现状用途的基础上，编制国土空间规划，明确土地的预期用途和土地使用条件，对土地用途的转化进行管制，严格控制农用地，特别是耕地转为建设用地。土地用途管制制度的核心，是依据国土空间规划对土地用途转变进行严格控制。

（二）土地用途管制制度的主要内容

国家通过国土调查依法认定现状土地用途，将土地分为耕地、园地、林地、草地、商服用地、工矿仓储用地等 12 大类；

国家编制国土空间规划，通过国土空间规划规定预期土地用途，将土地分为农用地、建设用地和未利用地三大类；

国家对土地用途变更进行监测；

国家通过土地利用年度计划、农用地转用许可及耕地占补平衡制度，严格限制新增建设用地，特别是耕地、园地、林地等农用地转为建设用地，控制建设用地总量；

实行土地利用监督管理；

对违反国土空间规划的行为进行严格查处等。

（三）土地用途管制制度的目标

土地用途管制的总体目标是实现我国土地资源的合理利用与持续利用。具体目标主要有以下几点。

土地利用整体效率最大化

土地用途管制就是要解决属于在各种竞争性用途之间合理分配土地资源并提高土地利用效益的问题，它既考虑了每一个土地权利人的切身利益，又从宏观上考虑了社会整体利益，从二者的结合上追求土地利用的经济效率目标。

保护耕地

我国土地用途管制的核心目标是严格限制农用地转为建设用地，控制建设用地总量，实施耕地占补平衡，对耕地实行特殊保护，确保耕地红线不被突破。另外，用途管制制度有助于存量土地的盘活，充分发挥土地资产效益，当建设用地供给不能满足需求时，迫使建设项目在现有的存量建设用地中进行挖潜和调整，促进土地集约利用，从而才能遏制随便用地、粗放用地的行为。

消除土地利用中不利的外部影响，保护环境

土地利用具有明显的社会性和外部性，土地用途管制作为一种政府行为，可根据土地资源的自然特性、经济和社会条件，合理地划分土地用途区，对每一用途区的土地使用类别、使用条件、使用强度等加以规定和限制，防止土地质量衰退，促进生态平衡，实现土地的可持续利用。

二、土地利用现状用途

（一）土地利用现状用途的概念

土地利用现状用途是通过土地利用现状调查，依法认定土地的实际用途。通过土地调查或变更调查依法编制土地利用现状图，作为土地利用总体规划的编制以及农用地转用审批的依据。依法认定土地利用现状用途是土地用途管制的基础。

（二）土地利用现状用途分类

2017 年 11 月，由国土资源部组织修订的国家标准《土地利用现状分类》（GB/T 21010—2017），经国家质检总局、国家标准化管理委员会批准发布并实施。现行《土地利用现状分类》采用一级、二级两个层次的分类体系，共分 12 个一级类、73 个二级类。其中一级类包括：

耕地：指种植农作物的土地。

园地：指种植以采集果、叶、根、茎、汁等为主的集约经营的多年生木本和草本作物，覆盖度大于 50% 或每亩株数大于合理株数 70% 的土地。

林地：指生长乔木、竹类、灌木的土地，以及沿海生长红树林的土地。

草地：指以天然草本植物为主，用于放牧或割草的草地。

商服用地：指主要用于商业、服务业的土地。

工矿仓储用地：指主要用于工业生产、物资存放场所的土地。

住宅用地：指主要用于人们生活居住的房基地及其附属设施的土地。

公共管理与服务用地：指用于机关团体、新闻出版、科教文卫、公共设施等的土地。

特殊用地：指用于军事设施、涉外、宗教、监教、殡葬、风景名胜等的土地。

交通运输用地：指用于运输通行的地面线路、场站等的土地。包括民用机场、汽车客货场站、港口、码头、地面运输管道和各种道路及轨道交通用地。

水域及水利设施用地：指陆地水域，海涂，沟渠、水工建筑物等用地。

其他土地：指上述地类以外的其他类型的土地。

三、农用地转用审批

（一）农用地转用审批的概念

《土地管理法》将土地分为农用地、建设用地和未利用地。第四十四条规定："建设占用土地，涉及农用地转为建设用地的，应当办理农用地转用审批手续。"农用地转用审批，是指依据国土空间规划和土地利用年度计划，按照法律规定的审批权限，对现状农用地转变为建设用地的审批行为。农用地转用审批是国家实施用途管制的具体实现形式。

（二）农用地转用审批的权限

永久基本农田转为建设用地的，由国务院批准。

在国土空间规划确定的城市和村庄、集镇建设用地规模范围内，为实施该规划而将永久基本农田以外的农用地转为建设用地的，按土地利用年度计划分批次按照国务院规定由原批准国土空间规划的机关或者其授权的机关批准。在已批准的农用地转用范围内，具体建设项目用地可以由市、县人民政府批准。

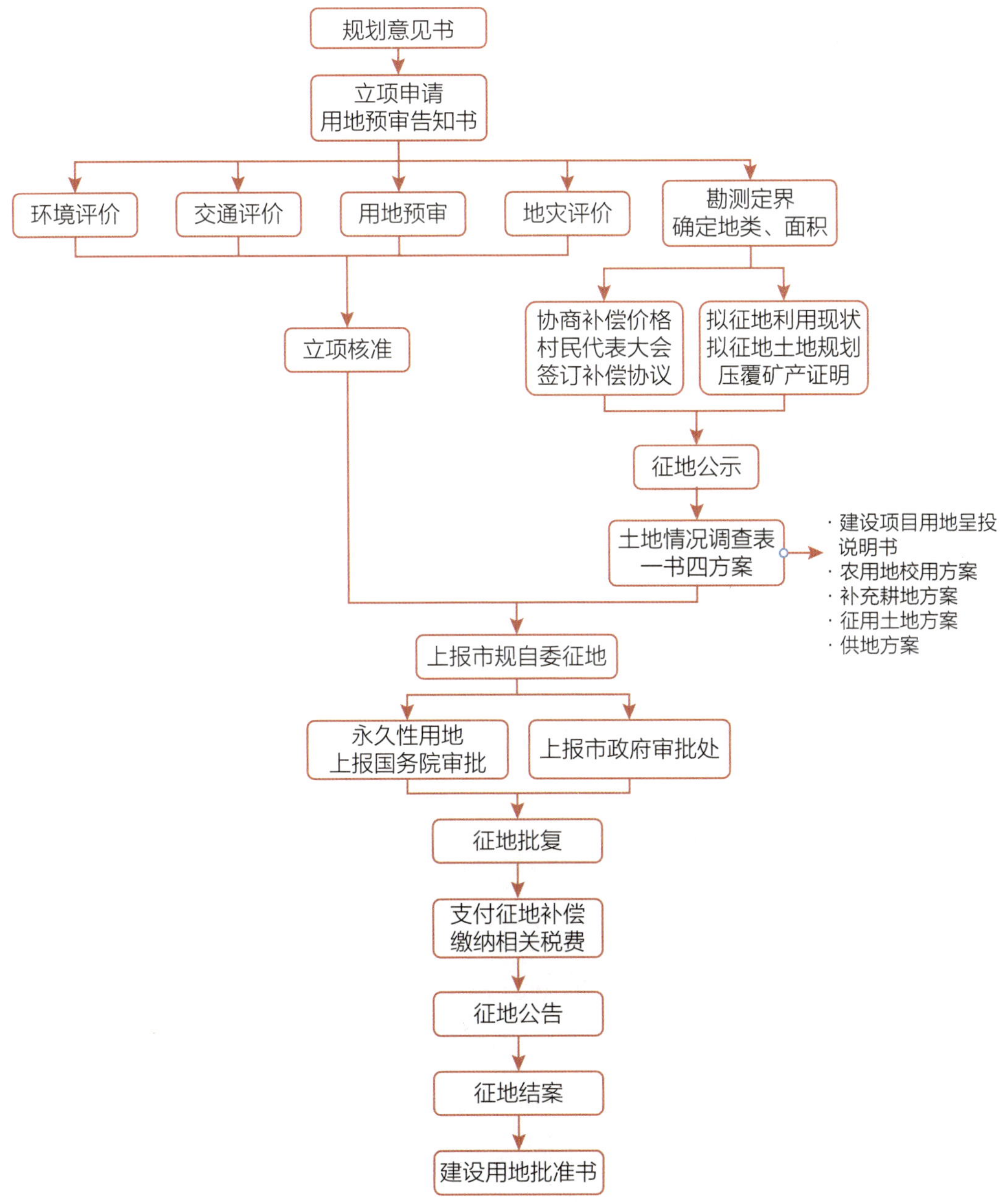

∧ 北京市农用地转用审批流程图

在国土空间规划确定的城市和村庄、集镇建设用地规模范围外，将永久基本农田以外的农用地转为建设用地的，由国务院或者国务院授权的省、自治区、直辖市人民政府批准。

第四节 土地征收

一、土地征收的概念和范围

（一）土地征收的概念

《土地管理法》规定：国家为了公共利益的需要，可以依法对土地实行征收或者征用并给予补偿。土地征收的实质，是国家强制性取得农民集体土地的所有权，意味着土地所有权主体的改变。

（二）土地征收的范围

《土地管理法》规定：为了公共利益的需要，有下面六类情形之一，确需征收农民集体所有的土地的，可以依法实施征收：

（1）军事和外交需要用地的；

（2）由政府组织实施的能源、交通、水利、通信、邮政等基础设施建设需要用地的；

（3）由政府组织实施的科技、教育、文化、卫生、体育、生态环境和资源保护、防灾减灾、文物保护、社区综合服务、社会福利、市政公用、优抚安置、英烈保护等公共事业需要用地的；

（4）由政府组织实施的扶贫搬迁、保障性安居工程建设需要用地的；

（5）在土地利用总体规划确定的城镇建设用地范围内，经省级以上人民政府批准由县级以上地方人民政府组织实施的成片开发建设需要用地的；

（6）法律规定为公共利益需要可以征收农民集体所有的土地的其他情形。

二、土地征收的权限和程序

（一）土地征收的权限

《土地管理法》确立了分级管理制度，目前，征收土地实行国务院和省级人民政府两级审批制度。

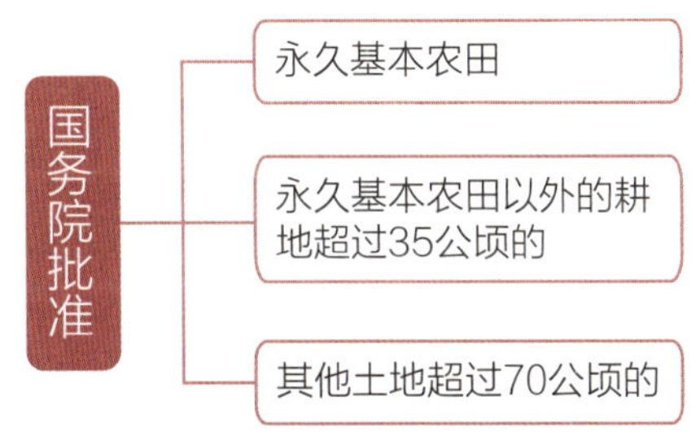

∧需由国务院批准的土地类型

征收永久基本农田的，由国务院批准。

征收上条规定以外的土地的，由省、自治区、直辖市人民政府批准。

农用地征收转用审批。征收农用地的，先行办理农用地转用审批。其中，经国务院批准农用地转用的，同时办理征地审批手续，不再另行办理征地审批；经省、自治区、直辖市人民政府在征地批准权限内批准农用地转用的，同时办理征地审批手续，不再另行办理征地审批，超过征地批准权限的，应当另行办理征地审批。

（二）土地征收程序

以维护被征地农民合法权益为核心，新的《土地管理法》和《土地管理法实施条例》明确了土地征收程序，主要包括以下六项。

发布土地征收预公告，启动土地征收

市、县人民政府认为符合《土地管理法》第四十五条规定的公共利益，需要启动土地征收的，发布土地征收预公告，开展土地现状调查和社会稳定风险评估。

（1）征收土地预公告应当包括征收范围、征收目的、开展土地现状调查的安排等内容。征收土地预公告应当采用有利于社会公众知晓的方式，在拟征收土地所在的乡（镇）和村、村民小组范围内发布，预公告时间不少于十个工作日。自征收土地预公告发布之日起，任何单位和个人不得在拟征收范围内抢栽抢建；违反规定抢栽抢建的，对抢栽抢建部分不予补偿。

（2）土地现状调查应当查明土地的位置、权属、地类、面积，以及农村村民住宅、其他地上附着物和青苗等的权属、种类、数量等情况。

（3）社会稳定风险评估应当对征收土地的社会稳定风险状况进行综合研判，确定风险点，提出风险防范措施和处置预案。社会稳定风险评估应当有被征地的农村集体经济组织及其成员、村民委员会和其他利害关系人参加，评估结果是申请征收土地的重要依据。

组织编制征地补偿安置方案，并进行公告和听证

（1）征地补偿安置方案应当包括征收范围、土地现状、征收目的、补偿方式和标准、安置对象、安置方式、社会保障等内容。

（2）征地补偿安置方案拟定后，县级以上地方人民政府应当在拟征收土地所在的乡（镇）和村、村民小组范围内公告，公告时间不少于 30 日。

（3）征地补偿安置公告应当同时载明办理补偿登记的方式和期限、异议反馈渠道等内容。

（4）多数被征地的农村集体经济组织成员认为拟定的征地补偿安置方案不符合法律、法规规定的，县级以上地方人民政府应当组织听证。

签订征地补偿安置协议

对个别难以达成征地安置协议的，在申请征收土地时如实说明。

申请土地征收审批

有批准权的人民政府应当对征收土地的必要性、合理性、是否符合《土地管理法》规定的为了公共利益确需征收土地的情形以及是否符合法定程序进行审查。

经依法批准后发布土地征收公告

公布土地征收范围和征收时间，对个别未达成征地补偿协议的做出征地补偿安置决定。

实施土地征收

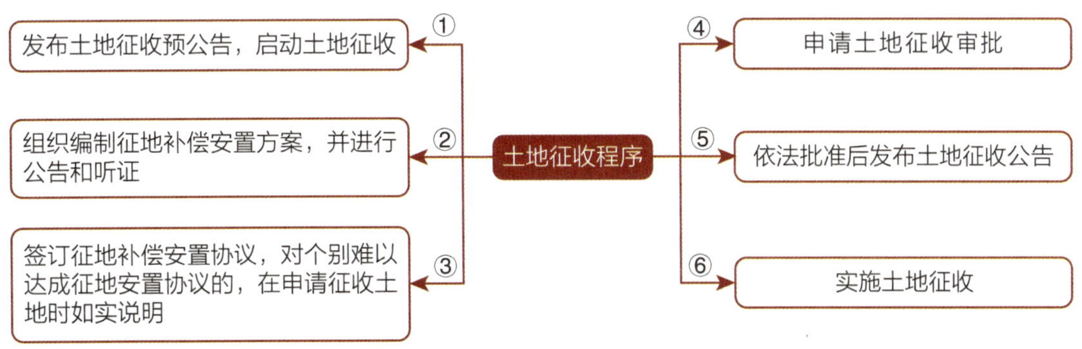

∧ 实施土地征收的程序

三、征收土地补偿安置

（一）征收土地补偿安置的原则

《土地管理法》将“征收土地应当给予公平、合理的补偿，保障被征地农民原有生活水平不降低、长远生计有保障”作为征地补偿的基本原则。土地既是农民的生产资料，也是农民的生活资料，征收土地除给土地本身的补偿外，还必须从保障被征地农民现有生活水平和长远生计角度提供多种补偿安置途径，这也是征地补偿中必须做好的工作。

（二）征收补偿安置费用的种类及确定方式

征收补偿安置费用的种类

征收土地的补偿费一般包括土地补偿费、安置补助费以及农村村民住宅、其他地上附着物和青苗等的补偿费用，并安排被征地农民的社会保障费用。

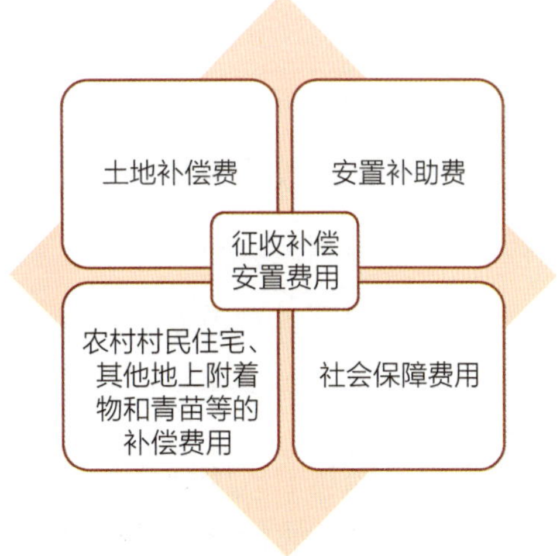

∧ 征收补偿安置费用的种类

土地补偿费：土地补偿费是国家建设征收土地时，为补偿被征地和原土地使用单位的经济损失而向其支付的款项。其实质是对土地所有权人及农民在被征收的土地上的长期投工和投资的补偿。

安置补助费：安置补助费是指用地单位对被征地单位安置因征地所造成的多余劳动力所需费用而支付的补助金额。

农村村民住宅、其他地上附着物和青苗等的补偿费用：被征收土地，在拟定征地方案之前，已种植的青苗和已有的地上附着物，应当给予补偿。所谓青苗是指正在生长尚未成熟的农作物。地上附着物指原土地占有人投入劳动或资金的产物，如地上的固定建筑物或临时性建筑等。

社会保障费用：社会保障费用是国家建设征收土地时，为保障被征地农民的基本生活和长远生计，对被征地农民支付社会统筹保险费用，对需要安置的农业人口依据不同性别和年龄实行分类安置，支付养老、医疗、失业等社会保障费用，对符合享受城市居民最低生活保障条件的，按规定纳入城市居民最低生活保障费用，或将被征地农民的基本生活纳入城市居民的社会保障体系的费用。

征收补偿安置费用的确定方式

征收农用地的土地补偿费、安置补助费标准由省、自治区、直辖市通过制定公布区片综合地价确定。制定区片综合地价应当综合考虑土地原用途、土地资源条件、土地产值、土地区位、土地供求关系、人口及经济社会发展水平等因素，并至少每三年调整或者重新公布一次。

征收农用地以外的其他土地、地上附着物和青苗等的补偿标准，由省、自治区、直辖市制定。对其中的农村村民住宅，应当按照先补偿后搬迁、居住条件有改善的原则，尊重农村村民意愿，采取重新安排宅基地建房、提供安置房或者货币补偿等方式给予公平、合理的补偿，并对因征收造成的搬迁、临时安置等费用予以补偿，保障农村村民居住的权利和合法的住房财产权益。

被征地农民的社会保障费用主要用于符合条件的被征地农民的养老保险等社会保险缴费补贴。被征地农民社会保障费用的筹集、管理和使用办法，由省、自治区、直辖市制定。

（三）不同种类补偿安置费用的归属和管理

地上附着物和青苗等的补偿费用，归农民个人所有。

社会保障费用主要用于符合条件的被征地农民的养老保险等社会保险缴费补贴，按照省、自治区、直辖市的规定单独列支。

申请征收土地的县级以上地方人民政府应当及时落实土地补偿费、安置补助费、农村村民住宅以及其他地上附着物和青苗等的补偿费用、社会保障费用等，并保证足额到位，专款专用。有关费用未足额到位的，不得批准征收土地。

（四）村民住宅补偿

村民住宅是农民的重要财产。新《土地管理法》规定农村村民住宅的补偿可以通过重新安排宅基地建房、提供安置房或货币补偿多种方式实现。各地可以因地制宜，根据当地实际情况，采取适宜的方式对征地涉及的村民住宅进行补偿。法律还同时规定，对因征收导致的搬迁、临时安置等费用给予补偿，以保障农村村民居住的权利和合法的住房财产权益。

第五节　建设用地管理

一、建设用地的概念和分类

（一）建设用地的概念

建设用地通常是指用于建造建筑物、构筑物的土地。建设用地有广义和狭义之分。狭义的建设用地是指通过工程的手段，为人类的生产、生活和一切社会经济活动提供场地和空间的土地。广义的建设用地则是指一切不以取得生物产品为主要目的的土地，是已利用土地中的一切非农业生产用地。如采矿业中

建设用地的特点

◎建设用地的高度集约性

◎建设用地利用逆转的困难性

◎建设用地的持续扩张性

◎建设用地的再生性

◎建设用地位置的特殊性

◎建设用地的非生态利用性

◎建设用地的空间性与实体性

露天开采需要的土地、地下开采时采空区塌陷引起地面下沉不能继续耕种的土地、自然保护区用地等。

（二）建设用地的分类

按附着物的性质分类

建筑物用地：所谓建筑物，是指人们在内进行生产、生活或其他活动的房屋或场所，如工业建筑、民用建筑、农业建筑和园林建筑等。

构筑物用地：所谓构筑物，是指人们一般不直接在内进行生产、生活或其他活动的建筑物，如水塔、烟囱、栈桥、堤坝、挡土墙和囤仓等。

按建设用地的利用状况分类

商业、服务业用地：含商业、服务业、金融、保险、办公等用途的用地。

工矿用地：指用于工业生产及仓储、矿山、堆场等的用地。

住宅用地：指用于居民住宅、住宅配套的公共建设、路、电、水等的用地，也包括农民的宅基地。

交通水利用地：指用于机场、铁路、公路、港口、航道、水电站、水库等的用地。

建筑物和构筑物

建筑物和构筑物又统称建筑，因此，国外和我国港台地区又将建设用地称为“建筑用地”。这里所指的用于建筑物和构筑物的土地，实际上是建筑物的基地，与国外所称的建筑用地只是名称的差别，其含义是一样的。但这种划分有时从地域上很难划分清楚，如在同一区域内，既有建筑物，又有构筑物，还包括一部分空地或绿化用地时，都属于建设用地。

旅游用地：指用于专供游览参观的设施用地，包括风景名胜、游乐场等中的建设部分的用地。

科教文卫用地：指用于科研、教育、文化、医院等的用地。

特殊用地：指用于监狱、军营、殡仪馆等用途的用地。

按土地所有权分类

国有建设用地：指属于国家所有即全民所有的用于建造建筑物构筑物的土地，包括城市市区的土地、铁路、公路、机场、国有企业、港口等国家所有的建设用地。

集体所有建设用地：包括农民宅基地、乡（镇）村公共设施、公益事业、乡村办企业使用农民集体所有土地中的建设用地。

按建设用地的使用期限分类

永久性建设用地：指建设用地一经使用后就不再恢复原来状态的土地。

临时建设用地：指在工程建设项目、地质勘探、减灾防灾等项目实施过程中，需要临时性使用的土地。

二、建设用地供应制度

（一）建设用地供应制度的内涵

建设用地供应制度的含义

建设用地供应制度的含义有广义和狭义之分。从狭义上讲，建设用地供应制度仅仅是指建设用地在市场的供给活动中所形成的规则。从广义上讲，建设用地供给制度还包括诸如供给主体、供给客体等内容。在我国建设用地供应制度的构成中，政策和法规由国家或政府制定，而其余的通常是在长期的供给活动中形成，已被大家接受和认可，也逐渐地构成制度的要素，有时还会以政策和法规的形式确立下来，如建设用地供给的方式和手段。

建设用地供应活动的组成要素

供应的主体：即供给土地的个人、单位、政府或企业等；供应的主体主要

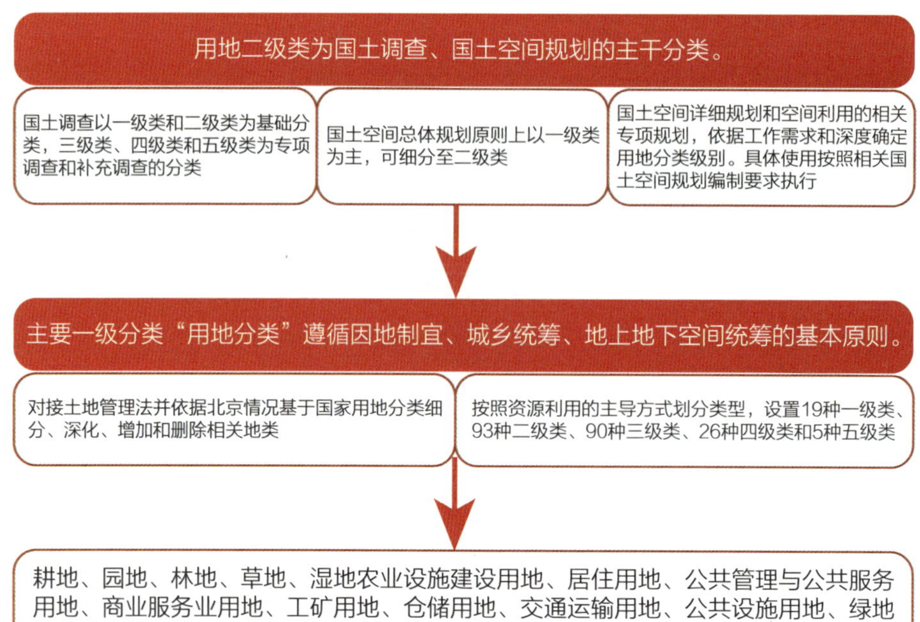

∧ 用地分类等级及适用范围

受到所有权的制约，土地所有权制度直接决定供给土地的主体。

供应的客体：即土地供应的对象或标的物，也即赋予了产权意义的宗地；从供应的客体来看，主要有生地、熟地等，有独立的土地，也有与建筑物结合在一起的房地产，其中的客体又可细分为所有权、使用权、地上权、耕作权、发展权等。

供应的规则：主要包括制度层面的内容，如国家和地方所制定的一系列相关政策法规性文件，以及供给的方式和手段、供给计划等。

（二）建设用地供应制度的类型

我国实行土地的社会主义公有制，建设用地分为国有建设用地和集体建设用地两类，因此，建设用地供应制度也分为国有建设用地供应制度和集体建设用地供应制度两大类型。

三、国有建设用地管理

（一）国有建设用地供应方式

国有建设用地供应是指国家将国有建设用地使用权提供给建设单位使用的过程。根据我国现行法律法规，国有建设用地的供应方式主要有划拨和有偿使用两大类。有偿使用方式包括国有建设用地使用权出让、国有建设用地租赁、国有建设用地使用权作价出资（入股）等。其中，国有建设用地出让和租赁的具体配置方式又包括招标、拍卖、挂牌、协议四种。

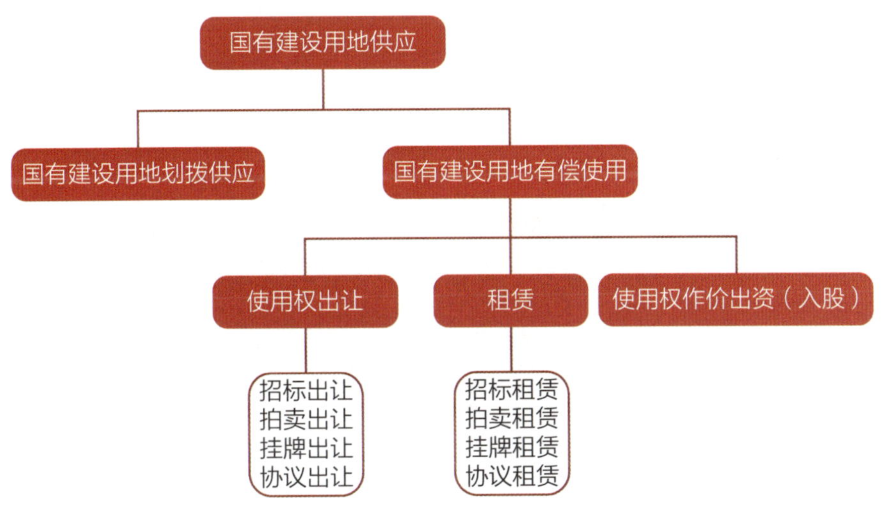

∧ 国有建设用地供应方式

国有建设用地划拨

国有建设用地划拨是指县级以上人民政府依法批准，在土地使用者缴纳补偿、安置等费用后将该幅建设用地交付其使用，或者将国有建设用地无偿交给使用者使用的行为。现行法律规定，国有划拨建设用地使用权，可以依法转让、出租和设定抵押。

国有建设用地使用权划拨有以下五方面特点。

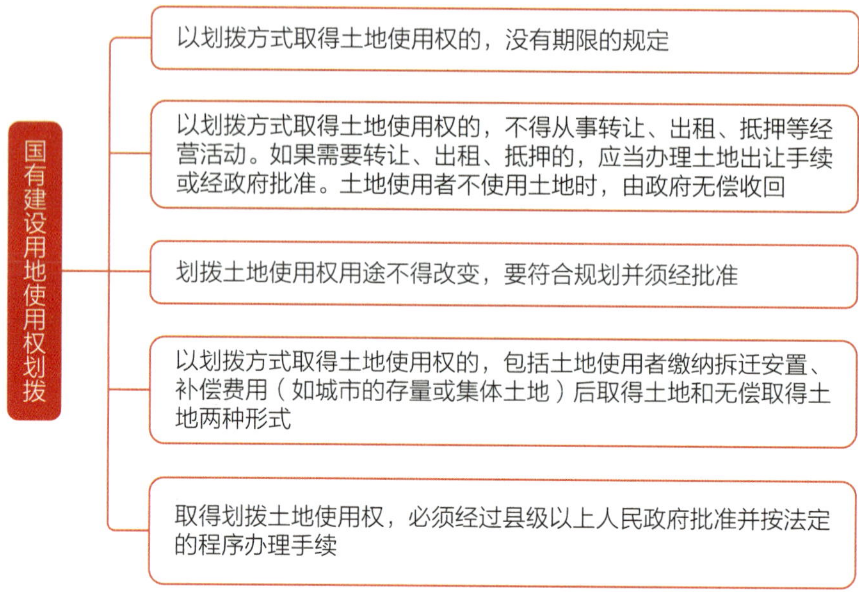

∧ 国有建设用地划拨权的特点

《土地管理法》规定，建设单位使用国有土地，应当以出让等有偿使用方式取得。但是以下四类建设用地，经县级以上人民政府依法批准，可以以划拨方式取得：

（1）国家机关用地和军事用地；

（2）城市基础设施用地和公益事业用地；

（3）国家重点扶持的能源、交通、水利等基础设施用地；

（4）法律、行政法规规定的其他用地。

国有建设用地使用权出让

国有建设用地使用权出让是指国家将国有建设用地使用权在一定年限内出让给土地使用者，由土地使用者向国家支付土地使用权出让金的行为。在国有建设用地出让年限内，土地使用者有权将其依法取得的出让建设用地使用权转让、出租、抵押，但首次转让应当符合法定条件。

国有建设用地使用权出让的具体方式包括以下四种。

招标出让：招标出让国有建设用地使用权是指市、县人民政府国土资源行政主管部门发布招标公告，邀请特定或者不特定的自然人、法人和其他组织参加国有建设用地使用权投标，根据评标结果确定国有建设用地使用权人的行为。

拍卖出让：拍卖出让国有建设用地使用权是指市、县人民政府国土资源行政主管部门发布拍卖公告，由竞买人在指定时间、地点进行公开竞价，根据出价结果确定国有建设用地使用权人的行为。

挂牌出让：挂牌出让国有建设用地使用权是指市、县人民政府国土资源行政主管部门发布挂牌公告，按公告规定的期限将拟出让宗地的交易条件在指定的土地交易场所挂牌公布，接受竞买人的报价申请并更新挂牌价格，根据挂牌期限截止时的出价结果或者现场竞价结果确定国有建设用地使用权人的行为。

协议出让：协议出让国有建设用地使用权，是指市、县国土资源管理部门以协议方式将国有建设用地使用权在一定年限内出让给土地使用者，由土地使用者支付建设用地使用权价格的行为。

国有建设用地租赁方式

国有建设用地租赁是指国家将国有建设用地出租给使用者使用，由使用者与县级以上人民政府土地行政主管部门签订一定年期的土地租赁合同，并支付租金的行为。国有建设用地租赁包括协议租赁、招标租赁、拍卖租赁、挂牌租赁四种具体方式。

国有土地租赁的承租人取得承租土地使用权，在按规定支付土地租金并完成开发建设后，经土地行政主管部门同意或根据租赁合同约定，可将承租土地使用权转租、转让或抵押。

国有建设用地使用权作价出资（入股）方式

国有建设用地使用权作价出资（入股），是指国家以一定年期的国有土地使用权作价，作为出资投入相关企业，该土地使用权由该企业持有，土地使用权作价出资（入股）形成的国家股权，按照国有资产投资主体由有批准权的人民政府土地管理部门委托有资格的国有股权持股单位统一持有。

该企业拥有的作价出资（入股）土地使用权，可以依照法律法规关于出让土地使用权的规定转让、出租或抵押。

（二）国有建设用地供应程序

依据《土地管理法》《城市房地产管理法》等法律的规定，政府供应国有建设用地，一般分为以下六个步骤。

第一步：供地计划

编制供地计划：市、县人民政府国土资源行政主管部门应当根据经济社会发展计划、国家产业政策、国土空间规划、土地利用年度计划、土地市场状况，编制国有建设用地使用权供应计划，报同级人民政府批准后组织实施。国有建设用地土地使用权供应计划应当包括年度土地供应总量、不同用途土地供应面积、地段以及供地时间等内容。

公布供地计划：国有建设用地使用权供应计划经批准后，市、县人民政府国土资源行政主管部门应当在中国土地市场网、当地土地有形市场等指定场所，或者通过报纸、互联网等媒介向社会公布。

第二步：用地申请

国有建设用地使用权供应计划公布后，需要使用土地的单位和个人可以在市、县人民政府国土资源行政主管部门公布的时限内，向市、县人民政府国土资源行政主管部门提出意向用地申请。市、县人民政府国土资源行政主管部门公布计划接受申请的时间不得少于 30 日。

第三步：供应方式

划拨供应：符合《划拨用地目录》的建设项目，方可以划拨方式供地；不符合的，应当一律以出让、租赁等有偿方式供地。

有偿供应：以出让、租赁等有偿方式供地的，应当依法采用招标、拍卖、挂牌或双方协议方式。在公布的地段上，同一地块有两个或者两个以上意向用地者的，市、县人民政府国土资源行政主管部门应当按照《招标拍卖挂牌出让国有建设用地使用权规定》，采取招标、拍卖或者挂牌方式供应；同一地块只有一个意向用地者的，市、县人民政府国土资源行政主管部门方可采取协议方式供应，但工业、商业、旅游、娱乐和商品住宅等经营性用地应当一律以招标拍卖挂牌方式供应。

第四步：编制供地方案

供地方案是土地行政主管部门拟订的向建设用地申请者提供土地的具体方案，其主要内容应分为以下四个层次：

（1）申请用地的项目是否符合国家产业政策和供地政策，是否属于《限制供地目录》或《禁止供地目录》范围外的建设项目，即**供地是否具有可行性**。

（2）**申请用地的项目应提供的土地面积**，即根据工程项目的性质、规模和工程项目用地标准，应提供多少土地。

（3）**拟供应土地的方式**，即是否符合《划拨供地目录》，可以划拨方式供地；如不符合划拨目录，则应以有偿方式供地。

（4）**拟有偿使用的具体方式**，即要明确拟有偿使用的建设用地是采取出让、租赁还是采取国家以土地使用权作价出资（入股）；确定出让、出租方式有偿使用的，还应明确具体的供地方式，即采取协议方式还是采取招标、拍卖、挂牌方式供地。

第五步：实施供地

供地方案编制后，应报有批准权的人民政府批准。供地方案批准后，市县国土资源行政主管部门按照批准的供地方案，实施供地。

划拨供地：市、县土地行政主管部门向用地者发放《建设用地批准书》，签发《国有建设用地使用权划拨决定书》，并依法提供建设用地。

协议出让、租赁供地：对符合协议出让条件的，市、县人民政府国土资源行政主管部门依法以协议方式出让、租赁国有建设用地，并与受让人或承租人签订国有建设用地使用权出让合同或租赁合同。

招标、拍卖、挂牌出让、租赁供地：对符合招标拍卖挂牌出让或租赁条件的，市、县人民政府国土资源行政主管部门依法以招标拍卖挂牌方式出让、租赁国有建设用地，并与受让人或承租人签订国有建设用地使用权出让合同或租赁合同。

第六步：履行土地使用合同和颁发不动产权证

规范履行土地使用合同：现行法律政策规定，国有建设用地使用权出让合同或租赁合同签订后，市县国土资源管理部门作为出让方或出租方，土地使用权人作为受让方或承租方，必须严格履行合同约定的权利和义务。其中，出让方或出租方的义务必须按照合同约定的时间交付土地，所交付的土地必须达到合同约定的条件。受让方或承租方的义务必须按期缴纳土地出让价款，并按照合同约定的用途、使用条件及开 / 竣工时间使用土地。土地使用权人改变用途，必须取得出让方和市、县人民政府城市规划行政主管部门的同意，签订土地使用权出让合同变更协议或重新签订出让合同，相应调整土地使用权出让金。

核发不动产权证。

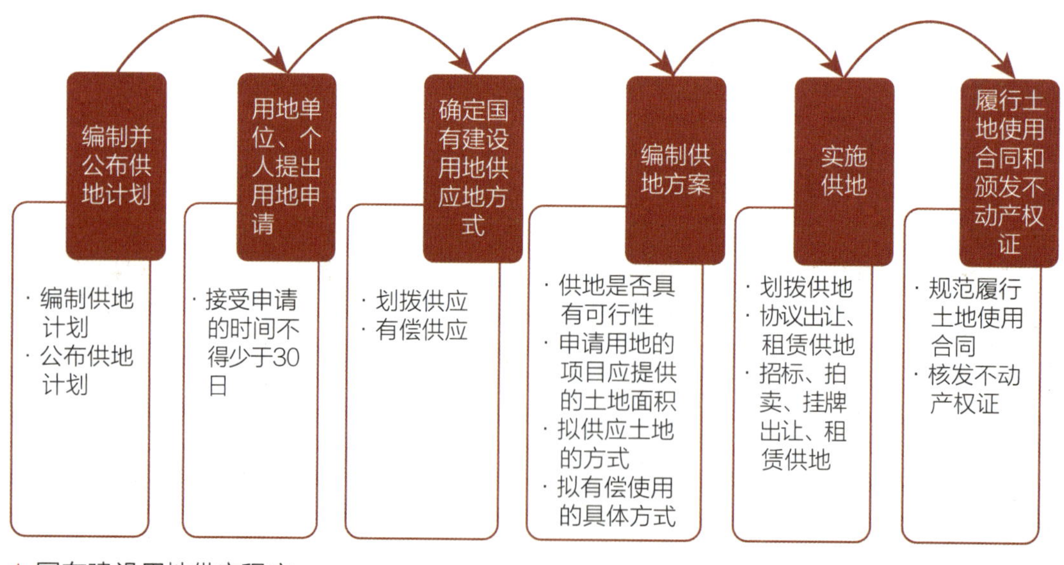

∧ 国有建设用地供应程序

（三）国有建设用地使用权收回

《土地管理法》规定，有以下四种情形之一的，由有关人民政府自然资源主管部门报经原批准用地的人民政府或者有批准权的人民政府批准，可以收回国有土地使用权：

（1）为实施城市规划进行旧城区改建以及其他公共利益需要，确需使用土地的；

（2）土地出让等有偿使用合同约定的使用期限届满，土地使用者未申请续期或者申请续期未获批准的；

（3）因单位撤销、迁移等原因，停止使用原划拨的国有土地的；

（4）公路、铁路、机场、矿场等经核准报废的。

四、农村集体建设用地管理

（一）农村集体建设用地

农村集体建设用地概念

所谓农村集体建设用地，是指城镇以外，广大农村和集镇范围内依法由农村集体所有建设占用的土地的总称。广义地讲，农村集体建设用地包括农业建设用地和农村非农建设用地两大部分。通常所说的农村集体建设用地是指农村非农建设用地。

农村集体建设用地类型

产业用地：指兴办乡镇企业使用集体所有的土地。

公共设施和公益事业用地：包括乡村行政办公、文化科学、医疗卫生、教育设施、生产服务和公用事业、乡村道路、水利设施、防洪设施等使用集体所有的土地。

宅基地：农村村民建住宅使用的集体所有的土地。

（二）农村公共设施和公益事业用地

农村公共设施和公益事业用地的申请

《土地管理法》规定，需要使用公共设施和公益事业用地的，应当由农民集体经济组织或村民委员会提出，经乡（镇）人民政府审核后，向县级以上人民政府土地行政主管部门申请。按省、自治区、直辖市规定的批准权限批准。

农村公共设施和公益事业用地的取得

农村公共设施和公益事业建设用地涉及占用农用地的，应当先办理农用地转用审批。使用其他集体所有土地的，应当给予补偿或调换土地。使用农民承包经营土地的，农民集体经济组织应当给予安置。涉及收回土地使用权的还应当给予补偿。

（三）宅基地

宅基地管理原则

一户一宅，户有所居，存量节约。

宅基地管理原则

一户一宅：农村村民一户只能拥有一处宅基地，其宅基地的面积不得超过省、自治区、直辖市规定的标准。

户有所居：人均土地少、不能保障一户拥有一处宅基地的地区，县级人民政府在充分尊重农村村民意愿的基础上，可以采取措施，按照省、自治区、直辖市规定的标准保障农村村民实现户有所居。

存量节约：农村村民建住宅，应当符合乡（镇）土地利用总体规划、村庄规划，不得占用永久基本农田，并尽量使用原有的宅基地和村内空闲地。

宅基地申请

农户申请宅基地的，应当以户为单位向农村集体经济组织提出申请；没有设立农村集体经济组织的，应当向所在的村民小组或者村民委员会提出申请。宅基地申请依法经农村村民集体讨论通过并在本集体范围内公示后，报乡（镇）人民政府审核批准。涉及占用农用地的，应当依法办理农用地转用审批手续。农户出卖、出租、赠与住宅后，再申请宅基地的，不予批准。

宅基地退出

国家允许进城落户的农村村民依法自愿有偿退出宅基地。乡（镇）人民政府和农村集体经济组织、村民委员会等应当将退出的宅基地优先用于保障该农村集体经济组织成员的宅基地需求。

宅基地保护

依法取得的宅基地和宅基地上的农户住宅及其附属设施受法律保护，国家法律禁止以下四种行为。

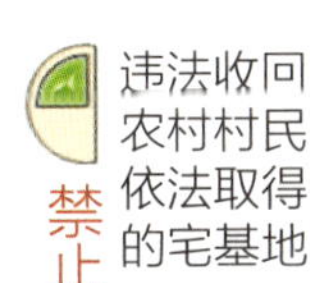

（四）集体经营性建设用地

集体建设用地规划管控

国土空间规划应当统筹并合理安排集体经营性建设用地布局和用途，依法控制集体经营性建设用地规模，促进集体经营性建设用地的节约集约利用。鼓励乡村重点产业和项目使用集体经营性建设用地。

集体建设用地使用

国土空间规划确定为工业、商业等经营性用途，并经依法登记的集体经营性建设用地，土地所有权人可以通过出让、出租等方式交由单位或者个人使用，并应当签订书面合同，载明土地界址、面积、动工期限、使用期限、土地用途、规划条件和双方其他权利义务。集体经营性建设用地出让、出租，应当经本集体经济组织成员的村民会议三分之二以上成员或者三分之二以上村民代表的同意。

集体建设用地流转

通过出让等方式取得的集体经营性建设用地使用权可以转让、互换、出资、赠与或者抵押，但法律、行政法规另有规定或者土地所有权人、土地使用权人签订的书面合同另有约定的除外。

集体建设用地使用与流转参照国有建设用地

集体经营性建设用地的出租，集体建设用地使用权的出让及其最高年限、转让、互换、出资、赠与、抵押等，参照同类用途的国有建设用地执行。

（五）集体建设用地使用权收回

《土地管理法》规定，有图中情形之一的，农村集体经济组织报经原批准用地的人民政府批准，可以收回建设用地使用权。

第六节　地籍管理与不动产登记

一、地籍管理

（一）地籍

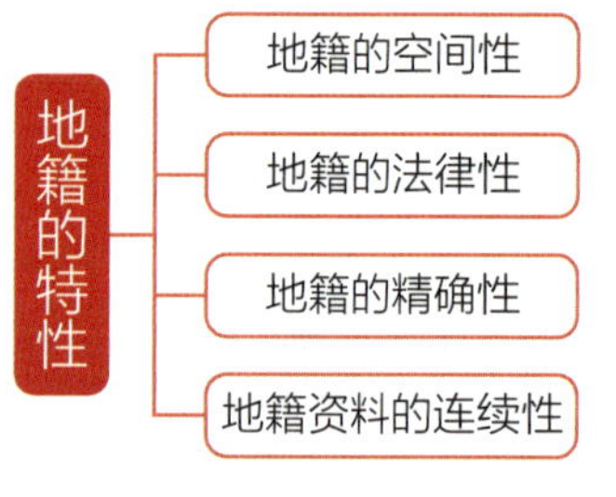

地籍最初的含义是征收土地税赋的簿册，其主要内容是应纳税的土地面积、土壤质量及土地税额的登记。随着社会的发展和我国不动产统一登记制度的建立，地籍从最初的税收地籍发展到产权地籍，进而发展到现代多用途地籍。现代地籍是记载土地、海域（含无居民海岛）及其房屋、林木等定着物的权属、位置、界址、数量、质量、利用等基本状况的图簿册及数据。现代地籍不仅仅是狭义的“土地”的“户籍”，还包括了土地、海域（含无居民海岛）及房屋、林木等地上（地下）

定着物等不动产乃至自然资源的“户籍”。

现代地籍具有空间性、法律性、精准性和连续性等特点，既是确认和保障不动产和自然资源权利人的依据，具有保护产权、定纷止争、保障交易安全的重要作用，更是做好土地管理及自然资源管理的基础工作。

（二）地籍管理

地籍管理的概念

地籍管理是指国家为建立地籍和研究土地的自然状况、权属状况和经济状况而实行的一系列工作措施体系。简言之，地籍管理是地籍工作体系的总称。所谓土地的自然状况主要指土地的位置、四至、形状、地貌、坡度、土壤、植被、面积大小等；土地的权属状况主要包括权属性质、权属来源、权属界址、权利状况等；而土地的经济状况则主要指土地等级、评估地价、土地用途等。

我国地籍管理的主要内容

根据我国基本国情和建设的需要，现阶段地籍管理的主要内容包括：土地调查、不动产登记、土地统计、地籍档案管理。

（三）地籍调查的分类

按照组织方式不同，地籍调查可分为地籍总调查和日常地籍调查。地籍总调查是在一定时间内，对县级行政辖区内或者特定区域内的全部土地及其定着物或某类型不动产开展的全面地籍调查。日常地籍调查是因不动产单元的设立、灭失、界址调整及其他地籍信息变更开展的地籍调查。

按照区域范围不同，地籍调查可分为城镇地籍调查和农村地籍调查。城镇地籍调查是指对城市、建制镇以及城镇以外的工矿、企事业单位用地所进行的权属调查和地籍测量；农村地籍调查既包括集体土地所有权调查，又包括房地一体的宅基地、集体建设用地地籍调查，还包括耕地、林地、草地承包经营权地籍调查。

按照服务目的不同，地籍调查可分为不动产地籍调查和自然资源地籍调查。不动产地籍调查是以服务不动产登记和不动产管理为主要目标的地籍调查；自然资源地籍调查则是以服务自然资源确权登记和自然资源管理为主要目标的地籍调查。

（四）不动产地籍调查和自然资源地籍调查

不动产地籍调查

是指由政府统一组织或不动产权利人委托，以土地权属为核心、宗地及其定着物为对象，通过权属调查和不动产测绘，全面查清土地及其上定着物的权属、位置、界址、面积、用途等权属状况和自然状况，形成数据、图件、表册等调查资料，为不动产登记提供依据和支撑的基础性工作。地籍调查是不动产登记程序的法定环节和基础性工作，其资料成果经不动产登记后具有法律效力。

不动产地籍调查的主要内容包括权属调查、不动产测绘和地籍数据库建设等。不动产地籍调查是以“权属清楚、界址清晰、面积准确”为目标，充分利用已有的地籍调查、国土调查、土地征收、用地、规划许可、不动产交易、不动产登记、建设或整治项目竣工验收、审批等成果资料，选择已有的地籍图、地形图、正射影像等图件为基础图件制作工作底图，开展权属调查。在此基础上，依据权属调查确定的权属界址等成果，开展不动产测绘和地籍数据库建设。

自然资源地籍调查

是以自然资源登记单元为基本单位，充分利用已有权属资料、专项调查、管理管制登记成果资料，采用以内业为主、外业补充调查的方式，全面查清自然资源权属状况、自然状况及公共管制情况等，划清全民所有和集体所有之间的边界，划清全面所有、不同层级政府行使所有权的边界，划清不同集体所有者的边界，划清不同类型自然资源之间的边界，为自然资源审核登簿和自然资源管理等提供依据和支撑的基础性工作。

自然资源地籍调查内容主要包括权属调查、自然状况调查、公共管制调查、调查成果核实、调查成果编制、成果核查验收、建立地籍数据库等。

（五）地籍总调查

地籍总调查的目的是在某一时期内，依照有关法律程序获取调查区内某类或全部不动产单元的权属、用途、位置、界址（或界限）、面积等信息，并把它们记载于地籍调查表中和编著在地籍图上，建立一套准确、完整的地籍簿、册、图和数据库，形成地籍档案。调查成果最基本和最直接的应用就是不动产登记，并满足不动产税费征收、地籍管理、用地管理、用途管制、国土空间规划、自然资源统计、自然资源动态监测，以及其他国民经济各部门的需要。

二、不动产登记

（一）不动产登记的概念和意义

不动产登记是指不动产登记机构依法将不动产权利归属和其他法定事项记载于不动产登记簿的行为。不动产登记是物权公示的重要方式，不动产登记的概念明确界定了登记的主体、客体、内容和登记记载在何处。不动产登记依据的法律包括《民法典》《不动产登记暂行条例》和《不动产登记暂行条例实施细则》等法律、法规及规章及规范性文件。

我国建立和实施不动产统一登记制度，实现登记机构、登记簿册、登记依据和信息平台“四统一”。推进不动产登记制度改革，有利于保护不动产权利人的合法财产权，提高政府治理效率和水平，方便企业群众。为进一步健全归属清晰、责权明确、保护严格、流转顺畅的现代产权制度打下重要的基础，对推进国家治理体系和治理能力现代化、促进市场经济发展和支撑全面深化改革具有重大意义。

（二）不动产登记的特征

不动产登记属于司法领域中的国家行政事务

一方面，不动产登记只是基于法律行为的不动产物权变动的生效要件之一；另一方面，不动产登记事务是国家机关具体管理和负责的。

不动产登记是由当事人与登记机构共同参与的活动

不动产登记是基于法律行为的不动产物权变动之生效要件，登记活动的主体包括登记机构和申请登记的当事人。在基于法律行为的不动产物权变动中，当事人变动物权的意思表示，才是引起物权变动的真正原因。

不动产登记是由登记机构依法定程序从事的活动

一方面，只有国家依法设立的不动产登记机构才能负责不动产登记事务，其他任何国家机关或单位均无权从事不动产登记活动。另一方面，不动产登记机构应按照法定的权限和程序规范进行不动产登记活动。

不动产登记是登记机构依法将不动产权利及其他法定事项记载于登记簿的行为

不动产登记制度旨在贯彻物权公示公信原则。不动产登记是将不动产的自然状况、不动产上的物权变动及其他法定事项记载于不动产登记簿，从而加以公示，以维护交易安全、提高交易效率的活动。

（三）不动产登记类型

《不动产登记暂行条例》规定了不动产登记的首次登记、变更登记、转移登记、注销登记，同时明确了预告登记、异议登记、更正登记、查封登记四类其他类型登记。

首次登记

是指不动产权利的第一次登记，未办理不动产首次登记的，不得办理不动产其他类型登记，但法律、行政法规另有规定的除外。

变更登记

是指因权利人的姓名或者名称、身份证类型或身份证号码发生变更，不动产所在街道或门牌号等坐落、名称、用途、面积等自然状况发生变更，不动产权利期限、来源等权利状况发生变化等不涉及不动产权属转移而进行的登记。

转移登记

是指因买卖、互换、赠与、继承、受遗赠等原因导致不动产权属发生转移而进行的登记。

注销登记

是指因不动产权利消灭而进行的登记。

预告登记

是指不动产物权变动中的债权人为确保能够实现自己所预期的不动产物权变动，在与债务人约定后，向不动产登记机构申请办理的登记。

异议登记

不动产登记簿记载的权利人不同意更正的，利害关系人可以申请异议登记。登记机构予以异议登记的，申请人在异议登记之日起十五日内不起诉，异议登记失效。

更正登记

权利人、利害关系人认为不动产登记簿记载的事项错误的，可以申请更正登记。不动产登记簿记载的权利人书面同意更正登记或有证据证明登记确有错误的，登记机构应当予以更正。

查封登记

是指不动产登记机构依据人民法院或者其他有权机关的嘱托，依照法定程序作出的以限制登记名义对不动产进行处分为目的的登记。

（四）不动产登记的权利

集体土地所有权登记

申请登记主体：土地属于村农民集体所有的，由村集体经济组织代为申请，没有集体经济组织的，由村民委员会代为申请；土地分别属于村内两个以上农民集体所有的，由村内各集体经济组织代为申请，没有集体经济组织的，由村民小组代为申请；土地属于乡（镇）农民集体所有的，由乡（镇）集体经济组织代为申请。

申请登记材料：申请集体土地所有权首次登记的，应当提交土地权属来源、权籍调查表、宗地图以及宗地界址点坐标等材料；农民集体因互换、土地调整等原因导致集体土地所有权转移，申请集体土地所有权转移登记的，应当提交不动产权属证书，互换、调整协议等集体土地所有权转移等材料，本集体经济组织三分之二以上成员或者三分之二以上村民代表同意的材料；申请集体土地所有权变更、注销登记的，应当提交不动产权属证书，集体土地所有权变更、消灭的材料等。

国有建设用地使用权及房屋所有权登记

申请方式：依法取得国有建设用地使用权，可以单独申请国有建设用地使用权登记。依法利用国有建设用地建造房屋的，可以申请国有建设用地使用权及房屋所有权登记。

申请首次登记：申请国有建设用地使用权首次登记，应当提交土地权属来源材料，权籍调查表、宗地图以及宗地界址点坐标，土地出让价款、土地租金、相关税费等缴纳凭证等材料；申请国有建设用地使用权及房屋所有权首次登记的，应当提交不动产权属证书或者土地权属来源材料，建设工程符合规划的材料，房屋已经竣工的材料，房地产调查或者测绘报告，相关税费缴纳凭证等级材料。

业主共有登记：办理房屋所有权首次登记时，申请人应当将建筑区划内依法属于业主共有的道路、绿地、其他公共场所、公用设施和物业服务用房及其占用范围内的建设用地使用权一并申请登记为业主共有。业主转让房屋所有权的，其对共有部分享有的权利依法一并转让。

变更登记：申请不动产权变更登记的，应当根据不同情况，提交不动产权属证书、发生变更的材料、有批准权的人民政府或者主管部门的批准文件、国有建设用地使用权出让合同或者补充协议、国有建设用地使用权出让价款、税费等缴纳凭证等材料。

转移登记：申请不动产权转移登记的，应当根据不同情况，提交不动产权属证书、买卖互换赠与合同、继承或者受遗赠材料、分割或合并协议、人民法院或者仲裁委员会生效的法律文书、有批准权的人民政府或者主管部门的批准文件、相关税费缴纳凭证等材料。

宅基地使用权及房屋所有权登记

申请方式：依法取得宅基地使用权，可以单独申请宅基地使用权登记；依法利用宅基地建造住房及其附属设施的，可以申请宅基地不动产权登记。

申请首次登记：申请宅基地不动产首次登记的，应当根据不同情况，提交申请人身份证和户口簿、不动产权属证书或者有批准权的人民政府批准用地的文件等权属来源材料、房屋符合规划或者建设的相关材料、权籍调查表、宗地图、房屋平面图以及宗地界址点坐标等有关不动产界址、面积等材料。

转移申请登记：因依法继承、分家析产、集体经济组织内部互换房屋等导致宅基地使用权及房屋所有权发生转移申请登记的，申请人应当根据不同情况，提交不动产权属证书或者其他权属来源材料、依法继承的材料、分家析产的协议或者材料、集体经济组织内部互换房屋的协议等材料。

集体建设用地使用权及建筑物、构筑物所有权登记

申请方式：依法取得集体建设用地使用权，可以单独申请集体建设用地使用权登记；依法利用集体建设用地兴办企业，建设公共设施，从事公益事业等的，可以申请集体建设用地使用权及地上建筑物、构筑物不动产权登记。

申请首次登记：申请集体建设用地使用权及建筑物、构筑物所有权首次登记的，申请人应当根据不同情况，提交下有批准权的人民政府批准用地的文件等土地权属来源材料、建设工程符合规划的材料，权籍调查表、宗地图、房屋平面图以及宗地界址点坐标等有关不动产界址、面积等材料，建设工程已竣工的材料等；集体建设用地使用权首次登记完成后，申请人申请建筑物、构筑物所有权首次登记的，应当提交享有集体建设用地使用权的不动产权属证书。

申请变更登记、转移登记、注销登记：申请集体建设用地使用权及建筑物、构筑物所有权变更登记、转移登记、注销登记的，申请人应当根据不同情况，提交不动产权属证书，集体建设用地使用权及建筑物、构筑物所有权变

更、转移、消灭的材料和其他必要材料。因企业兼并、破产等原因致使集体建设用地使用权及建筑物、构筑物所有权发生转移的，申请人应当持相关协议及有关部门的批准文件等相关材料，申请不动产转移登记。

土地承包经营权登记

申请范围：承包农民集体所有的耕地、林地、草地、水域、滩涂以及荒山、荒沟、荒丘、荒滩等农用地，或者国家所有依法由农民集体使用的农用地从事种植业、林业、畜牧业、渔业等农业生产的，可以申请土地承包经营权登记；地上有森林、林木的，应当在申请土地承包经营权登记时一并申请登记。

申请首次登记：依法以承包方式在土地上从事种植业或者养殖业生产活动的，可以申请土地承包经营权的首次登记；以家庭承包方式取得的土地承包经营权的首次登记，由发包方持土地承包经营合同等材料申请；以招标、拍卖、公开协商等方式承包农村土地的，由承包方持土地承包经营合同申请土地承包经营权首次登记。

申请变更登记：已经登记的土地承包经营权，有下图中六种情形之一的，承包方应当持原不动产权属证书及其他证实发生变更事实的材料，申请土地承包经营权变更登记。

申请变更登记

◎权利人的姓名或者名称等事项发生变化的

◎承包土地的坐落、名称、面积发生变化的

◎承包期限依法变更的

◎承包期限届满，土地承包经营权人按照国家有关规定继续承包的

◎退耕还林、退耕还湖、退耕还草导致土地用途改变的

◎森林、林木的种类等发生变化的

申请转移登记、注销登记：已经登记的土地承包经营权发生下列情形之一的，当事人双方应当持互换协议、转让合同等材料，申请土地承包经营权的转移登记：

（1）互换；

（2）转让；

（3）因家庭关系、婚姻关系变化等原因导致土地承包经营权分割或者合并的；

（4）依法导致土地承包经营权转移的其他情形。

申请注销登记：已经登记的土地承包经营权发生三种情形之一的，承包方应当持不动产权属证书、证实灭失的材料等，申请注销登记。

第三章

国土空间规划管理

国土空间规划结合自然要素和人文要素，围绕如何处理好人与自然之间的相互关系、协调开发与保护的矛盾，从不同的空间尺度对国土空间的保护、开发、利用、修复做出总体部署、统筹安排与空间布局，是国家和地方空间发展的指南、可持续发展的空间蓝图，是各类开发保护建设活动的基本依据。国土空间规划是对“区域整体”进行的整体性、战略性、时空性、约束性谋划，不能简单地等同于“多规合一”。国土空间规划是坚持以人民为中心、实现高质量发展和高品质生活、建设美好家园的重要手段。一方面通过优化空间资源配置，探索一套适应创新、协调、绿色、开放、共享新发展理念的国土空间利用格局；另一方面着力提升人居环境品质，打造高品质生活，满足人民对美好生活的向往。

第一节　规划管理概述

一、规划管理的概念

规划管理是国土空间规划编制、审批和实施等管理工作的统称。其目的就是通过有效手段，科学编制国土空间规划，并按照审批后的规划内容要求，依法安排各项建设用地和各项建设活动，推进规划实施落地、蓝图变为现实。在管理职能上，规划管理具有服务和制约的双重属性；在管理对象上，具有宏观管理和微观管理的双重属性；在管理内容上，具有专业和综合的双重属性；在管理过程上，具有管理阶段性和发展长期性的双重属性；在管理方法上，具有规律性和主观能动性的双重属性。国土空间规划管理的依据，主要包括相关法律规范、批准后的国土空间规划、技术标准规范与各类政策文件等。

北京市规划管理依据

◎法律规范依据:《中华人民共和国城乡规划法》《北京市城乡规划条例》等

◎城乡规划依据:《北京城市总体规划(2016年—2035年)》、各分区规划等

◎技术标准、技术规范依据：国家制定的城市规划技术规范、标准，行业制定的技术规范、标准，北京市地方性技术规范、标准

◎政策依据：包括相关的各项政策与规范性文件

二、规划管理框架

北京市国土空间规划分为市、区、乡镇三级，总体规划、详细规划、相关专项规划三类。国土空间**总体规划**是详细规划的依据、相关专项规划的基础，包括城市总体规划、分区规划(含亦庄新城规划)、乡镇域规划。**详细规划**是对具体地块用途和开发建设强度等作出的实施性安排，是开展国土空间开发保护活动、实施国土空间用途管制、核发城乡建设项目规划许可、进行各项建设等的法定依据，包括控制性详细规划、村庄规划和规划综合实施方案。**相关专项规划**是在特定地区、特定领域为实现特定功能对空间开发保护利用作出的专门安排，包括特定地区规划和特定领域专项规划。北京市以城市总体规划为依据、分区规划为基础，构建国土空间规划“一张图”。乡镇域规划及详细规划、相关专项规划经批准后纳入国土空间规划“一张图”。

北京市规划管理框架包括规划编制、规划实施、规划监督与规划保障四大体系。在规划编制的空间维度上，明确了三级三类国土空间规划纵向传导和横向衔接关系以及各级各类规划的编制要求、编制主体、报批程序、编制原则等，构建了刚性管控传导有力、规划事权明确清晰的规划编制体系，确保国土空间规划的战略目标指标和底线约束要求有效传导。

在规划实施的时间维度上，明确了国土空间近期规划和年度实施计划、编

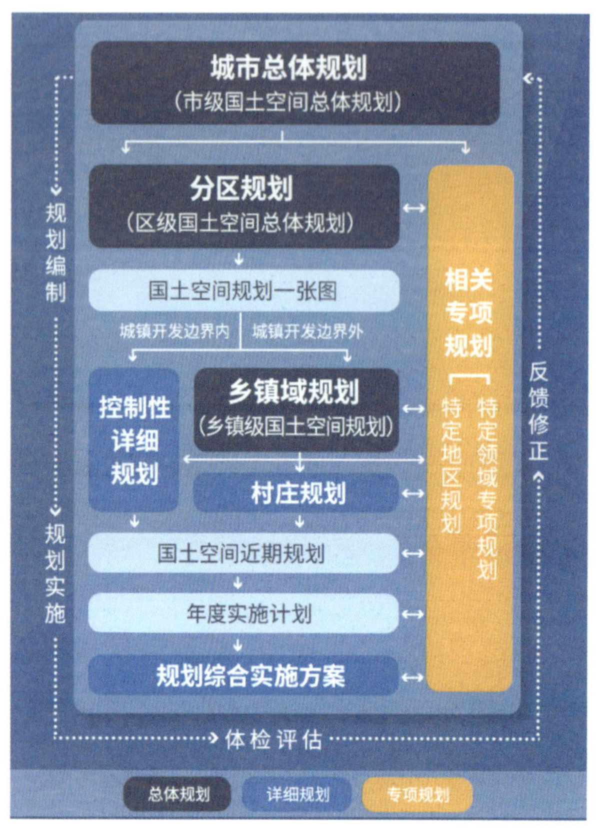

∧ 北京市国土空间规划体系

制规划综合实施方案等制度性安排，就推进“放管服”改革提出明确要求，构建了统筹空间时间、市区权责清晰的规划实施传导体系，在各个阶段性节点环节统筹把握规划整体性和实施分散性之间的关系，在时间轴上动态解决多规合一过程和经济社会发展过程中可能出现的各种矛盾问题。在规划监督的反馈修正上，结合北京城市体检先行先试经验，从建立预警监测机制、完善体检评估制度、健全监督问责机制三个方面提出了具体要求和任务，构建了评估预警反馈及时、督察问责覆盖全面的规划监督体系，在对规划形成及时反馈修正过程中不断深化完善国土空间规划“一张图”。

在规划保障的运行支撑上，就建立健全法规政策、管理制度、技术标准、信息平台建立等方面提出明确要求，构建了规则制度全面完善、支撑保障坚决有力的规划运行保障体系，在一本规划、一张蓝图基础上进一步形成一套运行管控规则，对常态化规划运行维护形成全方位多维度的支撑保证。由此逐步形成全市国土空间规划编制、规划实施、规划监督和运行保障各环节紧密衔接的全流程闭环管理，全面提升全市规划管理与国土空间治理水平。

三、管理内容

规划编制管理

北京市在国土空间规划的基础上编制分区规划和首都功能核心区、城市副中心的控制性详细规划；在分区规划的基础上编制控制性详细规划及乡、镇域规划；在乡、镇域规划的基础上编制村庄规划。在相关城乡规划的基础上，根据需要编制特定地区的规划和水、电、气、热、交通、信息通信等专项规划，补充、深化有关内容。特定地区规划和专项规划经批准后纳入相应层级的国土空间规划。

∧ 北京市国土空间规划管理框架体系

编制国土空间规划遵守法律、法规、规章以及国家和北京市的技术标准和规范，坚持政府组织、专家领衔、部门合作、公众参与、科学决策。国土空间规划中涉及资源与生态环境保护、区域统筹与城乡统筹、城市发展目标与空间布局、历史文化遗产保护、交通等重大专题的，应组织相关领域的专家进行研究。

规划的组织编制机关应采取论

证会、听证会、座谈会、公示等形式，依法征求有关部门、专家和公众的意见，并在报送审批的材料中附意见采纳情况及理由。城乡规划在报送审批前，组织编制机关应当依法将城乡规划草案予以公示，公示的时间不得少于三十日。相关部门和单位应当积极配合城乡规划的编制工作，按照规定提交相关材料，说明现状情况和发展需求。

规划编制原则包括以下五点。

坚持战略引领

深入落实首都城市战略定位，整体谋划国土空间开发保护格局，综合考虑人口分布、经济布局、土地利用、生态环境保护等因素，对空间发展做出战略性系统性安排，按照“一核一主一副、两轴多点一区”城市空间布局，确定差异化空间发展策略。

强化空间约束

以资源环境承载能力和国土空间开发适宜性评价为基础，坚持“以水定城、以水定地、以水定人、以水定产”原则，合理布局生产、生活、生态空间，科学设定人口规模、用地规模、开发强度等约束性指标，促进城乡建设用地减量提质，倒逼发展方式转变、产业结构升级、城市功能优化调整。

加强空间协调

统筹各区域、各领域空间需求和布局，坚持区域协调、领域协同、城乡融合和地上地下空间综合利用，完善城乡基础设施、公共服务设施和公共安全设施，提升城市韧性；加强老城整体保护，加强城市设计和风貌管控，注重城市品质和特色塑造；加强城乡统筹，坚持山水林田湖草生命共同体理念，促进整体保护与发展。

落实空间保障

统筹划定生态保护红线、永久基本农田、城镇开发边界三条控制线，维护和保障首都生态安全。落实全域全类型国土空间用途管制，合理配置自然资源，为优化提升首都功能、促进经济社会高质量发展提供空间保障，为可持续发展和应对重大城市安全问题做好战略留白。

推进空间治理

坚持问题导向，创新治理方式，完善治理机制，综合运用土地资源整理、环境综合整治、拆除违法建设、城市有机更新等多种方式，提高国土空间治理能力。以国土空间基础信息平台整合政务数据资源和社会数据资源，运用智能技术提升规划感知适应能力，提高国土空间精治、共治、法治水平。

规划实施管理

规划实施管理是指按照由法定程序编制和批准的城乡规划，依据国家和各级政府颁布的规则法规和具体规定，采用行政的、社会的、法制的、经济的、科学的管理方法，对城市或乡村的各项建设用地和建设活动进行统一的安排和控制，引导和调节城乡各项建设事业有计划、有秩序、有步骤地协调发展，保证规划实施。

第二节　总体规划管理

一、总体规划编制管理

城市总体规划编制管理

城市总体规划即市级国土空间总体规划，是对党中央、国务院重大决策部署以及全国国土空间规划的落实、对城市发展战略目标和刚性管控要求做出的安排，是其他各级各类国土空间规划编制的依据，由市政府组织编制，按法定程序审议后报党中央、国务院批准。

分区规划编制管理

分区规划即区级国土空间总体规划，是对市级国土空间规划即城市总体规划要求的细化落实、对本区域国土空间开发保护作出的具体安排，统筹全域划定各类国土空间规划分区和规划单元，由区政府会同市规划和自然资源委组织编制，按法定程序报市人民政府审批，经审后报市人民代表大会常务委员会备案。

2019 年底，北京市人民政府正式批复了朝阳、海淀等 13 个区的分区规划（国土空间规划）及亦庄新城规划（国土空间规划）。为总结分区规划中的技术工作、经验成果及保障分区规划有效实施，北京市规划自然资源委印发《北京分区规划（国土空间规划）编制技术要求和管理规则汇编》，对分区规划编制实施提出了“1+X”系列管控规则，其中“1”即为分区规划实施管理办法，

“X”包括生态控制线和城市开发边界管理办法、区级国土空间规划分区和用途管制规则（试行）、战略留白用地管理办法等规则，最终形成一套成体系的、相互支撑衔接的规划维护运行规则。

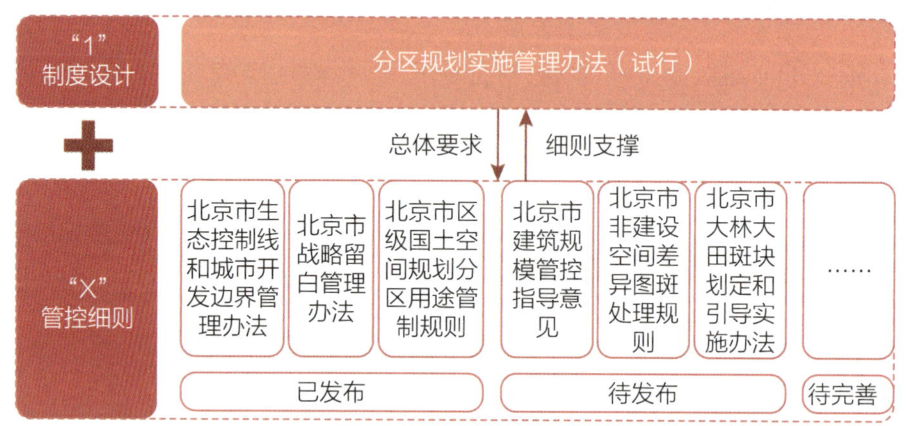

∧ 北京市分区规划编制“1+X”系列管控规则［引自《北京分区规划（国土空间规划）编制技术要求和管理规则汇编》］

乡镇规划管理

乡镇级国土空间规划是对分区规划要求的细化落实，统筹村庄布局、用地减量和生态治理，由区政府或开发区管委会组织编制，按法定程序审议审查审批。

规划应包含以下强制性内容：乡镇功能定位、乡镇用地规模总量与结构、两线三区空间落位、全域国土空间用途管控、战略留白用地规模、村庄布局与边界、三大设施规划，以及集中建设

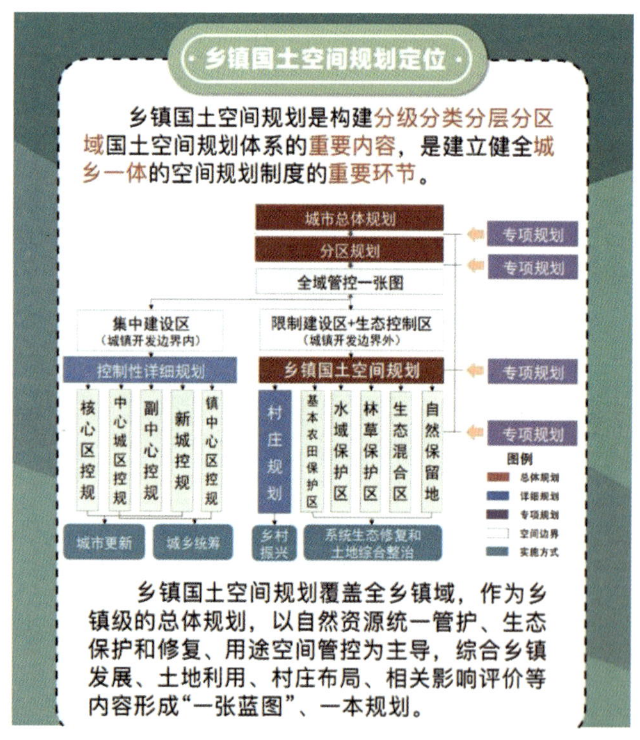

∧ 乡镇国土空间规划定位［引自《北京市乡镇国土空间规划编制导则（试行）》］

区内、外城乡建设用地规划。

根据“新总规”要求，重点考虑了二道绿隔地区、新城集中建设区周边地区、浅山区等区域要素，北京市的乡镇分为疏解提升型乡镇、平原完善型乡镇、浅山整治型乡镇、山区涵养型乡镇四类。

疏解提升型乡镇：规划编制应重点考虑减量增绿与提质增效，推动城乡建设用地统筹实施，全面实现产业经济、基础设施、民生保障、社会管理的城乡一体化发展。同时加强生态修复和生态廊道构建，重点引导建设郊野公园、城市森林、河湖湿地公园等生态基础设施。

平原完善型乡镇：规划编制中应重点强调公共服务设施建设和生态修复，引导形成田园、平原、森林、湿地和乡村景观有序和谐的发展格局。

浅山整治型乡镇：规划编制应强调生态安全屏障的建设，加强人口、用地与风貌管控，注重违法建设治理。在乡镇国土空间规划编制中，着重做好自然资源和生态环境条件分析，引导工矿废弃地复垦和矿山生态环境治理，增加生态资源总量，提升质量效益，保障生态安全。

山区涵养型乡镇：规划编制中应注重山、水、林的用途管控，充分引导其生态价值的发挥，同时注重提升本地公共服务保障，适度发展生态休闲服务功能。

二、总体规划实施管理

研究确定规划年度实施计划，并与年度投资计划、土地供应计划等做好衔接，明确规划年度实施的主要内容，统筹安排城乡基础设施、公共服务设施、公共安全设施、生态环境保护项目、重大产业项目和各类保障性住房等的建设，保障国家、市、区重点项目顺利实施。

编制规划综合实施方案。依据国土空间规划及国土空间近期规划，编制实施单元规划综合实施方案，统筹建设空间与非建设空间、增量使用和存量更新、资源保护和建设任务、实施方式和成本控制等方面内容，作为实施土地资源整理、城市有机更新、基础设施建设、生态治理的依据；编制实施单元内近期建设项目规划综合实施方案，明确土地权属、规划指标、城市设计要求、市政及交通条件、供地方式、建设时序等内容，并与规划年度实施计划做好衔接。

市有关部门主要负责统筹全市规划实施和重点地区、重大项目规划建设，制定政策标准、控制规划总量、分解下达指标，对规划实施情况进行督导检查和考核评估；各区政府、开发区管委会具体负责落实本区域空间管控和规划实施任务。以“多规合一”协同平台为基础，完善多部门协同的规划研究决策机制；在落实“多审合一”“多证合一”改革基础上，推进“多测整合”“多验合一”，下放审批权限，精简审批环节，提高审批效能。

第三节　详细规划管理

一、控制性详细规划编制管理

首都功能核心区、城市副中心的控制性详细规划，由北京市政府依据城市总体规划组织编制，按法定程序报党中央、国务院批准，经批准后报北京市人民代表大会常务委员会备案。

首都功能核心区、城市副中心以外的中心城区、新城、镇中心区的控制性详细规划，由区政府或开发区管委会会同市规划和自然资源委依据分区规划组织编制，按法定程序报市政府审批。其中，首都功能核心区以外的中心城区、新城的控制性详细规划经审批后，报市人民代表大会常务委员会备案。

二、村庄规划编制管理

村庄规划是法定规划，是国土空间规划体系中乡村地区的详细规划，是表达农民生产生活愿望的蓝图；是协调农村空间保护利用的平台；是提升优化农业空间布局的手段；是依规完善乡村空间治理、核发乡村建设工程规划许可、进行各项建设等的法定依据。

为全面提升农村人居环境，有效促进全市村庄规划编制的科学性、实用性和示范性，北京市规划自然资源委要求各区在推进村庄规划编制工作的过程中，应以实事求是、尊重实际、尊重村民意愿为原则，结合村庄的具体类型和发展条件，从务实、有利村庄发展出发，确定规划编制的适宜方式。有条件、有需求的村庄应编尽编；暂时没有条件编制村庄规划的，应在区、乡镇国土空间规划中明确村庄国土空间用途管制规则和建设管控要求，作为实施国土空间用途管制、核发乡村建设项目规划许可的依据。

综合分析影响村庄发展的主要影响要素，全市行政村庄划分为四种类型：城镇集建型、整体搬迁型、特色提升型、整治完善型。

城镇集建型村庄：主要包括全部或部分村庄居住组团位于或临近中心城区、城市副中心、新城、镇中心区及城市功能组团的集中建设区范围内的村庄。

整体搬迁型村庄：主要包括受地质灾害影响风险等级为大型的村庄、位于水库一级保护区范围内的村庄及村庄居住组团大部分位于高压走廊、规划污水厂、垃圾处理场影响范围内的村庄、因不可移动文物保护、与河道蓝线存在矛盾需要整体搬迁的村庄和各区因饮水困难、居住分散、交通不便等生存条件恶劣确需整体搬迁的村庄。

特色提升型村庄：主要包括全市在录的各类特色保留村庄，主要有中国历史文化名村、传统村落、中国美丽宜居乡村、第五批传统村落备选村庄。

整治完善型村庄：主要包括除以上三种类型外，在全市范围内广泛分布、不受各类要素影响的一般村庄；以及受地质灾害影响风险等级为小型、中型，村庄居住组团，小部分位于现状高压走廊、规划污水厂、垃圾处理场影响范围内的村庄。

村庄规划应梳理村庄现状缺少及配置不达标的公共服务设施项目，根据配置标准进行补充完善，明确各项公共服务设施的数量和规模。

表 3-1 北京村庄公共设施性质分类及项目基本配置表

类别	项目	公共设施项目配置			
		特大型村庄	大型村庄	中型村庄	小型村庄
行政管理	村委会	●	●	●	●
	其他管理机构	●	●	○	○
教育机构	小学	○	○	○	○
	幼儿园	○	○	○	○
文化科技	综合文化站	●	●	●	●
	青少年、老年活动中心	●	●	○	○
体育设施	体育活动室	●	●	○	○
	健身场地	●	●	●	●
	运动场地	○	○	○	○
医疗卫生	村医疗卫生机构	●	●	○	○
社会福利保障	村养老设施	●	●	○	○
商业服务	小卖部	○	○	●	●
	小型超市	●	●	○	○
	餐饮小吃店	●	○	○	○
	旅馆、招待所	旅游型村庄可设置			

注：1. ●为应设的内容，○为可设的内容。

2. 结合教育部门村级生活圈的配置要求，小学和幼儿园的设置应采取“就近就便，可多村共建”的方式进行配置。

[引自《北京市村庄规划导则（修订版）》]

村庄规划由所在乡、镇人民政府组织编制。其中，中国传统村落和北京市传统村落的村庄规划由区人民政府负责组织编制。村庄规划编制完成后应当在村委会公示 30 日，经村民会议或村民代表会议讨论同意。村庄规划经乡村责任规划师技术审核，由市规划自然资源主管部门派出机构组织审查后，报区人民政府审批，经审批后报区人民代表大会常务委员会备案。中国传统村落和北京市传统村落的村庄规划，以区人民政府为申报主体，在征求市级相关部门意见后，报送北京市规划自然资源委审查，北京市规划自然资源委会同有关部门形成联审意见。

中国历史文化名村编制历史文化名村保护规划，以区人民政府为组织编制和申报主体，在征求市级相关部门意见后，报送北京市规划自然资源委审查，由北京市人民政府审批。区人民政府应将经依法批准的历史文化名村保护规划，报国务院城乡规划主管部门和国务院文物主管部门备案。村庄规划批准后，由所在地乡镇人民政府依法公布。

三、控制性详细规划实施管理

控制性详细规划编制和实施管理应科学合理配置各类要素，优化用地布局，引导要素向重点发展区域集中；合理安排产业用地、居住用地和基础设施、公共服务设施、公共安全设施，促进职住平衡，保障城市高效运行；应围绕“七有”“五性”民生需求，补齐民生设施短板；加强城市空间品质的管理和历史文化保护传承，彰显城市特色，提升环境品质。市级规划部门负责规划实施的即时监测和动态监管，强调各区级政府在规划编制实施中的主体责任，明确了区级政府的规划编制和实施责任主体地位；建立健全政府有关部门的协同联动机制、公众参与机制和实施协商机制，实现科学规划和高效治理的协同。

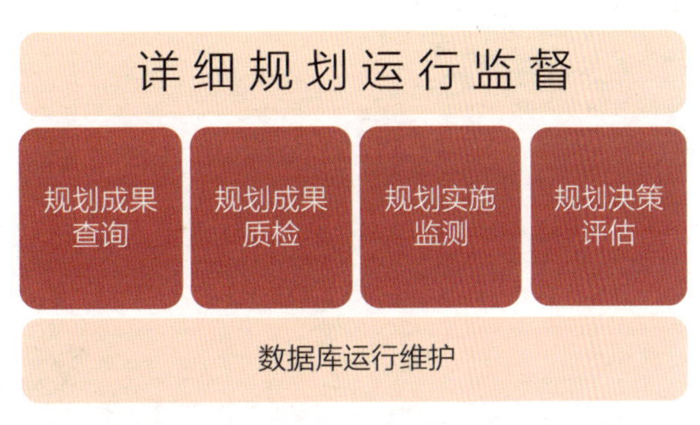

∧北京市国土空间规划“一张图”实施监督系统

第四节　专项规划管理

北京市专项规划由北京市规划自然资源主管部门或相关主管部门组织编

制。其中专项规划由北京市规划自然资源主管部门组织编制的，报北京市人民政府审批；由相关主管部门组织编制的，经北京市规划自然资源主管部门组织审查后报市人民政府审批。

相关专项规划编制和实施过程中的重大事项，应当依照相关规定向党中央、国务院请示报告。

一、交通规划管理

综合交通规划

《北京城市总体规划（2016年—2035年）》提出，要坚持以人为本、可持续发展，将综合交通承载能力作为城市发展的约束条件。坚持公共交通优先战略，着力提升城市公共交通服务水平。加强交通需求调控，优化交通出行结构，提高路网运行效率。完善城市交通路网，加强静态交通秩序管理，改善城市交通微循环系统，塑造完整街道，各种出行方式和谐有序，构建安全、便捷、高效、绿色、经济的综合交通体系。

北京综合交通规划包括以下四项要点。

< 北京东三环国贸桥晚高峰交通车流

建立分圈层交通发展模式，打造一小时交通圈		
	构建分圈层交通发展模式	第一圈层（半径 25~30 千米）以地铁（含普线、快线等）和城市快速路为主导；第二圈层（半径 50~70 千米）以区域快线（含市郊铁路）和高速公路为主导；第三圈层（半径 100~300 千米）以城际铁路、铁路客运专线和高速公路构成综合运输走廊。到 2020 年轨道交通里程由现状约 631 千米增加到 1000 千米左右，到 2035 年不少于 2500 千米；到 2020 年公路网总里程力争达到 22500 千米，到 2035 年超过 23150 千米；到 2020 年铁路营业里程达到 1500 千米，到 2035 年达到 1900 千米。
	保障交通基础设施用地规模	适度超前、优先发展交通基础设施，提前规划控制交通战略走廊和重大交通设施用地。到 2020 年全市交通基础设施用地（含区域交通基础设施）约 700 平方千米，到 2035 年约 850 平方千米。
	全力提升规划道路网密度和实施率	完善城市快速路和主干路系统，推进重点功能区和重大交通基础设施周边及轨道车站周边道路网建设，大幅提高次干路和支路规划实施率。提高建成区道路网密度，到 2020 年新建地区道路网密度达到 8 千米 / 平方千米，城市快速路网规划实施率达到 100%；到 2035 年集中建设区道路网密度力争达到 8 千米 / 平方千米，道路网规划实施率力争达到 92%。
	建立交通与土地利用协调发展机制	充分发挥轨道交通、交通枢纽的综合效益。加强轨道交通站点与周边用地一体化规划及场站用地综合利用，提高客运枢纽综合开发利用水平，引导交通设施与各项城市功能有机融合。

交通专项规划编制

以公交场站专项规划编制为例,《北京市公交场站专项规划（2020 年—2035 年）》提出按照分区引导的原则，拟对核心区内集中驻车、保养功能场站外迁；中心城四区构建两个保障圈层承接外迁场站功能，并优化中心城区场站功能布局；副中心、多点地区及生态涵养区规划公交场站，服务本区域公交运营，保障外围乡镇实现村村通公交，满足跨界组团公交出行需求。同时，规划拟结合地面公交线网规划确定的干线、普线、微循环线和定制公交“3+1”体系，通过首末站和停保站编织线网，实现平均 2.5 千米服务半径对全市集中建设区全覆盖。公交线网有望实现由“以线定站、单线调度”向“以站定网、区域调度”的转变。

核心区：按照“促疏解，保服务”的要求，对于现状 59 处场站，按照“疏解外迁、复合小微、整合提质”的工作思路，取消及迁出 26 处、“瘦身”3 处、提升 30 处，疏解驻车保养功能，截流与规划公交干线并行重复的公交普线，在三环及绿隔保障圈层设置场站25处，承接核心区场站外迁功能。核心区规划含公交场站功能的交通场站70处（含4处枢纽站，兼容社会公共停车等功能）。

中心城四区：按照“强便利，重复合”的要求，根据线网特点，干线的首站布局在三环保障圈层，末站根据客流布局在多点地区集中建设区；普线集中在五环路以内，首站布局在三环保障圈层，末站布局在五环路附近；微循环线以利用已有场站为支撑。中心城四区规划公交首末站333处。副中心按照“助实施，增磁力”的要求，率先将公交场站与其他用地相融合，结合功能区等布局服务对外干线公交的首末站，在居住区布局服务多样化出行线路的首末站。同时统筹考虑首都圈需求，提升以副中心为中心的周边区域的公交可达性，形成对中心城区的“反磁力效应”。副中心规划公交首末站41处。

多点地区：按照“扩覆盖，助截流”的要求，建成区场站在保证现有线路稳定基础上，结合规划实施，由临时场站向规划场站过渡；新建区场站结合人口岗位集聚情况和轨道交通站点，扩大区域公交覆盖范围，同时加强对轨道廊道的接驳，通过换乘截流跨界组团机动车进京需求。多点地区规划公交首末站367处。

生态涵养区：按照“统城乡，融生态”的要求，围绕新城及重点乡镇人口岗位集聚情况布局场站，支撑地面公交线路城乡全覆盖，实现全域村村通公交。生态涵养区新城规划公交首末站65处，重点乡镇规划公交首末站75处。

公共交通：便捷可靠

加强轨道交通建设。按照中心加密、内外联动、区域对接、枢纽优化的思路，优化调整轨道交通建设近远期规划，重点弥补线网结构瓶颈和层级短板，统筹利用铁路资源，大幅增加城际铁路和区域快线（含市郊铁路）里程，有序发展现代有轨电车。

提升公交服务水平。优化公交专用道规划建设和管理，提高公交运行速度和准点率。

交通需求：差别化管理

按照控拥有、限使用、差别化的原则，划定交通政策分区，实施更科学、更严格、更精细的交通需求管理。综合利用法律、经济、科技、行政等措施，分区制定拥车、用车管理策略，从源头调控小客车出行需求。

停车管理体系：科学合理

坚持挖潜、建设、管理、执法并举，加强行业管理，建设良好停车环境。构建符合市场化规律的停车价格体系，完善市场定价、政府监管指导的价格机制。建立停车资源登记制度和信息更新机制，利用科技手段提升停车位使用效率。通过利用腾退土地和边角地、建设立体机械式停车设施等多种手段增加供给。全面整治停车环境，严格管理路内停车泊位，完善居住区停车泊位的标线施划，将单位内部停车、大院停车等纳入规范化管理。

∧ 公共交通停车要求

∧ 北京西三环上的公交专用车道

公共交通规划与需求管理

除了交通专项规划外,《北京市公交场站专项规划（2020 年—2035 年）》也对公共交通规划提出了“坚持公共交通优先与需求管理并重，提高交通运行效率和服务水平”的要求。

慢行系统规划

《北京市慢行系统规划（2020 年—2035 年）》提出建设步行和自行车友好城市的发展愿景，慢行系统的建设成为城市综合交通规划管理中的重要组成部分。慢行系统与城市发展深度融合，形成“公交 + 慢行”绿色出行模式，逐步建成步行和自行车优化城市。并对治理“大城市病”、构建“成网好用”的慢行交通系统和减少机动车对慢行路权侵占等方面进行了规划安排与方向部署。北京市各局、委就步行、自行车友好城市建设开展了交通系统规划的顶层设计和标准建设等工作。

二、轨道交通规划管理

轨道上的京津冀

《北京城市总体规划（2016 年—2035 年）》提出打造轨道上的京津冀，重点推进干线铁路和城际铁路建设，强化高效衔接，提升区域运输服务能力。加强与津冀地区统筹，推动铁路外环线建设及大型货运站功能外迁。随着京津冀多层级的轨道交通网络建设持续深入，“轨道上的京津冀”初步形成并不断发挥作用。以北京、天津为核心枢纽，贯通河北各地市的全国性高速铁路网已基本建成。京张高铁、京沈高铁等相继建成通车，雄商、雄忻、津潍高铁加快推进，区域地级以上城市全部实现高速铁路覆盖，京津冀与东北、中原、山东半岛城市群等周边区域联通时间大幅缩短，城市群间良性互动的局面初步形成。城际铁路建设加快推进，京津冀城市间联系更加紧密。京津城际延伸线、京雄城际、津保铁路、崇礼铁路建成通车，京唐城际、京滨城际、津兴铁路、石衡沧港城际和城际铁路联络线一期等一大批城际铁路加快建设。相邻城市间基本

V 行驶过永定门城楼的京津城际 CRH380B 型和谐号高速动车组

实现铁路 1.5 小时通达，京雄津保“1 小时交通圈”已经形成。

国家“十四五”规划提出到 2025 年，基本建成轨道上的京津冀。北京市“十四五”规划提出，巩固提升“轨道上的京津冀”。落实京津冀核心区铁路枢纽总图规划，提升同城化效应。

线网规划

线网按照“中心城加密度，外围提速度，跨界留联通度”的思路，形成了“内面外廊、以快为先、跨界联动、枢纽锚固”的布局。在市域层面，线网呈

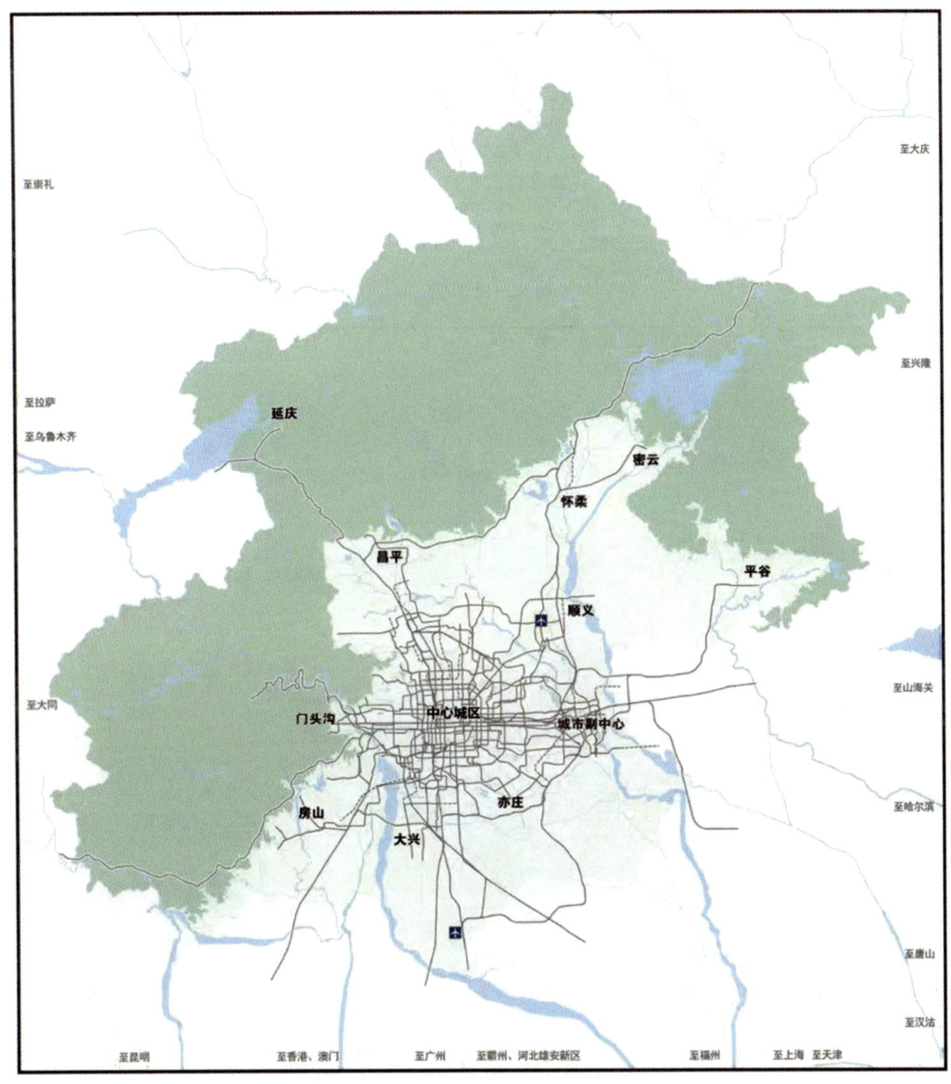

∧ 北京市轨道交通线网规划（2020 年—2035 年）示意图

现“半环 + 放射”的形态，围绕副中心和多点新城形成半环构架，围绕中心城形成七个方向的放射廊道；在中心城区范围，呈现“双环棋盘 + 放射”形态，其中四环内为面状覆盖、边缘集团为放射廊道式服务；在城市副中心范围，以“环 + 放射”形态实现面状覆盖；在多点地区提供“一快一普”的廊道式服务；在一区及跨界组团主要提供点式服务。中心城区弥补断点、增加覆盖、提升服务为核心强化提速度、优衔接、补结构。城市副中心加强与中心城联系及对新城和北三县的辐射带动，同时加强内部面状网的构建。多点地区充分发挥既有轨道廊道作用，原则上均提供“一快一普”的轨道服务，重点方向提供“两快”条件。一区采用市郊加城际的复合服务模式，实现高效绿色发展。分层次提供跨界组团的差异化轨道交通供给服务。

城市轨道交通建设规划

根据国家发展和改革委员会关于《北京市城市轨道交通第二期建设规划

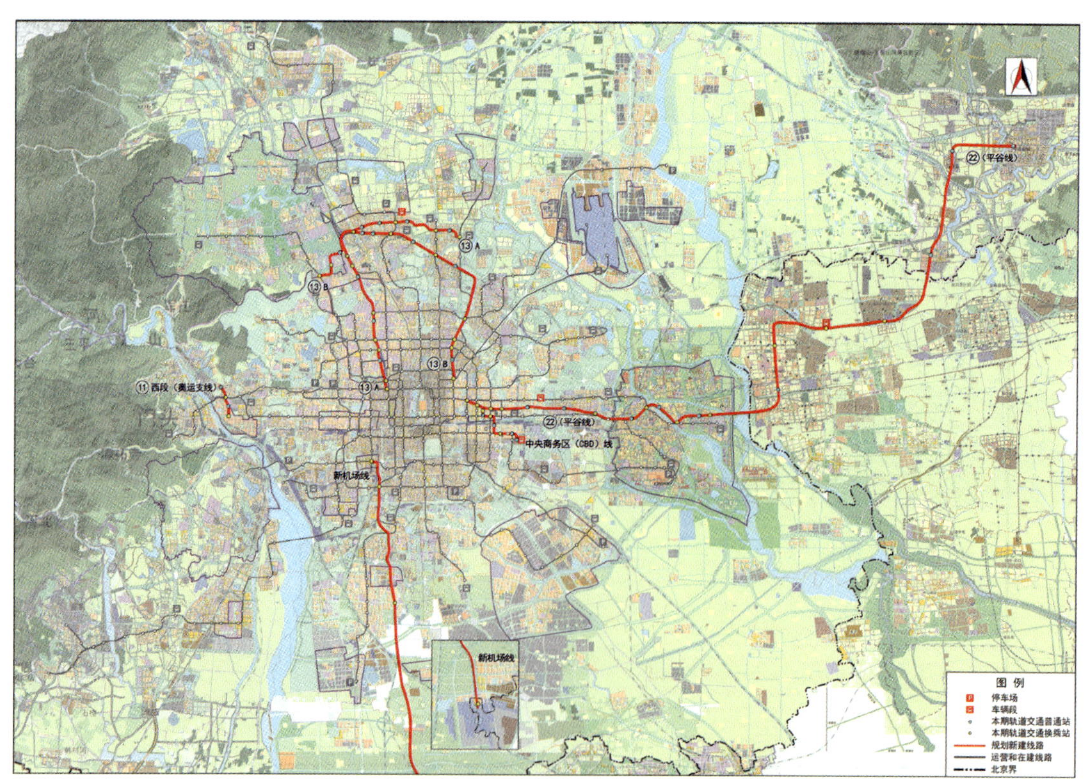

∧ 调整北京市城市轨道交通第二期建设规划（2015—2021 年）示意图

（2015—2021 年）》的批复（发改基础〔2015〕2099 号），2015—2021 年建设 12 个项目，总长度 262.9 千米，具体为：3 号线、7 号线二期（东延）、8 号线四期、12 号线、17 号线、19 号线一期、22 号线（平谷线）、25 号线二期（房山线北延）、27 号线二期（昌平线南延）、八通线二期（南延）、首都机场线二期（西延）、中央商务区（CBD）线。

根据国家发展和改革委员会关于《调整北京市城市轨道交通第二期建设规划方案》的批复（发改基础〔2019〕1904 号），新机场线工程调整为新机场站至丽泽商务区，22 号线（平谷线）工程调整为东大桥至平谷，28 号线（CBD 线）工程调整为东大桥至广渠东路，建设 11 号线西段（冬奥支线）工程，将 13 号线改造为 13A、13B 两条线路。

三、市政基础设施规划管理

市政基础设施规划编制

北京市规划自然资源委市政设施规划管理处承担市政设施相关实证专项规划的组织编制、审查、报批和维护，以及规划实施的统筹协调和评估工作。

北京市规划自然资源委发布的《北京市市政基础设施专项规划（2020年—2035 年）》中对市政设施专项规划的内容进行了明确规定，涵盖防洪及河道、雨水与防涝、生活垃圾等 14 项专业内容。

实施审查

北京市为落实《国务院关于北京市开展公共服务类建设项目投资审批改革试点的批复》(国函〔2016〕83 号) 精神，有效推进公共服务类建设项目投资审批改革试点工作，特制定《北京市公共服务类建设项目投资审批改革试点实施方案》，提出在北京城市副中心道路、停车设施、垃圾和污水处理设施及教育、医疗、养老等公共服务类建设项目开展试点，试点期为三年，要求优化审批流程，简化审批手续和环节、简化规划许可手续。规划国土部门会同相关单位先行审定建设项目设计方案，并出具审查意见；项目单位可依据审查意见到相关部门办理审批手续，并组织开展有关工作。相关审批手续齐备后，即可办理建设项目选址意见书、建设用地规划许可证、建设工程规划许可证。

水系统基础设施

落实最严格水资源管理制度，2035 年单位地区生产总值水耗在 2015 年基础上下降 40% 以上。同时，加强水源地保护。到 2035 年恢复官厅水库饮用水源功能。尽快完成“两库一渠”、官厅水库、永定河山峡段水源保护区划定。

在防洪及河道治理规划方面，中心城区（不含海淀北部地区、丰台河西地区）防洪标准达到 200 年一遇；海淀北部地区、丰台河西地区防洪标准达到 50 年一遇。城市副中心防洪标准达到 100 年一遇。其他新城防洪标准达到 50 年至 100 年一遇。乡镇中心区防洪标准达到 20 年一遇，村庄防洪标准达到 10 年一遇。到 2035 年，常规降雨（设防标准降雨）条件下不发生内涝灾害，保障人民生产、生活和城市正常运行；超常规降雨（超标准降雨）条件下不发生严重内涝灾害，对人民生命财产不造成重大影响。

将多措并举保障连续高日污水量达标处理，到 2035 年全市城乡污水处理率达到 99% 以上。中心城区规划再生水厂 22 座，总规模达到 504.5 万立方米 / 日。城市副中心、新城及乡镇集中建设区规划再生水厂 169 座，总规模达 409.7 万立方米 / 日。

生活垃圾基础设施

以现状生活垃圾处理设施为基础，规划形成大兴安定、朝阳高安屯、门头沟鲁家山、昌平阿苏卫 4 个大型循环经济园区，以及延庆小张家口、顺义杨镇等 12 个小型循环经济园区，节约集约利用空间，集中防控污染，同时满足餐厨、建筑垃圾、污泥等各类固废主要处理需求。同时，布局小型、单类设施，与循环经济园区衔接，满足各类固废处理需求，实现全域覆盖。

规划生活垃圾处理设施 21 处，规划焚烧和生化处理能力约 3.5 万吨 / 日。在循环经济园区内部预留厨余垃圾处理用地，满足垃圾分类后厨余垃圾处理需求。还将规划设置垃圾转运站和环卫停车场约 190 处。

智慧基础设施

2035 年满足全光网络发展需要，全面建成国内领先、世界先进的宽带网络基础设施。

推进 5G 基站建设，在中心城区、城市副中心、新城、乡镇中心区和其他区域按不同标准设置室外宏基站。

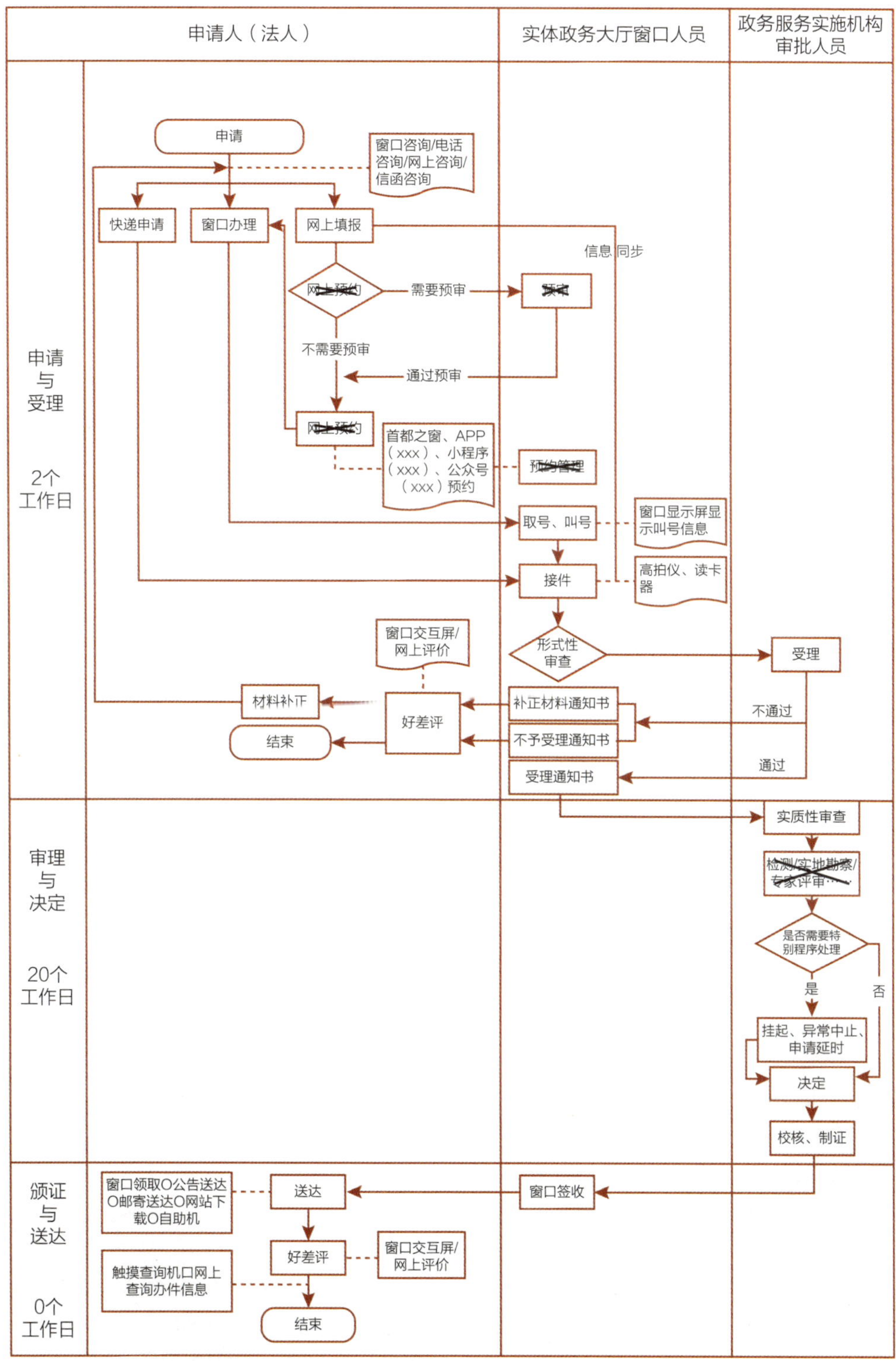

注：图中“ ”表示无此环节。

∧“一会三函”审改试点项目设计方案函（市政交通基础设施工程审改试点项目）一体化办理流程（引自北京市人民政府官网）

分区规划及详细规划中的市政规划专题

分区规划中的市政规划专题：以《朝阳分区规划（国土空间规划）（2017年—2035年）》为例，该分区规划提出按照适度超前、绿色环保、城乡一体的原则，以安全保障、高效集约、智能生态为总体目标，构建生态宜居的水环境、安全高效的水资源开发利用体系、智慧低碳的能源供应体系、高速泛在的信息服务体系，合理布局综合管廊，促进基础设施功能融合，组建高标准、高水平、高效能的绿色市政基础设施。

详细规划中的市政规划专题：以《首都功能核心区控制性详细规划（街区层面）（2018年—2035年）》为例，该规划提出在水、电、气、热等高水平供

建设安全、高效、经济的供水系统	按照优先利用地表水、养蓄地下水的原则，成为中心城区供水系统的重要组成部分。构建以第五水厂、第八水厂、第八水厂净水厂、第九水厂、第十水厂、东坝调蓄水厂、分钟寺调蓄水厂为主力水厂的供水格局。加快供水设施建设，完善供水管网系统，到2035年全区供水设施总能力达到334万吨/日，供水安全系数达到1.3，保证城乡居民饮水安全。
完善雨水排除系统，提高建设标准，减少内涝风险	综合运用排水河道、雨水调蓄区、雨水管道及雨水泵站等多种措施，完善雨水排除工程体系。到2035年基本建成与城镇发展相适应的雨水排除与利用系统。采用分流、翻建、增建雨水管道的方式，规划雨水管渠设计重现期为3~5年一遇，特别重要地区10年一遇，主要雨水管道出口内顶高程基本不低于规划河道20年一遇洪水位。加大下凹桥区和低洼地区等雨水设施薄弱区域的建设力度，下凹式立体交叉道路雨水管渠及泵站设计重现期为10~30年一遇。积极推进小区内部海绵城市建设。
完善污水排除系统，有效控制水体污染，消除黑臭水体	坚持集中和分散相结合、截污和治污相协调，采用雨污分流的排水体制，完善污水收集处理设施建设，实现污水的全收集、全覆盖、全处理。加强城乡结合部污水管网建设，到2035年朝阳区污水处理能力达到412万吨/日，并保留北苑、东坝两座现状污水处理厂的用地。全区污水处理设施安全系数达到2.0，城乡污水处理率高于99%，污泥无害化处理率达到100%。
推广再生水利用，节约水资源，改善水环境	利用朝阳区丰富的再生水资源，满足中心城区的再生水需求，实现再生水全部有效利用。再生水优先保障工业用水，并积极推动其在绿化、道路浇洒等方面的利用，兼顾建筑冲厕，有效替代清水资源。充分利用再生水作为城市河湖的补充水源，全面改善城市水环境。

∧《朝阳分区规划（国土空间规划）（2017年—2035年）》中有关水环境设施建设

首都功能核心区控制性详细规划中部分市政规划实施要点

规划实施要点 53-1　提高自来水供给安全可靠度

完善管网建设，加强应急管理。结合道路改造工程新建供水管道，加强骨干供水系统。

规划实施要点 53-2　提高电网安全可靠性和供电能力

10 千伏电力线路以电缆敷设为主，现状架空线视条件逐步改造入地，不断提高电缆化率。

规划实施要点 53-3　加大节水力度，推广再生水利用

扩大再生水管道覆盖范围，城市绿化、道路清扫、景观用水等优先使用再生水。实现节水管理科学化、社会化、信息化。

规划实施要点 53-4　更新改造老旧隐患市政管线

加强老旧隐患管线整治及管网的维护管理，提升设施安全水平。规划改造老旧隐患的供水管道、排水管道及电力管道；整治供热、燃气支线户线隐患管道。

给保障的基础上，推进老旧管线与市政箱体整治、海绵城市建设及垃圾分类全覆盖，提升清洁能源、再生水、排水服务能力。

四、地质灾害防治规划管理

（一）规划编制

地质灾害防治规划是预防和治理地质灾害的长远计划。分为国家、省（自治区、直辖市）、地（市、州、盟）、县（市、区、旗）四级和部门规划。国务院自然资源主管部门组织编制全国地质灾害防治规划。县级以上地方人民政府自然资源主管部门，根据上一级地质灾害防治规划，组织编制本行政区域内的地质灾害防治规划。跨行政区域的规划，由其共同的上一级人民政府自然资源主管部门编制。地质灾害防治规划原则上与地区总体规划为同一规划期，每五年编制一轮。

北京市自然资源主管部门贯彻落实党中央、国务院对防灾减灾工作的新理念新要求，立足首都城市战略定位，根据北京市地质灾害现状和防治工作面临的形势，充分考虑与首都城市总体规划、市国土空间规划、市防灾减灾规划等相关规划的衔接与协调，编制完成北京市地质灾害防治规划。地质灾害防治规划内容一般应包括：前言、地质灾害防治现状与形势、指导思想与目标原则、地质灾害易发区和重点防范区、地质灾害防治任务与重点工程、保障措施等。

分析阐述灾害现状与形势

进行地质灾害防治规划编制，首先要对地质灾害的类型、数量、分布、灾情和治理成效等进行总结，然后结合国家防灾减灾新理念与新要求以及本区域建设发展的需求，阐述地质灾害防治工作面临的形势与不足。现状与形势分析是编制地质灾害防治规划的重要基础，内容编写应全面准确，具有现势性和预见性。

明确指导思想与规划目标

规划的指导思想、原则和目标是引领方向、指导部署、指引目标的重要内容，应立足于新发展阶段、新发展理念、新发展格局和地区的战略定位来提出，使地质灾害防治规划站位高、谋划深、目标明。北京市地质灾害防治“十四五”规划明确提出：

指导思想：以习近平新时代中国特色社会主义思想为指导，全面贯彻党的十九大和十九届二中、三中、四中、五中、六中全会精神，深入贯彻落实习近平总书记关于防灾减灾救灾工作系列重要论述和指示批示精神，坚持人民至上、生命至上的工作理念，以“两个坚持”“三个转变”为根本遵循，围绕首都“四个中心”和“四个服务”战略定位要求，以“不死人、少伤人、少损失、少影响”为总目标，充分依靠科技创新、管理创新和信息化，完善制度机制和防灾模式，增强风险意识，加强地质灾害风险源头管控，建立科学高效的地质灾害风险管控体系，全面提升地质灾害防治能力，为提升城市安全保障能力、加快建设世界一流和谐宜居之都奠定坚实基础。

规划原则：人民至上，生命至上；预防为主，风险管控；统筹部署，重点突出；依法依规，科学防灾；分级管理，共防共治。

规划目标：全面推进地质灾害防治体系和防治能力现代化为目标，“十四五”期间建立系统完善的地质灾害防治管理制度体系，构建分区分责分类分级的地质灾害风险防控新格局，显著提高地质灾害隐患识别与风险调查科技水平，实现全市地质灾害风险调查与隐患排查全覆盖，地质灾害监测预警精准度、时效性与信息化水平大幅提高，加强受威胁群众的避险搬迁，基本完成威胁人员密集区重要地质灾害隐患的工程治理，加强应急技术支撑能力建设，明显提升科学研究、装备体系和标准规范支撑能力，最大限度减少人员伤亡和财产损失，保障首都城市安全，提高城市韧性。

划分易发区和重点防范区

地质灾害易发区是根据自然环境条件和人为活动因素，按地质灾害发生的可能性划分出高易发区、中易发区、低易发区三类区域。地质灾害重点防范区是依据地质灾害易发区分布，结合社会经济发展和行政区划，把地质灾害易发、受威胁人口密集和重要规划建设区作为地质灾害重点防范区。《北京市地质灾害防治“十四五”规划（草案）》把山区突发地质灾害风险防控划分为重点、中等和一般三类防范区，并明晰各防范区的面积和受威胁乡镇与人口，明确重点防范区相关部门的防治责任；把平原缓发地质灾害防控区按年均地面沉降速率 >30 毫米、10~30 毫米和 <10 毫米划分为一级、二级和三级控制区。

地质灾害易发区和防范区是统筹部署地质灾害防治任务的重要空间，也是落实分区分责管理措施的必要依据，其划分应依据充分、科学准确。

北京市地质灾害防治“十四五”规划原则

◎以人为本，生命至上

◎依法依规，科学防灾

◎预防为主，风险管控

◎分级管理，共防共治

◎统筹部署，重点突出

规划部署地质灾害防治任务

部署地质灾害防治任务是规划的核心内容，也是建立健全地质灾害防治体系的具体体现，主要包括调查评价、监测预警、综合治理和应急防治等几个方面。任务部署应根据地质灾害现状、规划目标要求和防治原则进行。北京市地质灾害防治“十四五”规划（草案），紧紧围绕防治体系建设和能力提升进行任务部署。

强化调查评价体系，增强风险管控能力：具体部署全市地质灾害隐患早期识别、地质灾害风险普查、浅山区地质灾害排查、山区道路沿线崩塌、滑坡灾害隐患精细调查，以及重点地区地面沉降高精度调查、平原区区域地质灾害危险性评估等。

完善监测预警体系，提升精准预报能力：部署突发地质灾害监测预警系统工程运行维护、地质灾害预警关键技术、地面沉降监测预警和地裂缝监测预警等。

巩固综合治理体系，增强源头管控能力：部署安排地质灾害工程治理、地质灾害避险搬迁、重点沉降区深层地下水人工回灌示范工程等。

加强应急防治体系，提高风险防控能力：及时修订完善地质灾害应急预案，严格执行应急值守和信息报送制度，加强应急调查队伍建设和发挥专家作用，推进信息化、智能化、无人化装备研用。

深化科技创新体系，提高科技支撑能力：进行地质灾害信息化平台整合、地质灾害标准体系建设、新水情条件下的地面沉降成灾因素与致灾机理研究等。推动出台相关规范、规程和风险管控、精细化管理制度等。

优化人才队伍体系，提升基层防灾能力：加强基层管理队伍和专业技术人才队伍建设，加大中青年技术骨干培训力度。开展多层次、多形式的宣传教育和公益活动，创作科普产品。加强群测群防员的宣传培训，开展市区两级地质灾害应急技术演练。

地质灾害防治任务是落实防灾减灾、实现规划目标的有效手段和具体措施，内容编写应具体明确，针对性强，具有可操作性。

制定规划实施的保障措施

为确保地质灾害防治规划落实，应从组织领导、工作机制、资金投入、人才装备、科技创新、社会力量等多个方面制定保障措施。内容编写应完整确切，具有切实保障作用。

（二）规划实施

北京市通过加强组织领导、加大资金投入、完善制度机制、实行监督评估、强化科技支撑和社会力量参与，保障地质灾害防治规划的实施。

强化组织领导，确保规划实施：明确和坚持地方党委政府在地质灾害防治工作中的主体责任地位，强化组织领导，坚持“政府主导，各部门各司其职”，确保规划实施。市规划自然资源部门负责辖区地质灾害防治的组织、指导、协调和监督，承担地质灾害应急技术支撑工作。

强化部门联动，推动共防共治：按照《地质灾害防治条例》规定的“谁引发、谁治理；谁建设、谁负责”的原则，自然资源主管部门强化与有关责任部门的协调联动，督促、指导各级住房城乡建设、交通运输、水务、农业农村、城管、教育、文旅等职责部门做好本行业地质灾害防治相关工作，扎实推进共防共治。

加大经费投入，保障规划落实：加大资金投入是落实防治规划的重要保障。北京市财政局与北京市规划自然资源委制定出台了《北京市地质灾害隐患工程治理补助资金管理办法》，“十三五”规划期间，市级财政累计投入资金 5 亿元，保障了 387 处地质灾害治理工程的实施，有效消除或减轻了地质灾害危害；还投入资金 6000 余万元，完成全市泥石流精细调查；通过整合自然资源、住建、扶贫、生态环保等政策资金，完成受地质灾害威胁的 4000 人搬迁避让。“十四五”规划期，除积

极争取中央财政大力支持外，市区各级政府进一步加大资金投入，把地质灾害的工程治理和搬迁避让与新农村建设、土地整治、国土空间规划等工作紧密结合起来，保障规划落实。

完善制度机制，严格任务落实：在统一指挥、部门协同、分工协作、联防联控的地质灾害防治机制下，进一步完善汛期值班、信息速报、巡查排查、预警会商、应急联动等地质灾害管理制度与工作机制，坚持治理工程质量责任的“终身制”，确保防治有法可依、有章可循，规划任务得到贯彻落实。

实行监督评估，严肃监管问责：对规划实施进行监测和动态评估，落实规划实施的中期和终期评估，确保规划实施内容、过程、结果可控。加大政务公开，提高地质灾害防治工作的透明度和公众知情权，接受社会监督。对监管不力、责任落实不到位的，依法依规严肃追责问责。

强化科技支撑，提升防治水平：通过强化新技术新方法研发应用、加强业务人员技术培训和加大先进技术装备配备，支撑地质灾害防治。加强防灾减灾关键技术研究，通过技术层面的区域合作、对外交流和多机构协作，解决地质灾害防治的技术难点，提升技防水平。

动员社会力量，助力规划实施：搭建地质灾害防治工作平台，让专注地质灾害防治研究的科研团队、擅长相关防治产品研发的企业、热心地质灾害防治公益的企业与个人等，参与北京市地质灾害防治工作，群策群力、共防共治，集社会力量助力规划的实施。

五、国土空间生态修复规划管理

（一）国土空间生态修复规划的定位

国土空间生态修复规划是国土空间规划的重要专项规划。省级国土空间生态修复规划要依据国家、省级国民经济和社会发展规划纲要、国土空间总体规划，衔接全国生态保护和自然资源利用规划、全国重要生态系统保护和修复重大工程总体规划等相关规划，落实全国和省级生态保护格局、生态修复目标任务，维护国家生态安全、强化农田生态功能、提高城市生态品质，同时作为市县级国土空间生态修复规划编制、科学开展生态修复工作的依据。

2020 年 6 月 3 日，国家发展和改革委员会和自然资源部联合印发了《全国重要生态系统保护和修复重大工程总体规划（2021—2035 年）》，从国家层面对今后一段时期重要生态系统保护和修复工作进行了系统谋划。2020 年 8 月 26 日，自然资源部办公厅、财政部办公厅、生态环境部办公厅联合印发《山水林田湖草生态保护修复工程指南（试行）》，强调遵循自然生态系统演替规律和内在机理，对受损、退化、服务功能下降的生态系统进行整体保护、系统修复、综合治理。2020 年 9 月 22 日，自然资源部办公厅发布《关于开展省级国土空间生态修复规划编制工作的通知》，要求各省、自治区、直辖市自然资源主管部门等认真组织编制省级国土空间生态修复规划。

（二）明确指导思想与规划目标

规划的指导思想、原则和目标是引领方向、指导部署、指引目标的重要内容，应立足于新发展、新要求、新理念和地区的战略定位来提出，使国土空间生态修复规划站位高、谋略深、目标明。

指导思想：以习近平新时代中国特色社会主义思想为指导，全面贯彻落实党的十九大和十九届二中、三中、四中、五中全会精神，深入贯彻习近平生态文明思想，紧紧围绕统筹推进“五位一体”总体布局和协调推进“四个全面”战略布局，全面落实党中央、国务院关于统筹推进山水林田湖草整体保护、系统修复和综合治理的部署以及《北京城市总体规划（2016 年—2035 年）》中关于生态修复的要求，坚持新发展理念，坚持人与自然和谐共生，坚持以人民为中心，牢牢把握首都城市战略定位，践行“绿水青山就是金山银山”理念，以全面提升首都生态安全屏障质量，促进生态系统良性循环和永续利用为目标，按照保证生态安全、突出生态功能、兼顾生态景观的次序，统筹山水林田湖草一体化保护和修复，用生态的方法解决生态的问题，提升生态系统质量和稳定性，助力首都生态文明建设及绿色、高质量发展。

规划原则：生态优先，绿色发展；规划引领，统筹协调；问题导向、科学修复；创新机制、多元参与。

规划目标："建设一个什么样的首都，怎样建设首都"是北京城市规划不变的主题。规划立足超大城市的现实生态问题和首都城市的战略定位，着眼于新时期生态文明建设及生态保护修复的新形势、新要求和新期待，明确国土空间生态修复的目标和方向，助力首都生态文明建设，促进城市绿色、高质量、可持续发展。全面降低城市发展对自然生态系统的干扰，提高生态系统自我修复能力，增强生态系统稳定性，保障山水林田湖草生命共同体的竞生、自生、共生的正向演进。保护重要的、关键的、影响城市生态安全的自然生态系统，保障多样的生态服务功能持续稳定的发挥。恢复受损、退化自然生态系统的健康和活力，着力提升生态系统质量，增强优质生态产品的供给能力。积极培育和孵化生态友好型产业，以产业发展反哺生态修复，激发市场活力、增强内生动力。加快推动绿色低碳发展，多措并举促进生态产品价值实现、转化与外溢。

（三）国土空间生态修复规划编制基础工作

开展综合评价：统一采用第三次全国国土调查数据作为规划现状底数和基础底图。综合各类自然生态系统调查监测成果和本地自然地理、水资源、气象、地质、环境、社会经济状况等数据资料及研究成果，有条件的地方可开展生态状况调查监测评价，掌握国土空间生态现状。充分利用资源环境承载能力和国土空间开发适宜性评价等成果，定性与定量相结合，评估本地自然生态系统退化程度和恢复力水平，分析农业、城镇空间生态系统恢复修复和国土综合整治潜力，注重分析生态、农业、城镇三类空间冲突区域生态修复需求。

研究重大问题：围绕统筹和科学推进省域生态修复的各类重大问题开展专题研究。围绕促进人与自然和谐共生，科学开展山水林田湖草一体化保护修复的模式、市场化机制等研究。从生态系统演替规律和内在机理、自然地理格局演变出发，结合气候变化和人类活动影响，分析和判断区域性重大生态问题和生态风险。开展区域性水平衡研究，系统分析地表水、地下水分布及变化对生态系统的影响，研究保护修复的对策。充分听取相关领域专家意见，特别要注重研究分析重大分歧意见。

建设信息系统：基于各省域自然资源“一张图”和国土空间基础信息平台，同步开展国土空间生态修复信息系统建设，实现基于生态现状的规划范围可查、实施区域可看、管理流程可溯、实施效果可评的生态修复全业务链管理，并与国土空间规划“一张图”衔接。

（四）国土空间生态修复规划编制

谋划总体布局：坚持国家立场，突出问题导向，坚持陆海统筹，聚焦国家生态安全战略格局和区域生态安全重点地域（重点生态功能区、自然保护地、生态保护红线等），突出自然地理和生态系统的完整性、连通性，以重点流域、区域、海域等为基础单元，统筹谋划省级国土空间生态修复总体布局、合理分区、重点工程等，逐步推进国土空间全域生态保护修复，实行山水林田湖草整体保护、系统修复、综合治理。

明确目标指标：以山水林田湖草一体化保护修复为主线引领国土空间生态修复，促进安全、优质、美丽国土构建，提出到 2025 年、2030 年、2035 年分阶段目标。按照上下衔接、统分结合、简明科学等原则，提出约束性和预期性指标。

突出科学修复：遵循生态系统演替规律，坚持自然恢复为主、避免过度人工干预，实行基于自然的生态修复。统筹森林、草原、河流、湖泊、湿地、荒漠、海洋等自然生态系统各要素及与农田、城市人工生态系统之间的协同性，注重地上地下、山上山下、岸上岸下、上游下游、河湖海洋的系统性，体现综合治理，突出整体效益。坚持以水而定、量水而行，宜耕则耕、宜林则林、宜灌则灌、宜草则草、宜湿则湿、宜荒则荒。

统筹分类施策：在生态功能空间，围绕水源涵养、水土保持、生物多样性维护、防风固沙、洪水调蓄、海岸防护等生态系统服务功能，针对各种生态退化、破坏问题，按生态系统恢复力程度，科学确定保育保护、自然恢复、辅助修复、生态重塑等生态修复目标和措施，维护生态安全，提升生态功能。在农业功能空间，突出耕地、牧草地等的生态功能，保护乡村自然山水，开展乡村全域土地综合整治，实施重点生态功能区退耕还林还草还湖还湿，恢复退化土地生态功能，促进乡村国土空间格局优化，助力生态宜居的乡村建设。在城镇功能空间，统筹城内城外，保护和修复城市自然生态系统，连通河湖水系，重塑健康自然的河岸、湖岸、海岸，修复原有的自然洼地、坑塘沟渠等，促进水利、市政工程生态化，完善蓝绿交织、亲近自然的生态网络，减少城市内涝、热岛效应等，提高城市韧性和通透力，提升城市人居生态品质。在生态、农业、城镇三类空间相邻或冲突区域，注重建设生态缓冲带、连通生态廊道，发挥生态修复作用，促进形成点线面结合、生态功能互为支撑的国土空间格局。

形成规划成果：提出统筹和科学推进山水林田湖草一体化保护修复的总体思路、目标任务、主攻方向、重点工程、时序安排、资金测算、政策措施等，形成省级国土空间生态修复规划（2021—2035年）文本、说明、图件、研究报告等成果。

（五）国土空间生态修复规划实施

建立区域协调、部门协同、上下联动的生态修复规划实施机制，探索刚弹相济、统筹协调的规划传导路径。强化数据统筹、政策统筹、项目统筹、资金统筹、时序统筹，形成工作合力，切实提高国土空间生态修复的成效。

加强组织领导：强化跨区域、跨部门、跨行业间的协调配合，建立国土空间生态修复工作协调机制，形成党委领导，各有关部门、区人民政府共治、共建、共管，社会资本主体积极参与，社会组织和公众有效监督的工作机制，共同推进山水林田湖草整体保护、系统修复、综合治理。

落实规划传导：建立区域协调、部门协同、上下联动的生态修复规划实施机制，探索刚弹相济、统筹协调的规划传导路径。强化数据统筹、政策统筹、项目统筹、资金统筹、时序统筹，形成工作合力，切实提高国土空间生态修复的成效。

创新政策体制：结合北京实际情况，因地制宜制定国土空间生态修复规划实施办法，建立资金保障的政策机制、健全生态修复产权激励机制、完善多元化生态补偿机制和绩效考评机制，保障规划实施落地。

加强科技支撑：加强理论方法体系与相关标准的建立，推进国土空间生态修复技术研发与示范，完善相关技术标准规范，积极推广先进理念与适用技术，增强科技成果转化能力。建设生态修复数据库，将各部门生态修复相关的项目纳入数据库平台，推进修复工程“立项—实施—验收”全生命周期管理。

严格评估监管：建立监测、评估、管控、考核等全流程、全生命周期的适应性监管体系。探索开展生态修复工程生态环境质量评价方法，综合利用多种方法对各项生态修复工程的实施情况及综合效益进行监测和评估。建立和完善全覆盖、全要素、全指标国土空间生态修复动态监测网络体系。

鼓励公众参与：建立健全公众参与、专家论证和政府决定相结合的行政决策机制。发挥好政府、企业、公众等多主体在山水林田湖草生态修复中的作用。加强宣传教育，提升全社会生态保护意识。构建全民监督机制，促进生态保护和修复工作有序开展，营造全民保护生态环境的良好社会氛围。

第五节　历史文化名城保护规划管理

党的十八大以来，以习近平同志为核心的党中央把历史文化遗产保护传承利用工作摆到更加突出的位置。习近平总书记多次视察北京并发表重要讲话，深刻回答了“建设一个什么样的首都，怎样建设首都”这一重大时代课题，为做好首都工作指明了方向。习近平总书记十分关心北京历史文化名城保护工作，作出一系列重要指示批示，为我们做好名城保护工作提供了遵循，指明了方向。

一、相关规划和法律依据

北京坚持首善标准，持续完善名城保护体制机制，逐步构建起全市域、全要素的历史文化名城保护传承体系；强化首都意识，推动历史文化名城保护与“四个中心”建设相得益彰；坚持以人民为中心，推动全社会积极参与历史文化名城保护工作。

2021 年 3 月 1 日，重新制定的《北京历史文化名城保护条例》（以下简称“《条例》”）正式施行。《条例》落实《北京城市总体规划（2016 年—2035 年）》《首都功能核心区控制性详细规划（街区层面）（2018 年—2035 年）》等重要规划要求，统筹做好历史文化名城的保护利用传承，以更开阔的视角不断挖掘历史文化内涵，深化完善涵盖老城、中心城区、全市域和京津冀的历史文化名城保护体系，实现市域保护全覆盖，应保尽保不漏项，推动优秀传统文化创造

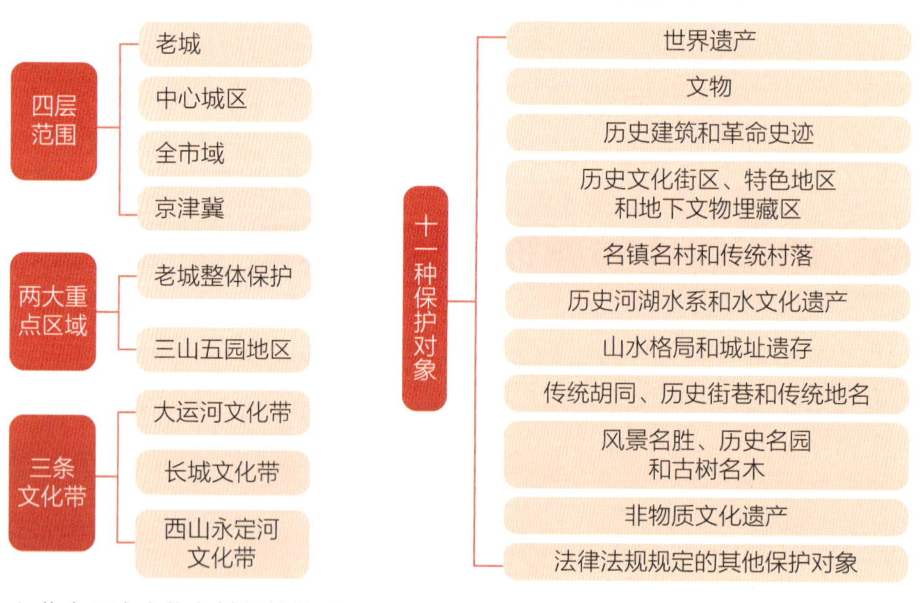

∧ 北京历史文化名城保护体系

性转化创新性发展。

按照“老城不能再拆”的要求，以中轴线申遗为抓手推进老城整体保护与复兴，将三山五园地区建设成为国家历史文化传承典范区，统筹推进大运河文化带、长城文化带、西山永定河文化带建设，创新历史文化遗产保护利用，构建历史文化名城保护治理体系，精心保护好北京历史文化这张“金名片”，凸显北京历史文化整体价值。

二、名城保护体制机制

北京历史文化名城保护委员会纳入首都规划建设委员会工作体系。北京市规划自然资源委进一步优化北京历史文化名城保护委员会办公室的工作职能、强化职责，东城、西城、海淀等区加强历史文化名城保护体制机制建设，强化管辖区域内老城和三山五园地区等重点区域保护的统筹协调和组织实施工作。具体包括以下几点：

（1）建立党委领导、政府统筹、单位实施、公众参与、社会监督的名城保护工作机制。

（2）强化名城保护委员会的职责，明确名城保护委员会负责名城保护工作的总体筹划、统筹协调、整体推进和督促落实，并纳入首都规划建设委员会工作体系。

（3）强化公众参与，共治共享，明确名城保护是全社会的共同责任。鼓励单位和个人参与历史文化名城保护工作；通过多种形式开展名城保护宣传活动，增强社会公众的保护意识；支持学校开展名城保护相关实践教育活动。

（4）建立保护责任人制度。明确保护责任人包括区政府、街道乡镇及历史建筑的所有权人或使用人、保护管理组织等。

北京历史文化名城保护管理体制机制见下图。

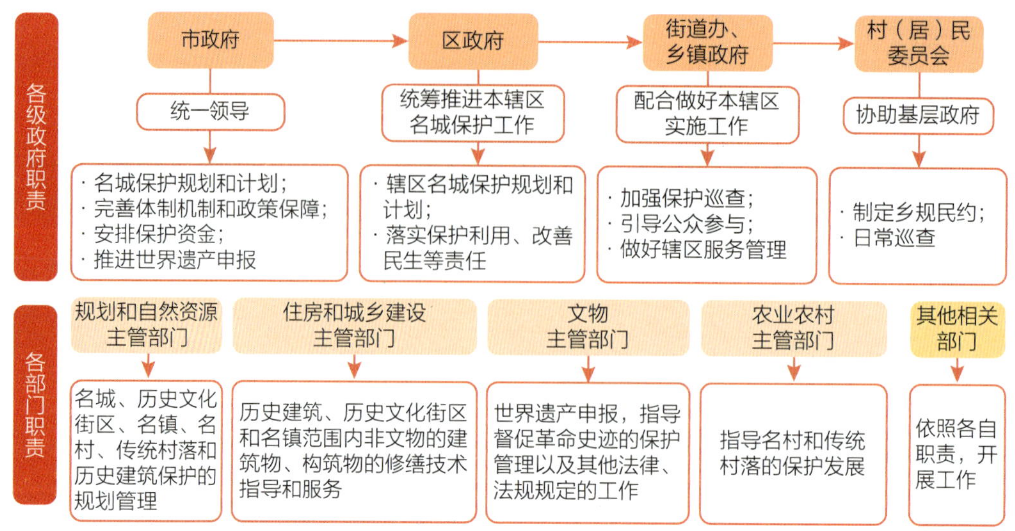

∧ 北京历史文化名城保护管理体制机制

三、名城保护规划体系

总体要求方面，一是坚持整体保护，强化名城保护的整体性、系统性，明确北京历史文化名城的范围涵盖本市全部行政区域。二是突出重点保护。加强老城整体保护，严格落实老城不能再拆的要求，保护老城整体格局，彰显平缓开阔、壮美有序的整体空间秩序；加强三山五园地区整体保护，全方位保护传承利用历史文化资源，服务“四个中心”建设。三是建立保护名录制度。定期开展保护对象普查工作，将符合认定标准的保护对象纳入保护名录，做到应保尽保。

空间规划管理方面，明确各类保护规划的编制主体、编制内容和审批、备案程序；保护规划作为专项规划纳入相应层级的国土空间规划。目前，北京市已经建立了三级三类的国土空间规划总体框架，并按照城市总体规划实施要求组织编制了核心区控规、副中心控规、分区规划，逐步启动了乡镇域规划、控制性详细规划、村庄规划的编制，推动老城、三山五园规划等重点地区保护规划，已率先在历史文化保护等“多规合一”的国土空间规划方向进行转型探索。

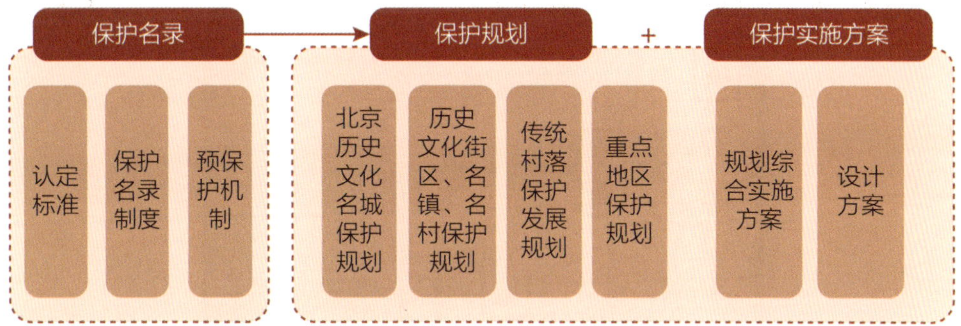

∧ 北京历史文化名城保护规划体系

四、名城保护措施细则

一是分类管控。区分核心保护范围、建设控制地带、成片传统平房区及特色地区范围等，明确不同的建设控制要求。

二是针对破坏历史格局、街巷肌理、传统风貌，以及不符合保护规划要求的建筑物，区政府、产权单位通过申请式退租、房屋置换、房屋征收等方式组织实施腾退或者改造。

三是完善资金支持政策。建立健全历史文化名镇、名村和传统村落保护资金筹措机制，统筹相关政策，支持历史文化名镇、名村和传统村落的保护发展；整合各类涉及名城保护的财政资金，建立名城保护基金，确保资金使用效力最大化。

申请式退租

老城历史文化街区指定片区内平房直管公房居民自愿向实施主体提出退租申请、签订申请式退租协议，经营管理单位根据协议与承租人解除租赁合同，收回直管公房使用权，实施主体给付承租人货币补偿。自愿退租的直管公房承租人领取货币补偿后，可申请区政府提供的共有产权房源和公租房房源。

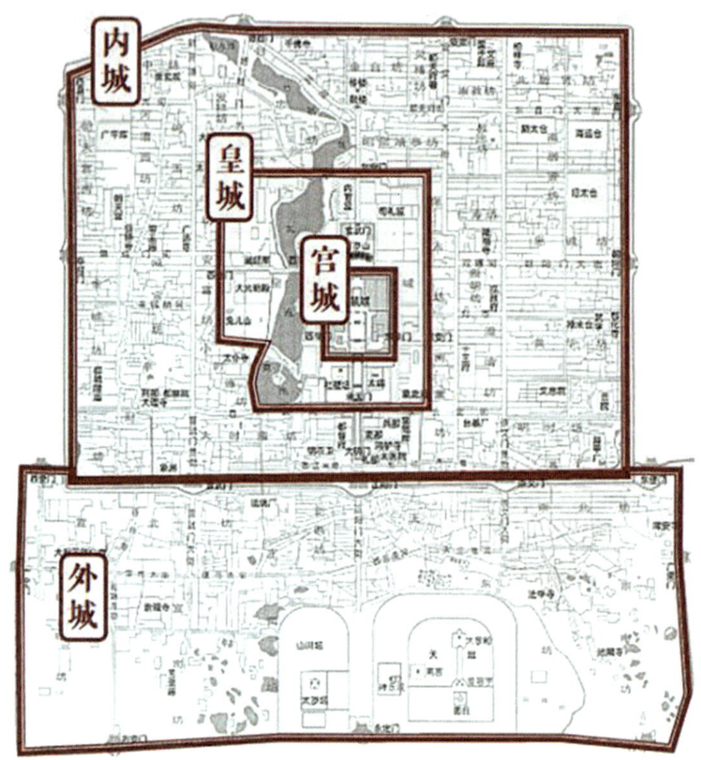

∧ 四重城郭

历史格局

由历史城垣轮廓、河湖水系、街巷肌理、重要节点等组成的具有保护价值的空间组合形式，是北京传统营城理念的外在表现。两轴、四重城郭、六海八水、九坛八庙、棋盘路网是老城空间格局的重要特征，是奠定老城空间地位的重要载体，加强格局保护是老城整体保护最重要的任务之一。

街巷肌理

各历史时期形成的街巷、胡同及沿线建筑物、构筑物所共同构成的能够反映传统风貌的空间格局与结构。如南锣鼓巷历史文化街区鱼骨式街巷肌理、大栅栏历史文化街区斜街式街巷肌理等。

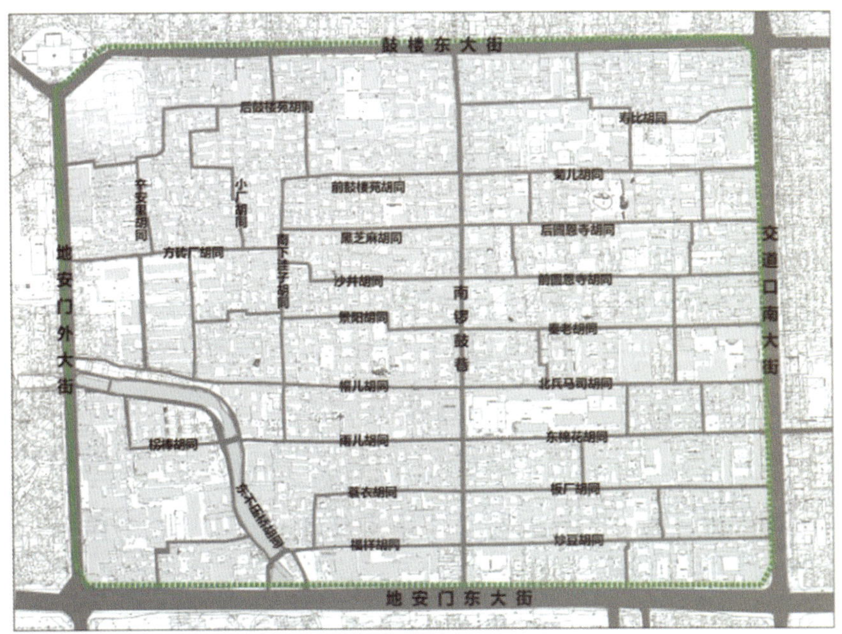

∧ 南锣鼓巷历史文化街区鱼骨式街巷肌理

∧ 大栅栏历史文化街区斜街式街巷肌理

五、文化遗产活化利用

> **不求所有，但求所保，向社会开放**
>
> 不以产权归属作为对文物等保护对象履行保护义务的前提，提倡产权人、使用人和有关方面共同做好保护工作，并在此基础上向社会开放。

一是合理利用、有序开放。落实“不求所有，但求所保，向社会开放”的要求，遵循先保护后利用的原则，合理控制商业开发规模，完善公共服务设施，制定正面清单或者负面清单引导利用方向。二是注重改善人居环境。区政府可以建立平台、统筹资源，引导历史文化街区、成片传统平房区和特色地区的房屋产权人、使用人，利用平台提供的资源改善居住条件。三是注重挖掘展示传统文化。鼓励结合重大历史事件等，依托革命史迹组织开展纪念活动。鼓励历史建筑结合自身特点和周边区域的功能定位，引入博物馆、图书馆等文化和服务功能。鼓励历史名园采取多种开放方式，使历史名园贴近市民生活。加强对传统节日、特色民俗、传统工艺、方言的研究记录工作。鼓励通过现代科学技术手段，实现保护对象的展示与管理。

目前，中轴线申遗保护工作已驶入“快车道”，社会关注度和参与度大幅提升。已完成北海医院、东天意市场降层拆除工作。北京积水潭医院新北楼完成

∨ 中轴线（赵洪山 摄）

中轴线

中轴线是元明清三朝都城规划和建设的核心，以及北京老城空间布局和功能组织的统领。传统中轴线始建于元代，发展完善于明清，居于北京老城中央、纵贯南北，北端自钟鼓楼，向南经过万宁桥、景山、紫禁城、正阳门，南端至永定门，全长约 7.8 公里。传统中轴线是中国现存规模最为恢宏、保存最为完整的传统都城中轴线，是都城中轴线的典范之作。

∧ 北海医院、东天意市场降层改造

降层，“银锭观山”景观视廊美景再现。北大红楼等 31 处中国共产党早期北京革命活动旧址整体开放。打造“步行优先、林荫覆盖、留住记忆”的“稳静街区”，鼓楼西大街、平安大街保护更新实现精彩亮相。出台街区更新实施意见，打造一批精品院落、精品街巷、精品街区。推进地铁 8 号线鼓楼大街站空间织补等项目。推动皇史宬、宏恩观等一批文物腾退。打造一批“共生院”，坚持“一院一策”和“一户一方案”。持续推进“三山五园”地区疏解整治提升工作，实施大尺度绿化建设，开展补水工程，恢复水系、湖面，局部再现京西稻田景观，提升自然景观品质。挖掘利用御道等历史文化资源，积极利用边角地、闲置地建设口袋公园，融入历史元素，营造“小而美”的高品质公共空间。

景观视廊

城市中特定观测点与特定建筑或者山林景观等目标物之间形成的视线廊道，体现了中国古代的营城美学。《首都功能核心区控制性详细规划（2018 年—2035 年）》中明确提出 36 条在城市整体层面具有重要标识意义的战略级景观视廊，是老城整体保护的十个重点之一，如钟鼓楼望景山万春亭、永定门城楼望正阳门城楼等。

共生院

体现新老建筑共生、新老居民共生和文化共生的老城院落更新模式。老城平房院落内完成局部腾退并修缮后的建筑，一方面可补充基本生活配套设施，为留下来的居民改善居住条件；另一方面可适度引入新居民或者文创产业等，助力老城复兴。

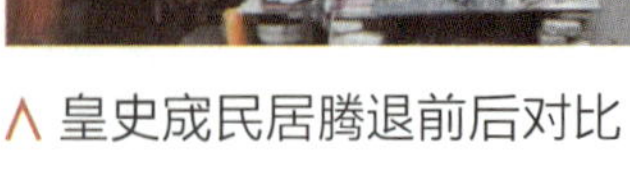

∧ 皇史宬民居腾退前后对比

∧ 银锭观山

∧ “三山五园”地区环境整治提升

第六节　城市设计管理

一、城市设计管理概述

城市设计是营造美好人居环境和宜人空间场所的重要理念与方法，通过对人居环境多层级空间特征的系统辨识，多尺度要素内容的统筹协调，以及对自然、文化保护与发展的整体认识，运用设计思维，借助形态组织和环境营造方法，依托规划传导和政策推动，实现国土空间整体布局的结构优化，生态系统的健康持续，历史文脉的传承发展，功能组织的活力有序，风貌特色的引导控制，公共空间的系统建设，达成美好人居环境和宜人空间场所的积极塑造。城市设计是国土空间规划体系的重要组成，是国土空间高质量发展的重要支撑，贯穿于国土空间规划建设管理的全过程。

长期以来，北京致力于发挥城市设计在提高城市规划建设水平、提升城市环境品质中的作用。在《北京城市总体规划（2016年—2035年）》的指导下，进一步落实自然资源部的城市设计工作要求，紧扣《国土空间规划城市设计指南》中的各项要求，建立贯穿国土空间规划建设管理全过程的城市设计管理体系，更好地统筹城市建筑布局、协调城市景观风貌。通过精心规划设计和保护提升，使北京拥有富有文化魅力的历史建筑、令人赏心悦目的现代建筑、舒适整洁的街道、清新怡人的绿色开放空间和美观清澈的河流，建设成为令人愉悦的美丽城市。

二、管理依据

（一）《城市设计管理办法》

由住房和城乡建设部发布的《城市设计管理办法》，自2017年6月1日起正式施行。开展城市设计，应当符合城市（县人民政府所在地建制镇）总体规划和相关标准；尊重城市发展规律，坚持以人为本，保护自然环境，传承历史文化，塑造城市特色，优化城市形态，节约集约用地，创造宜居公共空间；根据经济社会发展水平、资源条件和管理需要，因地制宜，逐步推进。

（二）《国土空间规划城市设计指南》

由自然资源部发布的推荐性行业标准《国土空间规划城市设计指南》（TD/T 1065—2021），自 2021 年 7 月 1 日起正式实施。根据国土空间全域全要素综合管控的新要求，城市设计的工作边界突破原有城镇建设区范围，覆盖空间全域并统筹城镇乡村与“山水林田湖草沙”全要素；从国土空间规划建设管理的全过程出发，建立一套依托“五级四类”国土空间规划体系并桥接国土空间用途管制程序的城市设计运行架构。

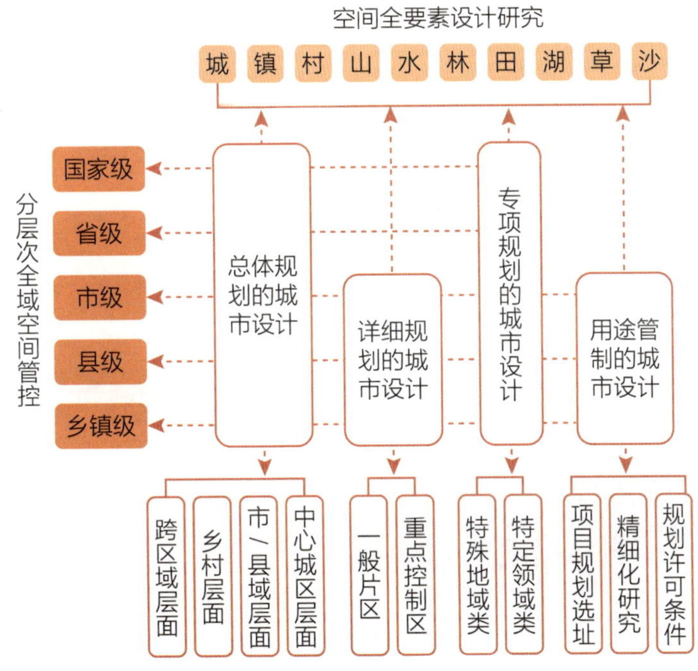

∧ 国土空间规划城市设计框架

（三）《北京市城市设计管理办法（试行）》

经北京市政府同意，由北京市规划自然资源委印发的《北京市城市设计管理办法（试行）》（京规自发〔2020〕434 号），自 2021 年 1 月 5 日起施行。

该管理办法适用于本市城市设计的编制、审定、实施、评估等管理工作。首都功能核心区、中心城区、城市副中心和平原多点、生态涵养区的新城区域、乡镇集中建设区的城市设计管理工作适用本办法。乡镇其他地区及独立选址建设项目城市设计管理工作参考执行。同时，该管理办法将城市设计工作分为管控类、实施类和概念类三类分别管理：管控类城市设计包括总体城市设计、分区城市设计、乡镇域城市设计、街区城市设计四个编制层次，与总体规划、分区规划、控制性详细规划等国土空间规划紧密对接；实施类城市设计主要包括地块层面的城市设计和专项城市设计，与城市规划管理、规划许可以及城市综合整治（治理）和公共空间环境品质提升项目相衔接；概念类城市设计包括城市设计概念方案和城市设计学术研究，对管控类和实施类城市设计的编制起到理论上的指导和实施上的方向及策略的指引作用。

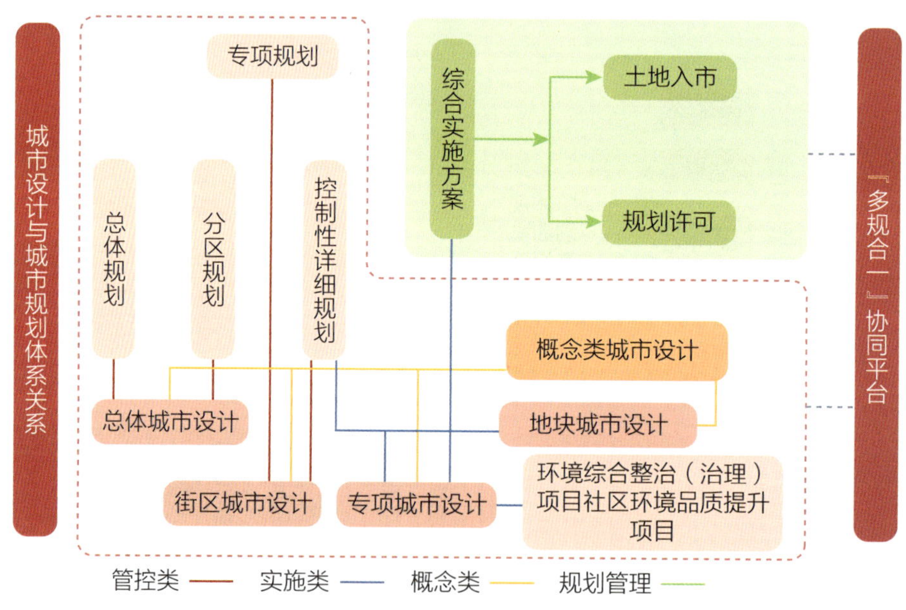

∧ 城市设计与城市规划体系关系

三、编制内容

城市设计的编制应坚持政府主导、专家领衔、部门合作、公众参与、科学决策的方式。城市设计一般由设计编制单位以独立或联合的方式承担。可以采取公开招标、方案征集或者竞赛等方式确定编制单位与方案。承担管控类城市设计和实施类城市设计的单位应按照规定的资质等级和业务范围承担设计任务。市规划自然资源主管部门应组织制定管控类各层级城市设计的技术要点，形成与本市行业技术标准化相对应的管控类城市设计编制技术要求。管控类城市设计与相对应的城市规划成果一并报批。

城市设计成果可以是文本、图则、实体模型、数字化模型、多媒体等形式。除涉及国家秘密或按规定需要保密的以外，城市设计成果应自批准之日起 20 个工作日内，通过政府信息网站或当地主要新闻媒体予以公布。

表 3-2　全层城市设计要素管控体系

<table>
<tr><th rowspan="2">要素分类</th><th colspan="5">规划层级</th></tr>
<tr><th>总体城市设计</th><th>分区城市设计</th><th>街区城市设计</th><th>乡镇域城市设计</th><th>乡村风貌设计</th></tr>
<tr><td rowspan="2">格局与分区</td><td>市域总体景观格局</td><td>分区景观格局</td><td>街区景观格局</td><td>乡镇景观格局</td><td>乡村生态景观格局</td></tr>
<tr><td>市域风貌分区</td><td>城乡风貌分区</td><td>特色风貌分区</td><td>镇－乡－村风貌分区</td><td>乡村风貌分区</td></tr>
<tr><td rowspan="4">视觉要素系统</td><td>建筑高度管控体系</td><td>高度分区</td><td>高度控制</td><td>高度分区</td><td>高度控制</td></tr>
<tr><td>城市天际线及景观眺望系统</td><td>景观视廊系统</td><td>景观视廊</td><td>景观视廊</td><td>景观视廊系统</td></tr>
<tr><td>城市第五立面管控体系</td><td>建筑第五立面分区</td><td>建筑第五立面</td><td>第五立面</td><td>建筑第五立面</td></tr>
<tr><td>城市色彩</td><td>城市色彩分区</td><td>建筑色彩</td><td>村镇色彩</td><td>乡村色彩</td></tr>
<tr><td rowspan="4">文化传承</td><td rowspan="2">建立历史文化保护体系</td><td rowspan="2">历史文化资源梳理</td><td>梳理历史文化资源</td><td rowspan="3">历史文化资源梳理</td><td rowspan="4">乡村文化传承</td></tr>
<tr><td>划定历史道路</td></tr>
<tr><td rowspan="2">明确历史文化保护要求</td><td rowspan="2">历史文化保护要求</td><td>划定文化探访路</td></tr>
<tr><td>划定管控范围</td><td>历史文化保护要求</td></tr>
</table>

续表

<table>
<tr><th rowspan="2">要素分类</th><th colspan="5">规划层级</th></tr>
<tr><th>总体城市设计</th><th>分区城市设计</th><th>街区城市设计</th><th>乡镇域城市设计</th><th>乡村风貌设计</th></tr>
<tr><td rowspan="6">建筑设计</td><td rowspan="2">全面提升建筑设计水平</td><td rowspan="5">建筑风貌特色</td><td>建筑组群</td><td rowspan="5">建筑风貌特色</td><td rowspan="6">村宅设计</td></tr>
<tr><td>标志性建筑</td></tr>
<tr><td rowspan="3">完善建筑设计管理机制</td><td>毗邻地块连接方式</td></tr>
<tr><td>重要界面</td></tr>
<tr><td>重点建筑形体与风貌</td></tr>
<tr><td>大力发展绿色建筑</td><td>建筑节能低碳</td><td>建筑低碳化</td><td>建筑节能低碳</td></tr>
<tr><td rowspan="11">公共空间</td><td rowspan="11">塑造高品质、人性化的公共空间
重塑街道空间环境
强化公共空间全过程管控</td><td rowspan="5">蓝绿空间网络</td><td>滨水空间类型及水系岸线</td><td rowspan="6">山水林田湖草空间体系</td><td rowspan="2">山水林田湖草空间引导</td></tr>
<tr><td>滨水空间一体化设计</td></tr>
<tr><td>公园绿地类型 / 规模</td><td rowspan="3">滨水空间</td></tr>
<tr><td>小微绿地位置</td></tr>
<tr><td>地块内部绿化范围</td></tr>
<tr><td>公共空间体系</td><td>景观节点</td><td>公共绿地</td></tr>
<tr><td rowspan="2">特色体验路径</td><td>特色路径</td><td rowspan="2">特色体验路径</td><td rowspan="2">—</td></tr>
<tr><td>林荫道</td></tr>
<tr><td rowspan="3">街道空间</td><td>道路功能</td><td rowspan="3">街巷环境空间</td><td rowspan="3">街巷空间整治</td></tr>
<tr><td>慢行系统</td></tr>
<tr><td>街道断面</td></tr>
<tr><td rowspan="3">公共空间</td><td rowspan="3">—</td><td rowspan="3">—</td><td>地下空间规划分区</td><td rowspan="3">其他公共空间</td><td rowspan="3">广场空间营造</td></tr>
<tr><td>轨道交通站点一体化规划区</td></tr>
<tr><td>地下空间连通</td></tr>
</table>

（引自《北京市国土空间规划城市设计编制技术要求》）

四、实施内容

城市设计包括管控类城市设计、实施类城市设计和概念类城市设计。管控类城市设计包括市、区总体城市设计，街区城市设计；实施类城市设计包括地块城市设计和专项城市设计；概念类城市设计包括城市设计概念方案和城市设计学术研究。

北京市人民政府领导和统筹全市的城市设计工作。各区人民政府负责本行政区域内的城市设计工作。街道办事处在区人民政府的领导下，承担辖区内社区环境品质提升项目城市设计的编制和实施。北京市规划自然资源委负责本市城市设计管理工作，其派出机构按照规定职责承担辖区内城市设计管理工作。市、区人民政府相关部门应按照各自职责共同承担和做好本市城市设计工作。全市应建立部门间工作协调机制，统筹推动全市城市公共空间城市设计的编制、建设和管理工作。

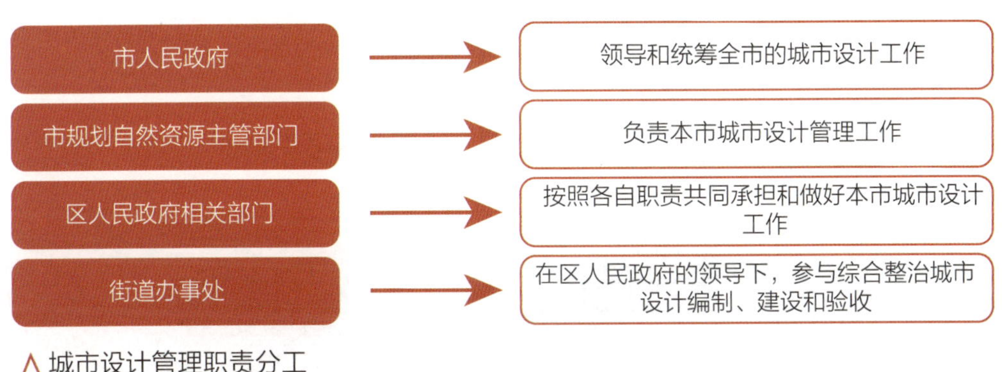

∧ 城市设计管理职责分工

第七节　监督与核验管理

一、建设工程勘察设计监督

规划行政主管部门负责勘察设计质量监督管理工作，建设单位应当按照国家规定将施工图设计文件报城乡规划行政主管部门审查。按照相关规定应当重新提交审查的，建设单位应当将修改后的施工图设计文件重新提交审查。经审查合格的施工图设计文件是建设工程施工、监理、验收及质量监督管理的依据。

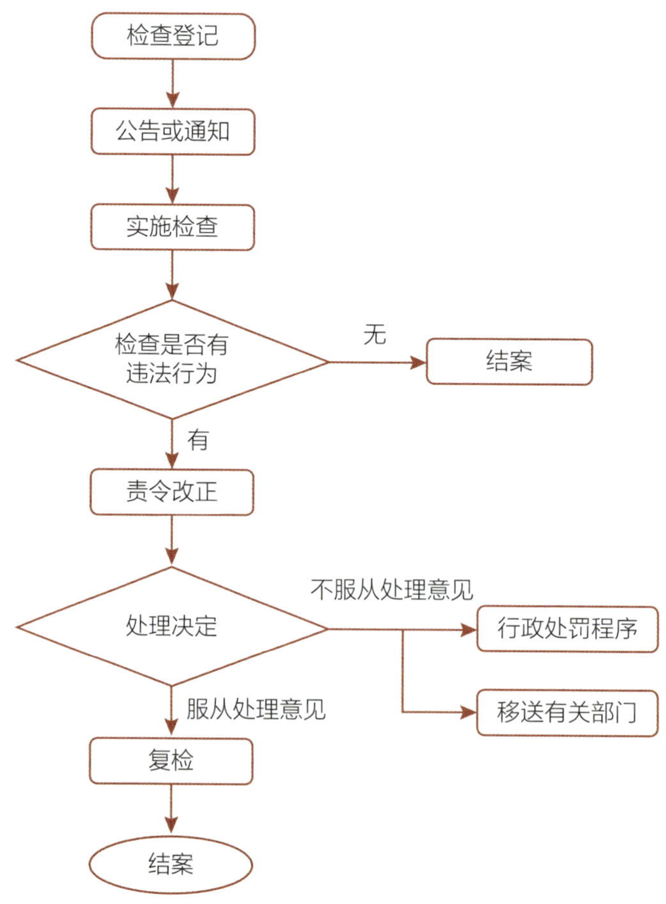

∧ 建筑工程勘察设计活动监督管理流程

二、建设工程规划核验

（一）建设工程规划核验管理

根据《中华人民共和国城乡规划法》（2019 修正版）第四十五条，县级以上地方人民政府城乡规划主管部门按照国务院规定对建设工程是否符合规划条件予以核实。未经核实或者经核实不符合规划条件的，建设单位不得组织竣工验收。建设单位应当在竣工验收后六个月内向城乡规划主管部门报送有关竣工验收资料。

建设工程规划核验事项纳入北京市工程建设项目审批管理系统，管理服务将在市、区政务服务大厅落地实施。其中，建设工程规划核验（验收，城镇建

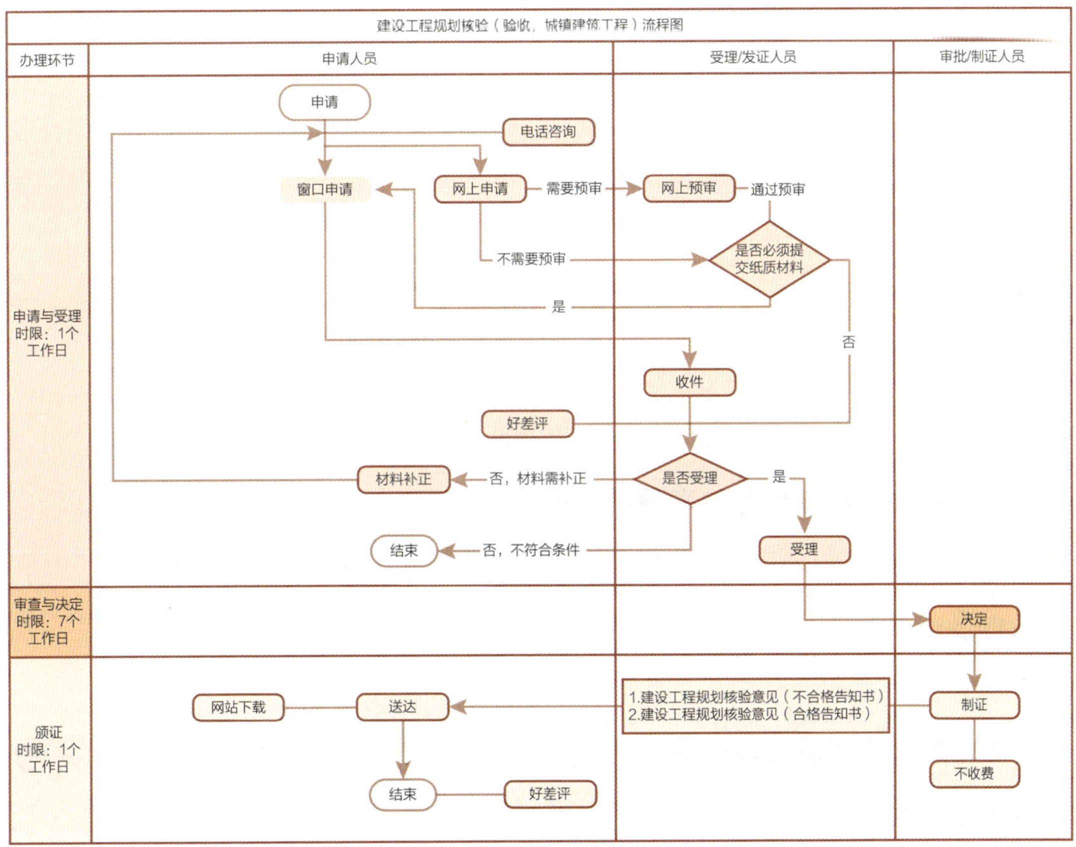

∧ 建设工程规划验收流程图（引自北京市人民政府官网）

筑工程）、建设工程规划核验（备案，城市地下管线工程）可通过市、区政务大厅线下综合窗口申报，也可通过北京市投资项目在线审批监管平台线上申报，办理完成后核验意见电子证照线上送达申请人。

（二）竣工联合验收改革

大力推行联合验收是贯彻落实党中央、国务院深化“放管服”改革、优化营商环境决策部署的重要改革举措。2018 年，北京市作为全国工程建设项目审批制度改革试点地区之一，率先建立联合验收制度并推动先试先行。2020 年，北京市住房和城乡建设委员会、北京市规划自然资源委等十部门联合制定了《北京市房屋建筑和市政基础设施工程竣工联合验收管理暂行办法》，对房屋建筑和市政基础设施的竣工验收工作建立了全面的管理和服务体系。

为深入优化、持续推进北京市建设工程竣工联合验收改革，扩大改革受众面，坚持以提升建设单位申办联合验收便利度和获得感为目标，通过精简验收事项、压缩办理时间、试行单体验收等措施，进一步优化建设工程竣工联合验收工作，北京市住房和城乡建设委员会、北京市规划自然资源委等十部门联合制定了《关于进一步优化建设工程竣工联合验收的有关规定》，自 2021 年 11 月 25 日起施行。

建设工程竣工联合验收重点内容包括以下三点。

精减优化验收事项，提升联合验收审批效率

精减特种设备使用登记事项：特种设备使用登记事项不再纳入竣工联合验收范围内。建设单位组织安装单位、使用单位等有关单位按照《中华人民共和国特种设备安全法》规定，及时办理监督检验手续，确保特种设备交付使用前监督检验合格。

优化配套节水设施验收事项：根据《北京市人民政府行政审批制度改革办公室关于推出本市第二批告知承诺审批事项的通知》（京审改办发〔2020〕13 号）精神，建设项目配套节水设施竣工验收实行告知承诺审批制。建设单位申

报竣工联合验收时，提交包含项目配套节水设施情况告知承诺内容的《北京市建设工程竣工联合验收综合告知承诺书》，水务主管部门通过核定用水指标、开展节水执法检查等方式加强事后监管，取消建设单位申报以及水务主管部门审批两个环节。

细化低风险和一般风险工程验收流程，压缩办理时间

表 3-3　低风险和一般风险建设项目的验收流程

项目类型	确定标准	验收过程	办理时限
一般工程中的低风险建设项目	由建设单位或其委托的施工单位通过北京市房屋建筑和市政基础设施工程质量风险分级管控平台确定的项目综合风险等级为低风险的建设项目	建设单位申报联合验收受理通过后，住房城乡建设部门在第 1 个工作日与企业约定现场验收时间，且现场验收时间为 1 日，各验收部门同时开展现场验收，并在审批平台及时出具验收意见	自申请受理通过之日起由现行的 15 日压缩为 7 日
一般风险建设项目	由建设单位或其委托的施工单位通过北京市房屋建筑和市政基础设施工程质量风险分级管控平台确定的项目综合风险等级为一般风险的建设项目	建设单位申报联合验收受理通过后，住房城乡建设部门在第 1 个工作日与企业约定现场验收时间，且现场验收时间为 3 日内，各验收部门同时开展现场验收，并在审批平台及时出具验收意见	自申请受理通过之日起由现行的 15 日压缩为 7 日

工业厂房、仓库项目试行单体工程竣工联合验收

适用范围、办理时限

以建筑工程施工许可证项目明细为准，将项目划分为一个或多个单体工程。当整个项目未达到竣工联合验收条件时，项目中包含的使用性质为工业厂房和仓库的单体工程可提前以单体为单位通过北京市投资项目在线审批监管平台办理竣工联合验收。

根据项目综合风险等级确定不同的办理时限，自申请受理通过之日起，低风险和一般风险项目为7日，较大风险和重大风险为15日。

申请竣工联合验收应具备的条件

表3-4　申请竣工联合验收应具备的条件

申请竣工联合验收应具备的条件	详细说明
设备设施完工，已验收合格或具备使用条件	（1）单体工程的供水、排水、燃气、热力、电力、通信等市政服务设施已由市政服务企业完成竣工验收，开展联合验收时具备接入连通的条件； （2）电梯等特种设备具备使用条件； （3）周边道路具备通车条件
满足规划验收条件	（1）用地范围内和代征地范围内应当拆除的建筑物、构筑物及其他设施已拆除； （2）代征公共用地应当在验收前完成，同步办理移交
满足消防工程验收或备案条件	(1) 符合《建设工程消防设计审查验收管理暂行规定》(住房城乡建设部令第51号)第二十七条规定：完成工程消防设计和合同约定的消防各项内容；有完整的工程消防技术档案和施工管理资料(含涉及消防的建筑材料、建筑构配件和设备的进场试验报告)；建设单位对工程涉及消防的各分部分项工程验收合格；施工、设计、工程监理、技术服务等单位确认工程消防质量符合有关标准；消防设施性能、系统功能联调联试等内容检测合格； (2) 建设单位依法依规组织消防查验，作出符合工程实际的检查验收结论，并对该结论负责； (3) 消防车道、消防车登高操作场地、高位消防水箱、消防水池、消防水泵房、消防控制室、室外消火栓系统、变配电房等公共消防设施完成设计内容、实现设计功能； (4) 具备《建设工程消防设计审查验收管理暂行规定》(住房城乡建设部令第51号)中特殊建设工程申请消防验收、其他建设工程申请消防备案的条件

验收通过后加强安全防护，确保物理隔离

竣工联合验收通过的单体工程与未竣工验收的单体工程之间须做好安全防护，防护标准符合围挡设置要求，保证验收通过的单体工程有独立使用空间。

第四章

专项业务管理

北京市规划自然资源委的专项业务管理包括国土空间生态修复管理、地质勘查与矿产资源管理、国土测绘及地理信息管理、地名管理、勘察设计管理、消防设计审查管理、科技与信息化管理、标准管理和城建档案管理九个版块，涵盖了国土空间生态修复任务、国土空间生态修复组织与实施、地质勘查管理、地质灾害防治管理、矿产资源管理、基础测绘及测绘成果管理、地理信息公共服务、测量标志保护、测绘行业管理、地名规划、地名管理工作、资质资格准入、招投标备案和监督管理、绿色科技与市场监管、两师制度、特殊建设工程、消防设计文件、审查管理与流程、科技与信息化管理总体思路、科技与信息化管理原则、科技与信息化管理目标、科技与信息化管理总体架构、标准内涵、标准顶层设计、标准管理流程、城市建设档案验收接收、城市建设档案开发利用。

第一节　国土空间生态修复管理

国土空间生态修复是指遵循生态系统演替规律和内在机理，基于自然地理格局，适应气候变化趋势，依据国土空间规划，对生态功能退化、生态系统受损、空间格局失衡、自然资源开发利用不合理的生态、农业、城镇国土空间，统筹和科学开展山水林田湖草一体化保护修复的活动。北京市按照“节约优先、保护优先、自然恢复为主”的方针，对本市的国土空间生态修复实施管理。本节包括国土空间生态修复任务、国土空间生态修复组织与实施。

一、国土空间生态修复任务

北京作为典型的超大城市，密集的人口和社会经济活动对生态环境造成的现实扰动和潜在压力较大，局部环境污染、生态系统退化和潜在风险突出等问题重叠交织。对此，根据部门职责分工及自然资源部工作部署，由北京市规划自然资源委组织编制了《北京市国土空间生态修复规划（2021年—2035年）》，明确了国土空间生态修复任务，成为当前及今后一定时期北京市开展生态修复工作的指导性、纲领性文件。

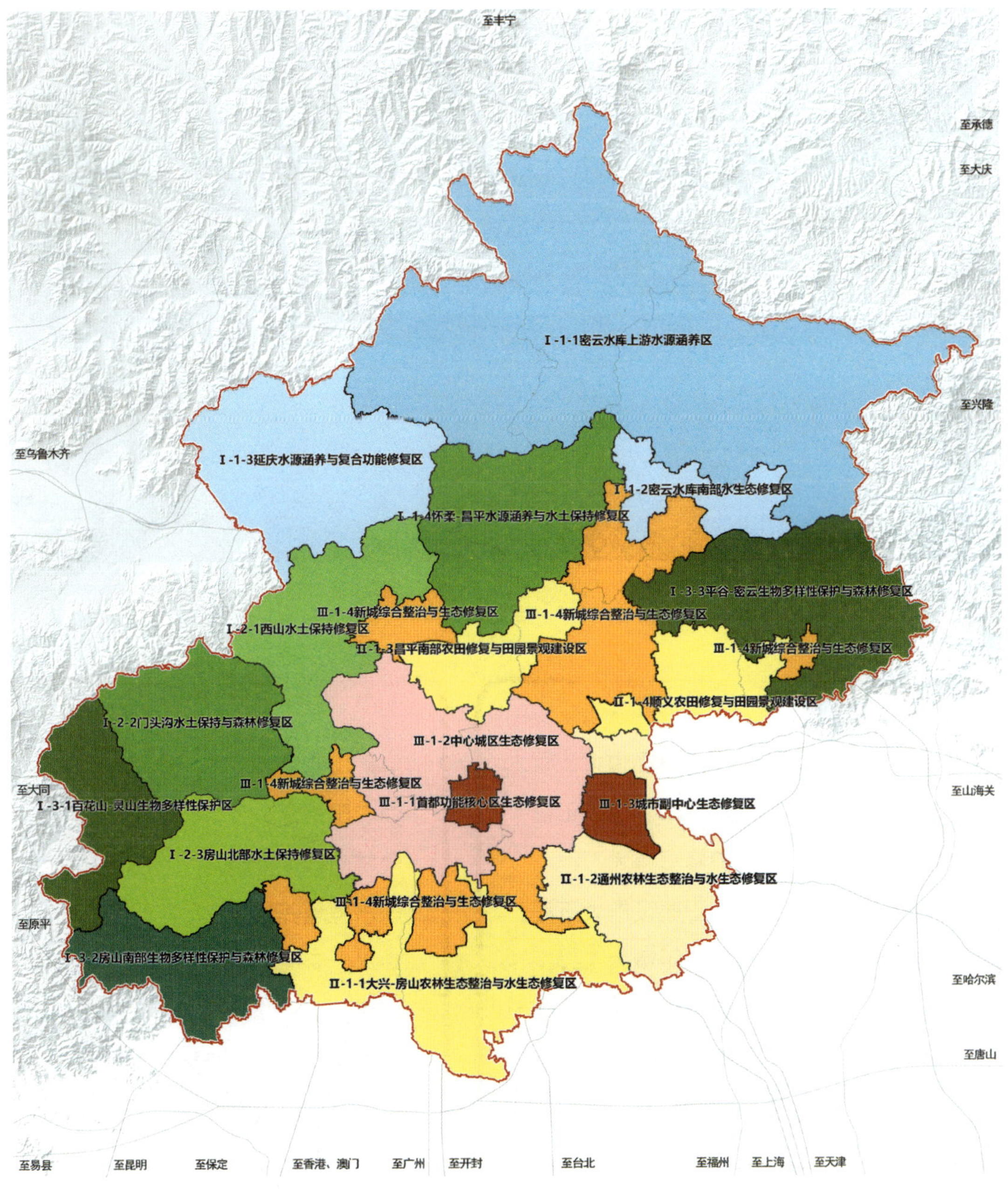

∧北京市国土空间生态修复分区（2021年）

∧ 密云水库（孙伯兴 摄）

八大重点生态修复工程

◎山水林田湖草生态保护修复重大工程

◎森林湿地生态系统保护修复重大工程

◎流域水生态系统保护修复重大工程

◎农田修复与高标准农田建设重大工程

◎矿山生态修复与转型利用重大工程

◎拆违腾退及污染土地修复重大工程

◎生物多样性保护与网络修复重大工程

◎生态保护与修复支撑体系重大工程

九种生态修复类型

◎矿山修复

◎农田修复

◎城市绿地修复

◎水源涵养修复

◎水土流失修复

◎复合功能修复

◎洪涝高风险区修复

◎热岛高风险区修复

◎生态系统质量提升

具体从山水林田湖草生命共同体的整体视角出发，立足超大城市的现实生态问题和首都城市的战略定位，依据全市生态、农业和城镇三大空间自然本底和生态问题差异，以五类主导功能类型分析（水源涵养、水土保持、生物多样性维护、农业生产与人居环境建设）为基础，统筹部署八大重点生态修复工程，明确密云水库上游水源涵养区等18个生态修复分区（规划分区图）及自然恢复、辅助修复、生态重塑三种生态修复方式和九种生态修复类型，绘制了全市生态保护修复“一张图”，为国土空间生态修复的实施提供了清晰的时间表和路线图。通过修山、理水、护林、保田、融绿、整地、通廊等措施，全方位提升生态系统的质量和稳定性。

二、国土空间生态修复组织与实施

北京立足自身特点和发展定位，坚持生态保护、生态修复与生态建设并重，通过建立和完善生态保护体系，有序统筹非建设空间与建设空间之间的共轭关系，促进“绿韵”和“红脉”有机融合，形成首都自然保护地、生态保护

案例：北京大兴区新凤河流域水环境综合整治工程

北京市大兴区自2017年3月实施新凤河流域水环境综合整治工程，将原南宫村工业大院拆除腾退，至2020年9月建成了安南湿地环保主题公园等两处河口湿地，实现了生态重建。

∧ 原南宫村工业大院

∧ 修复后的安南湿地环保主题公园

红线、生态控制线三级生态管控体系。

在具体实施中，优先修复生态保护红线内受损退化用地，严格管理生态控制区内建设行为，加强对限制建设区的规划引导和改造治理，提高生态系统的完整性和连续性。通过集体建设用地减量腾退和生态空间修复建设，不断提高生态控制区的面积和质量。

同时，强化区域协同，完善多级生态网络体系。在环首都区域尺度，建立连通各类大型生态斑块的景观生态廊道，形成区域一体化的生态网络，实现对跨行政区自然生态系统的整体保护。在北京市域尺度，以首都生态安全格局为指引，打通重要生态廊道的断裂点和堵点。以保护鸟类等生物为目标，构建平

案例：北京通州区城市绿心森林公园

通州区城市绿心森林公园位于大运河南岸，于 2020 年 9 月建成，面积约 11.2 平方千米，原有东方化工厂生产基地，自 2012 年停产并逐步拆除。

∧ 东方化工厂旧貌

∧ 2022 年城市绿心森林公园俯瞰图

∧ 2012 年东方化工厂影像图

∧ 2022 年城市绿心森林公园影像图

案例：北京丰台区园林花卉博览会公园（北京园博园）锦绣谷

永定河西岸采石挖砂的地方，采砂场留下众多的砂石坑，后来又成为垃圾填埋场。2010 年园博园筹建之初，这里还留有一个面积 10 公顷，深达 30 米的大砂坑。由于砂石和垃圾裸露，飞扬的沙砾和垃圾尘埃让人难以停留。2011 年北京园博园开始建设，设计人员利用既有地形建成锦绣谷，将垃圾填埋场改造为下沉式景观花园，取传统的“燕京八景”之精髓，建成集园林艺术、文化景观、生态休闲、科普教育于一体的大型公益性城市公园。

∧ 园博园锦绣谷的春夏秋冬（欧阳树辰 摄）

原区基于生物多样性保护的生态网络体系。在中心城尺度，形成以林荫道为主体的、连接各类公园绿地等生态系统服务热点和居民休闲娱乐需求点之间的生态网络，保障城市居民获得更多的机会接近自然、享受自然。

此外，北京通过实施建设用地总量和强度双控，对符合条件的零散、低效及废弃建设用地进行整治还绿，修复城市微空间和微生境，织补城市受损生态肌理，拓展城市绿色空间，优化三生空间布局，实现非建设空间与建设空间的有机融合，并聚焦护林、保水、修山和生物多样性提升等统筹生态空间修复，围绕保田、提质、转型等推进农业空间修复，聚焦理水、融绿、通廊、治病等强化城镇空间修复。同时通过“生态 + 治理”“利用型修复”等方式，推动生态产业化、产业生态化，以产业发展反哺生态修复，探索了多元化、可持续的修复路径。

案例：北京房山区牛口峪湿地公园

该公园是在原废弃的氧化坑塘基础上改造而成，汇水面积 80 万平方米，其水源来自燕山石化生产废水和周边生活污水。为了达到生态修复目标，首先对污水处理厂进行管理，通过氧化沟、活性炭吸附、生物滤池等流程对水源进行深度净化，使水中的 COD（化学需氧量）降到 20 毫克 / 升，优于质量标准。经改造之后的湿地公园形成良好的生态环境，现有鸟类 144 种。

∧ 原燕山石化废水池

∧ 修复后湿地公园实景

案例：北京房山区曹家坊村废弃矿山治理项目

曹家坊村位于北京百花山风景区内，自 20 世纪 50 年代初期开始开采，造成曹家坊村生态环境严重破坏，形成以煤矸石为物源的重大泥石流地质灾害易发区，直接威胁到沟口 122 户，427 人生命财产安全，严重制约百花山地区旅游资源的开发和西部山区生态屏障的总体建设。

围绕该领域，自 2011 年以来，相关部门投入资金 4563.71 万元，治理面积 1923.5 亩，植草 32070 平方米、种植各种树木 95964 株，充分恢复挖掘、利用了矿区的土地资源，有效提高了废弃矿山土地资源的利用价值，为“房山百瑞谷自然风景区”的建设创造了基础条件，促进了北京市西部山区生态涵养带和百花山地区旅游业的发展。

∧ 矿山修复治理前后对比

第二节　地质勘查与矿产资源管理

地质勘查是根据经济建设、国防建设和科学技术发展的需要，运用测绘、地球物理勘探、地球化学探矿、钻探、坑探、采样测试、地质遥感等地质勘查方法，对一定地区内的岩石、地层构造、矿产、地下水、地貌等地质情况进行的调查研究工作。目前，北京市地质勘查以城市地质为核心，以城市地质问题为导向，紧密结合城市规划建设与生态文明建设以及京津冀协同发展需求开展勘查工作，为社会经济发展和“国际一流的和谐宜居之都”建设提供地质支撑服务。

一、地质勘查管理

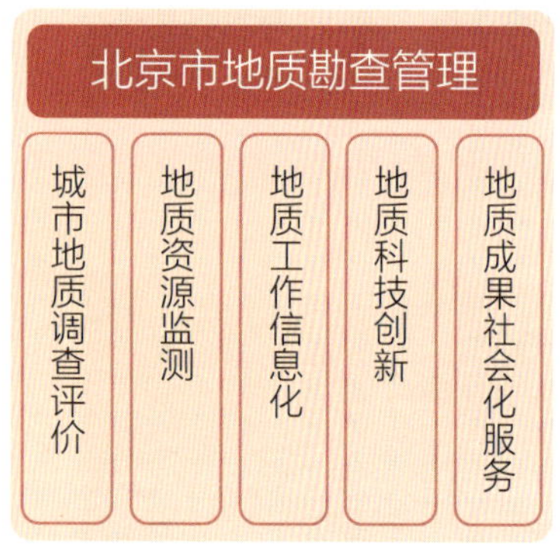

地质勘查是经济社会发展中重要的基础性、先行性工作，贯穿于经济社会发展过程的始终，服务于经济社会各个领域。北京市地质勘查是一项旨在查明北京市基本地质情况、获取基础地质数据的超前性、公益性、基础性地质工作。主要任务是了解北京地区的资源、环境地质背景，为经济建设和社会公众提供基本地质信息及基础数据。北京市规划自然资源委负责北京市地质勘查资质管理，主要包括地质灾害危险性评估和地质灾害治理工程勘查、设计、施工、监理资质的审批。

（一）城市地质调查评价

以支撑北京国土空间用途管控及规划编制实施，保障重点规划建设区地质安全为目标，紧密围绕北京市各项规划落地实施，对首都功能核心区、北京城市副中心、北京市重点规划与建设区等区域开展地质综合调查评价、专项地质调查评价及地质条件适宜性评价工作，开展地质灾害危险性区域评估试点，探索地质灾害危险性区域评估适用性范围，完善技术要求，建立相应制度，为优化营商环境、行业工作开展提供经验。

（二）地质资源监测

以坚持生态优先，贯彻绿水青山就是金山银山的理念，顺应自然，呵护蓝绿空间，实现人与自然和谐共生为宗旨，开展地质规律研究，建设以地下资源层、地表基质层等为基础的自然资源调查监测体系。开展重点区域地表基质层、地下水、地下空间调查评价，推进地热能勘查评价，建设地热能、地下空间监测网，建设地下水、土地质量生态地球化学监测网；推进开展地热资源关键技术攻关和环境影响研究，为地热能科学管理提供决策依据；开展固体矿产和矿泉水资源动态评价，为相关企业关停提供基础数据支撑。

（三）地质工作信息化

建设北京地质资源环境承载力监测预警平台、北京城市副中心地质资源环境承载力监测预警信息平台，实现地质数据整合。健全地质信息共享服务体系，编制北京市全要素立体空间数字化地质图，进一步提升北京城市地质资料数据服务信息化水平，全方位服务北京国土空间规划和自然资源管理，助力北京智慧城市建设。

（四）地质科技创新

组织开展北京市地质工作方法手段应用研究，编制城市地质工作标准规范和技术方法指南等标准规范文件，指导北京市地质工作开展。制定北京市地质工作管理制度，为地质工作健康有序开展提供政策依据。

（五）地质成果社会化服务

开展突发地质灾害、地面沉降、地下水、地质遗迹等科普宣传教育。推进专业技术研究成果在社会科普中的转化。建设地质灾害、地下水、清洁能源开发利用等科普教育基地；建设地质公共服务平台，提升地质应用系统社会服务能力。

二、地质灾害防治管理

党中央、国务院高度重视地质灾害防治工作，提出“两个坚持、三个转变”的综合防灾减灾救灾新理念和坚持以人民为中心的发展理念。国务院关于《北京城市总体规划（2016 年—2035 年）》的批复中提出要建立健全综合防灾体系，加强城市安全风险防控，提高城市韧性。这些新思想、新理念和新要求为地质灾害防治及管理指明了方向。

两个坚持

◎坚持以防为主，防抗救相结合

◎坚持常态减灾和非常态救灾相统一

三个转变

◎从注重灾后救助向灾前预防转变

◎从应对单一灾种向综合减灾转变

◎从减少灾害损失向减轻灾害风险转变

地质灾害易发区

根据自然环境条件和人为活动因素，按地质灾害容易发生的程度，把山区划分出高易发、中易发和低易发区域。高易发区是国土空间规划和用途管制的特殊区域。

地质灾害重点防范区

依据地质灾害易发区分布，结合社会经济发展和行政区划，把地质灾害易发、受威胁人口密集和重要规划建设区作为地质灾害重点防范区。

（一）明确管理职责

地质灾害防治管理是提升地质灾害防治能力，维护人民生命财产安全，保障国土空间安全的重要工作。作为超大型城市，“首都无小事、安全无小事”，地质灾害防治坚持“政府主导，各部门各司其职”，以属地为主，强化各级政府地质灾害防治主体责任，明确各行业主管部门的监管责任和防治责任，进行分区分责和分类分级管理。对村镇、学校、景区等人口聚集的地质灾害重点防范区，由建设、教育、文旅等部门负责落实防治措施；对公路、铁路、水库等重要基础设施地质灾害重点防范区，由交通、铁路、水利等部门落实防治责任。规划自然资源、应急管理部门加强对地质灾害重点防范工作的指导、督促。对于因工程建设等人为活动引发的地质灾害，按“谁引发、谁治理”的原则，由责任单位承担治理责任。全市建立统一指挥、部门协同、分工协作、社会参与、联防联控的地质灾害防治机制。

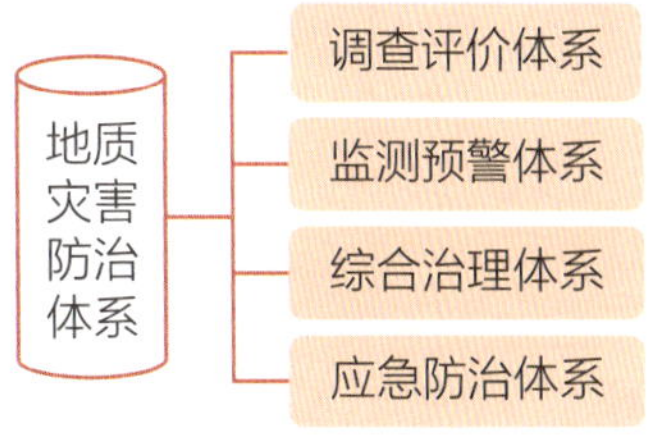

北京市规划自然资源委依照分责分类和部门协同的原则，通过建立健全地质灾害防治体系及任务目标落实，对本市地质灾害防治进行组织、指导、协调和监督管理。

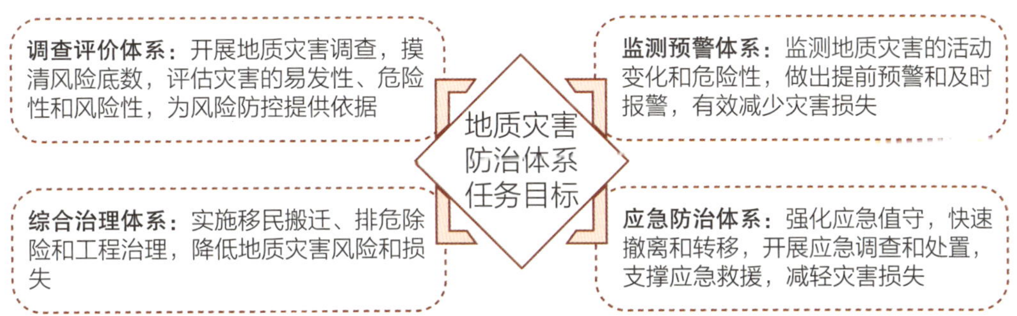

（二）健全防治体系

构筑调查评价体系

组织实施和部署安排地质灾害调查与风险评估；进行全市多尺度地质灾害调

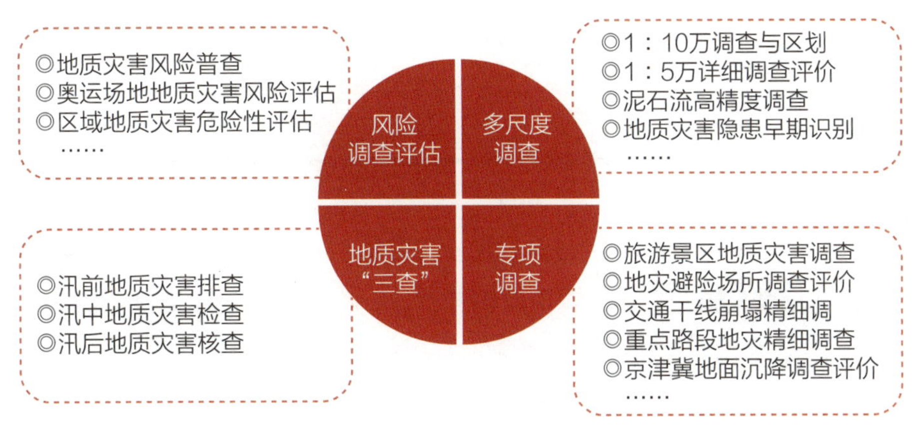

查和针对重点地区与重要路段的专项地质灾害调查；强化重大工程地质灾害风险评价、区域地质灾害风险普查及地质灾害危险性评估等；坚持地质灾害“三查”。通过调查评价，摸清本市地质灾害风险底数，提高隐患识别与风险调查水平，构筑以摸清灾害风险底数为基础的调查评价体系，为风险防范和国土空间规划提供依据，实现全市地质灾害风险管控“一张图”，提升风险管控能力。

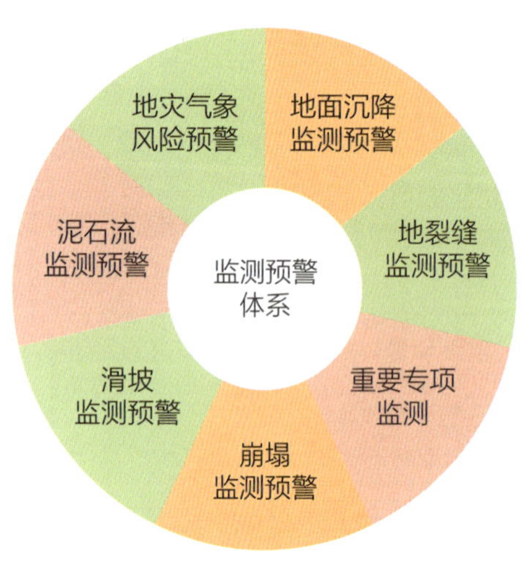

建强监测预警体系

组织开展和统筹部署专业监测预警。实施平原地面沉降、山区及重要道路沿线突发性地质灾害和单沟泥石流的监测预警；建立地质灾害监测预警系统；进行地质灾害气象风险预警和预警关键技术研究。通过监测预警的推进，逐步实现精细化预警，强化“技防”能力，提升专业监测预警水平。

组织专业技术培训和风险识别指导，显著提升群测群防的“人防”能力和成效，多次成功实现提前预警、安全避险，减灾成效显著。如 2016 年 8 月 5 日房山区霞云岭乡庄户台村发生崩塌，由于巡查到位、报警及时、撤离果断，避免了重大人员伤亡。

通过强化专业监测预警技术，提升群测群防监测巡查能力，建强以“人防 + 技防”为依托的监测预警体系，提高精准预报能力。

“人防 + 技防”

“人防”是发动和组织人民群众对地质灾害隐患进行巡查观测，达到及时发现险情、快速预警报警、有效避灾自救目标；“技防”是指通过布设专业监测设备，对地质灾害进行监测，依据监测变化提前做出预警并指导避灾。

∧ 北京冬奥延庆赛区不稳定斜坡治理（中国建筑设计研究院有限公司 提供）

强化综合治理体系

组织实施和规划部署地质灾害源头治理。对高风险地质灾害隐患进行工程治理，仅 2019—2021 年完成崩塌、滑坡、泥石流灾害隐患点工程治理 392 处（含延庆冬奥赛区内 55 处）。通过险村险户确定、避险场地建设指导和警示标志设置等，搬迁避让等防御措施得到落实，仅 2019—2021 年完成地质灾害避险移民搬迁 411 户。通过工程治理、搬迁避让和排危除险，从源头控制或降低地质灾害风险，强化以降低灾害风险为根本的综合治理体系，增强源头风控能力。

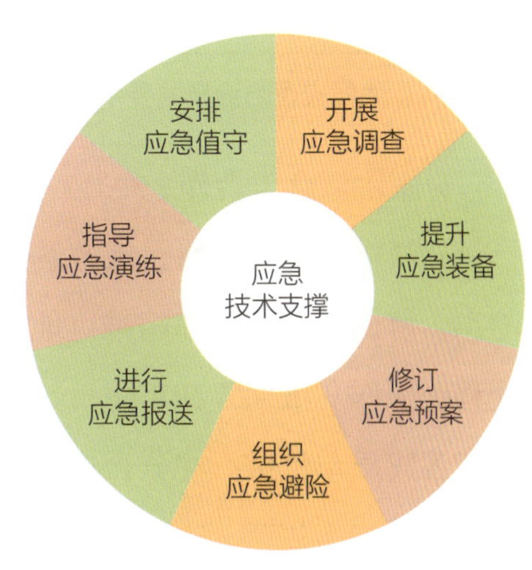

完善应急防治体系

组织落实各项地质灾害应急工作。针对突发性地质灾害，健全应急工作机制，开展应急宣传和指导，指导防灾避险应急演练，严格应急值守和信息报送，进行灾害应急调查，进一步提升应急技术装备的智能化、信息化、专业化和现代化，支撑地质灾害的应急避险、应急处置和应急救援等工作，完善以快速响应为核心的应急防治体系，提高应急支撑能力。

∧ 应急调查现场

（三）强化协调指导监督

健全标准指导防灾

为确保地质灾害防治的科学合理、安全有效，在执行相关国家标准的基础上，编制和实施适合本市地质灾害防治特点与要求的工作方案及技术标准，并通过推动出台《北京市地质灾害责任认定办法》《北京市地质灾害监测设施保护办法》等，指导和规范本市地质灾害防治工作，提升地质灾害防治工作成效与水平。

◎北京市突发事件总体应急预案
◎北京市地质灾害治理和避险移民搬迁工程工作方案
◎北京市地面沉降防控工作方案
◎年度地质灾害防治工作方案
◎京津冀平原地面沉降防控规划重点工作分工方案

◎突发性地质灾害应急调查规范
◎突发性地质灾害排查规范
◎突发性地质灾害监测站点运行规程
◎地质灾害治理工程实施技术规范
◎北京市地质灾害隐患销账技术指南
◎北京市地质灾害详细调查技术指南
◎地质灾害危险性评估技术规范

∧ 地质灾害防治技术要求

有序协调分工合作

针对重要交通道路、旅游景区、生态保护区、学校等区域的地质灾害安全隐患，协调相关责任部门推进地质灾害防治工作。协助市农委落实地质灾害搬迁移民工作。汛期，在市防汛抗旱应急指挥部的统一部署下，与地质灾害专项分指各成员单位进行充分合作和有序协调，使地质灾害防治做到分工协作、各尽其责、齐抓共管、联防联控。

加强检查严格管理

针对政府出资实施的地质灾害勘查、设计和施工，及时组织专家进行评审与验收，加强工程质量安全监管。对有关责任单位承担的治理工程，参加其组织的专家评审验收，提出意见和建议。组织人员对有关部门地质灾害防治的前期准备和预案落实情况进行检查，提出改进意见；对地质灾害调查和治理项目进行定期检查和动态抽检，及时发现问题，督促整改。对地质灾害防治资质进行时间、地点“双随机”检查，确保从业单位资质等级合格与真实，以及其在许可的范围内从事地质灾害防治业务；对在地质灾害危险区内从事违规建设和可能引发地质灾害的活动进行监督检查，发现违规违法活动及时责令改正。

三、矿产资源管理

“十二五”期间，北京市矿产资源管理进一步加强。制定矿业权出让收益市场基准价，保证市场公平、公正和国家矿产资源所有权益。建立符合首都城市特点的矿产资源管理制度，明确矿业权审批原则。矿产资源节约集约利用和保护水平明显提高，建立深层地热资源动态监测系统，加大地热供暖用水同层回灌，部分热田水位略有回升。矿山地质环境恢复治理成效显著，超额完成废弃矿山地质环境恢复治理预定目标，推进矿山地质公园建设，有效保护了矿业遗迹，促进矿山环境保护、治理和利用的一体化。

为全面贯彻落实《北京城市总体规划（2016 年—2035 年）》，全力保障北京市“四个中心”建设，谋划首都矿产资源勘查开发利用与保护新篇章，北京市规划自然资源委员会组织编制了《北京矿产资源总体规划（2021—2025 年）》，以进一步提高基础地质调查工作程度、有序退出固体矿山和矿泉水企业、提高地热资源可持续利用水平、全面实现矿山生态修复为规划目标，构建符合首都城市发展实际的绿色、和谐、高效、安全的首都矿业新格局。

北京市矿产资源管理

主要内容	目标与成效
制定矿业权出让收益市场基准价	保障市场公平、公正和国家矿产资源所有权益
建立矿产资源管理制度	符合首都矿产资源管理特点，明确矿业权审批原则
建立深层地热资源动态监测系统 加大地热供暖用水同层回灌	矿产资源节约集约利用和保护水平明显提高 部分热田水位出现回升
治理矿山地质环境 建设矿山地质公园	实现废弃矿山地质环境恢复治理目标，有效保护矿业遗迹，促进矿山环境保护、治理和利用的一体化
编制《北京矿产资源总体规划（2021—2025年）》	全力保障北京市“四个中心”建设，谋划首都矿产资源勘查开发利用与保护新篇章

∧ 北京市矿产资源管理的主要内容、目标与成效

第三节　国土测绘及地理信息管理

为提升北京市规划建设管理水平，推进首都城市治理体系和治理能力现代化，国土测绘及地理信息工作不断规范基础地理信息资源开发利用，完善测绘地理信息管理机制，构建地理信息公共服务体系，加快科技自主创新和推动产业发展。

一、测绘和地理信息

（一）概述

测绘，字面理解为测量和绘图，是指对自然地理要素或者地表人工设施的形状、大小、空间位置及其属性等进行测定、采集并绘制成图，是以计算机技术、光电技术、网络通信技术、空间科学、信息科学为基础，以全球导航卫星定位系统 (GNSS)、遥感 (RS)、地理信息系统 (GIS) 为技术核心，选取地面已

有的特征点和界线并通过测量手段获得反映地面现状的图形和位置信息，供工程建设、规划设计和行政管理之用。

地理信息是地理数据所蕴含和表达的地理含义，属于空间信息，其位置的识别是与数据联系在一起的，这是地理信息区别于其他类型信息的一个最显著的标志（空间性）。地理信息具有多维结构的特点（多维性），且拥有很明显的时序特征（时序性）。地理信息是重要的战略信息资源与生产要素，兼具空间载体和知识含量两大功能。充分挖掘和利用其知识含量，可以实现从数据信息服务走向知识服务。

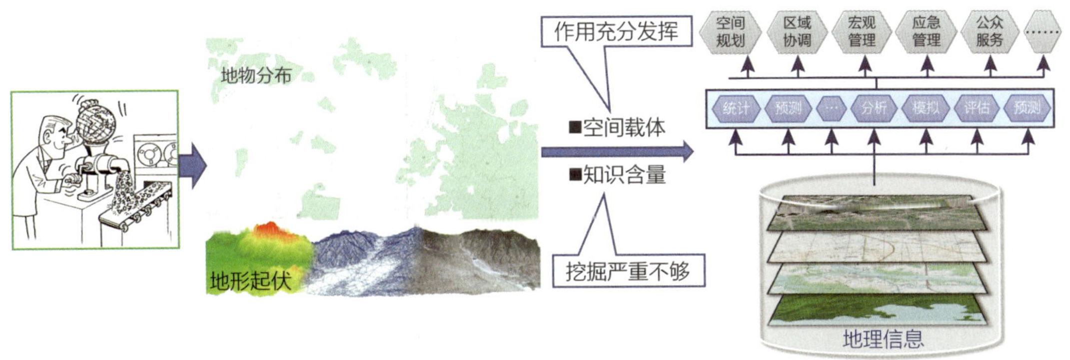

∧ 测绘地理信息在各行各业中的应用与服务

（二）测绘地理信息技术

测绘地理信息技术，即确定地球上任何事物和现象的唯一位置，定义地球上事物和现象之间的空间关系，测定、采集、表述自然地理要素或者地表人工设施的形状、大小、空间位置及其属性，可以用“导

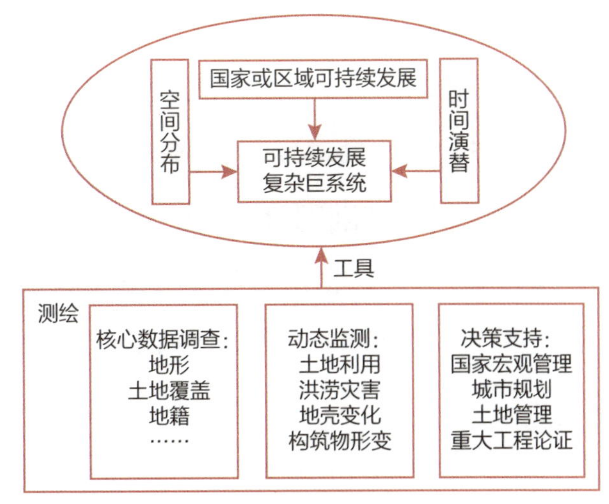

∧ 测绘在社会经济可持续发展中的工具作用

航”和“定位”概括其全部内容。在此基础上为研究探索自然地理过程、地表生态系统发展规律，进而为自然资源管理、国土空间管控和生态修复治理提供技术和工具。面向新时代，测绘地理信息技术正在与现代信息技术（大数据、人工智能、物联网等）加速融合，向智能化阶段发展，新的产业形态和业务形态加速出现，已经成为支撑社会管理与发展的一项重要技术。

（三）基础测绘

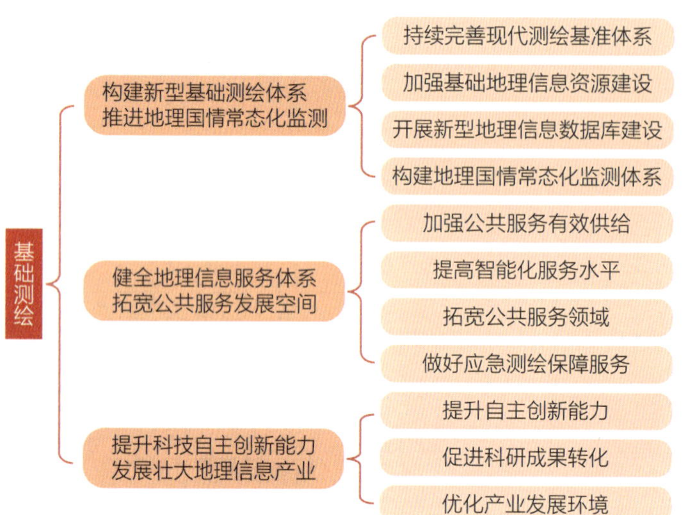

∧ 基础测绘服务体系

基础测绘是指建立全国统一的测绘基准和测绘系统，进行基础航空摄影，获取基础地理信息的遥感资料，测制和更新国家基本比例尺地图、影像图和数字化产品，建立、更新基础地理信息系统，具有公益性和基础性，国家对其实行分级管理。基础测绘工作可以总结为“三基”：国家测绘基准、基础航空摄影和基础数据体系。经过几十年的努力，我国基础测绘建设成果丰厚，为社会管理与发展提供了必要的地理信息基础平台和空间定位框架，为国民经济和国防建设提供了强有力的服务保障。

（四）新型基础测绘

2018 年 3 月，根据国务院机构改革方案，原国家测绘地理信息局的职能全部融入自然资源部，测绘工作在体制与机制上发生了重大变革，基础测绘的服务模式已由原来面向全社会的“普适性服务”，转化为“围绕中心、全面服务”的方式。在保持基础测绘公益性和基础性不变的前提下，从建设内容、产品形式、服务模式、管理方式、技术手段等方面进行探索创新，形成以基础地

2019 年 4 月 12 日，自然资源部国土测绘司组织专家在北京召开上海市新型基础测绘试点项目设计评审会。与会专家对该项目设计表示肯定，并建议紧密结合《关于开展新型基础测绘体系试点建设工作方案》和本地实际加快推进试点工作，为基础测绘转型升级提供可借鉴可推广的模式。

理信息获取立体化、实时化，处理自动化、智能化，服务网络化、社会化为特征的新型测绘体系。

（五）《中华人民共和国测绘法》

《中华人民共和国测绘法》是为了加强测绘管理，促进测绘事业发展，保障测绘事业为经济建设、国防建设、社会发展和生态保护服务，维护国家地理信息安全制定的法律。2002 年 8 月 29 日，第九届全国人民代表大会常务委员会第二十九次会议修订通过，2017 年 4 月 27 日第十二届全国人民代表大会常务委员会第二十七次会议第二次修订。2004 年原国家测绘地理信息局将每年的 8 月 29 日定为测绘法宣传日，截至 2022 年已经成功举办了 19 个宣传日活动。

二、测绘地理信息的应用

测绘与地理信息服务为社会经济发展提供强力保障，随着“互联网 +”、数字技术的发展，测绘与地理信息技术飞速发展，对社会各行各业产生积极影响，对国民经济建设和科技的快速发展起了极大的推动作用。早在 21 世纪初，我国测绘主管部门就提出要经过 5—15 年的艰苦努力，建立起国家、省区和城市三级现代化测绘基准和基础地理信息空间数据体系，为政府和社会提供基础地理信息空间数据及其应用服务。现如今，测绘地理信息已经进入千家万户，越来越多的政府机构和单位将其用于规划、管理与决策。数字化测绘产品服务已逐步渗入数字经济、数字治理和数字生活的方方面面，发挥着重要的时空基底与生产要素信息基础设施作用。

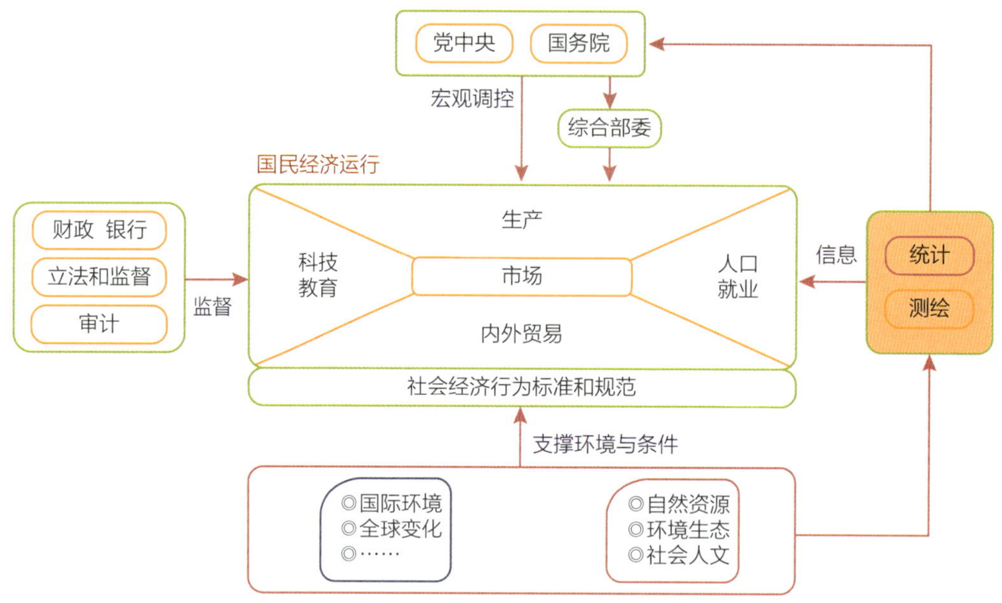

∧ 测绘与地理信息服务支撑各行业发展需求

（一）卫星导航系统让人们定位、出行更便捷

全球卫星导航系统为人们在全球范围内进行定位、导航提供精密的三维坐标、速度和时间。由于全球卫星导航技术具有的全天候、高精度和自动测量的特点，作为先进的测量手段和新的生产力，已经融入了国民经济建设、国防建设和社会发展的各个应用领域，同时广泛应用于导航、提供出行线路、紧急救援等日常生活场景。

人们通过依托于全球卫星导航系统的电子导航地图，能够随时了解自己所处的位置，并且通过导航地图的智能计算和大数据分析，得到合理的路线规划，同时可以得到准确的、实时的路况信息。可以说，电子导航地图的发展，大大改善了人们出行的体验，为人们出行提供了前所未有的便捷，节省了出行时间，提高了工作效率。

（二）遥感技术助力资源调查

遥感，顾名思义，就是遥远的感知，遥感技术让人们能够利用地面上空的飞机、飞船、卫星等飞行物上的传感器收集地面数据资料，并获取信息，经过记录、传送、分析和判读识别地物，已广泛应用于资源环境、水文、气象、地质、地理等领域，是一种特别实用的、先进的空间探测技术。在资源普查中，可以通过分析遥感影像划定矿区；在生物资源调查中，可以通过对遥感图像处理获得植被的分布、类型、健康状况、农作物产量数据，为山、水、林、田、湖、草、沙等自然资源领域提供测绘和调查服务，为农业、林业、城市绿化、环境保护、城市治理等部门提供强有力的数据支撑。同时，遥感技术还可以对环境和灾害进行监测，如监测荒漠化、海洋污染、大气污染等的动态变化，动态监测地震、森林火灾等自然灾害。

（三）GIS 技术助力规划和决策

GIS 技术是地理信息系统技术的缩写，简单说就是一种对空间信息进行自动分析和处理的系统。随着社会发展进步，描绘地球地表位置的地理信息并根据需要进行分析，已经成为公众日常生活不可或缺的信息资源。GIS 在区域和城乡规划中的应用广泛，可以为分析、规划和决策提供有力的技术支撑，如城镇总体规划、公共设施配套、道路交通规划、城市环境动态监测、城市环境质量评价、城市建设用地适宜性评价等。GIS 技术在救灾方面也有很好的应用，运用 GIS 技术可以迅速绘制和输出灾后地形图、灾前和灾后卫星影像图、灾区地质图、灾情程度分布图、居民点安置分布等，为抗震救灾提供了有力的保障。

近年来，“互联网 +”、5G 技术、数字孪生等技术的出现和发展，使地理信息行业的认知和技术发生了较大变化，建立了以该技术为基础的时空思维方式，可对三维空间进行深入挖掘，以观测数据为基础对其相关性进行有效分析，并对多尺度数据的一致性进行有效分析，能够推动共享平台构建，从而有利于开展城市规划建设、管理以及地理空间服务等项目。

（四）国家地理信息公共服务平台——“天地图”

国家地理信息公共服务平台——“天地图”是我国地理信息公共服务的工作重点和重要成果，集成了来自国家、省、市（县）各级测绘地理信息部门，以及相关政府部门、企事业单位、社会团体、公众的地理信息公共服务资源，向各类用户提供权威、标准、统一的地理信息综合服务。它的目的在于促进地理信息资源共享和高效利用，提高测绘地理信息公共服务能力和水平，改进测绘地理信息成果的服务方式，更好地满足国家信息化建设的需要，为政府机关、企事业单位和社会公众提供 7×24 小时不间断的“一站式”地理信息服务。

（五）天地图·北京

“天地图·北京”是北京市规划自然资源委按照自然资源部要求建设的北京市地理信息公共服务平台，是国家地理信息公共服务平台的北京市节点。自 2010 年上线服务以来，常年稳定提供北京市范围的各类地图服务，产生了良好社会效益。目前，天地图地图服务接口访问量北京区域日均 92301919 次，约占全国总访问量的 10%，社会影响力日增。

“天地图·北京”的建设提升了北京市地理信息公共服务水平。社会公众应用方面，积极制作发布标准地图、疫情地图、红色地图等各类专题栏目，供社会公众查询浏览。其中，标准地图下载量累计达 7 万次。同时，发布了系列专题图层，包括国情监测成果数据、第一批传统地名保护名录、北大红楼与早期北京革命活动旧址、北京冬奥场馆和专用车道等。政务服务方面，积极为北京市委市政府、各委办局等业务开展提供地图服务保障。为建党 100 周年庆祝大会、北京冬奥会、北京市第七次人口普查、北京市第二次全国地名普查、历史建筑调查等北京市重大项目提供了地图服务。同时，作为北京市“智慧城市一张图”的基础组成部分，集成政务版天地图数据，为全市政务外网提供底层地图服务。为市委制作提供领导工作用图，为服务中央领导调研、接待外省市代表团访京、疫情防控等工作提供应急制图服务。

天地图 MAP WORLD 北京市地理信息公共服务平台
Beijing Platform for Common Geospatial Information Services

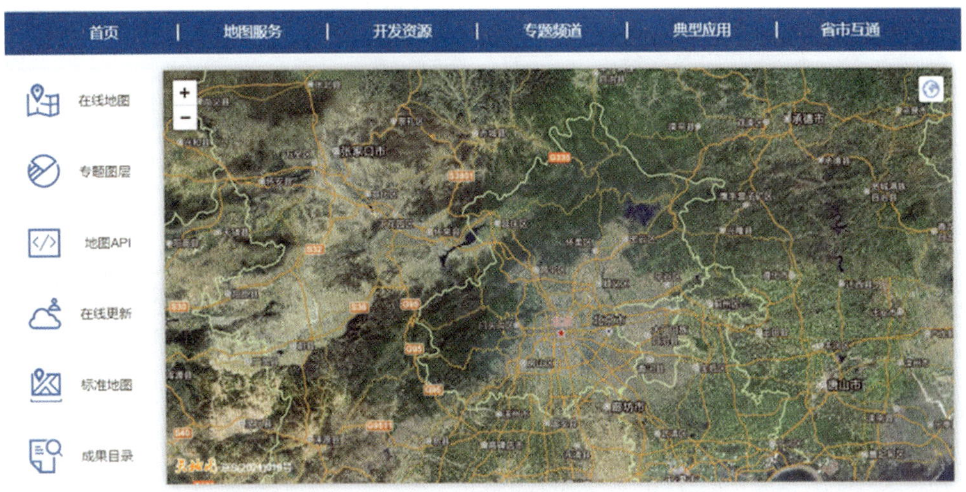

∧“天地图 · 北京”页面

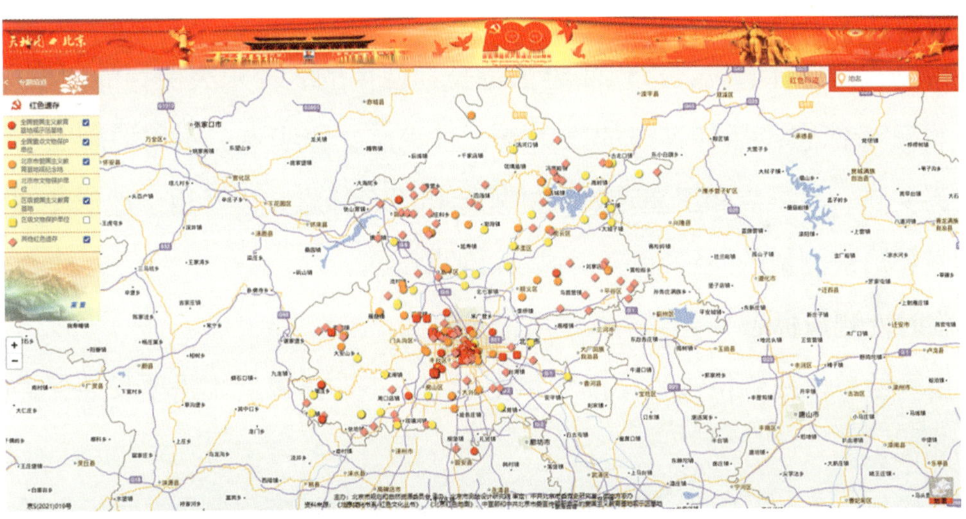

∧“天地图 · 北京红色专栏”页面

三、测绘标志及测绘成果管理

（一）测量标志管理

测量标志是在陆地和海洋标定测量控制点位置的标石、觇标以及其他标记的总称，用于测量和标定控制点地理坐标、高程、重力、方位、长度（距离）

∧ GNSS 基准站

∧ 水准原点

等方面。根据用途和使用期限，测量标志可分为永久性测量标志和临时性测量标志。

永久性测量标志

指设有固定标志物，以供测绘单位长期使用的、需永久保存的测量标志。永久性测量标志包括各等级的三角点、基线点、导线点、军用控制点、重力点、天文点、水准点和卫星定位点的觇标和标石标志，以及用于地形测图、工程测量和形变测量的固定标志和海底大地点设施。

临时性测量标志

指测绘单位在测量过程中设置和使用的，工作结束后不需要长期保存的标志物和标记。

测量标志在维护国家测绘基准安全，服务经济建设、国防建设、社会发展、生态文明建设等方面发挥着重要的基础作用。

进行工程建设，应当避开永久性测量标志；确实无法避开，需要拆迁永久性测量标志或者使永久性测量标志失去使用效能的，应当经省、自治区、直辖市人民政府测绘地理信息行政主管部门批准；涉及军用控制点的，应当征得军队测绘主管部门的同意，所需迁建费用由工程建设单位承担。

北京市规划自然资源委负责全市测量标志管理工作，针对当前测量标志管理过程中存在的委托管理机制不完善、信息化程度不高等问题，编制了《北京市测量标志保护实施方案》，申请了北京市测量标志保护专项，对测量标志的分级分类保护、委托保管机制、信息化水平提升等方面开展研究。按照上述实施方案要求，在充分分析我市现有的测量标志历史资料的基础上，制作了测量标志普查底图，并开展了测量标志普查，摸清了全市测量标志种类、数量和分布情况，并初步梳理形成了测量标志分级分类保护目录。下一步将着手开展景观测量标志的设计与建设和测量标志用地研究。

（二）测绘成果管理

测绘成果

指通过测绘工作形成的数据、信息、图件以及相关的技术资料，具备基础性、公益性和保密性的特点。依据测绘成果的性质，分为基础测绘成果和非基础测绘成果两类。

测绘成果的管理工作

主要包括：建立健全管理制度，落实保密管理责任；强化存放、登记、标密、复制、销毁、涉密计算机和网络等重点环节的管理措施，对相关单位各项保密制度落实情况进行检查，并通过宣传教育增强相关人员的保密意识和知识技能。

《中华人民共和国测绘法》中明确了测绘成果的管理和使用要求。法人或者其他组织需要利用属于国家秘密的基础测绘成果的，应提出明确的利用目的和范围，报测绘成果所在地的自然资源行政主管部门审批。主管部门审查同意后，以书面形式告知测绘成果的秘密等级、保密要求以及相关著作权保护要求。所有使用单位均须严格遵守相关管理规定。

四、行业管理

（一）测绘行业资质准入

国家对从事测绘活动的单位实行测绘资质管理制度，对测绘资质类别等级、审批权限、申请与审查要求、监督管理、法律责任等进行明确规定。从事测绘活动的单位，应具备规定条件、并依法取得相应等级的测绘资质证书，可以在测绘资质等级许可的专业类别和作业限制范围内从事测绘活动。

测绘资质等级分为甲、乙两级，专业类别包括大地测量、测绘航空摄影、摄影测量与遥感、工程测量、海洋测绘、界线与不动产测绘、地理信息系统工程、地图编制、导航电子地图制作、互联网地图服务等十类。

（二）测绘行业监督管理

在测绘技术快速发展、测绘市场不断壮大、测绘地理信息新经济和新业态不断涌现的趋势下，尤其在优化营商环境大背景下，行业监管由“重批轻管”转为“宽进严管”，加强事中事后监管成为重点。开展综合性双随机检查，通过对测绘资质、成果质量等方面多方位、多模式的检查，及时发现问题，提出整改要求，维护健康有序的市场秩序。同时，围绕资质管理、质量监管、信用管理等重点内容，建立部门协作机制，联合市场监管及执法部门形成管理闭环，共同营造公平有序的市场环境。

北京市规划自然资源委负责拟订本市基础测绘计划并监督实施，组织和管理基础测绘等重大项目，承担测绘行业管理和相关行政审批工作；监督管理民用测绘航空摄影与卫星遥感，监督管理测绘活动、质量，管理测绘资质资格。

（三）测绘行业单位全流程控制

测绘单位要具备一套标准的流程体系，对项目管理、技术设计、作业程序、精度质量等进行全过程控制，一般需要通过 ISO9001-94 版质量管理体系认证、环境管理体系和职业健康安全管理体系认证。认证的产品和服务覆盖测绘资质范围内的大地测量、测绘航空摄影、摄影测量与遥感、工程测量、界线与不动产测绘、地理信息系统工程、地图编制和互联网地图服务等全过程的质量管理和控制。

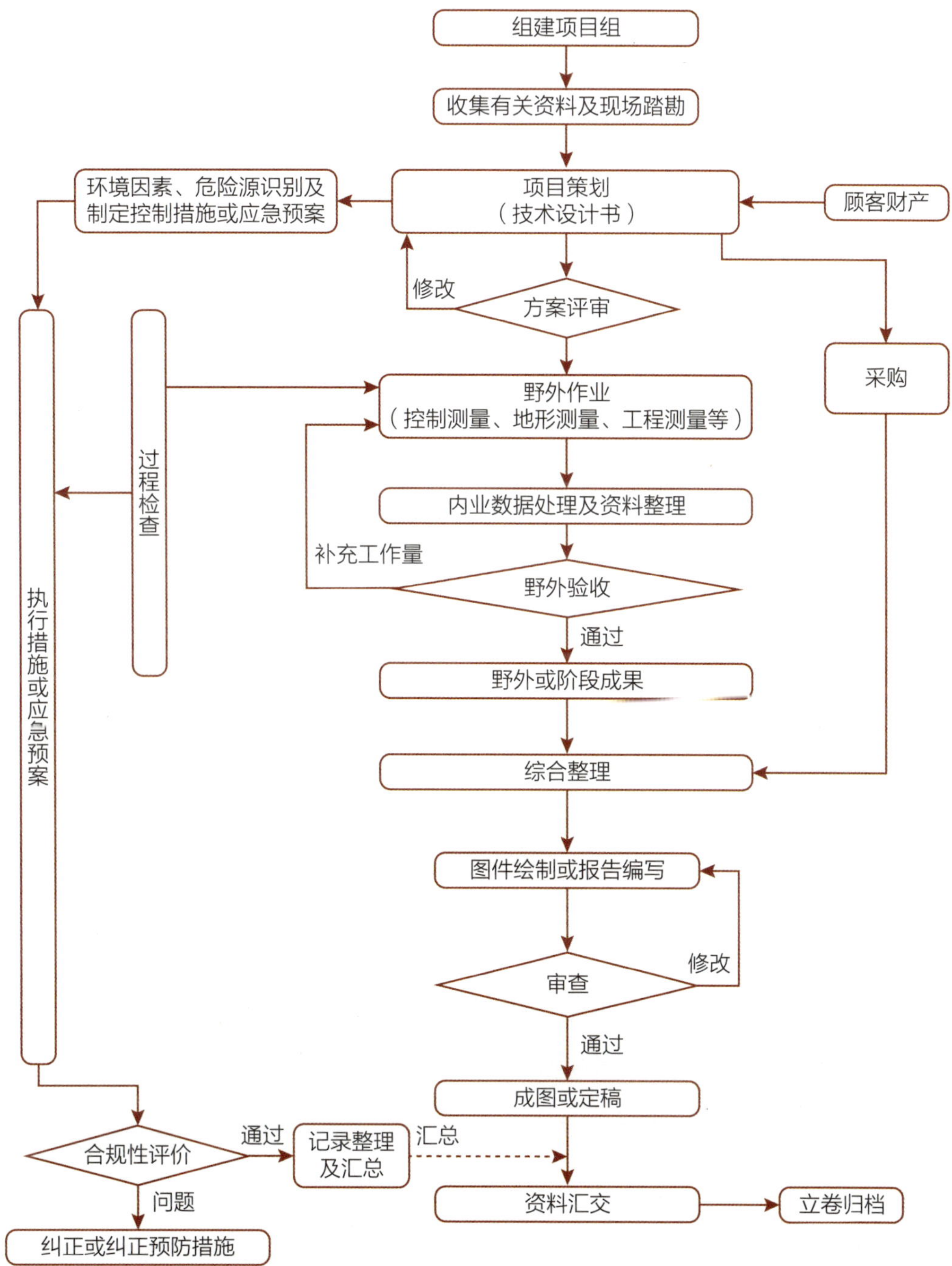

∧ 测绘项目全过程管控流程图

五、测绘地理信息行业发展

（一）发展历程

我国测绘地理信息产业起步于20世纪80年代，随着现代测绘产业的成熟，信息化、互联网技术的快速发展，以及人类生产生活对信息需求量的扩大，以现代测绘和3S等技术为基础，以地理信息开发利用为核心，开展地理信息获取、处理、应用的测绘地理信息产业逐步形成。整个行业的历程主要包括了行业应用（模拟测绘）、行业更新（数字化测绘）和行业升级（信息化测绘）等阶段，目前进入行业演变产业（智能化测绘）阶段。

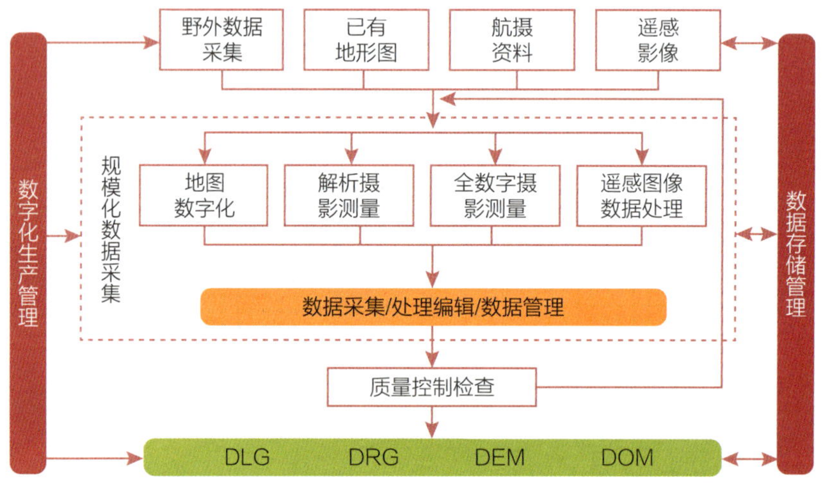

∧ 从数字化测绘到智能化测绘

注："DLG"为"数字划线地图"的英文缩写，"DRG"为"数字栅格地图"的英文缩写，"DEM"为"数字高程模型"的英文缩写，"DOM"为"数字正射影像图"的英文缩写。

（二）发展趋势

测绘地理信息行业是采用测绘地理信息技术对测绘地理信息资源进行生产、开发、应用、服务、经营的全部活动，以及涉及这些活动的各种设备、技术、服务、产品的集合体，主要包括测量业、地图出版业、导航定位业、遥感业、地理信息系统业等五大分支产业。近年来，随着测绘地理信息技术与大数据、移动互联、智能处理和云计算等高新技术的融合不断加快，测绘数据的获取方式、测绘信息的处理技术和测绘产品的提供形态已发生了深刻变革，逐步由信息化测绘升级为智能测绘，进入了“测绘 4.0”时代。

未来发展趋势一是产业创新能力不断提升：与互联网、大数据、云计算、人工智能等深度融合，催生了新产品、新服务、新业态；二是空间基础设施建设驱动作用明显：测绘基准服务能力稳步提升、卫星遥感影像数据获取来源不断加大；三是产品服务转型升级初见成效——“智能 + 地理信息应用”。基于大数据、人工智能技术的地图类应用程序，为常用移动应用提供定位服务；四是智慧服务领域不断拓展：智慧旅游、智能交通、共享经济、自动驾驶，等等。

（三）新时期测绘地理信息的方向与任务

测绘地理信息作为国家自然资源部门的重要组成，按照《中共中央关于深化党和国家机构改革的决定》有关要求，将建立起自然资源调查评价、确权登记、空间规划和督查监管“四统一”的自然资源管理体系，构成自然资源管理的闭环关系。测绘整体参与组建全新的自然资源部门，全面支撑自然资源管理的主责主业，“两支撑、两服务”，成为主要任务。

两支撑、两服务

2021 年 10 月 30 日，自然资源部副部长王广华在全国国土测绘工作会议上明确提出，新时期测绘工作要准确把握“两服务、两支撑”的根本定位：支撑自然资源管理，服务生态文明建设；支撑各行业需求，服务经济社会发展。

（四）新时期的双重使命

支撑自然资源管理，服务生态文明建设

自然资源是生存之基、生产之源、生态之本，但并非取之不尽，用之不竭的。实现资源集约节约利用，加强国土空间优化布局，推动人与自然和谐共生势在必行。党的十九大五中全会提出：构建高质量发展的空间格局和支撑体系，实现资源集约节约利用，推动人与自然和谐共生。国土空间规划的理念先进，但以前的研究储备严重不足，缺乏系统的理论方法、先进高效的技术工具以及完备的数据资源。这就需要充分利用时空大数据等技术进展，促进规划与信息技术的深度融合，研究发展信息化条件下的国土空间规划新理论方法、新技术手段和数据资源。

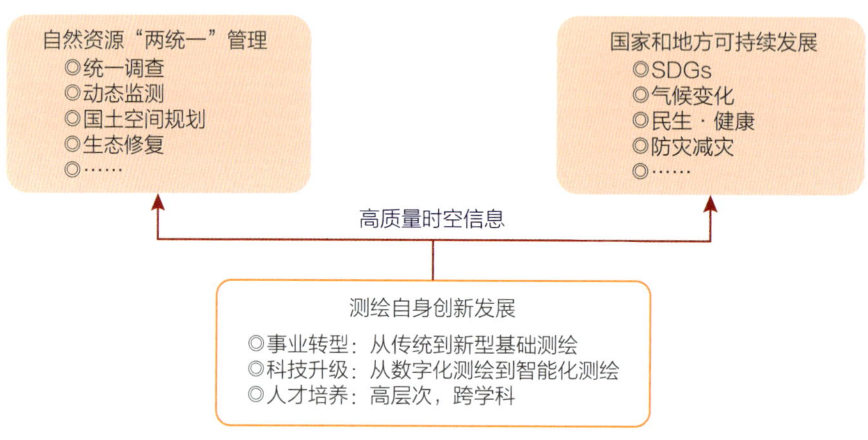

∧ 时空信息与技术支撑自然资源管理

支撑各行业需求，服务经济社会发展

数字化测绘产品与服务已逐步渗入数字经济、数字治理和数字生活的方方面面，发挥着重要的时空基底与生产要素信息基础设施。生态环境保护、防灾减灾、自动驾驶、疫情防控等对其精细程度、更新周期、服务方式等提出了诸多新要求。地理信息是重要的战略信息资源与生产要素，兼具空间载体和知识含量两大功能。充分挖掘和利用其知识含量，从数据信息服务走向知识服务。提供高质量的时空信息与技术支撑，能够支撑自然资源管理与高质量发展。

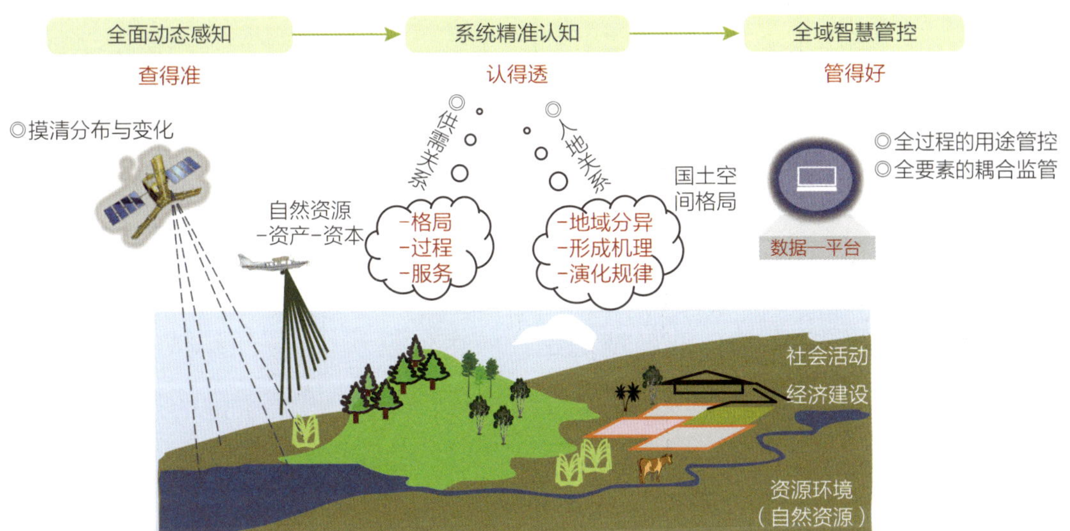

∧ 自然资源科学管理与国土空间高效治理

20 世纪 80 年代起，我国历时数十年，成功完成从模拟到数字化测绘的转型升级，有力支撑了全国测绘地理信息事业的快速发展和广泛应用。未来，测绘地理信息要实现从数字化向智慧化转型，主要发展方向包括构建智能化测绘的知识体系、研发智能化测绘的技术、研制智能化生产系统与装备、构建时空信息基础设施以及从数据信息服务走向知识服务。

第四节　地名管理

地名管理工作是城市管理工作的一项重要内容，是城乡经济发展的一项基础性工作，地名的规范化、标准化和科学化，对推进城市化进程有着重要的作用。地名作为社会交往的工具和信息传播媒介，同各行各业和人民群众日常生活有着密不可分的联系。地名工作的合格与否，直接影响城市形象，体现一个城市的综合管理水平。

一、地名规划

地名，是人们赋予某一特定空间位置上自然或人文地理实体的专有名称，具有社会性、时代性、民族性和地域性及代表性等特性。地名主要包括：自然地理实体名称，行政区划名称，居民地名称，各专业部门使用的具有地名意义的台、站、港、场等名称。地名规划是在城市建设现状和发展规划的基础上，依据国家地名管理法规和有关规范，对城市地名进行科学整体的规划，完成符合法规和标准化要求的设计，使其更加科学、合理，以利于提高信息传递效率，适应社会发展的需求。

地名规划应遵循以下原则，一是与城市建设规划同步，二是社会功能与文化价值并举，三是注重继承与创新，四是规范通名与优化专名相结合。规范科学的地名规划能够为人民群众的日常生活提供便利，利于辨认记忆，促进社会交往；同时地名信息作为信息传播的媒介，间接影响城市的形象，凸显城市文化特点。地名规划以法制化、规范化、科学化为目标，能够优化地名环境，突出地名特色与文化遗产，对地名管理具有重要意义。

北京市实施的《地名规划编制标准》是全国唯一一部地名规划编制方面的地方标准，曾获得北京工程勘察设计行业协会工程勘察设计标准与标准设计专项奖一等奖。

地名规划编制完成后应由属地规自分局组织进行审查，包括重名查询、录入缓冲区、征求区内有关部门意见、专家论证、公示（30 日）、上报区政府等环节，区政府审查同意后致函北京市规划自然资源委，后者组织市属部门联合审查后按程序上报市政府。地名规划经批准后，不得擅自变更。因编制的地名规划所依据的城乡规划调整等原因，需要调整地名规划的，组织编制单位应将调整后的地名规划报北京市规划和自然资源管理部门备案，但涉及地名命名原则、命名标准和整体地名景观变更的，应按原审批程序重新审批。

北京城市副中心地名体系规划

北京城市副中心地名体系规划突出了副中心功能定位和通州区域发展特色，塑造能够体现城市形象的地名景观，分析地名资源“春城特色，水城特色，古城文化特色，漕运文化特色和宜居特色”，深入分析地名文化遗产和保护原则，确立了副中心城市片区和主要道路、桥梁、公园绿地的名称设计方案，形成科学规范且极具特色的地名规划体系，达到提升城市形象，满足未来城市发展需要的目标。

二、管理工作

北京市规划自然资源委负责本市地名管理工作，承担组织编制、审查相关地名规划、命名、更名和建筑物名称核准等工作。

（一）命名和更名

地名管理应当从我国地名的历史和现状出发，保持地名的相对稳定。必须命名和更名时，应当按照相关规定的原则和审批权限报经批准。未经批准，任何单位和个人不得擅自决定。

地名命名应遵循下列规定：有利于人民团结和社会主义现代化建设，尊重当地群众的愿望，与有关各方协商一致。一般不以人名作地名。禁止用国家领导人的名字作地名。全国范围内的县、市以上名称，一个县、市内的乡、镇名称，一个城镇内的街道名称，一个乡内的村庄名称，不应重名，并避免同音。各专业部门使用的具有地名意义的台、站、港、场等名称，一般应与当地地名统一。避免使用生僻字。

地名更名应遵循下列规定：凡有损我国领土主权和民族尊严的，带有民族歧视性质和妨碍民族团结的，带有侮辱劳动人民性质和极端庸俗的，以及其他违背国家方针、政策的地名，必须更名。一地多名、一名多写的，应当确定一个统一的名称和用字。不明显属于上述范围的、可改可不改的和当地群众不同意改的地名，不应更改。

（二）地名文化保护

从 2011 年开始，以宣南地区为试点，北京市开始进行地名保护名录的编制研究。这一工作扩展到西城区多个街道，并就城市地名文化遗产评价体系、北京旧城改造中的地名保护等问题进行了理论探索。经过十年摸索，已经形成了一套较为成熟的理论方法与技术路径。2021 年，北京市规划自然资源委会同东城区人民政府、西城区人民政府开展了首都功能核心区传统地名保护名录编制工作。

核心区第一批传统地名保护名录以传承悠久、具有相对完整历史信息和较高历史文化价值的街巷胡同地名为主。按照《北京历史文化名城保护条例》，收录地名时间下限为20世纪70年代。《首都功能核心区传统地名保护名录（街巷胡同第一批）》由北京市历史文化名城保护委员会办公室 2022 年 3 月 1 日正式公布，首批列入保护名录的 598 处传统地名，空间分布广泛，层次清晰。其中东城区 288 处，西城区 310 处。对于进入保护名录的传统地名，北京市规划自然资源委将建立全流程审批机制，严格审批程序，任何单位和个人不得擅自更改保护名录内的传统地名。此后，委里将继续开展核心区第二批传统地名保护名录及三山五园地区传统地名保护名录的编制工作，并逐步建立地名保护名录定期评估机制，及时增补新的地名，实现地名动态评估和名录有序调整。

（三）地名普查

地名普查是一项公益性、基础性的国情调查，有助于政府全面掌握和了解全国或某个行政区内的地名状况，并根据普查结果对某些地名进行更改。地名普查也有利于方便本国人民或外国游客的旅行、迁居或定居。目前我国已经历二次地名普查，第一次为 1979 年，第二次为 2014 年。

“嘉会湖站”的命名

轨道交通 17 号线终点站地处亦庄新城东南部地区，位于台湖 -4 街区。台湖 -4 街区地势较低，区域雨水无法及时自然排入河道，因此在临近凉水河的低洼区域设置蓄涝区，通过蓄滞、错峰排水方式解决区域排水，兼具雨水调蓄及景观观赏功能。规划蓄涝区所在的位置地处辽金时期通州漷县境内的延芳淀范围内，是辽圣宗耶律隆绪多次行猎之所，之后也曾是村落聚集、稻米飘香、荷花遍地的城南粮仓。在历史中，各种美好事物曾汇聚于此，而未来亦庄台湖 -4 片区也会因蓄涝区及其周边公园绿地的高质量建设而再次成为汇聚各方优质资源的承载地。因此取“嘉会”一词命名蓄涝区，寓意对该片区及亦庄未来发展的美好期许。按照“体现规划，好找好记”的命名原则，将轨道交通 17 号线终点站命名为“嘉会湖站”。

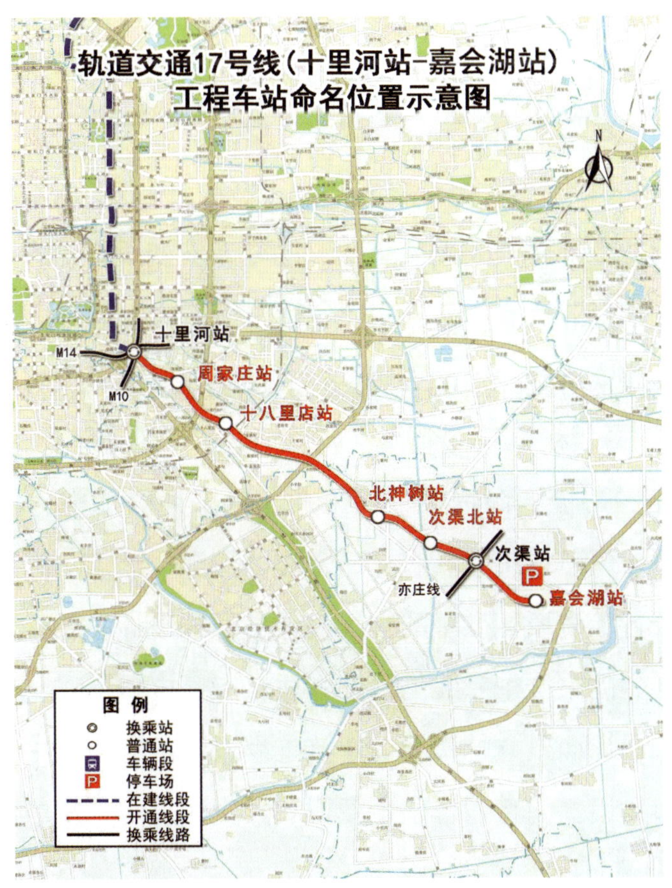

∧ 轨道交通 17 号线工程车站命名位置示意图

第五节 勘察设计管理

为了保证建设工程勘察设计质量，保护人民生命和财产安全，确保勘察设计活动的顺利开展而进行的资质资格准入管理、招投标管理、专项管理、市场和质量安全监管等工作，统称为勘察设计管理。

一、资质资格准入

从事建设工程勘察设计活动的单位按照其注册资本、专业技术人员、技术装备等条件申请资质，经审查合格并取得建设工程勘察设计资质证书后，可在资质许可的范围内从事建设工程勘察设计活动。

建设工程勘察资质分为综合资质、专业资质、劳务资质。综合资质指包括全部建设工程勘察专业资质和勘察资质，勘察专业资质包括岩土工程、水文地质勘察和工程测量专业资质，劳务资质包括工程钻探和凿井资质。

建设工程设计资质分为综合资质、行业资质、专业资质、专项资质和事务所资质。综合资质指涵盖 21 个行业（煤炭、化工石化医药、石油天然气、电力、冶金、军工、机械、商物粮、核工业、电子通信广电、轻纺、建材、铁道、公路、水运、民航、市政、农林、水利、海洋、建筑）的设计资质；行业资质指涵盖某个行业资质标准中的全部设计类型的设计资质；专业资质是指某个行业资质标准中的某一个专业的设计资质；专项资质指对已形成的产业的专项技术独立进行设计而设立的资质。建筑工程设计事务所指由具备注册执业资格的专业设计人员设立的普通合伙企业或有限责任公司，从事建筑工程某一专业的设计业务。

勘察设计注册建筑师和注册工程师，是指经考试取得中华人民共和国注册建筑师和注册工程师资格证书，按相应规定注册，取得中华人民共和国注册建筑师和注册工程师执业证书和执业印章，从事建设工程勘察、设计及有关业务活动的专业技术人员。

二、招投标备案和监督管理

按照《中华人民共和国招标投标法》规定，招标投标活动及其当事人应当接受依法实施的监督。有关行政监督部门依法对招标投标活动实施监督，依法查处招标投标活动中的违法行为。北京市规划自然资源委负责本市建设工程勘察、设计招标投标活动的监督工作，监管目标为：保证招标投标活动依法依规开展，维护招标投标活动公开、公正、公平的市场秩序；监管形式为：对依法必须进行招标的勘察设计项目，北京市规划自然资源委以“审核＋备案”的形式，采取事中事后监管的方式，对招标投标活动全过程进行监管。在加强招标投标活动从业人员管理方面，对其行为、信用等方面进行记录及评价，情节严重的进行处罚。

勘察设计招投标备案附件内容

◎招标文件

◎招标公告及发布媒介或者投标邀请书

◎实行资格预审的：资格预审文件和资格预审结果

◎评标委员会成员和评标报告

◎中标结果及中标人的投标文件

依法必须进行招标的项目，招标人应当自确定中标人之日起十五日内，向有关行政监督部门提交招投标情况的书面报告，勘察设计招投标备案内容包括书面报告及其相应附件。勘察设计招投标办理及备案遵循一定的流程实施。

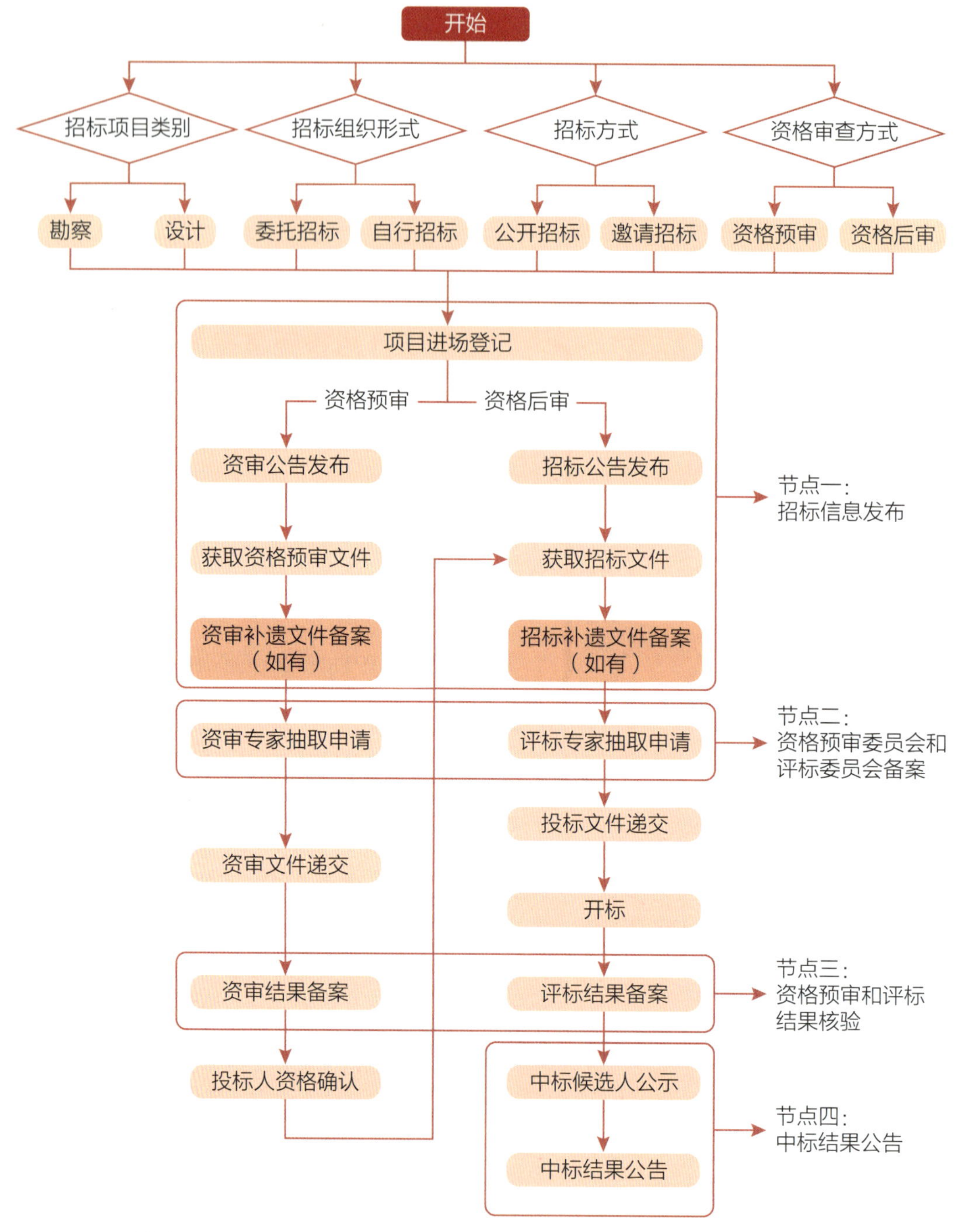

∧ 建设工程勘察设计招投标办理及备案流程图

三、绿色科技与市场监管

建筑绿色科技是基于贯彻落实绿色发展理念，节约能源、保护环境的目标，结合建筑所在地域的气候与环境特征、经济与社会发展特点，采用各项绿色材料和绿色节能技术，满足绿色建筑标准的科学技术范畴。

绿色建筑评价以单栋建筑或建筑群为评价对象，评价指标体系由安全耐久、健康舒适、生活便利、资源节约、环境宜居五类指标组成，当满足全部控制项要求时，绿色建筑等级应为基本级。当总得分分别达到 60 分、70 分、85 分时，绿色建筑等级分别为一星级、二星级、三星级。

∧ 绿色建筑标识

北京市规划自然资源委持续开展“北京市绿色生态示范区”的创建评选工作，自 2014 年开展评选，已有 9 个区的 17 个园区经评审获得“绿色生态示范区”称号。

超低能耗建筑和装配式建筑也是建筑绿色科技的重要组成部分。前者指在围护结构、能源和设备系统、照明、智能控制、可再生能源利用等方面综合选用各项节能技术，能耗水平远低于常规建筑的建筑物。后者是用预制好的房屋构件装配而成的建筑，具备建造速度较快、生产成本较低的优势，能节约材料而更加环

绿色生态示范区的专项规划

◎绿色建筑、市政基础设施、能源、绿化、水资源、雨洪综合管理等专项内容

◎建立能耗、水资源、生态环境等标准，包括绿色建筑星级比例、生态环保、绿色交通、可再生能源利用、土地集约利用、再生水利用、垃圾回收利用、建筑垃圾再生产等规划指标体系

保。在当前政府控地价的前提下，北京市规划自然资源委联合北京市住房和城乡建设委员会进行技术审查和程序审查，在企业竞得土地时即确定项目方案，同时绿色建筑、装配式、超低能耗、管理模式等指标均确定，大力推进了这类建筑的普及。

北京市规划自然资源委负责拟订北京市勘察设计市场管理和质量安全监督管理政策，监督勘察设计活动，严格资质资格准入管理，加强事中事后动态监管，建立以“双随机、一公开”监管方式和“互联网 + 监管”的模式为基本手段、以重点监管为补充、以信用监管为基础的监管机制，以保障勘察设计市场健康有序发展。

资质动态核查：针对资质审批中业绩存疑的单位加大检查力度，对检查不合格的单位发出限期整改的通知，责令限期三个月整改；针对整改期届满后资质仍不满足资质标准的企业依法进行查处。

双随机抽查：针对首次取得工程勘察、工程设计资质单位按照不低于 20% 的比例进行双随机抽查工作，及时了解掌握行业单位技术人员、办公场所、管理体系的相关情况，规范行业单位的市场行为。

信访举报查处：针对住房城乡建设部稽查办、委监察处等部门转来的投诉举报中反映的问题，约谈相关单位和当事人，履行调查、取证的程序，按时完成信访举报的相关答复。依据相关规定对确存的违法、违规行为进行查处。

四、“两师”制度

（一）责任规划师制度

为贯彻落实城市总体规划，进一步增强决策科学性，提升城市规划设计水平和精细化治理能力，北京市从 2008 年开始试点推行责任规划师制度。2019 年 5 月，北京市规划自然资源委发布《北京市责任规划师制度实施办法（试行）》，从人员选聘与考评、权利与义务、工作内容和系统保障等方面明确了责任规划师的工作机制，北京成为全国首个在全市范围内推行责任规划师制度的城市。

责任规划师

◎规划或建筑等相关专业的中、高级职称

◎相关领域具有相应的专业服务能力和社会影响力，熟悉城市总体规划、责任范围所在区的分区规划和控制性详细规划

◎具社会责任感，了解城市历史文化，扎根基层，热心公益服务

责任规划师是由区政府组织选聘，为责任范围内的规划、建设、管理提供专业指导和技术服务的独立第三方人员。责任规划师的责任范围以街道、乡镇、片区或村庄为单元，为范围内的建设项目或公共空间改造提供规划技术咨询；参与项目的规划、设计、实施方案的审查；同时向社区居民宣传相关政策，解读规划成果，掌握社情民意，协助组织开展公众意见征集。

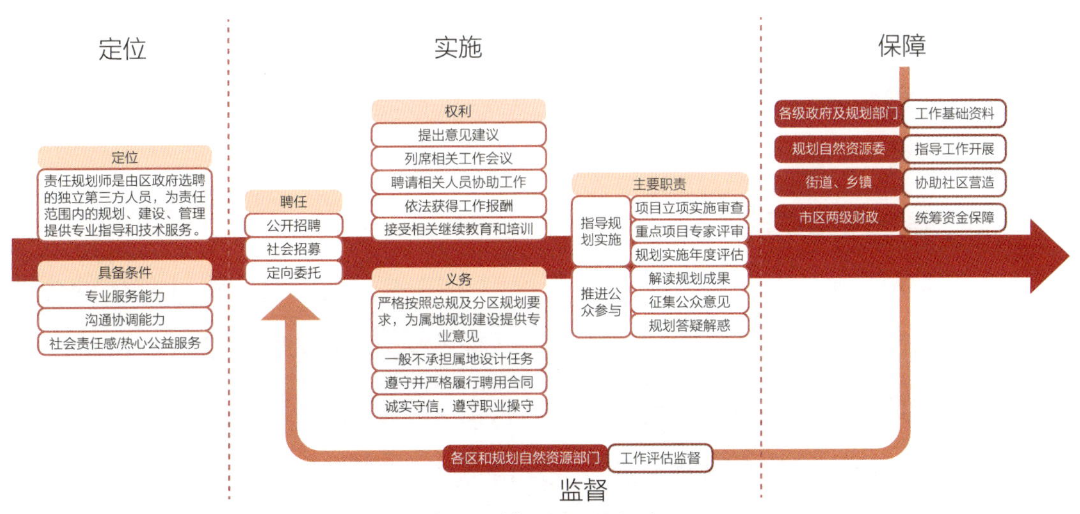

∧《北京市责任规划师制度实施办法（试行）》的相关规定

责任规划师工作以制度可持续发展、责任规划师团队职业化推进为目标，逐步完善形成了“1+5+N”的工作支撑体系。责任规划师在规划实施、名城保护、民生改善、文化复兴、基层善治等多个领域崭露头角，为推动城市更新、

完善社区服务、推动城市精细化治理做出了贡献。2021 年，北京市 16 个城区及经济技术开发区已全部完成了责任规划师聘任并开展了具体工作，覆盖率实现 100%。

“1+5+N”工作支撑体系

◎综合协调组、跨界专家组、研究组、宣传组四位一体的市级责任规划师工作专班 **1** 个

◎常态化推动跟踪调研、制度完善、能力培育、智慧协同、宣传报送 **5 项**支撑保障工作

◎孵化落地涉及小微空间品质提升、老旧小区综合整治、拆违空间再利用、控规实施、名城保护等方面的 **“N”** 个实施项目

经过近几年的实践，该制度已逐渐融入街乡镇和各级部门的工作体系，在助推城市更新行动、促进城市治理体系现代化等方面发挥了切实作用。责任规划师制度通过专业力量系统引导各级城乡规划实施落地，打通了首都规划精细化治理“最后一公里”。

（二）建筑师负责制

建筑师负责制是国际通行的工程建设组织模式，是以具有设计资质的企业和其聘用的国家注册建筑师为实施主体，受业主（建设单位或相关机构）委托，依据合约，代理业主履行相关管理职责，在建设项目的规划、设计、施工、运维、更新与拆除全过程承担全部和部分咨询服务工作，最终将符合建设单位要求的建筑产品交付给业主的一种新型的工作模式。

北京市规划自然资源委于 2021 年印发了《北京市建筑师负责制试点指导意见》，同时优化营商环境，在项目立项、规划审批、开工手续、建设工程规划许可证、施工图审查、竣工测量、不动产测绘等手续办理方面，对试点项目采用优化审批流程的方式。实行告知承诺制，加强事中事后监管。申报规划许

可证的文件中的技术性文件，由建筑师团队以告知承诺制的方式承担相关责任，行政审批仅做程序性审查；以建筑师负责制项目为试点，先期开展施工图审查制度改革。施工图由事前审查调整为事中事后抽查。试点项目不再开展施工图事前审查，各项行政许可和政务服务事项均不再将施工图审查作为前置条件和申报要件；对不涉及规划许可证批准内容、建设单位根据使用功能要求确需设计变更的，与规划核验部门联系，将变更后的设计文件（含图纸及说明）报原规划审批部门进行备案即可。

实施建筑师负责制，充分调动和发挥了建筑师在建设项目中的技术主导作

《北京市建筑师负责制试点指导意见》

基本原则	国际接轨与北京特色、政策引导与市场培育、权责同步与统筹推进、专业延伸与协同融合。通过发挥建筑师的专业优势和技术主导作用，为建设项目提供优质的设计咨询服务，协助建设单位有效提升建筑设计品质，并从设计源头上强化工程造价和质量控制，为社会提供高质量的建筑产品
市场主体和工作模式	明确以担任民用和低风险工业建筑工程项目设计主持人或设计总负责人的注册建筑师为主导的设计咨询团队，依托所在设计企业为实施主体，依据合同约定，开展设计咨询及管理服务，提供符合建设单位使用要求和社会公共利益的建筑产品和服务
项目遴选标准	优先在国家服务扩大开放综合示范区和中国（北京）自由贸易试验区的项目试行，重点在中小规模的商业文化服务、教育、医疗、康养设施及低风险工业建筑等项目中试行
服务内容	试点项目委托建筑师团队完成规划设计、策划咨询、工程设计、招标采购、合同管理、运营维护等六个阶段及其他附加服务的全部或部分服务，服务范围至少包含工程设计、招标采购、合同管理三个阶段
具体责任	建设单位对建设工程负首要责任；建筑师及团队作为建设单位委托的授权代理，负责统合设计、咨询和管理服务，与建设单位共同发布指令、认可工程、签证付款，保证建筑品质和建设单位的利益；建筑师及团队责任由建筑师所在单位按照合同约定承担，并有权向签字盖章的建筑师及其团队成员、咨询机构进行追偿
招标和收费制度	建设单位按质择优采购设计咨询服务，参考建筑师及其团队的工程业绩、专业经验、对项目的策划提案等，工程设计报价在招投标评标中的权重可适度减低或不予考虑。试点项目结合项目规模、服务内容和复杂程度，按照责权利对等、优质优价的原则，合理确定建筑师服务收费

∧《北京市建筑师负责制试点指导意见》主要内容

用。建筑师提供的建筑全生命期的管理与服务，提升了服务效率和品质，促进了建筑设计精细化、设计施工一体化，给建设单位带来切实的价值和收益。建筑师素质也得以提升，使传统的建筑设计服务向前、后期的工程管理咨询服务延伸，协助建设单位在控制工程造价和工程质量安全的基础上，更加注重公共利益和建筑品质的把控和提升。

北京市已在首都之窗北京中介服务平台开设建筑师负责制专栏，公开了近130余名骨干建筑师的个人履历、业绩、获奖情况等信息，供建设单位自主选择，同时接受公众监督。

第六节　消防设计审查管理

为保护人民群众的生命财产安全，减少火灾的发生，我国实行特殊建设工程消防设计审查制度。

一、特殊建设工程

为了预防火灾和减少火灾危害，保护人身、财产安全，维护公共安全，我国实行特殊建设工程消防设计审查制度。消防设计审查是消防设计审查主管部门对符合条件的特殊建设工程消防设计审查申请进行审查的行政许可事项。

特殊建设工程指符合以下情形之一的建设工程：

（1）总建筑面积大于20000平方米的体育场馆、会堂，公共展览馆、博物馆的展示厅；

（2）总建筑面积大于15000平方米的民用机场航站楼、客运车站候车室、客运码头候船厅；

（3）总建筑面积大于 10000 平方米的宾馆、饭店、商场、市场；

（4）总建筑面积大于 2500 平方米的影剧院，公共图书馆的阅览室，营业性室内健身、休闲场馆，医院的门诊楼，大学的教学楼、图书馆、食堂，劳动密集型企业的生产加工车间，寺庙、教堂；

（5）总建筑面积大于 1000 平方米的托儿所、幼儿园的儿童用房，儿童游乐厅等室内儿童活动场所，养老院、福利院，医院、疗养院的病房楼，中小学校的教学楼、图书馆、食堂，学校的集体宿舍，劳动密集型企业的员工集体宿舍；

（6）总建筑面积大于 500 平方米的歌舞厅、录像厅、放映厅、卡拉 OK 厅、夜总会、游艺厅、桑拿浴室、网吧、酒吧，具有娱乐功能的餐馆、茶馆、咖啡厅；

（7）国家工程建设消防技术标准规定的一类高层住宅建筑；

（8）城市轨道交通、隧道工程，大型发电、变配电工程；

（9）生产、储存、装卸易燃易爆危险物品的工厂、仓库和专用车站、码头，易燃易爆气体和液体的充装站、供应站、调压站；

（10）国家机关办公楼、电力调度楼、电信楼、邮政楼、防灾指挥调度楼、广播电视楼、档案楼；

（11）设有本条第 1 项至第 6 项所列情形的建设工程；

（12）本条第 10 项、第 11 项规定以外的单体建筑面积大于 40000 平方米或者建筑高度超过 50 米的公共建筑。

特殊建设工程的建设单位应当向消防设计审查主管部门申请消防设计审查，提交消防设计审查申请表、消防设计文件；依法需要办理建设工程规划许可的，应当提交建设工程规划许可文件；依法需要批准的临时性建筑，应当提交批准文件。

二、消防设计文件

消防设计文件应当包括以下内容：

消防设计说明书	
工程设计依据	包括设计所执行的主要法律法规以及其他相关文件，所采用的主要标准（包括标准的名称、编号、年号和版本号），县级以上政府有关主管部门的项目批复性文件，建设单位提供的有关使用要求或生产工艺等资料，明确火灾危险性
工程建设的规模和设计范围	包括工程的设计规模及项目组成，分期建设情况，本设计承担的设计范围与分工等
总指标	包括总用地面积、总建筑面积和反映建设工程功能规模的技术指标
标准执行情况	包括消防设计执行国家工程建设消防技术标准强制性条文的情况，消防设计执行国家工程建设消防技术标准中带有“严禁”“必”“应”“不应”“不得”要求的非强制性条文的情况，消防设计中涉及国家工程建设消防技术标准没有规定内容的情况
总平面	应当包括有关主管部门对工程批准的规划许可技术条件，场地所在地的名称及在城市中的位置，场地内原有建构筑物保留、拆除的情况，建构筑物满足防火间距情况，功能分区，竖向布置方式（平坡式或合阶式），人流和车流的组织、出入口、停车场（库）的布置及停车数量，消防车道及高层建筑消防车登高操作场地的布置，道路主要的设计技术条件等
建筑和结构	应当包括项目设计规模等级，建构筑物面积，建构筑物层数和建构筑物高度，主要结构类型，建筑结构安全等级，建筑防火分类和耐火等级，门窗防火性能，用料说明和室内外装修，幕墙工程及特殊屋面工程的防火技术要求，建筑和结构设计防火设计说明等
建筑电气	应当包括消防电源、配电线路及电器装置，消防应急照明和疏散指示系统，火灾自动报警系统，以及电气防火措施等
消防给水和灭火设施	应当包括消防水源，消防水泵房、室外消防给水和室外消火栓系统、室内消火栓系统和其他灭火设施等
供暖通风与空气调节	应当包括设置防排烟的区域及其方式，防排烟系统风量确定，防排烟系统及其设施配置，控制方式简述，以及暖通空调系统的防火措施，空调通风系统的防火、防爆措施等
热能动力	应当包括有关锅炉房、涉及可燃气体的站房及可燃气、液体的防火、防爆措施等

∧ 消防设计说明书内容

（1）封面：项目名称、设计单位名称、设计文件交付日期；

（2）扉页：设计单位法定代表人、技术总负责人和项目总负责人的姓名及其签字或授权盖章，设计单位资质，设计人员的姓名及其专业技术能力信息；

（3）设计文件目录；

（4）设计说明书；

（5）设计图纸。

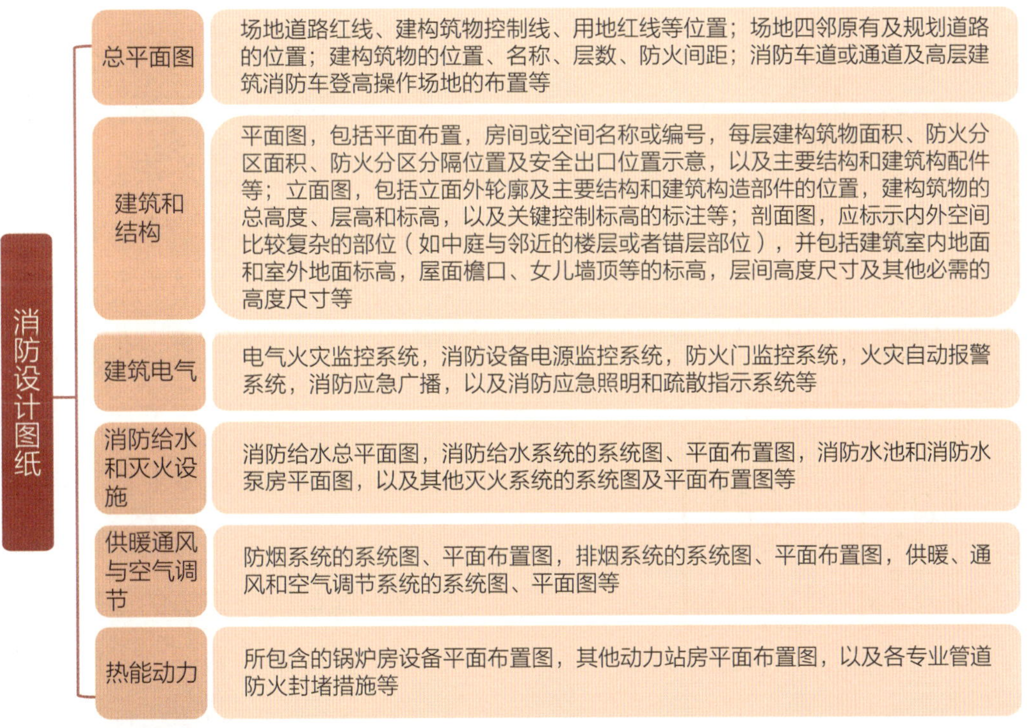

∧ 消防设计图纸内容

三、审查管理与流程

特殊建设工程的建设单位向消防设计审查主管部门申请消防设计审查，消防设计审查主管部门依法对审查的结果负责。

对国家工程建设消防技术标准没有规定，必须采用国际标准或者境外工

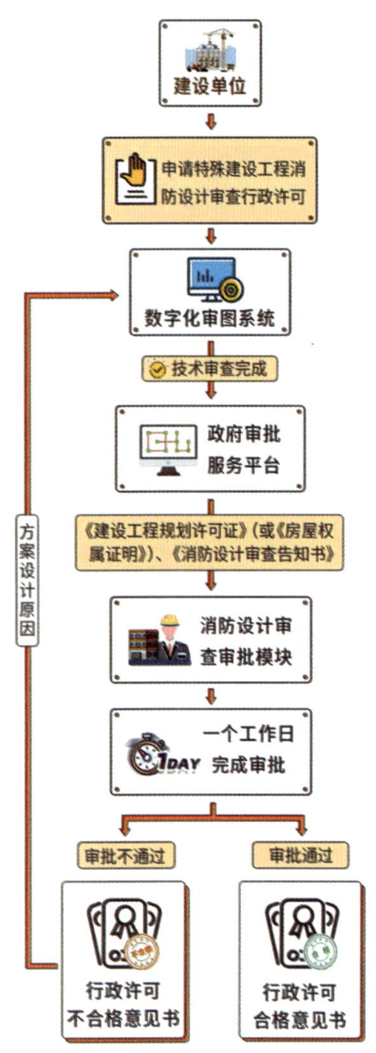

∧ 特殊工程消防审查许可流程（引自《特殊建设工程消防设计审查行政许可流程》）

程建设消防技术标准的，或消防设计文件拟采用的新技术、新工艺、新材料不符合国家工程建设消防技术标准规定的特殊建设工程，消防设计审查主管部门应当自受理消防设计审查申请之日起五个工作日内，将申请材料报送北京市规划自然资源委组织专家评审。

北京市规划自然资源委收到申请材料之日起 10 个工作日内组织召开专家评审会，对建设单位提交的特殊消防设计技术资料进行评审，20 个工作日出具评审意见；评审专家从专家库随机抽取，符合相关专业要求，总数不得少于 7 人，且独立出具评审意见。对于技术复杂、专业性强或者国家有特殊要求的项目，可以直接邀请相应专业的中国科学院院士、中国工程院院士、全国工程勘察设计大师以及境外具有相应资历的专家参加评审；特殊消防设计技术资料经 3/4 以上评审专家同意即为评审通过。将专家评审意见书面通知报请评审的消防设计审查主管部门，同时报国务院住房和城乡建设主管部门备案。

其他类型的特殊建设工程不需组织专家评审，按普通消防设计审查流程获得行政许可，对符合条件的，消防设计审查主管部门应当出具消防设计审查合格意见。

第七节　科技与信息化管理

国土和自然资源是生态文明建设的空间载体，要按照人口资源环境相均衡、经济社会生态效益相统一的原则，整体谋划国土空间开发，科学布局生产空间、生活空间、生态空间。推进生态文明领域国家治理体系和治理能力现代化，就要加快建立“用数据说话、用数据决策、用数据管理、用数据创新”的管理新机制，发挥国土空间数据的“底图”和“底线”作用，加快建立服务规划和自然资源信息化系统，有力支撑政府各部门科学规划，有效监管国土空间开发利用活动，提升政府管理决策水平。

一、管理总体思路

以习近平新时代中国特色社会主义思想为指导，贯彻习近平总书记关于科技创新、规划和自然资源管理、网络安全与信息化工作的重要论述，坚持创新、协调、绿色、开放、共享发展理念，按照国家科技创新、信息化和网络强国战略部署与要求，落实首都城市“四个中心”战略定位，面向规划和自然资源管理改革创新，优化规划和自然资源科技创新体系，全面推动北京市规划自然资源委国土空间数据治理和规划自然资源业务数字化转型。

二、管理原则

科技与信息化管理坚持四项管理原则。

（一）坚持高点站位，服务首都高质量发展

充分贯彻国家、北京市对“十四五”时期规划和自然资源科技与信息化发展的上位部署与要求，利用首都科技创新资源集聚的优势，高目标定位、高质

量实施。夯实全市空间一张底图，促进资源共享与业务协同，前瞻性部署规划和自然资源领域科学研究与技术研发，服务首都超大城市治理能力现代化。

（二）坚持科技赋能，提升技术服务支撑能力

以数字化转型为统领，切实提升规划资源工作中的科技和信息化保障水平，不断创新规划资源管理和服务的新思路、新模式、新应用，构建规划资源科技创新体系，提供高质量科技供给，有效提升工作效率。

（三）坚持应用导向，推进以评促效体系建设

完善质量审查、成果反馈、满意度评价等后评估机制，以技术成果、数据成果、系统成果等能不能用、管不管用、好不好用作为发展成效的检验标准，确保科技与信息化建设工作面向实际、落到实处、见到实效。

（四）坚持安全可控，保障系统运行稳健发展

严守安全底线，安全与发展并重，不断提升信息化设施保障能力和系统可靠程度。制订阶段计划，持续推动规划和自然资源科技和信息化建设渐进式优化，保障规划稳健实施。

三、管理目标

北京市规划自然资源委以科技创新为引领，全面推动数据治理、基础平台建设、业务应用智能化整合升级、基础设施安全保障等能力的跃升，推进实现“五全”发展目标，有效促进规划和自然资源业务数字化、智能化转型，服务首都智慧城市规划建设、提升政府治理能力现代化。

（一）科技创新“全方位”引领

建立并不断完善规划和自然资源科技创新转化机制，重点业务方向与信息化领域技术研发与应用取得新突破，专业人才培养与科普水平全面提升，实现科技创新对规划和自然资源业务领域、信息化领域的全方位引领。

（二）数据资源“全流程”治理

建立健全规划和自然资源数据治理机制，打通从生产到流通、应用的

"产、管、用"全流程治理业务脉络。建成权威统一、三维立体、时相完整的规划和自然资源"一张图"数据库，为北京市提供智慧城市统一空间底图，为业务管理智能化提供数据基础。

（三）基础平台"全部门"贯通

建成国土空间基础信息平台，作为规划和自然资源内部、外部数据资源流转的统一枢纽，与各部门重要既有业务系统、新建系统平台全面贯通，提供安全开放的共享服务。

（四）业务应用"全领域"覆盖

完成重点系统整合升级，补齐尚缺乏信息化支撑的业务应用，形成覆盖规划和自然资源全业务领域的信息化应用服务体系。

（五）基础设施"全环节"保障

云资源使用效率稳步提升，网络安全技术与机制进一步完善，国产化替代程度显著提升，全面保障规划和自然资源管理中信息传输、存储、计算分析、应用服务全环节的安全运行。

四、管理总体架构

规划和自然资源科技信息化建设遵循"创新引领、一云、一图、一平台、N 应用"总体架构。坚持创新引领，强化网络基础设施、完善数据治理能力、升级基础信息平台、优化应用服务体系，全面提升北京规划和自然资源科技与信息化水平。

（一）"创新引领"

充分利用首都科技创新资源集聚的优势，以创新引领发展，强化规划和自然资源重点领域应用研究，深化信息化领域新技术研发与应用，建立完善的科技创新转化机制，加强科技和信息化高层次人才培养和专业队伍建设，提升公众科普水平，全方位增强科技创新能力。

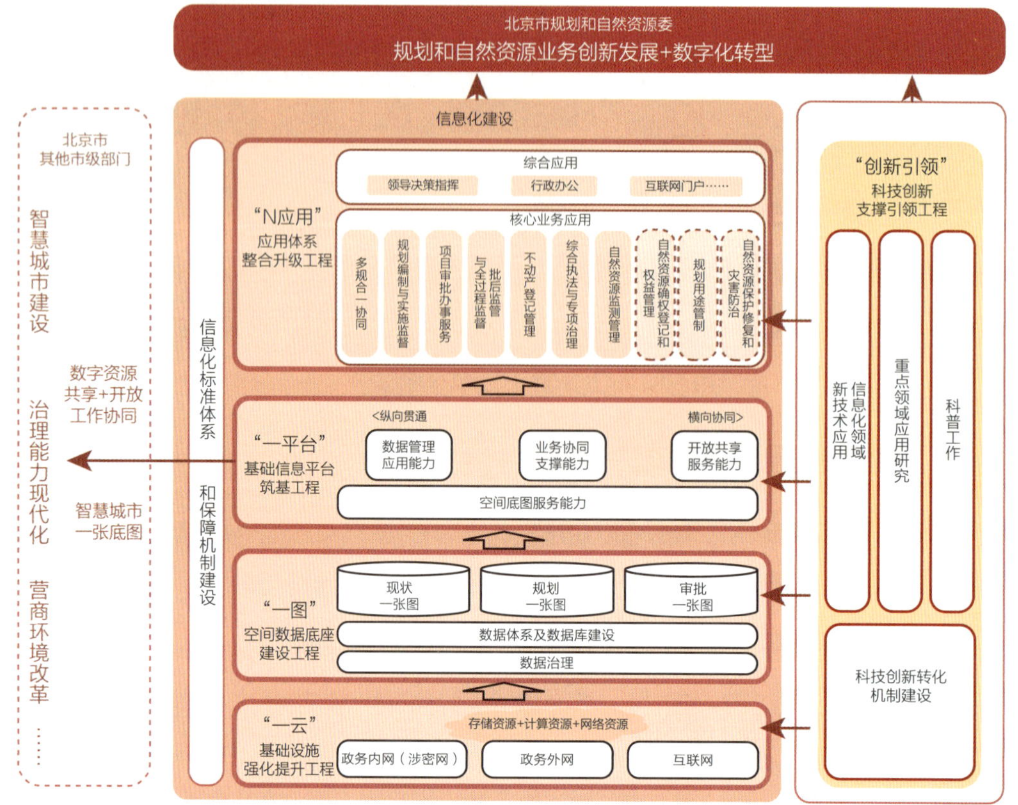

∧ 规划和自然资源"十四五"科技与信息化发展总体架构图

（二）"一云"

指云端网络和信息化基础设施建设。充分集成以政务云为主体的信息化基础设施，分类分级管理政务内网、政务外网、互联网，扩展强化市区、国土所等网络连通度和系统性能，提升云资源使用效率、提前部署算力资源。目前已建成包含政务内网（涉密网）、政务外网、互联网的分级基础网络，支撑不同业务类型系统分类部署管理，保障信息系统安全、稳定运行。

（三）"一图"

指国土空间"一张图"建设。主要包括完善数据治理机制，形成北京市规划和自然资源数据资源目录，面向规划和自然资源管理，以"一库三图"为核心，形成"管理一体化、地上地下一体化、时空一体化、二三维一体化"的数据库及数据标准体系，优化数据服务水平，为全市各部门提供统一权威的空间底图。

构建实景三维现状“一张图”。通过“一基三普一调”等重大专项现状数据采集项目，基本实现“地上地下覆盖、二维三维联动”的现状“一张图”。三维数据已涵盖约4000平方千米重点区域，包括六环以内地区和怀柔科学城、延庆冬奥场馆等重点区域。建立健全规划和自然资源数据治理机制和统一的数据标准体系，打通数据生产、流通和应用的“产、管、用”全流程环节，结合新型基础测绘试点建设任务，不断完善现状“一张图”。

> **“一基三普一调”**
>
> ◎ **“一基”：** 基本比例尺地形图测绘工作
>
> ◎ **“三普”：** 地理国情普查、地下管线普查和地名普查
>
> ◎ **“一调”：** 第三次国土调查

> **三个“一张图”**
>
> 规划“一张图”为各类规划成果及城市体检评估数据；审批“一张图”包含规划和自然资源委在规划、土地、矿产、测绘等各类行政管理中的业务数据；现状“一张图”包含基础地理、摄影测绘、调查评价、管理成果、执法监督、测绘成果等数据。

持续更新维护规划“一张图”。按照北京市三级三类规划数据体系建设标准，完善市、区、街总体规划数据、详细规划数据、专项规划等数据，实现各级各类规划管控数据集成管理、更新维护与规划全过程留痕管理与动态更新。

部门联动协同审批“一张图”。围绕审批流程改革，梳理全市工程建设项目审批管理总体框架与对应的数据流，完成各类审批案卷历史档案数字化，实现审批与档案业务数据关联共享以及档案实时制作与生成。推进审批数据与空间全面挂接，利用新技术提升审批数据质量，为全市工程建设项目审批工作提供统一底图。

（四）“一平台”

指国土空间基础信息平台。2019年5月，中共中央、国务院发布《关于

建立国土空间规划体系并监督实施的若干意见》，明确提出综合运用互联网、大数据等新一代信息技术，推进国土空间全域全要素的数字化和信息化，要求结合国土空间规划编制，同步完成县级以上国土空间基础信息平台建设。按照中共北京市委北京市人民政府《关于建立国土空间规划体系并监督实施的实施意见》（京发〔2020〕7号）提出的“建立各部门共建共享共用、全市统一、市区联动的国土空间基础信息平台”要求，北京市推进建设集多维时空数据管理、大数据分析挖掘、AI智能化分析及能够支撑规划和自然资源多方生态伙伴共建共享的国土空间基础信息平台。

平台主要做好委内委外的服务支撑工作。对委内，赋能数据汇聚、数据存储、数据管理、数据服务等功能，提升数据管理信息化水平与横纵贯通流转效能，为业务提供基础服务、大数据分析决策与智慧化应用功能支撑。对委外，实现数据共享和开放服务管理，支撑智慧城市统一空间底图的服务和更新，辅助构建共享生态系统。依托国土空间信息平台，借助二维与三维空间信息的无缝集成管理，支撑智能规划审批管理、BIM报建审批、城市地下空间管理、地质矿产管理及地质灾害防治等业务应用。

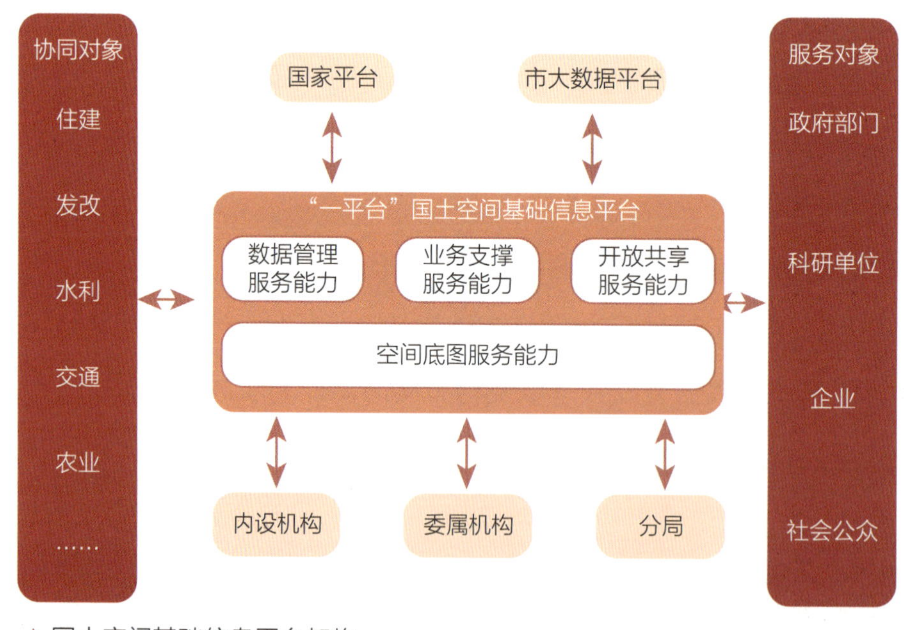

∧ 国土空间基础信息平台架构

（五）“N 应用”

指规划和自然资源业务场景应用建设。以规划和自然资源业务领域需求为导向，构建业务应用和综合应用体系。包括完善多规合一协同、规划编制与实施监督、项目审批、批后监管与全过程监督、不动产登记、综合执法与专项治理、自然资源监测管理、自然资源确权登记和权益管理、用途管制、保护修复和灾害防治等核心业务应用。优化建设综合决策、行政办公、互联网门户等综合应用，实现对业务全方位、全周期应用服务支撑。

“十四五”期间，北京市规划自然资源委将按照全面推动数字化转型的目标，优化完善信息化应用体系和业务流程，建立健全规划和自然资源数据治理机制，推进信息化建设工作，实现数据资源全流程治理，业务服务全领域覆盖，推动数据驱动、业务协同、智慧决策、公共服务、安全保障能力的全面提升。

第八节　标准管理

北京市规划自然资源委主要负责组织制定国土空间规划、自然资源、地质勘查和工程勘察、市政基础设施、建筑设计、测绘地理信息等行业的地方标准及标准图集。

北京市规划和自然资源标准化工作坚持“创新、协调、绿色、开放、共享”五大发展理念，着眼于民生改善、绿色生态、节能环保、海绵城市、智慧城市、基础设施建设等重点领域，注重顶层设计和统筹协调，不断完善标准体系，注重立项引导和调查研究，不断扩大标准编制过程中的公众参与，注重标准执行和实施监管，不断探索标准评估的方式方法，在保障城市安全运行、提升城市建设水平、助力城市精细化管理方面作用凸显，为建设国际一流的和谐宜居之都提供了坚实的技术保障。

一、标准内涵

标准是指按照规定的程序经协商一致制定，为各种活动或其结果提供规则、指南或特性，供共同使用或重复使用的文件。标准是经济活动和社会发展的技术支撑，是国家基础性制度的重要方面。标准化在推进国家治理体系和治理能力现代化中发挥着基础性、引领性作用。

标准包括国家标准、行业标准、地方标准和团体标准、企业标准。标准分为强制性标准和推荐性标准。

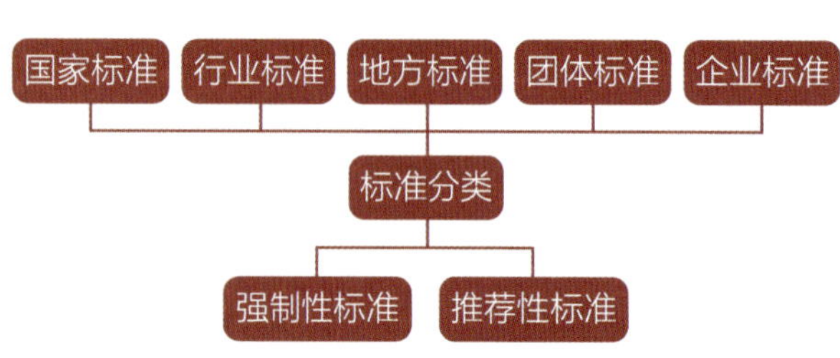

∧ 标准的分类

标准化工作的任务是制定标准、组织实施标准，以及对标准的制定、实施进行监督。

二、顶层设计

一直以来，北京市规划和自然资源标准化工作通过“五年规划”+“标准体系”+“年度要点”，以北京市规划和自然资源标准化工作联席会议制度为平台，强化顶层设计，全面落实党中央国务院、北京市委市政府的重大决策部署，解决人民群众关注的重点难点热点问题，使标准化工作有步骤、有计划、有层次地科学有序开展。

在央地层面，北京市规划和自然资源标准化工作受住房和城乡建设部标准定额司和自然资源部科技司的双重指导和管理；在京津冀层面，北京市与天津市、河北省共同签订了《京津冀协同工程建设标准框架合作协议》，京津冀工程建设标准协同方面工作由北京市规划自然资源委负责组织开展；在市级层面，北京市规划自然资源委是首标委重要成员单位之一；在北京市规划自然资源委层面，建立北京市规划和自然资源标准化工作联席会议制度，形成北京市规划和自然资源委标准化“一盘棋”的工作格局。

（一）标准化工作联席会议制度

集结全委智慧共同研究标准化工作的重要改革发展问题，统筹协调、共同商议、共同落实规自领域标准化工作的重点任务，形成了标准立项、编制、发布、实施的联动工作机制。

（二）标准体系

是从各行业发展的角度，开展对现行国家标准、行业标准和地方标准的系统梳理和研判，针对标准缺失、矛盾、交叉等情况，理清标准脉络，搭建各行业优化整合后的现行标准目录、研究方向和待编标准题目的基本构架，为社会上想参与标准工作的机构、科研人员提供方向。

北京市于 2010 年发布《城乡规划和建设工程勘测设计标准体系》，2016 年，针对规划国土合并新情况，修编后形成了《北京市城乡规划和建设工程勘测设计标准体系》（2016 版）。规划和自然资源融合后，结合规划和自然资源领域改革的新要求，赋予了《标准体系》更广泛的职责和工作范围，北京市于 2021 年 12 月发布《北京市规划和自然资源标准体系》。

《标准体系》包括国土空间规划标准体系、自然资源标准体系、工程勘察和地质勘查标准体系、市政基础设施标准体系、建筑设计标准体系、测绘地理信息标准体系六大体系和附录北京市城乡规划和建设工程标准设计体系。在横向六大体系的基础上，纵向又可按照所有专业细分形成子体系，同时紧密围绕首都规划和自然资源中心工作、重点领域，根据北京市“十四五”规划纲要重点工作任务、市委市政府专项工作部署，抽取出城市更新、韧性城市、碳中和、城市健康、民生品质、高质量发展等 21 个专项体系，贴近首都发展的实际情况。同时，创新多维度体系框架，在行业标准体系的基础上，提取出行政管理人员应掌握的基础标准、重点标准，增加评估、监管、督查等方面的综合标准，强化标准管过程与管结果并重，为北京市规划和自然资源管理工作打好政策“补丁”，加强综合研判能力。

∧《北京市规划和自然资源标准体系》

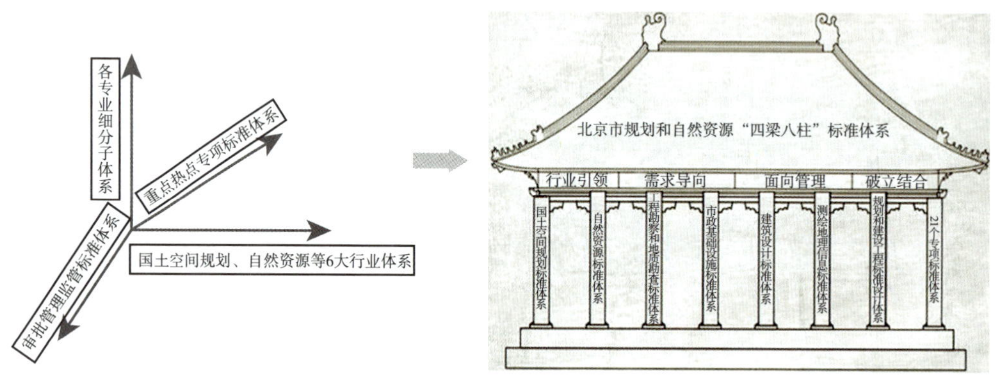

∧标准体系构架示意图

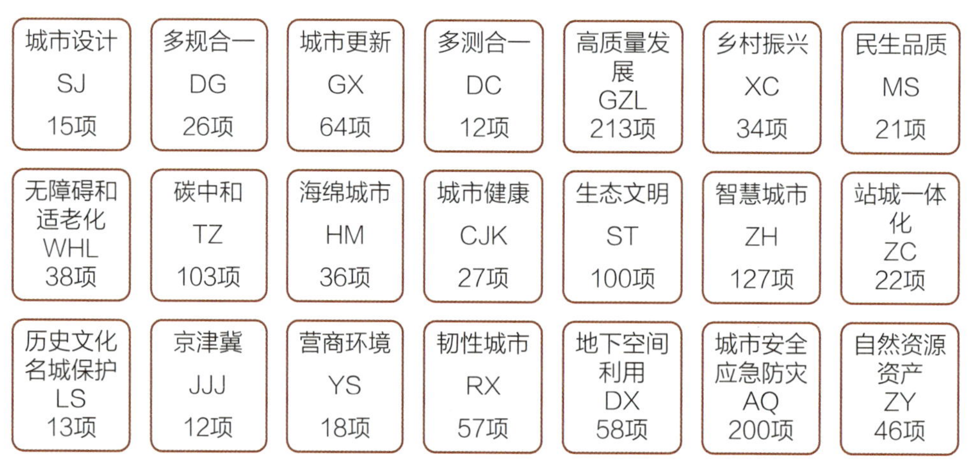

∧21个专项标准体系

（三）五年规划

是围绕着北京市、北京市规划自然资源委今后五年城乡建设发展的重点工作目标任务，落实“北京城市总体规划”，绘制一张未来五年标准化工作发展“蓝图”，对一个时期内标准化整体工作的全面安排和部署，提出宏观发展方向，并按照重点任务分类提出需要编制的重点标准及任务分解。

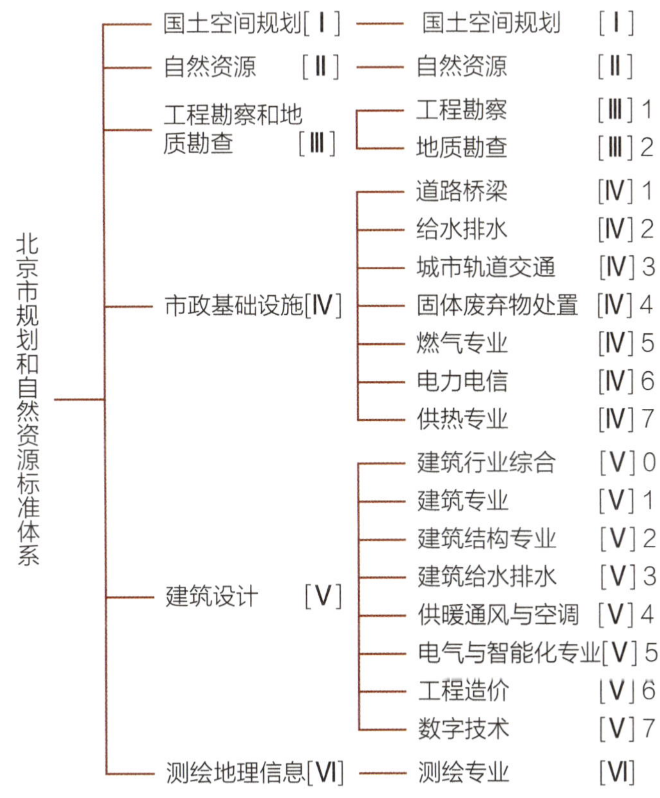

2011年，北京市在全国率先发布第一个标准化五年规划——《北京市“十二五”时期城乡规划标准化工作规划》，并在规划

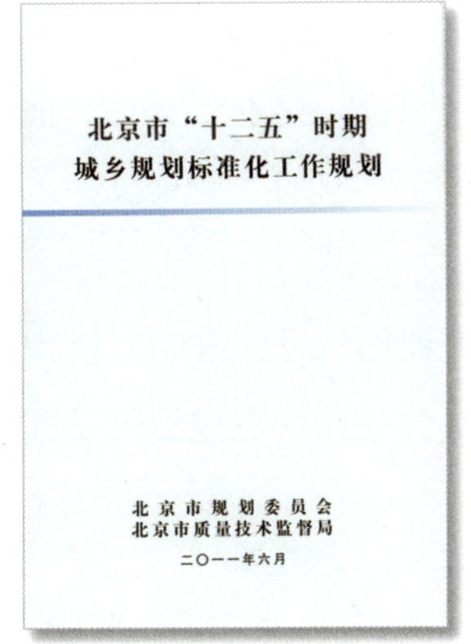

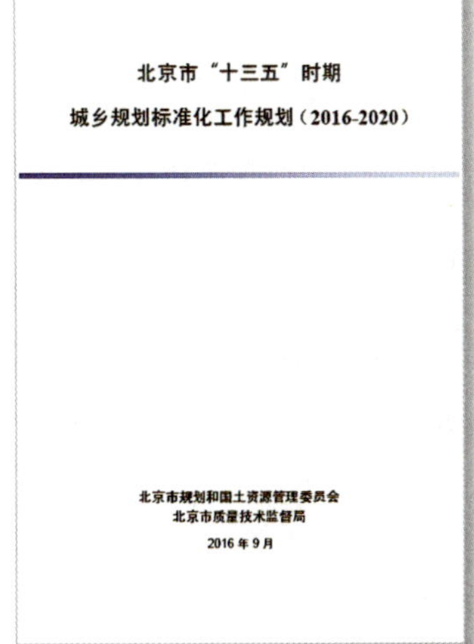

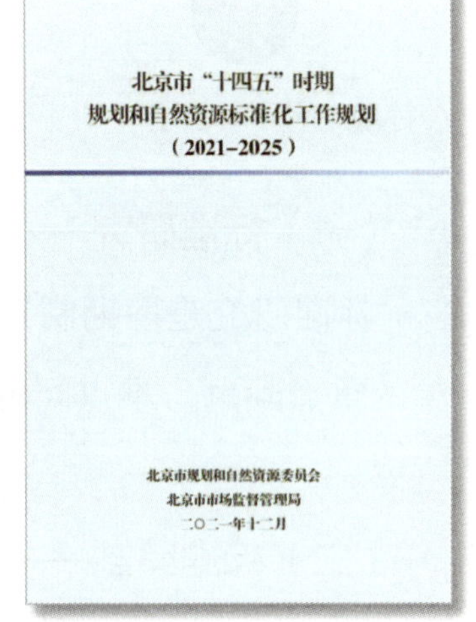

∧ 标准化工作规划成果示意

中期对五年规划实施情况进行评估，结合新情况、新要求、新需求，每五年更新一次规划内容。2021 年底，发布《北京市“十四五”时期规划和自然资源标准化工作规划（2021 年—2025 年）》。

（四）年度工作要点

结合标准体系，承接五年规划分解的标准化工作，并结合北京市规划自然资源委年度工作任务目标，提出本年度标准化具体工作任务和保证措施。通过顶层设计研究，促进北京市规划自然资源委标准化管理向整体性、协调性、系统性、精细化发展，并在全国、全市均走在前列，起到示范、引领作用。

三、管理流程

北京市规划和自然资源标准化工作链条长、环节多、覆盖面广，从规划、设计、核验到自然资源管理，需要各方面标准来支撑和衔接。近年来，北京市规划和自然资源标准化工作逐步把落实宏观管理要求、体现微观技术进步与增强人民群众的获得感、幸福感、安全感结合起来，在推动北京城市总体规划实施、城市高质量发展、规自领域改革以及引领行业发展等方面发挥了重要作用，通过标准研究、编制、宣传、评估、抽查、复审等工作步骤实现标准“闭环”管理。

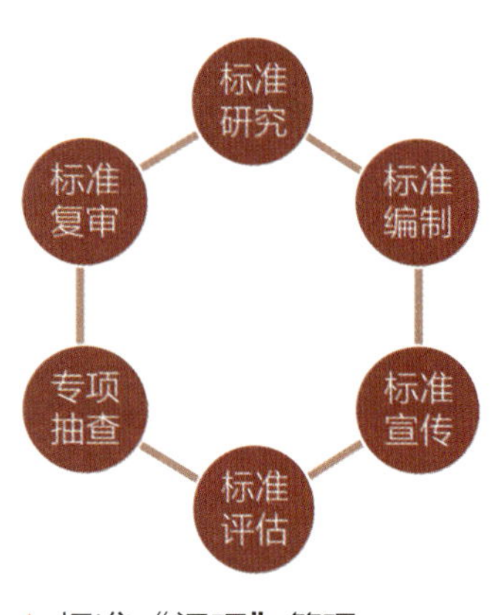

∧ 标准“闭环”管理

（一）标准研究——为标准制定打基础

标准研究是前期制定标准的必要阶段，基础研究课题以及标准制定过程中的重点问题、难点问题的研究成果，最终为标准具体条文的形成提供基础支撑。

（二）标准编制——开展重点领域的标准制修订

北京市规划自然资源委组织制定发布的标准及图集均可在其官网的“业务

频道—标准管理”版块中查询下载。标准编制的成果形式包括标准、规范、规程、指南、导则以及标准配套图集、指导性图集、通用图集。

标准：针对术语、符号、计量单位、制图等基础性要求时，一般采用“标准”。

规范：针对工程勘察、规划、设计、施工、验收等通用性要求时，通常采用“规范”。

规程：针对具体操作、工艺、施工流程等专用性要求时，一般采用“规程”。

导则：内容主要是用于规范设计的手段和方法的引导、规则等。

指南：内容主要是给出某主题的一般性、原则性、方向性的信息、指导或建议的文件。

导则、指南相较于标准没有条文说明，相关解释内容可在条文中出现，格式稍灵活、内容更具前瞻性。

标准配套图集：是为正确解读和细化标准内容，指导标准使用者正确理解

标准　规范　规程　导则　指南

∧ 地方标准成果示意

标准配套图集

指导性图集

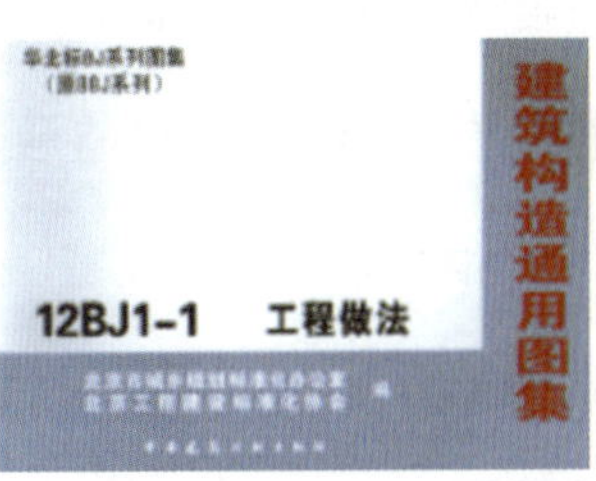

通用图集

∧ 标准设计成果示意

立项	8月初，在市规划自然资源委官方网站公开征集标准立项项目，经初步筛选、专家评审、委标准化工作联席会审议确定立项项目。
开题	召开专家会，与相关部门、课题组共同确定标准编制思路、方向和框架。
调研	梳理国标、行标相关内容，搜集国外相关标准的制定情况，调查本市和外省市相关工作的经验教训。
专题研究	开展相关专题测试、试验，进行试点工程，对重点问题、难点问题专题研究，定期召开专题研讨会，形成专题研究成果。
初稿	编写具有地方特色的地方标准初稿，定期召开编制单位、参编单位编制工作会。
征求意见	组织专家对标准初稿进行讨论，修改完善修成征求意见稿，定向征求标准相关单位意见后，在委网站公开征求意见。
统稿	组织编制单位对标准的格式、内容进行中期内审，形成送审稿。
专家评审	组织专家对标准内容逐条逐句修改，修改完善后形成报批稿。
报批备案	报住建部备案，与市场监管局联合发布标准，与其他相关委办局共同组织实施。
发布	正式发布后，可在委官网查询下载标准文本，公众可依照标准对建设项目进行监督，并将意见反馈至北京市规划和自然资源委标准化中心。

∧ 北京市规划和自然资源标准制修订步骤

并有效使用标准，保障标准的准确执行和全面贯彻。

指导性图集：是为适应城乡建设的发展，充分发挥标准设计的示范引领作用，有效指导城乡规划建设者们贯彻落实地方标准和相关政策、法规，为实施重点工程、示范工程等紧迫性工作提供基础技术依据。

通用图集：为构配件与制品、建筑物、构筑物、工程设施和装置等编制的技术成熟的通用标准设计文件即为通用图集。设计人员在设计中直接引用，施

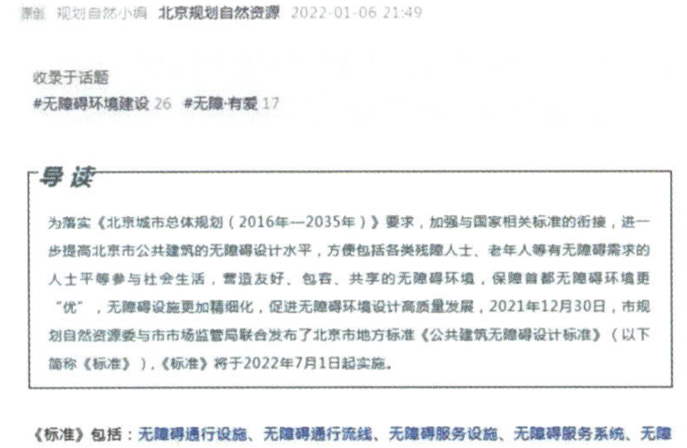

北京发布《公共建筑无障碍设计标准》

原创 规划自然小编 北京规划自然资源 2022-01-06 21:49

收录于话题

#无障碍环境建设 26 #无障碍·有爱 17

导读

为落实《北京城市总体规划（2016年—2035年）》要求，加强与国家相关标准的衔接，进一步提高北京市公共建筑的无障碍设计水平，方便包括各类残障人士、老年人等有无障碍需求的人士平等参与社会生活，营造友好、包容、共享的无障碍环境，保障首都无障碍环境更“优”，无障碍设施更加精细化，促进无障碍环境设计高质量发展，2021年12月30日，市规划自然资源委与市市场监管局联合发布了北京市地方标准《公共建筑无障碍设计标准》（以下简称《标准》），《标准》将于2022年7月1日起实施。

《标准》包括：无障碍通行设施、无障碍通行流线、无障碍服务设施、无障碍服务系统、无障碍信息交流与智慧服务、各类建筑的特殊无障碍设计要求等8个章节，对于我市范围内公共建筑的新建扩建、改建和改造公共建筑工程的无障碍设计做出了具体的规定。主要特点如下：

1

强化公共场所无障碍环境设计的系统性

北京《住宅设计规范》征意见，规范300多个细节解决居住“痛点”

北京规划自然资源 2019-10-22 10:37

导读

10月21日，市规划自然资源委在官网公布了北京市地方标准《住宅设计规范》征求意见稿，（简称京版《规范》），征求意见期间，欢迎广大市民参与并提出意见、建议。

京版《规范》从解决居民实际问题的角度出发，在国家版《规范》基础上，根据北京实际情况，共编制了345个条款，其中200多个条款在国家标准《规范》基础上进行了调整和补充，从设计源头解决百姓居住“痛点”，杜绝出现问题房。

∧ 北京市规划自然资源委公众号宣传

登录个人中心 | 智能问答 | 无障碍浏览 | 邮箱登录 | English

北京市规划和自然资源委员会
Beijing Municipal Commission of Planning and Natural Resources

搜本网 请输入关键词

首页 政务公开 政务服务 政民互动 城乡规划 自然资源管理 不动产登记 勘察设计 测绘地理信息 标准管理

标准化工作规划计划 规划和自然资源标准体系 标准 标准图集 标准摘录 标准宣贯 标准通告

您现在的位置：首页 > 标准管理 > 标准宣贯

标题 搜索

标题	日期
《北京市公共汽电车场站综合利用规划设计指南》宣贯培训材料	2022-01-07
关于开展《北京市公共汽电车场站综合利用规划设计指南》宣贯培训的通知	2021-12-31
《城市道路空间规划设计规范》宣贯培训材料	2021-09-18
道路工程设计技术指导培训材料	2021-09-18
《海绵城市规划编制与评估标准》、《海绵城市建设设计标准》宣贯培训材料	2021-08-27

∧ 标准宣贯的通知及课件发布官网

工人员照图施工，大量减少了重复工作，在保证工程质量的同时，大幅提高了设计和施工效率。

（三）标准宣传——旨在提高标准化意识，促进标准有效执行

标准宣传包括媒体宣传和行业宣贯。媒体宣传是通过报刊、广播、电视、网络、微信公众号等形式对标准进行解读，让百姓大众了解标准；行业宣贯是

针对行业设计人员、施工图审查人员和管理人员开展的宣贯培训，保证标准执行效果。标准宣贯的通知、课件通过北京市规划自然资源委官网发布。

（四）标准监管

主要包括评估、抽查、复审等内容。评估是对实施满一定时间（一般为1~3年）的重点地方标准，通过调查问卷、座谈等形式进行主观或客观评价，发现标准自身和执行情况中存在的问题，及时提出相应对策，确保标准质量，推动标准实施。抽查是按照一定比例抽选工程建设项目，检查其施工图设计文件执行重要地方标准、重要条款内容的情况，目前开展的标准执行情况专项抽查包括房屋建筑类、市政道路类、轨道交通类。通过专项抽查，掌握设计单位和施工图审查机构执行重要国家标准、地方标准的情况，对发现的执行标准不到位的问题进行通报并督促相关单位整改，推动北京市标准执行质量有效提升。复审是指对实施时间满五年的地方标准（节能标准为三年）进行复查和审议，最终作出继续使用、废止或修编的结论，确保标准的科学性、先进性和适应性。

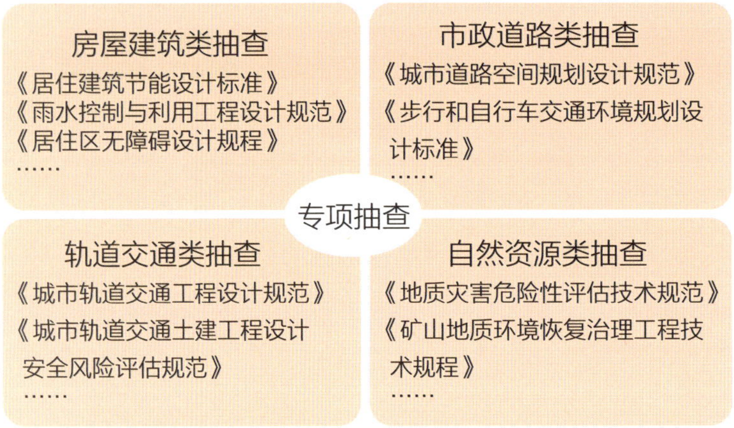

∧ 专项抽查

第九节　城市建设档案管理

城市建设档案是指在城市规划、建设、管理活动中直接形成的，对国家和社会具有保存价值的文字、图纸、图表、声像等不同形式的记录。它是城乡规划、建设及其管理的真实记录，是城乡建设和发展的重要依据。建设单位应当按照国家和本市有关规定对本单位的城市建设档案进行编制、并向城建档案机构移交。

一、城市建设档案验收接收

北京市城市建设档案馆负责接收、收集、整理、保管全市应当永久和长期保存的城市建设档案，对城市建设档案进行科学管理和利用。各远郊分局城建档案机构负责所辖区域内城建档案接收、收集、整理、保管、利用等日常管理工作。市城市建设档案馆、各远郊分局城建档案机构接收以下城市建设档案：

（1）城市建设专业管理部门形成的，包括规划、勘测、设计、建设和市政、环卫、公用、园林、人民防空等业务管理和业务技术档案；

（2）建设工程档案；

（3）有关城市规划、建设、管理的文件及科学研究成果和城市建设基础资料。

目前全市建设工程档案管理遵循“事前告知—事中指导—验收进馆”工作流程，按照深化“放管服”改革和优化营商环境要求，针对工程建设项目特点，形成“联合验收工程”“简易低风险工程”“竣工备案工程”城建档案验收接收方式。根据北京市建设工程竣工联合验收办事指南（2019年）、北京市建设工程竣工联合验收实施细则（实

∧北京市城市建设档案馆

行）的规定，建设单位需向档案管理部门提交竣工档案验收自检报告，联合验收合格后，北京市建设工程联合验收管理平台系统对申报资料自动生成联合验收电子档案，流转到各主管部门或市政公用服务企业系统中保存和管理，具体流程如下图所示。

联合验收工程竣工档案工作流程

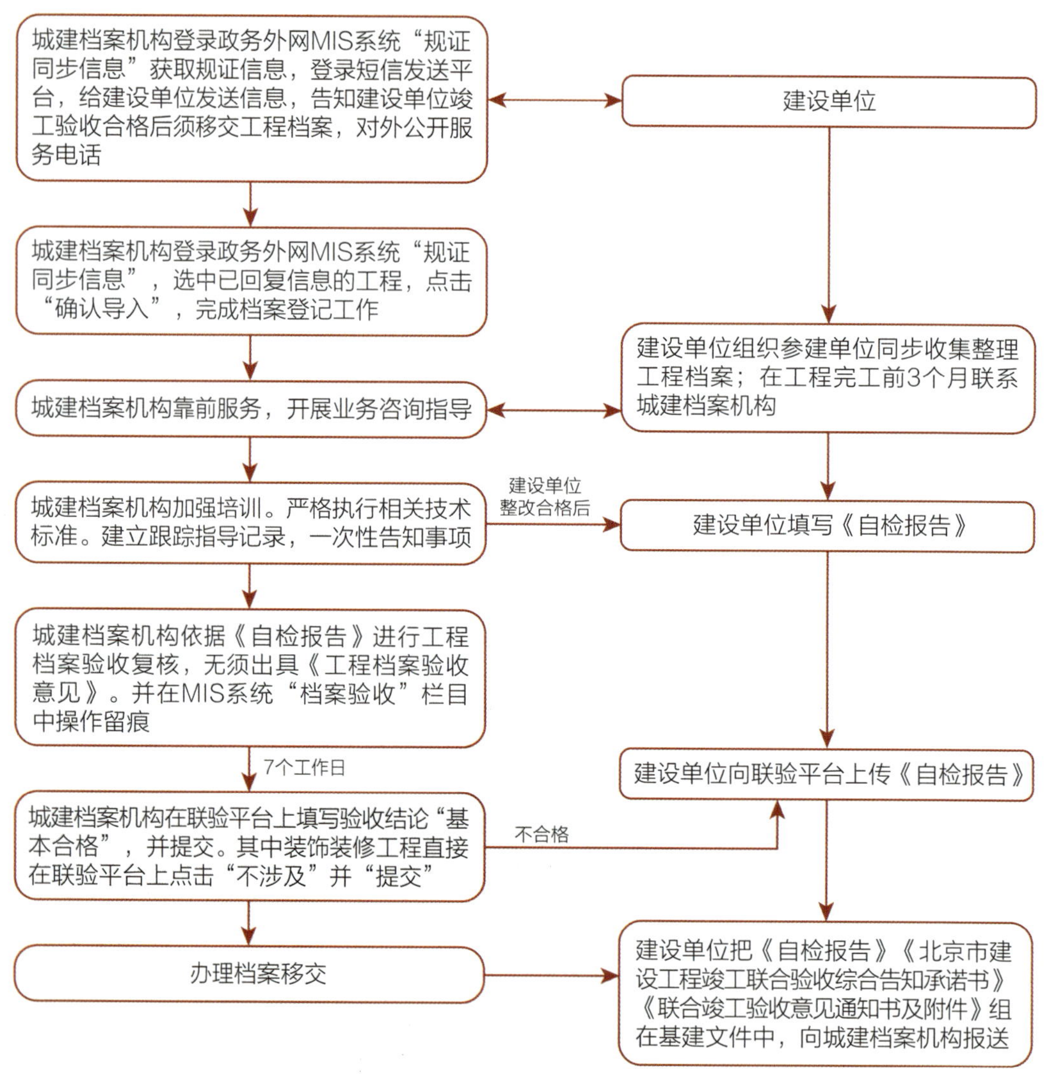

其中，对简易低风险工程竣工档案工作流程如下图所示。

简易低风险工程竣工档案工作流程

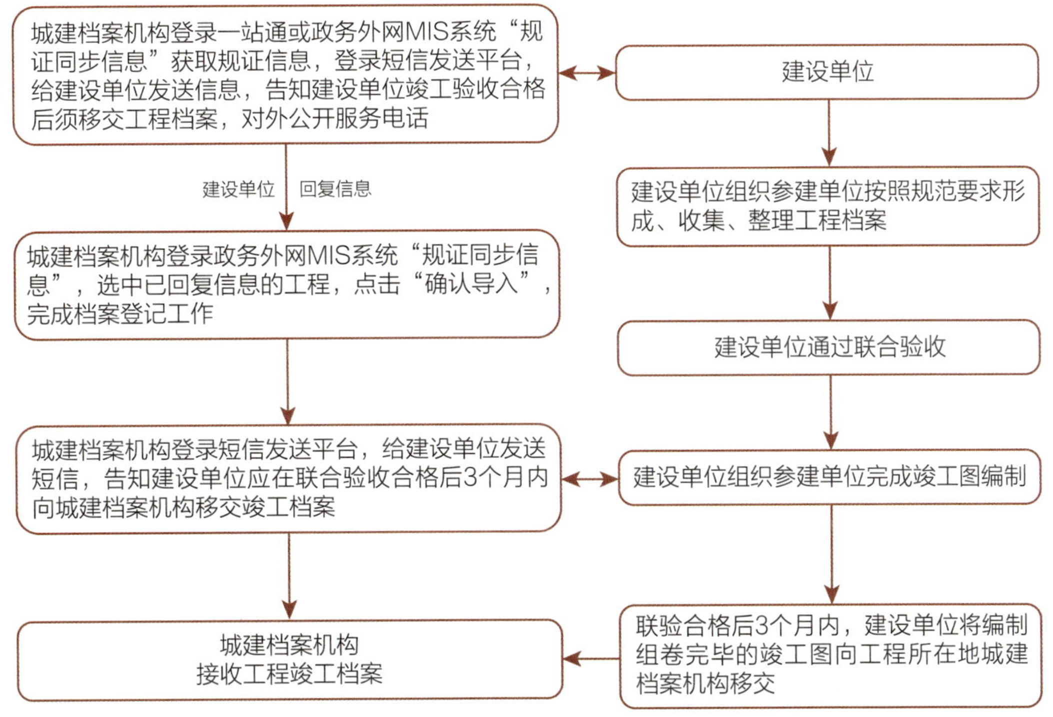

备案建设工程竣工档案管理是基本建设工作中的重要一环，对加强工程质量控制、追究工程质量责任以及对日后维修、改建、扩建都能起到积极作用，工作流程如下页图所示。

二、城市建设档案开发利用

城市建设档案开发利用包括日常档案查询利用、编研展览开发利用等。

城建档案的查询利用是城建档案工作的中心环节，是通过一定的方式和方法提供城建档案为城市建设、经济建设和各方面服务的一项工作。城建档案本身具有宝贵的技术经济价值，它的利用使城建档案信息转化为生产力，为社会创造财富。

城建档案查询利用对象主要为：档案移交（形成）单位、工程项目产权单

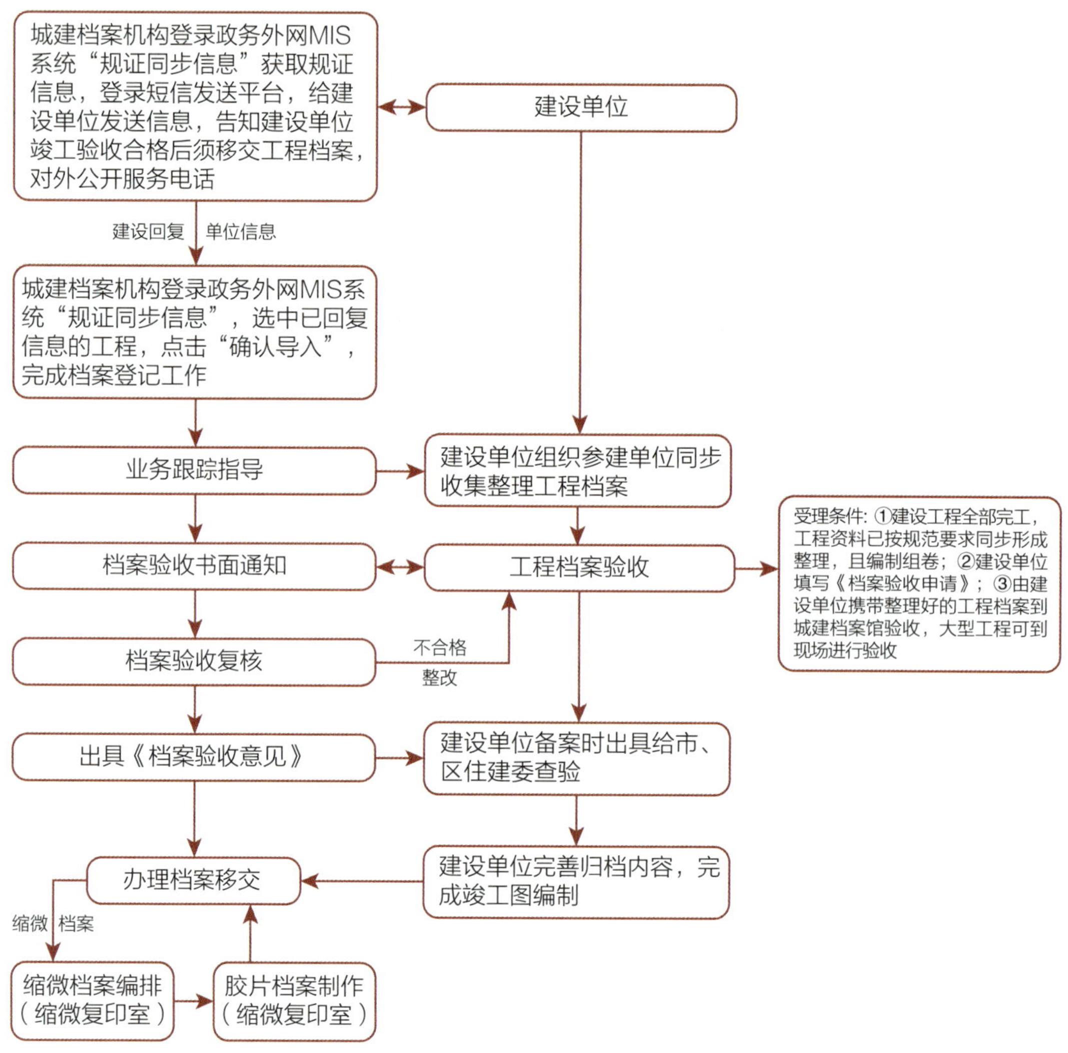

位、工程项目管理单位、承担政府部门组织的项目或受政府部门委托的单位、因工程施工需要利用地下管线档案的单位、建筑物部分产权所有人、公检法及仲裁机构等。查询利用档案的范围依据利用人身份不同而不同。

城建档案的编研展览是开发城建档案信息资源的重要手段，它以一定的成果形式为城市建设和社会各方面提供城建档案信息利用服务。

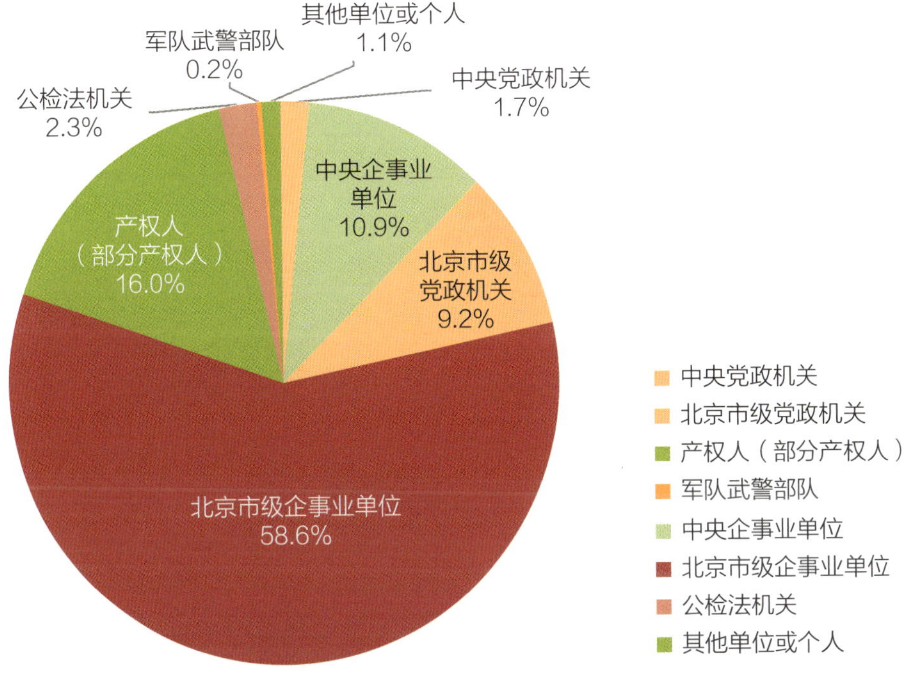

∧ 2021 年城建档案查询利用对象分析

∧ 城建档案部分编研成果及专题展览

第五章
法治机制与监督管理

法治机制建立是以推动依法行政、构建法治政府为目标，深入开展立法研究，抓好行政复议行政诉讼，不断加大执法监察力度，服务保障法治工作的有序推进。规划与自然资源管理的相关法治工作将通过法律法规制度完善、督察与监督、行政执法及信息公开与公众参与等方面得到保障和实现。

第一节　法律法规

我国规划与自然资源法律法规主要包括《中华人民共和国城乡规划法》等规划类法律法规和《中华人民共和国土地管理法》等自然资源类法律法规。

一、法律制度建设

（一）总体要求

以习近平新时代中国特色社会主义思想为指导，以宪法为根据，以推进依法治国进程、推动生态文明建设、促进国家治理体系和治理能力现代化为目标，加快国土空间规划相关法律法规建设，加强自然资源法治供给，提高自然资源立法质量，充分发挥法治对自然资源管理改革的引领和保障作用。

（二）基本思路

基于自然资源管理与国土空间规划的技术目标，在国家宪法的统领下，完善自然资源管理与国土空间规划法律法规，持续深化“放管服”改革，不断提升自然资源、国土空间治理体系和治理能力现代化水平。

（三）北京市法律制度建设工作

北京市结合国家立法进程，加快国土空间规划相关法规建设。依据新修订的《中华人民共和国土地管理法》，围绕保障农民权益、集体经营性建设

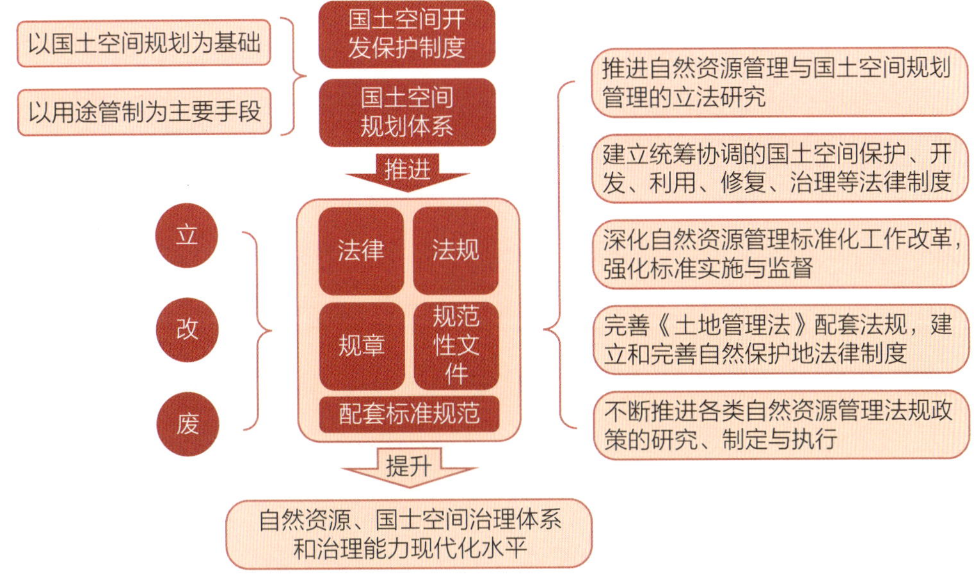

∧ 规划和自然资源法律制度建设

用地入市等研究配套政策。对“多规合一”改革涉及突破先行法规规定的条款，按程序报批，取得授权后施行，并做好过渡时期的法规政策衔接。统筹完善国土空间规划实施配套政策，推动规划、土地、财政、金融等政策工具形成合力。

同时，建立规划单元和规划街区制度。建立分类施策、全过程管控的精细化规划实施机制。全面落实责任规划师、责任建筑师制度。按照谁批准、谁监管的原则，分级建立国土空间规划审查备案制度。健全完善规划公开制度、公众参与制度和社会监督制度。实行编、审分开和审、批分离，推行独立开展技术审查的专家委员会制度和第三方评估制度，搭建由各部门、各相关方参与的规划审查平台，完善“多规合一”协同工作机制。

法律制度建立

- ◎制订立法工作计划
- ◎牵头或配合开展相关立法工作
- ◎规范委系统行政规范性文件管理
- ◎落实机构改革和放管服改革要求
- ◎推进优化营商环境改革的各项工作

∧ 北京市规划自然资源委法律制度建立工作内容

二、规划和自然资源法律法规

我国关于规划和自然资源的法律法规可以从国土空间规划法律法规和自然资源法律法规两个方面来看。国土空间规划法律法规是从规划的角度对相关法律法规的集合与分类，包括在国土空间规划体系的编制审批、实施监督等过程中所涉及的法律法规；而自然资源法律法规则是指调整人们在自然资源开发、利用、保护和管理过程中发生的各种社会关系的法律规范的总称。总体而言，两方面法律法规各有侧重，但所包含的具体法律法规亦有重叠，两者共同组成了我国规划和自然资源的法律体系。

（一）国土空间规划法律法规

总的来说，对于国土空间规划体系的法律法规政策而言，可以从法律法规和技术标准两方面了解，其中技术标准介绍见本书第四章第八节，本节仅就法律法规政策进行介绍。从法律法规政策体系的类型来看，可以分为四个部分。

城乡规划类法律法规

以《中华人民共和国城乡规划法》为核心，以《历史文化名城名镇名村保护条例》《风景名胜区条例》等行政法规,《北京历史文化名城保护条例》《北京市城乡规划条例》和《北京市非物质文化遗产条例》等北京市地方性法规，以及《城市总体规划编制审批办法》等行政规章、规范性文件辅之。行政规章与规范性文件包括城乡规划编制与审批、城乡规划实施管理与监督检查及城市规划行业管理等方面。

土地利用规划类法律法规

以《中华人民共和国土地管理法》为核心，以《土地管理法实施条例》《土地利用总体规划管理办法》和《北京市建设工程质量条例》等法规、规章及规范性文件辅之。

环境保护类法律法规

以《中华人民共和国环境保护法》为核心，以国务院和北京市颁布的有关实施环境保护法的行政法规和地方性法规，国务院生态环境部门和其他有关部门颁布的关于环境保护规划编制、审批、实施、监督检查、法律责任等内容的部门规章以及北京市颁布的地方性规章相辅，如北京市人大常委会于2021年通过的《北京市生态涵养区生态保护和绿色发展条例》等。此外还有《中华人民共和国土地污染防治法》《中华人民共和国大气污染防治法》《中华人民共和国水污染防治法》和《中华人民共和国海洋环境保护法》等相关法律法规。

其他空间要素规划类法律法规

包括全国人大、农业农村部、水利部等部门，以及北京市人大等部门出台的相关法律、法规和规章等，如《中华人民共和国海域使用管理办法》《中华人民共和国农业法》和《农田水利条例》等。

（二）自然资源法律法规

对于我国的自然资源管理而言，自然资源法律制度是调整人们对自然资源规划、开发、利用、治理和保护过程中发生的各种社会关系的法律规范的总称，宏观地讲，国土空间规划亦属于自然资源管理的范畴。总体来看，我国自然资源相关的法律主要包括以土地、矿产、水、森林、草原、湿地等为主的自然资源法、生态环境保护类法律，以及测绘管理类法律和监察类相关法律。

自然资源管理类法律

◎《中华人民共和国土地管理法》
◎《中华人民共和国矿产资源法》
◎《中华人民共和国水法》
◎《中华人民共和国渔业法》
◎《中华人民共和国森林法》
◎《中华人民共和国草原法》
◎《中华人民共和国湿地保护法》
◎ ……

自然资源管理类法律法规政策

我国对于土地、矿产、水、森林、草原、湿地等自然资源均有对应的法律法规进行管理与保护。以矿产资源为例，我国矿产资源法律法规政策以《中华人民共和国矿产资源法》为核心，以《矿产资源开采登记管理办法》《探矿权采矿权转让管理条例》和《矿产资源规划编制实施办法》等法规、规章辅之，北京市亦颁布《北京市矿产资源管理条例》《北京市实施〈矿产资源补偿费征收管理规定〉办法》等地方性法规和规章对北京市范围内的矿产资源管理进行了规定。

生态环境保护类法律法规政策

相关法律法规政策以《中华人民共和国环境保护法》为核心，以国务院颁布的有关事实环境保护法的行政法规，国务院生态环境部门和其他有关部门颁布的关于环境保护部门规章，和北京市颁布的相关地方性法规及规章相辅，如《北京市水土保持条例》等。此外，还有《水土保持条法》《土壤污染防治法》和《海洋环境保护法》等相关法律法规。

测绘类法律法规政策

以《中华人民共和国测绘法》为核心，以《基础测绘条例》和《中华人民共和国测绘成果管理条例》等法规、规章辅之。北京市亦颁布了《北京市测绘条例》用于管理北京市范围内的测绘活动与行为。

监察管理类法律法规政策

此类政策包括监察和行政管理类法律法规，以《中华人民共和国民法典》《中华人民共和国刑法》《中华人民共和国行政诉讼法》《中华人民共和国行政复议法》和《中华人民共和国行政处罚法》为核心，以《政府督查工作条例》《中华人民共和国行政复议法实施条例》《自然资源执法监督规定》和《自然资源行政处罚办法》等法规、规章辅之。北京市颁布了《北京市违反土地管理规定行政责任追究办法》和《北京市禁止违法建设若干规定》等地方规章以完善北京市监察管理类法律体系。

第二节　督察与监督机制

我国对自然资源的监督管理采用国家自然资源督察制度，发挥了督察监督与督察保障的作用。同时，对于国土空间规划的监督实施，我国也建立了相应的规划监督机制，是国土空间规划体系的重要基础和制度支撑。北京市的规划监督实施体系主要包括动态监测评估预警、城市体检评估和监督问责机制三个方面。

一、自然资源督察

自然资源执法监督是指县级以上自然资源主管部门依照法定职权和程序，对公民、法人和其他组织违反自然资源法律法规的行为进行检查、制止和查处

国家督察工作内容

- ◎ 督察地方政府落实党中央、国务院关于自然资源重大方针政策、决策部署及法律法规执行等情况
- ◎ 督察地方政府落实最严格的耕地保护制度和最严格的节约用地制度等土地开发利用与管理情况
- ◎ 督察地方政府落实自然资源开发利用中的生态保护修复、矿产资源保护及开发利用监管等职责情况
- ◎ 督察地方政府实施国土空间规划情况，重点是落实生态保护红线、永久基本农田、城镇开发边界等重要控制线情况
- ◎ 对涉及自然资源开发利用、生态保护重大问题开展督察
- ◎ 按照有关规定对地方政府负责人开展约谈，移交移送问题线索
- ◎ 按照有关规定对地方政府负责人开展约谈，移交移送问题线索
- ◎ 承办国家自然资源总督察交办的其他任务

的行政执法活动。

国务院自然资源部设置国家自然资源督察北京局代表国家自然资源总督察履行自然资源督察职责。国家自然资源督察北京局负责对北京市人民政府及所辖地方政府落实党中央、国务院关于自然资源和国土空间规划的重大方针政策、决策部署及法律法规执行情况进行督察，在履行职责过程中坚持和加强党对自然资源督察工作的集中统一领导。

同时，北京市规划自然资源委作为北京市规划和自然资源的管理部门，负责对党中央、国务院以及北京市委、市政府关于自然资源和国土空间规划的重大方针政策、决策部署及法律法规的执行工作。

2020 年 2 月 22 日，北京市政府批复《北京市自然资源和国土空间规划督察工作方案（试行）》（以下简称《工作要点》），明确自然资源和国土空间规划督察工作的总体要求、组织体系、工作要求等内容，并授权北京市规划自然资源委作为全市自然资源和国土空间规划督察单位，代表市政府对各区政府（市级有关部门）实施督察，组织开展全市自然资源和国土空间规划督察工作。

《工作要点》围绕支持配合国家自然资源督察、创新开展市级自主督察做了系统谋划，北京市规划自然资源委进一步强调了三方面的内容。第一，突出责任督察。坚持“国家立场，首都视角，首善标准，严督实查”，突出政务督察、责任督察。通过强有力的督察手段，推动各区、各相关部门把全面落实总归、提升首都规划和自然资源治理水平的主体责任落实到位。第二，聚焦重点、难点、风险点督察。督察工作要与深化规自领域问题整改相结合，以总规

北京市规划和自然资源督察管理工作内容

◎ 承担本市自然资源和国土空间规划的督察工作

◎ 根据授权，承担对自然资源和国土空间规划等法律法规执行情况的监督检查工作

◎ 协调对接国家和本市涉及自然资源和国土空间规划的监督考核工作

◎ 推动建立自然资源和国土空间规划监察员监督制度

实施为主线，围绕多规合一、减量发展、耕地保护、生态保护、民生保障等，及时发现并推动解决总规实施中难度大、风险高、矛盾多、人民群众关心的急难愁盼问题。第三，强化联动贯通。强化市级督察与国家督察的双督察联动，发挥纪检、巡视、巡查、审计、督察的联动贯通机制，共同形成深化规自领域整改合力。

二、国土空间规划监督机制

（一）规划监督机制

动态监测评估预警机制

中共中央、国务院发布《关于建立国土空间规划体系并监督实施的若干意见》要求全面实施国土空间监测预警和绩效考核机制。建立监测评估预警应用，主要任务是支撑责任部门监督落实主体责任，辅助管理者进行决策。监测评估预警是推动国土空间规划实施、构建国土空间规划闭环运行体系的重要技术保障和关键反馈环节。

监测评估预警应用的功能主要包括长期监测、问题发现、及时预警、定期体检及专项评估五项。基于规划“一张图”、遥感监测数据、业务数据及社会经济数据等多源数据，设计形成各项监测指标，对国土空间保护和开发利用的各项行为进行长期监测。

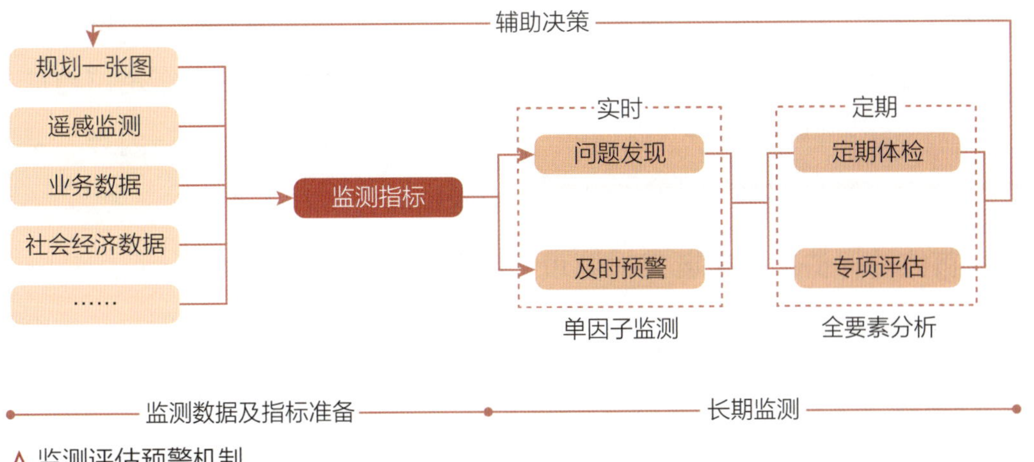

∧ 监测评估预警机制

中共北京市委、北京市人民政府在《关于建立国土空间规划体系并监督实施的实施意见》中对监测预警机制的建立进行了部署：依托国土空间基础信息平台和国土空间规划“一张图”实施监督信息系统，建立国土空间规划动态监测评估预警机制，依据城市总体规划确定的各项指标，对国土空间开发保护利用进行动态监测，对突破刚性管控要求、约束性指标的风险及时预警，做到早发现、早研判、早解决。

北京市规划自然资源委在此方面的具体工作包括开展国土空间开发适宜性评价，建立总体规划实时监测、评估和预警体系，以及城市体检评估机制，承担城市体检评估、总体规划实施督察考评的相关工作等。

城市体检评估机制

国土空间规划城市体检评估指依据国土空间规划，对城市发展体征及规划实施效果定期进行的分析和评价，是促进城市高质量发展、提高国土空间规划实施有效性的重要工具，具体分为“年度体检”和“五年评估”。

自然资源部制定并发布了《国土空间规划城市体检评估规程》，明确城市体检评估的工作定位与成果应用、指标体系与评估内容、基础数据与分析方法等内容。

年度体检

指对国土空间规划实施情况的年度监测，客观反映城市体征状态，聚焦当年度规划实施的关键变量和核心任务，对发现的问题提出预警。

五年评估

指对国土空间规划实施情况的阶段性评估，系统分析城市发展趋势，对照规划目标和内容进行全面综合评估，对规划进行动态维护。

城市体检评估的对象既包括城市，也包括规划。对城市的特征状态从安全、创新、协调、绿色、开放和共享六个维度进行监测和评价；对规划的编制和实施从战略定位、底线管控、规模结构、空间布局、支撑体系、实施保障等六个方面进行评估，反映规划实施的效力（规划实施一致性）、效益（实施结果合理性）、效应（使用主体评价）和保障（实施环境和政策机制），以及规划本身的作用和适应性。法定规划的目标、指标和任务是国土空间规划城市体检评估重要的参照系。

北京市建立了“一年一体检、五年一评估”的常态化体检评估机制，通过部门自评、第三方综合评估和公众参与相结合的组织形式，对总体规划中确定的各项指标进行实时监测和定期评估，根据体检结果对规划实施工作进行反馈和修正，形成了“监测—诊断—预警—维护”的运行机制。

体检评估结合自然资源部开展国土空间开发保护利用现状实施评估系统填报工作，关注城乡建设用地面积、生态保护红线范围内建设用地面积、永久基本农田保护面积、耕地保有量、森林覆盖率等底线管控方面指标，建立体检评估刚性结构体系，把底线管控作为倒逼国土空间保护利用转型的手段，体现精确性、传导性、约束性。确立“一张表、一张图、一清单、一调查、一平台”体检核心内容。

五个“一”

- ◎ 指标体系“一张表”
- ◎ 空间发展“一张图”
- ◎ 重点任务“一清单”
- ◎ 居民满意度“一调查”
- ◎ 体检大数据“一平台”

体检工作充分对接总规实施和政府施政的关键环节，成为有效实施总规的抓手。针对体检报告暴露的具体问题，要求相应主责部门作为专项工作推进。针对体检反映出的一些涉及面广、难度大、需要大力改革创新的任务，北京市建立了市领导协调机制，加快推进实施。体检成果支撑政府决策和实际工作，是政府治理城市的重要工具。

监督问责机制

健全监督问责机制，严格执行首都规划重大事项向党中央请示报告制度。坚决维护规划的严肃性和权威性，经批准的国土空间规划必须严格执行，任何部门和个人不得随意修改、违规变更。下级国土空间规划要服从上级国土空间规划，详细规划、相关专项规划要服从总体规划；不得违反国土空间规划进行

监督问责机制

◎ 健全监督问责机制
◎ 维护规划的严肃性和权威性
◎ 加大对规划实施的督导和考核
◎ 设置相关处室完成监测预警及体检评估工作

各类开发建设活动，不得在国土空间规划体系之外另设其他空间规划。确需修改规划的，须先经规划审批机关同意后，方可按法定程序进行修改。将规划实施情况纳入自然资源和国土空间规划督察内容，加大对规划实施的督导和考核。对违反规划或落实规划不力的，依法依规严肃追究责任。

北京市规划自然资源委对规划监督实施的主要工作内容为组织编制北京城市总体规划和相关专项规划并监督实施；开展国土空间开发适宜性评价，建立总体规划实时监测、评估和预警体系以及城市体检评估机制，承担城市体检评估、总体规划实施督察考评的相关工作。

（二）规划监督管理

2020 年 5 月 26 日，自然资源部办公厅为加强规划编制的依法依规，强化对国土空间规划实施的监管，防止规划“编、审、改、管”全流程中可能发生的问题，发布了《关于加强国土空间规划监督管理的通知》（本节内简称《通知》），明确了规划编制的各项要求，主要包括规范规划编制审批、严格规划许可管理和实施规划全周期管理。

规划编制审批

自然资源部要求各地自然资源主管部门严格规范规划编制审批，主要要求包括以下四点。

第一，严格按照中央精神，依法依规编制和审批国土空间规划。不再出台不符合新发展理念和“多规合一”要求的空间规划类标准规范。不在国土空间规划体系之外另行编制审批新的土地利用总体规划、城市（镇）总体规划等空间规划。

第二，建立健全国土空间规划“编”“审”分离机制。

第三，下级国土空间规划不得突破上级国土空间规划确定的约束性指标，不得违背上级国土空间规划的刚性管控要求。各地不得违反国土空间规划束性指标和刚性管控要求审批其他各类规划，不得以其他规划替代国土空间规划作为各类开发保护建设活动的规划审批依据。

> **“编”“审”分离机制**
>
> **编**：规划编制实行编制单位终身负责制。
>
> **审**：规划审查应充分发挥规划委员会的作用，实行参编单位回避制度，推动开展第三方独立技术审查。

第四，规范国土空间规划修改流程。规划修改必须严格落实法定程序要求，深入调查研究，征求利害关系人意见，组织专家论证，实行集体决策。不得以城市设计、工程设计或设计方案等非法定方式擅自修改规划、违规变更规划条件。

规划许可管理

第一，坚持先规划、后建设。

严格按照国土空间规划核发建设项目用地预审与选址意见书、建设工程规划许可证和乡村建设规划许可证。未取得规划许可，不得实施新建、改建、扩建工程。不得以集体讨论、会议决定等非法定方式替代规划许可、搞“特事特办”。

∧建设工程相关许可证

第二，严格依据规划条件和建设工程规划许可证开展规划核实。

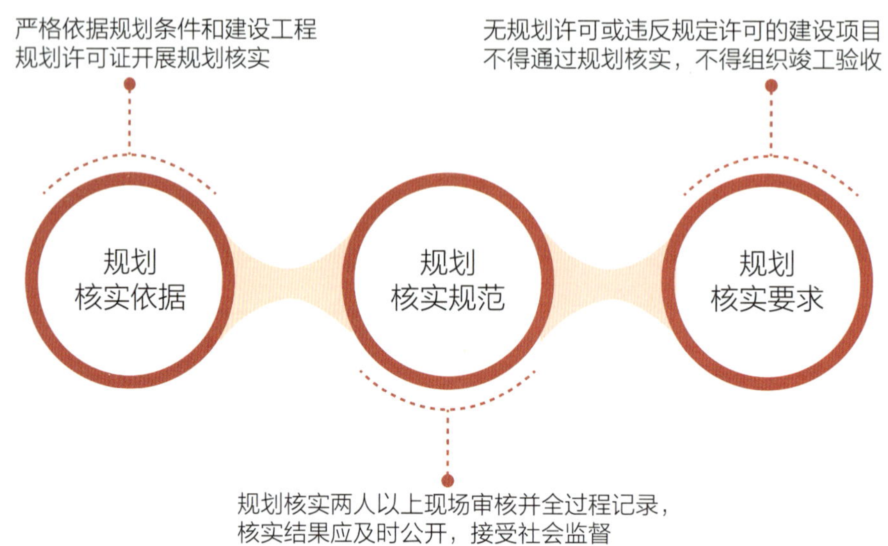

∧ 严格开展规划核实

第三，加强用地审批和乡村建设规划许可管理，坚持农地农用。

农村地区要有序推进“多规合一”的实用性村庄规划编制和规划用地“多审合一、多证合一”，加强用地审批和乡村建设规划许可管理，坚持农地农用。严禁借农用地流转、土地整治等名义违反规划搞非农建设、乱占耕地建房等，坚决杜绝集体土地失管失控现象。

北京市规划自然资源委关于规划许可管理的主要工作内容为承担北京市自然资源和国土空间规划方面的有关行政许可等公共服务事项办理工作，规范服务窗口业务工作标准；统筹自然资源和国土空间规划相关档案、地质资料的监督和管理工作；组织协调本系统安全生产相关工作；承担综合统计分析工作。

规划全周期管理

第一，加快国土空间基础信息平台建设。

《通知》要求加快建立完善国土空间基础信息平台，强化平台在国土空间用途管制、建设项目规划许可和实施监督中的依据和支撑作用。

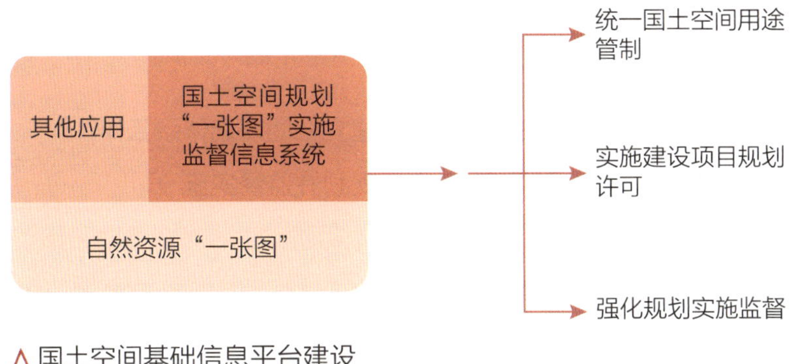

∧ 国土空间基础信息平台建设

第二，建立全程留痕制度。

《通知》要求建立规划编制、审批、修改和实施监督全程留痕制度，要在国土空间规划“一张图”实施监督信息系统中设置自动强制留痕功能；尚未建成系统的，必须落实人工留痕制度，确保规划管理行为全过程可回溯、可查询。

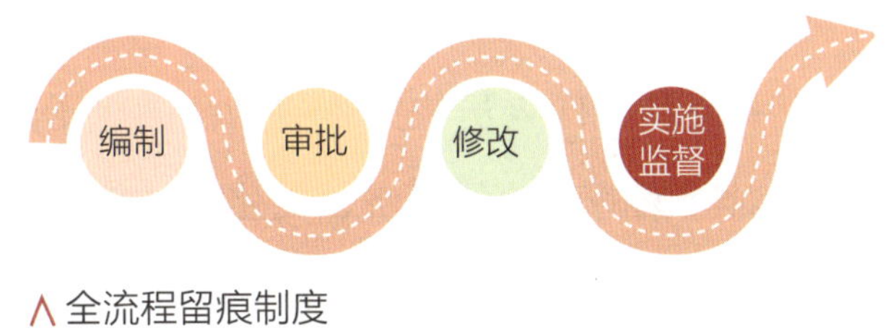

∧ 全流程留痕制度

第三，实施监测评估预警。

加强规划实施监测评估预警，按照“一年一体检、五年一评估”要求开展城市体检评估并提出改进规划管理意见，市县自然资源主管部门要适时向社会公开城市体检评估报告，省级自然资源主管部门要严格履行监督检查责任。

第四，规划执行情况纳入执法监督内容。

将国土空间规划执行情况纳入自然资源执法督察内容，加强日常巡查和台账检查，做好批后监管。对新增违法违规建设“零容忍”，一经发现，及时严肃查处；对历史遗留问题全面梳理，依法依规分类加快处置。

规划编制监督管理工作内容

◎ 拟订本市国土空间规划相关政策，承担建立空间规划体系工作

◎ 组织编制北京城市总体规划和相关专项规划并监督实施

◎ 开展国土空间开发适宜性评价，建立总体规划实时监测、评估和预警体系以及城市体检评估机制，承担城市体检评估、总体规划实施督察考评的相关工作

◎ 组织分区规划的审核、报批、维护工作，组织近期建设规划编制、审核、报批工作

第三节　行政执法

依法行政是国家机关及其工作人员依据宪法和法律赋予的职责权限，在法律规定的职权范围内，对国家的政治、经济、文化、教育、科技等各项社会事务，依法进行管理的活动。

一、违法查处

国务院自然资源部颁布的《自然资源行政处罚办法》对各级政府主管部门依法行使对自然资源的行政与违法查处权利进行了规定和要求。为规范自然资源行政处罚的实施，保障和监督自然资源主管部门依法履行职责，保护自然人、法人或者其他组织的合法权益，县级以上自然资源主管部门依照法定职权和程序，对自然人、法人或者其他组织违反自然资源管理法律法规的行为实施行政处罚，自然资源主管部门实施行政处罚，遵循公正、公开的原则，做到事实清楚，证据确凿，定性准确，依据正确，程序合法，处罚适当。

以土地资源为例，自然资源主管部门对违法行为的查处范围主要包括：买卖

或者以其他形式非法转让土地、非法占用土地，农村村民未经批准或者采取欺骗手段骗取批准，非法占用土地建住宅，依法收回国有土地使用权当事人拒不交出土地、临时使用土地期满拒不归还，以及不按照批准的用途使用国有土地等。

自然资源行政处罚

包括：警告；罚款；没收违法所得、没收非法财物；限期拆除；吊销勘查许可证和采矿许可证；法律法规规定的其他行政处罚。

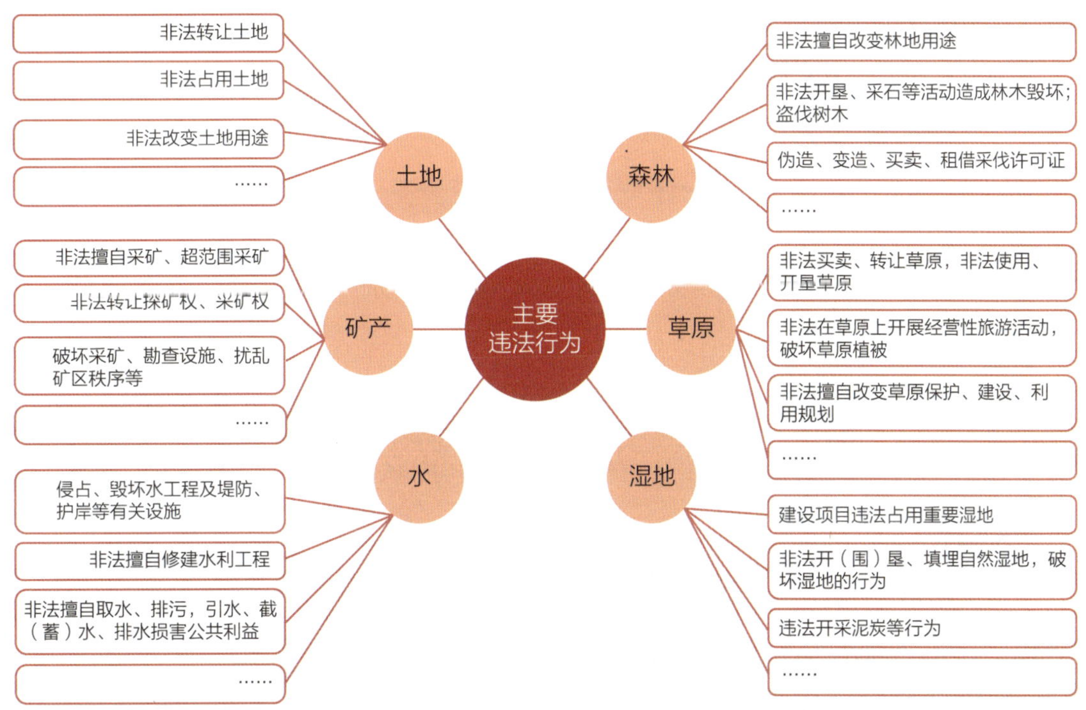

∧ 涉及不同自然资源的主要违法行为

北京市规划自然资源委在行政执法与违法查处方面的主要工作内容为：负责集中行使法律、法规、规章规定应由省级规划、国土管理部门行使的行政处罚职责以及执法检查职责，负责重大、复杂和跨区案件的查处工作，组织、指导、协调、考核各区规划国土管理部门的行政执法工作。

近年来，北京市规划自然资源委开发建设执法综合监管平台，印发《规划和自然资源疑似违法线索分类及处置办法实施细则》《北京市规划和自然资源行政执法操作规程（试行）》和《北京市没收违法建筑物处置办法（试行）》等规范性文件，制定发布《北京市规划和自然资源委员会行政处罚职权目录》和《北京市规划和自然资源委员会行政处罚裁量基准》，规划自然资源执法制度进一步得到完善。

依法行政与违法查处

◎ 自然资源行政处罚包括警告、罚款、没收违法所得及非法财物、限期拆除、吊销勘查许可证和采矿许可证、法律法规规定的其他行政处罚

◎ 依法行政与违法查处包括立案、调查、审理

◎ 设置相关机构承担依法行政与违法查处管理工作

二、专项治理

专项治理是政府出于整治某种市场行为、某个行业或者突出的社会问题的需要，由主管部门或多个部门，在较短的时间内从重、从快进行的行政检查、执法处罚行动。

北京市规划自然资源委在专项治理管理中的主要工作内容为承担本市违法建设、违法占地专项治理协调联动工作。研究提出相关政策建议和计划安排。督促检查工作落实情况，协调解决联动工作中的问题。

2021 年，围绕“三级三类四体系”国土空间规划总体框架，北京市颁布了《北京市创建“基本无违法建设区”三年行动计划（2021—2023）》，按照“集中拆除＋持续治理”相结合的模式，将开展一系列专项治理行动，以攻坚整治为出发点，实现从整治型拆违向规划引领精细化治违转变。该计划设计在 2021 年完成平谷、延庆、经济开发区园区的创建，力争实现经开区新城创建；在 2022 年完成海淀、丰台、怀柔和房山山区的创建；2023 年，朝阳、大兴、

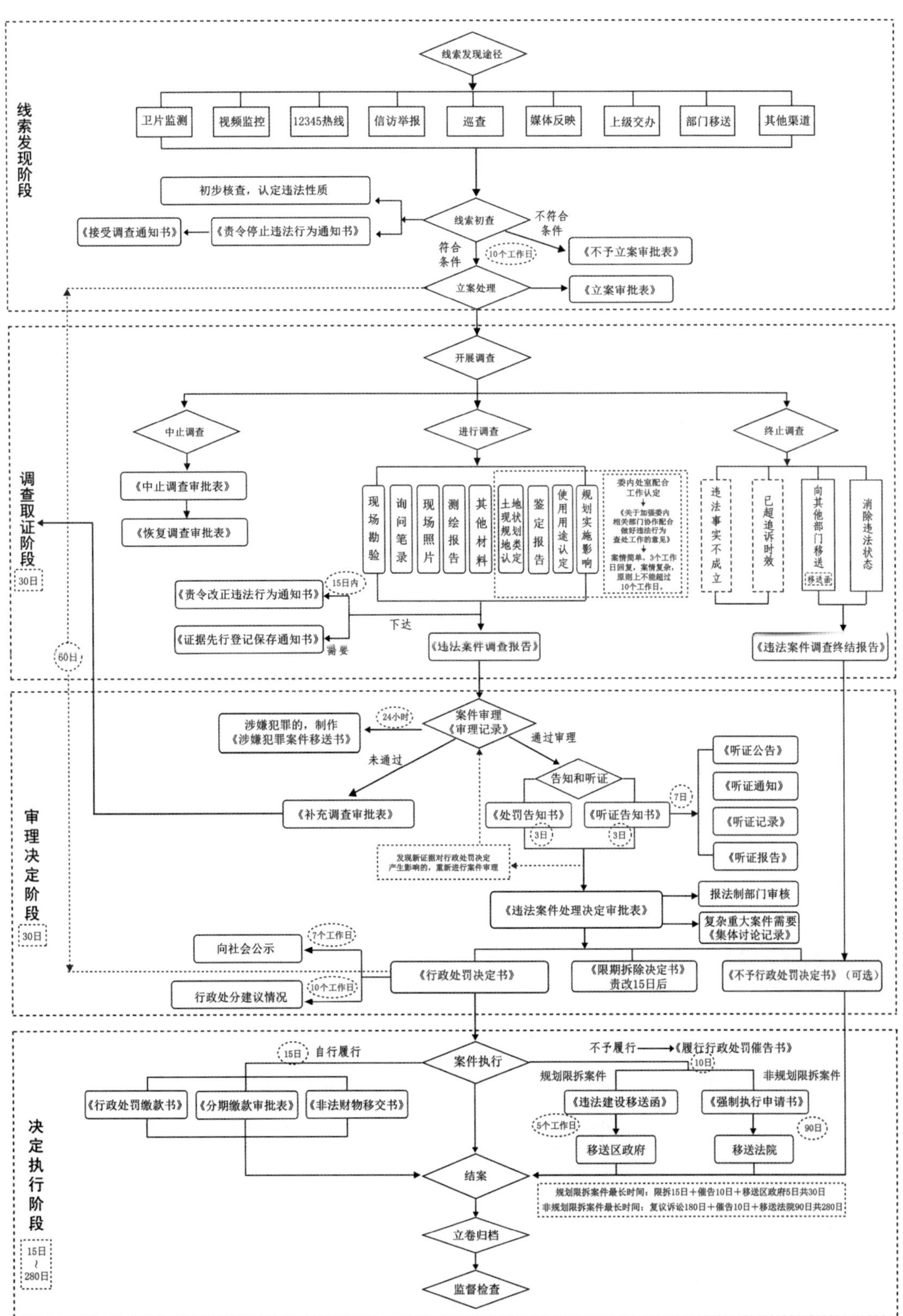

∧ 北京市规划和自然资源行政执法操作流程图

通州、顺义、昌平、房山将完成创建。

专项治理是运用持续治理思维，坚持规划引领精准拆违，基本完成存量一般性违法建设违法用地治理，保持新生违法建设“零增长”，基本实现“基本无违法建设区”创建目标。

第四节　信息公开与公众参与

信息公开是国家行政机关和法律、法规及规章授权和委托的组织，在行使国家行政管理职权的过程中，通过法定形式和程序，主动将政府信息向社会公众或依申请而向特定的个人或组织公开的制度。

公众参与是指社会群众、社会组织、单位或个人作为主体，在其权利义务范围内有目的地进行的一种社会活动。它是一种有计划的行动，通过政府部门和开发行动负责单位与公众之间双向交流，使公民们能参加决策过程并且防止和化解公民和政府机构与开发单位之间、公民与公民之间的冲突。

一、政府信息公开

（一）概念与要求

政府信息公开是指行政机关在履行行政管理职能过程中制作或者获取的，以一定形式记录、保存的信息，及时、准确地公开发布。其公开内容主要包括政务公开和信息公开两个方面的内容；公开形式主要分为依申请公开和主动公开两种形式。信息公开是为了保障公民、法人和其他组织依法获取政府信息，提高政府工作的透明度，建设法治政府，充分发挥政府信息对人民群众生产、生活和经济社会活动的服务作用。

政府信息公开工作机构的具体职能

◎ 办理政府信息公开事宜
◎ 维护和更新公开的政府信息
◎ 组织编制政府信息公开指南
◎ 组织开展对拟公开政府信息的审查
◎ 与政府信息有关的其他职能
◎ 组织编制政府信息公开目录和工作年度报告

政府信息公开的内容

◎ 公开指南
◎ 公开目录
◎ 公开年报
◎ 依申请公开
◎ 年度工作报表
◎ 依申请转主动公开

除行政机关主动公开的政府信息外，公民、法人或其他组织可以向地方各级人民政府、对外以自己名义履行行政管理职能的县级以上人民政府部门申请获取相关政府信息。

自然资源部颁布了相关文件对省级国土空间规划编制过程中的公众参与及信息公开提出了要求。国土空间规划编制采取政府组织、专家领衔、部门合作、公众参与的方式，建立全流程、多渠道的公众参与机制。在规划编制启动阶段，深入了解各地区、各部门、各行业和社会公众的意见和需求。在规划方案论证阶段，将中间成果征求有关方面意见。规划成果报批前，以通俗易懂的方式征求社会各方意见。充分利用各类媒体和信息平台，采取贴近群众的各种社会沟通工具，保障各阶段公众参与的广泛性、代表性和实效性，并保障充分的参与时间。

同时要求规划编制部门应制定涵盖各相关部门的协作机制，研究规划重大问题，共同推进规划编制工作。充分调动大专院校、企事业单位力量，组建专家咨询团队，注重听取生态、资源、环境、地理、经济、社会、文化、安全等多领域多学科的专家意见建议。此外，公众参与情况在规划说明中要形成专章。

北京市规划自然资源委在政府信息公开方面的主要工作内容包括：承担本市自然资源和国土空间规划管理方面信访事项的受理、办理、复查和督办；负责机关政府信息公开工作；承担便民电话、市长信箱涉及的有关工作；负责自然资源和国土空间规划管理方面矛盾纠纷排查与调处、维护稳定工作；指导本系统信访和信息公开工作。

（二）信息公开形式多样化

北京市规划展览馆

北京市规划展览馆是对外展示北京市规划自然资源委核心工作的平台，承担立足首都定位服务城市对外形象宣传等重要工作。展览馆通过先进的科技手段、丰富多彩的展示内容、生动有趣的表现形式详尽介绍了北京的发展历史，当代城市规划建设的全景风貌，展示北京城市发展的灿烂明天。

北京市规划展览馆的展陈内容包括：北京古城变迁展区，北京历史文化名城保护展区，北京历次总体规划介绍，商务中心区、奥运中心区等功能区规划建设展区。整个规划展览共有介绍性文字约 10 万字，展出图片约 1200 张，并配有反映各部分内容的宣传短片 20 余部，可供查询的触摸屏 44 台。

∧ 北京市规划展览馆大厅

北京城市总体规划展区

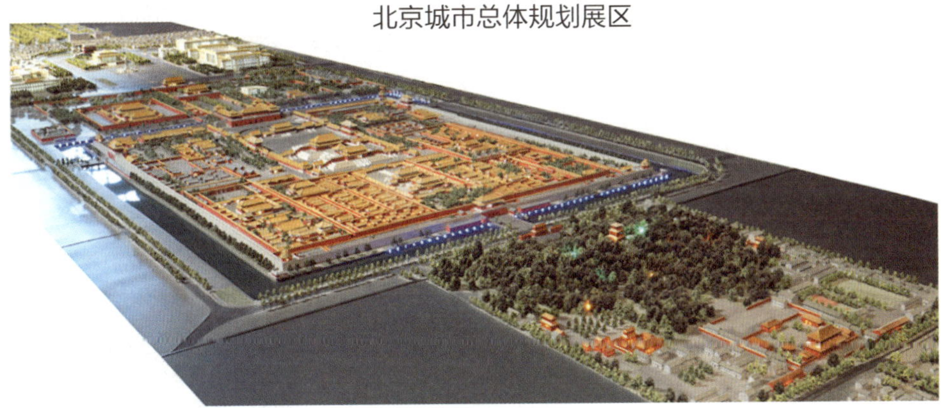
中轴线展区

∧ 北京市规划展览馆主题展览

网络信息公开

除了线下展览等方式进行信息公开，北京市规划自然资源委还通过线上网络方式开展相关工作。主要信息公开途径包括：北京市规划自然资源委官网、微博、公众号、头条号和百家号等。

2021 年，北京市规划自然资源委利用门户网站发布政府信息共 57007 条，全年新收到政府信息公开申请 10082 件，办结 10168 件，结转下年办理 405 件。通过网站、“北京规划自然资源”和“北京市不动产登记”等微信公众号进行政策发布、解读以及 69 项政务服务事项公开。建立了北京市规划自然资源委对外宣传的有力工具和政民互动的有效渠道。同时，围绕老旧建筑更新改造、城市更新等重点工作，发布政策解读 11 篇。按照“重大事件有声音、重要工作有报道、行业热点有关注”的新媒体宣传框架，及时更新“北京规划自然资源”微博、公众号、头条号。

∧ 北京市规划自然资源委官方网站主页

∧ 北京市规划自然资源委新媒体账号

二、公众参与

公众参与包括公民的政治参与，还包括所有关心公共利益、公共事务管理的人的参与，共同推动决策过程的行动。在实际的活动中，公共参与泛指普通民众为主体参与，推动社会决策和活动实施等。

国土空间规划与管理是由多方协作共同发展的一项管理内容，在规划编制过程中，前期调研、方案论证、草案共识和批后实施等环节，都离不开公众参与，公众参与与社会监督的实现直接影响着国土空间规划与管理的质量。

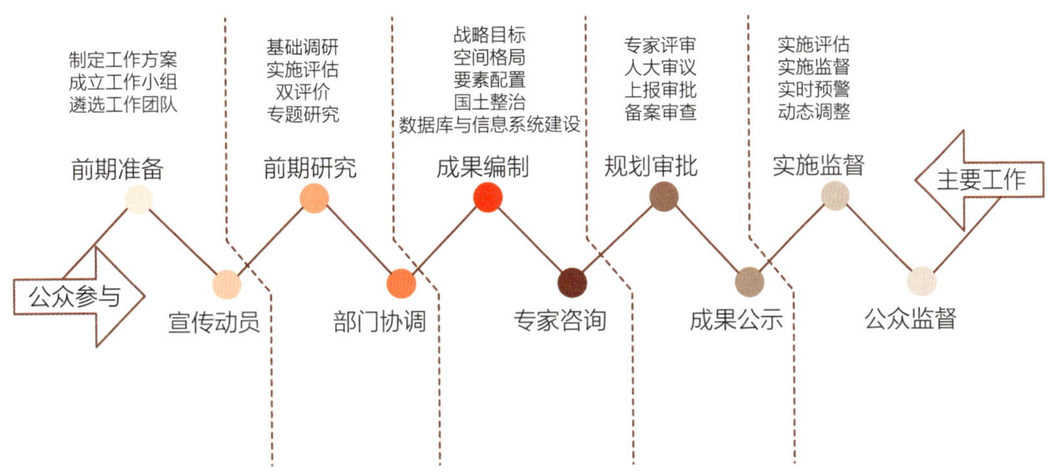

∧ 国土空间规划公众参与活动

为保障人民知情权、参与权、表达权、监督权，自然资源部《市县国土空间总体规划编制指南》提出要“强化规划全过程公众参与”。北京市《关于建立国土空间规划体系并监督实施的实施意见》中也提出要“健全完善规划公开制度、公众参与制度和社会监督制度”。

对于公众监督与信息公开方面的工作，北京市规划自然资源委开设了线上信访信箱与线下信访监督的多种方式，建立了网上咨询、民意征集和在线访谈等线上信访拓展功能。并每年组织国务院《信访条例》修订实施周年宣传活动，为群众讲解信访条例、解答群众咨询问题，提高群众对信访工作的了解，营造依法信访、维护群众合法权益、助力社会和谐稳定的社会氛围。

参考文献

［1］北京市第十五届人民代表大会常务委员会. 北京市生态涵养区生态保护和绿色发展条例［A/OL］.（2021-06-05）［2022-06-18］. http://www.gov.cn/xinwen/2021-04/22/content_5601288.htm.

［2］北京市人民政府. 北京市生态控制线和城市开发边界管理办法［A/OL］.（2019-04-28）［2022-07-01］. http://www.gov.cn/xinwen/2019-04/28/content_5387051.htm.

［3］北京市人民政府办公厅. 市政府 2021 年立法工作计划.［A/OL］.（2021-04-25）［2022-06-17］. http://www.beijing.gov.cn/zhengce/gfxwj/202104/t20210430_2380282.html.

［4］国土资源部. 不动产登记操作规范（试行）［A/OL］.（2016-06-03）［2022-02-02］. http://www.gov.cn/xinwen/2016-06/03/content_5079321.htm.

［5］中共北京市委，北京市人民政府. 北京市法治政府建设实施意见（2021—2025 年）［A/OL］.（2021-11-26）［2022-06-20］. http://www.beijing.gov.cn/zhengce/zhengcefagui/202112/t20211208_2556006.html

［6］中共北京市委，北京市人民政府. 关于建立国土空间规划体系并监督实施的实施意见［A/OL］.（2020-04-20）［2022-06-17］. http://www.beijing.gov.cn/zhengce/zhengcefagui/202004/t20200420_1846657.html.

［7］中共北京市委办公厅，北京市人民政府办公厅 . 北京市自然资源资产产权制度改革方案［A/OL］.（2020-8-5）［2022-07-01］. http://www.beijing.gov.cn/zhengce/zhengcefagui/202008/t20200817_1984319.html.

［8］中共中央，国务院.《关于建立国土空间规划体系并监督实施的若干意见》［A/OL］.（2019-05-23）［2022-06-12］. http://www.gov.cn/xinwen/2019-05/23/content_5394187.htm.

［9］自然资源部，财政部，生态环境部，水利部，国家林业和草原局. 自然资源统一确权

登记暂行办法［A/OL］.（2019-07-11）［2022-07-01］. http://www.gov.cn/xinwen/2019-07/23/content_5413117.htm.
［10］自然资源部，财政部，生态环境部. 山水林田湖草生态保护修复工程指南（试行）［A/OL］.（2020-08-26）［2020-06-23］. http://gi.mnr.gov.cn/202009/t20200918_2558754.html.
［11］自然资源部，国家标准化管理委员会. 国土空间规划技术标准体系建设三年行动计划（2021—2023 年）［S/OL］.（2021-09-27）［2022-06-17］http://www.gov.cn/zhengce/zhengceku/2021-12/31/5665757/files/e2f2bbaf360e462384ae876632ab3cc0.pdf
［12］自然资源部. 不动产登记暂行条例实施细则［A/OL］.（2019-07-24）［2022-07-22］. http://gi.mnr.gov.cn/201908/t20190813_2458556.html.
［13］自然资源部. 国土空间规划城市体检评估规程［S/OL］.（2021-06-18）［2022-07-18］. http://www.nrsis.org.cn/portal/stdDetail/240252.
［14］自然资源部. 自然资源调查监测体系构建总体方案［A/OL］.（2020-01-17）［2022-07-22］. http://gi.mnr.gov.cn/202001/t20200117_2498071.html.
［15］自然资源部办公厅.《自然资源确权登记操作指南（试行）》［A/OL］.（2020-02-14）［2022-4-26］. http://gi.mnr.gov.cn/202002/t20200225_2499737.html.
［16］自然资源部办公厅. 关于加强国土空间规划监督管理的通知［A/OL］.（2020-05-22）［2022-06-17］. http://gi.mnr.gov.cn/202005/t20200526_2521189.html
［17］自然资源部办公厅. 省级国土空间规划编制指南（试行）［A/OL］.（2020-01-17）［2022-04-18］. http://gi.mnr.gov.cn/202001/t20200120_2498397.html

后　记

《北京国土空间规划和自然资源科普知识丛书》(以下简称《丛书》)是在我国实现第一个百年奋斗目标，乘势而上向第二个百年奋斗目标进军的历史交汇期，立足首都特色发展与战略定位，围绕北京国土空间规划和自然资源管理的职能任务进行编写，力求内容系统、阐述准确、特色鲜明、易读易懂。

《丛书》的编写对我们来说既是系统性总结，也是深入思考创新，更是学习和提升的过程，编写组牢记首都工作关乎“国之大者”，在践行新时代首都规划和自然资源事业的初心使命中完成这部作品。

《丛书》自策划到正式出版历时两年有余，凝聚了来自北京市规划和自然资源委员会及所属单位、清华大学、北京大学、北京建筑大学、北方工业大学、北京城市规划学会、北京土地学会等相关部门两百余人的心血。编写过程得到了规划和自然资源领域各级领导、院士、知名专家学者，以及自然资源部国土空间规划局、生态修复司、地质勘查管理司、科普工作委员会办公室，水利部水资源司、水土保持司，应急管理部地震地质司、中国地质博物馆、中国地震局、北京市政府办公厅、北京市科学技术协会、北京市发展和改革委员会、北京市文化和旅游局、北京市气象局、北京市地震局等众多单位的指导帮助。国务院发展研究中心、国家博物馆、自然资源部航空物探遥感中心、中国科学院古脊椎动物和古人类研究所、中国建筑设计研究院有限公司、中国城市

规划设计研究院、北京林业大学、北京城市副中心投资建设集团有限公司、北京城市铁路投资发展有限公司、北京市建筑设计研究院有限公司、北京清华同衡规划设计研究院有限公司、永定河流域公司、房山世界地质公园管理处、延庆自然保护地管理处、密云水库管理处、中国自然资源摄影家协会、中国水利摄影家协会等单位为本书提供了众多精美的图片。中国科学技术出版社、科学普及出版社为本书的出版付出了辛苦的劳动。在此一并表示衷心的感谢！

《丛书》是目前我国规划和自然资源领域第一套集系统性、知识性和科普性为一体的读物，期望这套《丛书》能让广大读者了解北京前世今生所经历的自然环境变迁和城市发展演变，领略新时期规划与自然资源领域的新发展、新理念和新要求，汲取丰富的知识。本书的编写虽历经多次研讨与修改，但依然存在可细化与完善之处，期待读者的支持与反馈，为首都国土空间规划和自然资源管理提出更多更好的建议！

《北京国土空间规划和自然资源科普知识丛书》编委会

2022 年 12 月